JN432576

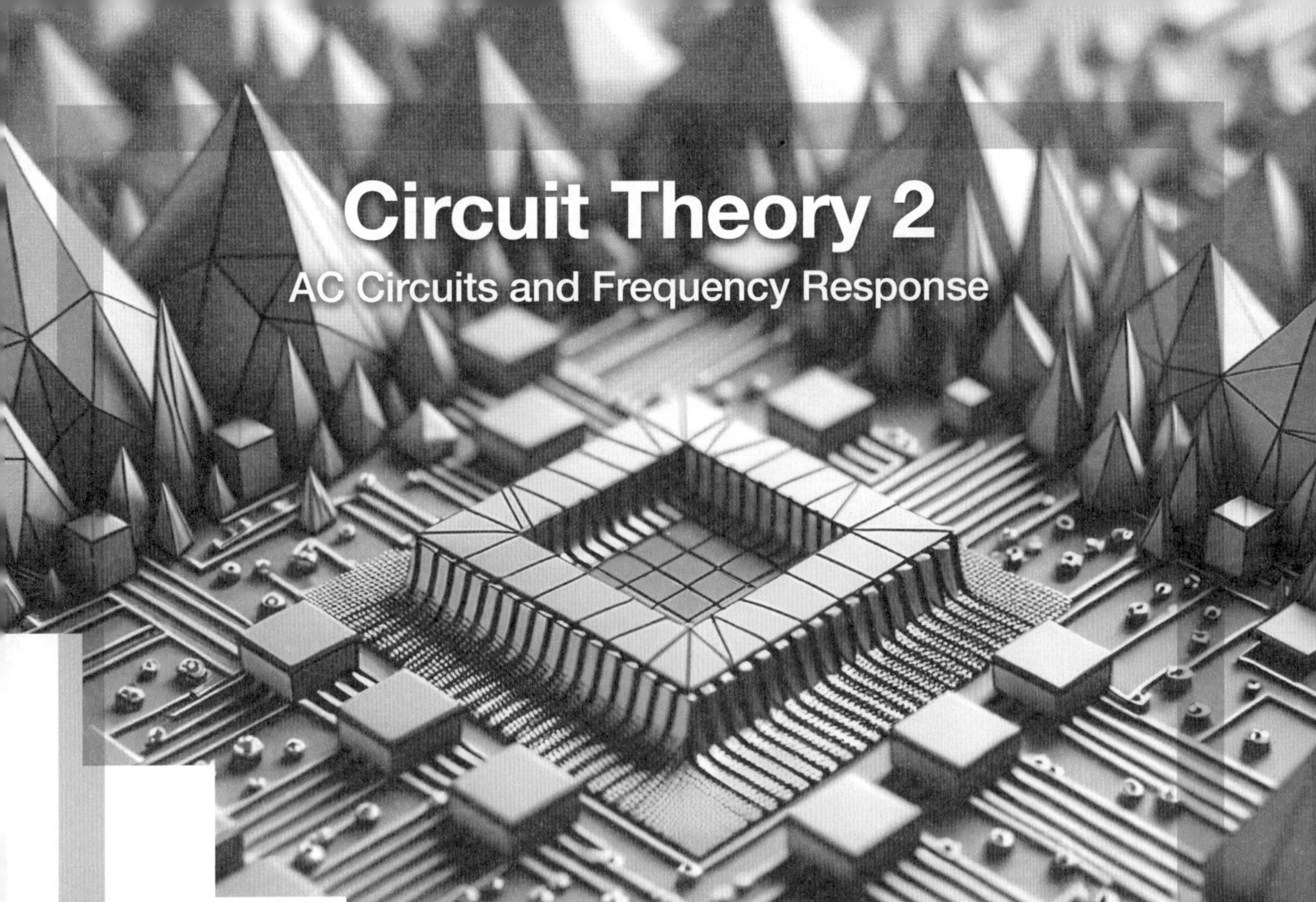

Circuit Theory 2

AC Circuits and Frequency Response

회로이론 2

교류회로와 주파수응답

강석근 지음

도서출판 홍릉

저자소개

강석근

1988년 경북대학교 전자공학과, 학사
1993년 경북대학교 전자공학과, 석사
1999년 경북대학교 전자공학과, 박사
1993년 ~ 1994년 국방과학연구소, 연구원
2000년 ~ 2003년 National University of Singapore, Research Fellow
2003년 ~ 현재 경상국립대학교 반도체공학과, 교수

회로이론 2

교류회로와 주파수응답

인 쇄: 2024년 8월 20일 초판 1쇄
발 행: 2024년 8월 30일 초판 1쇄

저 자: 강석근
발행인: 송 준
발행처: 도서출판 홍릉
주 소: 01093 서울시 강북구 인수봉로 50길 10
등 록: 1976년 10월 21일 제5-66호

전 화: 02-999-2274~5, 903-7037
팩 스: 02-905-6729
e-mail: hongpub@hongpub.co.kr
http://www.hongpub.co.kr
ISBN: 979-11-5600-221-5(93560)

정 가: 32,000원

낙장 및 파본은 구입처나 본사에서 교환하여 드립니다.
판권 소유에 위배되는 사항(인쇄, 복제, 제본)은 법에 저촉됩니다.

이 책의 학습을 위한 연습문제 풀이는 도서출판 홍릉 홈페이지(www.hongpub.co.kr)에서 내려 받을 수 있습니다. 홈페이지에서 도서명 검색 후 보조자료를 다운로드하시기 바랍니다. (Chrome 웹브라우저 사용 권장)

PREFACE

「회로이론 1 : 직류회로와 해석의 기본」의 서문에서 서술한 것처럼 회로이론은 전기 및 전자 공학 관련 학과에서는 가장 기본이 되는 교과목 가운데 하나이다. 회로이론 교과목을 4개의 Part로 구분할 때 「회로이론 2 : 교류회로와 주파수응답」은 Part III과 Part IV에 해당한다. 회로이론 2에서는 해석을 위한 수학적 도구로 페이저, 복소수, 라플라스 변환, 푸리에 변환 등이 사용되며, 해석 영역이 시간영역과 주파수영역으로 확장되는 점에서 회로이론 1과 차이점이 있다. 하지만 회로를 해석하는 방법과 세부 기술은 회로이론 1의 학습 내용을 그대로 사용한다. 따라서 회로이론 2를 학습하기 전에 반드시 회로이론 1의 내용을 복습하는 것을 학습자에게 강조한다.

회로이론 2를 저술하면서도 여전히 염두에 둔 점은

① 학습자들이 혼자서도 학습할 수 있어야 함
② 기초-발전-심화-응용의 학습 단계를 지킴
③ 예제와 연습문제를 통하여 학습성과를 높임
④ 문제해결 뿐만 아니라 자기주도학습과 소통능력을 배양함
⑤ 문제 정의와 해결 능력은 공학도구 활용 능력보다 우선함

등이다. 이 원칙에 대한 자세한 배경과 이유는 회로이론 1의 서문을 참고하기 바란다.

의견 수렴

저자는 이 교재를 준비하면서 갖은 노력을 다하였다고 감히 말할 수 있다. 그럼에도 불구하고 내용의 부족이나 오류, 바로잡지 못한 실수들이 여전히 여기저기에 있을 것으로 생각된다. 이 교재를 사용하여 강의하시는 교수님들과 학습자들의 제언, 칭찬, 질문, 오류 지적, 후기 등 다양한 피드백은 앞으로도 교재를 지속적으로 개선시키는데 크게 도움될 것으로 믿어 의심치 않는다.

피드백 : 저자(sgkang@gnu.ac.kr), 도서출판 홍릉(https://www.hongpub.co.kr)

감사

오로지 하나의 목적으로 달려왔던 3년에 이르는 노력을 마감하는 시점에 저자는 교재가 어떻게 평가받을지에 대한 두려움이 있습니다. 평가에 대한 두려움은 누구에게나 있는 것이고 온전히 저자가 감당할 몫입니다. 하지만 그동안 짊어지고 있던 마음의 짐을 내려놓는다는 홀가분함이 앞서고, 저자가 스스로 자처한 교재 집필의 험난한 여정을 응원하고 격려하여 주신 많은 분들에게 감사함을 표할 수 있는 기회가 생긴 것은 매우 기분 좋은 일입니다.

PREFACE

부족함이 있음에도 불구하고 첫 만남에서 선뜻 교재 출판을 허락하고 동행할 수 있는 기회를 제공한 도서출판 홍릉의 송준 대표님과 편집과 디자인 등 제반 실무를 담당하여 교재를 완성시킨 박찬혁 실장님께 감사함을 우선 표하고 싶습니다.

교재를 집필하는 동안 수동적으로 학과 업무에 임했음에도 오히려 격려를 아끼지 않았던 선후배 교수님들께도 고마운 마음을 전하고 싶습니다. 또한, 내용의 구성뿐만 아니라 심지어 출판 방법 등에 대한 조언과 응원을 보내주신 동료 교수님들께도 진심으로 감사한 마음을 전합니다. 이 교재의 시험판으로 수업을 진행하는 동안 오탈자와 풀이에 대한 이상한 점을 질문하여 바로잡을 수 있는 기회를 준 많은 제자들에게도 감사한 마음을 전하고 싶습니다.

마지막으로 지난 3년 동안 한결같이 잘하고 있다고 격려해주고, 저자가 어려운 점이 없도록 살피고 지원해준 아내와 가족이 있었기에 교재를 완성할 수 있었음은 너무나도 자명한 사실입니다. 이들의 이해와 협조, 격려와 희생에 대하여 아주 특별히 감사하게 생각하고 있습니다.

To my lovely family

CONTENTS

회로이론 1 : 직류회로와 해석의 기본

회로이론 2 : 교류회로와 주파수응답

CONTENTS

CONTENTS

교류 정상상태 해석

CHAPTER

09

9장 교류 정상상태 해석

8장[1])에서는 정현파함수를 전원으로 사용하는 회로를 해석하기 위한 여러 가지 수학적 도구들에 대하여 자세히 소개하였다. 복소수, 특히 페이저는 교류전원이 구동하는 회로의 강제응답을 구하는데 매우 유용하게 사용된다. 이 과정에서 회로를 구성하는 요소인 교류전원과 전압-전류 등의 회로변수는 대응하는 페이저로, RLC 소자는 임피던스 또는 어드미턴스로 나타냄으로써 일반적인 RLC 회로를 페이저회로로 변환시켜 해석한다.

교류회로에서도 전원의 상태가 급격하게 변하면 고유응답이 발생하여 일시적으로 완전응답에 영향을 미친다. 이것은 매우 짧은 시간의 과도상태를 지나면 회로의 강제응답이 완전응답의 지배적인 요소가 되는 상태에 도달하는 것을 의미한다. 특히, 특이점(singularity point) 없이 연속적이며, 주기적인 파형을 가지는 교류전원이 구동하는 회로에서 나타나는 강제응답을 교류 정상상태응답이라고 한다.

2장부터 4장까지에서 직류전원을 사용하는 저항회로를 해석하는 세부적인 기법들과 회로해석법에 대하여 학습한 바 있다. 이 장에서 다루는 교류 정상상태 해석은 직류전원이 교류전원으로 바뀌고, 저항회로가 임피던스회로로 바뀐 페이저회로를 대상으로 하므로 실수연산이 복소수연산으로 변경된다는 차이점을 제외하면 회로를 해석하는 방법은 변함이 없다. 다만 교류회로에서는 주파수도 응답에 영향을 미치는 요소이므로 주파수의 변화에 따른 응답의 변화를 그림으로 확인할 수 있는 페이저도(phasor diagram)에 대해서도 학습할 것이다.

9.1 회로 단순화 기법

직렬 또는 병렬로 연결된 임피던스와 어드미턴스를 하나의 임피던스와 어드미턴스로 단순화시켜 나타내는 방법에 대해서는 8장에서 학습하였다. 또한 동일한 주파수를 가지는 정현파함수의 합성에 대해서도 학습한 바 있다. 그림 9.1(a)에 나타낸 두 교류 전압원도 정현파함수 합성법을 이용하여 그림 9.1(b)처럼 하나의 교류 등가전원으로 나타낼 수 있다.

---

1) 1장부터 8장까지는 회로이론 1 : 직류회로와 해석의 기본(홍릉, 2024, 03)을 참고하라.

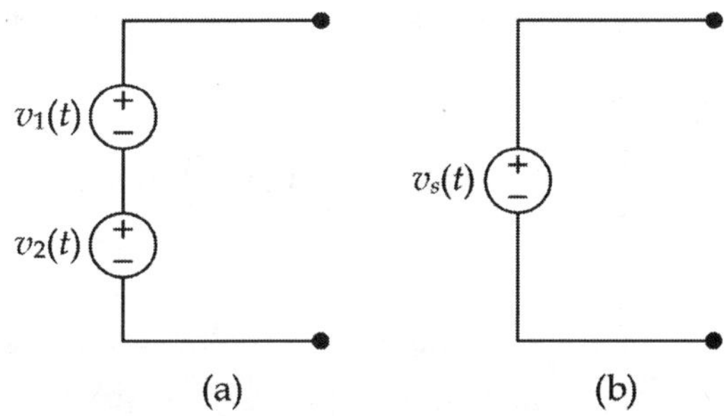

그림 9.1 (a) 직렬 연결된 전압원 (b) 등가전원

그림 9.1(a)에서 $v_1(t) = V_1\cos(\omega t + \phi_1)$ [V]이고 $v_2(t) = V_2\cos(\omega t + \phi_2)$ [V]라고 하면

$$v_1(t) = V_1\cos(\omega t + \phi_1) = V_1\{\cos(\omega t)\cos(\phi_1) - \sin(\omega t)\sin(\phi_1)\},$$
$$v_2(t) = V_2\cos(\omega t + \phi_2) = V_2\{\cos(\omega t)\cos(\phi_2) - \sin(\omega t)\sin(\phi_2)\} \qquad (9.1)$$

이므로 정현파함수의 합성법에 의하여

$$\begin{aligned} v_s(t) &= v_1(t) + v_2(t) \qquad (9.2) \\ &= \{V_1\cos(\phi_1) + V_2\cos(\phi_2)\}\cos(\omega t) - \{V_1\sin(\phi_1) + V_2\sin(\phi_2)\}\sin(\omega t) \end{aligned}$$

가 된다. 여기서 $V_3 = V_1\cos(\phi_1) + V_2\cos(\phi_2)$, $V_4 = V_1\sin(\phi_1) + V_2\sin(\phi_2)$로 치환하면 식 (9.2)는

$$v_s(t) = v_1(t) + v_2(t) = V_3\cos(\omega t) - V_4\sin(\omega t) = V_s\cos(\omega t + \phi_s) \text{ [V]} \qquad (9.3)$$

으로 하나의 정현파함수로 변환시켜 그림 9.1(b)와 같이 나타낼 수 있다. 여기서 새로운 정현파함수의 크기와 위상은 각각

$$V_s = \sqrt{V_3^2 + V_4^2},\ \phi_s = \tan^{-1}\left(\frac{V_4}{V_3}\right). \qquad (9.4)$$

페이저 연산을 사용하여도 식 (9.3)과 동일한 결과를 얻을 수 있는지 확인하기 위하여 그림 9.1을 그림 9.2와 같이 페이저 형식으로 변경하여 나타내었다.

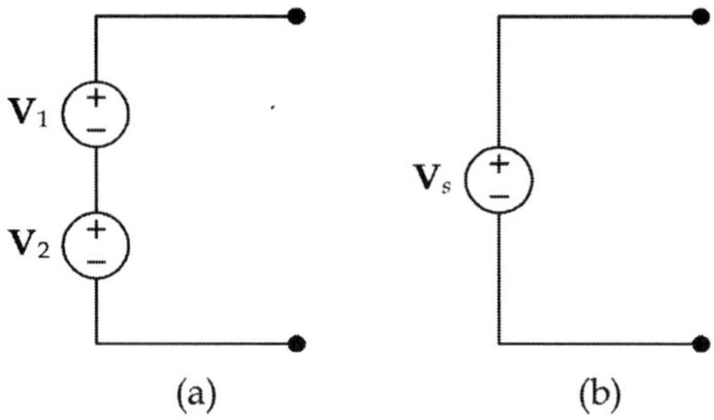

그림 9.2 그림 9.1에 대한 페이저 형식

전압원 $v_1(t)$와 $v_2(t)$에 대한 페이저는 각각 $\mathrm{V}_1 = V_1\angle\phi_1$ [V], $\mathrm{V}_2 = V_2\angle\phi_2$ [V]이므로 이들의 합 V_s는

$$\mathrm{V}_s = \mathrm{V}_1 + \mathrm{V}_2 = V_1\angle\phi_1 + V_2\angle\phi_2 \text{ [V]}. \tag{9.5}$$

페이저의 덧셈연산은 복소수 형식으로 변환하여 수행하여야 하므로 식 (9.5)는

$$\begin{aligned}\mathrm{V}_s &= V_1\{\cos(\phi_1) + j\sin(\phi_1)\} + V_2\{\cos(\phi_2) + j\sin(\phi_2)\} \\ &= \{V_1\cos(\phi_1) + V_2\cos(\phi_2)\} + j\{V_1\sin(\phi_1) + V_2\sin(\phi_2)\}.\end{aligned} \tag{9.6}$$

여기서 $V_3 = \{V_1\cos(\phi_1) + V_2\cos(\phi_2)\}$, $V_4 = V_1\sin(\phi_1) + V_2\sin(\phi_2)$로 치환하면 식 (9.6)은

$$\mathrm{V}_s = V_3 + jV_4 = \sqrt{V_3^2 + V_4^2}\angle\tan^{-1}\left(\frac{V_4}{V_3}\right) \text{ [V]}. \tag{9.7}$$

그러므로 합성 전압원에 대한 정현파함수 형식 표현은

$$v_s(t) = V_s\cos(\omega t + \phi_s) \text{ [V]}, \tag{9.8}$$

가 되어 식 (9.3)과 같다. 여기서 정현파함수의 크기와 위상각은 각각

$$V_s = \sqrt{V_3^2 + V_4^2},\ \phi_s = \tan^{-1}\left(\frac{V_4}{V_3}\right). \tag{9.9}$$

따라서 정현파함수의 합성법을 사용하든 페이저 합성법을 사용하든 항상 동일한 결과를 얻을 수 있다. 다만 페이저 합성법을 사용할 경우 주의할 점은 합성할 정현파함수들이 반드시 같은 주파수를 가지고 있어야 하는 것이다.

예제 9.1

그림 9.1에 나타낸 교류 전압원이 각각 다음과 같을 때 합성 전압원 $v_s(t)$를 구하라.

$$v_1(t) = 5\cos(5t)\ [\mathrm{V}],\ \ v_2(t) = 3\cos(5t + 30^\circ)\ [\mathrm{V}].$$

풀이

$v_1(t)$와 $v_2(t)$를 페이저와 복소수 형식으로 표현하면 각각

$$\mathrm{V}_1 = 5\angle 0^\circ = 5\cos(0^\circ) + j5\sin(0^\circ) = 5\ [\mathrm{V}], \quad ①$$

$$\mathrm{V}_2 = 3\angle 30^\circ = 3\cos(30^\circ) + j3\sin(30^\circ) = 2.6 + 1.5j\ [\mathrm{V}]. \quad ②$$

그러므로 합성 전압원은

$$\mathrm{V}_s = \mathrm{V}_1 + \mathrm{V}_2 = 7.6 + 1.5j = 7.75\angle 11.16^\circ\ [\mathrm{V}]. \quad ③$$

식 ③을 정현파함수 형식으로 나타내면

$$v_s(t) = 7.75\cos(5t + 11.16^\circ)\ [\mathrm{V}].$$

병렬 연결된 전류원도 하나의 합성 전류원으로 나타낼 수 있다. 예를 들어 그림 9.3과 같이 두 개의 정현파 전류원이 병렬로 연결된 경우 위쪽 마디에 키르히호프 전류법칙을 적용하면

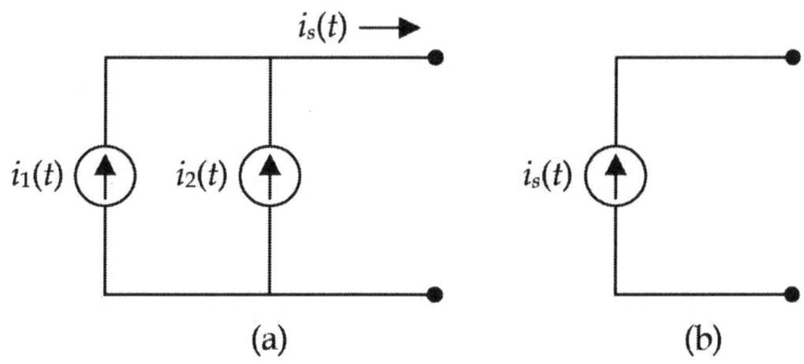

그림 9.3 (a) 병렬 연결된 전류원 (b) 등가전원

$$i_s(t) = i_1(t) + i_2(t) \tag{9.10}$$

가 된다. 여기서 $i_1(t) = I_1\cos(\omega t + \phi_1)$ [A]이고 $i_2(t) = I_2\cos(\omega t + \phi_2)$ [A]라고 하면 두 전원의 페이저 합은

$$\mathrm{I}_s = \mathrm{I}_1 + \mathrm{I}_2 = I_1\angle\phi_1 + I_2\angle\phi_2 \text{ [A]}. \tag{9.11}$$

페이저 형식을 복소수 형식으로 변환하여 식 (9.11)을 계산하면

$$\begin{aligned}\mathrm{I}_s &= I_1\{\cos(\phi_1) + j\sin(\phi_1)\} + I_2\{\cos(\phi_2) + j\sin(\phi_2)\} \\ &= \{I_1\cos(\phi_1) + I_2\cos(\phi_2)\} + j\{I_1\sin(\phi_1) + I_2\sin(\phi_2)\}.\end{aligned} \tag{9.12}$$

여기서 $I_3 = I_1\cos(\phi_1) + I_2\cos(\phi_2)$, $I_4 = I_1\sin(\phi_1) + I_2\sin(\phi_2)$로 치환하면 식 (9.6)은

$$\mathrm{I}_s = I_3 + jI_4 = \sqrt{I_3^2 + I_4^2}\angle\tan^{-1}\left(\frac{I_4}{I_3}\right) \text{ [A]}. \tag{9.13}$$

그러므로 합성 전류원에 대한 정현파함수 형식 표현은

$$i_s(t) = I_s\cos(\omega t + \phi_s) \text{ [A]}, \tag{9.14}$$

이다. 여기서 정현파함수의 크기와 위상각은 각각

$$I_s = \sqrt{I_3^2 + I_4^2},\ \phi_s = \tan^{-1}\left(\frac{I_4}{I_3}\right). \tag{9.15}$$

예제 9.2

그림 9.4에 나타낸 병렬 연결된 교류전원의 합성 전류원 I_s를 구하라. 모든 교류전원들은 같은 주파수를 가지는 것으로 가정한다.

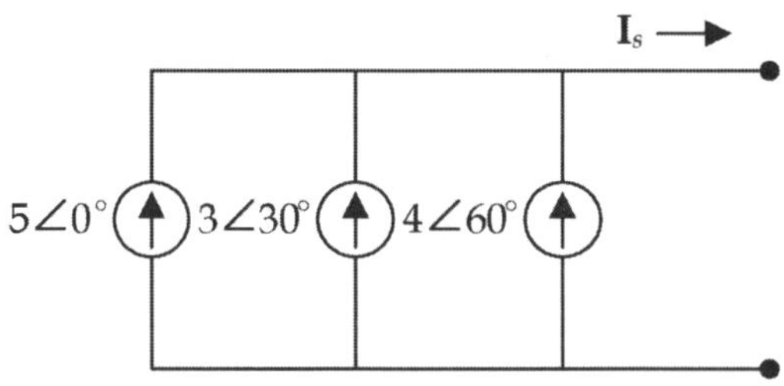

그림 9.4 예제 9.2를 위한 회로

풀이

각 교류전원을 복소수 형식으로 표현하면

$$\mathrm{I}_1 = 5\angle 0^\circ = 5\cos(0^\circ) + j5\sin(0^\circ) = 5\ [\mathrm{A}], \quad ①$$

$$\mathrm{I}_2 = 3\angle 30^\circ = 3\cos(30^\circ) + j3\sin(30^\circ) = 2.6 + 1.5j\ [\mathrm{A}], \quad ②$$

$$\mathrm{I}_3 = 4\angle 60^\circ = 4\cos(60^\circ) + j4\sin(60^\circ) = 2.0 + 3.46j\ [\mathrm{A}]. \quad ③$$

합성 전류원은

$$\mathrm{I}_s = \mathrm{I}_1 + \mathrm{I}_2 + \mathrm{I}_3 = 9.6 + 4.96j = 10.81\angle 27.32^\circ\ [\mathrm{A}].$$

■

전기회로를 단순화시켜 나타내는 가장 유용한 방법은 테브냉-노튼 등가회로이다. 교류회로에 대한 테브냉-노튼 등가회로는 직류전원이 정현파 또는 페이저 전원으로 변경되는 것과 저항이 임피던스로 변경되는 것을 제외하면 저항회로에서 학습한 방법과 동일하다.[2)]

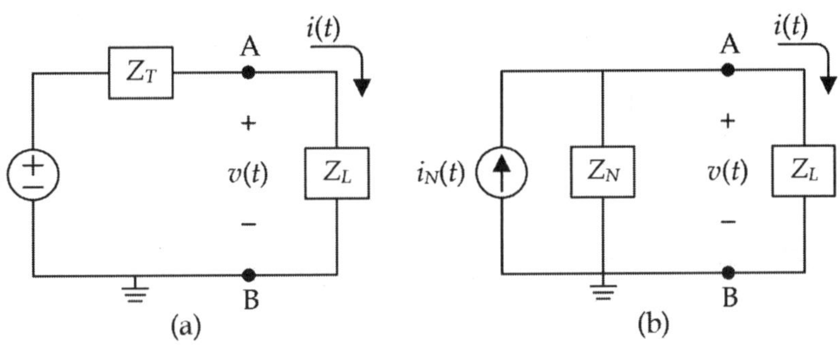

그림 9.5 교류회로에 대한 (a) 테브냉 등가회로 (b) 노튼 등가회로

그림 9.5에 나타낸 테브냉 등가회로와 노튼 등가회로 사이에 다음과 같은 관계식이 성립한다.

$$Z_T = Z_N, \tag{9.16}$$

2) 테브냉 등가회로와 노튼 등가회로를 구하는 방법은 회로이론 1 : 직류회로와 해석의 기본 제 2장 6절 테브냉-노튼 등가회로를 참고하라.

$$v_T(t) = Z_N i_N(t) \text{ 또는 } V_T = Z_N I_N.$$

여기서 Z_T와 Z_N은 각각 테브냉 임피던스와 노튼 임피던스를 나타낸다. 그리고 $v_T(t)$는 테브냉 전압원이고 $i_N(t)$는 노튼 전류원이다.

등가회로를 구하기 전 원래 주어진 회로와 테브냉 등가회로, 노튼 등가회로는 단자 A와 B의 오른쪽에 있는 부하임피던스에 동일한 전류를 공급하여야 한다. 이런 이유로 부하임피던스 양단에 걸리는 전압도 당연히 같아야 한다.

예제 9.3

그림 9.6의 회로에서 부하임피던스(load) Z_L의 왼쪽 부분 회로에 대한 테브냉 등가회로를 구하라. 여기서 $Z_1 = 3+2j$ [Ω], $Z_2 = 3+4j$ [Ω], $Z_3 = 2-5j$ [Ω]이다.

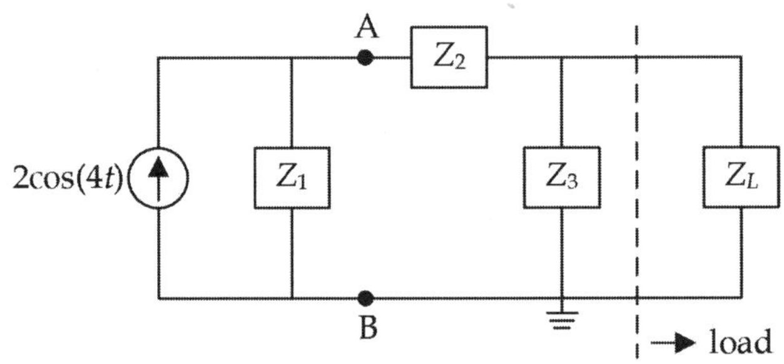

그림 9.6 예제 9.3을 위한 회로

풀이

(1) 테브냉 전압원을 구하는 과정

부하임피던스를 개방하고, 개방된 두 단자 양단에 걸리는 전압이 테브냉 전압원이 된다. 부하임피던스를 개방시킨 회로는 그림 9.7과 같다.

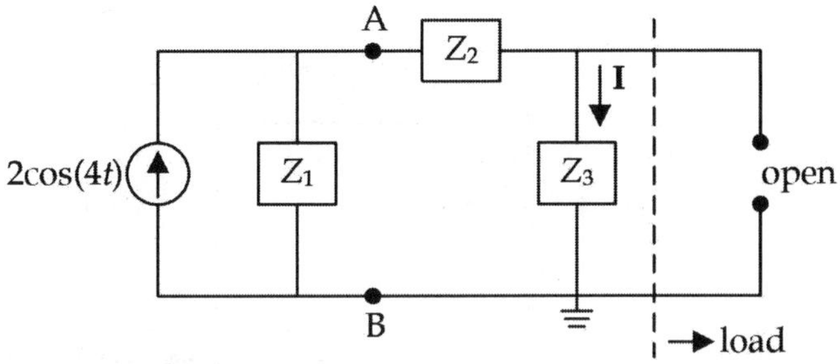

그림 9.7 테브냉 전압 측정을 위한 회로

부하임피던스가 개방되어 있으므로 마디 A에 전류분배법칙을 적용하여 임피던스 Z_2와 Z_3로 흐르는 전류를 다음과 같이 계산한다.

$$\mathrm{I} = 2\cos(4t) \times \frac{3+2j}{8+j} = 2\angle 0^\circ \times \frac{3.61\angle 33.69^\circ}{8.06\angle 7.13^\circ} = 0.9\angle 26.56^\circ \ [\mathrm{A}]. \qquad ①$$

테브냉 전압은 임피던스가 개방된 두 단자 사이에서 측정되는 전압이며, 이것은 Z_3 양단에 걸리는 전압이므로

$$\mathrm{V}_T = Z_3\mathrm{I} = (2-5j) \times 0.9\angle 26.56^\circ = 5.39\angle -68.2^\circ \times 0.9\angle 26.56^\circ \qquad ②$$

$$= 4.85\angle -41.64^\circ \ [\mathrm{V}].$$

(2) 테브냉 임피던스를 구하는 과정

먼저, 부하임피던스를 개방하고, 나머지 회로에 임피던스만 남도록 전압원은 단락시키고 전류원은 개방시키면 주어진 회로는 그림 9.8과 같이 바뀐다.

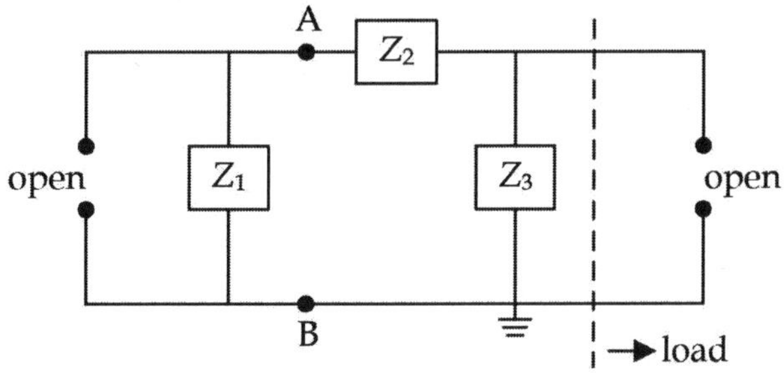

그림 9.8 테브냉 임피던스 측정을 위한 회로

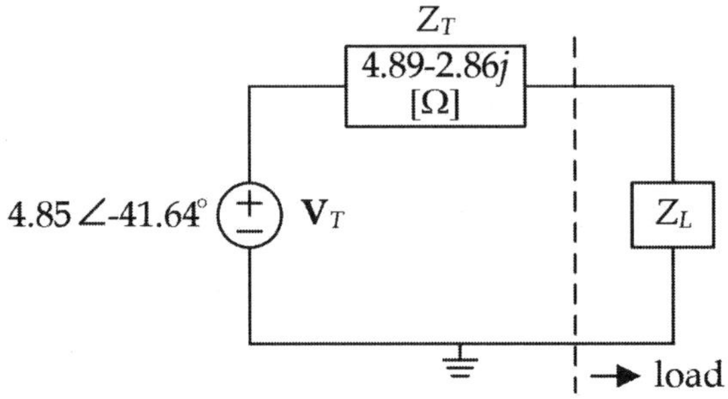

그림 9.9 예제 전기회로에 대한 테브냉 등가회로

부하임피던스가 개방된 두 단자에서 임피던스를 측정하면 테브냉 임피던스는

$$Z_T = Z_3 // (Z_1 + Z_2) = (2-5j) // (6+6j) = 4.89 - 2.86j \ [\Omega]. \qquad ③$$

여기서 // 기호는 병렬연결을 의미한다. 따라서 주어진 회로에 대한 테브냉 등가회로는 그림 9.9와 같다. 여기서 테브냉 전압원을 다음과 같이 정현파전원 형태로 나타내어도 된다.

$$v_T(t) = 4.85\cos(4t - 41.64^\circ) \ [\mathrm{V}]$$

종속전원이 있는 회로에서 테브냉-노튼 임피던스를 구하는 방법은 예제 9.3의 (2)에서 사용한 방법을 그대로 적용할 수 없다. 부하임피던스를 개방한 다음 나머지 회로에 있는 전원들은 모두 제거시켜야 한다. 하지만 여기서 말하는 전원은 독립전압원과 독립전류원을 의미하므로 종속전원은 단락 또는 개방시켜서는 안된다.[3)]

종속전원이 포함된 회로의 테브냉-노튼 임피던스를 구하기 위해서는 원래 회로의 모든 독립전원을 제거하고 그림 9.10과 같이 테스트 전원을 외부에서 인가한다.

3) 종속전원이 포함된 회로의 테브냉-노튼 등가회로는 회로이론 1 : 직류회로와 해석의 기본 제 3장 2절을 참고하라.

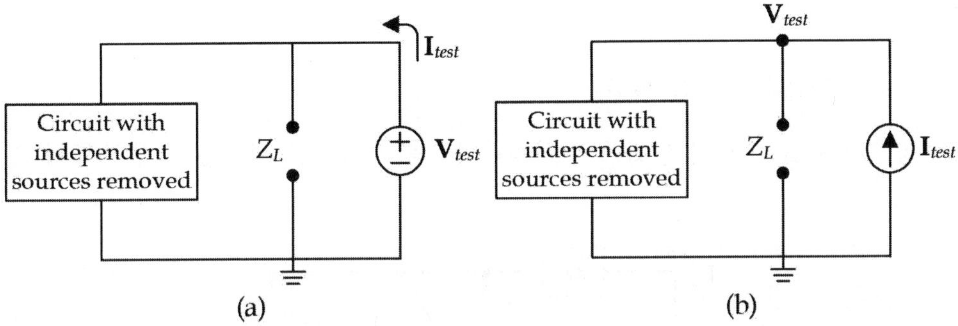

그림 9.10 테브냉-노튼 임피던스를 구하기 위하여 (a) 테스트 전압원 인가 (b) 테스트 전류원 인가한 회로

그림 9.10과 같이 테스트 전압원 또는 전류원이 인가되는 경우 원래 회로에서는 독립전원이 모두 제거되어 있으므로 테브냉-노튼 임피던스는 다음과 같다.

$$\mathrm{V}_{test} = Z_N \mathrm{I}_{test} \rightarrow Z_N = Z_T = \frac{\mathrm{V}_{test}}{\mathrm{I}_{test}}. \tag{9.17}$$

통상적으로 테스트 전압원과 전류원은 구체적인 수치를 인가하지 않더라도 식 (9.17)과 같이 비례식을 이용하여 테브냉-노튼 임피던스를 구할 수 있다.

예제 9.4

그림 9.11의 회로에서 부하임피던스(load) Z_L의 왼쪽 부분 회로에 대한 테브냉 등가회로를 구하라. 여기서 $Z_1 = 3+5j\ [\Omega]$, $Z_2 = 4-3j\ [\Omega]$이다.

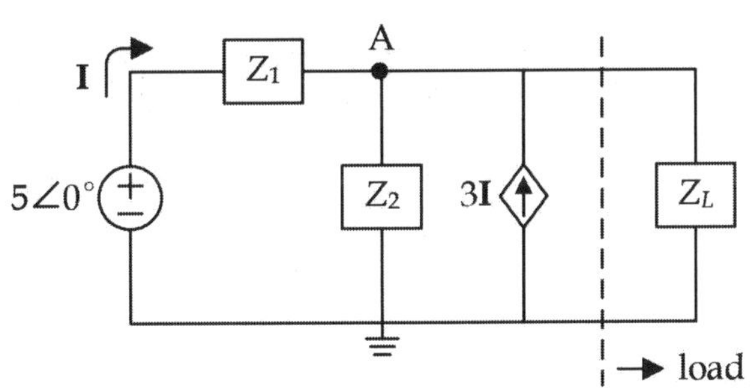

그림 9.11 예제 9.4를 위한 회로

풀이

(1) 테브냉 전압원을 구하는 과정

테브냉 전압원을 구하기 위하여 부하임피던스를 개방시킨 회로는 그림 9.12와 같다.

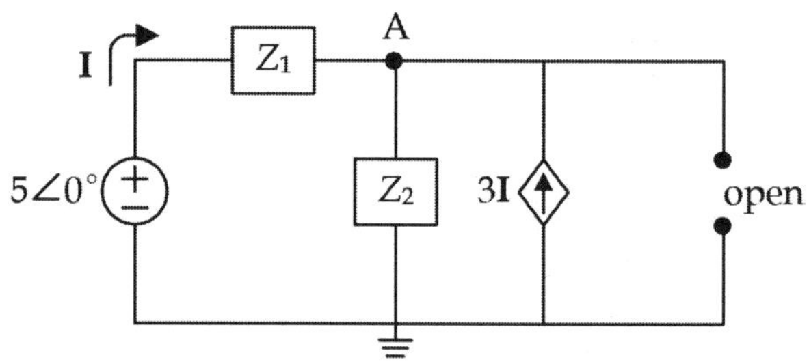

그림 9.12 테브냉 전압 측정을 위한 회로

부하임피던스가 개방된 두 단자 사이에 걸리는 전압, 즉 테브난 전압은 마디 A의 전압과 같다. 마디 A의 전압은 임피던스 Z_2 양단에 걸리는 전압이므로

$$\mathrm{V}_T = Z_2 \times (1+3)\mathrm{I}. \qquad ①$$

종속전류원을 제어하는 전류 I는

$$\mathrm{I} = \frac{5\angle 0° - \mathrm{V}_T}{Z_1} \qquad ②$$

이므로 식 ①은

$$\mathrm{V}_T = Z_2 \times 4 \times \frac{5\angle 0° - \mathrm{V}_T}{Z_1} \rightarrow \left(1 + \frac{4Z_2}{Z_1}\right)\mathrm{V}_T = \frac{Z_2}{Z_1} \times 20\angle 0°. \qquad ③$$

식 ③을 계산하면 테브냉 전압원은

$$\mathrm{V}_T = 4.94\angle -16.65° \ [\mathrm{V}]. \qquad ④$$

(2) 테브냉 임피던스를 구하는 과정

부하임피던스를 개방하고 독립전압원은 단락시킨 다음 그림 9.10(b)처럼 테스트 전류원을 인가하면 테브냉 임피던스를 구할 수 있는 회로는 그림 9.13과 같다.

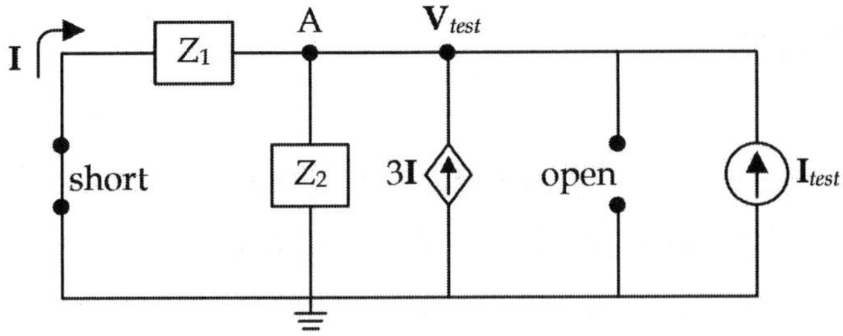

그림 9.13 테브냉 임피던스를 구하기 위한 회로

마디 A에 키르히호프 전류법칙을 적용하여 회로방정식을 구하면

$$\frac{V_{test}}{Z_1}+\frac{V_{test}}{Z_2}-3I-I_{test}=0. \quad ⑤$$

종속전원을 제어하는 전류 I는

$$I=\frac{-V_{test}}{Z_1} \quad ⑥$$

로 정의된다. 식 ⑥을 식 ⑤에 대입하여 정리하면

$$\left(\frac{4}{Z_1}+\frac{1}{Z_2}\right)V_{test}=I_{test}. \quad ⑦$$

그러므로 테브냉 임피던스는

$$Z_T=\frac{V_{test}}{I_{test}}=\left(\frac{4}{Z_1}+\frac{1}{Z_2}\right)^{-1}=\frac{(3+5j)\times(4-3j)}{4(4-3j)+(3+5j)}=1.06+0.97j\ [\Omega]. \quad ⑧$$

식 ④와 식 ⑧로부터 예제 전기회로에 대한 테브냉 등가회로는 그림 9.14와 같다.

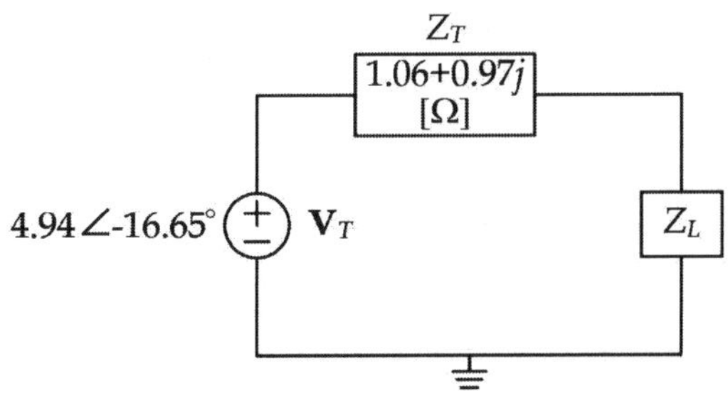

그림 9.14 예제 전기회로에 대한 테브냉 등가회로 ■

9.2 마디해석법

마디해석법은 망로해석법과 함께 전기회로를 해석하는 가장 대표적인 방법으로 소개한 바 있다. 4장에서는 직류전원을 사용하는 저항회로를 대상으로 마디해석법을 적용하는 방법을 학습하였다. 마디해석법을 이용한 저항회로의 해석을 간단하게 요약하면 통상적으로 다음의 절차에 따라 수행된다.

① 주어진 회로에서 마디들을 정의하고 기준 마디와 일반 마디로 분류

② 기준 마디를 제외한 각 마디에 키르히호프 전류법칙을 적용하여 마디전압을 변수로 하는 방정식 도출

③ 연립방정식 또는 행렬 연산을 이용하여 마디전압에 대한 페이저 계산

④ 마디전압을 이용하여 각 소자의 전압페이저 또는 가지전류의 페이저 계산

이 절에서는 교류전원과 임피던스로 구성된 전기회로에 대한 마디해석법을 학습한다. 4장에서 학습한 내용과의 차이점은 전원이 직류에서 교류로 변경된 것과 수동소자로 저항뿐만 아니라 인덕터와 커패시터가 포함된다는 것이다. 따라서 저항회로에서 마디해석법을 적용하는 절차에 앞서 주어진 회로를 페이저회로로 변환시키는 과정이 선행되어야 한다. 그리고 직렬 또는 병렬 연결된 수동소자의 임피던스를 통합하여 하나의 임피던스로 나타냄으로써 마디의 수를 감소시킨 다음 통상적인 마디해석법을 적용한다. 예를 들어, 그림 9.15에 나타낸 회로에서 마디 A와 B의 전압을 구해보자.

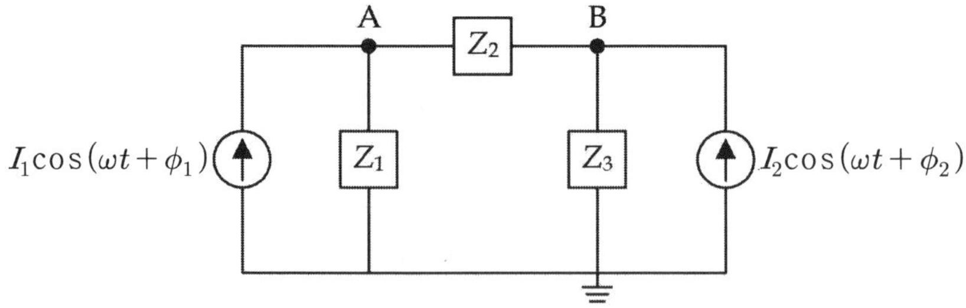

그림 9.15 마디해석법을 위한 예제 전기회로

주어진 회로에는 임피던스가 이미 주어져 있으므로 두 개의 교류전원만 페이저로 변환시켜 나타내면 그림 9.16과 같다.

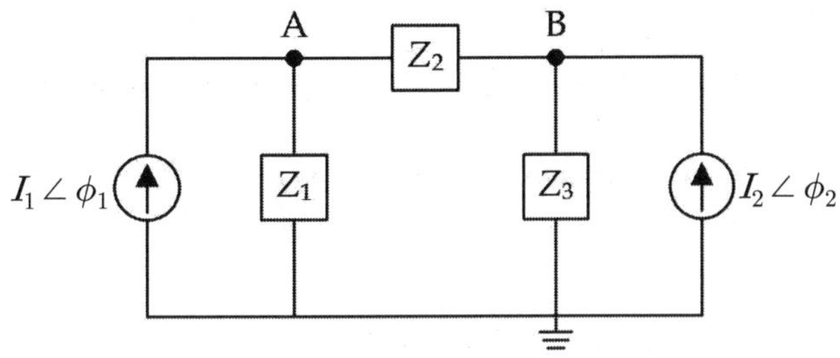

그림 9.16 주어진 회로에 대한 페이저 변환회로

마디 A에 키르히호프 전류법칙을 적용하면 마디방정식은

$$\frac{\mathrm{V}_A}{Z_1}+\frac{\mathrm{V}_A-\mathrm{V}_B}{Z_2}=I_1\angle\phi_1 \rightarrow \left(\frac{1}{Z_1}+\frac{1}{Z_2}\right)\mathrm{V}_A-\frac{1}{Z_2}\mathrm{V}_B=I_1\angle\phi_1. \tag{9.18}$$

여기서 V_A와 V_B는 각각 마디 A의 전압과 마디 B의 전압에 대한 페이저이다. 식 (9.18)을 어드미턴스를 이용하여 다음과 같이 나타낼 수도 있다.

$$(Y_1+Y_2)\mathrm{V}_A-Y_2\mathrm{V}_B=I_1\angle\phi_1. \tag{9.19}$$

여기서 $Y_1=1/Z_1$이고 $Y_2=1/Z_2$이다.

마디 B에 키르히호프 전류법칙을 적용하여 얻는 마디방정식은

$$\frac{\mathrm{V}_B-\mathrm{V}_A}{Z_2}+\frac{\mathrm{V}_B}{Z_3}=I_2\angle\phi_2 \rightarrow -\frac{1}{Z_2}\mathrm{V}_A+\left(\frac{1}{Z_2}+\frac{1}{Z_3}\right)\mathrm{V}_B=I_2\angle\phi_2 \tag{9.20}$$

이고, 이것을 어드미턴스를 이용하여 나타내면

$$-Y_2\mathrm{V}_A+(Y_2+Y_3)\mathrm{V}_B=I_2\angle\phi_2. \tag{9.21}$$

여기서 $Y_3=1/Z_3$이다.

식 (9.19)와 식 (9.21)을 행렬형식으로 표현하면

$$\begin{pmatrix} Y_1+Y_2 & -Y_2 \\ -Y_2 & Y_2+Y_3 \end{pmatrix}\begin{pmatrix}\mathrm{V}_A \\ \mathrm{V}_B\end{pmatrix}=\begin{pmatrix} I_1\angle\phi_1 \\ I_2\angle\phi_2\end{pmatrix}. \tag{9.22}$$

식 (9.22)는 식 (4.31)과 같은 형식이며, 주어진 전기회로가 독립전류원과 수동소자로 구성

되어 있으므로 계수행렬이 대칭행렬로 나타나는 것을 확인할 수 있다. 따라서 마디전압은 식 (9.22)로부터 계수행렬의 역행렬을 이용하여 다음과 같이 구하거나

$$\begin{pmatrix} \mathrm{V}_A \\ \mathrm{V}_B \end{pmatrix} = \begin{pmatrix} Y_1 + Y_2 & -Y_2 \\ -Y_2 & Y_2 + Y_3 \end{pmatrix}^{-1} \begin{pmatrix} I_1 \angle \phi_1 \\ I_2 \angle \phi_2 \end{pmatrix} \tag{9.23}$$

크라머 법칙을 이용하면 다음과 같이 구할 수 있다.

$$\mathrm{V}_A = \frac{1}{(Y_1 + Y_2)(Y_2 + Y_3) - Y_2^2} \begin{pmatrix} I_1 \angle \phi_1 & -Y_2 \\ I_2 \angle \phi_2 & Y_2 + Y_3 \end{pmatrix} \text{ [V]}, \tag{9.24}$$

$$\mathrm{V}_B = \frac{1}{(Y_1 + Y_2)(Y_2 + Y_3) - Y_2^2} \begin{pmatrix} Y_1 + Y_2 & I_1 \angle \phi_1 \\ -Y_2^2 & I_2 \angle \phi_2 \end{pmatrix} \text{ [V]}.$$

전압페이저로부터 각 마디전압의 시간영역 정현파함수 $v_A(t)$와 $v_B(t)$를 구한다.

식 (9.18)부터 식 (9.24)까지 전개된 회로해석 방법은 페이저해석의 중요한 특성을 잘 보여준다. 특히, 1차 또는 2차 회로해석법과 비교하면 에너지 저장소자에 의하여 나타나는 미분항과 적분항이 완전히 사라지고, 전압-전류 관계식에 의한 간단한 대수방정식 형태의 회로방정식을 연립방정식 또는 행렬의 풀이방법을 사용하여 응답을 구하는 것이 가장 큰 특징이다.

기억해두어야 할 점은 이 방법에 의한 응답은 정상상태응답 (또는 강제응답)이라는 것이다. 과도응답에 관심이 있는 경우라면 여전히 6장과 7장에서 학습한 1차 또는 2차 회로해석법을 사용하여야 한다. 하지만 교류전원만 있는 회로에서는 전압과 전류 등의 회로변수가 급격하게 변하지 않으므로 과도응답이 발생될 가능성은 거의 없기 때문에 페이저해석은 교류 정상상태응답을 구하는 매우 유용한 방법이다.

예제 9.5

다음 전기회로에서 마디 A와 B의 전압을 구하라.

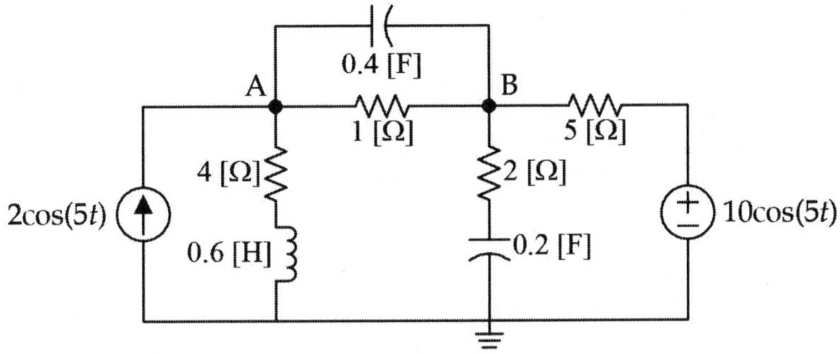

그림 9.17 예제 9.5를 위한 회로

풀이

교류전원의 각주파수가 $\omega = 5$ [rad/sec]이므로 인덕터와 커패시터를 대응하는 임피던스로 바꾸어 나타내면

- 0.6 [H] 인덕터 : $j\omega L = 3j$ [Ω],
- 0.4 [F] 커패시터 : $(j\omega C)^{-1} = -0.5j$ [Ω],
- 0.2 [F] 커패시터 : $(j\omega C)^{-1} = -j$ [Ω].

그러므로 예제 전기회로를 페이저회로로 변환시키면 다음과 같다.

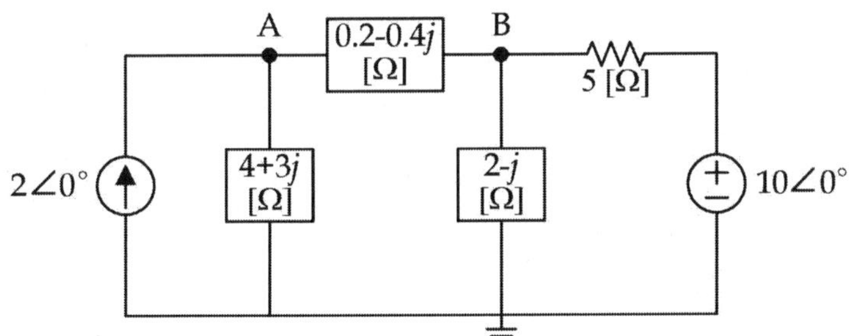

그림 9.18 예제 전기회로에 대한 페이저회로

마디 A에 키르히호프 전류법칙을 적용하면 마디방정식은

$$\left(\frac{1}{4+3j}+\frac{1}{0.2-0.4j}\right)\mathrm{V}_A - \frac{1}{0.2-0.4j}\mathrm{V}_B = 2\angle 0^\circ . \qquad ①$$

식 ①의 복소수를 정리하여 나타내면

$$(1.16+1.88j)\mathrm{V}_A-(1+2j)\mathrm{V}_B=2\angle 0^\circ. \qquad ②$$

마디 B에서 세 가지를 통하여 흘러 나가는 전류의 합은

$$\frac{\mathrm{V}_B}{2-j}+\frac{(\mathrm{V}_B-\mathrm{V}_A)}{0.2-0.4j}+\frac{\mathrm{V}_B-10\angle 0^\circ}{5}=0. \qquad ③$$

식 ③을 정리하여 나타내면

$$-(1+2j)\mathrm{V}_A+(1.6+2.2j)\mathrm{V}_B=2\angle 0^\circ. \qquad ④$$

두 마디방정식을 행렬의 형태로 나타내면

$$\begin{pmatrix}(1.16+1.88j) & -(1+2j)\\ -(1+2j) & (1.6+2.2j)\end{pmatrix}\begin{pmatrix}\mathrm{V}_A\\ \mathrm{V}_B\end{pmatrix}=\begin{pmatrix}2\angle 0^\circ\\ 2\angle 0^\circ\end{pmatrix}. \qquad ⑤$$

크라머 법칙을 이용하여 각각의 마디전압을 구하기 위하여 계수행렬의 행렬식을 계산하면

$$\begin{aligned}\Delta &= \begin{vmatrix}(1.16+1.88j) & -(1+2j)\\ -(1+2j) & (1.6+2.2j)\end{vmatrix}\\ &=(1.16+1.88j)(1.6+2.2j)-(1+2j)^2=0.72+1.56j\end{aligned} \qquad ⑥$$

되므로 각 마디전압은

$$\mathrm{V}_A=\frac{\begin{vmatrix}2\angle 0^\circ & -(1+2j)\\ 2\angle 0^\circ & (1.6+2.2j)\end{vmatrix}}{\Delta}=\frac{5.2+8.4j}{0.72+1.56j}=5.74\angle -6.98^\circ\ [\mathrm{V}], \qquad ⑦$$

$$\mathrm{V}_B=\frac{\begin{vmatrix}(1.16+1.88j) & 2\angle 0^\circ\\ -(1+2j) & 2\angle 0^\circ\end{vmatrix}}{\Delta}=\frac{4.32+7.76j}{0.72+1.56j}=5.16\angle -4.32^\circ\ [\mathrm{V}].$$

따라서 각 마디전압을 정현파함수로 나타내면

$$v_A(t)=5.74\cos(5t-6.98^\circ),\ \ v_B(t)=5.16\cos(5t-4.32^\circ)\ [\mathrm{V}].$$

예제 9.6

다음 전기회로에서 마디 A의 전압과 종속전압원의 크기를 제어하는 전류 $i(t)$의 정상상태응답을 구하라.

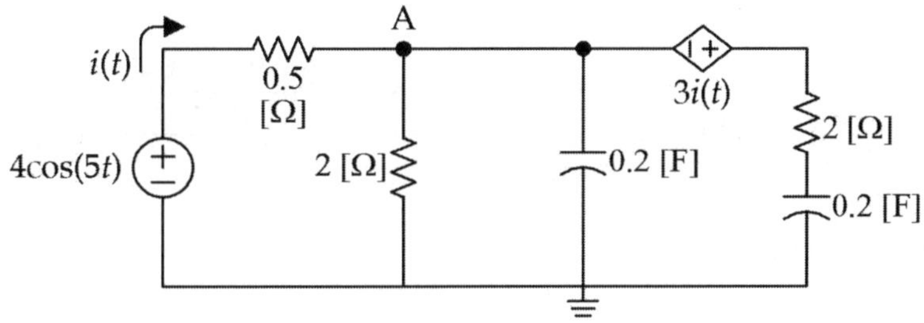

그림 9.19 예제 9.6을 위한 회로

풀이

교류전원의 각주파수가 $\omega = 5$ [rad/sec]이므로 0.2 [F] 커패시터의 임피던스는 $-j\,[\Omega]$이 된다. 그러므로 마디 A와 접지마디를 사이의 $2\,[\Omega]$ 저항과 0.2 [F] 커패시터의 병렬연결은 $(0.4-0.8j)\,[\Omega]$ 임피던스가 되고, 오른쪽 가지의 $2\,[\Omega]$ 저항과 0.2 [F] 커패시터의 직렬연결은 $(2-j)\,[\Omega]$이다. 따라서 그림 9.19에 나타낸 회로에 대한 페이저회로는 그림 9.20과 같다.

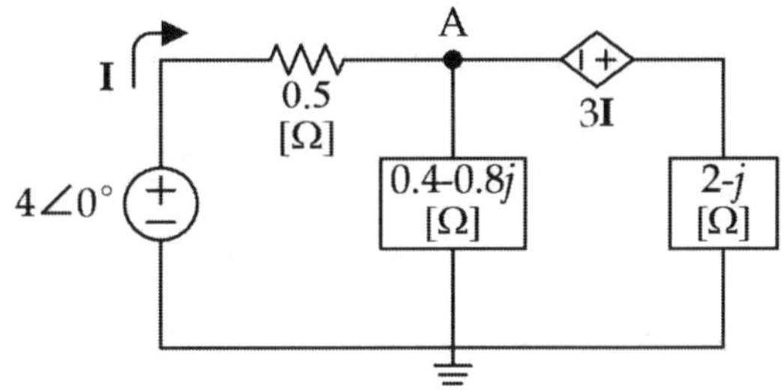

그림 9.20 예제 전기회로에 대한 페이저회로

마디 A에 키르히호프 전류법칙을 적용하여 마디방정식을 구하면

$$\frac{V_A - 4\angle 0^\circ}{0.5} + \frac{V_A}{0.4-0.8j} + \frac{V_A - (-3I)}{2-j} = 0. \qquad ①$$

식 ①에서 종속전압원의 크기를 제어하는 제어변수는

$$\mathrm{I}=\frac{4\angle 0^\circ - \mathrm{V}_A}{0.5} \quad ②$$

이다. 식 ②를 식 ①에 대입하여 정리하면

$$2(\mathrm{V}_A - 4\angle 0^\circ) + (0.5+j)\mathrm{V}_A + \frac{\mathrm{V}_A + 3\times\dfrac{4\angle 0^\circ - \mathrm{V}_A}{0.5}}{2-j} = 0. \quad ③$$

식 ③을 다시 정리하면

$$0.5\mathrm{V}_A = 8\angle 0^\circ - 4.8(2+j) = -1.6 - 4.8j \quad ④$$

가 되므로 마디 A의 전압페이저는

$$\mathrm{V}_A = \frac{-1.6-4.8j}{0.5} = -3.2 - 9.6j = 10.12\angle -108.43^\circ \text{ [V]}. \quad ⑤$$

종속전압원을 제어하는 전류페이저는 식 ⑤를 식 ②에 대입하여 구한다.

$$\mathrm{I}=\frac{4-(-3.2-9.6j)}{0.5} = 14.4 + 19.2j = 24.0\angle 53.13^\circ \text{ [A]}. \quad ⑥$$

그러므로 마디 A의 전압과 종속전원 제어전류의 교류 정상상태응답은 각각 다음과 같다.

$$v_A(t) = 10.12\cos(5t - 108.43^\circ) \text{ [V]},$$

$$i(t) = 24.0\cos(5t + 53.13^\circ) \text{ [A]}.$$

■

마디해석법에서 전압원이 있는 가지는 수퍼마디를 정의하여 해석하는 방법을 4장에서 학습하였다. 하지만 예제 9.5와 예제 9.6에서는 전압원이 있음에도 불구하고 수퍼마디를 정의하지 않고 키르히호프 전류법칙을 직접 적용하였다. 그 차이는 그림 9.21을 이용하여 설명한다.

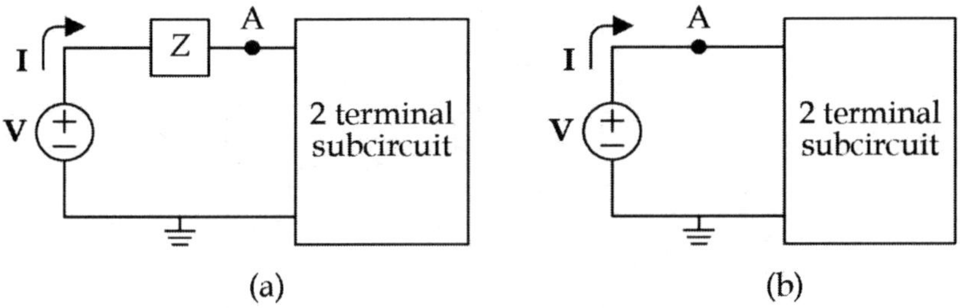

그림 9.21 전압원-회로 사이에 (a) 임피던스가 있는 경우 (b) 임피던스가 없는 경우

그림 9.21의 두 회로는 전압원과 2단자 회로 사이에 임피던스가 있는 것과 없는 것의 차이이다. 하지만 이 임피던스 존재 여부에 의하여 마디해석법에서는 큰 차이가 생긴다. 이미 여러 차례 학습을 통하여 알고 있듯이 마디해석법은 회로 내의 각 마디에서 키르히호프 전류법칙을 적용하여 마디에 연결된 가지들을 통하여 흐르는 전류를 마디전압과 임피던스로 정의하여 마디방정식을 만든다.

그림 9.21(a)의 경우 전압원이 연결된 가지를 통하여 흐르는 전류는

$$\mathrm{I} = \frac{\mathrm{V} - \mathrm{V}_A}{Z} \tag{9.25}$$

로 정의하는 것이 가능하므로 마디 A에 키르히호프 전류법칙을 적용할 수 있다. 하지만 그림 9.21(b)의 경우 I를 특별히 정의해두지 않으면 전압원으로부터 마디 A로 흐르는 전류를 제시된 회로구조만으로는 정의할 수 있는 방법이 없으므로 키르히호프 전류법칙을 적용할 수 없다. 그러므로 그림 9.21(b)과 같은 구조에서는 수퍼마디를 정의하여 마디해석법을 적용하여야 한다. 다음 예제를 통하여 수퍼마디를 사용하는 마디해석법에 대하여 살펴보자.

예제 9.7

다음 전기회로에서 마디 A의 전압과 마디 A에서 마디 B로 흐르는 전류의 정상상태응답을 구하라.

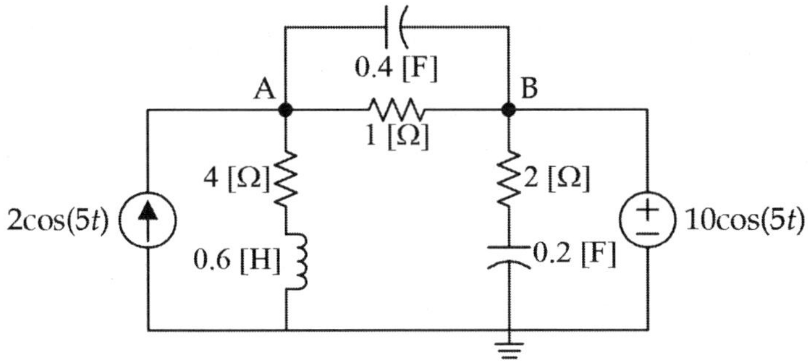

그림 9.22 예제 9.7을 위한 회로

풀이

예제 회로는 그림 9.17의 회로에서 전압원과 마디 B 사이의 5 [Ω] 저항을 제거시킨 것이다. 이러한 전압원의 연결 구조는 그림 9.21(b)와 동일한 형태이므로 마디 B에 키르히호프 전류법칙을 적용하는 것이 쉽지 않다. 이런 이유로 그림 9.22의 회로를 해석하기 위하여 전압원과 전압원 앞뒤의 마디를 묶어 그림 9.23과 같이 수퍼마디를 만들어 해석한다.

예제 9.5에서 계산한 임피던스와 전압 및 전류페이저를 적용한 페이저회로를 그림 9.23에 나타내었다. 여기서 S^+와 S^-는 수퍼마디의 양단자와 음단자이다.

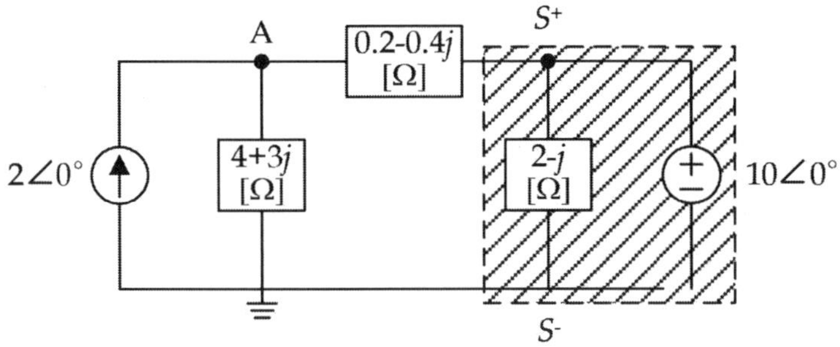

그림 9.23 예제 회로에 대한 페이저회로

마디 A에 키르히호프 전류법칙을 적용하면 마디방정식은

$$\left(\frac{1}{4+3j}+\frac{1}{0.2-0.4j}\right)V_A-\frac{1}{0.2-0.4j}S^+=2\angle 0^\circ. \quad ①$$

수퍼마디의 음단자는 접지마디이므로 $S^-=0$ [V]이다. 그러므로 수퍼마디의 양단자는

$$S^{+} = 10\angle 0^\circ \ \text{[V]}. \qquad ②$$

식 ②를 식 ①에 대입하여 정리하면

$$(0.16 - 0.12j + 1 + 2j)V_A = 2 + \frac{10}{0.2 - 0.4j} = 12 + 20j \qquad ③$$

이므로 마디 A의 전압페이저는

$$V_A = \frac{12 + 20j}{1.16 + 1.88j} = \frac{23.32\angle 59.04^\circ}{2.21\angle 58.32^\circ} = 10.55\angle 0.72^\circ \ \text{[V]}. \qquad ④$$

마디 B가 수퍼마디의 양단자와 같기 때문에 마디 A에서 마디 B로 흐르는 전류는

$$I_{AB} = \frac{V_A - S^{+}}{0.2 - 0.4j} = \frac{10.55\angle 0.72^\circ - 10}{0.2 - 0.4j} = 1.26\angle 76.73^\circ \ \text{[A]}. \qquad ⑤$$

따라서 마디 A의 전압과 마디 A에서 마디 B로 흐르는 전류를 시간영역 정현파함수로 나타내면 각각 다음과 같다.

$$v_A(t) = 10.55\cos(5t + 0.72^\circ) \ \text{[V]},$$

$$i_{AB}(t) = 1.26\cos(5t + 76.73^\circ) \ \text{[A]}.$$

■

9.3 망로해석법

망로해석법은 앞 절에서 소개한 마디해석법의 쌍대가 되는 회로해석 방법으로 회로에 포함된 망로에 키르히호프 전압법칙을 적용하여 망로전류를 회로변수로 사용하는 방정식을 세운다. 교류 정상상태응답을 구하기 위한 망로해석법의 일반적인 절차는 다음과 같다.

① 일반적인 전기회로를 페이저회로로 변환

② 회로에 존재하는 모든 망로를 정의하고 망로전류를 배정

③ 키르히호프 전압법칙을 각 망로에 적용하여 망로전류가 변수인 방정식 도출

④ 연립방정식 또는 행렬 연산을 이용하여 전류페이저 계산

망로해석법을 이용하여 교류 정상상태응답을 구하는 예를 위하여 그림 9.24와 같은 전기회로를 해석하여보자.

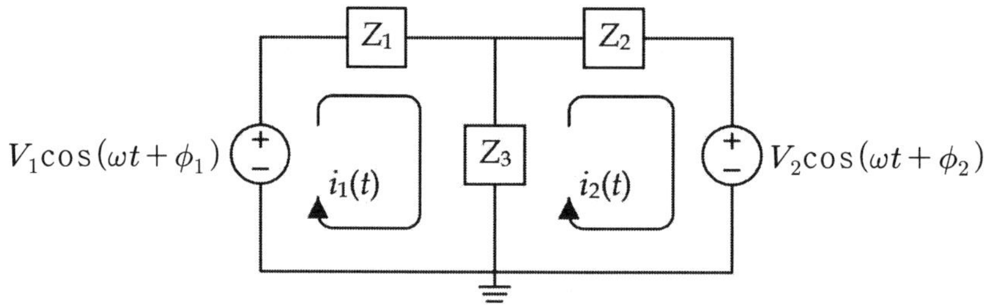

그림 9.24 망로해석법을 위한 예제 전기회로

수동소자들이 이미 임피던스로 표시되어 있으므로 두 개의 교류전압원을 페이저로 표현하면 주어진 회로에 대한 페이저 변환회로는 아래와 같다.

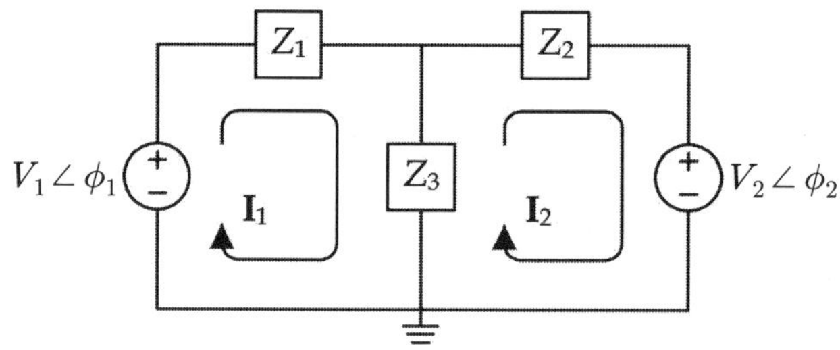

그림 9.25 예제 전기회로에 대한 페이저회로

키르히호프 전압법칙을 왼쪽 망로에 적용하면 첫 번째 망로방정식은

$$Z_1\mathrm{I}_1 + Z_3(\mathrm{I}_1 - \mathrm{I}_2) = V_1\angle\phi_1 \ \rightarrow\ (Z_1 + Z_3)\mathrm{I}_1 - Z_3\mathrm{I}_2 = V_1\angle\phi_1. \tag{9.26}$$

오른쪽 망로에 키르히로프 전압법칙을 적용하면 두 번째 망로방정식은

$$Z_2\mathrm{I}_2 + Z_3(\mathrm{I}_2 - \mathrm{I}_1) = -V_2\angle\phi_2 \ \rightarrow\ -Z_3\mathrm{I}_1 + (Z_2 + Z_3)\mathrm{I}_2 = -V_2\angle\phi_2. \tag{9.27}$$

두 방정식을 행렬형태로 표현하면

$$\begin{pmatrix} Z_1 + Z_3 & -Z_3 \\ -Z_3 & Z_2 + Z_3 \end{pmatrix}\begin{pmatrix} \mathrm{I}_1 \\ \mathrm{I}_2 \end{pmatrix} = \begin{pmatrix} V_1\angle\phi_1 \\ -V_2\angle\phi_2 \end{pmatrix} \tag{9.28}$$

가 된다. 이것은 동일한 구조의 저항회로를 대상으로 세운 망로방정식인 식 (4.57)의 페이저 및 임피던스 변환 형태이다. 전류페이저 I_1과 I_2는 역행렬 연산이나 크라머의 법칙, 연립 방정식 등을 이용하여 계산할 수 있다.

예제 9.8

다음 전기회로에서 마디 A와 마디 B의 정상상태 전압을 망로해석법을 이용하여 구하라.

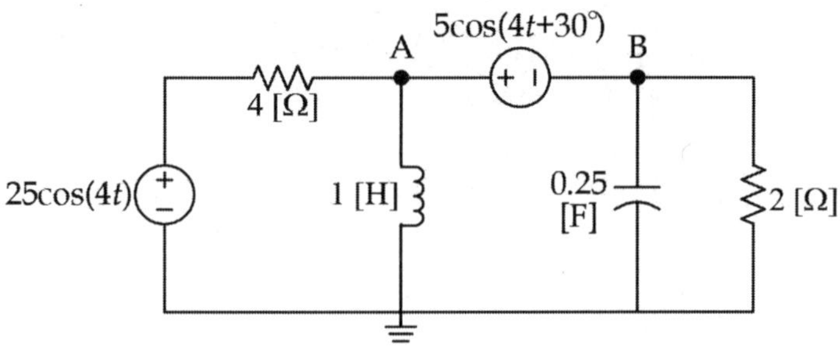

그림 9.26 예제 9.8을 위한 회로

풀이

예제 회로에서 두 전압원의 각주파수가 $\omega = 4$ [rad/sec]이므로 인덕터와 커패시터의 임피던스는 각각

- 1.0 [H] 인덕터 : $j\omega L = 4j$ [Ω],
- 0.25 [F] 커패시터 : $(j\omega C)^{-1} = -j$ [Ω]

이 된다. 그리고 오른쪽의 2 [Ω] 저항과 $-j$ [Ω] 커패시터의 병렬연결은 $(0.4-0.8j)$ [Ω] 임피던스가 되므로 주어진 회로에 대한 페이저 변환회로는 아래와 같다.

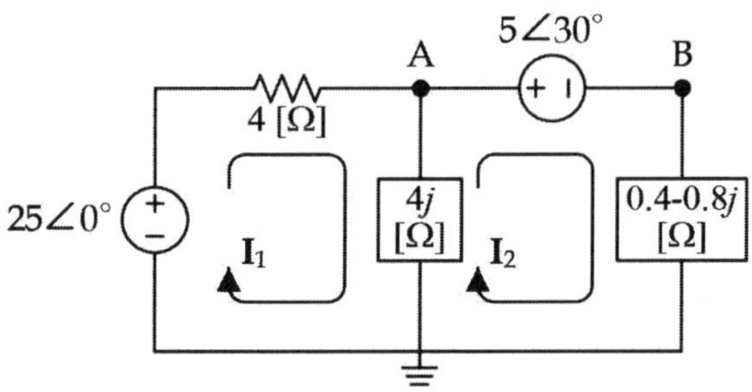

그림 9.27 예제 전기회로에 대한 페이저회로

페이저회로의 왼쪽 망로에 키르히호프 전압법칙을 적용하면 망로방정식은

$$(4+4j)\mathrm{I}_1 - 4j\mathrm{I}_2 = 25\angle 0^\circ \qquad ①$$

이 되고, 오른쪽 망로에 키르히호프 전압법칙을 적용하면 방정식은

$$-4j\mathrm{I}_1 + (0.4+3.2j)\mathrm{I}_2 = -5\angle 30^\circ \qquad ②$$

이 된다. 식 ①과 식 ②를 행렬형식으로 나타내면 식 ③과 같다.

$$\begin{pmatrix} 4+4j & -4j \\ -4j & 0.4+3.2j \end{pmatrix}\begin{pmatrix} \mathrm{I}_1 \\ \mathrm{I}_2 \end{pmatrix} = \begin{pmatrix} 25\angle 0^\circ \\ -5\angle 30^\circ \end{pmatrix}. \qquad ③$$

크라머의 법칙을 이용하기 위하여 먼저 계수행렬의 행렬식을 계산하면

$$\Delta = \begin{vmatrix} 4+4j & -4j \\ -4j & 0.4+3.2j \end{vmatrix} = (4+4j)(0.4+3.2j) - (-4j)^2 = 4.8+14.4j. \qquad ④$$

그러므로 각각의 망로전류는

$$\begin{aligned}\mathrm{I}_1 &= \frac{\begin{vmatrix} 25\angle 0^\circ & -4j \\ -5\angle 30^\circ & 0.4+3.2j \end{vmatrix}}{\Delta} = \frac{25(0.4+3.2j) + (5\angle 30^\circ \times 4\angle -90^\circ)}{4.8+14.4j}. \\ &= \frac{20+64.68j}{4.8+14.4j} = \frac{67.7\angle 72.82^\circ}{15.18\angle 71.57^\circ} = 4.46\angle 1.25^\circ \ [\mathrm{A}],\end{aligned} \qquad ⑤$$

$$\begin{aligned}\mathrm{I}_2 &= \frac{\begin{vmatrix} 4+4j & 25\angle 0^\circ \\ -4j & -5\angle 30^\circ \end{vmatrix}}{\Delta} = \frac{(\sqrt{32}\angle 45^\circ)(-5\angle 30^\circ) + 25\times 4j}{4.8+14.4j}. \\ &= \frac{-7.32+72.68j}{4.8+14.4j} = \frac{73.05\angle 95.75^\circ}{15.18\angle 71.57^\circ} = 4.81\angle 24.18^\circ \ [\mathrm{A}].\end{aligned} \qquad ⑥$$

따라서 망로전류의 교류 정상상태응답은 각각

$$i_1(t) = 4.46\cos(4t+1.25^\circ),$$

$$i_2(t) = 4.81\cos(4t+24.18^\circ) \ [\mathrm{A}]. \qquad ⑦$$

여기까지가 망로해석법을 적용하여 망로전류를 구하는 과정이며, 문제에서 요구하는 추가적인 해석은 식 ⑦의 망로전류를 이용하여 계산한다.

마디 A의 전압은 $4j[\Omega]$ 임피던스 양단에 걸리는 전압으로

$$\mathrm{V}_A = 4j(\mathrm{I}_1 - \mathrm{I}_2) = 4j(4.46\angle 1.25° - 4.81\angle 24.18°) = 7.49\angle 2.14° \text{ [V]} \qquad ⑧$$

이고, 마디 B의 전압은 $(0.4-0.8j)\,[\Omega]$ 임피던스 양단에 걸리는 전압으로

$$\mathrm{V}_B = (0.4-0.8j)\mathrm{I}_2 = 4.3\angle -39.26° \text{ [V]}. \qquad ⑨$$

따라서 마디전압의 교류 정상상태응답은 각각 다음과 같다.

$$v_A(t) = 7.49\cos(4t + 2.14°),$$

$$v_B(t) = 4.3\cos(4t - 39.26°) \text{ [V]}.$$

■

통상적으로 망로해석법을 이용하여 회로를 해석하는 경우 각각의 망로에 키르히호프 전압법칙을 적용하기 때문에 전류원보다는 전압원이 있는 것이 방정식을 도출하는데 유리하다. 전류원이 회로에 포함된 경우에는 전류원이 하나의 망로에만 있는지 그렇지 않고 두 개의 망로에 공유되어 있는지에 따라 망로해석법의 적용방법이 달라지는 것으로 4장에서 학습한 바 있다. 먼저 전류원이 하나의 망로에만 포함되는 예제 9.9를 해석하여보자.

예제 9.9

다음 전기회로에 망로해석법을 적용하여 망로전류의 교류 정상상태응답을 구하라. 여기서 두 교류전원의 주파수는 동일한 것으로 가정한다.

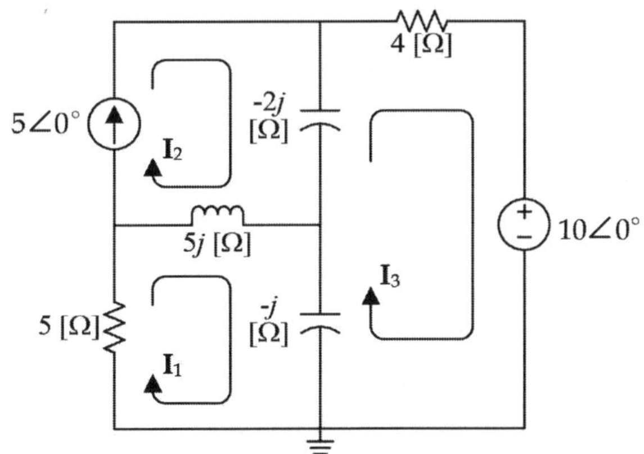

그림 9.28 예제 9.9를 위한 회로

풀이

전류원이 하나의 망로에만 있으면 단순히 전류원을 가상 개방시키고 망로전류는 전류원과 동일하게 다루면 된다. 다만 여기서 망로전류와 전류원의 기준 전류방향이 같으면 같은 부호를 사용하고 다르면 부호를 반전시키면 된다.

이 방법에 의하면 주어진 회로에서 $5\angle 0^\circ$ [A] 전류원이 연결된 가지를 개방시키고 망로전류는 $I_2 = 5\angle 0^\circ$ [A]로 정한다. 그리고 나머지 두 개의 망로에 대하여 키르히호프 전압법칙을 적용하여 방정식을 세운다. 왼쪽 아래에 있는 망로 1에서 얻을 수 있는 망로방정식은

$$5I_1 + 5j(I_1 - I_2) - j(I_1 - I_3) = 0 \tag{①}$$

이며, $I_2 = 5\angle 0^\circ$ [A]를 대입하고 정리하면 식 ①은

$$(5+4j)I_1 + jI_3 = 5j \times 5\angle 0^\circ = 25j = 25\angle 90^\circ. \tag{②}$$

오른쪽 망로에 키르히호프 전압법칙을 적용하면

$$4I_3 - 2j(I_3 - I_2) - j(I_3 - I_1) + 10\angle 0^\circ = 0. \tag{③}$$

여기에 $I_2 = 5\angle 0^\circ$ [A]를 대입하고 정리하면 식 ③은

$$jI_1 + (4-3j)I_3 = -2jI_2 - 10\angle 0^\circ = -10 - 10j. \tag{④}$$

두 망로방정식을 행렬의 형태로 나타내면

$$\begin{pmatrix} 5+4j & j \\ j & 4-3j \end{pmatrix}\begin{pmatrix} I_1 \\ I_3 \end{pmatrix} = \begin{pmatrix} 25j \\ -10-10j \end{pmatrix}. \tag{⑤}$$

가 되므로 망로전류 I_1과 I_3는

$$\Delta = \begin{vmatrix} 5+4j & j \\ j & 4-3j \end{vmatrix} = (5+4j)(4-3j) - (j)^2 = 33 + j. \tag{⑥}$$

$$\begin{aligned} I_1 &= \frac{\begin{vmatrix} 25j & j \\ -10-10j & 4-3j \end{vmatrix}}{\Delta} = \frac{25j(4-3j) + j(10+10j)}{33+j} \\ &= \frac{65+110j}{33+j} = \frac{127.77\angle 59.42^\circ}{33.02\angle 1.74^\circ} = 3.87\angle 57.68^\circ \text{ [A]}, \end{aligned} \tag{⑦}$$

$$\mathrm{I}_3 = \frac{\begin{vmatrix} 5+4j & 25j \\ j & -10-10j \end{vmatrix}}{\Delta} = \frac{(5+4j)(-10-10j)-25(j)^2}{33+j} \qquad ⑧$$
$$= \frac{15-90j}{33+j} = \frac{91.24\angle -80.54^\circ}{33.02\angle 1.74^\circ} = 2.76\angle -82.28^\circ \text{ [A]},$$

그리고 $\mathrm{I}_2 = 5\angle 0^\circ$ [A]이다.

예제 9.9에 나타낸 회로와는 달리 전류원이 두 개의 망로에 공유되어 있는 경우에는 전류원과 함께 전류원에 직렬로 연결된 수동소자까지 포함된 가지를 가상적으로 개방시킴으로써 수퍼망로를 만들어 해석하여야 한다. 이러한 경우에 대한 해석을 다음 예를 통하여 확인하여보자.

예제 9.10

다음 전기회로에 망로해석법을 적용하여 망로전류의 교류 정상상태응답을 구하라. 여기서 두 교류전원의 주파수는 동일한 것으로 가정한다.

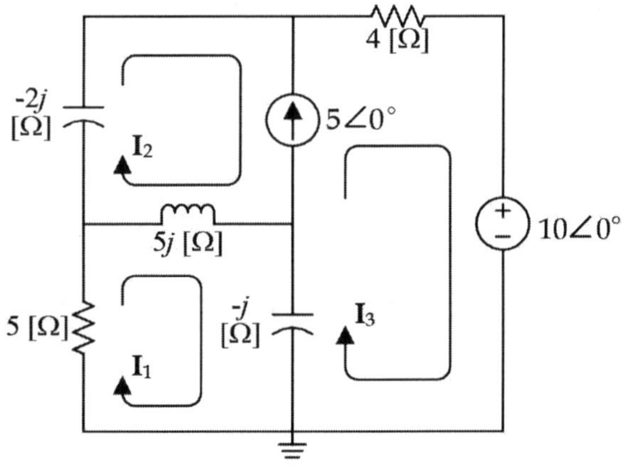

그림 9.29 예제 9.10을 위한 회로

풀이

예제 전기회로는 그림 9.28에 나타낸 회로에서 $5\angle 0^\circ$ [A] 페이저 전원과 $-2j$ [Ω] 임피던스의 위치를 서로 바꾼 것이다. 이 회로에서 $5\angle 0^\circ$ [A] 전류원은 망로 2와 망로 3에 공유되어 있으므로 전류원이 포함된 가지를 가상 개방시켜 망로 2와 망로 3이 합쳐지는 수퍼망로가 그림 9.30처럼 생기게 된다.

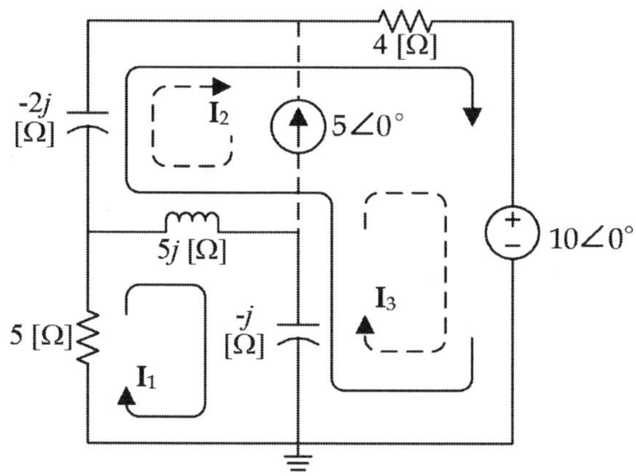

그림 9.30 전류원을 가상 개방시켜 수퍼망로를 만든 회로

그림 9.30의 회로에는 왼쪽 아래의 일반 망로와 망로 2와 망로 3이 합쳐진 수퍼망로 등 두 개의 망로가 있다. 수퍼망로가 생기면서 망로전류 I_2와 I_3 사이의 관계를 정의하면

$$I_3 - I_2 = 5\angle 0^\circ \text{ [A]}. \qquad ①$$

일반 망로에 키르히호프 전압법칙을 적용하면 망로방정식은

$$5I_1 + 5j(I_1 - I_2) - j(I_1 - I_3) = 0 \qquad ②$$

이 된다. 이 방정식은 예제 9.9에서 얻은 방정식과 동일하다. 따라서 식 ①을 식 ②에 대입하여 정리하면

$$(5+4j)I_1 - 4jI_2 = -j \times 5\angle 0^\circ = -5j. \qquad ③$$

수퍼망로에 키르히호프 전압법칙을 적용하면 망로방정식은

$$5j(I_2 - I_1) - 2jI_2 + 4(I_2 + 5\angle 0^\circ) + 10\angle 0^\circ - j(I_3 - I_1) = 0 \qquad ④$$

이다. 여기에 식 ①을 대입하여 정리하면

$$-4jI_1 + (4+2j)I_2 = -30 + 5j. \qquad ⑤$$

두 망로방정식을 행렬의 형태로 나타내면

$$\begin{pmatrix} 5+4j & -4j \\ -4j & 4+2j \end{pmatrix}\begin{pmatrix} \mathrm{I}_1 \\ \mathrm{I}_2 \end{pmatrix} = \begin{pmatrix} -5j \\ -30+5j \end{pmatrix}. \quad ⑥$$

가 되므로 망로전류 I_1과 I_2는

$$\Delta = \begin{vmatrix} 5+4j & -4j \\ -4j & 4+2j \end{vmatrix} = (5+4j)(4+2j) - (-4j)^2 = 28+26j. \quad ⑦$$

$$\begin{aligned} \mathrm{I}_1 &= \frac{\begin{vmatrix} -5j & -4j \\ -30+5j & 4+2j \end{vmatrix}}{\Delta} = \frac{-5j(4+2j)+4j(-30+5j)}{28+26j} \\ &= \frac{-10-140j}{28+26j} = \frac{140.36\angle -94.09^\circ}{38.21\angle 42.88^\circ} = 3.67\angle -136.97^\circ \text{ [A]}, \end{aligned} \quad ⑧$$

$$\begin{aligned} \mathrm{I}_2 &= \frac{\begin{vmatrix} 5+4j & -5j \\ -4j & -30+5j \end{vmatrix}}{\Delta} = \frac{(5+4j)(-30+5j)-(-5j\times -4j)}{28+26j} \\ &= \frac{-150-95j}{28+26j} = \frac{177.55\angle -147.65^\circ}{38.21\angle 42.88^\circ} = 4.65\angle 169.47^\circ \text{ [A]}. \end{aligned} \quad ⑨$$

그리고 식 ①로부터

$$\mathrm{I}_3 = 5\angle 0^\circ + \mathrm{I}_2 = 0.95\angle 63.17^\circ \text{ [A]}.$$

■

예제 9.9와 예제 9.10을 통하여 회로 내에서 전류원의 위치에 따라 수퍼망로의 적용 여부가 결정되기 때문에 해석 방법도 달라지는 것을 확인할 수 있다. 마지막 예로는 독립전류원과 종속전류원 등 전원이 모두 전류원으로 구성된 회로에 망로해석법을 적용하여 해석하여보자.

예제 9.11

다음 전기회로에 망로해석법을 적용하여 망로전류와 종속전류원의 제어전압 $v(t)$의 교류 정상상태응답을 구하라.

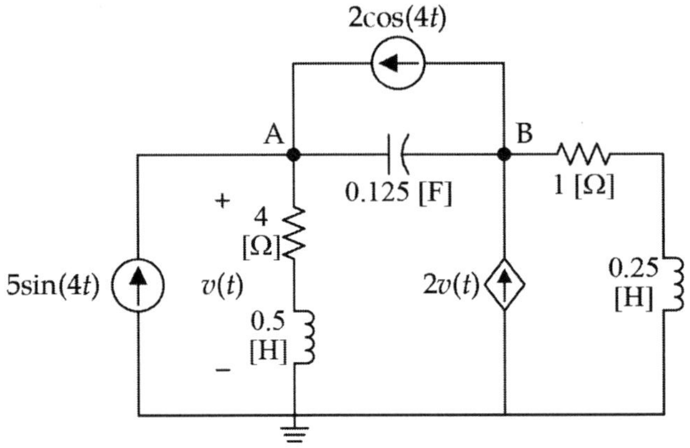

그림 9.31 예제 9.11을 위한 회로

풀이

예제 전기회로는 전류원만 존재하는 회로이므로 일반적으로는 마디해석법을 이용하여 해석하는 것이 바람직할 것이다. 이 회로를 망로해석법을 사용하여 해석하는 것은 극단적인 경우로 보일 수 있다. 하지만 $5\sin(4t)$ 전류원과 $2\cos(4t)$ 전류원이 각각 하나의 망로에 포함되어 있는 단일 가지이므로 가상 개방시킬 수 있고, 종속전류원 $2v(t)$는 두 망로에 공유되어 있으므로 개방시키면서 공유하는 망로들을 통합하면 하나의 수퍼망로가 된다. 따라서 주어진 회로에 망로해석법을 적용하면 실제로는 하나의 망로방정식만 생기므로 마디 A와 마디 B에서 마디방정식을 유도하여 해석하는 마디해석법보다 오히려 더 간단하게 문제를 해결할 수 있다.

그림 9.31의 전기회로에서 교류전원의 각주파수가 $\omega = 4$ [rad/sec]이므로 인덕터와 커패시터에 대응하는 임피던스는 각각 다음과 같다.

- 0.25 [H] 인덕터 : $j\omega L = j4 \times 0.25 = j$ [Ω],
- 0.5 [H] 인덕터 : $j\omega L = j4 \times 0.5 = 2j$ [Ω],
- 0.125 [F] 커패시터 : $(j\omega C)^{-1} = (j4 \times 0.125)^{-1} = -2j$ [Ω].

그리고 $5\sin(4t)$ 전류원에 대한 페이저는 $5\sin(4t) = 5\cos(4t - 90°) = 5\angle -90°$ [A] 또는 이를 복소수 형식으로 나타내면 $-5j$ [A]가 된다. 따라서 주어진 회로에 대응하는 페이저회로는 그림 9.32와 같다. 여기서는 망로해석을 위하여 전류원을 가상 개방시킨 것을 포함하여 나타내었다.

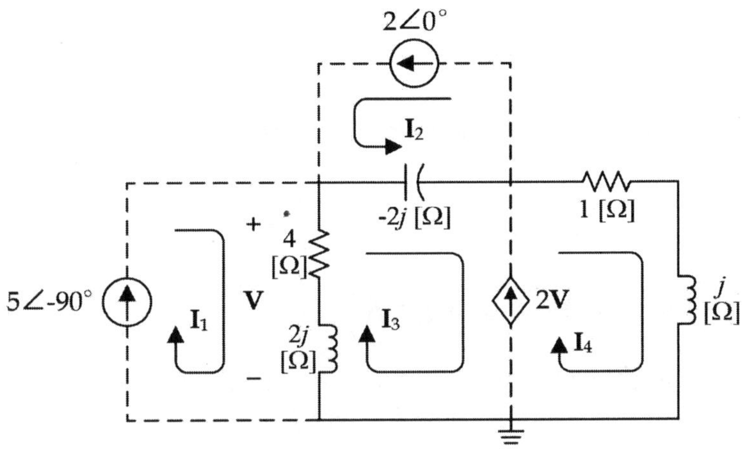

그림 9.32 예제 회로에 대응하는 페이저회로

가상 개방된 망로의 망로전류 I_1과 I_2는 각각

$$I_1 = 5\angle -90^\circ = -5j,\ I_2 = 2\angle 0^\circ = 2\ [A]. \quad ①$$

그리고 망로전류 I_3와 I_4 사이의 관계는

$$I_4 - I_3 = 2V \quad ②$$

이고, 종속전류원의 크기를 제어하는 전압 V는

$$V = (4+2j)(I_1 - I_3). \quad ③$$

망로해석을 위한 세부 요소들에 대한 정의가 완료되었으므로 망로 3과 망로 4가 합쳐진 수퍼망로에 키르히호프 전압법칙을 적용하면 망로방정식은

$$(4+2j)(I_3 - I_1) + (-2j)(I_3 + I_2) + (1+j)I_4 = 0. \quad ④$$

여기에 식 ①부터 식 ③까지 정의된 요소들을 대입하여 망로전류 I_3에 대하여 정리하여 나타내면

$$(1-11j)I_3 = -50+4j \quad ⑤$$

이므로

$$I_3 = \frac{-50+4j}{1-11j} = \frac{50.17\angle 175.43^\circ}{11.05\angle -84.81^\circ} = 4.54\angle -99.76^\circ \text{ [A]}. \quad ⑥$$

식 ⑥으로부터 종속전원에 대한 제어전압을 계산하면

$$\begin{aligned} V &= (4+2j)(I_1 - I_3) = (4+2j)\{-5j-(4.54\angle -99.76^\circ)\} \\ &= 4.14 - 0.58j = 4.18\angle -7.98^\circ \text{ [V]} \end{aligned} \quad ⑦$$

가 된다. 식 ⑥과 식 ⑦을 식 ②에 대입하면

$$\begin{aligned} I_4 &= 2V + I_3 = 2(4.14-0.58j) + (-0.77-4.47j) \\ &= 7.51 - 5.63j = 9.39\angle -36.86^\circ \text{ [A]}. \end{aligned} \quad ⑧$$

그러므로 망로전류의 교류 정상상태응답은 각각

$$i_1(t) = 5\cos(4t-90^\circ),\ i_2(t) = 2\cos(4t),$$
$$i_3(t) = 4.54\cos(4t-99.76^\circ),\ i_4(t) = 9.39\cos(4t-36.86^\circ) \text{ [A]}$$

이고, 종속전류원에 대한 제어전압은

$$v(t) = 4.18\cos(4t-7.98^\circ) \text{ [V]}.$$

망로해석법은 키르히호프 전압법칙을 주로 사용하므로 일반적으로는 전류원보다 전압원이 많은 회로에 적용하는 것이 유리하다. 하지만 위의 예제에서 주어진 회로는 전류원만으로 구성되어 있지만 마디해석법보다 망로해석법을 적용하는 것이 더 유리하다. 그러므로 전원의 종류만으로 회로를 해석하는 방법을 정하는 것보다는 회로의 구조에 따라 유연하게 회로해석법을 적용할 수 있도록 많은 연습이 필요하다.

9.4 중첩의 원리

앞의 두 절에서 가장 대표적인 회로해석 방법인 마디해석법과 망로해석법에 대하여 학습하였다. 이 절에서는 여러 개의 전원이 있는 전기회로에 중첩의 원리를 적용하여 교류 정상상태응답을 구하는 방법을 설명한다. 4장에서도 학습하였듯이 모든 선형 회로는 중첩의 원리를 이용하여 해석하는 것이 가능하다. 예를 들어, 그림 9.33의 회로에서 임피던스 Z_2 양단에 걸리는 전압을 구하는 문제를 생각하여보자.

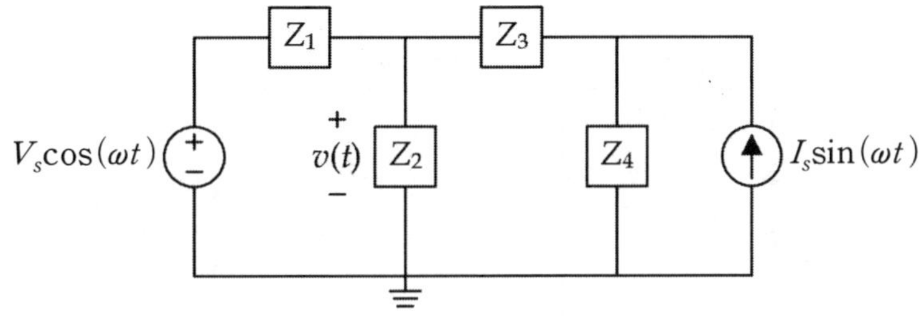

그림 9.33 중첩의 원리를 위한 예제 회로

중첩의 원리를 이용하여 해석하는 것은 왼쪽의 전압원이 $v(t)$에 기여하는 전압과 오른쪽의 전류원이 기여하는 전압을 독립적으로 구한 다음 이들을 대수적으로 더한 것이다. 먼저 주어진 회로를 페이저회로로 변환한 다음 교류 전압원에 의하여 Z_2에 걸리는 전압을 계산하려면 그림 9.34처럼 전류원을 개방시켜 그 영향을 배제시킨다.

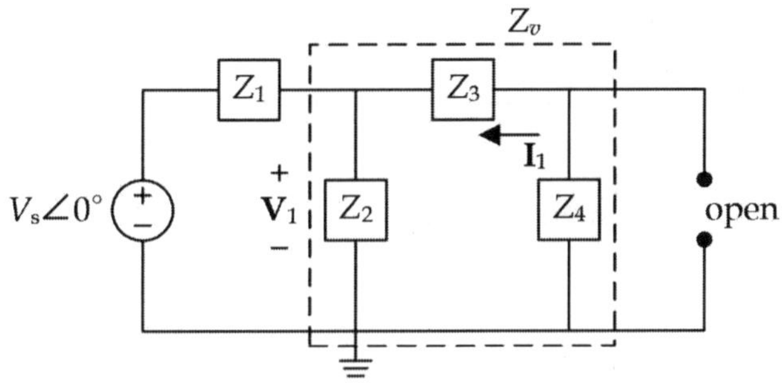

그림 9.34 전류원을 개방시킨 페이저회로

임피던스 Z_3와 Z_4는 직렬연결이고, 이것과 Z_2는 병렬연결이다. 그러므로

$$Z_v = Z_2 \,//\, \{Z_3 + Z_4\} \tag{9.29}$$

라고 하면, Z_2 양단에 걸리는 전압은 전압분배법칙에 의하여

$$\mathrm{V}_1 = \frac{Z_v}{Z_1 + Z_v} V_s \angle 0^\circ \;\; [\mathrm{V}]. \tag{9.30}$$

교류 전류원에 의하여 Z_2 양단에 걸리는 전압을 구하기 위해서는 그림 9.35와 같이 전압원을 단락시켜야 한다.

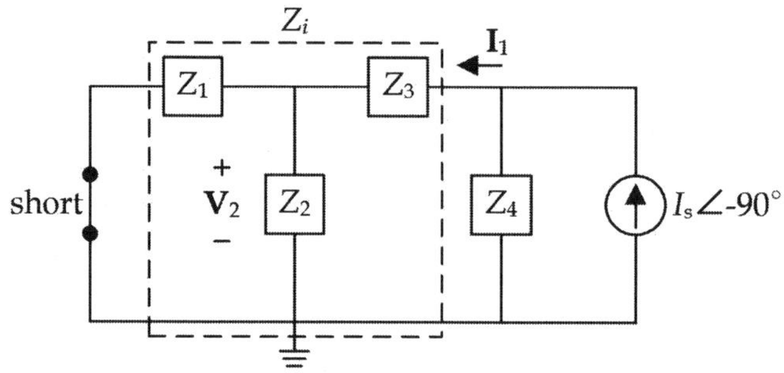

그림 9.35 전압원을 단락시킨 페이저회로

임피던스 Z_1과 Z_2가 병렬연결이고, 그것과 Z_3는 직렬연결이다. 따라서

$$Z_i = Z_3 + \{Z_1 \,//\, Z_2\} \tag{9.31}$$

라고 하면, Z_i로 흐르는 전류 I_1은 전류분배법칙에 의하여

$$\mathrm{I}_1 = \frac{Z_4}{Z_4 + Z_i} I_s \angle -90^\circ \ \ [\mathrm{A}] \tag{9.32}$$

가 되므로 임피던스 Z_2 양단에 걸리는 전압은

$$\mathrm{V}_2 = \{Z_1 \,//\, Z_2\}\mathrm{I}_1 = \frac{Z_4\{Z_1 \,//\, Z_2\}}{Z_4 + Z_i} I_s \angle -90^\circ \ \ [\mathrm{V}]. \tag{9.33}$$

중첩의 원리에 의하여 Z_2 양단에 걸리는 전압은 교류 전압원과 전류원 각각이 독립적으로 기여하는 전압의 대수적 합으로 나타나므로 식 (9.30)과 식 (9.33)을 더하면

$$\mathrm{V} = \mathrm{V}_1 + \mathrm{V}_2 = \frac{Z_v}{Z_1 + Z_v} V_s \angle 0^\circ + \frac{Z_4\{Z_1 \,//\, Z_2\}}{Z_4 + Z_i} I_s \angle -90^\circ \ \ [\mathrm{V}]. \tag{9.34}$$

예제 9.12

중첩의 원리를 이용하여 다음 전기회로의 가운데 가지에 있는 임피던스 양단에 걸리는 전압 $v(t)$의 교류 정상상태응답을 구하라.

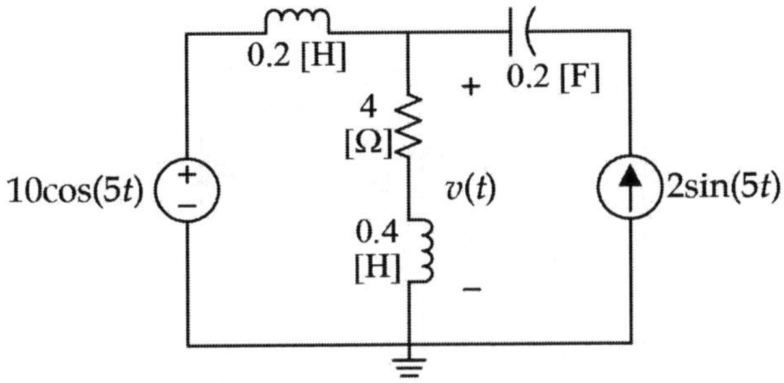

그림 9.36 예제 9.12를 위한 회로

풀이

주어진 회로에 대한 페이저회로를 먼저 구한 다음 교류 전압원이 $v(t)$에 기여하는 전압을 전류원을 개방시킨 그림 9.37의 회로를 이용하여 계산한다.

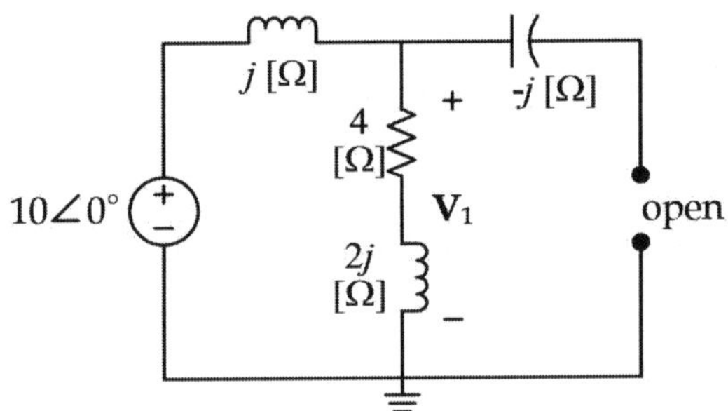

그림 9.37 교류 전류원을 개방한 페이저회로

전류원을 개방시켰으므로 $-j\,[\Omega]$ 임피던스로는 전류가 흐르지 않는다. 그러므로 전압 분배법칙을 적용하면

$$\mathrm{V}_1 = \frac{4+2j}{j+4+2j} \times 10\angle 0^\circ = 8.8 - 1.6j = 8.94\angle -10.3^\circ \ [\mathrm{V}]. \qquad ①$$

이번에는 그림 9.38처럼 교류 전압원을 단락시키고 V_2를 계산한다.

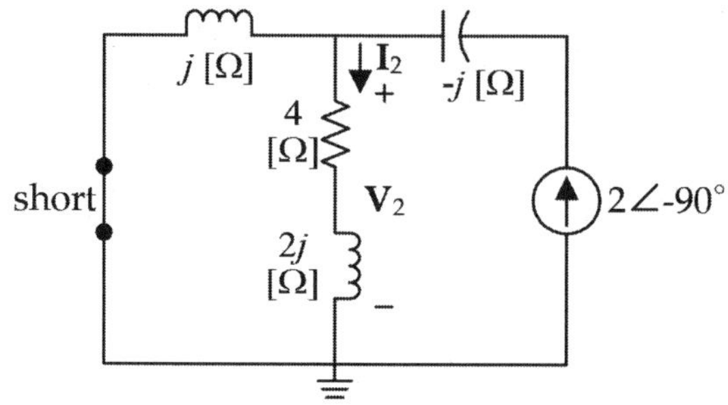

그림 9.38 교류 전압원을 단락시킨 페이저회로

전류분배법칙을 적용하여 $4+2j\ [\Omega]$ 임피던스로 흐르는 전류를 계산하면

$$\mathrm{I}_2 = \frac{j}{j+4+2j} \times 2\angle -90^\circ = \frac{8-6j}{25}\ [\mathrm{A}]. \quad ②$$

그러므로 $4+2j\ [\Omega]$ 임피던스 양단에 걸리는 전압은

$$\mathrm{V}_2 = (4+2j) \times \frac{8-6j}{25} = 1.76 - 0.32j = 1.79\angle -10.3^\circ\ [\mathrm{V}]. \quad ③$$

그림 9.36의 회로에서 가운데 가지에 걸리는 전압은 다음과 같다.

$$\begin{aligned} \mathrm{V} &= \mathrm{V}_1 + \mathrm{V}_2 \quad ④ \\ &= (8.8 - 1.6j) + (1.76 - 0.32j) = 10.59 - 1.92j = 10.76\angle -10.28^\circ\ [\mathrm{V}]. \end{aligned}$$

따라서 가운데 가지에 걸리는 전압의 교류 정상상태응답은 전압페이저 V를 정현파함수로 변환시켜

$$v(t) = 10.76\cos(5t - 10.28^\circ)\ [\mathrm{V}].$$

예제 9.12에서 다룬 전기회로의 두 전원은 동일한 각주파수를 가지고 있으므로 인덕터와 커패시터의 임피던스는 어떤 전원이 연결되더라도 항상 일정하다. 특히, 예제 9.12의 식 ④에서 두 전압페이저의 대수적 합은 각각의 전압페이저에 대한 복소수 덧셈한 결과를 페이저로 변환시키고, 이것으로부터 정현파함수를 구하여 교류 정상상태응답을 구한다.

여기서 생각해볼 점은 그림 9.36의 회로에서 만약 두 전원의 각주파수가 달라도 예제 9.12의 풀이법이 여전히 유효할 것인가? 하는 것이다. 임의의 두 정현파함수

$x_1(t) = X_1\cos(\omega_1 t)$와 $x_2(t) = X_2\cos(\omega_2 t + \phi_2)$를 생각해보자. 여기서 $\omega_1 \neq \omega_2$인 것으로 가정한다. 두 정현파함수를 대응하는 페이저와 복소수로 나타내면

$$\mathbf{x}_1 = X_1 \angle 0^\circ = X_1\cos(0^\circ) + jX_1\sin(0^\circ),$$

$$\mathbf{x}_2 = X_2 \angle \phi_2 = X_2\cos(\phi_2) + jX_2\sin(\phi_2) \tag{9.35}$$

이므로 두 페이저의 대수적 합을

$$\mathbf{x} = \mathbf{x}_1 + \mathbf{x}_2 = \{X_1 + X_2\cos(\phi_2)\} + jX_2\sin(\phi_2) \tag{9.36}$$

으로 계산할 수 있다. 하지만 이것은 명백한 오류이다.

두 정현파함수를 더하면

$$x(t) = x_1(t) + x_2(t) = X_1\cos(\omega_1 t) + X_2\cos(\omega_2 t + \phi_2) \tag{9.37}$$

이 된다. 여기서 두 함수는 서로 다른 주파수를 가지고 있으므로 식 (8.10)에서 학습한 직교형식 합성법을 적용할 수 없다. 식 (9.36)과 같은 연산 오류가 발생되는 원인은 정현파함수에 대한 페이저와 복소수 표현에서는 함수가 가지고 있는 주파수에 대한 정보가 사라지기 때문이다.

전기회로를 해석하는 예를 들어보면 그림 9.39의 회로를 생각하여보자. 이 회로는 그림 9.36의 회로에서 교류 전류원의 각주파수가 2배로 증가된 것이다.

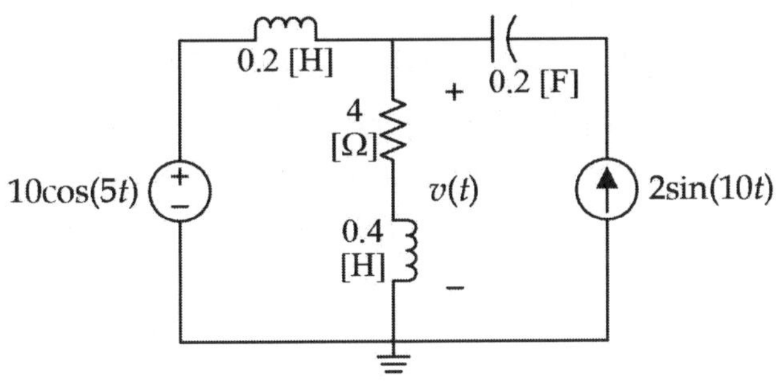

그림 9.39 두 교류전원이 서로 다른 주파수를 가지는 회로

주어진 전기회로를 중첩의 원리를 이용하여 해석하기 위하여 먼저 오른쪽의 교류 전류원을 개방시켰을 때 페이저회로를 그림 9.40에 나타내었다. 이것은 그림 9.37과 동일한

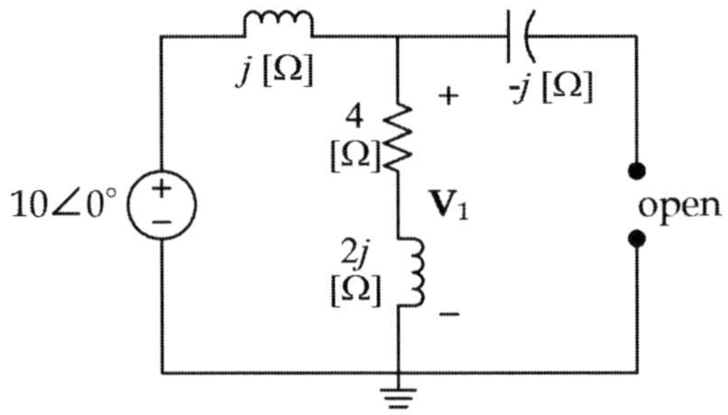

그림 9.40 교류 전류원을 개방한 페이저회로

페이저회로이므로 해석 결과도 예제 9.12의 식 ①과 동일하다.

왼쪽의 교류 전압원을 단락시키면 전류원의 각주파수가 $\omega = 10$ [rad/sec]이므로 대응하는 페이저회로는 그림 9.41과 같다.

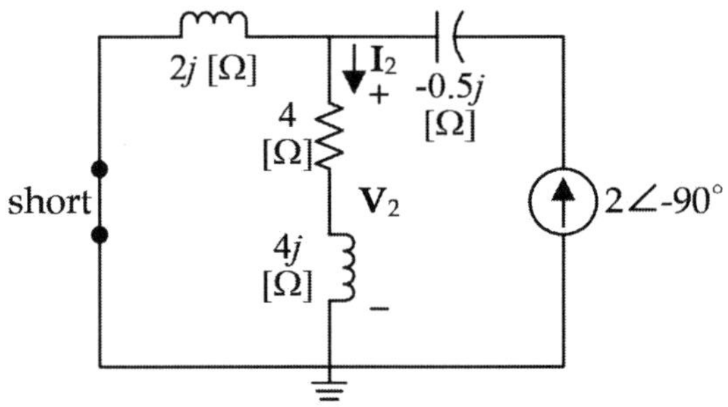

그림 9.41 교류 전압원을 단락시킨 페이저회로

전원의 각주파수가 달라졌으므로 페이저회로의 임피던스는 그림 9.38과는 다른 값을 가지며, 이에 따라 완전히 다른 페이저회로가 만들어진다. 그림 9.39와 같이 서로 다른 각주파수를 가지는 교류전원이 포함된 회로는 전원에 따라 임피던스가 달라지므로 마디해석법이나 망로해석법을 적용하여 해석할 수 없다. 따라서 이 경우 유일한 회로해석법은 중첩의 원리를 이용하는 방법이다.

예제 9.13

그림 9.39의 전기회로에서 가운데 가지에 있는 임피던스 양단에 걸리는 전압 $v(t)$의 교류 정상상태응답을 중첩의 원리를 이용하여 구하라.

풀이

교류 전류원을 개방시킨 다음 구한 페이저회로는 그림 9.40이며, $(4+2j)$ 임피던스 양단에 걸리는 전압은 전압분배법칙에 의하여 다음과 같이 계산된다.

$$\mathrm{V}_1 = \frac{4+2j}{j+4+2j} \times 10\angle 0^\circ = 8.8 - 1.6j = 8.94\angle -10.3^\circ \text{ [V]}. \quad ①$$

전압페이저 V_1에 대응하는 교류 정상상태응답은

$$v_1(t) = 8.94\cos(5t - 10.3^\circ) \text{ [V]}. \quad ②$$

교류 전압원을 단락시킨 다음 구한 페이저회로는 그림 9.41이다. 전류분배법칙을 적용하여 $4+4j$ [Ω] 임피던스로 흐르는 전류를 계산하면

$$\mathrm{I}_2 = \frac{2j}{2j+4+4j} \times 2\angle -90^\circ = \frac{4-6j}{13} \text{ [A]}. \quad ③$$

그러므로 $4+4j$ [Ω] 임피던스 양단에 걸리는 전압은

$$\mathrm{V}_2 = (4+4j) \times \frac{4-6j}{13} = 3.08 - 0.62j = 3.14\angle -11.31^\circ \text{ [V]}. \quad ④$$

전압페이저 V_2에 대응하는 교류 정상상태응답은

$$v_2(t) = 3.14\cos(10t - 11.31^\circ) \text{ [V]}. \quad ⑤$$

따라서 가운데 가지에 걸리는 전압의 교류 정상상태응답은 식 ②와 식 ⑤의 대수적 합으로 다음과 같다.

$$v(t) = v_1(t) + v_2(t) = 8.94\cos(5t - 10.3^\circ) + 3.14\cos(10t - 11.31^\circ) \text{ [V]}.$$

■

예제 9.14

그림 9.42에 나타낸 전기회로에서 2 [Ω] 저항 양단에 걸리는 전압 $v(t)$의 정상상태응답을 구하라.

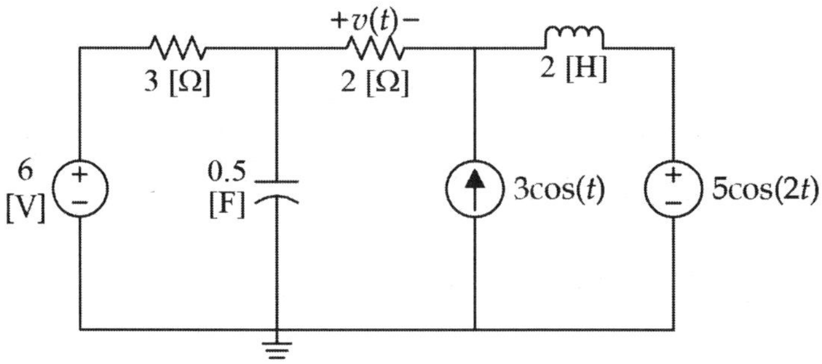

그림 9.42 세 개의 전원을 가지는 전기회로

풀이

주어진 전기회로에 있는 세 개의 전원은 서로 다른 주파수를 가지고 있으므로 중첩의 원리를 이용하여 해석하여야 한다. 먼저 왼쪽 가지의 6 [V] 직류 전압원에 의한 영향을 해석하기 위하여 $3\cos(t)$ 전류원은 개방시키고 $5\cos(2t)$ 전압원을 단락시킨 다음 인덕터와 커패시터를 임피던스로 변환한다.

직류전원의 각주파수는 $\omega = 0$ [rad/sec]이므로

- 인덕터의 임피던스 : $j\omega L = 0$ [Ω],
- 커패시터의 임피던스 : $(j\omega C)^{-1} = \infty$ [Ω].

이것은 전원이 직류인 경우 정상상태에서 인덕터는 단락회로로, 커패시터는 개방회로로 동작하는 것을 의미한다. 이에 따라 주어진 회로에 대한 페이저회로는 그림 9.43과 같다.

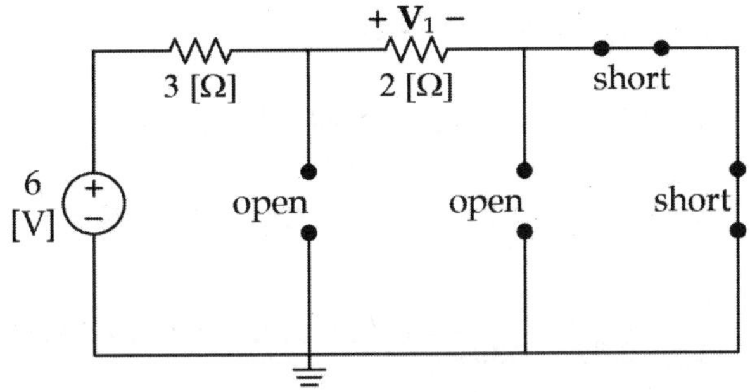

그림 9.43 6 [V] 전압원이 구동시키는 경우에 대한 페이저회로

그림 9.43의 페이저회로로부터 2 [Ω] 양단에 걸리는 전압은 전압분배법칙에 의하여

$$\mathrm{V}_1 = 6 \times \frac{2}{3+2} = 2.4 \ \ [\mathrm{V}]. \qquad ①$$

따라서 6 [V] 전압원에 의한 직류 정상상태응답은

$$v_1(t) = 2.4 \ \ [\mathrm{V}]. \qquad ②$$

다음으로 $3\cos(t)$ [A] 전류원에 의한 영향을 계산하기 위하여 두 전압원을 단락시키고, 각주파수 $\omega = 1$ [rad/sec]에 대한 인덕터와 커패시터의 임피던스를 계산하면

- 인덕터의 임피던스 : $j\omega L = 2j$ [Ω],
- 커패시터의 임피던스 : $(j\omega C)^{-1} = -2j$ [Ω].

이에 따른 페이저회로는 그림 9.44에 나타내었다.

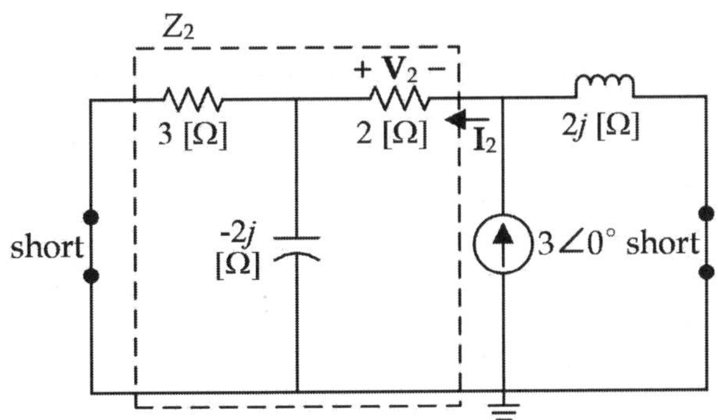

그림 9.44 $3\cos(t)$ [A] 전류원이 구동시키는 경우에 대한 페이저회로

전류원의 왼쪽 부분 임피던스를 계산하면

$$Z_2 = 2 + \{3 // -2j\} = 2.92 - 1.39j \ [\Omega] \quad ③$$

이므로 2 [Ω] 저항으로 흐르는 전류는 전류분배법칙에 의하여

$$\mathrm{I}_2 = 3\angle 0^\circ \times \frac{2j}{2j + 2.92 - 1.39j} = 0.41 + 1.97j = 2.01\angle 78.24^\circ \ [\mathrm{A}]. \quad ④$$

그러므로 2 [Ω] 저항 양단에 걸리는 전압은

$$\mathrm{V}_2 = -2 \times 2.01\angle 78.24^\circ = 4.02\angle -101.76^\circ \ [\mathrm{V}] \quad ⑤$$

이며, 이것을 정현파함수로 나타내면 $3\cos(t)$ [A] 전류원에 의하여 나타나는 교류 정상상태응답은

$$v_2(t) = 4.02\cos(t - 101.76^\circ) \ [\mathrm{V}]. \quad ⑥$$

마지막으로 $5\cos(2t)$ [V] 전압원에 의한 영향을 계산하기 위하여 직류 전압원을 단락시키고 교류 전류원을 개방한다. 각주파수 $\omega = 2$ [rad/sec]에 대한 인덕터와 커패시터의 임피던스를 계산하면

- 인덕터의 임피던스: $j\omega L = 4j \ [\Omega]$,
- 커패시터의 임피던스: $(j\omega C)^{-1} = -j \ [\Omega]$

이므로 페이저회로는 그림 9.45와 같다.

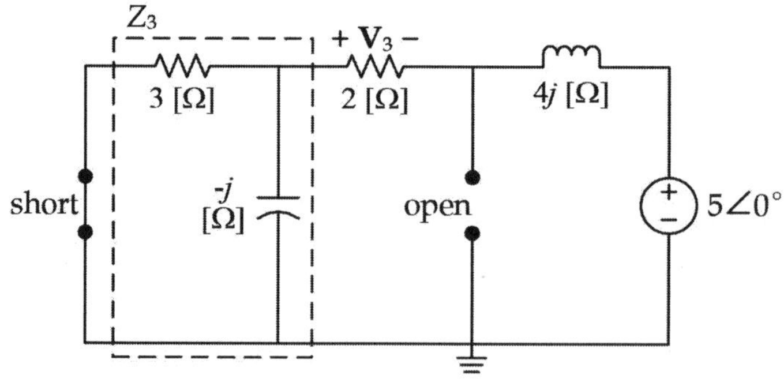

그림 9.45 $5\cos(2t)$ [V] 전압원에 대한 페이저회로

3 [Ω] 저항과 0.5 [F] 커패시터의 합성임피던스는

$$Z_3 = \{3 \, // -j\} = 0.3 - 0.9j \; [\Omega] \qquad ⑦$$

이다. 따라서 2 [Ω] 저항 양단에 걸리는 전압페이저는 전압분배법칙에 의하여

$$\mathrm{V}_3 = -5\angle 0^\circ \times \frac{2}{4j + 2 + 0.3 - 0.9j} = -1.54 + 2.08j = 2.59\angle 126.57^\circ \; [\mathrm{V}] \qquad ⑧$$

가 되며, 이것을 교류 정상상태응답으로 나타내면

$$v_3(t) = 2.59\cos(2t + 126.57^\circ) \; [\mathrm{V}]. \qquad ⑨$$

그러므로 그림 9.42의 전기회로에서 2 [Ω] 저항 양단에 걸리는 전압의 정상상태응답은 식 ②, 식 ⑥, 식 ⑨의 합으로 아래와 같다.

$$v(t) = 2.4 + 4.2\cos(t - 101.76^\circ) + 2.59\cos(2t + 126.57^\circ) \; [\mathrm{V}]. \qquad ⑩$$

앞의 예제들로부터 주파수가 다른 전원들이 전기회로를 구동시키는 경우 전체 정상상태응답은 각각의 전원에 의한 정상상태응답이 중첩된 형태로 나타나는 것을 확인하였다. 이 절에서 학습하는 중첩의 원리를 이용하여 주어진 회로에 대한 교류 정상상태응답을 구하는 것은 주파수가 같은 전원들보다는 주파수가 다른 전원들이 회로를 구동할 때 나타나는 응답을 구하는 것에 초점을 두고 있다.

9.5 페이저도

페이저를 이용한 회로해석은 강제응답에 의한 정상상태응답을 계산할 때 미적분방정식을 사용하는 것보다 훨씬 유용하다. 페이저는 복소수의 한 형태이므로 페이저를 이용한 해석은 복소수의 산술연산으로도 충분히 가능하다. 특히, 페이저를 복소평면상의 벡터로 표현한다면 페이저 간의 합이나 차는 벡터의 합과 차처럼 기하학적 연산으로 처리할 수 있다. 이때 복소평면에 페이저를 벡터로 표현한 것을 페이저도라고 한다.

예를 들어, 어떤 교류 전압원 $v(t) = V_m\cos(\omega t + \phi_v)$ [V]를 생각하여보자. 이 전압원

에 대한 전압페이저는

$$v(t) = V_m \cos(\omega t + \phi_v) \;\rightarrow\; \mathrm{V} = V_m \angle \phi_v \; [\mathrm{V}] \tag{9.38}$$

이고, 이것을 복소수 형식으로 변환하면

$$\mathrm{V} = V_m \cos(\phi_v) + j V_m \sin(\phi_v) = V_r + j V_i \; [\mathrm{V}] \tag{9.39}$$

로 나타낼 수 있다. 식 (9.38)과 식 (9.39)를 2차원 복소평면에 나타낸 그림 9.46이 교류전압 $v(t)$에 대한 페이저도이다.

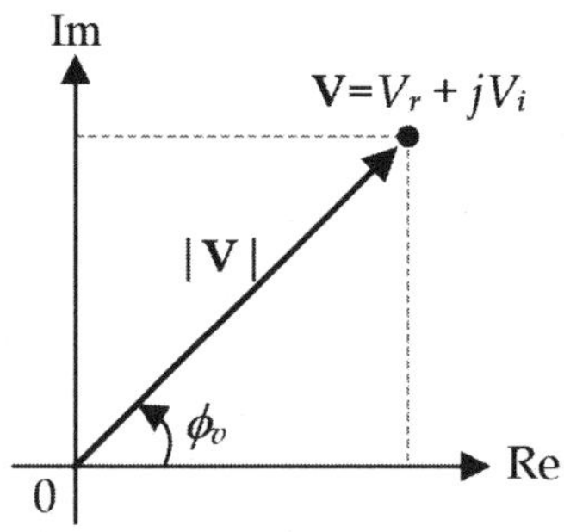

그림 9.46 교류 전압원 $v(t)$에 대한 페이저도

여기서 $|\mathrm{V}| = V_m$은 페이저 벡터의 크기이고, $V_r = Re\{\mathrm{V}\} = V_m \cos(\phi_v)$는 페이저 벡터 V의 실수성분을, $V_i = Im\{\mathrm{V}\} = V_m \sin(\phi_v)$는 허수성분을 각각 나타낸다.

그림 9.47에 나타낸 RLC 직렬회로는 여러 가지 회로해석 방법을 설명하기 위하여 자주 등장하였다.

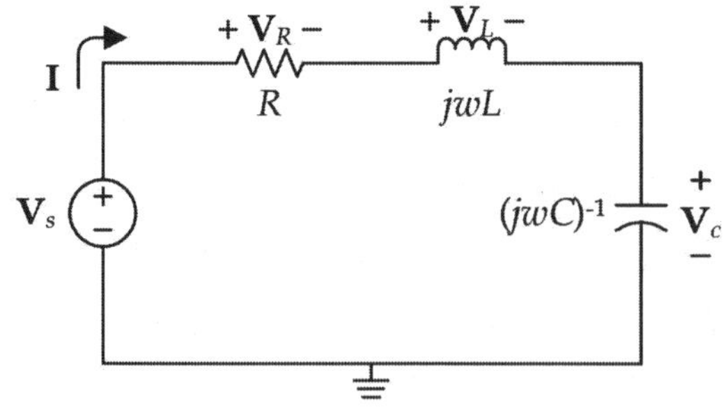

그림 9.47 직렬 RLC 페이저회로

폐경로에 키르히호프 전압법칙을 적용하여 회로방정식을 페이저로 나타내면

$$\mathrm{V}_s = \mathrm{V}_R + \mathrm{V}_L + \mathrm{V}_c = R\mathrm{I} + j\omega L\mathrm{I} - j\frac{1}{\omega C}\mathrm{I} \tag{9.40}$$

이 된다. 설명의 편의를 위하여 망로전류의 페이저를

$$\mathrm{I} = |\mathrm{I}| \angle 0^\circ \ \ [\mathrm{A}] \tag{9.41}$$

로 가정하면, 각 수동소자에 걸리는 전압페이저는

$$\mathrm{V}_R = R|\mathrm{I}|\angle 0^\circ = R|\mathrm{I}|, \tag{9.42}$$

$$\mathrm{V}_L = j\omega L|\mathrm{I}|\angle 0^\circ = \omega L|\mathrm{I}|\angle 90^\circ,$$

$$\mathrm{V}_c = -j\frac{1}{\omega C}|\mathrm{I}|\angle 0^\circ = \frac{|\mathrm{I}|}{\omega C}\angle -90^\circ \ \ [\mathrm{V}].$$

식 (9.42)의 전압페이저들을 페이저도로 나타내면 그림 9.48과 같다.

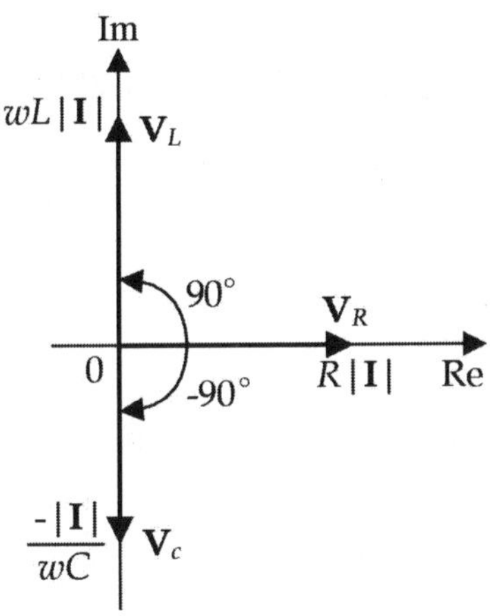

그림 9.48 RLC 직렬회로에서 수동소자 전압의 페이저도

인덕터 양단의 전압페이저의 크기가 커패시터 양단의 전압페이저 크기보다 크면, 즉 $|\mathrm{V}_L| > |\mathrm{V}_c|$이면 식 (9.40)에서

$$\left(\omega L - \frac{1}{\omega C}\right) > 0 \tag{9.43}$$

이 되므로 페이저 벡터 V_s는 복소평면에서 1사분면 또는 2사분면에 위치한다. 이에 비하여 $|\mathrm{V}_L| < |\mathrm{V}_c|$이면

$$\left(\omega L - \frac{1}{\omega C}\right) < 0 \tag{9.44}$$

이 되므로 식 (9.42)에 나타낸 수동소자의 전압성분의 합, $\mathrm{V}_R + \mathrm{V}_L + \mathrm{V}_c$은 복소평면에서 3사분면 또는 4사분면에 위치하는 페이저 벡터가 된다.

식 (9.40)에서 주목할 점은 페이저 벡터의 크기가 주파수의 변화와도 밀접한 관련이 있다는 것이다. 전압성분의 합을 나타내는 $\mathrm{V}_R + \mathrm{V}_L + \mathrm{V}_c$의 크기는

$$|\mathrm{V}_s| = |\mathrm{V}_R + \mathrm{V}_L + \mathrm{V}_c| = |\mathrm{I}|\sqrt{R^2 + \left(\omega L - \frac{1}{\omega C}\right)^2}. \tag{9.45}$$

여기서 저항, 인덕터, 커패시터와 각주파수는 임의의 실수값이므로 식 (9.45)에서

$$R^2 + \left(\omega L - \frac{1}{\omega C}\right)^2 > 0 \tag{9.46}$$

이 성립한다. 식 (9.46)에서 부등호 왼쪽항의 최소값은

$$\omega L - \frac{1}{\omega C} = 0 \;\rightarrow\; \omega = \frac{1}{\sqrt{LC}}\ [\mathrm{rad/sec}] \text{ 또는 } f = \frac{1}{2\pi\sqrt{LC}}\ [\mathrm{Hz}] \tag{9.47}$$

에서 R^2이 된다. 이때 식 (9.45)는

$$|\mathrm{V}_s| = |\mathrm{V}_R + \mathrm{V}_L + \mathrm{V}_c| = R|\mathrm{I}| = |\mathrm{V}_R| \tag{9.48}$$

가 되며, 이것은 세 수동소자에 걸리는 전압페이저의 합 벡터의 크기가 가장 작아지는 값이다. 이러한 현상을 페이저도로 나타내면 그림 9.49와 같다.

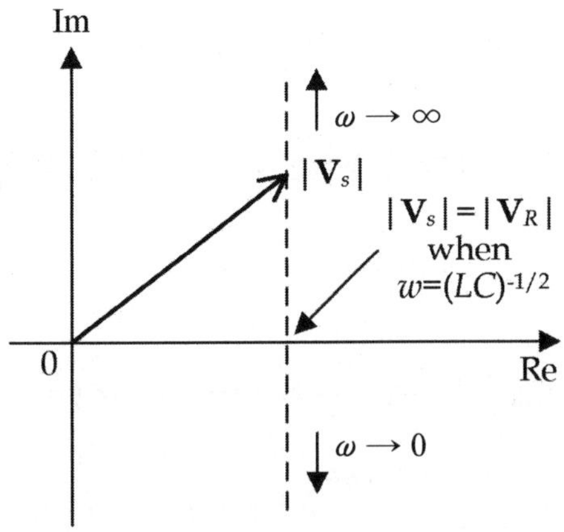

그림 9.49 주파수에 따른 전압페이저 벡터의 변화

식 (9.47)에 나타낸 각주파수 ω [rad/sec]에서 유도성 임피던스의 크기인 ωL과 용량성 임피던스의 크기인 $1/\omega C$은 같아지며, 이때 RLC 직렬회로에서 세 수동소자에 걸리는 전압의 합이 가장 작아진다.

각주파수의 두 가지 극단적인 변화에 대하여 살펴보면, 먼저 주파수가 계속 증가하는 경우로 유도성 임피던스와 용량성 임피던스의 크기는 각각

$$\lim_{\omega \to \infty} \omega L \simeq \infty, \ \lim_{\omega \to \infty} \frac{1}{\omega C} \simeq 0 \tag{9.49}$$

가 되므로 식 (9.45)에서 전압페이저 V_s는 다음과 같은 특성을 가진다.

$$\lim_{\omega \to \infty} |\mathrm{V}_s| \simeq \infty, \tag{9.50}$$

$$\lim_{\omega \to \infty} \angle \mathrm{V}_s = \tan^{-1}\frac{\omega L}{R} \simeq \tan^{-1}\infty = 90^\circ.$$

이것이 그림 9.49의 페이저도에서 각주파수가 증가할수록 전압페이저 V_s의 크기도 계속 증가하는 것으로 나타나는 이유이다.

주파수가 직류에 가까울 정도로 극단적으로 감소하면 유도성 임피던스와 용량성 임피던스의 크기는 각각

$$\lim_{\omega\to 0}\omega L \simeq 0,\ \lim_{\omega\to 0}\frac{1}{\omega C} \simeq \infty \tag{9.51}$$

가 되므로 식 (9.45)에서 전압페이저 V_s는 다음과 같은 특성을 가진다.

$$\lim_{\omega\to 0}|\mathrm{V}_s| \simeq \infty, \tag{9.52}$$

$$\lim_{\omega\to 0}\angle\mathrm{V}_s = \tan^{-1}\frac{-(1/\omega C)}{R} \simeq \tan^{-1}(-\infty) = -90^\circ.$$

그러므로 각주파수가 극단적으로 감소하여 직류에 가까워지면 그림 9.49의 페이저도에서 전압페이저 V_s의 크기는 ∞로 증가되지만 위상이 -90°로 수렴하는 방향으로 증가된다.

한편, 식 (9.47)은 식 (7.34)와 같은 공진주파수이다. 즉, 공진주파수에서는 유도성 임피던스의 크기인 ωL과 용량성 임피던스의 크기인 $1/\omega C$가 같아진다. 식 (9.45)에 의하여 망로전류의 크기는

$$|\mathrm{I}| = \frac{|\mathrm{V}_s|}{\sqrt{R^2+\left(\omega L - \dfrac{1}{\omega C}\right)^2}}. \tag{9.53}$$

만약 전원의 전압이 일정한 것으로 가정하면, 공진주파수에서 $\omega L = 1/\omega C$이므로 식 (9.53)은

$$|\mathrm{I}| = \frac{|\mathrm{V}_s|}{R} \tag{9.54}$$

이 되어 망로를 통하여 흐르는 전류의 크기가 최대가 된다.

예제 9.15

그림 9.50의 RLC 직렬회로에서 전원 전압과 수동소자들에 걸리는 전압에 대한 페이저도를 구하라.

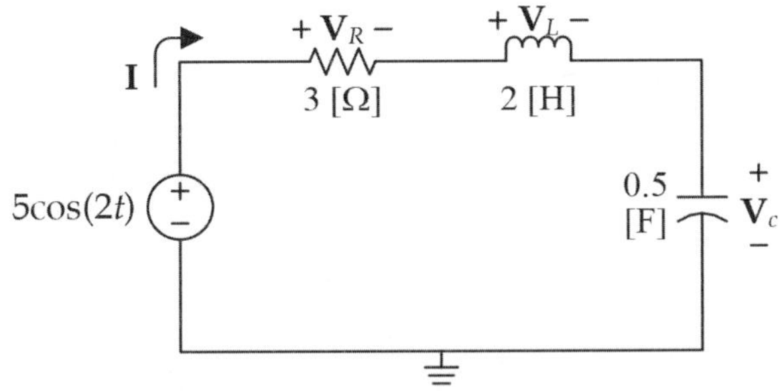

그림 9.50 예제 9.15를 위한 전기회로

풀이

전원 $v_s(t) = 5\cos(2t)$를 페이저와 복소수 형식으로 표현하면

$$\mathrm{V}_s = 5\angle 0^\circ = 5\ [\mathrm{V}]. \qquad ①$$

교류전원의 각주파수가 $\omega = 2$ [rad/sec]이므로 인덕터와 커패시터를 임피던스로 변환시키면 각각

$$Z_L = j\omega L = j2\times 2 = 4j\ [\Omega],\ Z_c = \frac{1}{j\omega C} = -j\frac{1}{2\times 0.5} = -j\ [\Omega]. \qquad ②$$

전압분배법칙에 의하여 저항 양단에 걸리는 전압은

$$\mathrm{V}_R = \mathrm{V}_s\frac{R}{R+Z_L+Z_c} = 5\times\frac{3}{3+4j-j} = 2.5-2.5j = 3.54\angle -45^\circ\ [\mathrm{V}] \qquad ③$$

이고, 인덕터와 커패시터에 걸리는 전압은 각각

$$\mathrm{V}_L = \mathrm{V}_s\frac{Z_L}{R+Z_L+Z_c} = 5\times\frac{4j}{3+3j} = 3.33+3.33j = 4.71\angle 45^\circ\ [\mathrm{V}], \qquad ④$$

$$\mathrm{V}_c = \mathrm{V}_s\frac{Z_c}{R+Z_L+Z_c} = 5\times\frac{-j}{3+3j} = -0.83-0.83j = 1.18\angle -135^\circ\ [\mathrm{V}]. \qquad ⑤$$

한편, 망로전류는

$$\mathrm{I} = \frac{\mathrm{V}_s}{R+Z_L+Z_c} = \frac{5}{3+3j} = 0.83-0.83j = 1.18\angle -45^\circ\ [\mathrm{A}] \qquad ⑥$$

그러므로 전압페이저와 전류페이저를 페이저도에 나타내면 그림 9.51과 같다.

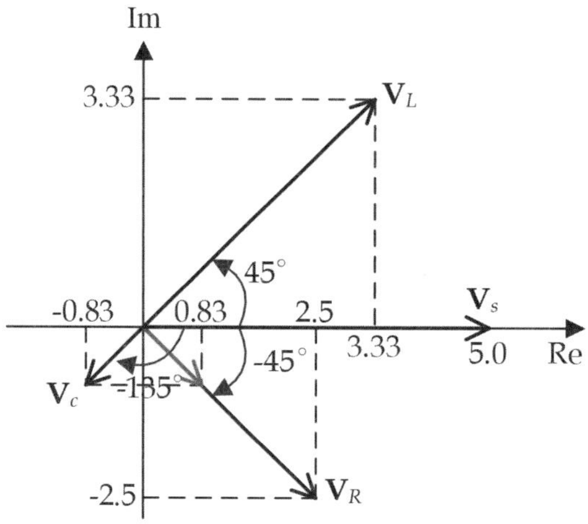

그림 9.51 예제 전기회로의 전압-전류 페이저도

저항 양단에 걸리는 전압은 저항을 통하여 흐르는 전류와 위상이 같다. 인덕터 양단에 걸리는 전압은 $\mathrm{V}_L = j\omega L\mathrm{I}$이므로 전류보다 90° 앞선 위상을 가진다. 반면에 커패시터의 전압은 $\mathrm{V}_c = \mathrm{I}/(j\omega C)$가 되므로 전류의 위상보다 90° 뒤쳐진다.

예제 9.16

그림 9.52에 나타낸 전기회로에서 전압 $v_1(t)$와 $v_2(t)$의 정상상태응답을 구하고, 페이저도에 나타내시오.

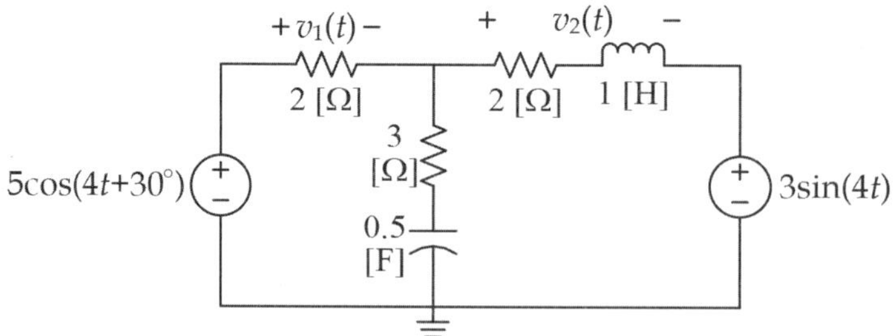

그림 9.52 예제 9.16을 위한 전기회로

풀이

두 교류전원의 각주파수가 $\omega = 4$ [rad/sec]이므로 인덕터와 커패시터를 임피던스로 변환시키면 각각 $Z_L = 4j$ [Ω]과 $Z_c = -0.5j$ [Ω]이다. 중첩의 원리를 이용하여 예제 회로를 해석하기 위하여 오른쪽 교류 전압원을 단락시킨 페이저회로는 그림 9.53과 같다.

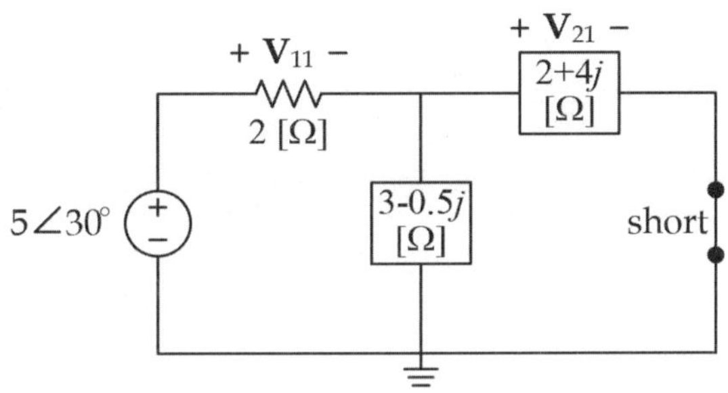

그림 9.53 $3\sin(4t)$ [V] 전압원을 단락시킨 페이저회로

$(2+4j)$ [Ω] 임피던스와 $(3-0.5j)$ [Ω] 임피던스가 병렬로 연결되어 있으므로 합성 임피던스는

$$Z_{p1} = (3-0.5j)//(2+4j) = 2.11 + 0.72j \ [\Omega]. \quad ①$$

전압분배법칙을 이용하면

$$\mathrm{V}_{11} = 5\angle 30^\circ \times \frac{2}{2+2.11+0.72j} = 2.4\angle 20.06^\circ = 2.25 + 0.82j \ [\mathrm{V}], \quad ②$$

$$\mathrm{V}_{21} = 5\angle 30^\circ \times \frac{2.11+0.72j}{2+2.11+0.72j} = 2.67\angle 38.9^\circ = 2.08 + 1.68j \ [\mathrm{V}]. \quad ③$$

왼쪽 교류 전압원을 단락시킨 페이저회로는 그림 9.54와 같다.

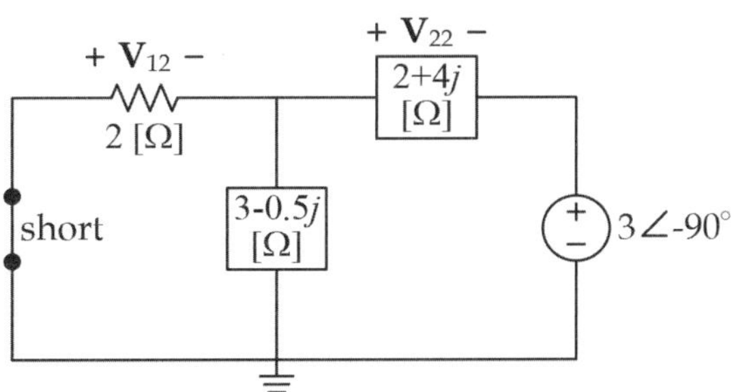

그림 9.54 $5\cos(4t+30^\circ)$ [V] 전압원을 단락시킨 페이저회로

2 [Ω] 저항과 $(3-0.5j)$ [Ω] 임피던스가 병렬로 연결되어 있으므로 합성임피던스는

$$Z_{p2} = 2//(3-0.5j) = 1.21 - 0.08j \ [\Omega]. \qquad ④$$

전압분배법칙을 이용하면

$$\mathrm{V}_{12} = -3\angle -90^\circ \times \frac{1.21-0.08j}{3.21+3.92j} = 0.72\angle 35.53^\circ = 0.58+0.42j \ [\mathrm{V}], \qquad ⑤$$

$$\mathrm{V}_{22} = -3\angle -90^\circ \times \frac{2+4j}{3.21+3.92j} = 2.64\angle 102.74^\circ = -0.58+2.58j \ [\mathrm{V}]. \qquad ⑥$$

중첩의 원리를 이용하여 구한 전압성분들과 그것들의 페이저 벡터 합을 그림 9.55에 나타내었다.

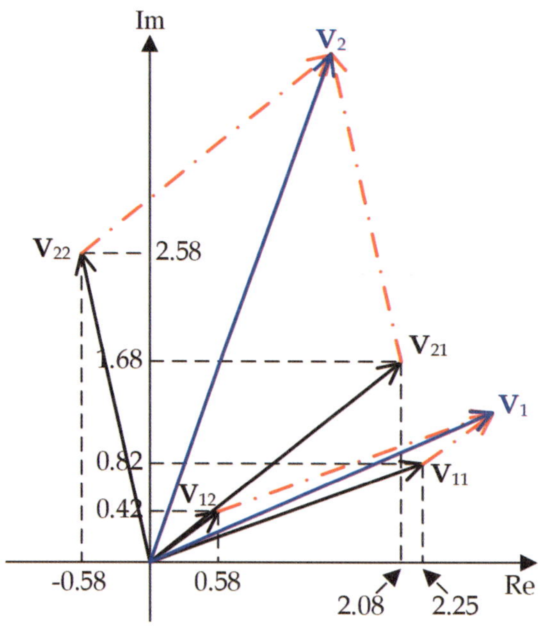

그림 9.55 중첩의 원리에 의한 전압성분과 페이저 벡터의 합

2 [Ω] 저항 양단에 걸리는 전압은 $\mathrm{V}_1 = \mathrm{V}_{11} + \mathrm{V}_{12}$이고, $(2+4j)$ [Ω] 임피던스 양단에 걸리는 전압은 $\mathrm{V}_2 = \mathrm{V}_{21} + \mathrm{V}_{22}$이다. 정상상태응답은 페이저 벡터 연산을 이용하여

$$\mathrm{V}_1 = \mathrm{V}_{11} + \mathrm{V}_{12} = 2.25 + 0.82j + 0.59 + 0.42j = 2.83 + 1.24j = 3.09\angle 23.66^\circ$$

$$\rightarrow\ v_1(t) = 3.09\cos(4t + 23.66°)\ [\text{V}], \qquad ⑦$$

$$\mathbf{V}_2 = \mathbf{V}_{21} + \mathbf{V}_{22} = 2.08 + 1.68j - 0.58 + 2.58j = 1.5 + 4.26j = 4.52\angle 70.6°$$

$$\rightarrow\ v_2(t) = 4.52\cos(4t + 70.6°)\ [\text{V}]. \qquad ⑧$$

이 예제는 페이저의 합과 차 연산은 복소수의 합과 차 연산뿐만 아니라 기하학적 벡터의 합과 차 연산을 이용하여 구할 수 있음을 보여준다.

여기서 다시 한 번 강조하면 페이저 합성이나 벡터 합성은 주어진 전기회로에 있는 전원들이 동일한 주파수를 가질 때만 유효하다는 점이다.

연습문제

9.1 어떤 전기회로의 전원부가 그림 P9.1에 나타낸 것처럼 세 개의 교류전원으로 구성되어 있다. 이 회로의 전원부를 단일 교류전원으로 합성하라. 여기서 각각의 전원은 다음과 같다.

$v_1(t) = 4\sin(3t + 15^\circ)$ [V], $v_2(t) = \cos(3t)$ [V], $v_3(t) = 3\cos(3t + 15^\circ)$ [V].

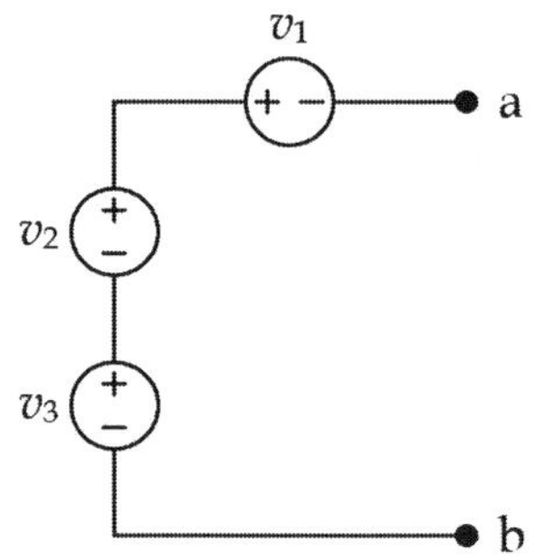

그림 P9.1

9.2 그림 P9.2는 어떤 회로의 전원부 모델이다. 여기서 각각의 전원은 다음과 같다.

$$v_1(t) = 5\sin^2(5t + 20^\circ) \text{ [V]},\ v_2(t) = 3\cos(10t - 30^\circ) \text{ [V]}.$$

단자 a와 b 사이에서 측정되는 합성전압을 구하라.

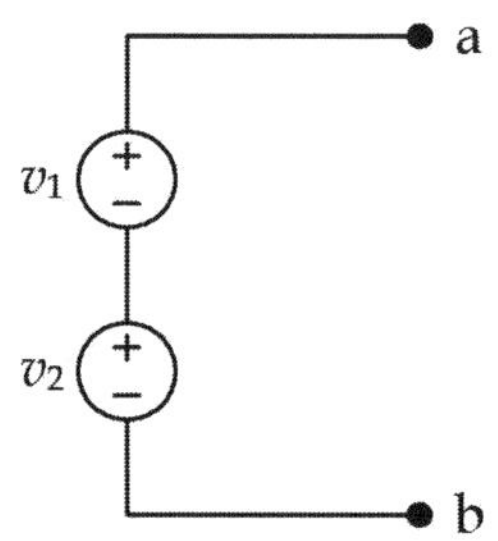

그림 P9.2

9.3 그림 P9.3의 전기회로에서 두 전압원은 다음과 같다.

$$v_1(t) = 3\cos(5t) \text{ [V]},\ v_2(t) = 5\sin(5t + 30^\circ) \text{ [V]}.$$

(1) 두 전원의 합성전압을 구하라.

(2) 주어진 회로에 대한 페이저회로를 제시하고, 전체 임피던스를 구하라.

(3) 커패시터 양단의 전압 $v_C(t)$와 커패시터를 통하여 흐르는 전류 $i_C(t)$의 교류 정상상태응답을 구하라.

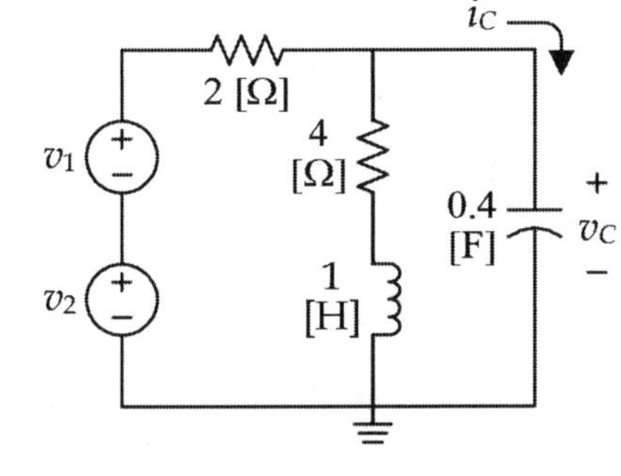

그림 P9.3

9.4 그림 P9.4의 전기회로에서 두 전압원은 다음과 같다.

$$v_1(t) = 10\cos(t - 60^\circ)\ [\text{V}],\ v_2(t) = 5\sin(t - 30^\circ)\ [\text{V}].$$

(1) 두 전원의 합성전압을 구하라.

(2) 주어진 회로에 대한 페이저회로를 제시하고, 전체 임피던스를 구하라.

(3) 전류 페이저 I, I_1, I_2를 구하고 페이저도를 그려라.

(4) 커패시터와 인덕터 양단의 전압 $v_C(t)$와 $v_L(t)$의 정상상태응답을 구하라.

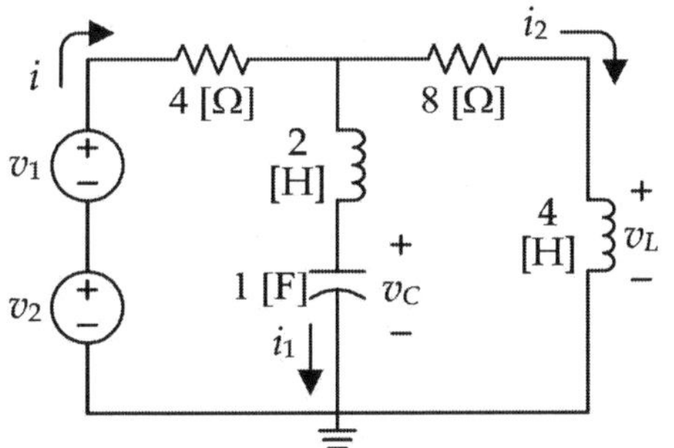

그림 P9.4

9.5 그림 P9.5의 전기회로에서 두 전류원은 다음과 같이 정의된다.

$$i_1(t) = 3\cos(10t)\ [\text{A}],\ i_2(t) = 5\sin(10t + 30^\circ)\ [\text{A}].$$

두 전원의 합성에 의한 전류 $i_s(t)$를 구하여 페이저 형식, 복소수 형식, 복소지수함수 형식으로 표현하라

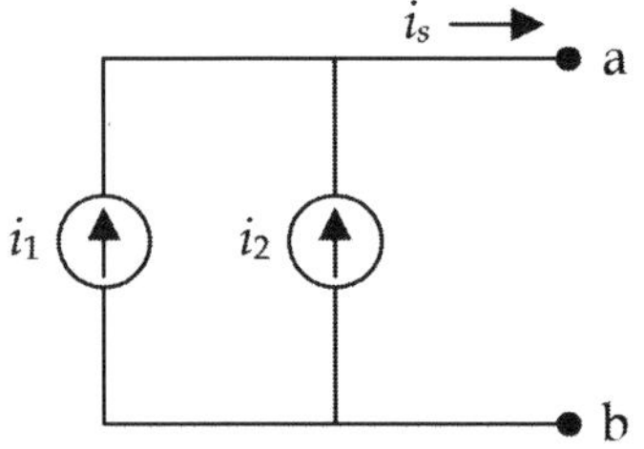

그림 P9.5

9.6 그림 P9.6에 나타낸 전원부 회로에서 세 전류원은 다음과 같다.

$i_1(t) = 6\sin(10t + 20°)$ [A], $i_2(t) = 3\sin(10t)$ [A], $i_3(t) = 5\cos(10t + 30°)$ [A].

합성전류 $i_s(t)$를 구하고 페이저 형식, 복소수 형식으로 표현하라.

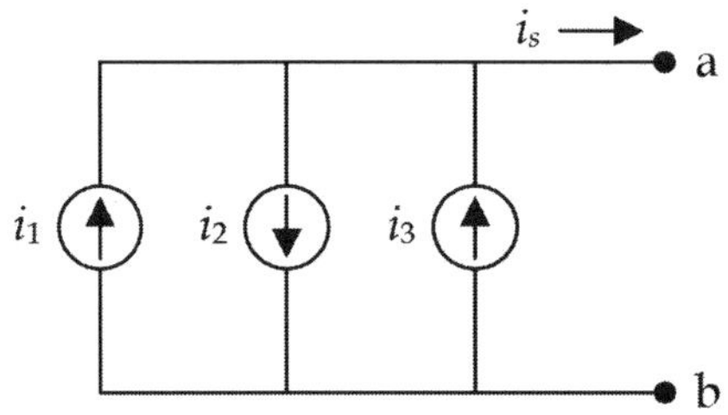

그림 P9.6

9.7 그림 P9.7의 전기회로에서 두 전류원은 다음과 같다.

$$i_{s1}(t) = 10\cos(10t + 30°) \text{ [A]}, \ i_{s2}(t) = 4\sin(10t - 30°) \text{ [A]}.$$

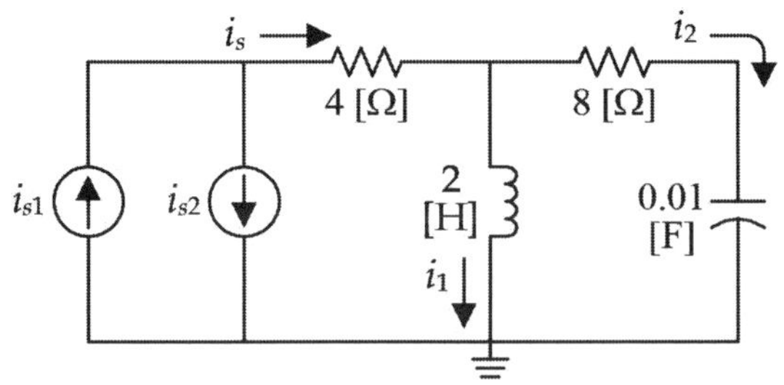

그림 P9.7

(1) 두 전원의 합성에 의한 전류 $i_s(t)$를 구하라.

(2) 주어진 회로에 대한 페이저 변환회로를 구하고, 전체 임피던스를 구하라.

(3) 전류 $i_1(t)$와 $i_2(t)$의 정상상태응답을 구하고, $i(t)$와 함께 페이저도에 나타내어라.

9.8 그림 P9.8의 전기회로에서 두 전류원은 다음과 같다.

$$i_{s1}(t) = 20\cos(10t + 20^\circ)\ [\text{A}],\ i_{s2}(t) = 10\sin(10t)\ [\text{A}].$$

(1) 두 전원에 대한 합성 전류원을 구하라.

(2) 주어진 회로에 대한 페이저회로를 제시하고, 전류 $i_1(t)$, $i_2(t)$, $i_3(t)$의 정상상태 응답을 구하라.

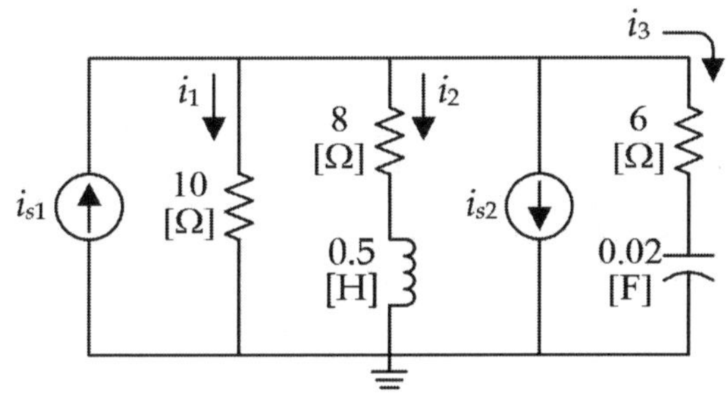

그림 P9.8

9.9 그림 P9.9의 전기회로에서 두 전압원은 다음과 같다.

$$v_{s1}(t) = 30\cos(8t + 30^\circ)\ [\text{V}],\ v_{s2}(t) = 20\sin(8t + 60^\circ)\ [\text{V}].$$

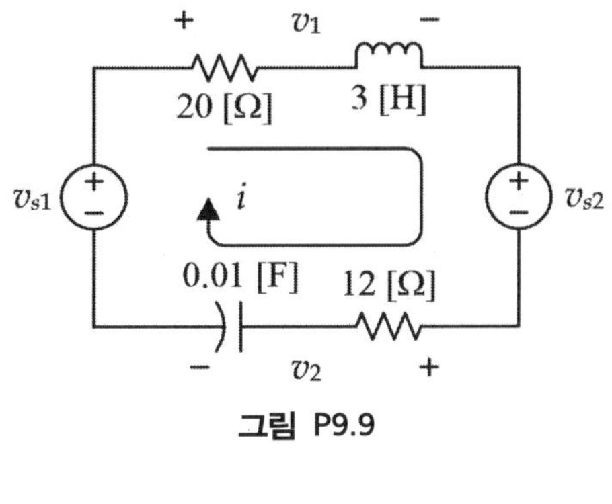

그림 P9.9

(1) 주어진 회로에 대한 페이저회로를 제시하라.

(2) 전류 $i(t)$의 정상상태응답을 구하라.

(3) 전압 $v_1(t)$와 $v_2(t)$의 정상상태응답을 구하라.

(4) 전압 페이저 V_{s1}, V_{s2}, V_1, V_2를 나타내는 페이저도를 그려라.

9.10 그림 P9.10에 나타낸 전기회로에서 두 전류원은 다음과 같다.

$$i_{s1}(t) = \sin(5t + 45^\circ)\ [\mathrm{A}],\ i_{s2}(t) = 3\cos(5t + 45^\circ)\ [\mathrm{A}].$$

(1) 주어진 회로에 대한 페이저회로를 제시하라.

(2) 전류 $i_1(t)$와 $i_2(t)$의 정상상태응답을 구하라.

(3) 전류원 $i_{s2}(t)$ 양단에 걸리는 전압 $v_{s2}(t)$를 구하라.

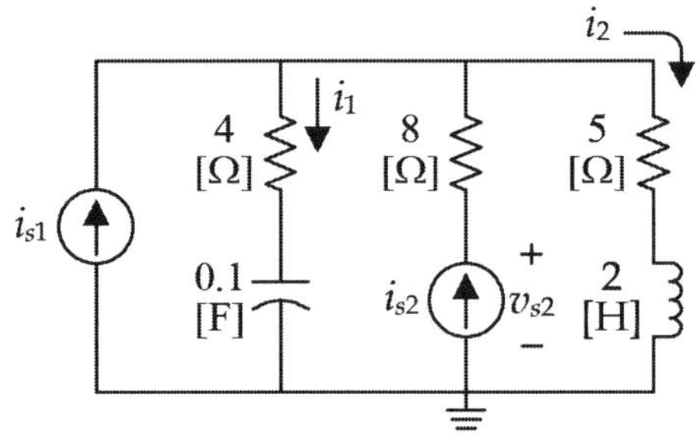

그림 P9.10

9.11 그림 P9.11의 전기회로에서 두 전원은 다음과 같다.

$$v_{s1}(t) = 10\cos(10t + 30^\circ)\ [\mathrm{V}],\ v_{s2}(t) = 4\cos(10t + 45^\circ)\ [\mathrm{V}].$$

(1) 주어진 회로에 대한 페이저회로를 제시하라.

(2) 전류 페이저 I, I_1, I_2, I_3를 구하고 페이저도에 나타내어라.

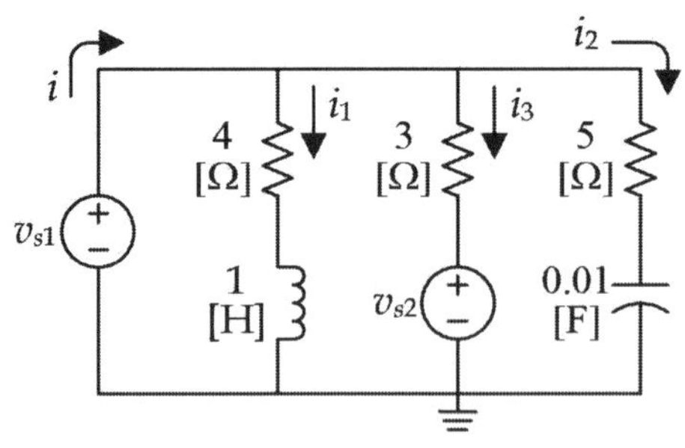

그림 P9.11

9.12 그림 P9.12의 전기회로에서 전류원은 $i_s(t) = 3\cos(10t - 30^\circ)$ [A]이다.

(1) 주어진 회로에 대한 페이저 변환회로를 구하라.

(2) 전체 임피던스를 구하고, 전류 $i_1(t)$와 $i_2(t)$의 정상상태응답을 구하라.

(3) 전압 페이저 V_C와 V_L을 구하라.

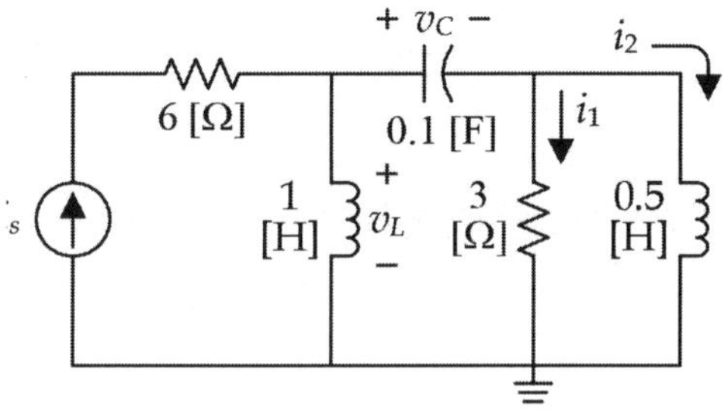

그림 P9.12

9.13 그림 P9.13의 회로에서 단자 a와 b의 왼쪽 회로 부분에 대한

(1) 노튼 등가회로를 구하라.

(2) 테브냉 등가회로를 구하라.

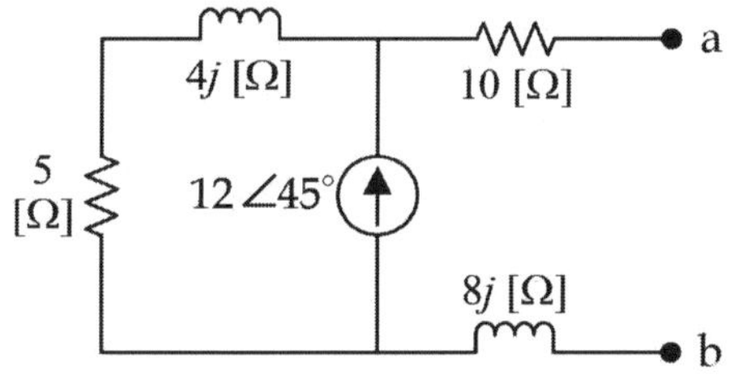

그림 P9.13

9.14 그림 P9.14의 회로에서 전원이 $v_s(t) = 20\cos(2t + 30^\circ)$ [V]일 때 단자 a와 b의 왼쪽 회로 부분에 대한

(1) 테브냉 등가회로를 구하라.

(2) 노튼 등가회로를 구하라.

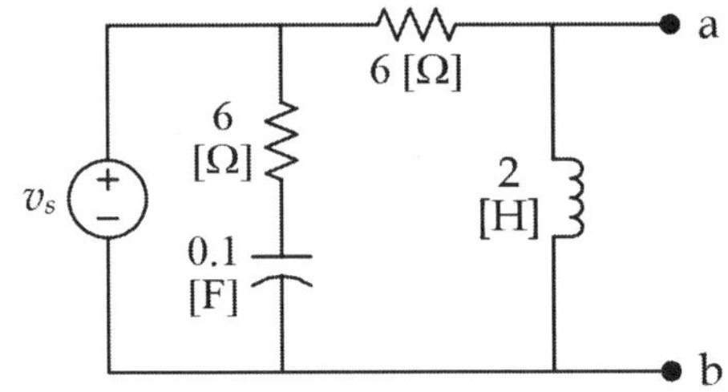

그림 P9.14

9.15 그림 P9.15는 어떤 전기회로의 전원부이며, 전류원은 $i_s(t) = 2\sin(t - 30^\circ)$ [A]이다. 단자 a와 b의 왼쪽 회로 부분에 대한

(1) 테브냉 등가회로를 구하라.

(2) 노튼 등가회로를 구하라.

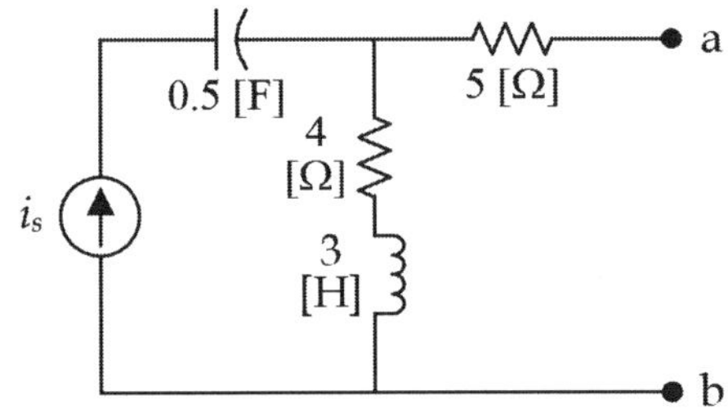

그림 P9.15

9.16 그림 P9.16의 회로에서 전압원은 $v_s(t) = 5\cos(10t - 30^\circ)$ [V]이다.

(1) $v_L(t) = 2\cos(10t + 30^\circ)$ [V]가 되도록 만드는 부하임피던스 Z_L을 전압분배법칙을 이용하여 구하라.

(2) 단자 a와 b의 왼쪽 회로 부분에 대한 테브냉 등가회로를 구하여 $v_L(t) = 2\cos(10t + 30^\circ)$ [V]가 되도록 하는 Z_L을 구하여 (1)의 결과와 비교하라.

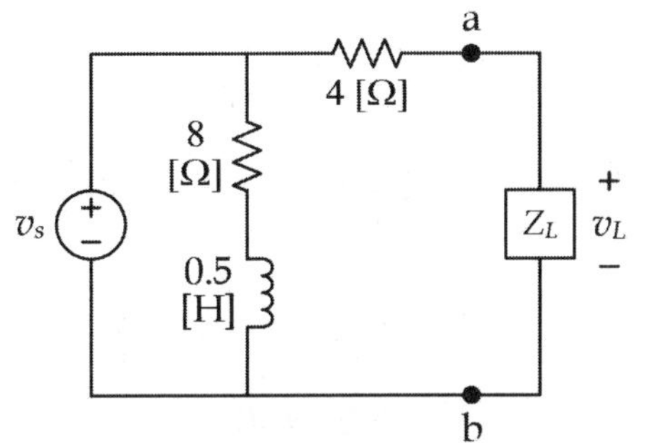

그림 P9.16

9.17 그림 P9.17의 회로에서 단자 a와 b의 왼쪽 회로 부분에 대한 테브냉 등가회로를 구하여 $v_L(t) = 2\cos(10t + 30^\circ)$ [V]가 되도록 하는 부하임피던스 Z_L을 구하라. 여기서 전류원은 $i_s(t) = 5\cos(10t - 30^\circ)$ [A]이다.

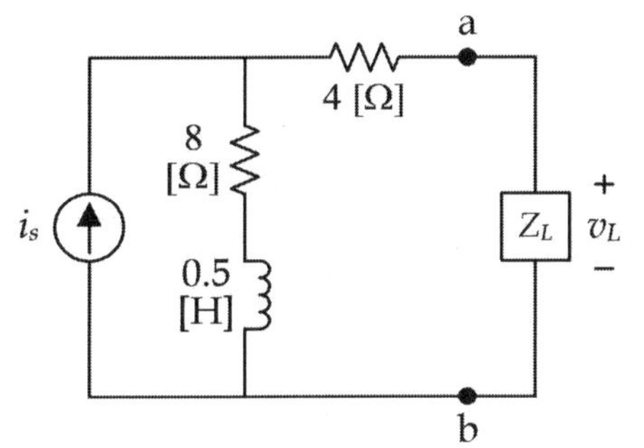

그림 P9.17

9.18 그림 P9.18의 전기회로에서 전압원은 $v_s(t) = 10\cos(2t)$ [V]이다.

(1) 주어진 회로에 대한 페이저회로를 제시하고, 전체 임피던스를 구하라.

(2) 전류 $i(t)$와 부하임피던스 양단의 전압 $v_L(t)$를 구하라.

(3) 단자 a와 b의 외쪽 회로 부분에 대한 테브냉 등가회로를 구하여 $v_L(t)$를 다시 계산하라.

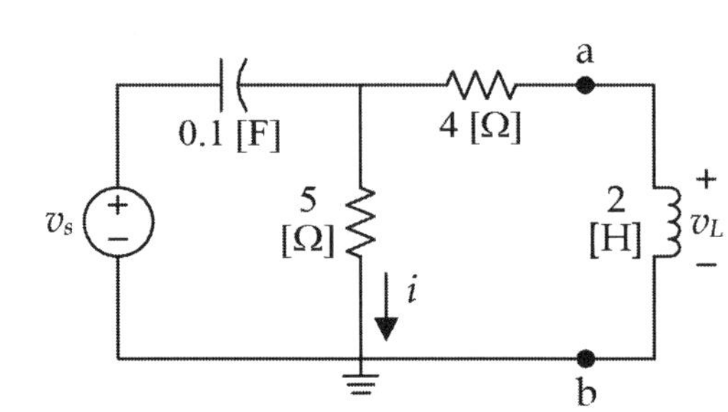

그림 P9.18

9.19 그림 P9.19의 전기회로에서 전류원은 $i_s(t) = 10\cos(2t)$ [A]이다.

(1) 전체 임피던스를 구하라.

(2) 전류 $i(t)$와 부하임피던스 양단의 전압 $v_L(t)$를 구하라.

(3) 단자 a와 b의 외쪽 회로 부분에 대한 테브냉 등가회로를 구하여 $v_L(t)$를 다시 계산하라.

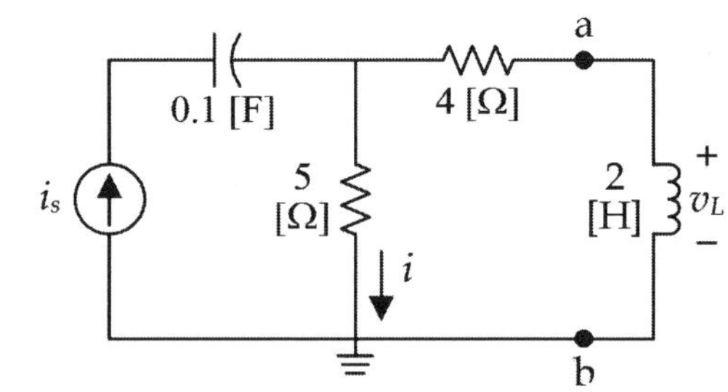

그림 P9.19

9.20 그림 P9.20에 나타낸 페이저회로에서 단자 a와 b의 왼쪽 회로 부분에 대한 노튼 등가회로를 구하고, 부하임피던스 양단의 전압 $\mathbf{V}_L$을 계산하라.

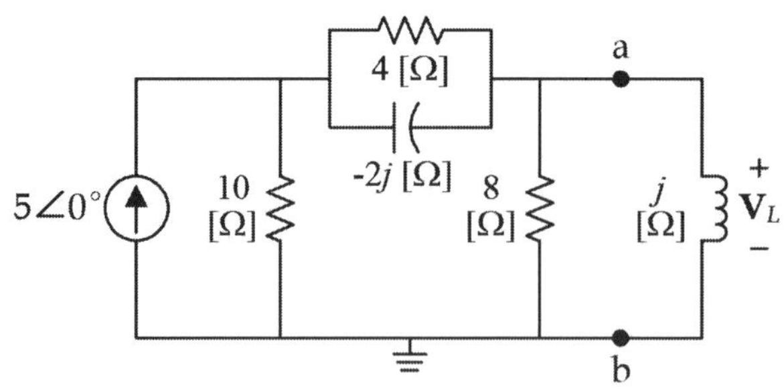

그림 P9.20

9.21 그림 P9.21에 제시된 전기회로에서 부하임피던스 Z_L을 제외한 회로 부분에 대한 테브냉 등가회로를 구하라. 여기서 $Z_1 = 3-2j$ [Ω], $Z_2 = 3+2j$ [Ω]이다.

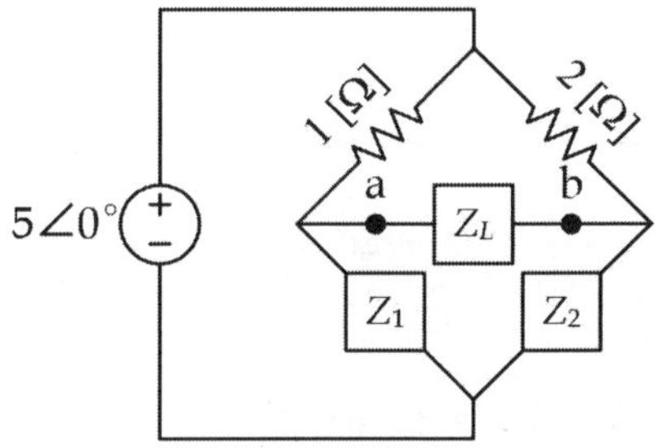

그림 P9.21

9.22 그림 P9.22에 나타낸 페이저회로에서 단자 a와 b의 왼쪽은 부하회로 A의 전원부이다. 이 전원부 회로에 대한 테브냉 등가회로를 구하라.

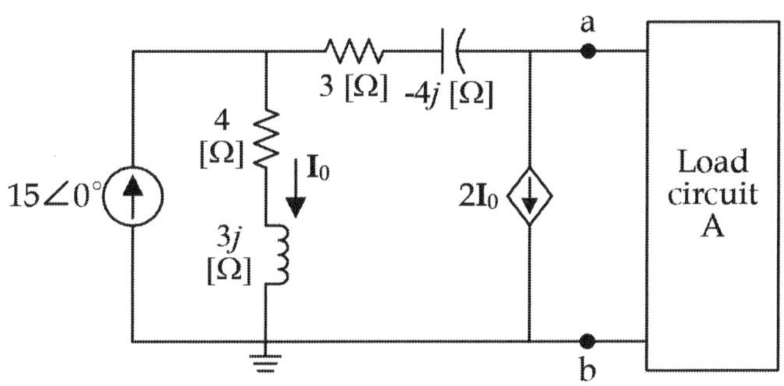

그림 P9.22

9.23 그림 P9.23의 회로에서 전압원은 $v_s(t) = 10\cos(2t+30°)$ [V]이다.

(1) 주어진 회로를 페이저회로로 변환하라.

(2) 단자 a와 b의 왼쪽 회로 부분을 테브냉 등가회로로 변환하라.

(3) 부하임피던스 양단의 전압 $v_L(t)$를 구하라.

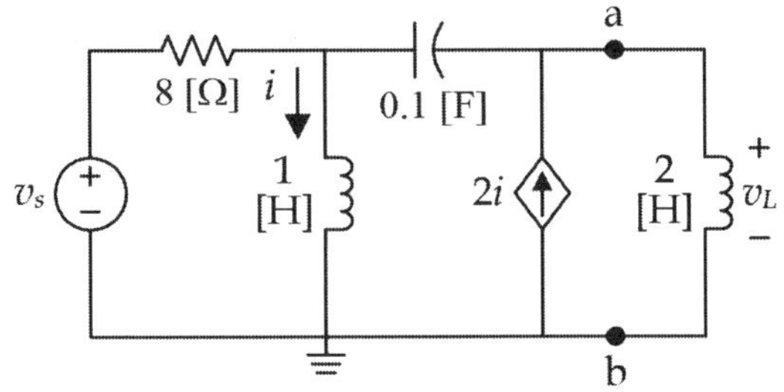

그림 P9.23

9.24 그림 P9.24에 나타낸 페이저회로에 대하여

(1) 단자 a와 b의 왼쪽 회로 부분에 대한 테브냉 등가회로를 구하라.

(2) 부하임피던스 양단의 전압 V_o를 구하라.

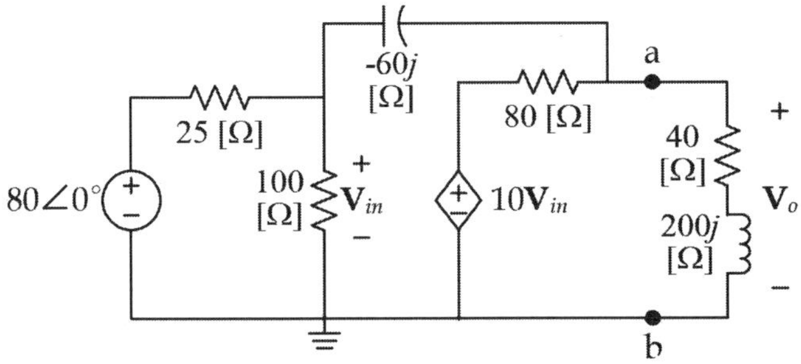

그림 P9.24

9.25 그림 P9.25의 전기회로에서 전류원은 $i_s(t) = 2\cos(2t + 30^\circ)$ [A]이다.

(1) 주어진 회로를 페이저회로로 변환하라.

(2) 단자 a와 b를 제외한 회로 부분에 대한 테브냉 등가회로를 구하라.

(3) 부하임피던스 양단의 전압 $v_o(t)$를 구하라.

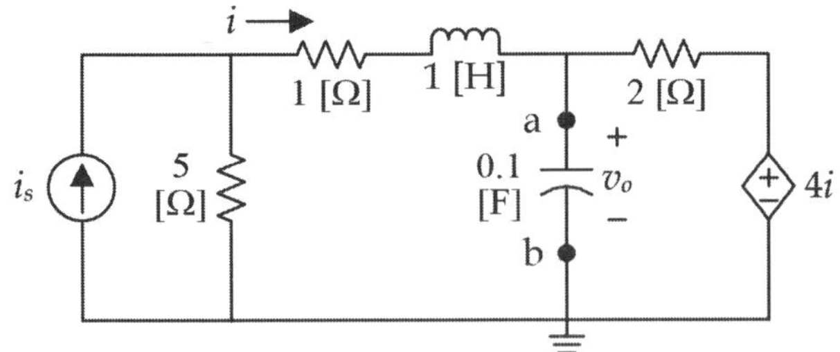

그림 P9.25

9.26 그림 P9.26의 회로에서 두 전류원은 다음과 같다.

$$i_{s1}(t) = 20\cos(10t)\ [\mathrm{A}],\ i_{s2}(t) = 15\sin(10t)\ [\mathrm{A}].$$

(1) 주어진 회로를 페이저회로로 변환하라.

(2) 마디해석법을 이용하여 마디 1과 마디 2 전압의 정상상태응답 $v_1(t)$와 $v_2(t)$를 구하라.

(3) 전류 $i_1(t)$와 $i_2(t)$를 구하라.

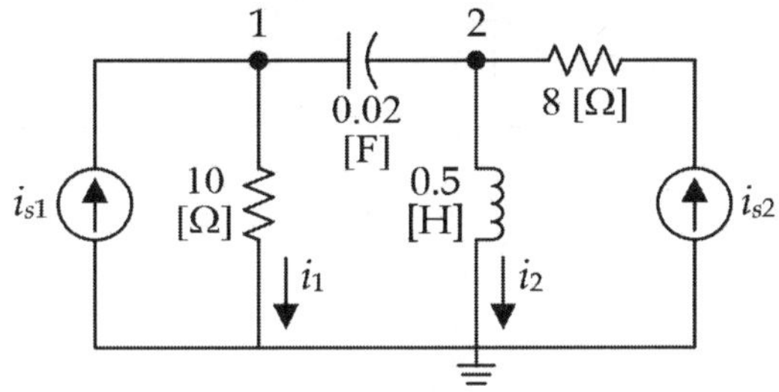

그림 P9.26

9.27 그림 P9.27의 페이저회로에 대하여

(1) 마디해석법을 이용하여 마디 1과 마디 2 전압의 정상상태응답 $v_1(t)$와 $v_2(t)$를 구하라.

(2) 전류 페이저 I_1와 I_2를 구하라.

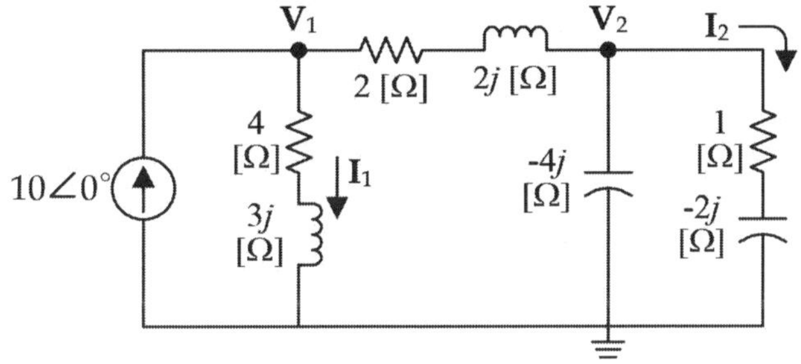

그림 P9.27

9.28 그림 P9.28에 나타낸 전기회로에서 두 전류원은 다음과 같다.

$$i_{s1}(t) = 10\cos(2t)\ [\mathrm{A}],\ i_{s2}(t) = 5\sin(2t + 60^\circ)\ [\mathrm{A}].$$

(1) 주어진 회로를 페이저회로로 변환하라.

(2) 마디해석법을 이용하여 마디 1과 마디 2 전압의 정상상태응답을 구하라.

(3) $i(t)$, $v_C(t)$, $v_L(t)$를 구하라.

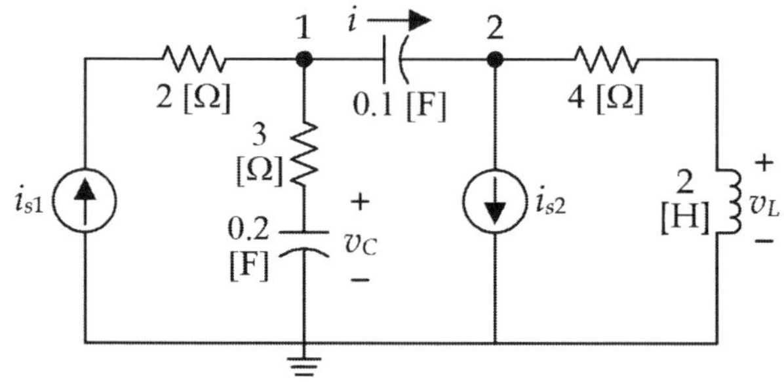

그림 P9.28

9.29 그림 P9.29에 나타낸 전기회로에

(1) 마디해석법을 적용하여 마디 1과 마디 2의 전압을 구하라.

(2) 전압 페이저 $\mathbf{V}_L$과 $\mathbf{V}_C$, 전류 페이저 $\mathbf{I}$를 구하라.

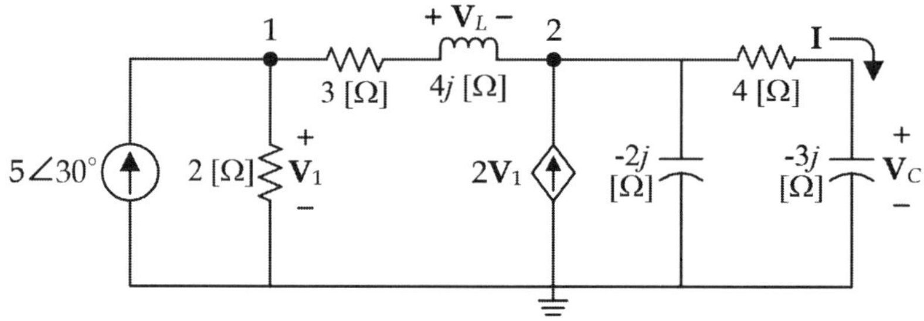

그림 P9.29

9.30 그림 P9.30의 전기회로에서 전류원은 다음과 같다.

$i_{s1}(t) = 5\sin(2t + 30°)$ [A], $i_{s2}(t) = 4\cos(2t)$ [A], $i_{s3}(t) = 2\cos(2t + 30°)$ [A].

(1) 주어진 회로에 대한 페이저 변환회로를 구하라.

(2) 마디해석법을 이용하여 마디 1과 마디 2의 전압을 구하라.

(3) 전류 $i_1(t)$와 $i_2(t)$를 구하라.

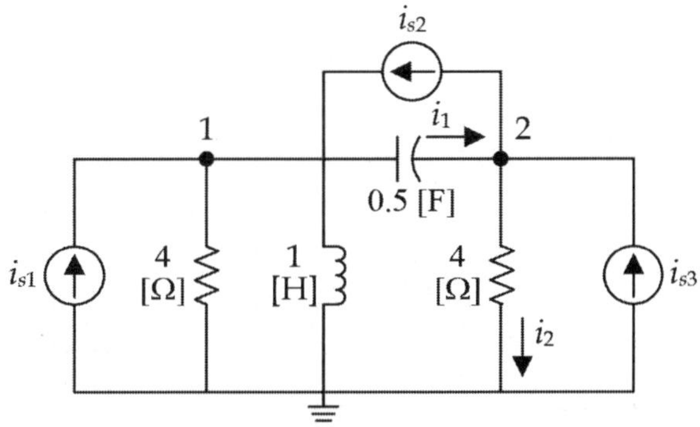

그림 P9.30

9.31 그림 P9.31에 나타낸 페이저회로에

(1) 마디해석법을 적용하여 마디 1과 마디 2의 전압을 구하라.

(2) 전류 페이저 I_1과 I_2를 구하라.

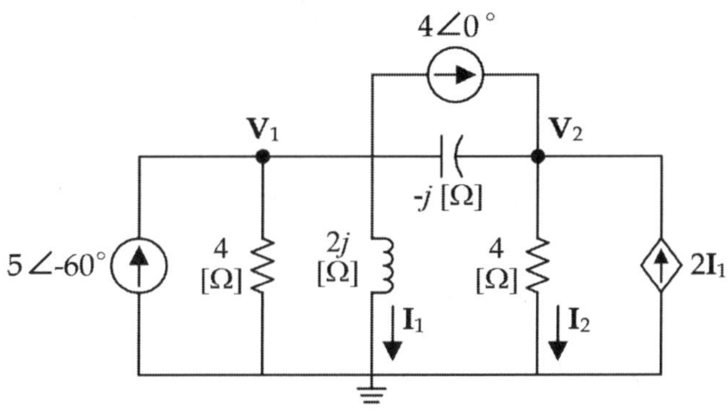

그림 P9.31

9.32 그림 P9.32에 나타낸 전기회로에서 전류원과 전압원은 각각 $I_s = 2\angle 0°$ [A], $V_s = 10\angle 90°$ [V]이다.

(1) 마디해석법을 적용하여 마디 1과 마디 2의 전압을 구하라.

(2) 전류 페이저 I_1과 I_2를 구하라.

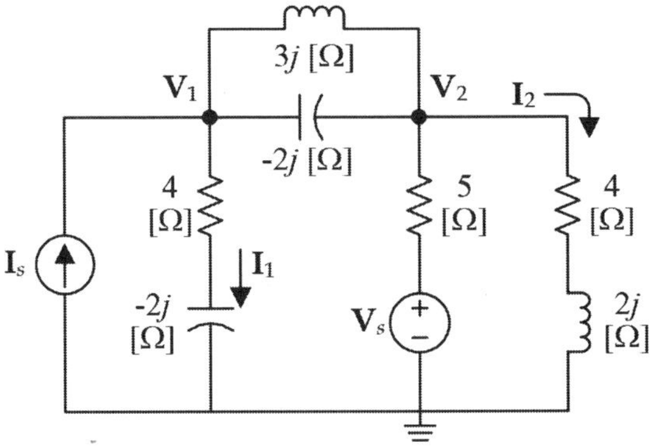

그림 P9.32

9.33 그림 P9.33의 페이저회로에서 전류원과 전압원은 각각 $I_s = 2\sqrt{2}\angle 45^\circ$ [A], $V_s = 10\angle 0^\circ$ [V]이다.

(1) 마디해석법을 적용하여 마디 1과 마디 2의 전압을 구하라.

(2) 전류 페이저 I_1과 I_2, 종속전원 제어전압 V를 구하라.

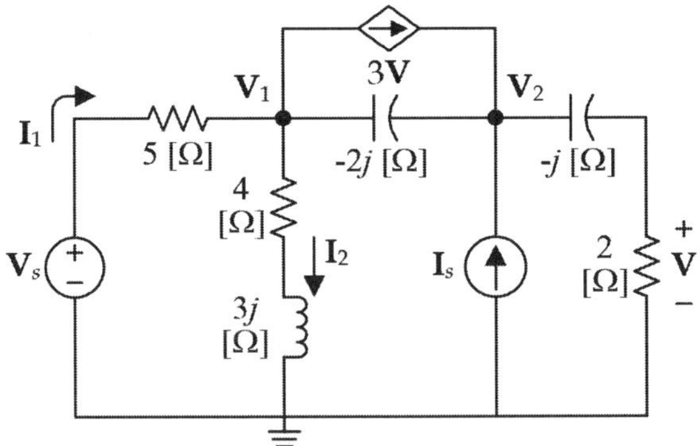

그림 P9.33

9.34 그림 P9.34의 전기회로에서 독립전압원은 $v_s(t) = 15\cos(10t + 30^\circ)$ [V]이다.

(1) 주어진 회로에 대한 페이저 변환회로를 구하라.

(2) 마디전압 $v_1(t)$를 구하라.

(3) 전류 $i_1(t)$, $i_2(t)$, $i_3(t)$를 구하라.

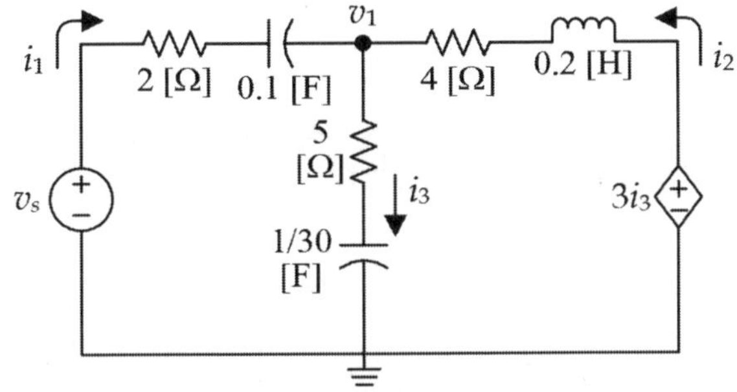

그림 P9.34

9.35 그림 P9.35의 페이저회로에서 두 전압원은 각각 다음과 같다.

$$V_{s1} = 10\angle 30^\circ \text{ [V]},\ V_{s2} = 4\angle 30^\circ \text{ [V]}.$$

(1) 마디해석법을 이용하여 마디전압 V_1, V_2, V_3을 구하라.

(2) 전류 페이저 I_1, I_2, I_3을 구하라.

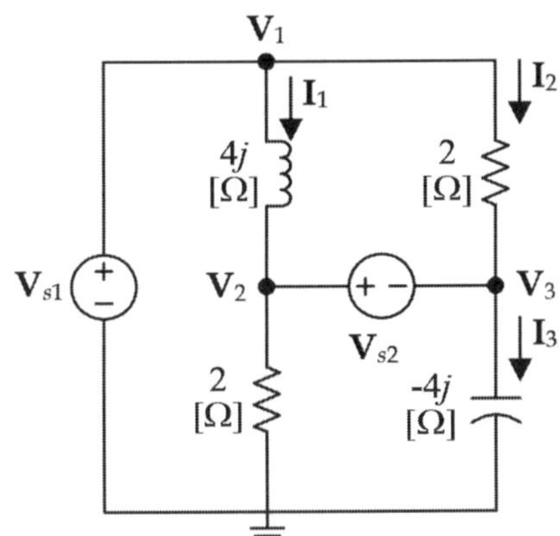

그림 P9.35

9.36 그림 P9.36에 나타낸 전기회로에서 두 전압은 각각 다음과 같다.

$$v_{s1}(t) = 10\cos(20t) \text{ [V]},\ v_{s2}(t) = 8\sin(20t) \text{ [V]}.$$

(1) 마디해석법을 이용하여 마디 1과 마디 2 전압의 정상상태응답을 구하라.

(2) 전류 페이저 I_1과 I_2를 구하라.

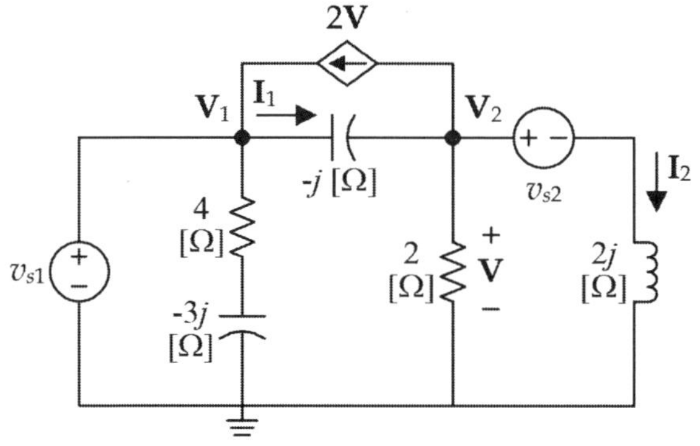

그림 P9.36

9.37 그림 P9.37의 전기회로에서 전압원은 $v_s(t) = 30\cos(10t)$ [V]이다.

(1) 주어진 회로를 페이저회로로 변환하라.

(2) 망로해석법을 이용하여 망로전류 $i_1(t)$와 $i_2(t)$를 구하라.

(3) 마디전압 $v(t)$를 구하라.

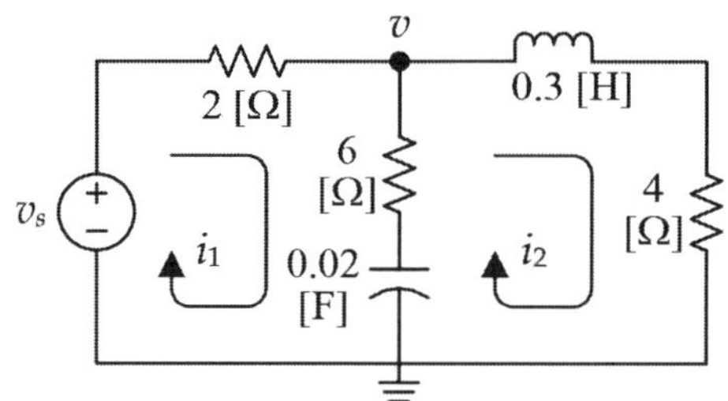

그림 P9.37

9.38 그림 P9.38에 주어진 전기회로에서 전원은 $v_s(t) = 30\cos(30t + 45^\circ)$ [V]이다.

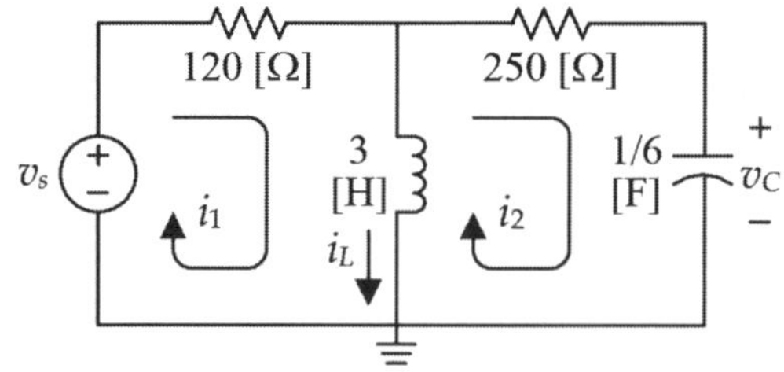

그림 P9.38

(1) 주어진 회로에 대한 페이저 변환회로를 구하라.

(2) 망로해석법을 이용하여 망로전류 $i_1(t)$와 $i_2(t)$를 구하라.

(3) 커패시터 전압 $v_C(t)$와 인덕터 전류 $i_L(t)$를 구하라.

9.39 그림 P9.39의 전기회로에서 두 전원은 각각 다음과 같다.

$$v_{s1}(t) = 20\cos(20t)\ [\text{V}],\ v_{s2}(t) = 10\sin(20t)\ [\text{V}].$$

(1) 주어진 회로를 페이저회로로 변환하라.

(2) 망로해석법을 이용하여 망로전류 $i_1(t)$, $i_2(t)$, $i_3(t)$를 구하라.

(3) 마디전압 $v_1(t)$와 $v_2(t)$를 구하라.

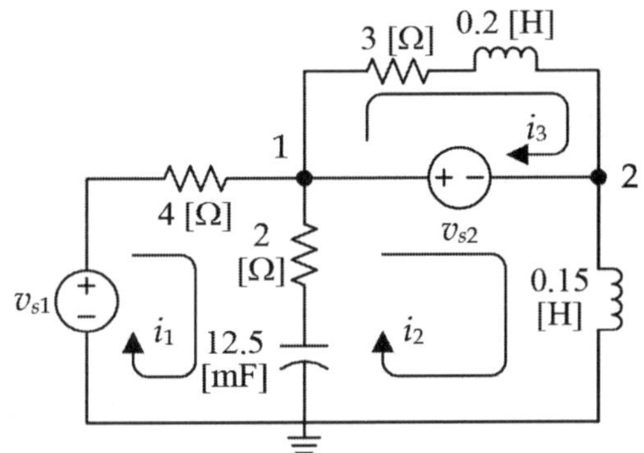

그림 P9.39

9.40 그림 P9.40의 페이저회로에 대하여

(1) 망로해석법을 적용하여 전류 페이저 $\mathbf{I}_1$과 $\mathbf{I}_2$를 구하라.

(2) 마디전압 $\mathbf{V}_1$과 인덕터 양단의 전압 $\mathbf{V}_L$을 구하라.

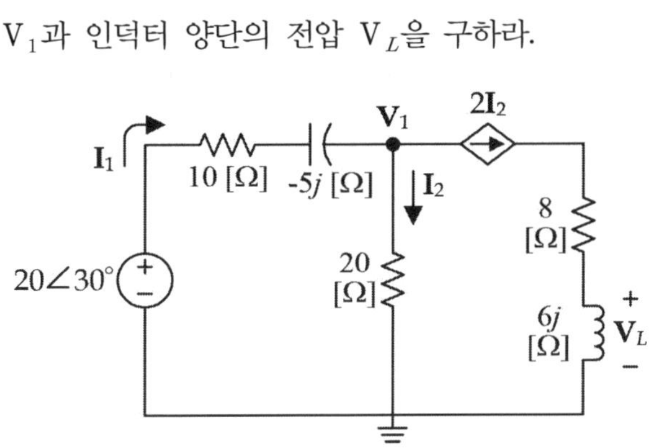

그림 P9.40

9.41 그림 P9.41의 전기회로에서 전압원은 $v_s(t) = 10\cos(2t + 45°)$ [V]이다.

(1) 주어진 회로에 대한 페이저 변환회로를 구하라.

(2) 망로해석법을 이용하여 망로전류 $i_1(t)$와 $i_2(t)$를 구하라.

(3) 마디전압 $v_1(t)$와 종속전원 제어전압 $v_C(t)$를 구하라.

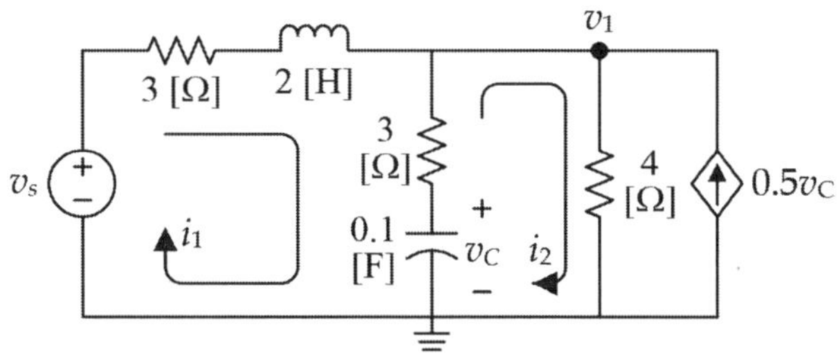

그림 P9.41

9.42 그림 P9.42의 페이저회로에 망로해석법을 적용하여 전류 페이저 I_1과 I_2를 구하라. 여기서 $Z_1 = 2 - j$ [Ω]이고 $Z_2 = 4 - 3j$ [Ω]이다.

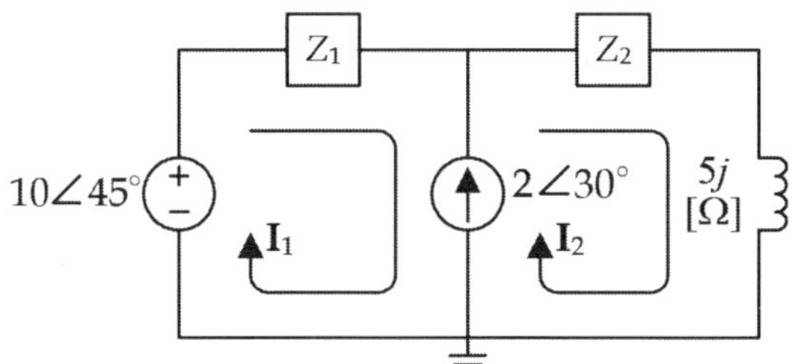

그림 P9.42

9.43 그림 P9.43에 나타낸 전기회로에서 전원은 각각 다음과 같다.

$i_{s1}(t) = 3\cos(5t)$ [A], $i_{s2}(t) = 2\sin(5t)$ [A], $v_s(t) = 10\cos(5t + 45°)$ [V].

(1) 주어진 회로에 대한 페이저 변환회로를 구하라.

(2) 망로해석법을 이용하여 전류 $i_1(t)$, $i_2(t)$, $i_3(t)$를 구하라.

(3) 커패시터와 인덕터 양단의 전압을 구하라.

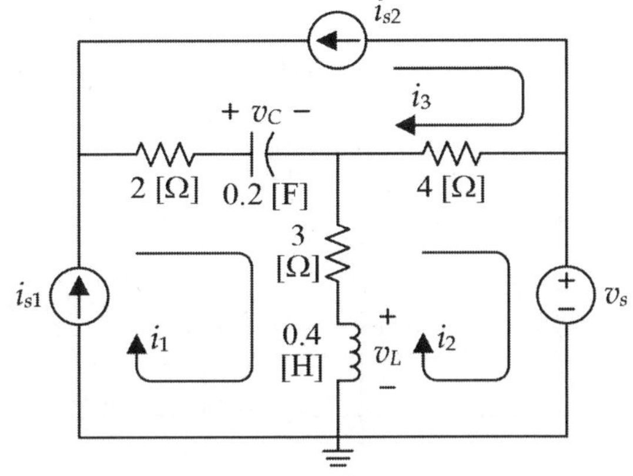

그림 P9.43

9.44 그림 P9.44에 나타낸 전기회로에서 전원은 각각 다음과 같다.

$i_{s1}(t) = 5\cos(20t)$ [A], $i_{s2}(t) = 8\sin(20t + 60°)$ [A], $v_s(t) = 10\cos(20t)$ [V].

(1) 주어진 회로를 페이저회로로 변환하라.

(2) 망로해석법을 이용하여 전류 $i_1(t)$, $i_2(t)$, $i_3(t)$를 구하라.

(3) 마디전압 $v_1(t)$와 $v_2(t)$를 구하라.

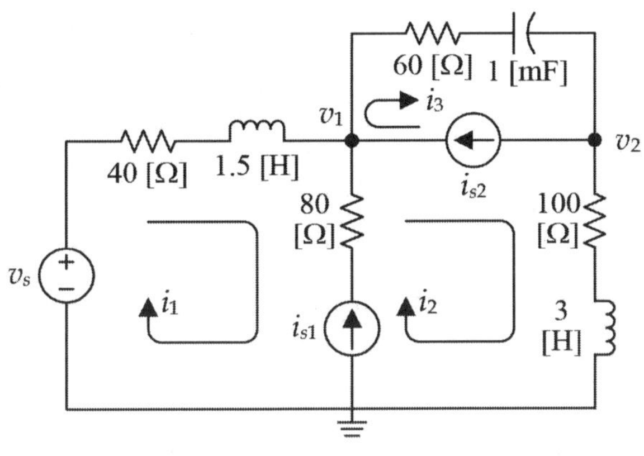

그림 P9.44

9.45 그림 P9.45의 전기회로에서 두 전원은 각각 다음과 같다.

$$v_s(t) = 20\cos(5t + 30°)\ [\mathrm{V}],\ i_s(t) = -4\sin(5t)\ [\mathrm{A}].$$

(1) 주어진 회로를 페이저회로로 변환하라.

(2) 중첩의 원리를 이용하여 $v_C(t)$와 $i_L(t)$를 구하라.

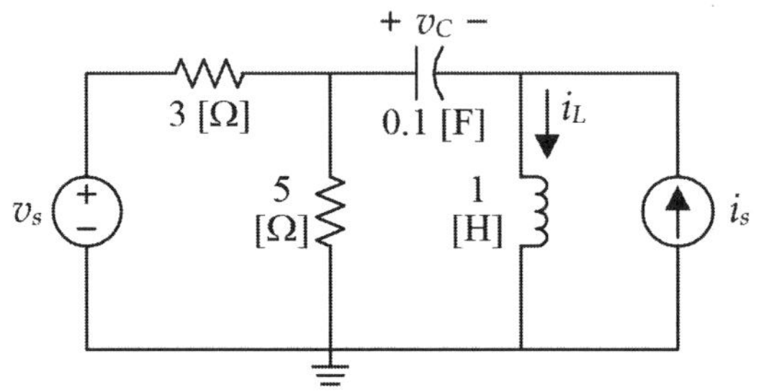

그림 P9.45

9.46 그림 P9.46의 전기회로에서 두 전원은 각각 다음과 같다.

$$v_s(t) = 25\cos(20t)\ [\text{V}],\quad i_s(t) = 5\cos(40t + 90^\circ)\ [\text{A}]$$

중첩의 원리를 적용하여 $v_C(t)$와 $i_R(t)$를 구하라.

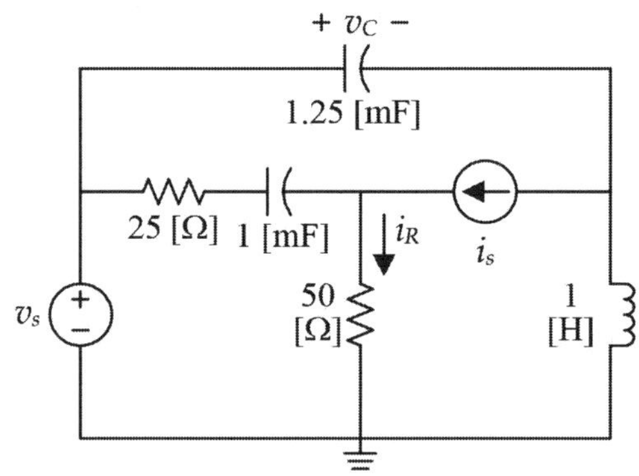

그림 P9.46

9.47 그림 P9.47의 연산증폭기 회로에서 전원은 $v_s(t) = 20\cos(5t)$ [V]이다.

(1) 증폭기 회로의 출력전압 $v_o(t)$를 구하라.

(2) 전류 $i_1(t)$와 $i_2(t)$를 구하라.

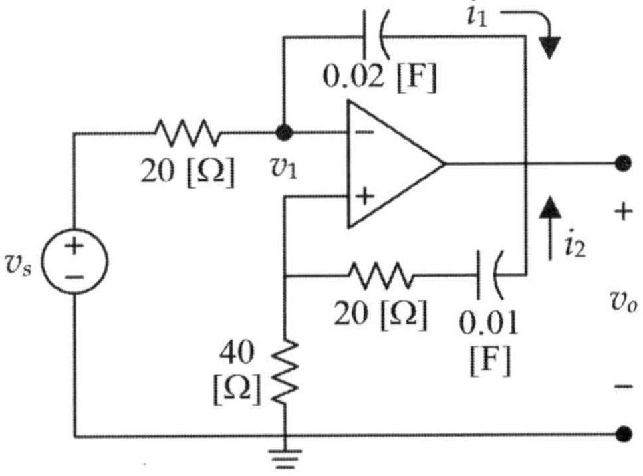

그림 P9.47

9.48 그림 P9.48의 2단 연산증폭기 회로에서 전원은 $v_s(t) = 10\cos(10t)$ [V]이다.

(1) 마디전압 $v_1(t)$와 출력전압 $v_o(t)$를 구하라.

(2) 전류 $i_1(t)$와 $i_2(t)$를 구하라.

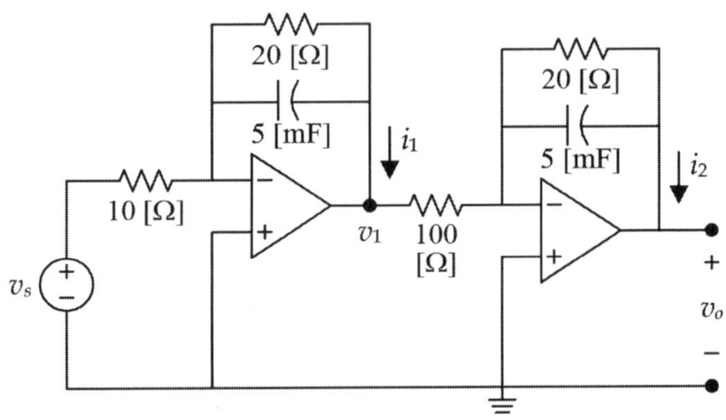

그림 P9.48

정상상태 전력

CHAPTER 10

10장 정상상태 전력

전기공학의 중요한 역할 가운데 하나인 장거리 전력전송이나 통신공학에서 유무선 데이터 전송 등은 주로 정현파함수를 사용한다. 이런 이유로 많은 전기설비, 전자시스템, 통신시스템들은 정현파함수를 전원으로 사용하는 교류회로로 구현된다. 앞 장까지 교류회로 해석에서는 회로를 구성하는 소자들의 전압과 전류에 초점을 두었고, 이들을 구할 수 있는 유효한 방법들을 주요 학습주제로 다루었다. 하지만 어떤 시스템의 기능이나 성능 측면에서는 에너지 또는 전력의 공급과 소비에 대한 해석이 개별 소자들에 걸리는 전압이나 소자를 통하여 흐르는 전류보다 객관적인 척도가 된다.

회로해석을 위한 개념을 소개한 1장[1]에서 학습한 것처럼 에너지와 전력은 거의 동일한 것으로 간주할 수 있을 정도로 밀접한 관계를 가진다. 전력은 어떤 소자의 양단에 걸리는 전압과 그 소자를 통하여 흐르는 전류의 곱으로 정의하였으며, 에너지 또는 일은 특정한 시간 동안 소자에서 소비되는 또는 소자가 공급하는 전체 전력이다. 그리고 에너지 또는 일을 시간 평균한 것을 평균전력(average power)이라고 한다. 직류전원으로 구동되는 저항회로의 경우 전압과 전류가 항상 일정하기 때문에 어떤 순간의 전력과 평균전력은 동일하다. 또한 직류전원으로 구동되는 RLC 회로의 경우에도 직류 정상상태에서는 인덕터는 단락회로처럼, 커패시터는 개방회로처럼 동작하므로 저항회로와 크게 다르지 않다. 하지만 교류회로에서는 전압과 전류가 정현파함수이므로 이들의 곱인 전력도 정현파 주기함수가 된다. 그러므로 교류회로의 전력에 대한 해석을 위해서는 새로운 접근방법이 필요하다.

이 장에서는 교류 정상상태에서 전기회로의 전력과 에너지에 대하여 학습한다. 특히, 교류회로에서 전력의 개념과 정의 그리고 종류에 대하여 자세히 살펴보고, 교류전원이 공급하는 전력과 RLC 소자에서 소비되는 전력 사이의 관계, 에너지 저장소자의 기능과 역할에 대하여 앞에서 학습한 수학적 도구들을 이용하여 분석할 것이다.

---

1) 1장부터 8장까지는 회로이론 1 : 직류회로와 해석의 기본(홍릉, 2024, 03)을 참고하라.

10.1 순시전력과 평균전력

1장에서 어떤 소자의 양단에 걸리는 전압 $v(t)$와 그 소자를 통하여 흐르는 전류 $i(t)$를 곱한 것을 전력이라고 하였다. 즉, 임의의 시간 t에서 소자가 소비하거나 공급하는 전력에 대한 수학적 정의는

$$p(t) = v(t)\,i(t) \tag{10.1}$$

이며, 이것을 순시전력(instantaneous power)이라고 한다. 특히, 직류전원이 구동하는 저항회로에서는 전압과 전류가 모두 상수이므로 순시전력은 상수가 된다. 어떤 상수에 대한 시간 평균은 원래의 상수와 동일하므로 직류 저항회로에서 순시전력은 평균전력과 항상 동일하다.

교류전원이 구동하는 회로에서도 순시전력과 평균전력이 항상 동일할까? 이 질문에 대답하기 위하여 간단한 정현파함수를 다음과 같이 정의하자.

$$x(t) = X\cos(\omega t), \tag{10.2}$$

여기서 X는 진폭이고 $\omega = 2\pi/T$ [rad/sec]는 각주파수이다. 그리고 $T = 1/f$ [sec]는 주기를 나타내며 f [Hz]는 주파수이다. 함수 $x(t)$가 주기함수이므로 한 주기동안의 시간 평균을 구하면

$$\frac{1}{T}\int_0^T x(t)\,dt = \frac{1}{T}\int_0^T X\cos(\omega t)\,dt = 0. \tag{10.3}$$

이것은 이미 알고 있는 것으로 단순한 정현파함수의 시간 평균은 0이 된다.

함수 $x^2(t)$는

$$x^2(t) = X^2\cos^2(\omega t) = \frac{X^2}{2}\{1 + \cos(2\omega t)\} \tag{10.4}$$

가 된다. $|\cos(2\omega t)| \le 1$이므로 $\{1 + \cos(2\omega t)\}$는 $[0, 2]$의 범위에서 진동하는 정현파함수가 되며, 각주파수는 $\omega' = 2\omega$ [rad/sec]로 원래의 함수 $x(t)$의 각 주파수 보다 2배로 증가된다.

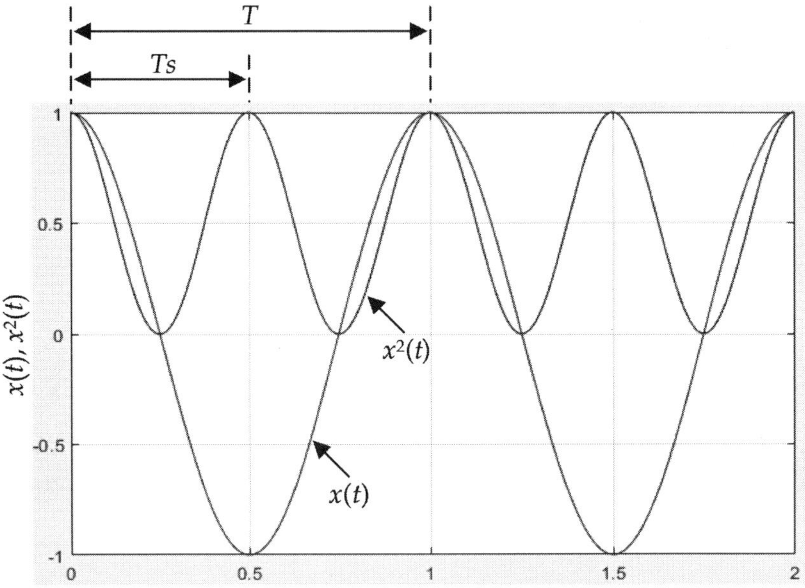

그림 10.1 $x(t) = \cos(2\pi t)$와 $x^2(t)$의 파형

그림 10.1은 식 (10.2)에서 진폭이 $X = 1$이고 각주파수가 $\omega = 2\pi$ [rad/sec]일 때 $x(t)$와 $x^2(t)$의 파형을 비교하여 나타낸 것이다. $x^2(t)$의 주파수가 $x(t)$의 주파수에 비하여 2배 증가되므로 $x^2(t)$의 주기 T_s는 $x(t)$의 주기의 1/2배로 감소한다.

식 (10.3)과 같은 시간으로 $x^2(t)$의 시간 평균을 계산하면

$$\begin{aligned} \frac{1}{T}\int_0^T x^2(t)\,dt &= \frac{X^2}{2T}\int_0^T \{1+\cos(2\omega t)\}\,dt \\ &= \frac{X^2}{2T}\left\{\int_0^T 1\,dt + \int_0^T \cos(2\omega t)\,dt\right\} = \frac{X^2}{2} \end{aligned} \tag{10.5}$$

가 된다. 이것은 식 (10.4)에서 교류성분의 평균이 0이므로 직류 오프셋(dc offset)성분의 평균값에 해당한다.

만약 $x(t)$를 $1\,[\Omega]$ 저항을 통하여 흐르는 전류나 저항에 걸리는 전압의 교류 정상상태 응답이라고 가정하면 식 (10.4)의 $x^2(t)$는 순시전력이 되고, 식 (10.5)는 평균전력이 된다. 따라서 다음 조건을 만족시키는 시간에 순시전력과 평균전력이 같아진다.

$$\underset{t}{\arg}\left[\frac{X^2}{2} = \frac{X^2}{2}\{1+\cos(2\omega t)\}\right]. \tag{10.6}$$

식 (10.6)이 성립되는 시간은

$$2\omega t = \pm\frac{\pi}{2} \rightarrow t = \pm\frac{T}{8} = \pm\frac{T_s}{4} \text{ [sec]} \tag{10.7}$$

이므로 정현파함수 순시전력의 한 주기인 T_s 동안 4회만 발생한다. 그러므로 직류 저항 회로와는 달리 교류 정상상태에서는 시변함수(time-varying function)인 순시전력보다는 특정한 값으로 나타나는 평균전력이 전기회로 해석에서 더 중요한 의미를 가질 수 있다.

식 (10.1)이 교류 정상상태에서 임의의 소자가 소비하거나 공급하는 순시전력에 대한 정의라면 평균전력은 다음과 같이 정의된다.

$$P = \frac{1}{T}\int_{t_1}^{t_1+T} p(t)\,dt = \frac{1}{T}\int_0^T v(t)\,i(t)\,dt, \tag{10.8}$$

여기서 t_1은 임의의 시간을 나타내고 T는 정현파 전력 $p(t)$의 주기이다.

예제 10.1

교류 정상상태에 있는 전기회로에서 $R\,[\Omega]$ 저항 양단에 걸리는 전압을 측정해보니 $v(t) = V_m\cos(\omega t)$ [V]이었다. 저항에서 소비되는 순시전력과 평균전력을 구하라.

풀이

저항 양단에 걸린 전압이 $v(t)$일 때 순시전력은

$$p(t) = \frac{v^2(t)}{R} = \frac{1}{R}\{V_m\cos(\omega t)\}^2 = \frac{V_m^2}{2R}\{1+\cos(2\omega t)\} \text{ [W]}. \quad ①$$

식 ①의 정현파함수의 주기를 $T = \pi/\omega$ [sec]라고 하면 저항에서 소비되는 평균전력은

$$P = \frac{1}{T}\int_0^T p(t)\,dt = \frac{V_m^2}{2RT}\int_0^T\{1+\cos(2\omega t)\}\,dt = \frac{V_m^2}{2R} \text{ [W]}.$$

■

그림 10.2에 나타낸 일반적인 2단자 회로의 교류 전압원을

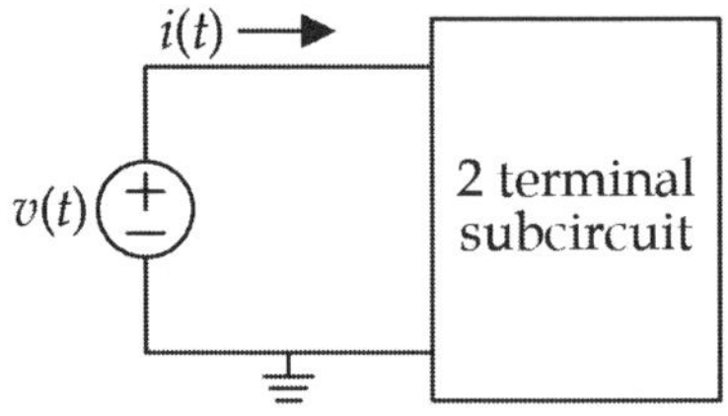

그림 10.2 2단자 회로

$$v(t) = V_m \cos(\omega t + \phi_v) \text{ [V]} \tag{10.9}$$

라고 하면, 이 전원이 2단자 회로에 공급하는 전류는

$$i(t) = I_m \cos(\omega t + \phi_i) \text{ [A]}. \tag{10.10}$$

교류 정상상태에서 전압원이 2단자 회로에 공급하는 평균전력은 식 (10.8)의 정의에 의하여

$$\begin{aligned} P &= \frac{1}{T}\int_0^T v(t)\,i(t)\,dt = \frac{1}{T}\int_0^T V_m \cos(\omega t + \phi_v)\, I_m \cos(\omega t + \phi_i)\,dt \\ &= \frac{V_m I_m}{T}\int_0^T \cos(\omega t + \phi_v)\cos(\omega t + \phi_i)\,dt. \end{aligned} \tag{10.11}$$

삼각함수의 항등식[2)]

$$\cos(A)\cos(B) = \frac{1}{2}\{\cos(A-B) + \cos(A+B)\} \tag{10.12}$$

를 적용하면 식 (10.11)은

$$\begin{aligned} P &= \frac{V_m I_m}{T}\int_0^T \cos(\omega t + \phi_v)\cos(\omega t + \phi_i)\,dt \\ &= \frac{V_m I_m}{2T}\int_0^T \{\cos(\phi_v - \phi_i) + \cos(2\omega t + \phi_v + \phi_i)\}\,dt \end{aligned} \tag{10.13}$$

로 전개되므로 최종적으로는

$$P = \frac{V_m I_m}{2}\cos(\phi_v - \phi_i) \text{ [W]} \tag{10.14}$$

2) 삼각함수의 공식은 부록 C를 참고하라.

이 된다. 그러므로 교류 정상상태에서 전원이 공급하는 평균전력은 전압원과 그에 따른 교류전류의 진폭뿐만 아니라 전압과 전류의 위상차 $(\phi_v - \phi_i)$에 의하여 결정된다.

한편, 식 (10.9)와 식 (10.10)의 교류전압과 교류전류를 페이저로 나타내면 각각

$$\mathrm{V} = V_m \angle \phi_v \text{ [V]}, \ \ \mathrm{I} = I_m \angle \phi_i \text{ [A]} \tag{10.15}$$

이므로 식 (10.14)의 평균전력은

$$P = \frac{1}{2}|\mathrm{V}||\mathrm{I}|\cos(\phi_v - \phi_i) \text{ [W]} \tag{10.16}$$

로도 표현할 수 있다.

예제 9.15에 의하면 저항의 경우 전압과 전류의 위상차가 0° 이므로 저항에서 소비되는 평균전력은

$$P = \frac{1}{2} V_m I_m \ \text{ 또는 } \ P = \frac{1}{2}|\mathrm{V}||\mathrm{I}| \text{ [W]} \tag{10.17}$$

가 된다. 이에 비하여 인덕터에서는 전압의 위상이 전류의 위상보다 90° 앞서고, 커패시터 전압의 위상은 전류의 위상보다 90° 뒤쳐진다. 그러므로 식 (10.14)와 식 (10.16)에 따르면 인덕터와 커패시터에서 소비되는 평균전력은

$$P = \frac{1}{2} V_m I_m \cos(\pm 90°) = 0 \text{ [W]}. \tag{10.18}$$

그러므로 그림 10.2에 나타낸 2단자 회로가 저항과 인덕터, 커패시터로 구성되어 있다면 모든 전력은 저항에서 소비되고 임피던스의 리액턴스 성분에서 소비되는 평균전력은 0 [W]가 된다.

예제 10.2

그림 10.2에 나타낸 전기회로에서 교류 전압원이 $v(t) = 20\cos(5t + 45°)$ [V]이고 2단자 회로로 흘러 들어가는 전류가 $i(t) = 5\cos(5t - 15°)$라고 할 때 2단자 회로에서 소비되는 순시전력과 평균전력을 구하라.

풀이

순시전력, $p(t)$는

$$p(t) = v(t)i(t) = 20\cos(5t + 45^\circ) \times 5\cos(5t - 15^\circ) \quad ①$$
$$= 100 \times \frac{1}{2}\{\cos(45^\circ + 15^\circ) + \cos(5t + 45^\circ + 5t - 15^\circ)\}$$

이다. 이를 정리하면 2단자 회로에서 순시전력은

$$p(t) = 25 + 50\cos(10t + 30^\circ) \text{ [W]}. \quad ②$$

식 ②에 나타낸 정현파함수의 각주파수가 $w = 10$ [rad/sec]이므로 순시전력 함수의 주기는

$$T = \frac{2\pi}{\omega} = \frac{\pi}{5} \text{ [sec]}. \quad ③$$

따라서 식 ②의 순시전력에 대한 평균전력은

$$P = \frac{1}{T}\int_0^T p(t)\,dt = \frac{5}{\pi}\int_0^{\pi/5}\{25 + 50\cos(10t + 30^\circ)\}dt = 25 \text{ [W]}. \quad ④$$

식 ④의 평균전력은 식 ②의 순시전력에서 상수부분과 동일한 것을 알 수 있다.

예제 10.3

다음 전기회로에서 교류 전압원이 회로에 공급하는 평균전력과 저항, 임피던스에서 소비되는 평균전력을 구하라. 여기서 주어진 전기회로는 교류 정상상태로 동작하고 있는 것으로 가정한다.

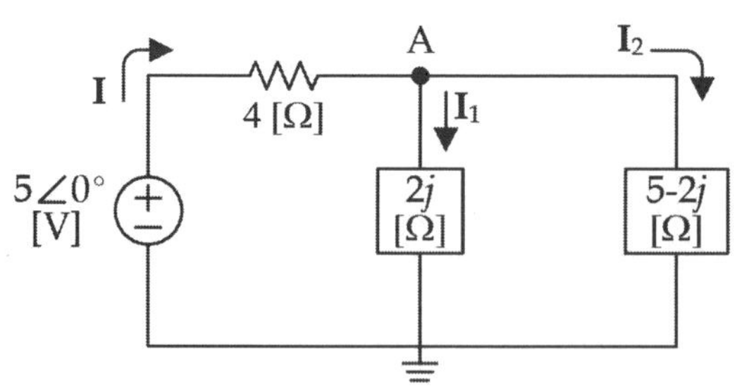

그림 10.3 예제 10.3을 위한 전기회로

풀이

교류 전압원에서 흘러 나오는 전류를 계산하기 위해서는 회로의 전체 임피던스를 구해야 한다. $2j\,[\Omega]$ 임피던스와 $5-2j\,[\Omega]$ 임피던스가 병렬로 연결되어 있으므로 전체 임피던스는

$$Z = 4 + \{2j // (5-2j)\} = 4 + \frac{2j(5-2j)}{2j+5-2j} = 4.8 + 2j[\Omega]. \qquad ①$$

전압원에서 회로에 공급되는 전류는 전압-전류 관계식으로부터

$$\mathrm{I} = \frac{\mathrm{V}}{Z} = \frac{5\angle 0^\circ}{4.8+2j} = \frac{5(4.8-2j)}{4.8^2+2^2} = 0.89 - 0.37j = 0.96\angle -22.57^\circ \ [\mathrm{A}]. \qquad ②$$

따라서 교류 전압원이 회로에 공급하는 평균전력은

$$P_s = \frac{1}{2}|\mathrm{V}||\mathrm{I}|\cos(\phi_v - \phi_i) = \frac{1}{2}\times 5\times 0.96\times\cos(22.57^\circ) = 2.22\ [\mathrm{W}]. \qquad ③$$

또한 식 ②의 전류페이저로부터 $4\,[\Omega]$ 양단에 걸리는 전압페이저는

$$\mathrm{V}_R = R\mathrm{I} = 4\times 0.96\angle -22.57^\circ = 3.84\angle -22.57^\circ \ [\mathrm{V}] \qquad ④$$

이므로 저항에서 소비되는 평균전력은

$$P_R = \frac{1}{2}\times 3.84\times 0.96\times\cos(-22.57^\circ + 22.57^\circ) = 1.84\ [\mathrm{W}]. \qquad ⑤$$

마디 A에 전류분배법칙을 적용하여 $2j\,[\Omega]$ 임피던스와 $5-2j\,[\Omega]$ 임피던스로 흐르는 전류 I_1과 I_2를 계산하면 각각 다음과 같다.

$$\mathrm{I}_1 = \mathrm{I}\times\frac{5-2j}{5-2j+2j} = 1.04\angle -44.37^\circ \ [\mathrm{A}], \qquad ⑥$$

$$\mathrm{I}_2 = \mathrm{I}\times\frac{2j}{5-2j+2j} = 0.38\angle 67.43^\circ \ [\mathrm{A}]. \qquad ⑦$$

$2j\,[\Omega]$ 임피던스 양단에 걸리는 전압은

$$\mathrm{V}_1 = \mathrm{I}_1\times 2j = 1.04\angle -44.37^\circ \times 2\angle 90^\circ = 2.08\angle 45.63^\circ \ [\mathrm{V}]. \qquad ⑧$$

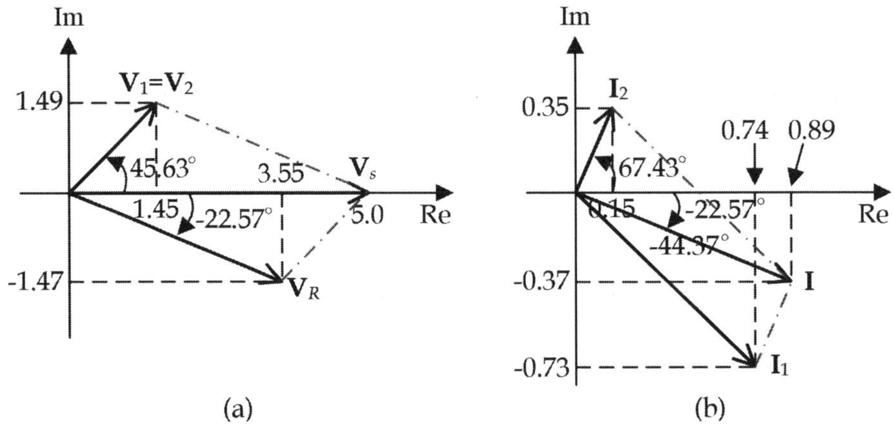

그림 10.4 페이저도 (a) 전압 성분 (b) 전류 성분

$5-2j$ [Ω] 임피던스는 $2j$ [Ω] 임피던스와 병렬로 연결되어 있으므로 두 임피던스 양단에 걸리는 전압은 $\mathrm{V}_2 = \mathrm{V}_1$이다. 회로 내의 모든 전압성분과 전류성분을 그림 10.4의 페이저도에 나타내었다.

각각의 임피던스에서 소비되는 평균전력은

$$P_1 = \frac{1}{2} \times 2.08 \times 1.04 \times \cos(45.63° + 44.37°) = 0 \text{ [W]}. \quad ⑨$$

$$P_2 = \frac{1}{2} \times 2.08 \times 0.38 \times \cos(45.63° - 67.43°) = 0.37 \text{ [W]}. \quad ⑩$$

한편, $5-2j$ [Ω] 임피던스는 5 [Ω] 저항 성분과 $-2j$ [Ω] 리액턴스 성분으로 구성된다. 그러므로 5 [Ω] 저항 성분에 걸리는 전압은 전압분배법칙에 의하여

$$\mathrm{V}_{2,5\Omega} = \mathrm{V}_2 \cdot \frac{5}{5-2j} = 2.08\angle 45.63° \cdot \frac{1}{1.08\angle -21.8°} = 1.93\angle 67.43° \text{ [V]}. \quad ⑪$$

따라서 $5-2j$ [Ω] 임피던스에서 5 [Ω] 저항 성분이 소비하는 평균전력을 계산하면

$$P_{2,5\Omega} = \frac{1}{2} \times 1.93 \times 0.38 \times \cos(67.43° - 67.43°) = 0.37 \text{ [W]}. \quad ⑫$$

이 결과는 식 ⑩에 나타낸 $5-2j$ [Ω] 임피던스에서 소비되는 평균전력과 같다. 그러므로 리액턴스 성분이 소비하는 평균전력은 0 [W]라는 것을 알 수 있다.

전원이 회로에 공급하는 평균전력을 나타내는 식 ③은 수동소자들에서 소비되는 평균전력인 식 ⑤, 식 ⑨, 식 ⑩의 합과 같다. 또한 식 ⑨로부터 순수 리액턴스 성분에서 소비되는 평균전력은 0 [W]가 되는 것도 확인할 수 있다.

■

10.2 실효값

교류 정상상태에서 순시전력은 시간에 따라 변하는 양이므로 특정한 값으로 표현할 수 없기 때문에 평균전력을 정의하여 전원이 공급하거나 수동소자들, 특히 저항이 소비하는 전력으로 나타낸다. 교류회로에서 평균전력은 직류회로처럼 단순히 전압과 전류의 곱으로 나타나지는 않는다. 그러므로 직류전압이나 전류에 대응하는 교류전압이나 전류의 유효한 계측값 또는 표현이 필요하다.

실효값(root-mean-square value, rms)은 시변함수인 교류전압과 전류에 의한 평균전력이 직류전압과 전류에 의한 전력과 같아지는 값을 말한다. 실효값의 영어 표현인 root, mean, square는 제곱근, 평균, 제곱을 나타내는 세 가지 수학연산의 조합으로 역순으로 연산이 이루어진다. 즉 교류전압 또는 전류를 나타내는 정현파함수를 제곱하여 시간평균을 구한 다음 그 값에 제곱근을 취하는 것이다. 만약 1 [Ω] 저항에 걸리는 전압이나 이 저항을 통하여 흐르는 전류를 고려한다면 식 (10.5)는 제곱(square)과 평균(mean) 연산이 수행된 것이며, 이것은 평균전력이 되었다. 그러므로 이 경우 평균전력에 제곱근(root)을 취하면 실효값이 계산된다.

교류 전압원 $v(t) = V_m \cos(\omega t + \phi_v)$ [V]에 대한 실효값을 구하여보자. 정의에 의하여 $v(t)$에 대한 실효값은

$$
\begin{aligned}
V_{rms} &= \sqrt{\frac{1}{T}\int_0^T \{V_m \cos(\omega t + \phi_v)\}^2 dt} \qquad (10.19) \\
&= \sqrt{\frac{V_m^2}{T}\int_0^T \frac{1}{2}\{1 + \cos(2\omega t + 2\phi_v)\}\, dt} = \sqrt{\frac{V_m^2}{T}\frac{T}{2}} \\
&= \frac{V_m}{\sqrt{2}} \text{ [V]}
\end{aligned}
$$

으로 계산된다. 따라서 교류전압 $v(t)$에 대한 실효값은 최대값의 $1/\sqrt{2}$배에 해당되는 전압이다. 정의에 의한 수학적 유도를 실증하기 위하여 그림 10.5에 대하여 생각하여보자.

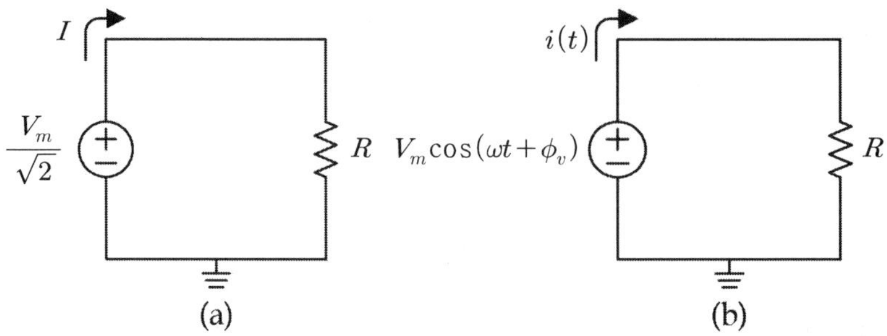

그림 10.5(a) (a) 직류회로 (b) 교류회로

그림 10.5(a)에 나타낸 직류회로에서 저항이 소비하는 전력은

$$P_a = \frac{1}{R}\left(\frac{V_m}{\sqrt{2}}\right)^2 = \frac{V_m^2}{2R} \text{ [W]} \tag{10.20}$$

이다. 그림 10.5(b)의 교류회로에서 저항을 통하여 흐르는 전류는

$$i(t) = I_m\cos(\omega t + \phi_i) \text{ [A]} \tag{10.21}$$

이고, 진폭은 $I_m = V_m/R$이 된다. 교류회로에서 저항이 소비하는 평균전력은

$$\begin{aligned} P_b &= \frac{1}{T}\int_0^T v(t)i(t)\,dt = \frac{1}{T}\int_0^T V_m\cos(\omega t+\phi_v)I_m\cos(\omega t+\phi_i)\,dt \\ &= \frac{1}{T}\frac{V_m^2}{R}\int_0^T \frac{1}{2}\{\cos(\phi_v-\phi_i)+\cos(2wt+\phi_v+\phi_i)\}\,dt. \end{aligned} \tag{10.22}$$

저항을 통하여 흐르는 전류와 저항 양단에 걸리는 전압은 같은 위상을 가지므로 식 (10.22)는

$$P_b = \frac{V_m^2}{2RT}\int_0^T \{1+\cos(2wt+2\phi_v)\}\,dt = \frac{V_m^2}{2RT}\times\frac{1}{T} = \frac{V_m^2}{2R} \text{ [W]}. \tag{10.23}$$

이것은 식 (10.20)의 결과와 동일하다. 따라서 정현파 전원 $v(t) = V_m\cos(\omega t+\phi_v)$가 공급하는 평균전력과 동일한 전력을 공급하는 직류전원은 $V_m/\sqrt{2}$ [V]이며, 이 값이 식 (10.19)에서 구한 교류전원의 실효값이다.

같은 방법으로 정현파 전류 $i(t) = I_m\cos(\omega t+\phi_i)$ [A]에 대한 실효값은

$$I_{rms} = \frac{I_m}{\sqrt{2}} \text{ [A]} \tag{10.24}$$

가 된다. 교류회로의 평균전력을 정의한 식 (10.14)는

$$P = \frac{V_m I_m}{2} \cos(\phi_v - \phi_i) = \frac{V_m}{\sqrt{2}} \frac{I_m}{\sqrt{2}} \cos(\phi_v - \phi_i) \text{ [W]} \tag{10.25}$$

으로 나타낼 수 있다. 따라서 교류회로의 평균전력을 전압과 전류의 실효값으로 표현하면

$$P = V_{rms} I_{rms} \cos(\phi_v - \phi_i) \text{ [W]}. \tag{10.26}$$

실효값은 교류전원을 사용하는 거의 모든 전기 및 전자 소자부터 장비, 시스템에 이르기까지 폭넓게 사용되고 있다. 대부분의 가정용 및 산업용 전기기기들의 교류전원 정격(specification)은 실효값으로 표시한다. 예를 들어, 교류 220 [V], 60 [Hz]로 표시된 전기기기에서 220 [V]는 진폭의 최대값이 아닌 실효값을 나타낸다. 그러므로 이 정격에 대응하는 정현파 전원의 수학적 표현은 $v(t) = 311\cos(120\pi t)$ [V]이다.

예제 10.4

다음과 같은 주기신호 $x(t)$의 실효값을 구하라.

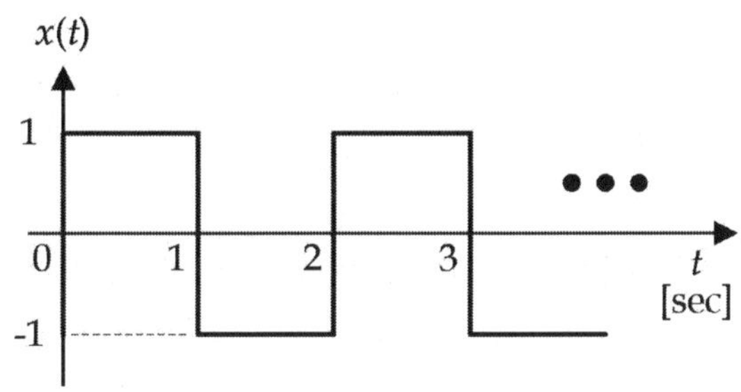

그림 10.6 예제 10.4를 위한 신호파형

풀이

주어진 신호파형의 주기가 $T = 2$ [sec]이므로 실효값의 정의에 따라

$$X_{rms} = \sqrt{\frac{1}{2}\int_0^2 x^2(t)\,dt} = \sqrt{\frac{1}{2}\int_0^2 1\,dt} = 1$$

그러므로 주기적인 사각펄스파형은 실효값과 신호의 진폭이 동일하다.

예제 10.5

다음과 같은 주기신호 $x_1(t)$의 실효값을 구하라.

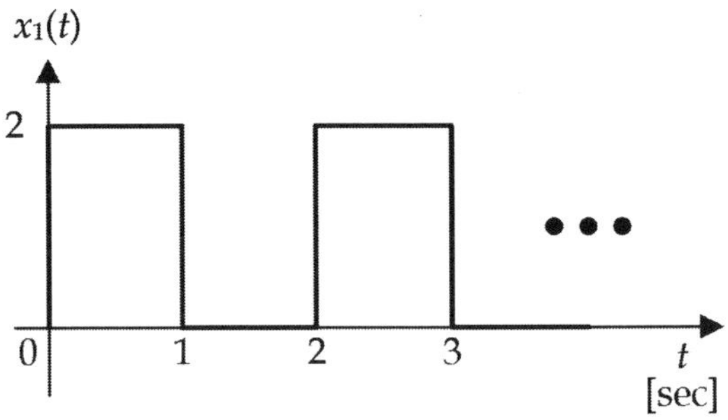

그림 10.7 예제 10.5를 위한 신호파형

풀이

주어진 신호파형의 실효값을 구하는 두 가지 풀이방법을 소개한다. 첫 번째 방법은 정의에 따른 직접적인 방법이다. 주어진 신호는 1 [sec] 간격으로 on-off를 반복하는 파형으로 주기는 $T=2$ [sec]이다. 그러므로 실효값의 정의에 따라

$$X_{1,rms} = \sqrt{\frac{1}{2}\int_0^2 x_1^2(t)\,dt} = \sqrt{\frac{1}{2}\int_0^1 2^2\,dt} = \sqrt{\frac{1}{2}\times 4} = \sqrt{2}. \qquad ①$$

두 번째 풀이방법은 신호파형의 특성을 이용하는 것이다. 주어진 신호파형은 예제 10.4의 파형에 직류 오프셋이 포함된 것으로 다음과 같이 나타낼 수 있다.

$$x_1(t) = 1 + x(t). \qquad ②$$

여기서 $x(t)$는 예제 10.4의 신호파형이다. 식 ②를 실효값의 정의식에 대입하면

$$\begin{aligned} X_{1,rms} &= \sqrt{\frac{1}{2}\int_0^2 x_1^2(t)\,dt} = \sqrt{\frac{1}{2}\int_0^2 \{1+x(t)\}^2\,dt} \qquad ③ \\ &= \sqrt{\frac{1}{2}\left\{\int_0^2 1\,dt + \int_0^2 2x(t)\,dt + \int_0^2 x^2(t)\,dt\right\}} = \sqrt{\frac{1}{2}\{2+0+2\}} = \sqrt{2}. \end{aligned}$$

두 가지 풀이방법은 같은 결과를 도출한다. 여기서 주목할 점은 직류 오프셋이 주기신호에 더해진다고 해서 실효값이 오프셋과 동일한 값만큼 증가하는 것은 아니다. 즉, 식 ② 에서 원신호에 직류 오프셋 1을 더하였지만 $X_{1,rms} \neq 1 + X_{rms}$이다. 두 번째 풀이방법은 첫 번째 방법보다는 복잡하지만 합성신호에 적용 가능한 분석방법이다.

교류전압의 실효값을 나타내는 식 (10.19)에서 진폭 V_m을 페이저를 이용하여 나타내면 아래와 같다.

$$V_m = |\mathrm{V}|. \tag{10.27}$$

그러므로 전압페이저와 전류페이저에 대한 실효값은 각각 다음과 같이 나타낼 수 있다.

$$V_{rms} = |\mathrm{V}_{rms}| = \frac{|\mathrm{V}|}{\sqrt{2}}, \; I_{rms} = |\mathrm{I}_{rms}| = \frac{|\mathrm{I}|}{\sqrt{2}}. \tag{10.28}$$

이것을 이용하여 식 (10.29)와 같이 평균전력을 페이저의 형식으로 표현할 수 있다.

$$P = |\mathrm{V}_{rms}| \cdot |\mathrm{I}_{rms}| \cdot \cos(\phi_v - \phi_i) \text{ [W]}. \tag{10.29}$$

예제 10.6

다음 전기회로에서 전원이 공급하는 평균전력과 부하임피던스에서 소비되는 평균전력을 구하라.

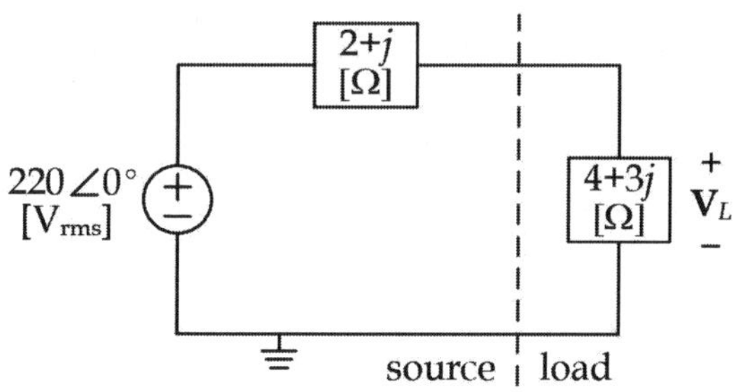

그림 10.8 예제 10.6을 위한 전기회로

풀이

교류전압원이 실효값으로 표시되어 있으므로 망로전류는

$$\mathrm{I}_{rms} = \frac{220\angle 0^\circ}{(2+j)+(4+3j)} = 30.51\angle -33.69^\circ \ [\mathrm{A_{rms}}]. \quad ①$$

그러므로 부하임피던스 양단에 걸리는 전압은

$$\mathrm{V}_{L,rms} = (4+3j)\times(30.51\angle -33.69^\circ) = 152.55\angle 3.18^\circ \ [\mathrm{V_{rms}}]. \quad ②$$

전원이 공급하는 평균전력과 부하임피던스에서 소비되는 평균전력은 각각

$$P_s = 220\times 30.51\times\cos(33.69^\circ) = 5584.89 \ [\mathrm{W}],$$

$$P_L = 152.55\times 30.51\times\cos(3.18^\circ + 33.69^\circ) = 3723.44 \ [\mathrm{W}].$$

10.3 복소전력

교류전원은 그 자체로는 정현파함수의 형태를 가지는 실함수(real function)이지만 페이저 형식으로 고쳐서 나타내면 복소수가 된다. 그리고 이런 복소수 또는 페이저 형식은 미적분함수나 정현파함수에 비하여 융통성을 가지는 매우 유용한 산술연산 도구로 사용될 수 있으므로 앞의 여러 절에 걸쳐서 다뤄왔다.

정현파함수 형태의 전압과 전류의 곱은 순시전력이 된다. 페이저 형식으로 표현된 전압과 전류의 곱 또한 전력이 되지만 복소수 형태가 되며, 이것을 복소전력이라고 하고, 단위는 [VA, volt-amp]를 사용한다. 예를 들어, 전압페이저와 전류페이저를 다음과 같이 나타낸다면

$$\mathrm{V}_{rms} = |\mathrm{V}|\angle\phi_v \ [\mathrm{V}],\ \mathrm{I}_{rms} = |\mathrm{I}|\angle\phi_i \ [\mathrm{A}], \quad (10.30)$$

복소전력은 다음과 같이 정의된다.

$$S = \mathrm{V}_{rms}\mathrm{I}^*_{rms} \ [\mathrm{VA}]. \quad (10.31)$$

여기서 I^*_{rms}는 전류페이저의 실효값에 대한 켤레복소수이다. 그러므로 복소전력의 페이저는 다음과 같은 특성을 가진다.

$$|S| = |\mathrm{V}_{rms}||\mathrm{I}_{rms}^{*}| = |\mathrm{V}_{rms}||\mathrm{I}_{rms}|, \tag{10.32}$$

$$\angle S = \angle \mathrm{V}_{rms} + \angle \mathrm{I}_{rms}^{*} \rightarrow \phi_s = \phi_v - \phi_i. \tag{10.33}$$

특히, 식 (10.32)에 나타낸 복소전력의 크기를 피상전력(apparent power)이라고 한다.

전압-전류 관계식에 의하면 전압페이저의 실효값은

$$\mathrm{V}_{rms} = Z\mathrm{I}_{rms} \tag{10.34}$$

이므로 식 (10.31)은

$$S = Z\mathrm{I}_{rms}\mathrm{I}_{rms}^{*} = Z|\mathrm{I}_{rms}|^2 \tag{10.35}$$

이 된다. $|\mathrm{I}_{rms}|^2$은 단순한 상수가 되므로 식 (10.33)에 나타낸 복소전력의 위상각은 임피던스의 위상각과 동일해진다. 또한 쌍대성의 원리에 따라 식 (10.35)를 어드미턴스를 이용하여 나타내면

$$S = \mathrm{V}_{rms}(Y\mathrm{V}_{rms})^{*} = Y^{*}|\mathrm{V}_{rms}|^2. \tag{10.36}$$

이 경우 복소전력의 위상은 어드미턴스가 가지는 위상의 부호를 반전시킨 것과 같아진다.

한편, 식 (10.31)에 나타낸 복소전력 S에서 실수부를 취하면

$$P = Re\{S\} = |\mathrm{V}_{rms}||\mathrm{I}_{rms}|\cos(\phi_v - \phi_i) \text{ [W]} \tag{10.37}$$

가 된다. 그러므로 복소전력의 실수부는 평균전력을 나타내는 식 (10.29)와 같아진다. 이것을 식 (10.35)에 적용하면

$$Re\{S\} = Re\left\{Z|\mathrm{I}_{rms}|^2\right\} = Re\{Z\}|\mathrm{I}_{rms}|^2 \tag{10.38}$$

가 되고, 식 (10.36)에 적용하면

$$Re\{S\} = Re\left\{Y^{*}|\mathrm{V}_{rms}|^2\right\} = Re\left\{Y^{*}\right\}|\mathrm{V}_{rms}|^2. \tag{10.39}$$

어떤 복소수와 그것의 켤레복소수는 동일한 실수부를 가지므로 식 (10.39)는

$$Re\{S\} = Re\{Y\}|\mathrm{V}_{rms}|^2 \tag{10.40}$$

이 된다. 따라서 복소전력의 실수부인 평균전력에 대한 식을 모두 정리하면

$$P = Re\{S\} = |V_{rms}||I_{rms}|\cos(\phi_v - \phi_i) \qquad (10.41)$$
$$= Re\{Z\}|I_{rms}|^2 = \frac{Re\{Z\}}{|Z|^2}|V_{rms}|^2 = Re\{Y\}|V_{rms}|^2 = \frac{Re\{Y\}}{|Y|^2}|I_{rms}|^2.$$

예제 10.7

다음 전기회로에서 전압원과 전류원이 공급하는 복소전력을 구하고, 그것으로부터 평균전력을 구하라.

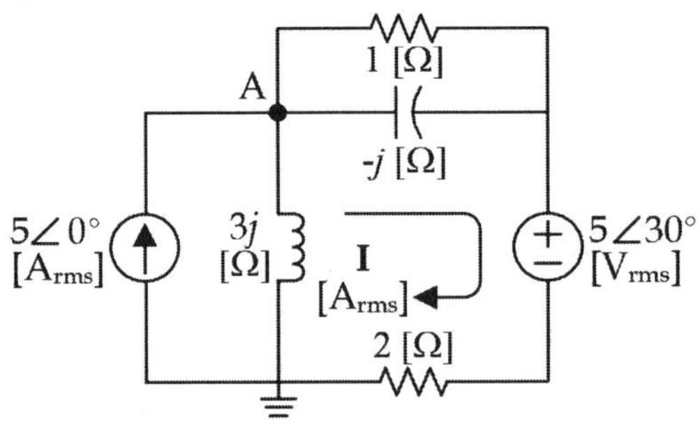

그림 10.9 예제 10.7을 위한 전기회로

풀이

마디 A에 키르히호프 전류법칙을 적용하면 $3j$ [Ω] 인덕터로 흐르는 전류는

$$5\angle 0^\circ - I \text{ [A}_{rms}] \qquad ①$$

이다. 1 [Ω] 저항과 $-j$ [Ω] 커패시터가 병렬로 연결되어 있으므로 이들의 합성임피던스는

$$1 // -j = \frac{-j}{1-j} = 0.5(1-j) \text{ [Ω]} \qquad ②$$

이 된다. 이제 오른쪽 망로에 키르히호프 전압법칙을 적용하여 회로방정식을 구하면

$$0.5(1-j)I + 5\angle 30^\circ + 2I - 3j(5\angle 0^\circ - I) = 0. \qquad ③$$

식 ③을 정리하여 나타내면

$$\{0.5(1-j)+2+3j\}\mathrm{I}=15j\angle 0^\circ-5\angle 30^\circ. \qquad ④$$

그러므로 망로전류의 실효값 페이저는

$$\mathrm{I}=\frac{15j-(4.33+2.5j)}{2.5+2.5j}=3.74\angle 64.11^\circ\ [\mathrm{A_{rms}}]. \qquad ⑤$$

전압원에서 복소전력은

$$S_1=(5\angle 30^\circ)\times(3.74\angle 64.11^\circ)^*=18.7\angle -34.11^\circ\ [\mathrm{VA}] \qquad ⑥$$

으로 계산되므로 평균전력은 식 ⑥의 실수성분으로

$$Re\{S_1\}=18.7\cos(-34.11^\circ)=15.48\ [\mathrm{W}] \qquad ⑦$$

이 된다. 여기서 주목해야 할 점은 전압원의 양의 단자로 전류 I가 흘러들어가는 방향이므로 수동부호규정에 의하면 이 전압원은 전력을 공급하는 것이 아니라 흡수(소비)하는 소자로 동작한다는 것이다. 그러므로 문제에서 요구하는 것처럼 전압원이 공급하는 평균전력은 -15.48 [W]가 된다.

전류원이 공급하는 복소전력을 구하기 위하여 $3j$ [Ω] 임피던스 양단에 걸리는 전압을 먼저 계산하면

$$3j(5\angle 0^\circ-\mathrm{I})=15\angle 90^\circ-11.22\angle 154.11^\circ=14.28\angle 45.03^\circ\ [\mathrm{V_{rms}}] \qquad ⑧$$

이므로 전류원이 공급하는 복소전력은

$$S_2=(14.28\angle 45.03^\circ)\times(5\angle 0^\circ)^*=71.4\angle 45.03^\circ\ [\mathrm{VA}] \qquad ⑨$$

이고, 평균전력은

$$Re\{S_2\}=71.4\cos(45.03^\circ)=50.46\ [\mathrm{W}]. \qquad ⑩$$

이 예제는 이론적으로는 전원도 평균전력을 흡수(소비)하는 소자로 동작할 수 있음을 보여준다.

■

예제 10.8

예제 10.7의 전기회로에서 수동소자에서 소비되는 평균전력을 구하여 두 전원이 공급하는 평균전력과 비교하라.

풀이

$1\,[\Omega]$ 저항과 $-j\,[\Omega]$ 커패시터의 합성임피던스는 예제 10.7의 식 ②에 의하여 $Z=0.5(1-j)\,[\Omega]$이다. 그러므로 이 임피던스에서 소비되는 평균전력을 식 (10.38)을 이용하여 계산하면

$$P_Z = Re\{0.5(1-j)\}\times|3.74|^2 = 0.5\times3.74^2 = 6.99\ [\mathrm{W}]. \qquad ①$$

$2\,[\Omega]$ 저항에서 소비되는 평균전력은

$$P_R = Re\{2\}\times|3.74|^2 = 2\times3.74^2 = 27.96\ [\mathrm{W}] \qquad ②$$

이고, $3j\,[\Omega]$ 인덕터에서 소비되는 평균전력은

$$P_I = Re\{3j\}\times|5\angle0^\circ - 3.74\angle64.11^\circ|^2 = 0\times|4.76\angle-44.91^\circ|^2 = 0\ [\mathrm{W}] \qquad ③$$

가 된다. 특히, 식 ③은 인덕터나 커패시터에서 소비되는 평균전력은 항상 0 [W]라는 사실을 보여준다.

예제 10.7에서 두 전원이 공급하는 평균전력의 합은

$$Re\{S_1\}+Re\{S_2\} = -15.48+50.46 = 34.98\ [\mathrm{W}] \qquad ④$$

이고, 수동소자들이 소비하는 평균전력의 합은

$$P_Z+P_R+P_I = 6.99+27.96+0 = 34.95\ [\mathrm{W}] \qquad ⑤$$

이므로 두 결과가 동일한 것을 알 수 있다.

■

이제까지는 복소전력의 실수부인 평균전력에 대하여 초점을 두고 학습하였다. 사실 복소전력도 복소수이므로 그림 10.10과 같이 복소평면에 나타낼 수 있다.

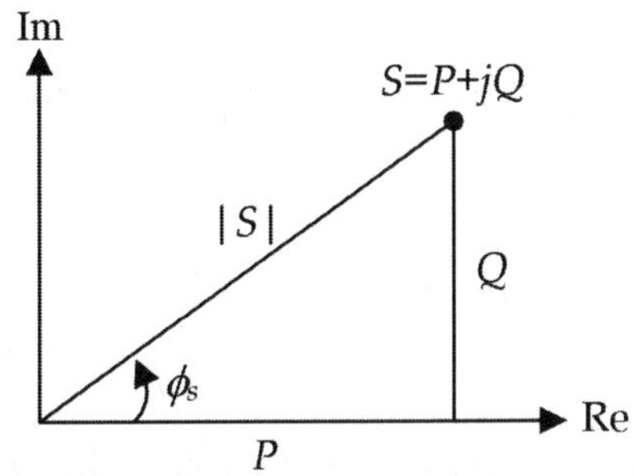

그림 10.10 복소평면에 나타낸 복소전력

여기서 $|S|$와 ϕ_s는 식 (10.32)와 식 (10.33)에서 정의한 것처럼 복소전력의 크기와 위상각을 각각 나타낸다. 복소전력 S를 다음과 같은 복소수로 표현하면

$$S = P + jQ \tag{10.42}$$

복소전력의 실수부 P는 이미 학습한 것처럼 평균전력이다. 이에 대응하여 복소전력의 허수부 Q는 무효전력(reactive power)이라고 하며, 단위는 복소전력과 구별하기 위하여 [var, volt-ampere-reactive]를 사용한다.

그림 10.10으로부터 복소전력의 위상각은

$$\phi_s = \tan^{-1}\left(\frac{Q}{P}\right) \tag{10.43}$$

임을 쉽게 알 수 있다. 무효전력은 복소전력의 허수부이므로

$$Q = Im\{S\} = |\mathrm{V}_{rms}||\mathrm{I}_{rms}|\sin(\phi_v - \phi_i) \tag{10.44}$$

로 정의할 수 있다. 그러므로 무효전력과 평균전력의 비는

$$\frac{Q}{P} = \frac{Im\{S\}}{Re\{S\}} = \frac{|\mathrm{V}_{rms}||\mathrm{I}_{rms}|\sin(\phi_v - \phi_i)}{|\mathrm{V}_{rms}||\mathrm{I}_{rms}|\cos(\phi_v - \phi_i)} = \tan(\phi_v - \phi_i) \tag{10.45}$$

이다. 이것을 식 (10.43)에 대입하면

$$\phi_s = \tan^{-1}(\tan(\phi_v - \phi_i)) = \phi_v - \phi_i \tag{10.46}$$

가 되는 것을 알 수 있다.

교류 정상상태에서 어떤 소자 양단에 걸리는 전압과 그 소자를 통하여 흐르는 전류의 위상차를 나타내는 $\phi_v - \phi_i$는 전력을 다루는 거의 모든 식에 등장하고 있다. 복소전력의 크기, 즉 피상전력에 대한 평균전력의 비는

$$\frac{P}{|S|} = \frac{|\mathrm{V}_{rms}||\mathrm{I}_{rms}|\cos(\phi_v - \phi_i)}{|\mathrm{V}_{rms}||\mathrm{I}_{rms}|} = \cos(\phi_v - \phi_i) \tag{10.47}$$

된다. $|\cos(\phi_v - \phi_i)| \le 1$이므로 평균전력의 최대값은 피상전력보다 커질 수 없음을 알 수 있다. 이와 같이 피상전력에 대한 평균전력의 비를 역률(power factor)이라고 하며 다음과 같이 정의한다.

$$pf = \frac{P}{|S|} = \cos(\phi_v - \phi_i). \tag{10.48}$$

이것은 교류 정상상태에서 어떤 소자의 전압과 전류의 위상차를 변수로 가지는 코사인함수와 같다. 역률은 전력과 전력의 비를 나타내므로 단위는 없다.

역률이 커지려면 전압과 전류의 위상차가 감소되어야 한다. 저항은 양단에 걸리는 전압과 이를 통하여 흐르는 전류의 위상이 같기 때문에 $pf = 1$이 되며, 소비하는 평균전력이 최대가 된다. 이와 같은 조건을 만족하는 회로는 부하회로가 저항으로만 구성되거나 인덕터와 커패시터의 리액턴스가 크기는 같고 부호가 반대가 되도록 부하 임피던스를 설계한 경우이다. 이에 비하여 인덕터와 커패시터의 경우 전압과 전류의 위상차가 $\pm 90°$ 이므로 $pf = 0$이 되어 평균전력도 0 [W]로 가장 작아진다.

그림 10.11과 같은 임의의 2단자 회로의 임피던스는

$$Z = R + jX = R + j(X_L - X_C) \tag{10.49}$$

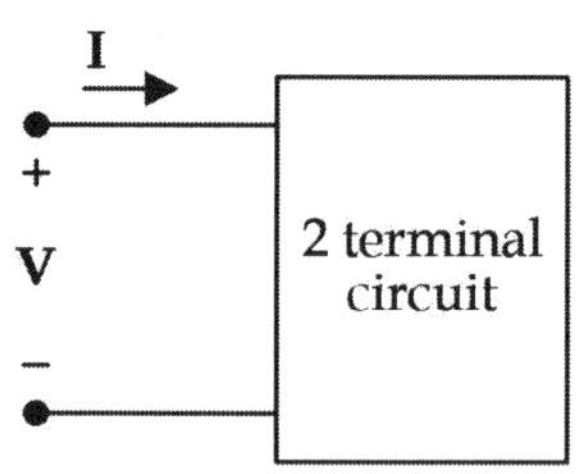

그림 10.11 일반적인 2단자 회로

로 나타낼 수 있다. X_L은 인덕터에 의한 유도성 리액턴스(inductive reactance)이고 X_C는 커패시터에 의한 용량성 리액턴스(capacitive reactance)이다. 그러므로 2단자 회로의 임피던스가 가지는 위상은

$$\phi_z = \tan^{-1}\left(\frac{X_L - X_C}{R}\right). \tag{10.50}$$

만약 유도성 리액턴스가 용량성 리액턴스보다 크다면, 즉 $X_L > X_C$이면 식 (10.50)에서 괄호 속의 파라미터가 양이 되므로 임피던스의 위상은 $0° < \phi_z \leq 90°$ 범위의 값을 가진다. 복소전력의 위상과 임피던스의 위상이 동일하므로 역률각도 같은 범위를 가지게 되며, 이것을 진상역률(또는 앞섬 역률, leading power factor)이라고 한다. 이에 비하여 $X_L < X_C$이면 식 (10.50)에서 괄호 속의 파라미터가 음이 되므로 임피던스의 위상은 $-90° \leq \phi_z < 0°$의 범위에 있으며, 복소전력의 위상도 같은 범위를 가진다. 이때의 역률을 지상역률(또는 뒤짐 역률, lagging power factor)이라고 한다.

리액턴스 성분에 따른 복소평면에서의 임피던스를 그림 10.12에 나타내었다. 예를 들어, 임피던스 Z_1은 $X_L > X_C$이므로 $\phi_{z1} > 0$이 되어 1사분면에 위치하는 복소수가 된다. 이에 비하여 임피던스 Z_2는 $X_L < X_C$이므로 $\phi_{z2} < 0$이 되어 4사분면에 있는 복소수이다. 그러므로 복소평면에서 1사분면에 위치하는 임피던스는 유도성이고 4사분면에 있는 임피던스는 용량성이 된다.

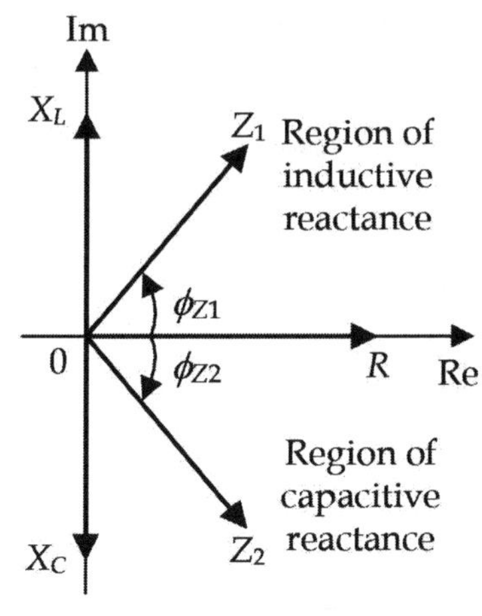

그림 10.12 복소평면에서 임피던스

식 (10.35)에서 복소전력의 위상이 임피던스의 위상과 같다고 하였으므로 $pf=1$이 되어 2단자 회로에서 소비되는 평균전력이 최대가 되는 조건은 $\phi_z=0°$ 이므로 식 (10.50)에 의하여

$$X_L = X_C \tag{10.51}$$

이 되어야 한다. 이것을 좀 더 자세히 표현하면

$$\omega L - \frac{1}{\omega C} = 0 \tag{10.52}$$

이 되므로

$$\omega = \frac{1}{\sqrt{LC}} \text{ [rad/sec] 또는 } f = \frac{1}{2\pi\sqrt{LC}} \text{ [Hz]} \tag{10.53}$$

가 된다. 이것은 앞에서도 여러 차례 학습한 공진주파수이다. 그러므로 교류 정상상태에서 임의의 2단자 회로가 소비하는 평균전력이 최대가 되도록 만들려면 전원의 주파수를 공진주파수가 되도록 설계하면 된다. 이것은 특히 전력시스템의 설계에서는 매우 유용한 방법이다.

예제 10.9

교류 정상상태에서 어떤 부하회로의 양단에 걸리는 전압이 $\mathrm{V}_{rms}=110\angle 60°$ [V]이고, 이 부하회로로 흘러들어가는 전류가 $\mathrm{I}_{rms}=5\angle 30°$ [A]인 것으로 측정되었다. 부하회로에서 소비되는 복소전력, 피상전력, 평균전력, 무효전력, 역률을 구하고 부하임피던스를 계산하라.

풀이

식 (10.31)의 정의에 따라 복소전력은

$$S=\mathrm{V}_{rms}\mathrm{I}_{rms}^{*}=110\angle 60° \times (5\angle 30°)^{*}=550\angle 30° \text{ [VA]} \quad ①$$

이고, 피상전력은 식 (10.32)에 정의된 것처럼 복소전력의 크기이므로

$$|S|=|\mathrm{V}_{rms}||\mathrm{I}_{rms}|=|550\angle 30°|=550 \text{ [VA].} \quad ②$$

평균전력과 무효전력은 복소전력의 실수부와 허수부이므로 식 ①로부터 각각 다음과 같이 계산된다.

$$Re\{S\} = 550\cos(30^\circ) = 476.31 \text{ [W]}, \qquad ③$$

$$Im\{S\} = 550\sin(30^\circ) = 275 \text{ [var]}. \qquad ④$$

역률은 식 (10.48)의 정의에 따라

$$pf = \frac{Re\{S\}}{|S|} = \frac{476.31}{550} = 0.87 \qquad ⑤$$

로 계산할 수도 있고

$$pf = \cos(\phi_v - \phi_i) = \cos(30^\circ) = 0.87 \qquad ⑥$$

로 계산하여도 동일한 결과를 얻는다.

마지막으로 부하회로의 임피던스의 크기는 전압-전류 관계식에 의하여

$$|Z| = \frac{V_{rms}}{I_{rms}} = \frac{110}{5} = 22 \qquad ⑦$$

이 되며, 부하임피던스의 위상은 복소전력의 위상과 동일하므로

$$\phi_z = \phi_s = \phi_v - \phi_i = 30^\circ \qquad ⑧$$

따라서 부하임피던스는 식 ⑦과 식 ⑧에 의하여

$$Z = 22\angle 30^\circ = 19.05 + 11j \text{ [}\Omega\text{]}.$$

예제 10.10

교류 정상상태에서 $V_{rms} = 220\angle 0^\circ$ [V] 전압원이 부하임피던스가 $Z_L = 35 + 25j$ [Ω] 회로를 구동시키고 있다. 이 회로의 선로임피던스는 $Z_l = 3 + 4j$ [Ω]으로 측정되었다. 부하에서 소비되는 평균전력과 무효전력, 선로에서 소비되는 평균전력과 무효전력을 각각 계산하라.

풀이

지금까지 학습한 전기회로에서 선로의 저항 또는 임피던스는 묵시적으로 0 [Ω]으로 가정하였다. 이 예제에서는 선로의 임피던스를 $Z_l = 3 + 4j$ [Ω]으로 가정한다. 따라서 문제에 따른 전기회로의 등가회로 모델은 다음과 같다.

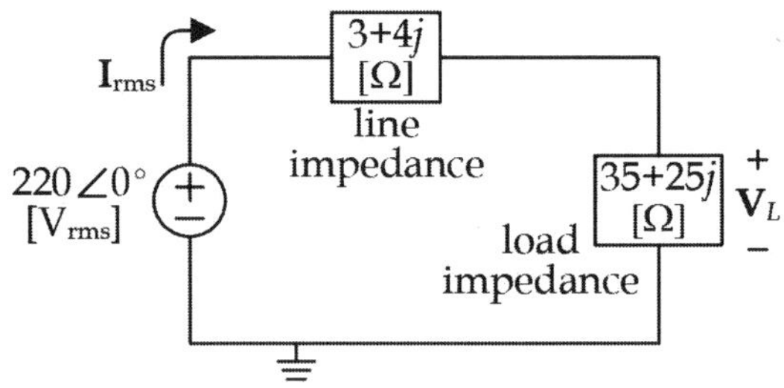

그림 10.13 문제의 등가회로 모델

등가회로 모델의 전체 임피던스는 선로임피던스와 부하임피던스의 합으로

$$Z = Z_l + Z_L = 38 + 29j \ [\Omega] \qquad ①$$

이 되므로 폐경로를 통하여 흐르는 전류는

$$\mathrm{I}_{rms} = \frac{\mathrm{V}_{rms}}{Z} = \frac{220\angle 0^\circ}{38+29j} = 4.6\angle -37.35^\circ \ [\mathrm{A_{rms}}]. \qquad ②$$

따라서 부하임피던스에서 소비되는 평균전력과 무효전력은 각각 다음과 같다.

$$P_L = Re\{Z_L\}|\mathrm{I}_{rms}|^2 = 35 \times 4.6^2 = 740.6 \ [\mathrm{W}], \qquad ③$$

$$Q_L = Im\{Z_L\}|\mathrm{I}_{rms}|^2 = 25 \times 4.6^2 = 529.0 \ [\mathrm{var}]. \qquad ④$$

그리고 선로임피던스에서 소비되는 평균전력과 무효전력은 각각

$$P_l = Re\{Z_l\}|\mathrm{I}_{rms}|^2 = 3 \times 4.6^2 = 63.48 \ [\mathrm{W}], \qquad ⑤$$

$$Q_l = Im\{Z_l\}|\mathrm{I}_{rms}|^2 = 4 \times 4.6^2 = 84.64 \ [\mathrm{var}] \qquad ⑥$$

으로 계산된다.

참고로 예제 10.10에서 전원이 공급하는 복소전력을 계산하면

$$S = |\mathrm{V}_{rms}||\mathrm{I}_{rms}|^{*} = 220\angle 0^{\circ} \times 4.6\angle 37.35^{\circ} = 1012\angle 37.35^{\circ}\ [\mathrm{VA}]$$

이다. 따라서 전원이 공급하는 평균전력과 무효전력은 각각

$$P_s = 1012\cos(37.35^{\circ}) = 804.48\ [\mathrm{W}],$$

$$Q_s = 1012\sin(37.35^{\circ}) = 613.96\ [\mathrm{VA}].$$

이는 부하임피던스와 선로임피던스에서 소비되는 평균전력들의 합과 무효전력들의 합과 같다. 이 예제에서 주목할 점은 선로가 가지는 고유 임피던스로 인하여 전원이 공급하는 평균전력의 약 8% 가량이 선로에서 소비된다는 것이다. 전기회로를 구성하는 선로도 부하에 비하면 아주 작지만 임피던스를 가지므로 현실적으로는 선로에서도 에너지가 소비된다.

10.4 중첩의 원리와 전력

중첩의 원리는 선형회로를 해석하기 위한 아주 유용한 수단이다. 중첩의 원리를 적용한다는 것은 전기회로가 최소한 두 개 이상의 전원을 포함하고 있다는 것을 의미한다. 4장에서는 직류전원이 동작시키는 저항회로에 대한 중첩의 원리를 학습하였고, 9장에서는 교류전원이 구동하는 임피던스회로를 중첩의 원리를 적용하여 해석하는 방법에 대하여 학습하였다. 특히, 교류회로를 동작시키는 전원들이 서로 다른 주파수로 동작하는 경우 중첩의 원리는 교류 정상상태응답을 구하는 거의 유일한 방법이라고 할 수 있다. 이 절에서는 여러 개의 교류전원이 회로를 구동시키는 경우 중첩의 원리가 전력 계산에 어떻게 작용되는지를 학습한다.

두 개의 전원이 구동시키는 선형 회로를 가정하자. 한 전원에 의하여 어떤 수동소자 양단에 걸리는 전압과 이를 통하여 흐르는 전류를 측정하였더니 각각 $v_1(t)$와 $i_1(t)$이었고, 다른 전원에 의한 전압과 전류는 각각 $v_2(t)$와 $i_2(t)$이었다. 중첩의 원리에 의하면 이 수동소자의 양단에 걸리는 전압과 전류는

$$v(t) = v_1(t) + v_2(t), \qquad (10.54)$$
$$i(t) = i_1(t) + i_2(t)$$

가 된다. 따라서 수동소자에서 소비되는 순시전력은

$$p(t)=\{v_1(t)+v_2(t)\}\cdot\{i_1(t)+i_2(t)\} \tag{10.55}$$

이다. 이것을 전개하여 정리하면

$$\begin{aligned} p(t)&=v_1(t)i_1(t)+v_2(t)i_2(t)+v_1(t)i_2(t)+v_2(t)i_1(t) \\ &=p_1(t)+p_2(t)+v_1(t)i_2(t)+v_2(t)i_1(t). \end{aligned} \tag{10.56}$$

여기서 $p_1(t)=v_1(t)i_1(t)$와 $p_2(t)=v_2(t)i_2(t)$는 각각의 전원이 독립적으로 사용될 때 수동소자에서 소비되는 순시전력을 나타낸다.

중첩의 원리가 만족되려면

$$p(t)=p_1(t)+p_2(t) \tag{10.57}$$

이 되어야 한다. 하지만 식 (10.56)에는 $v_1(t)i_2(t)+v_2(t)i_1(t)$ 항이 추가되어 나타난다. 따라서 두 개 이상의 전원이 구동시키는 회로에서 순시전력의 경우 일반적으로는 중첩의 원리가 성립하지 않는다.

다음으로는 교류 정상상태에서 복소전력에 대하여 생각하여보자. 앞에서 예를 들었던 회로에서 두 전원은 동일한 주파수를 가지는 교류전원이라고 가정한다. 각각의 전원에 대하여 어떤 수동소자에 걸리는 실효전압의 페이저가 V_1과 V_2 [$\mathrm{V_{rms}}$]이고 실효전류의 페이저는 I_1과 I_2 [$\mathrm{A_{rms}}$]라고 하면, 이 소자에서 소비되는 복소전력은

$$S=\mathrm{V}\cdot\mathrm{I}^*=(\mathrm{V}_1+\mathrm{V}_2)\cdot(\mathrm{I}_1+\mathrm{I}_2)^* \tag{10.58}$$

가 된다. 이것을 전개하여 정리하면

$$S=\mathrm{V}_1\mathrm{I}_1^*+\mathrm{V}_2\mathrm{I}_2^*+\mathrm{V}_1\mathrm{I}_2^*+\mathrm{V}_2\mathrm{I}_1^*=S_1+S_2+\left(\mathrm{V}_1\mathrm{I}_2^*+\mathrm{V}_2\mathrm{I}_1^*\right). \tag{10.59}$$

식 (10.59)에서도 $\mathrm{V}_1\mathrm{I}_2^*+\mathrm{V}_2\mathrm{I}_1^*$ 항으로 인하여 중첩의 원리가 성립하지 않는 것을 알 수 있다. 복소전력은 평균전력과 무효전력의 선형합이므로 식 (10.58)로부터 평균전력과 무효전력도 중첩의 원리가 성립하지 않는 것으로 유추할 수 있으며, 그것은 사실이다.

한편, 두 전원이 서로 다른 주파수로 동작하는 것으로 가정하자. 9장에서도 설명한 것처럼 전원들이 서로 다른 주파수를 가지면 식 (10.58)과 같이 전압페이저와 전류페이저 연산을

직접 적용할 수 없다. 그러므로 이러한 가정 아래에서는 다음과 같이 평균전력의 원래 정의식을 적용하여야 한다.

$$\begin{aligned} P &= \frac{1}{T}\int_0^T p(t)\,dt = \frac{1}{T}\int_0^T v(t)i(t)\,dt \\ &= \frac{1}{T}\int_0^T \{p_1(t)+p_2(t)+v_1(t)i_2(t)+v_2(t)i_1(t)\}\,dt \\ &= P_1+P_2+\frac{1}{T}\int_0^T v_1(t)i_2(t)\,dt+\frac{1}{T}\int_0^T v_2(t)i_1(t)\,dt. \end{aligned} \tag{10.60}$$

두 전원이 서로 다른 주파수로 동작하므로 $v_1(t)$와 $i_1(t)$를 각각

$$v_1(t) = V_{m1}\cos(\omega_1 t+\phi_{v1})\ [\mathrm{V}],\ \ i_1(t) = I_{m1}\cos(\omega_1 t+\phi_{i1})\ [\mathrm{A}] \tag{10.61}$$

라고 하고 $v_2(t)$와 $i_2(t)$를 각각

$$v_2(t) = V_{m2}\cos(\omega_2 t+\phi_{v2})\ [\mathrm{V}],\ \ i_2(t) = I_{m2}\cos(\omega_2 t+\phi_{i2})\ [\mathrm{A}] \tag{10.62}$$

라고 하면, 식 (10.60)에서 등호 오른쪽의 세 번째 항은

$$\begin{aligned} \frac{1}{T}\int_0^T v_1(t)i_2(t)\,dt &= \frac{1}{T}\int_0^T \{V_{m1}\cos(\omega_1 t+\phi_{v1})I_{m2}\cos(\omega_2 t+\phi_{i2})\}\,dt \\ &= \frac{V_{m1}I_{m2}}{T}\int_0^T \cos(\omega_1 t+\phi_{v1})\cos(\omega_2 t+\phi_{i2})\,dt. \end{aligned} \tag{10.63}$$

주파수가 서로 다른 두 코사인함수의 곱에 대한 적분은 0이 되므로 식 (10.63)의 결과는

$$\frac{1}{T}\int_0^T v_1(t)i_2(t)\,dt = 0. \tag{10.64}$$

같은 방법과 원리에 의하여 식 (10.60)의 등호 오른쪽의 네 번째 항도

$$\frac{1}{T}\int_0^T v_2(t)i_1(t)\,dt = 0 \tag{10.65}$$

이 된다. 따라서 식 (10.60)은

$$P = P_1 + P_2 \tag{10.66}$$

이 된다. 따라서 두 전원이 서로 다른 주파수로 동작하면 소자에서 소비되는 평균전력은

중첩의 원리를 만족한다. 이것은 각각의 전원이 독립적으로 회로를 구동할 때 소자에서 소비되거나 소자가 공급하는 평균전력을 계산한 다음 각 평균전력을 더하여 전체 평균전력을 구할 수 있음을 의미한다. 식 (10.66)은 두 전원이 서로 다른 주파수로 동작하는 경우 무효전력도 중첩의 원리를 만족하는 것을 의미하며, 평균전력과 무효전력의 선형합인 복소전력도 중첩의 원리를 만족하게 된다.

예제 10.11

다음 전기회로에서 2 [Ω] 저항에서 소비되는 평균전력을 계산하라.

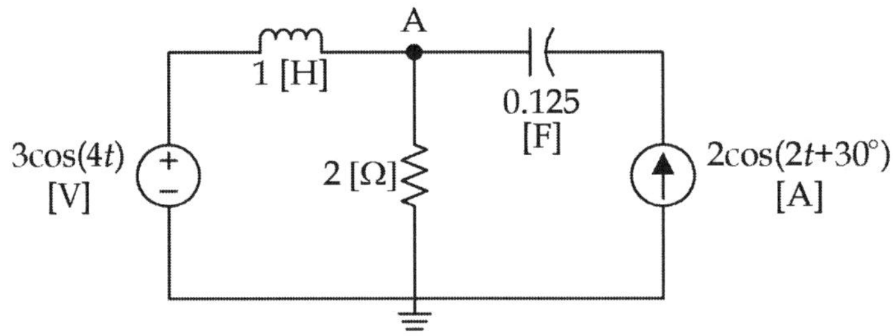

그림 10.14 예제 10.11을 위한 전기회로

풀이

중첩의 원리를 적용하기 위하여 먼저 교류 전압원에 의하여 2 [Ω] 저항으로 흐르는 전류를 계산하기 위하여 오른쪽의 전류원을 개방시키고 페이저회로로 변환시켜 나타내면 그림 10.15와 같다.

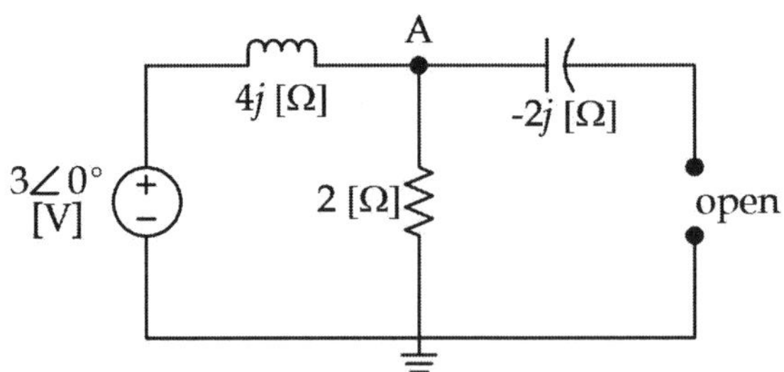

그림 10.15 전류원을 개방시킨 페이저회로 ($\omega = 4$ [rad/sec])

전압원 $v(t) = 3\cos(4t)$ [V]를 대응하는 실효전압 페이저로 변경하여 나타내면

$$\mathrm{V}_{rms} = \frac{3}{\sqrt{2}}\angle 0^\circ = 2.12\angle 0^\circ \ [\mathrm{V_{rms}}] \qquad ①$$

이고, 오른쪽의 전류원이 개방되므로 $-2j$ [Ω] 커패시터로는 전류가 흐르지 않는다. 따라서 2 [Ω] 저항을 통하여 흐르는 실효전류 페이저는

$$\mathrm{I}_{1,rms} = \frac{2.12\angle 0^\circ}{2+4j} = 0.21 - 0.42j = 0.47\angle -63.43^\circ \ [\mathrm{A_{rms}}]. \qquad ②$$

그러므로 교류 전압원이 전원으로 동작할 때 2 [Ω] 저항에서 소비되는 평균전력은

$$P_1 = Re\{Z\}|\mathrm{I}_{1,rms}|^2 = 2\times 0.47^2 = 0.44 \ [\mathrm{W}]. \qquad ③$$

오른쪽의 전류원이 공급하는 평균전력을 계산하기 위하여 교류 전압원을 단락시키고 페이저 변환시킨 회로는 그림 10.16과 같다.

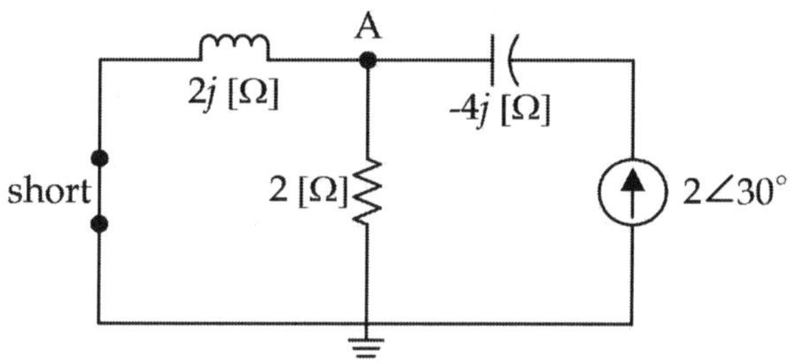

그림 10.16 전압원을 단락시킨 페이저회로 ($\omega = 2$ [rad/sec])

전류원 $i(t) = 2\cos(2t + 30^\circ)$ [A]를 대응하는 실효전류 페이저로 변경하면

$$\mathrm{I}_{rms} = \frac{2}{\sqrt{2}}\angle 30^\circ = 1.41\angle 30^\circ \ [\mathrm{A_{rms}}] \qquad ④$$

이다. 2 [Ω] 저항을 통하여 흐르는 실효전류 페이저는 전류분배법칙에 의하여

$$\mathrm{I}_{2,rms} = 1.41\angle 30^\circ \times \frac{2j}{2+2j} = 1.41\angle 30^\circ \times \frac{1}{\sqrt{2}}\angle 45^\circ = 1.0\angle 75^\circ \ [\mathrm{A_{rms}}] \qquad ⑤$$

이므로 교류 전류원이 전원으로 동작할 때 2 [Ω] 저항에서 소비되는 평균전력은

$$P_2 = Re\{Z\}|\mathrm{I}_{2,rms}|^2 = 2\times 1.0^2 = 2.0 \ [\mathrm{W}]. \qquad ⑥$$

따라서 두 전원에 의하여 2 [Ω] 저항에서 소비되는 평균전력은 중첩의 원리에 의하여

$$P = P_1 + P_2 = 0.44 + 2.0 = 2.44 \text{ [W]}.$$

예제 10.12

예제 10.11의 전기회로에서 두 전원이 회로에 공급하는 평균전력을 계산하라.

풀이

그림 10.15에서 폐경로를 통하여 흐르는 전류는 예제 10.11의 식 ②이므로 교류 전압원이 회로에 공급하는 평균전력은

$$P_1 = |\mathrm{V}_{rms}||\mathrm{I}_{rms}|\cos(\phi_v - \phi_i) = 2.12 \times 0.47 \times \cos(63.43^\circ) = 0.45 \text{ [W]}. \qquad ①$$

그림 10.16에서 전체 임피던스는

$$Z = \{2//2j\} - 4j = 1 + j - 4j = 1 - 3j \text{ [}\Omega\text{]} \qquad ②$$

이므로 전류원 양단에 걸리는 실효전압은

$$\mathrm{V}_{rms} = Z\mathrm{I}_{rms} = (1-3j) \times \sqrt{2}\angle 30^\circ = 4.47\angle -41.57^\circ \text{ [V}_{\text{rms}}\text{]}. \qquad ③$$

전류원이 회로에 공급하는 평균전력은

$$P_2 = |\mathrm{V}_{rms}||\mathrm{I}_{rms}|\cos(\phi_v - \phi_i) = 4.47 \times 1.41 \times \cos(-71.57^\circ) = 1.99 \text{ [W]}. \qquad ④$$

따라서 두 전원이 회로에 공급하는 평균전력은 중첩의 원리에 의하여

$$P = P_1 + P_2 = 0.45 + 1.99 = 2.44 \text{ [W]} \qquad ⑤$$

이다. 이 결과는 예제 10.11에서 2 [Ω] 저항이 소비하는 평균전력과 일치한다. 주어진 회로에서 평균전력을 소비하는 수동소자는 가운데 가지에 있는 2 [Ω] 저항이 유일하므로 두 전원이 공급하는 평균전력은 저항이 소비하는 평균전력과 일치하여야 하고, 인덕터와 커패시터에서 소비되는 평균전력은 0 [W]임을 확인할 수 있다.

10.5 전력보존의 법칙

전력과 에너지, 전하량 등의 물리량에 대한 보존법칙은 물리학, 화학 등에서 매우 중요한 역할을 한다. 전기회로에서 처음 학습한 보존법칙은 키르히호프 법칙이었다. 이것은 어떤 마디나 망로에서 전하량이 보존되는 것을 전류나 전압을 이용하여 설명한 것이다. 예제 10.11과 예제 10.12를 포함한 여러 예제를 통하여 전기회로에서 전원이 공급하는 평균전력과 회로 내의 수동소자들에서 소비되는 평균전력이 일치하는 것을 확인하였다. 이것은 전력보존의 법칙이 성립하는 것을 의미한다.

전기회로에서 전력보존성에 대하여 구체적으로 살펴보기 위하여 그림 10.17과 같은 두 회로를 생각해보자. 여기서 모든 전압과 전류는 실효값을 나타내는 것으로 가정한다.

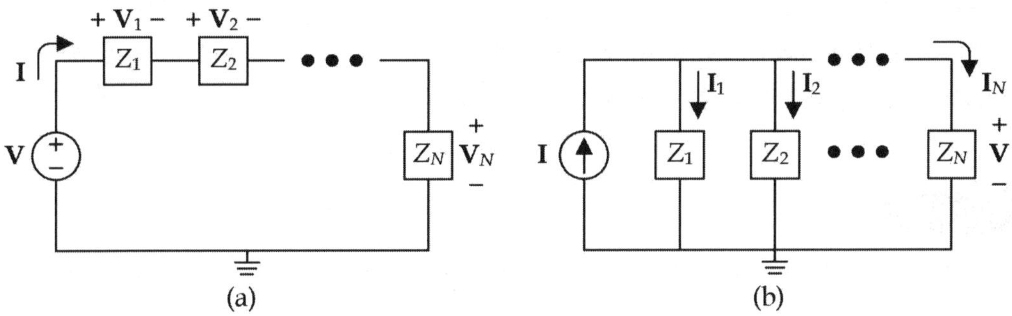

그림 10.17 (a) 전압원과 직렬 임피던스 (b) 전류원과 병렬 임피던스

그림 10.17(a)의 회로에 키르히호프 전압법칙을 적용하면

$$\mathrm{V} = \mathrm{V}_1 + \mathrm{V}_2 + \cdots + \mathrm{V}_N. \tag{10.67}$$

식 (10.67)의 양변에 망로전류 I의 켤레복소수를 곱하면

$$\mathrm{VI}^* = \mathrm{V}_1\mathrm{I}^* + \mathrm{V}_2\mathrm{I}^* + \cdots + \mathrm{V}_N\mathrm{I}^* \rightarrow S = S_1 + S_2 + \cdots + S_N. \tag{10.68}$$

따라서 전원이 공급하는 복소전력은 직렬 연결된 각각의 임피던스에서 소비되는 복소전력의 합과 같다.

그림 10.17(b)의 병렬 임피던스회로에서는 다음과 같이 키르히호프 전류법칙이 성립한다.

$$\mathrm{I} = \mathrm{I}_1 + \mathrm{I}_2 + \cdots + \mathrm{I}_N. \tag{10.69}$$

교류 전류원이 회로에 공급하는 복소전력은

$$S = \mathrm{V}\mathrm{I}^* = \mathrm{V}\left(\mathrm{I}_1^* + \mathrm{I}_2^* + \cdots + \mathrm{I}_N^*\right) \tag{10.70}$$

이다. 식 (10.70)의 등호 오른쪽 항을 전개하여 정리하면

$$S = \mathrm{V}\mathrm{I}_1^* + \mathrm{V}\mathrm{I}_2^* + \cdots + \mathrm{V}\mathrm{I}_N^* = S_1 + S_2 + \cdots + S_N \tag{10.71}$$

이 된다. 따라서 병렬 임피던스회로에서도 교류 전류원이 공급하는 복소전력은 각각의 임피던스에서 소비되는 복소전력의 합과 같다.

식 (10.68)과 식 (10.71)로부터 전력보존의 법칙을 정리하면 어떤 전기회로에서 모든 소자들이 소비하는 복소전력의 합은 0 [VA]가 된다. 또한 복소전력의 실수부는 평균전력이고 허수부는 무효전력이므로 어떤 전기회로에서 모든 소자들이 소비하는 평균전력의 합은 0 [W]이고, 무효전력의 합도 0 [VA]가 되어야 한다.

예제 10.13

그림 10.18에 나타낸 전기회로에서 전원이 공급하는 복소전력과 각 임피던스에서 소비되는 복소전력을 구하고, 전력보존의 법칙이 성립함을 입증하라.

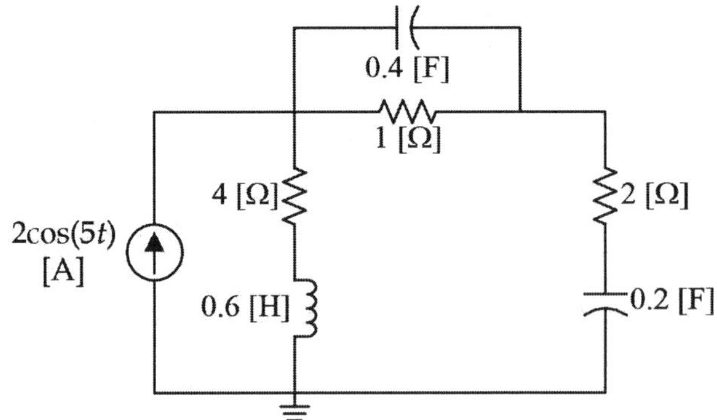

그림 10.18 예제 10.13을 위한 전기회로

풀이

교류전원의 각주파수 $\omega = 5$ [rad/sec]를 기반으로 인덕터와 커패시터를 임피던스 형태로 고치면

- 0.6 [H] 인덕터 : $j\omega L = j5 \times 0.6 = 3j$ [Ω],
- 0.2 [F] 커패시터 : $(j\omega C)^{-1} = -j\dfrac{1}{5\times 0.2} = -j$ [Ω],
- 0.4 [F] 커패시터 : $(j\omega C)^{-1} = -j\dfrac{1}{5\times 0.4} = -0.5j$ [Ω].

그러므로 주어진 회로에 대응하는 페이저회로는 그림 10.19와 같다.

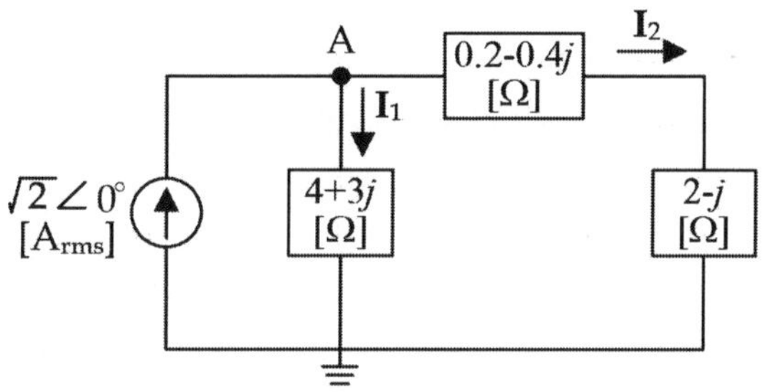

그림 10.19 예제 회로에 대한 페이저회로

마디 A에 전류분배법칙을 적용하면 $4+3j$ [Ω] 임피던스로 흐르는 전류는

$$I_1 = I \times \frac{Z_2 + Z_3}{Z_1 + Z_2 + Z_3} = \sqrt{2} \times \frac{2.2 - 1.4j}{6.2 + 1.6j} = 0.57\angle -47.12^\circ \ [A_{rms}] \qquad ①$$

이고 I_2는

$$I_2 = I - I_1 = \sqrt{2}\angle 0^\circ - 0.57\angle -47.12^\circ = 1.1\angle 22.38^\circ \ [A_{rms}]. \qquad ②$$

그러므로 $4+3j$ [Ω] 임피던스 양단에 걸리는 전압은

$$V_1 = (4+3j)I_1 = 5\angle 36.87^\circ \times 0.57\angle -47.12^\circ = 2.85\angle -10.25^\circ \ [V_{rms}] \qquad ③$$

이고, $0.2 - 0.4j$ [Ω]과 $2 - j$ [Ω] 임피던스에 걸리는 전압은 각각

$$V_2 = (0.2 - 0.4j)I_2 = 0.5\angle -41.05^\circ \ [V_{rms}], \quad ④$$

$$V_3 = (2 - j)I_2 = 2.46\angle -4.19^\circ \ [V_{rms}]. \quad ⑤$$

그러므로 세 개의 임피던스에서 소비되는 복소전력은 각각

$$S_1 = V_1 I_1^* = 2.85\angle -10.25^\circ \times 0.57\angle 47.12^\circ = 1.62\angle 36.87^\circ \ [VA], \quad ⑥$$

$$S_2 = V_2 I_2^* = 0.5\angle -41.05^\circ \times 1.1\angle -22.38^\circ = 0.55\angle -63.43^\circ \ [VA], \quad ⑦$$

$$S_3 = V_3 I_2^* = 2.46\angle -4.19^\circ \times 1.1\angle -22.38^\circ = 2.71\angle -26.57^\circ \ [VA] \quad ⑧$$

이 되므로 임피던스에서 소비되는 전체 복소전력은

$$\begin{aligned} S_i &= S_1 + S_2 + S_3 = 1.62\angle 36.87^\circ + 0.55\angle -63.43^\circ + 2.71\angle -26.57^\circ \quad ⑨ \\ &= (1.3 + 0.97j) + (0.25 - 0.49j) + (2.42 - 1.21j) = 3.97 - 0.73j \ [VA]. \end{aligned}$$

교류 전류원의 양단에 걸리는 전압은 $4 + 3j\ [\Omega]$ 임피던스 양단에 걸리는 전압과 같다. 따라서 전원이 임피던스 회로에 공급하는 복소전력은

$$S_s = V_1 I^* = 2.85\angle -10.85^\circ \times \sqrt{2}\angle 0^\circ = 4.03\angle -10.85^\circ \ [VA]. \quad ⑩$$

식 ⑩을 평균전력과 무효전력의 항으로 나타내면

$$S_s = 3.96 - 0.76j \ [VA]. \quad ⑪$$

반올림에 의한 연산오차를 감안하면 교류 전류원이 회로에 공급하는 복소전력과 세 임피던스에서 소비되는 복소전력의 합은 일치한다. 그러므로 주어진 전기회로에서 전력보존의 법칙이 성립된다고 할 수 있다.

■

10.6 최대 전력전달

많은 전기회로에서 부하(부하저항 또는 부하임피던스)는 회로를 설계한 목적을 달성하는 출력단이 된다. 예를 들면, 전열기구의 열판이나 전등, 디스플레이 장치 등이 출력단이다.

그러므로 정격으로 정해진 전원이 출력단에 최대의 평균전력을 공급할 수 있도록 전기회로를 설계하는 것은 매우 중요한 설계요건이다. 어떤 조건에서 부하에 공급되는 평균전력이 최대가 되는지를 살펴보기 위하여 그림 10.20과 같이 간단화된 교류회로를 생각하여보자.

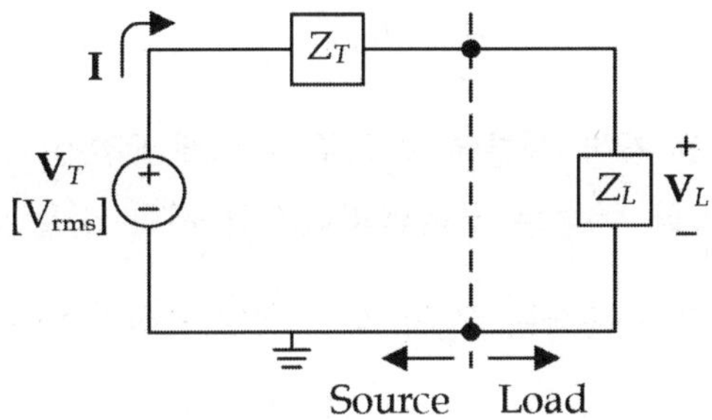

그림 10.20 부하임피던스가 연결된 회로

그림 10.20에서 전원부(source)는 테브냉 등가회로 모델로 나타낸 것으로 V_T는 테브냉 전압원이고 $Z_T = R_T + jX_T$는 테브냉 임피던스이다. 부하임피던스 Z_L을 통하여 흐르는 전류페이저는 교류회로의 전압-전류 관계식으로부터

$$\mathrm{I} = \frac{\mathrm{V}_T}{Z_T + Z_L} \ [\mathrm{A_{rms}}] \tag{10.72}$$

이 된다. 따라서 부하에서 소비되는 평균전력은 식 (10.38)에 의하여

$$P_L = Re\{Z_L\}\,|\mathrm{I}|^2 = \frac{Re\{Z_L\}}{|Z_T + Z_L|^2}|\mathrm{V}_T|^2 \ . \tag{10.73}$$

부하임피던스를 $Z_L = R_L + jX_L$이라고 하면 식 (10.73)은

$$P_L = \frac{R_L}{(R_L + R_T)^2 + (X_L + X_T)^2}|\mathrm{V}_T|^2 \tag{10.74}$$

으로 나타낼 수 있다.

부하에서 소비되는 평균전력을 최대화하려면 식 (10.74)의 분모를 최소화시켜야 한다. 저항은 항상 양의 값을 가지는데 반해 리액턴스 성분은 음의 값도 가질 수 있으므로 P_L을 최소화시킬 수 있는 첫 번째 조건은 두 임피던스의 리액턴스 성분이

$$X_L = -X_T \tag{10.75}$$

의 관계에 있어야 하며, 이 경우 식 (10.74)는 다음과 같이 간략하게 나타낼 수 있다.

$$P_L = \frac{R_L}{(R_L + R_T)^2}|\mathrm{V}_T|^2 \tag{10.76}$$

여기서 테브냉 임피던스의 저항 성분은 전원부 회로에 의하여 정해지는 파라미터이므로 식 (10.76)에서 조절 가능한 변수는 부하임피던스의 저항 성분이다.

식 (10.76)을 최대화시키는 문제는 P_L을 R_L로 편미분하여 0이 되는 R_L을 찾는 것이다. P_L을 R_L로 편미분하면

$$\begin{aligned}\frac{\partial P_L}{\partial R_L} &= \frac{\partial}{\partial R_L}\left\{\frac{R_L}{(R_L + R_T)^2}|\mathrm{V}_T|^2\right\} \\ &= \frac{\left\{\frac{\partial}{\partial R_L}R_L\right\}(R_L + R_T)^2 - R_L\left\{\frac{\partial}{\partial R_L}(R_L + R_T)^2\right\}}{\left\{(R_L + R_T)^2\right\}^2}|\mathrm{V}_T|^2 \\ &= \frac{(R_L + R_T)^2 - 2R_L(R_L + R_T)}{(R_L + R_T)^4}|\mathrm{V}_T|^2 = \frac{R_T^2 - R_L^2}{(R_L + R_T)^4}|\mathrm{V}_T|^2\end{aligned} \tag{10.77}$$

이 된다. 따라서 식 (10.77)의 편미분이 0이 되는 조건은

$$R_L = R_T \tag{10.78}$$

이다. 그러므로 식 (10.75)와 식 (10.78)로부터 부하임피던스는 테브냉 임피던스와 다음과 같은 관계에 있어야 부하임피던스에서 소비되는 평균전력이 최대가 된다.

$$Z_L = R_L + jX_L = R_T - jX_T = Z_T^* \tag{10.79}$$

즉, 부하임피던스는 전원부 테브냉 등가회로 모델의 테브냉 임피던스의 켤레복소수가 될 때 부하임피던스에 전달되는 평균전력은 최대가 된다. 그리고 이때 부하임피던스에서 소비되는 평균전력은

$$P_{L,\max} = \frac{Re\{Z_L\}}{(2R_T)^2}|\mathrm{V}_T|^2 = \frac{1}{4R_T}|\mathrm{V}_T|^2 \text{ [W].} \tag{10.80}$$

예제 10.14

그림 10.21에 나타낸 전기회로의 부하임피던스 Z_L에서 소비되는 평균전력의 최대값을 구하라.

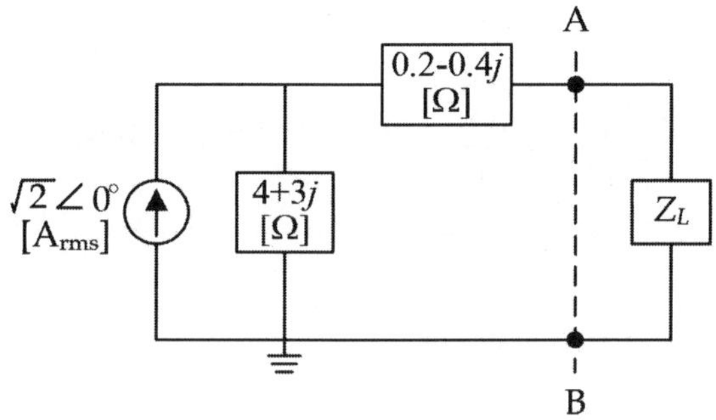

그림 10.21 예제 10.14를 위한 전기회로

풀이

부하임피던스에서 소비되는 최대 평균전력을 구하기 위해서는 A와 B의 왼쪽 회로부분에 대한 테브냉 등가회로를 구하여야 한다. 먼저 테브냉 전압원을 구하기 위한 과정으로 그림 10.22처럼 부하임피던스를 개방하고 단자 a와 b의 양단에서 전압을 측정한다.

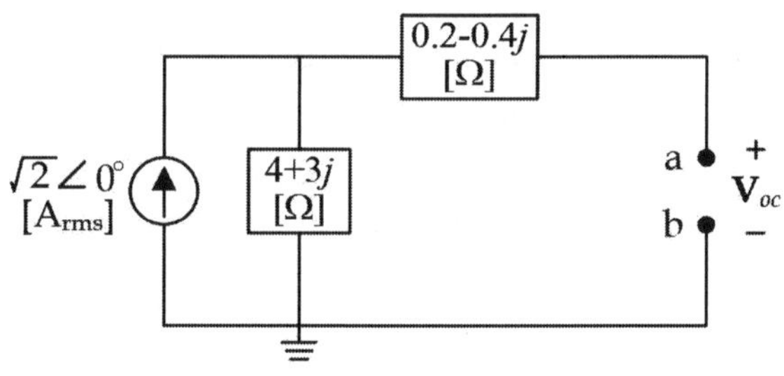

그림 10.22 테브냉 전압 측정을 위한 회로

단자 a와 b가 개방되어 있으므로 $0.2-0.4j$ [Ω] 임피던스로는 전류가 흐르지 않는다. 그러므로 개방된 단자 양단에 걸리는 개방회로 전압은 $4+3j$ [Ω] 임피던스에 걸리는 전압과 같다. 즉, 테브냉 전압원은 다음과 같다.

$$\mathrm{V}_T = \mathrm{V}_{oc} = (4+3j)\times\sqrt{2}\angle 0^\circ = 5\sqrt{2}\angle 36.87^\circ \text{ [V]}. \quad ①$$

두 번째는 테브냉 임피던스를 구하는 과정으로 그림 10.23처럼 부하임피던스를 개방하고, 전원의 영향을 배제시킨 다음 개방된 단자에서 임피던스를 측정한다.

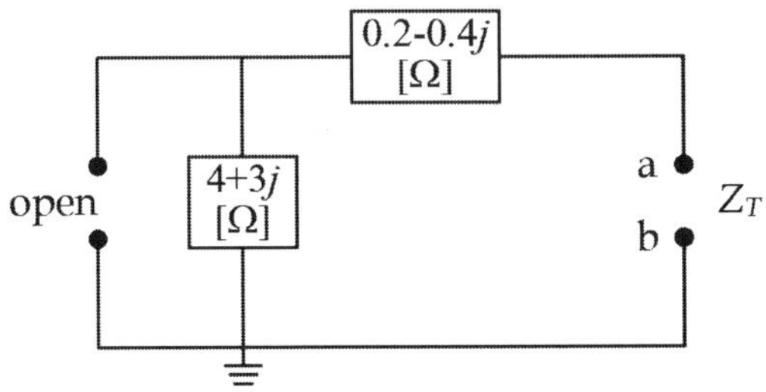

그림 10.23 테브냉 임피던스 측정을 위한 회로

단자 a와 b 사이에서 측정되는 임피던스는 $4+3j$ [Ω]과 $0.2-0.4j$ [Ω]이 직렬 연결된 임피던스이다. 그러므로 테브냉 임피던스는

$$Z_T = (4+3j)+(0.2-0.4j) = 4.2+2.6j\ [\Omega] \quad ②$$

이 된다. 식 ①과 식 ②에 따라 주어진 회로에 대한 테브냉 등가회로는 그림 10.24와 같다.

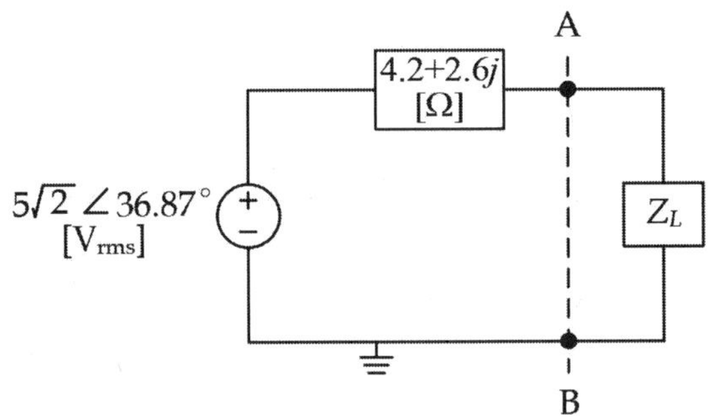

그림 10.24 예제 회로에 대한 테브냉 등가회로

부하에서 소비되는 평균전력이 최대가 되기 위한 조건은 식 (10.79)에 의하여

$$Z_L = Z_T^* = (4.2+2.6j)^* = 4.2-2.6j\ [\Omega] \quad ③$$

이다. 이때 부하임피던스에서 소비되는 평균전력은 식 (10.80)에 의하여

$$P_{L,\max} = \frac{1}{4R_T}|\mathrm{V}_T|^2 = \frac{1}{4\times 4.2}|5\sqrt{2}|^2 = 2.98\ [\mathrm{W}]. \quad ④$$

이 예제에서 주어진 회로는 예제 10.13과 같은 회로로 $2-j$ [Ω] 임피던스를 부하로 사용한다. 예제 10.13에서는 $2-j$ [Ω] 임피던스에서 소비되는 평균전력이 2.42 [W]이었다. 이에 비하여 최대 전력전달이 이루어지도록 설계하면 부하임피던스에서 소비되는 평균전력을 2.98 [W]까지 증가시킬 수 있다. 이것은 예제 10.13의 회로에서 $2-j$ [Ω] 임피던스에서 소비되는 평균전력에 비하여 약 23% 가량 증가된 것이다.

참고로 이 예제에서 테브냉 등가회로를 구하는 방법은 테브냉 정리에 따른 전통적인 방법이다. 하지만 주어진 회로를 그림 10.25와 같이 세 부분으로 나누어보면 C와 D의 왼쪽 회로부분이 노튼 등가회로의 구조를 가지고 있음을 알 수 있다.

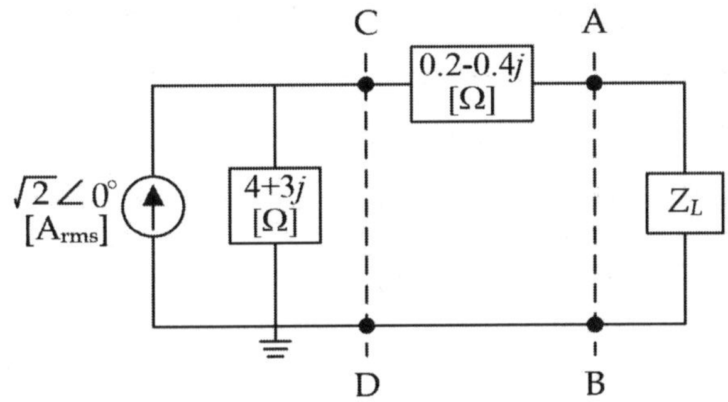

그림 10.25 예제 회로를 세 부분으로 정리한 회로

노튼 등가회로와 테브냉 등가회로의 가역성을 이용하면

$$\mathrm{V}_{T}' = Z_N \mathrm{I}_N = (4+3j)\times \sqrt{2}\angle 0^\circ = 5\sqrt{2}\angle 36.87^\circ \text{ [V]}, \quad ⑤$$

$$Z_T' = Z_N = 4+3j \ [\Omega] \quad ⑥$$

이 되므로 C와 D의 왼쪽 회로부분을 테브냉 등가회로 모델로 변환시켜 나타내면 그림 10.26과 같다.

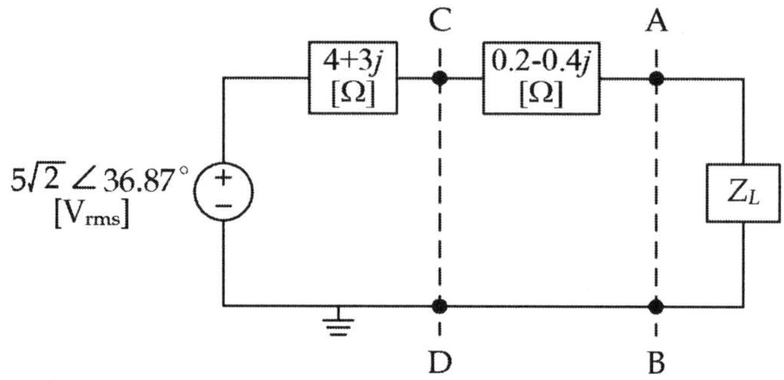

그림 10.26 식 ⑤와 식 ⑥을 이용하여 변환시킨 회로

그림 10.26에서 $4+3j$ [Ω]과 $0.2-0.4j$ [Ω] 직렬연결을 하나의 임피던스로 나타내면 $4.2+2.6j$ [Ω]으로 식 ③과 같다. 따라서 그림 10.26은 주어진 회로에 대한 테브냉 등가회로와 일치하는 구조이다. 이와 같이 테브냉 등가회로 모델과 노튼 등가회로 모델의 가역성을 이용하여 회로를 간략화시키는 방법은 매우 자주 사용된다.

예제 10.15

그림 10.27의 전기회로에서 부하임피던스에 최대의 평균전력을 전달하기 위한 Z_L을 구하고, 이때 Z_L에서 소비되는 평균전력을 계산하라.

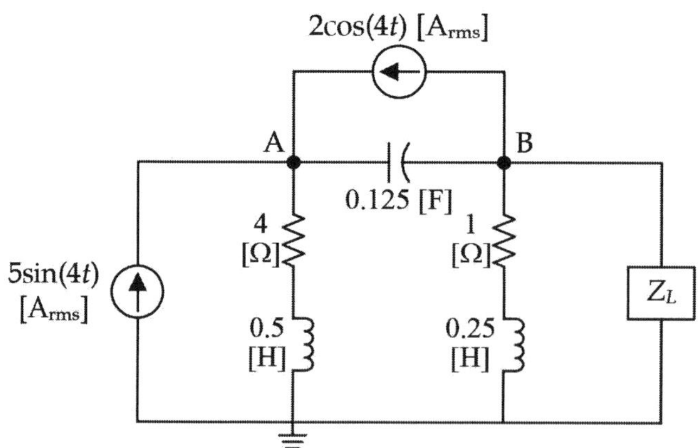

그림 10.27 예제 10.15를 위한 전기회로

풀이

두 교류전원의 각주파수 $\omega = 4$ [rad/sec]를 이용하여 주어진 회로를 페이저회로로 변환시키면 그림 10.28과 같다.

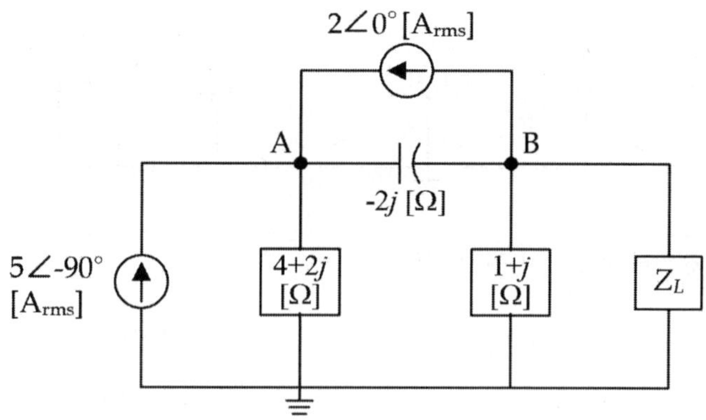

그림 10.28 예제 회로에 대한 페이저회로

부하임피던스를 제외한 회로부분에 대한 테브냉 임피던스를 구하려면 그림 10.29처럼 두 전류원을 개방시키고 부하임피던스를 개방시킨 단자 a와 b에서 임피던스를 측정한다.

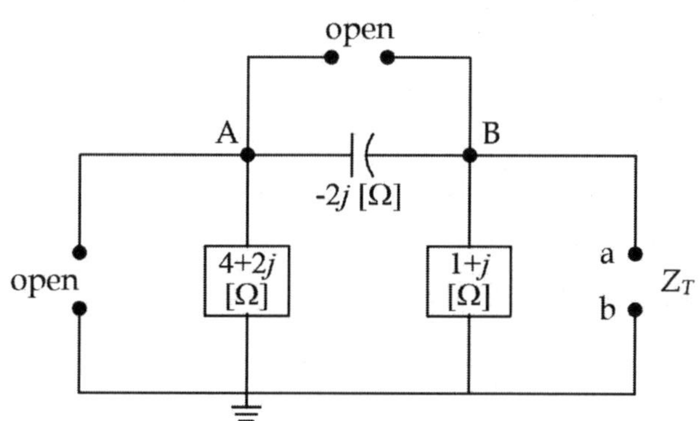

그림 10.29 테브냉 임피던스 측정을 위한 회로

단자 a와 b에서 측정되는 테브냉 임피던스는

$$Z_T = (1+j)//\{-2j+4+2j\} = 0.92 + 0.62j \ [\Omega]. \qquad ①$$

테브냉 전압원은 그림 10.30처럼 부하임피던스를 개방시키고, 단자 a와 b 사이에 걸리는 개방회로 전압을 계산한다.

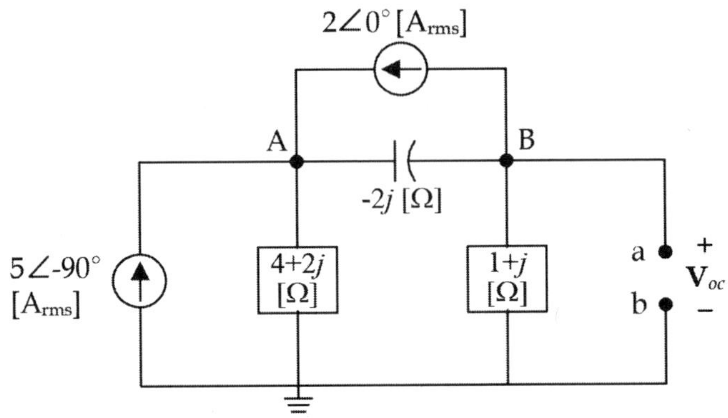

그림 10.30 테브냉 전압을 계산하기 위한 회로

단자 a와 b 사이에 걸리는 개방회로 전압은 $1+j\ [\Omega]$ 임피던스 양단에 걸리는 전압과 같다. 마디해석법을 이용하기 위하여 마디 A에 키르히호프 전류법칙을 적용하면

$$\frac{\mathrm{V}_A-\mathrm{V}_B}{-2j}+\frac{\mathrm{V}_A}{4+2j}=5\angle-90^\circ+2\angle 0^\circ. \qquad ②$$

식 ②를 정리하면 첫 번째 마디방정식은

$$(0.2+0.4j)\mathrm{V}_A-0.5j\mathrm{V}_B=2-5j. \qquad ③$$

마디 B에 키르히호프 전류법칙을 적용하면

$$\frac{\mathrm{V}_B-\mathrm{V}_A}{-2j}+\frac{\mathrm{V}_B}{1+j}+2\angle 0^\circ=0 \qquad ④$$

이고, 이것을 정리하면 두 번째 마디방정식은

$$-0.5j\mathrm{V}_A+0.5\mathrm{V}_B=-2. \qquad ⑤$$

두 마디방정식을 행렬의 형태로 나타내면

$$\begin{pmatrix}0.2+0.4j & -0.5j\\ -0.5j & 0.5\end{pmatrix}\begin{pmatrix}\mathrm{V}_A\\ \mathrm{V}_B\end{pmatrix}=\begin{pmatrix}2-5j\\ -2\end{pmatrix}. \qquad ⑥$$

계수행렬에 대한 행렬식을 계산하면

$$\Delta=\begin{vmatrix}0.2+0.4j & -0.5j\\ -0.5j & 0.5\end{vmatrix}=0.5(0.2+0.4j)-(-0.5j)^2=0.35+0.2j \qquad ⑦$$

가 된다. 따라서 마디 A와 마디 B의 전압은 크라머의 법칙을 이용하면 각각 다음과 같이 계산된다.

$$\mathrm{V}_A = \frac{\begin{vmatrix} 2-5j & -0.5j \\ -2 & 0.5 \end{vmatrix}}{\Delta} = \frac{0.5(2-5j)-j}{0.35+0.2j} = -2.15-8.77j\ [\mathrm{V_{rms}}], \quad ⑧$$

$$\mathrm{V}_B = \frac{\begin{vmatrix} 0.2+0.4j & 2-5j \\ -0.5j & -2 \end{vmatrix}}{\Delta} = \frac{-2(0.2+0.4j)+0.5j(2-5j)}{0.35+0.2j}\ [\mathrm{V_{rms}}] \quad ⑨$$
$$= 4.77-2.15j\ [\mathrm{V}_{rms}].$$

테브냉 전압은 $1+j\,[\Omega]$ 양단에 걸리는 전압이므로

$$\mathrm{V}_T = \mathrm{V}_B = 4.77-2.15j = 5.23\angle-24.26^\circ\ [\mathrm{V_{rms}}] \quad ⑩$$

이 된다. 따라서 식 ①의 테브냉 임피던스와 식 ⑩의 테브냉 전압을 기반으로 주어진 회로에 대한 테브냉 등가회로는 그림 10.31과 같다.

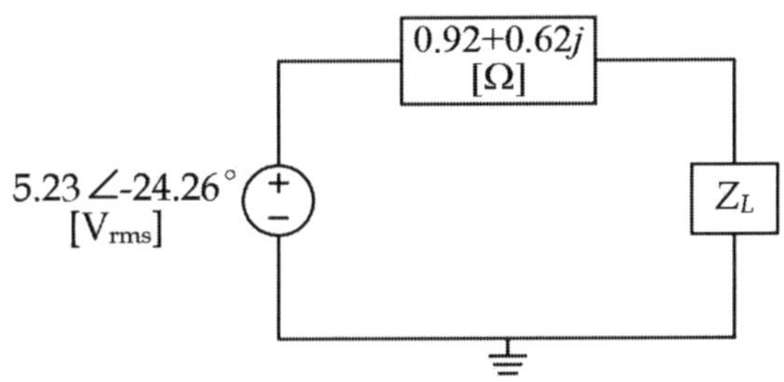

그림 10.31 예제 회로에 대한 테브냉 등가회로.

최대 전력전달 조건을 만족시키는 부하임피던스는 $Z_L = Z_T^*$이므로

$$Z_T = 0.92-0.62j\ [\Omega] \quad ⑪$$

이고, 이때 부하임피던스가 소비하는 평균전력은

$$P_L = \frac{1}{4R_T}|\mathrm{V}_T|^2 = \frac{1}{4\times0.92}|5.23|^2 = 7.43\ [\mathrm{W}].$$

연습문제

10.1 그림 P10.1의 회로에서 전압원은 $v_s(t) = 20\cos(20t)$ [V]이다. 이때 부하회로로 흐르는 전류는 $i(t) = 3\sin(20t + 60°)$ [A]로 측정되었다.

(1) 임의의 시간에 전원이 부하회로에 공급하는 순시전력을 구하라.

(2) 전원이 회로에 공급하는 평균전력을 구하라.

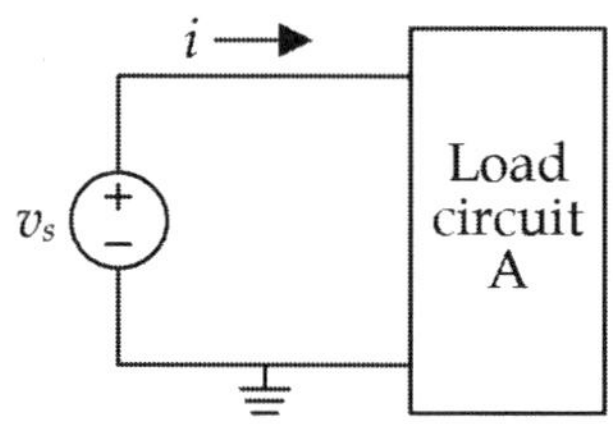

그림 P10.1

10.2 그림 P10.2의 교류회로에서 전압원은 $v_s(t) = 20\cos(20t)$ [V]이다.

(1) 저항을 통하여 흐르는 전류를 구하라.

(2) 임의의 순간 저항에서 소비되는 순시전력과 평균전력을 구하라.

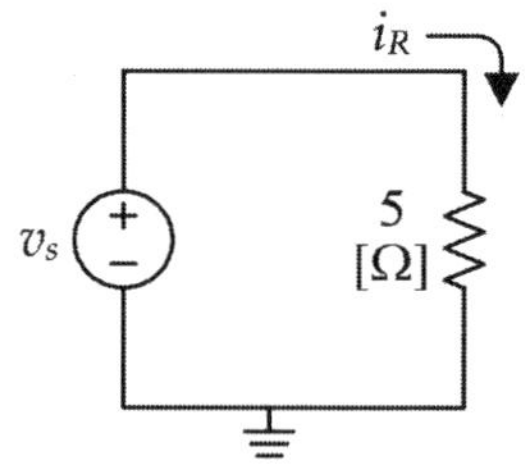

그림 P10.2

10.3 그림 P10.3의 전기회로에서 전압원은 $v_s(t) = 20\cos(10t)$ [V]이다.

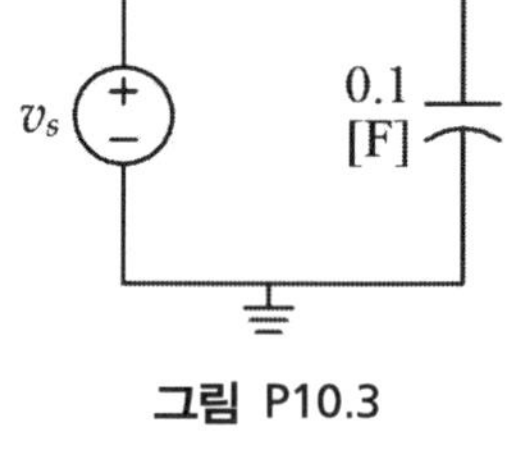

그림 P10.3

(1) 커패시터를 통하여 흐르는 전류를 구하라.

(2) 임의의 순간 커패시터에서 소비되는 순시전력과 평균전력을 구하라.

10.4 그림 P10.4의 전기회로에서 전압원은 $v_s(t) = 20\cos(10t)$ [V]이다.

(1) 인덕터를 통하여 흐르는 전류를 구하라.

(2) 임의의 순간 인덕터에서 소비되는 순시전력과 평균전력을 구하라.

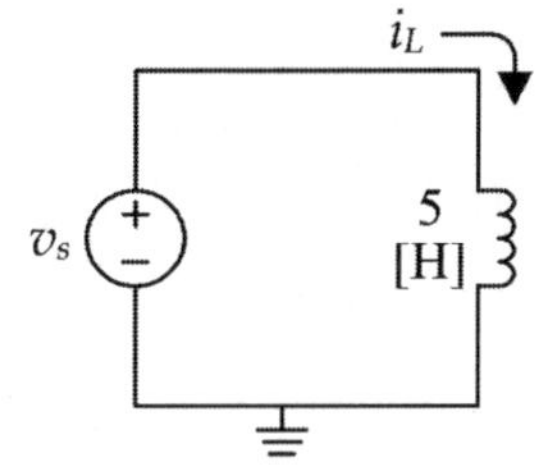

그림 P10.4

10.5 그림 P10.5에 나타낸 회로에서 전원은 $v_s(t) = 20\cos(10t)$ [V]이다.

(1) 전류 $i(t)$의 정상상태응답을 구하라.

(2) 저항과 커패시터에서 소비되는 순시전력과 평균전력을 구하라.

(3) 전원이 회로에 공급하는 평균전력을 구하라.

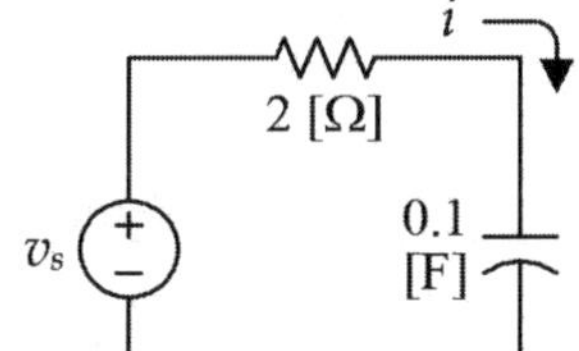

그림 P10.5

10.6 그림 P10.6에 나타낸 전기회로에서 전류원은 $i_s(t) = 5\cos(2t)$ [A]이다.

(1) 전류 $i_R(t)$와 $i_L(t)$의 정상상태응답을 구하라.

(2) 저항과 인덕터에서 소비되는 순시전력과 평균전력을 구하라.

(3) 전류원이 회로에 공급하는 평균전력을 구하라.

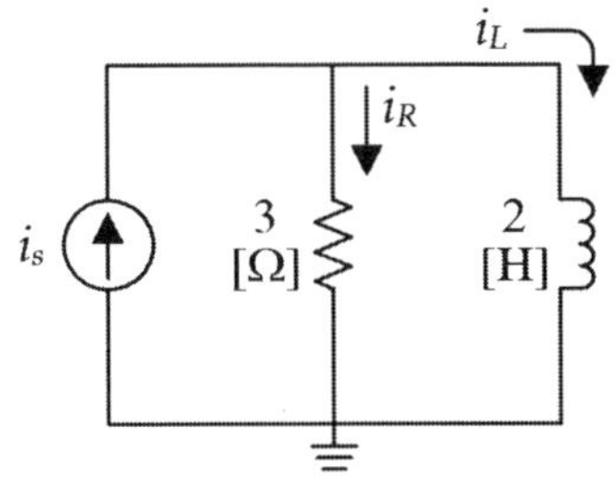

그림 P10.6

10.7 그림 P10.7의 전기회로에서 $v_{s1}(t)=5\cos(2t)$ [V], $v_{s2}(t)=4\cos(2t+30°)$ [V]이다.

(1) 정현파함수의 합성법을 이용하여 전류 $i(t)$의 정상상태응답을 구하라.

(2) 저항에서 소비되는 평균전력과 전원부가 공급하는 평균전력을 구하라.

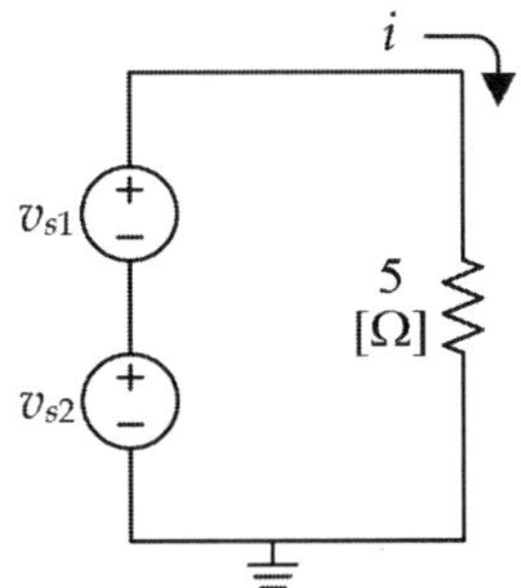

그림 P10.7

10.8 그림 P10.7의 전기회로에 중첩의 원리를 적용하여

(1) 각각의 전원이 회로에 공급하는 평균전력과 저항에서 소비되는 평균전력을 구하라.

(2) 문제 10.7의 결과와 비교하여 설명하라.

10.9 그림 P10.9의 전기회로에서 전류원은 $i_s(t)=3\cos(2t+30°)$ [A]이다.

(1) $v_1(t)$와 $v_2(t)$의 정상상태응답을 구하라.

(2) 임피던스 Z_1과 Z_2에서 소비되는 평균전력을 구하라.

(3) 전원이 회로에 공급하는 평균전력을 구하라.

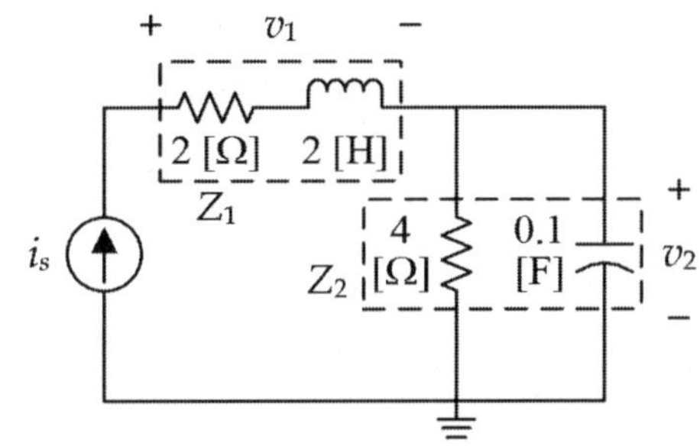

그림 P10.9

10.10 그림 P10.10에 나타낸 페이저(phasor)회로에서

(1) 전류페이저 I, I_R, I_C를 구하라.

(2) 전원과 각 수동소자에서 소비되는 평균전력을 구하라.

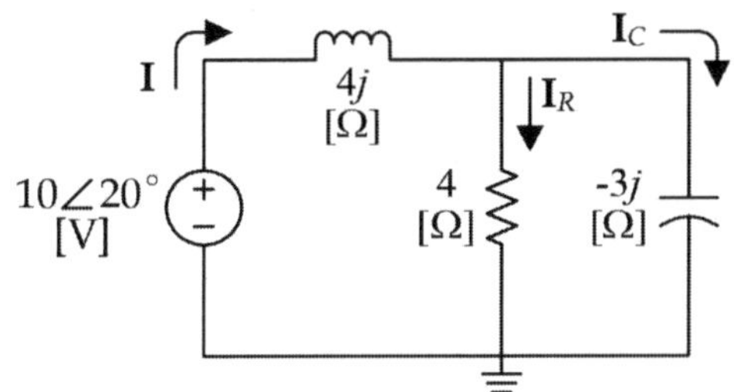

그림 P10.10

10.11 그림 P10.11의 페이저회로에서

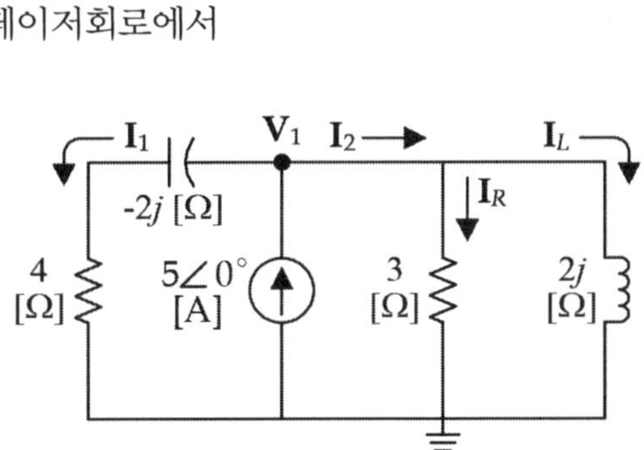

그림 P10.11

(1) 전류페이저 I_1, I_2와 마디전압 V_1을 구하라.

(2) 각 수동소자에서 소비되는 평균전력을 구하라.

(3) 전원이 회로에 공급하는 평균전력을 구하라.

10.12 그림 P10.12의 페이저회로에서

(1) 전체 임피던스와 전류페이저 I_1과 I_2를 구하라.

(2) 각 수동소자가 소비하는 평균전력과 전원이 공급하는 평균전력을 구하라.

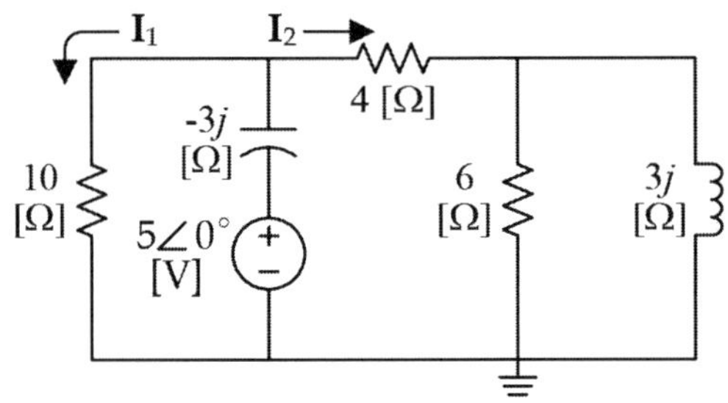

그림 P10.12

10.13 그림 P10.13의 전기회로에서 두 전원은 다음과 같다.

$$v_s(t) = 10\cos(20t)\ [\mathrm{V}],\ i_s(t) = 2\sin(20t + 60^\circ)\ [\mathrm{A}].$$

(1) 마디전압 $v_1(t)$와 전류 $i_1(t)$의 정상상태응답을 구하라.

(2) 임피던스 Z_1에서 소비되는 평균전력과 8 [Ω] 저항, 0.3 [H] 인덕터에서 소비되는 평균전력을 구하라.

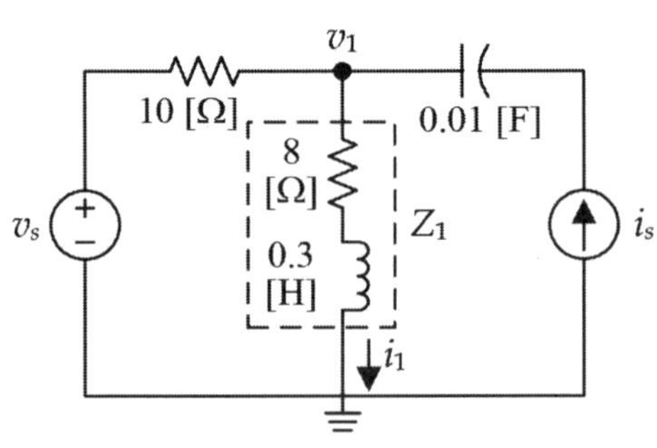

그림 P10.13

10.14 그림 P10.14의 전기회로에서 두 전원은 다음과 같다.

$$v_s(t) = 10\cos(2t)\ [\text{V}],\ i_s(t) = 2\sin(2t+60^\circ)\ [\text{A}].$$

(1) 마디전압 $v_1(t)$와 전류 $i_1(t)$, $i_2(t)$의 정상상태응답을 구하라.

(2) 임피던스 Z_1과 Z_2에서 소비되는 평균전력을 구하라.

(3) 두 전원이 회로에 공급하는 평균전력을 구하라.

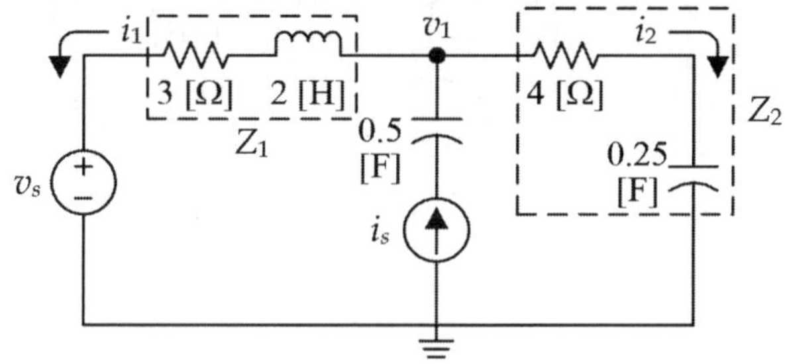

그림 P10.14

10.15 그림 P10.15의 회로에서 두 전원은 다음과 같다.

$$v_s(t) = 10\cos(5t)\ [\text{V}],\ i_s(t) = 2\cos(10t+30^\circ)\ [\text{A}].$$

(1) 중첩의 원리를 이용하여 $v_1(t)$와 $i_1(t)$의 정상상태응답을 구하라.

(2) 임피던스 Z_1과 Z_2가 흡수하는 평균전력을 구하라.

(3) 두 전원이 회로에 공급하는 평균전력을 구하라.

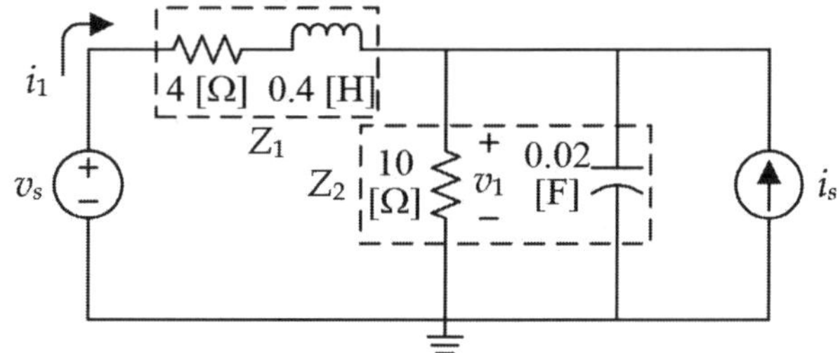

그림 P10.15

10.16 그림 P10.16에 나타낸 전기회로에서 두 전원은 다음과 같다.

$$v_s(t) = 5\cos(t+30^\circ)\ [\text{V}],\ i_s(t) = \sin(2t)\ [\text{A}].$$

(1) 마디전압 $v(t)$와 전류 $i(t)$를 구하라.

(2) 2 [Ω] 저항과 1 [Ω] 저항에서 소비되는 평균전력을 구하라.

(3) 두 전원이 회로에 공급하는 평균전력을 구하라.

(4) 전류원이 개방되었을 때와 전압원을 단락시켰을 때 2 [Ω] 저항과 1 [Ω] 저항에서 소비되는 평균전력을 구하여 문제 (2)와 (3)의 결과와 비교하라.

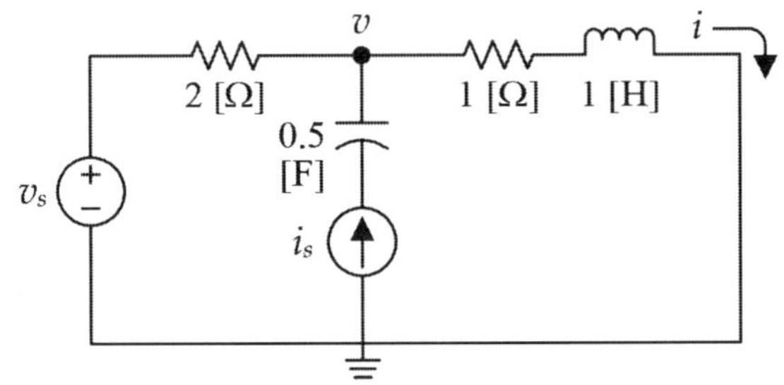

그림 P10.16

10.17 다음 정현파함수의 실효값을 구하라.

(1) $f_1(t) = 10\cos(5t)$.

(2) $f_2(t) = 10\sin(5t + 30°)$.

(3) $f_3(t) = f_1(t) + f_2(t)$.

10.18 5 [Ω] 저항 양단에서 측정되는 전압파형이 그림 P10.18과 같다. 각 전압파형의 실효값을 구하고, 5 [Ω] 저항에서 소비되는 평균전력을 구하라.

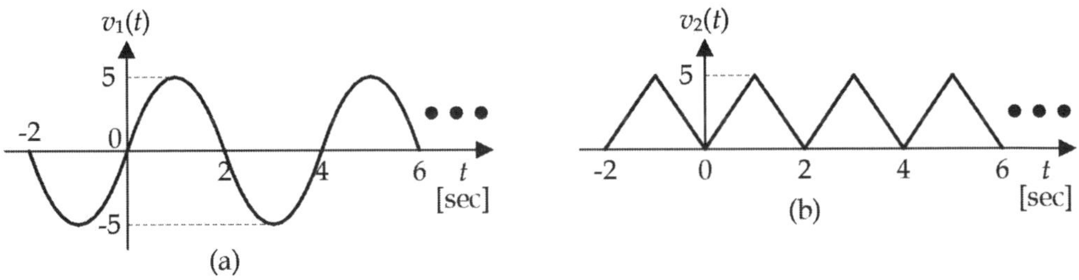

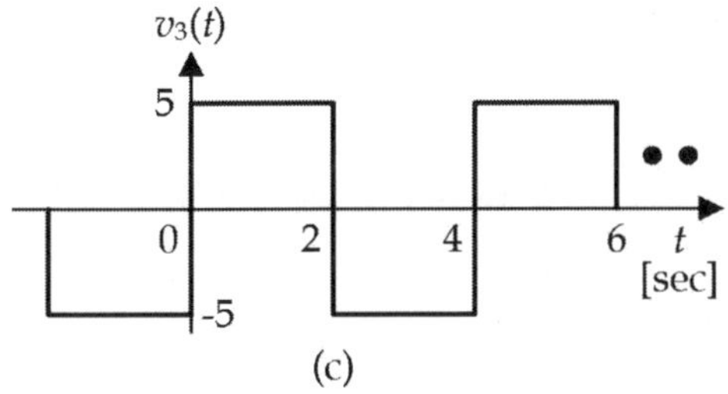

그림 P10.18

10.19 5 [Ω] 저항 양단에서 측정되는 전압파형이 다음과 같다. 각 전압파형의 실효값을 구하고, 5 [Ω] 저항에서 소비되는 평균전력을 구하라.

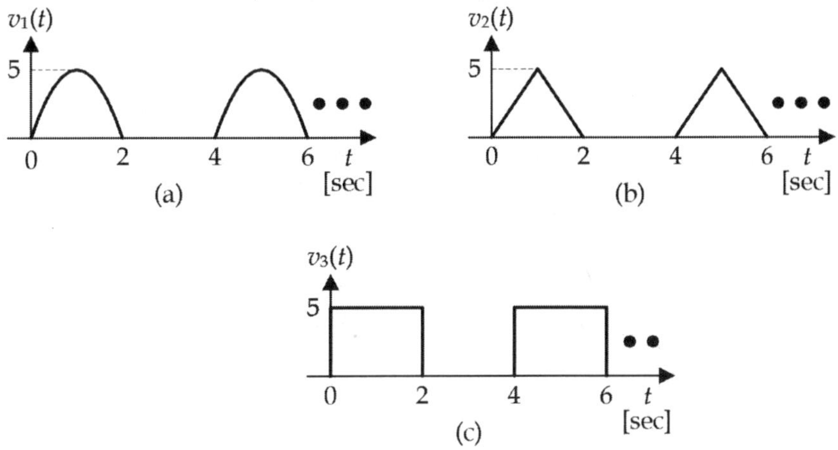

그림 P10.19

10.20 5 [Ω] 저항 양단에서 측정되는 전압파형이 다음과 같다. 각 전압파형의 실효값을 구하고, 5 [Ω] 저항에서 소비되는 평균전력을 구하라.

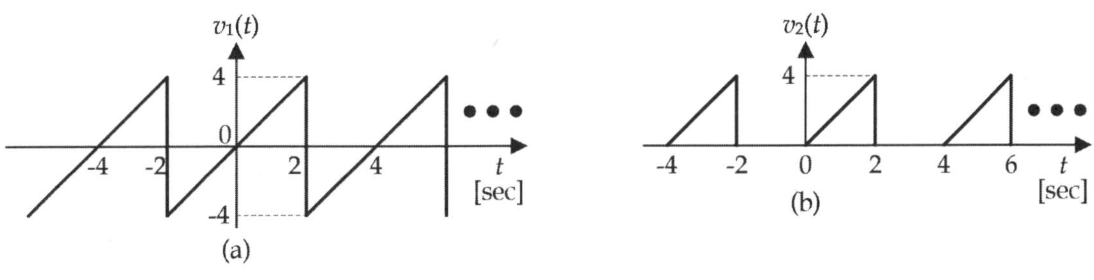

그림 P10.20

10.21 그림 P10.21의 전기회로에서 $v_s(t) = 10\sqrt{2}\cos(2t)$ [V]이다.

(1) 주어진 회로를 rms 페이저회로로 변환하라.

(2) 전류 $i(t)$, $i_R(t)$, $i_L(t)$에 대한 rms 페이저를 구하고, 페이저도를 그려라.

(3) 임피던스 Z_1과 Z_2에서 흡수되는 평균전력과 전원이 공급하는 평균전력을 구하라.

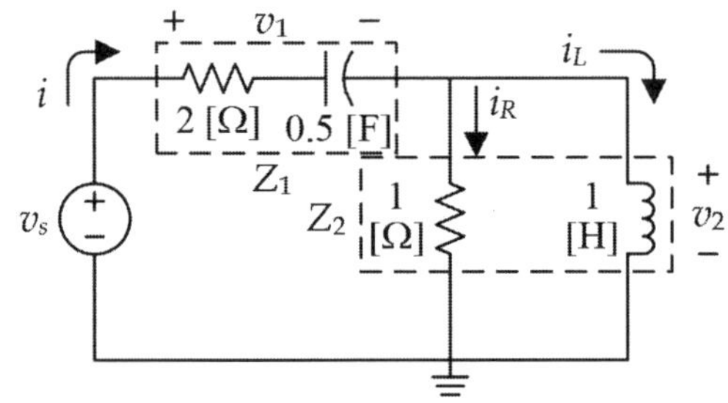

그림 P10.21

10.22 그림 P10.22의 페이저회로에서 전원 페이저는 $\mathrm{V}_s = 20\angle 30°$ [V]이다.

(1) 전원 페이저의 실효값을 이용하여 V_3와 I_x를 구하라.

(2) 전류 페이저 I와 전압 페이저 V_1, V_2를 구하라.

(3) 각각의 임피던스에서 소비되는 평균전력과 전원들이 회로에 공급하는 평균전력을 구하라.

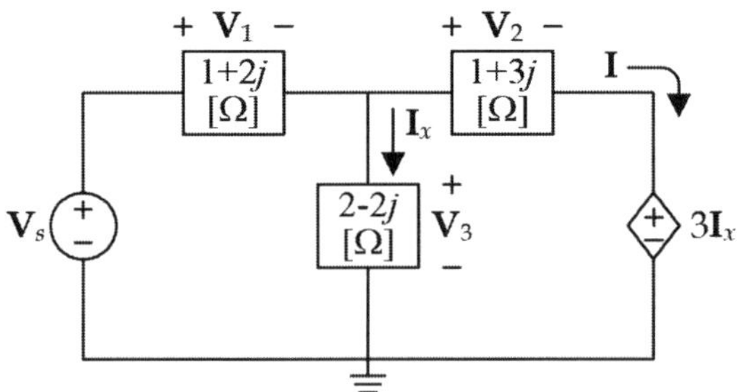

그림 P10.22

10.23 어떤 부하 양단의 전압이 $v_L(t) = 30\cos(10t + 30°)$ [V]이고, 부하를 통하여 흐르는 전류는 $i_L(t) = 2\cos(10t + 60°)$ [A]이다.

(1) 부하에서 흡수되는 복소전력과 피상전력을 구하라.

(2) 부하에서 흡수되는 평균전력과 무효전력을 구하라.

10.24 그림 P10.24의 전기회로에서 전류원은 $i_s(t) = 5\sin(10t + 60°)$ [A]이다.

(1) 주어진 전기회로에 대한 rms 페이저회로를 제시하고, 부하임피던스 양단에 걸리는 전압을 구하라.

(2) 부하임피던스에서 소비되는 복소전력, 피상전력, 평균전력, 무효전력, 역률을 구하라.

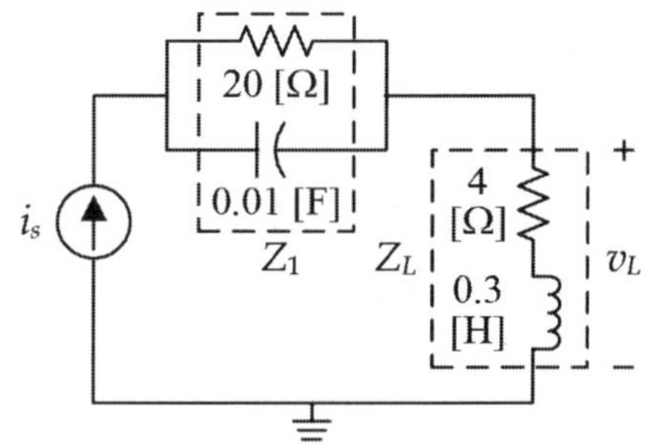

그림 P10.24

10.25 그림 P10.25의 전기회로에서 두 전원은 다음과 같다.

$$v_s(t) = 20\cos(5t)\ [\text{V}],\ i_s(t) = 4\sin(5t + 60°)\ [\text{A}].$$

(1) 주어진 회로를 rms 페이저회로로 변환하라.

(2) 마디전압 $v_1(t)$와 전류 $i_1(t)$, $i_2(t)$를 구하라.

(3) 각각의 임피던스에서 소비되는 평균전력, 무효전력, 복소전력을 구하라.

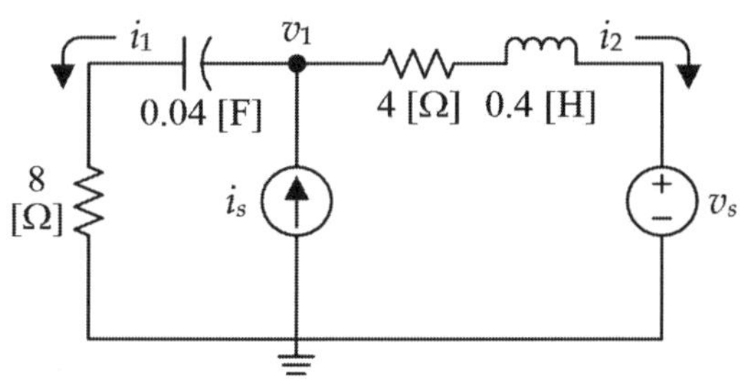

그림 P10.25

10.26 그림 P10.26의 회로에서 전원은 $v_s(t) = 40\cos(1000t)$ [V]이다.

(1) 주어진 회로를 rms 페이저회로로 변환하고, 마디전압 $v_1(t)$와 전류 $i_1(t)$를 구하라.

(2) 각각의 임피던스에서 소비되는 평균전력과 무효전력을 구하라.

(3) 독립전원과 종속전원이 회로에 공급하는 복소전력, 평균전력, 무효전력을 구하라.

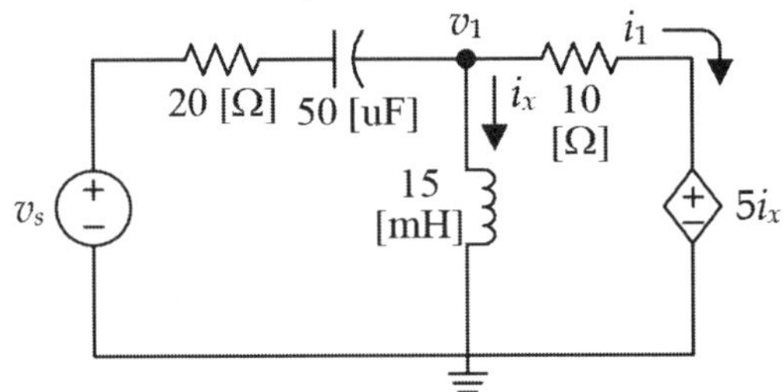

그림 P10.26

10.27 그림 P10.27의 연산증폭기 회로에서 전압원은 $v_s(t) = 10\cos(10t + 45^\circ)$ [V]이다. 연산증폭기 출력단의 평균전력, 무효전력, 복소전력을 구하라.

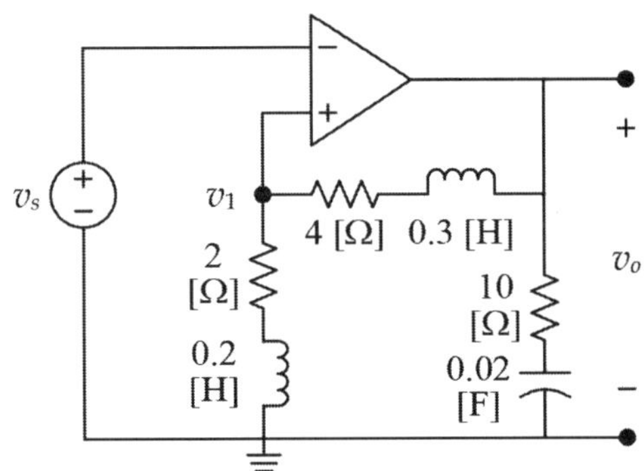

그림 P10.27

10.28 그림 P10.28의 연산증폭기 회로에서 전압원은 $v_s(t) = 10\cos(10t + 45^\circ)$ [V]이다. 전원이 공급하는 복소전력과 출력단의 복소전력을 구하라.

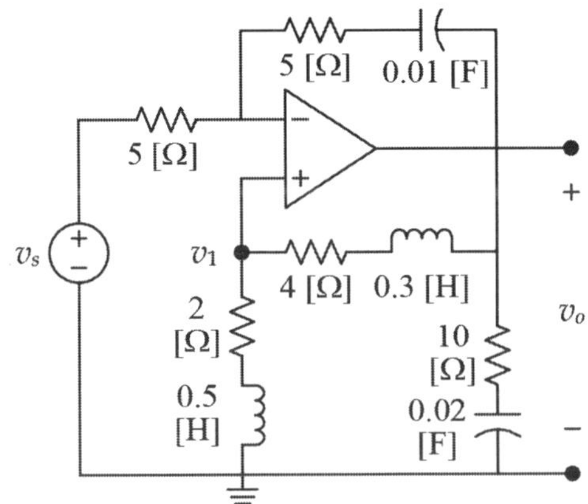

그림 P10.28

10.29 그림 P10.29에 나타낸 rms 페이저회로에서 전류원은 $\mathrm{I_s} = \sqrt{2}\angle 0^\circ$ $[\mathrm{A_{rms}}]$이고, $\mathrm{V_s} = 2\sqrt{2}\angle 45^\circ$ $[\mathrm{V_{rms}}]$이다.

(1) 마디전압 V_1, V_2와 전류 I를 구하라.

(2) 각각의 임피던스에서 소비되는 평균전력과 무효전력을 구하라.

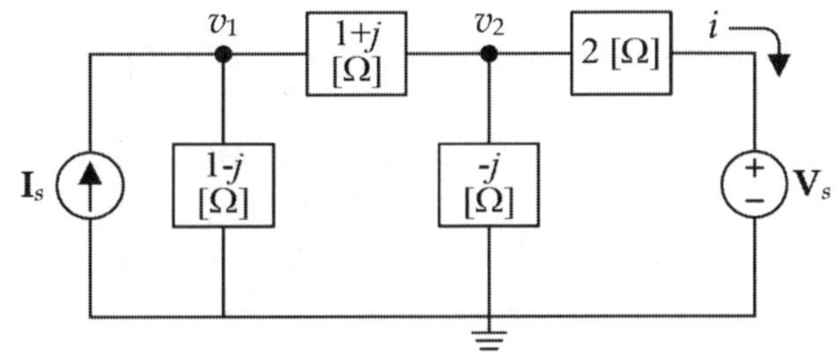

그림 P10.29

10.30 그림 P10.30의 전기회로에서 두 전원은 다음과 같다.

$$v_s(t) = 20\cos(20t)\ [\mathrm{V}],\ i_s(t) = 2\cos(20t + 90^\circ)\ [\mathrm{A}].$$

(1) 주어진 회로를 rms 페이저회로로 변환하고, $i_1(t)$, $i_2(t)$, $v_1(t)$를 구하라.

(2) 각각의 임피던스에서 소비되는 복소전력을 구하라.

(3) 전원이 공급하는 복소전력을 구하라.

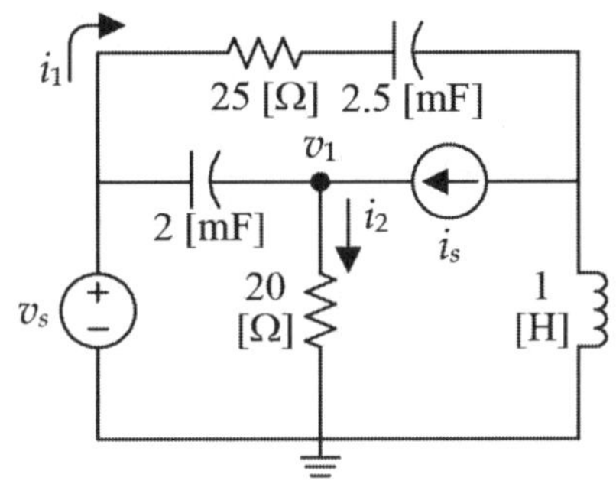

그림 P10.30

10.31 그림 P10.31에 나타낸 페이저회로에 두 전원은 다음과 같다.

$$v_s(t) = 10\sqrt{2}\cos(20t)\ [\mathrm{V}],\ i_s(t) = \sqrt{2}\cos(2t)\ [\mathrm{A}].$$

(1) 주어진 회로를 rms 페이저회로로 변환하고, 마디전압 $v_1(t)$와 $v_2(t)$, 가지전류 $i_1(t)$, $i_2(t)$, $i_3(t)$를 구하라.

(2) 각각의 임피던스에서 소비되는 복소전력을 구하라.

(3) 각각의 전원이 공급하는 복소전력을 구하라.

(4) 각 임피던스에서 소비되는 복소전력의 합과 두 전원이 공급하는 복소전력의 합을 구하여 전력보존의 법칙이 성립됨을 입증하라.

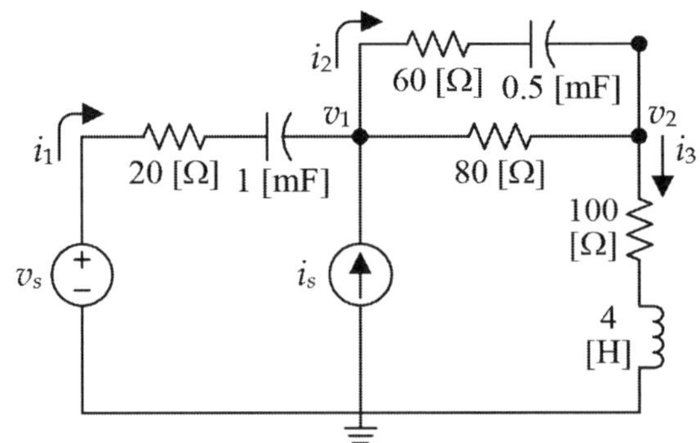

그림 P10.31

10.32 다음 rms 페이저회로에서

(1) 종속전원 제어전압 V_x를 구하라.

(2) 종속전원이 회로에 공급하는 복소전력을 구하라.

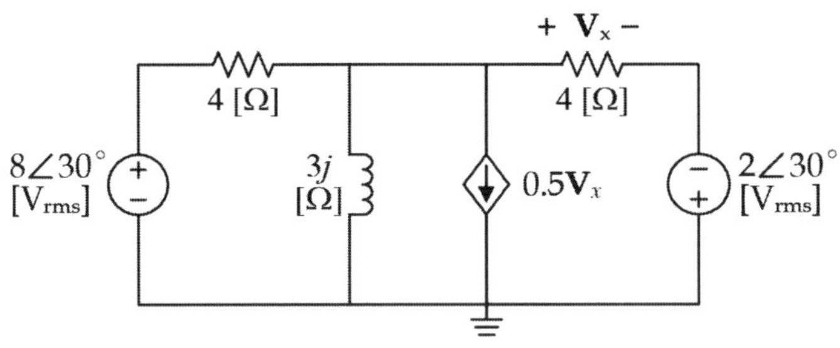

그림 P10.32

10.33 그림 P10.33의 rms 페이저회로에 대하여

(1) 부하임피던스 Z_L을 제외한 회로 부분에 대한 테브냉 등가회로를 구하라.

(2) 부하임피던스가 $Z_L = 4+3j$ [Ω]일 때, 부하임피던스에서 흡수되는 복소전력을 구하라.

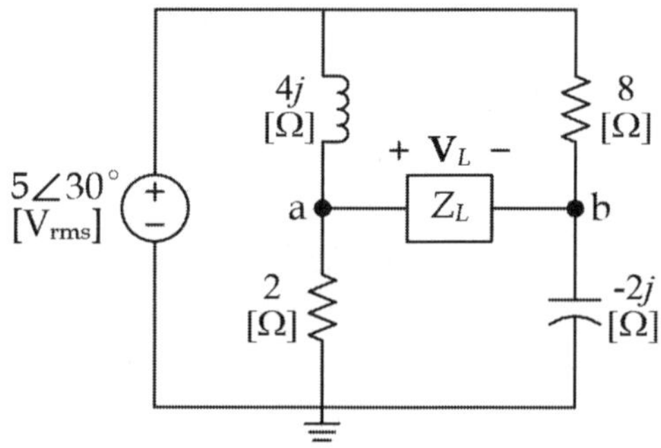

그림 P10.33

10.34 그림 P10.34에 나타낸 전기회로에서 전원은 $v_s(t) = 5\sqrt{2}\cos(5t+20°)$ [V]이다.

(1) 주어진 회로에서 부하임피던스 Z_L을 제외한 회로 부분에 대한 테브냉 등가회로를 구하라.

(2) $Z_L = 4+6j$ [Ω]인 경우 부하임피던스와 테브냉 임피던스에서 소비되는 복소전력과 전원이 공급하는 복소전력을 구하라.

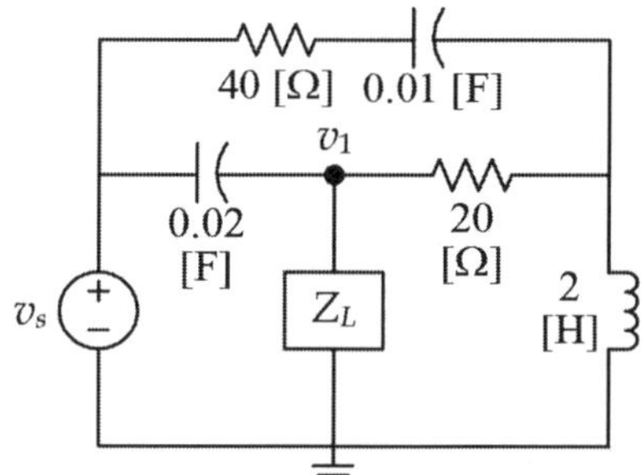

그림 P10.34

10.35 그림 P10.35의 페이저회로에 대하여

(1) 부하임피던스 Z_L을 제외한 회로 부분에 대한 노튼 등가회로를 구하라.

(2) $Z_L = 2-j$ [Ω]일 때, 부하임피던스에서 흡수되는 복소전력과 노튼 전류원이 공급하는 복소전력을 구하라.

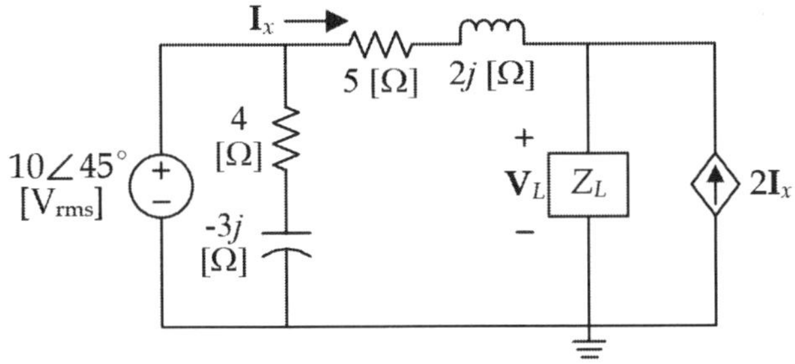

그림 P10.35

10.36 그림 P10.36의 전기회로에서 전압원은 $v_s(t) = 20\cos(10t + 30°)$ [V]이다.

(1) 주어진 회로를 rms 페이저회로로 변환하고, 부하임피던스 Z_L를 제외한 회로 부분에 대한 테브냉 등가회로를 구하라.

(2) 부하임피던스에서 소비되는 평균전력이 최대가 되는 조건에서 테브냉 임피던스와 부하임피던스에서 흡수하는 복소전력을 구하라.

(3) (2)의 조건에서 테브냉 전압원이 공급하는 전력을 구하라.

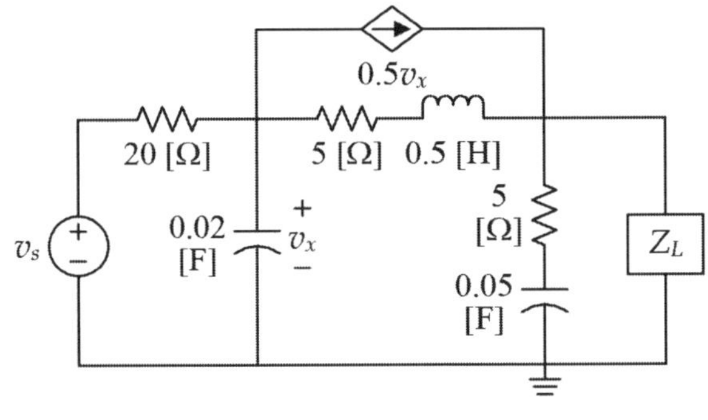

그림 P10.36

10.37 그림 P10.37의 전기회로에서 단자 a와 b의 왼쪽은 부하회로 A의 전원부이다.

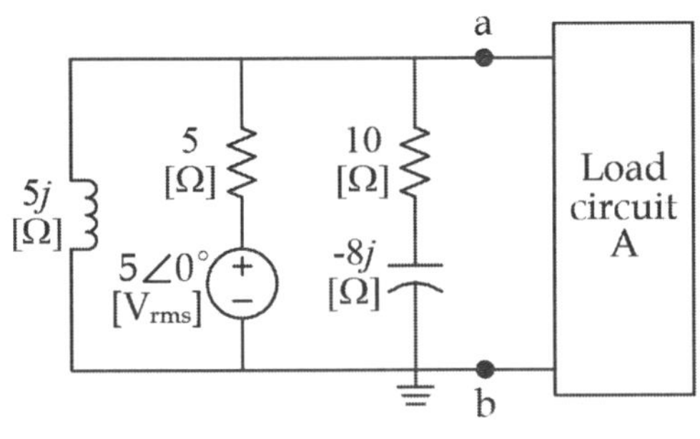

그림 P10.37

(1) 전원부 회로에 대한 노튼 등가회로를 구하라.

(2) 전원부 회로에 대한 테브냉 등가회로를 구하라.

10.38 그림 P10.38의 연산증폭기 회로는 어떤 부하회로의 전원부를 나타낸다. 여기서 전압원은 $v_s(t) = 10\sqrt{2}\cos(20t)$ [V]이다.

(1) 주어진 전원부 회로에 대한 테브냉 등가회로를 구하라.

(2) 부하회로의 임피던스가 $Z_L = 4 + 3j$ [Ω]일 때, 부하임피던스에서 소비되는 복소전력을 구하라.

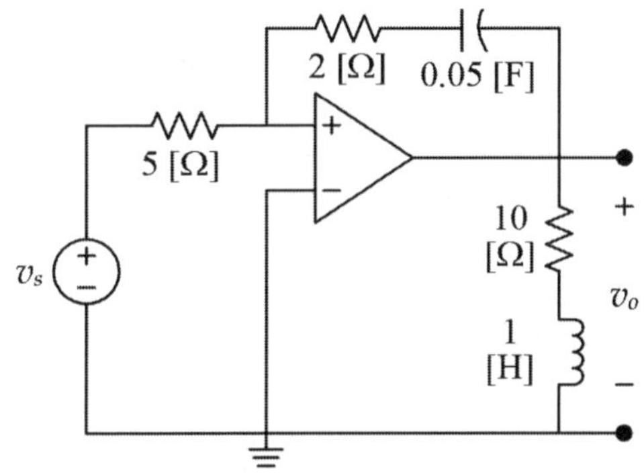

그림 P10.38

10.39 그림 P10.39에 나타낸 전기회로는 단자 a와 b의 오른쪽에 연결되는 부하회로의 전원부이다. 여기서 전압원은 $v_s(t) = 50\sqrt{2}\cos(100t)$ [V]이다.

(1) 주어진 전원부 회로에 대한 테브냉 등가회로를 구하라.

(2) 단자 a와 b 사이에 부하임피던스 Z_L을 연결한다. 최대 평균전력을 소비시키는 Z_L과 소비되는 평균전력을 구하라.

(3) (2)의 조건에서 전압원 $v_s(t)$가 회로에 공급하는 복소전력을 구하라.

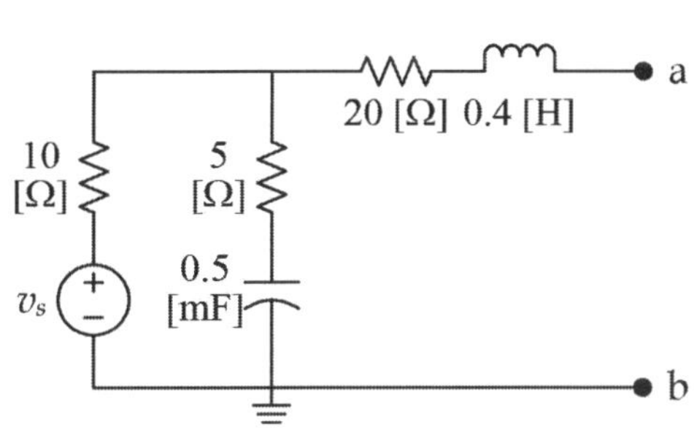

그림 P10.39

10.40 그림 P10.40의 전기회로에서 단자 a와 b의 왼쪽 회로 부분은 어떤 부하회로의 전원부이다. 여기서 전류원은 $i_s(t) = 2\sqrt{2}\sin(5t + 60^\circ)$ [A]이다.

(1) 주어진 전원부 회로를 rms 페이저회로로 변환하고, 테브냉 등가회로를 구하라.

(2) 부하에서 흡수되는 평균전력이 최대가 되도록 하는 부하임피던스를 구하고, 이때 전류원이 공급하는 평균전력을 구하라.

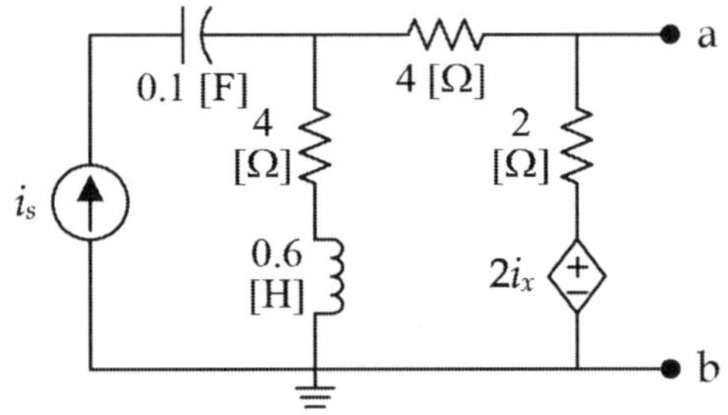

그림 P10.40

10.41 그림 P10.41의 rms 페이저회로에서

(1) 부하저항 R_L에서 소비되는 평균전력이 최대가 되는 R_L을 구하라.

(2) (1)의 조건을 만족하는 부하저항에서 소비되는 평균전력과 전원이 공급하는 평균전력을 구하라.

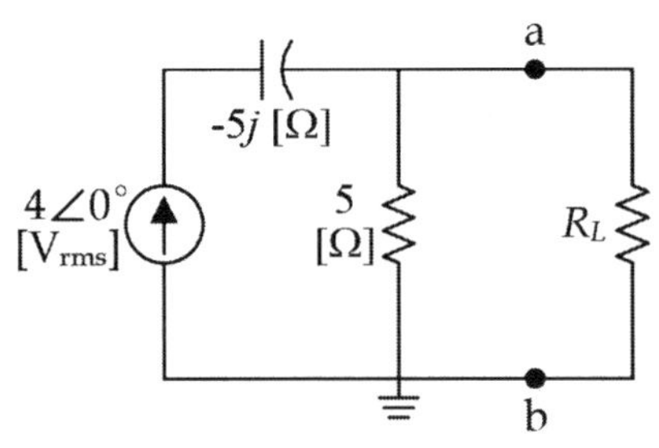

그림 P10.41

10.42 그림 P10.42의 rms 페이저회로에서 $V_s = 20\angle 30^\circ$ [Vrms]이고 $Z_1 = 4 + 3j$ [Ω]이다.

(1) 부하저항 R_L을 제외한 회로 부분을 테브냉 등가회로로 변환하라.

(2) 부하저항에서 소비되는 평균전력이 최대가 되는 R_L과, 이때 평균전력을 구하라.

(3) (2)의 조건에서 전원이 공급하는 평균전력을 구하라.

(4) 부하에서의 역률과 전원의 역률을 구하라.

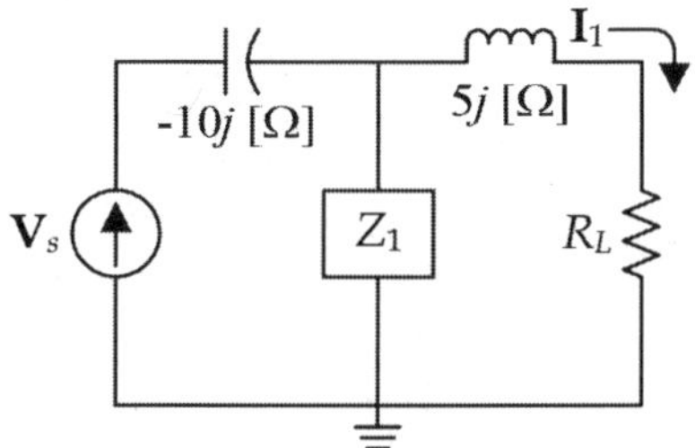

그림 P10.42

10.43 그림 P10.43에 나타낸 전기회로는 어떤 부하회로의 전원부이다. 여기서 전압원은 $v_s(t) = 20\sqrt{2}\cos(10t + 20°)$ [V]이다.

(1) 제시된 전원부 회로에 대한 테브냉 등가회로를 구하라.

(2) 부하회로에 최대 평균전력이 전달되는 조건을 제시하고, 이때 부하 임피던스의 역률을 구하라.

(3) (2)의 조건에서 전압원 $v_s(t)$가 회로에 공급하는 복소전력과 평균전력, 역률을 구하라.

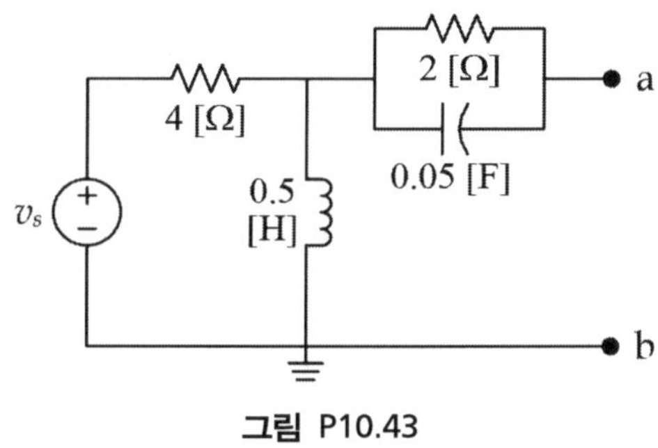

그림 P10.43

10.44 그림 P10.44에 나타낸 전기회로에서 전압원은 $v_s(t) = 20\sqrt{2}\cos(10t + 30°)$ [V]이다.

(1) 주어진 회로에 대한 rms 페이저회로를 제시하고, 부하임피던스 Z_L을 제외한 회로 부분에 대한 테브냉 등가회로를 구하라.

(2) 부하임피던스에서 소비되는 평균전력이 최대가 되는 Z_L을 구하고, 이때 부하의 역률과 부하에서 소비되는 평균전력을 구하라.

(3) (2)의 조건에서 주어진 회로의 전원이 공급하는 복소전력과 평균전력을 구하라.

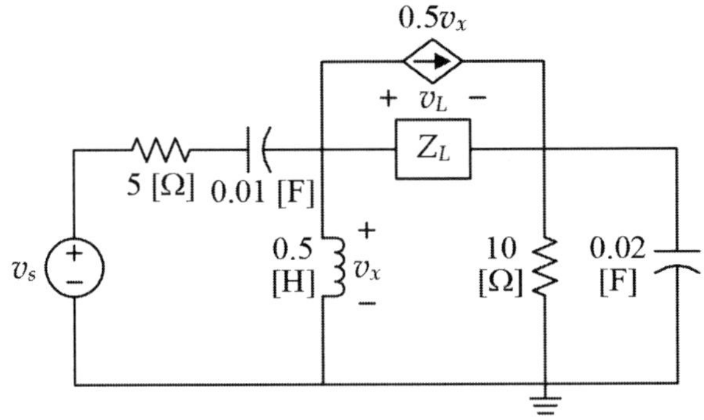

그림 P10.44

3상회로

CHAPTER

11

발전소에서 가정이나 공장까지 전력을 장거리 전송하기 위해서는 직류보다는 교류방식이 훨씬 유리하다. 변압기(transformer)는 발전소에서 생산된 전기를 수십 kV 이상의 고전압으로 전송하기 위한 승압과 가정용 또는 산업용 전원으로 강압시키기 위한 목적으로 사용된다. 직류방식은 승압 또는 강압하기 전에 교류형식으로 변환시켜야 하므로 대전력 스위치가 필요하다. 또한 직류-교류 변환과정에서 전기에너지의 손실이 발생할 우려도 있다. 이와 같은 이유로 발전소에서는 교류방식으로 전기에너지를 생산한다.

지금까지는 주로 단상회로(single phase circuit)를 대상으로 교류 정상상태응답을 구하고 해석하였다. 하지만 전 세계의 거의 모든 발전소에서 생산되는 전기는 50 또는 60 [Hz]의 주파수를 가지는 다상(polyphase) 교류전기이다. 특히, 맥동(pulsation)이 거의 없는 일정한 전기를 공급할 수 있는 장점 외에도 경제적인 이유로 3상(three phase) 전원은 가장 일반적으로 사용되는 교류 전력시스템이다.

이 장에서는 단상 3선방식부터 시작하여 3상회로의 구조와 해석방법에 대하여 학습한다. 특히, 세 개의 교류전원이 동일한 크기와 주파수를 가지며 각각 120° 의 위상차를 가지는 평형 3상회로(balanced three phase circuit)에 대하여 집중적으로 학습함으로써 구조적으로 훨씬 간편한 단상회로가 아닌 3상회로가 대부분의 전력시스템에서 사용되는 이유를 설명할 것이다.

11.1 단상회로

회로이론 1의 1장에서 간단히 학습한 이중첨자(double subscript) 표기법은 이 장에서는 매우 유용하게 사용되므로 다시 한 번 복습하기 위하여 그림 11.1의 회로를 생각해보자.

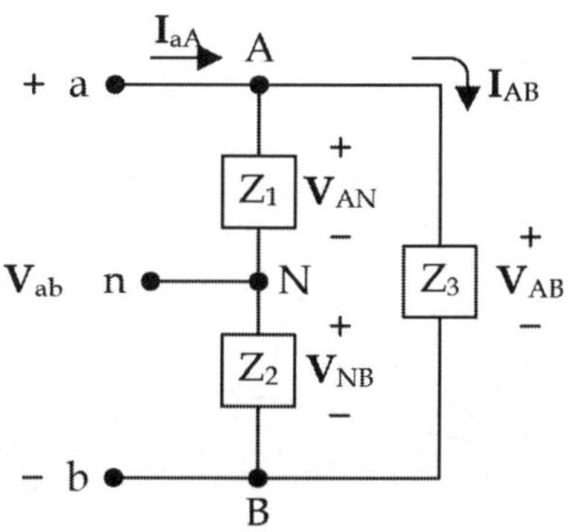

그림 11.1 전기회로의 이중첨자 표기

임피던스 Z_3의 두 단자는 각각 마디 A와 마디 B에 연결되어 있으며, 수동부호규정에 따라 표시된 부호를 고려하면 Z_3 양단에 걸리는 전압 V_{AB}는

$$\mathrm{V}_{AB} = \mathrm{V}_{A} - \mathrm{V}_{B} \tag{11.1}$$

이다. 여기서 단일 첨자를 가지는 전압 V_A와 V_B는 각각 마디 A와 마디 B의 전압페이저를 나타낸다. 전압 V_{AB}는 마디 B가 가지는 전위레벨에 대한 마디 A 전위레벨의 상대적 차이가 된다. 그러므로 전압 V_{BA}는

$$-\mathrm{V}_{AB} = -(\mathrm{V}_{A} - \mathrm{V}_{B}) = \mathrm{V}_{B} - \mathrm{V}_{A} = \mathrm{V}_{BA} \tag{11.2}$$

가 되므로 이중첨자의 순서를 바꾸어 표기하는 것은 원래의 전압에서 부호를 반전시키는 것과 동일하다.

한편, 그림 11.1에서 임피던스 Z_1과 Z_2 양단에 걸리는 전압은 수동부호규정에 따라 각각 V_{AN}과 V_{NB}가 된다. 이것을 Z_3 양단에 걸리는 전압과 비교하면

$$\mathrm{V}_{AB} = \mathrm{V}_{AN} + \mathrm{V}_{NB} = \mathrm{V}_{AN} - \mathrm{V}_{BN} \tag{11.3}$$

이 된다. 이와 같은 이중첨자 표기법은 회로 파라미터에 대한 기하학적 해석에 특히 유용하다. 가령 식 (11.3)을 페이저도로 나타내면 그림 11.2와 같이 벡터합으로 계산할 수 있다.

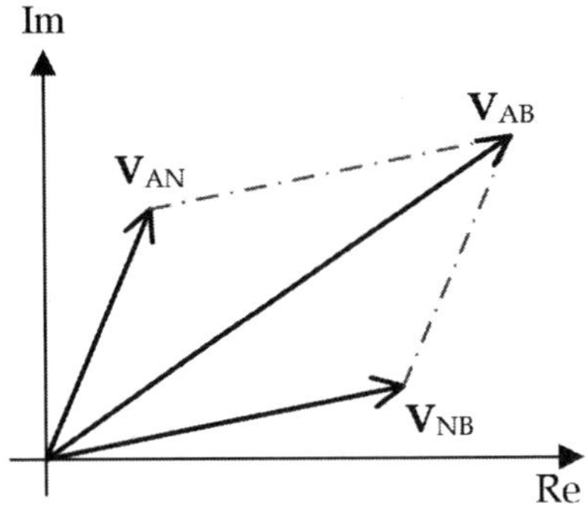

그림 11.2 마디전압의 페이저도

전류에 대한 이중첨자는 두 마디 사이에서 전류가 흐르는 방향을 나타낸다. 그림 11.1에서 I_{AB}는 마디 A에서 마디 B로 흐르는 전류페이저이고, I_{aA}는 단자마디 a에서 마디 A로 흐르는 전류페이저를 나타낸다.

현재까지 학습한 대부분의 교류회로는 그림 11.3에 나타낸 것처럼 한 쌍의 전선을 통하여 전원부에 부하임피던스가 연결된 단순한 구조로 간략화시킬 수 있다.

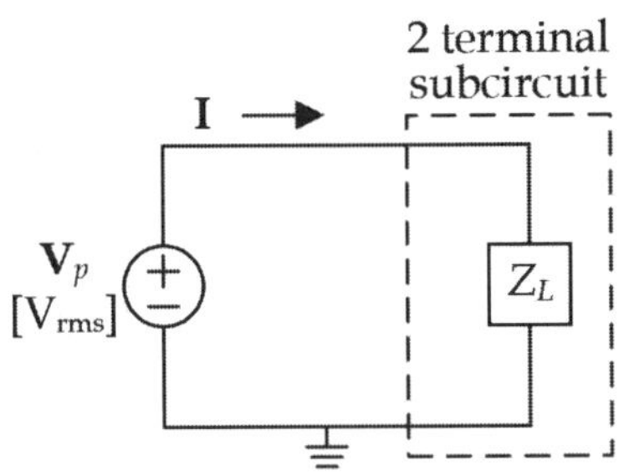

그림 11.3 단상 2선식 교류회로

여기서 교류전원을 나타내는 전압페이저는

$$\mathrm{V}_p = V_p \angle \phi \ [\mathrm{V_{rms}}]. \tag{11.4}$$

따라서 그림 11.3의 회로는 하나의 위상을 가지는 전원으로 부하회로를 구동시키는 교류회로의 가장 단순한 방식이다.

그림 11.4에 나타낸 교류회로는 단상 2선식 회로에 비하여 조금 더 복잡하지만 일반 가정용으로 실제 사용되는 연결방식이다.

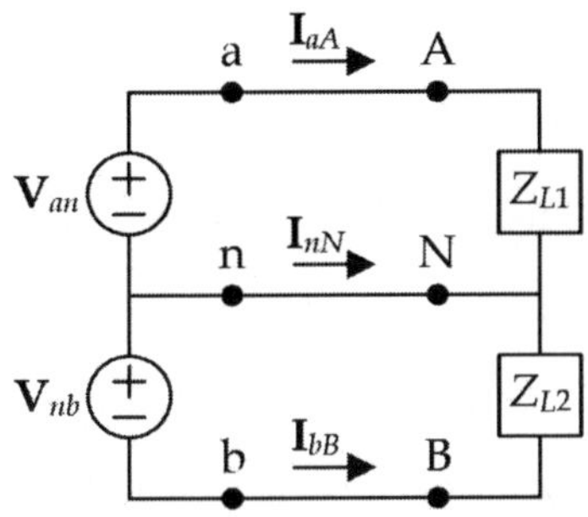

그림 11.4 단상 3선식 교류회로

여기서 두 개의 교류전원은

$$\mathrm{V}_{an} = \mathrm{V}_{bn} = \mathrm{V}_{p} = V_p \angle \phi \ [\mathrm{V_{rms}}]. \tag{11.5}$$

단상 3선식 교류회로는 중간단자 n과 N을 연결하는 추가 선로가 있는 것이 특징이다. 그러므로 $V_p = 110$ [$\mathrm{V_{rms}}$]라면 단상 3선식 회로의 전원부는 실효전압 110 [$\mathrm{V_{rms}}$]와 220 [$\mathrm{V_{rms}}$]를 모두 공급할 수 있는 시스템이 된다.

두 개의 폐경로를 대상으로 전류-전압 관계식을 적용하면 단상 3선식 회로에서 전원에 의한 가지전류는 각각 다음과 같다.

$$\mathrm{I}_{aA} = \frac{\mathrm{V}_{an}}{Z_{L1}}, \ \mathrm{I}_{bB} = \frac{\mathrm{V}_{bn}}{Z_{L2}} \ [\mathrm{A_{rms}}]. \tag{11.6}$$

만약 두 임피던스가 동일하면, 즉 $Z_L = Z_{L1} = Z_{L2}$라는 조건을 만족하면 식 (11.6)에서 I_{bB}는

$$\mathrm{I}_{bB} = \frac{\mathrm{V}_{bn}}{Z_L} = -\frac{\mathrm{V}_{p}}{Z_L} = -\mathrm{I}_{aA}. \tag{11.7}$$

한편, 마디 N에 키르히호프 전류법칙을 적용하면

$$\mathrm{I}_{aA} + \mathrm{I}_{bB} + \mathrm{I}_{nN} = 0. \tag{11.8}$$

식 (11.8)에 식 (11.7)을 적용하면 중간가지를 통하여 흐르는 전류는

$$\mathrm{I}_{nN} = 0 \ [\mathrm{A_{rms}}]. \tag{11.9}$$

따라서 두 전원이 동일한 페이저 전압을 가지고 부하임피던스도 동일한 값을 가지는 조건

에서는 중간가지를 통하여 흐르는 전류는 0 [A_{rms}]가 되므로 중간가지를 제거시켜도 부하 회로의 전기적 특성은 변하지 않는다.

그림 11.4의 회로에 위에서 설명한 조건을 적용하고 임피던스를 추가한 단상 3선 회로인 그림 11.5에 대하여 살펴보자. 주어진 회로는 중간가지를 기준으로 위와 아래 부분의 전원과 임피던스가 모두 동일한 대칭 구조를 가지므로 대칭 단상 3선식 회로라고도 한다.

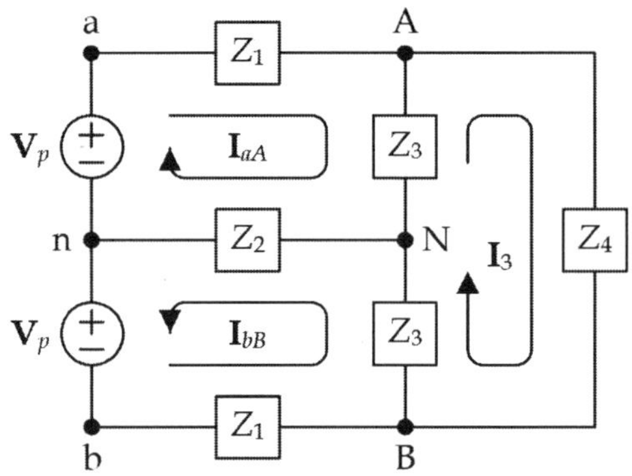

그림 11.5 확장 단상 3선식 교류회로

키르히호프 전압법칙을 적용하여 왼쪽의 두 망로에 대한 망로방정식을 구하면

$$Z_1 \mathrm{I}_{aA} + Z_3(\mathrm{I}_{aA} - \mathrm{I}_3) + Z_2(\mathrm{I}_{aA} + \mathrm{I}_{bB}) = \mathrm{V}_p$$

$$\rightarrow (Z_1 + Z_2 + Z_3)\mathrm{I}_{aA} + Z_2 \mathrm{I}_{bB} - Z_3 \mathrm{I}_3 = \mathrm{V}_p. \tag{11.10}$$

$$Z_1 \mathrm{I}_{bB} + Z_3(\mathrm{I}_{bB} + \mathrm{I}_3) + Z_2(\mathrm{I}_{aA} + \mathrm{I}_{bB}) = -\mathrm{V}_p$$

$$\rightarrow Z_2 \mathrm{I}_{aA} + (Z_1 + Z_2 + Z_3)\mathrm{I}_{bB} + Z_3 \mathrm{I}_3 = -\mathrm{V}_p. \tag{11.11}$$

식 (11.10)과 식 (11.11)을 더하면

$$(Z_1 + Z_2 + Z_3)(\mathrm{I}_{aA} + \mathrm{I}_{bB}) + Z_2(\mathrm{I}_{aA} + \mathrm{I}_{bB}) = 0 \tag{11.12}$$

이 된다. 임피던스 $Z_1 \neq 0$, $Z_2 \neq 0$, $Z_3 \neq 0$이고 $Z_1 + Z_2 + Z_3 \neq 0$이라면 식 (11.12)가 성립되는 조건은

$$\mathrm{I}_{aA} + \mathrm{I}_{bB} = 0 \tag{11.13}$$

이다. $I_{nN} = -(I_{aA} + I_{bB})$이므로 중간가지를 통하여 흐르는 전류는 0 [A_{rms}]가 된다. 따라서 그림 11.5와 같은 대칭 단상 3선식 회로에서도 중간가지는 마치 개방회로처럼 동작한다. 만약, 그림 11.4와 11.5에 나타낸 단상 3선식 교류회로에서 전원이나 임피던스의 대칭성이 깨진다면 중간가지를 통하여 전류가 흐르게 된다. 이것을 다음 예제를 통하여 확인하여보자.

예제 11.1

그림 11.6의 단상 3선식 교류회로에서 두 망로전류와 중간가지를 통하여 흐르는 전류를 구하라.

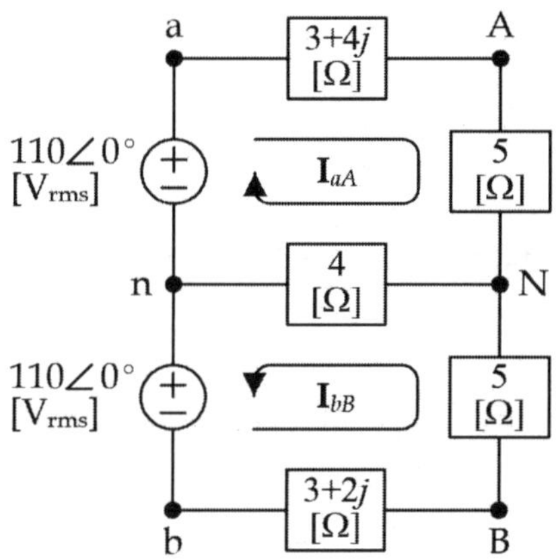

그림 11.6 예제 11.1을 위한 단상 3선식 회로

풀이

각각의 망로에 키르히호프 전압법칙을 적용하면 망로방정식은

$$(3+4j)I_{aA} + 5I_{aA} + 4(I_{aA} + I_{bB}) = 110\angle 0^\circ$$

$$\rightarrow (12+4j)I_{aA} + 4I_{bB} = 110, \qquad ①$$

$$(3+2j)I_{bB} + 5I_{bB} + 4(I_{aA} + I_{bB}) = -110\angle 0^\circ$$

$$\rightarrow 4I_{aA} + (12+2j)I_{bB} = -110. \qquad ②$$

그러므로 두 망로방정식을 행렬의 형식으로 나타내면

$$\begin{pmatrix} 12+4j & 4 \\ 4 & 12+2j \end{pmatrix}\begin{pmatrix} \mathrm{I}_{aA} \\ \mathrm{I}_{bB} \end{pmatrix} = \begin{pmatrix} 110 \\ -110 \end{pmatrix}. \qquad ③$$

식 ③의 계수행렬에 대한 행렬식을 계산하면 다음과 같다.

$$\Delta = \begin{vmatrix} 12+4j & 4 \\ 4 & 12+2j \end{vmatrix} = (12+4j)(12+2j) - 4^2 = 120+72j. \qquad ④$$

따라서 크라머의 법칙을 이용하여 계산한 망로전류는

$$\mathrm{I}_{aA} = \frac{\begin{vmatrix} 110 & 4 \\ -110 & 12+2j \end{vmatrix}}{120+72j} = \frac{1760+220j}{120+72j} = 12.67\angle -23.83^\circ \ [\mathrm{A_{rms}}], \qquad ⑤$$

$$\mathrm{I}_{bB} = \frac{\begin{vmatrix} 12+4j & 110 \\ 4 & -110 \end{vmatrix}}{120+72j} = \frac{-1760-440j}{120+72j} = 12.96\angle 163.08^\circ \ [\mathrm{A_{rms}}]. \qquad ⑥$$

중간가지를 통하여 흐르는 전류는 $\mathrm{I}_{nN} = -(\mathrm{I}_{aA} + \mathrm{I}_{bB})$이므로 식 ⑤와 식 ⑥을 이용하여 계산하면

$$\mathrm{I}_{nN} = -(12.67\angle -23.83^\circ + 12.96\angle 163.08^\circ) = 1.57\angle 59.04^\circ \ [\mathrm{A_{rms}}]. \qquad ⑦$$

그러므로 단상 3선식 교류회로에서 전원회로나 부하회로의 대칭성이 사라지면 중간가지를 통하여 전류가 흐르는 것을 알 수 있다.

참고로 중간가지의 임피던스에서 소비되는 평균전력은

$$P = Re\{Z\}|\mathrm{I}_{nN}|^2 = 4\times 1.57^2 = 9.86 \ [\mathrm{W}]$$

이다. 따라서 대칭성이 사라지면서 중간가지를 통하여 흐르는 전류 때문에 약 10 [W] 정도의 전력손실이 발생된다.

11.2 평형 3상 전압과 Y-Y결선

3상 전압은 그림 11.7(a)에 나타낸 것처럼 통상적으로 교류발전기의 가운데 위치한 전자석(electromagnet)을 회전시켜 고정된 전기자 코일(magnetic coil)에 전기를 발생시킨다. 여기서 회전하는 전자석을 회전자(rotor)라고 하고 실린더 벽면에 고정된 전기자 코일을 고정자(stator)라고 한다. 고정자에 연결된 3개의 단자에 유도되는 전압의 전형적인 파형을 그림 11.7(b)에 나타내었다.

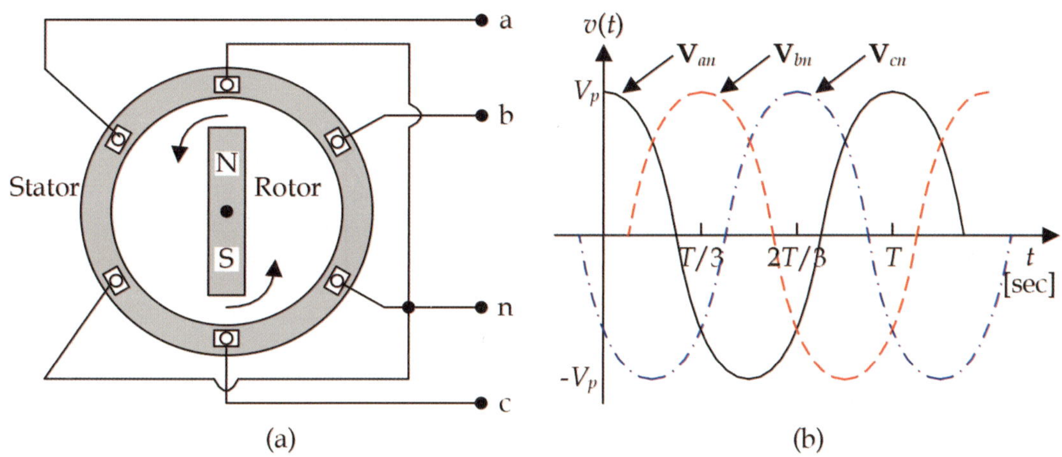

그림 11.7 (a) 3상 발전기의 개념적 구조 (b) 발전된 전압파형

여기서 T는 전압파형의 주기를 나타낸다. 세 전압파형은 동일한 진폭을 가지면서 서로 $\pm T/3$ [sec]만큼의 시간차를 가진다. 전압파형의 한 주기가 360° 이므로 세 전압파형은

$$\phi = \pm 360^\circ \times (1/3) = \pm 120^\circ$$

만큼의 위상차를 가진다. 그러므로 $v_{an}(t) = V_p \cos(\omega t)$를 기준전압으로 정하면 세 전압파형은 식 (11.14)와 같은 관계를 가진다.

$$\begin{cases} \mathrm{V}_{an} = V_p \angle 0^\circ \\ \mathrm{V}_{bn} = V_p \angle -120^\circ \\ \mathrm{V}_{cn} = V_p \angle 120^\circ . \end{cases} \tag{11.14}$$

단자 b와 단자 c의 위치를 서로 바꾸면 식 (11.14)는 다음과 같이 표현할 수도 있으므로 두 표현은 실제적으로 같은 것으로 간주할 수 있다.

$$\begin{cases} \mathrm{V}_{an} = V_p \angle 0^\circ \\ \mathrm{V}_{bn} = V_p \angle 120^\circ \\ \mathrm{V}_{cn} = V_p \angle -120^\circ . \end{cases} \tag{11.15}$$

특히, 식 (11.14)나 식 (11.15)와 같이 세 전원의 전압이 같은 크기를 가지면서 120° 씩 균일한 위상차를 가지는 것을 평형 3상 전압(balanced 3-phase voltage)이라고 한다. 이것을 페이저도로 나타내면 그림 11.8과 같다.

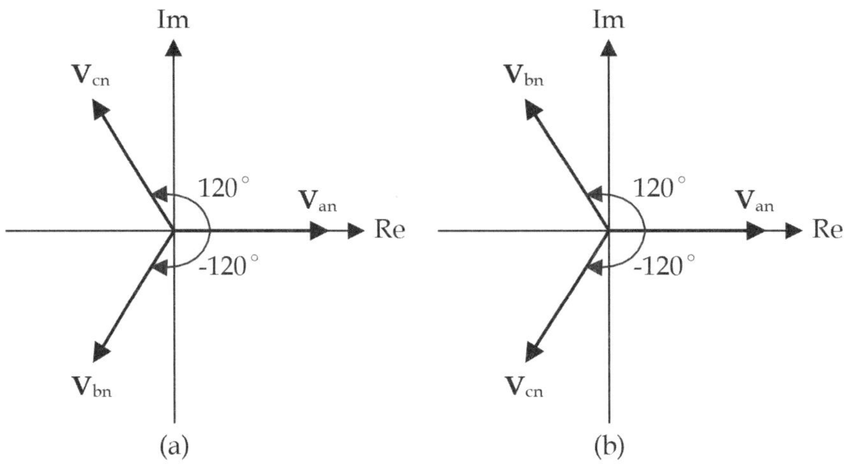

그림 11.8 평형 3상 전압의 페이저도 (a) 식 (11.14) 모델 (b) 식 (11.15) 모델.

그림 11.7(a)에 나타낸 3상 발전기를 전기회로 심볼로 모델링하면 그림 11.9와 같이 나타낼 수 있다. 여기서 세 교류전압원은 식 (11.14) 또는 식 (11.15)의 관계를 가지며, 선단자(line terminal)와 중성단자(neutral terminal) 사이의 전압이므로 상전압(phase voltage)이라고 한다. 평형 3상 전원의 상전압은 다음 관계식을 만족한다.

$$\mathrm{V}_{an} + \mathrm{V}_{bn} + \mathrm{V}_{cn} = 0 \tag{11.16}$$

예제 11.2

그림 11.9에 나타낸 평형 3상 전원회로의 상전압이 식 (11.14)로 주어질 때 식 (11.16)이 성립함을 증명하라.

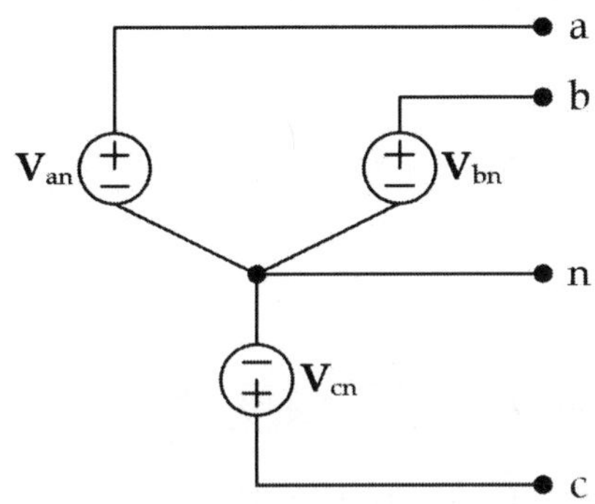

그림 11.9 3상 교류전원의 Y형 결선

풀이

식 (11.16)에 식 (11.14)의 모델을 대입하면

$$\begin{aligned} V_{an}+V_{bn}+V_{cn} &= V_p\angle 0^\circ + V_p\angle -120^\circ + V_p\angle 120^\circ \\ &= V_p + V_p\{\cos(-120^\circ)+j\sin(-120^\circ)\} \\ &\quad + V_p\{\cos(120^\circ)+j\sin(120^\circ)\} \end{aligned} \quad ①$$

이 된다. 코사인함수는 우함수(even function)이고 사인함수는 기함수(odd function)이므로 식 ①의 등호 오른쪽 두 번째 항에서

$$\cos(-120^\circ)=\cos(120^\circ),\ \sin(-120^\circ)=-\sin(120^\circ). \quad ②$$

그러므로 식 ①은

$$\begin{aligned} V_{an}+V_{bn}+V_{cn} &= V_p + V_p\{\cos(120^\circ)-j\sin(120^\circ)\} \\ &\quad + V_p\{\cos(120^\circ)+j\sin(120^\circ)\} \\ &= V_p+2V_p\cos(120^\circ) \end{aligned} \quad ③$$

가 된다. $\cos(120^\circ)=-1/2$이므로 식 ③은

$$V_{an}+V_{bn}+V_{cn} = V_p+2V_p\times\frac{-1}{2}=0\ [\mathrm{V}].$$

■

중성단자의 전압에 대한 3상 교류 전원의 각 단자전압을 상전압이라고 정의하였다. 이 정의를 이용하면 단자와 단자 사이의 전압을 구할 수 있다. 이것을 선간전압(line-to-line voltage) 또는 간단히 선전압(line voltage)이라고 한다. 가령 선전압 V_{ab}는 이중첨자 표기법에 따라 다음과 같다.

$$\mathrm{V}_{ab} = \mathrm{V}_{an} + \mathrm{V}_{nb} = \mathrm{V}_{an} - \mathrm{V}_{bn}. \tag{11.17}$$

여기에 식 (11.14)를 대입하면

$$\begin{aligned} \mathrm{V}_{ab} &= \mathrm{V}_{an} - \mathrm{V}_{bn} = V_p \angle 0^\circ - V_p \angle -120^\circ \\ &= V_p - V_p\{\cos(-120^\circ) + j\sin(-120^\circ)\} = V_p + \frac{1}{2}V_p + j\frac{\sqrt{3}}{2}V_p \\ &= \sqrt{3}\,V_p\left(\frac{\sqrt{3}}{2} + \frac{1}{2}j\right) = \sqrt{3}\,V_p \times 1\angle 30^\circ = \sqrt{3}\,V_p \angle 30^\circ \ [\mathrm{V_{rms}}]. \end{aligned} \tag{11.18}$$

식 (11.18)과 같은 방법으로 계산하면

$$\mathrm{V}_{bc} = \mathrm{V}_{bn} - \mathrm{V}_{cn} = \sqrt{3}\,V_p \angle -90^\circ \ [\mathrm{V_{rms}}], \tag{11.19}$$

$$\mathrm{V}_{ca} = \mathrm{V}_{cn} - \mathrm{V}_{an} = \sqrt{3}\,V_p \angle 150^\circ \ [\mathrm{V_{rms}}].$$

선전압의 크기를

$$V_L = \sqrt{3}\,V_p \tag{11.20}$$

로 나타내면

$$\begin{cases} \mathrm{V}_{ab} = V_L \angle 30^\circ \\ \mathrm{V}_{bc} = V_L \angle -90^\circ \\ \mathrm{V}_{ca} = V_L \angle 150^\circ. \end{cases} \tag{11.21}$$

으로 나타낼 수 있다. 그러므로 세 개의 선전압도 같은 크기를 가지면서 각각 120°씩의 위상차를 가지므로 평형조건을 만족한다.

식 (11.20)에 따르면 선전압의 크기는 상전압의 크기보다 $\sqrt{3}$배 증가된다. 그리고 식 (11.21)과 식 (11.14)를 비교하면 선전압 V_{ab}의 위상은 상전압 V_{an}보다 30° 앞서 있으며, V_{bc}와 V_{ca}의 위상은 V_{bn}과 V_{cn}의 위상보다 각각 30° 앞서 있다. 이와 같은 결과는 그림 11.10의 페이저도를 통해서도 확인할 수 있다.

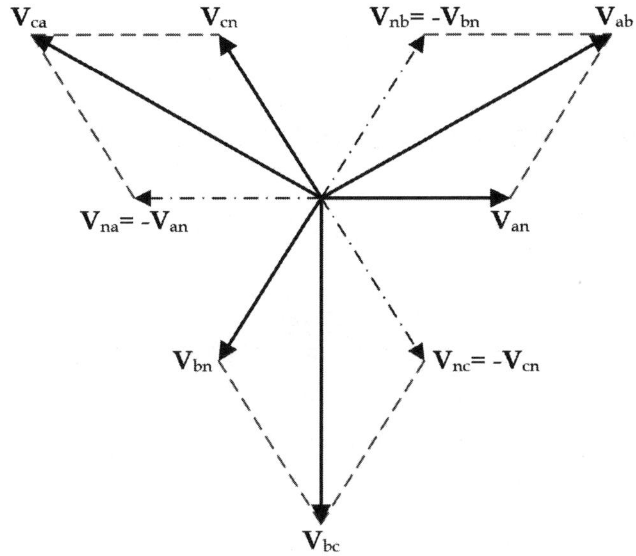

그림 11.10 상전압과 선전압의 페이저도

한편, 그림 11.11과 같이 평형 3상 교류전원에 Y결선 임피던스를 연결한 회로에 대하여 생각하여보자. 이 회로는 Y형으로 결선된 평형 3상 전원과 각 전원에 동일한 상임피던스가 연결되어 있으며, 하나의 중성가지를 가지는 구조이므로 3상 4선식 Y-Y결선이라고 한다.

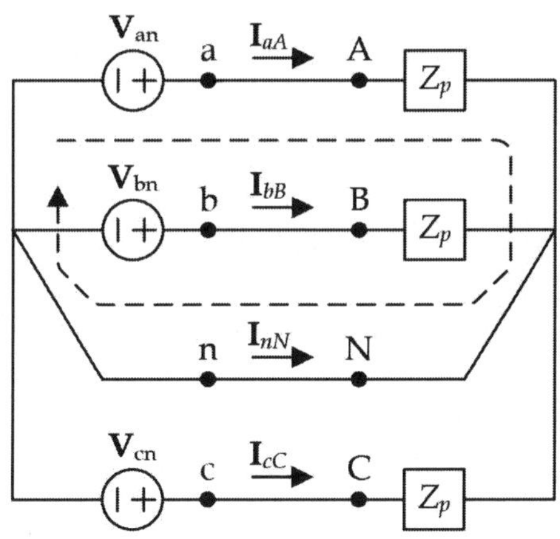

그림 11.11 평형 3상 Y-Y결선 회로

그림에서 점선으로 표시된 것처럼 중성가지를 포함하는 폐경로에 키르히호프 전압법칙을 적용하면 선전류(line current) I_{aA}는

$$-\mathrm{V}_{an}+Z_p\mathrm{I}_{aA}=0 \rightarrow \mathrm{I}_{aA}=\frac{\mathrm{V}_{an}}{Z_p}\ [\mathrm{A_{rms}}]. \tag{11.22}$$

같은 방법으로 계산하면 선전류 I_{bB}와 I_{cC}는 각각 다음과 같다.

$$\mathrm{I}_{bB}=\frac{\mathrm{V}_{bn}}{Z_p}=\frac{\mathrm{V}_{an}\angle-120^\circ}{Z_p}\ [\mathrm{A_{rms}}], \tag{11.23}$$

$$\mathrm{I}_{cC}=\frac{\mathrm{V}_{cn}}{Z_p}=\frac{\mathrm{V}_{an}\angle 120^\circ}{Z_p}\ [\mathrm{A_{rms}}]. \tag{11.24}$$

$\mathrm{V}_{an}=V_p\angle 0^\circ$ 이고, $I_p=V_p/Z_p$라고 하면 식 (11.22)~식 (11.24)의 선전류는

$$\mathrm{I}_{aA}=\frac{V_p\angle 0^\circ}{Z_p}=I_p\angle-\phi, \tag{11.25}$$

$$\mathrm{I}_{bB}=\frac{V_p\angle-120^\circ}{Z_p}=I_p\angle-\phi-120^\circ=\mathrm{I}_{aA}\angle-120^\circ,$$

$$\mathrm{I}_{cC}=\frac{V_p\angle 120^\circ}{Z_p}=I_p\angle-\phi+120^\circ=\mathrm{I}_{aA}\angle 120^\circ$$

이 된다. 여기서 ϕ는 임피던스 Z_p의 위상각이다. 따라서 세 선전류는 크기가 같고 위상이 각각 120° 차이가 나므로 평형상태에 있으며 다음과 같은 관계식이 성립한다.

$$\mathrm{I}_{aA}+\mathrm{I}_{bB}+\mathrm{I}_{cC}=0. \tag{11.26}$$

이에 따라 마디 N에 키르히호프 전류법칙을 적용하면

$$\mathrm{I}_{aA}+\mathrm{I}_{bB}+\mathrm{I}_{cC}+\mathrm{I}_{nN}=0 \rightarrow \mathrm{I}_{nN}=0\ [\mathrm{A_{rms}}] \tag{11.27}$$

이 되므로, 세 전원이 평형을 이루고 임피던스가 동일한 조건에서는 중성가지를 통하여 전류가 흐르지 않는 것을 확인할 수 있다. 또한 그림 11.11과 같은 **Y-Y**결선에서는 전원이 공급하는 상전류와 중성가지를 포함하는 폐경로를 통하여 흐르는 선전류는 같다.

각각의 전원이 회로에 공급하는 평균전력은

$$P_p=|\mathrm{V}_{rms}||\mathrm{I}_{rms}|\cos(\phi_v-\phi_i)=V_pI_p\cos(\phi)\ [\mathrm{W}] \tag{11.28}$$

이므로 부하에 공급되는 전체 평균전력은

$$P = 3P_p \text{ [W]}. \tag{11.29}$$

예제 11.3

그림 11.12의 회로에서 3상 교류전원은 평형상태에 있으며 $\mathrm{V}_{an} = 110\angle 0^\circ$ $[\mathrm{V_{rms}}]$일 때 선전류를 구하고, 부하(상임피던스)에 공급되는 전체 평균전력을 구하라. 여기서 선로임피던스는 $Z_l = 1 - j$ $[\Omega]$인 것으로 가정하고 상임피던스는 $Z_p = 5 + 4j$ $[\Omega]$이다.

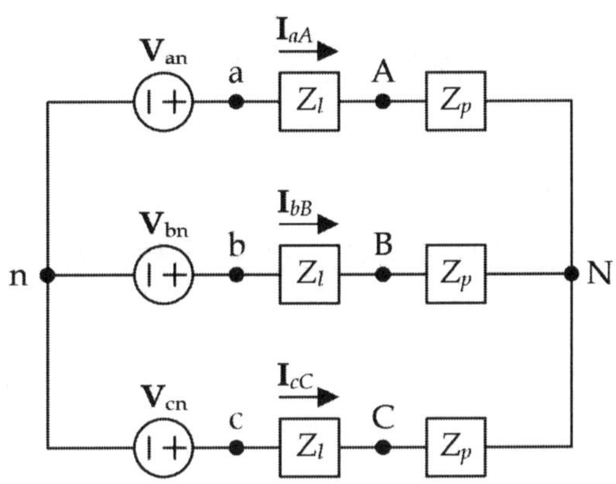

그림 11.12 예제 11.3을 위한 평형 3상회로

풀이

평형 3상 전원을 가정하므로 V_{bn}과 V_{cn}은 기준 전원 V_{an}과 크기는 같고 위상은 각각 120° 차이가 난다. 따라서 세 교류전원은

$$\begin{cases} \mathrm{V}_{an} = 110\angle 0^\circ \\ \mathrm{V}_{bn} = 110\angle -120^\circ \\ \mathrm{V}_{cn} = 110\angle 120^\circ \ [\mathrm{V_{rms}}] \end{cases} \qquad ①$$

으로 가정할 수 있다.

각 전원에 연결된 임피던스는 선로임피던스와 부하임피던스의 합으로 다음과 같다.

$$Z_Y = Z_l + Z_p = (1-j) + (5+4j) = 6 + 3j \ [\Omega]. \qquad ②$$

따라서 선전류 I_{aA}는

$$\mathrm{I}_{aA}=\frac{\mathrm{V}_{an}}{Z_Y}=\frac{110\angle 0^\circ}{6+3j}=16.4\angle -26.57^\circ\ [\mathrm{A_{rms}}]. \qquad ③$$

3상 전원부가 평형이고 각 상의 임피던스가 동일하므로 선전류도 평형이어야 하므로 I_{bB}와 I_{cC}는 각각

$$\mathrm{I}_{bB}=\mathrm{I}_{aA}\times 1\angle -120^\circ=16.4\angle -146.57^\circ, \qquad ④$$

$$\mathrm{I}_{cC}=\mathrm{I}_{aA}\times 1\angle 120^\circ=16.4\angle 93.43^\circ\ [\mathrm{A_{rms}}].$$

각 상의 부하임피던스에서 소비되는 평균전력은

$$P_p=Re\{Z_p\}\cdot|\mathrm{I}_{aA}|^2=5\times 16.4^2=1,344.8\ [\mathrm{W}] \qquad ⑤$$

이므로 세 개의 부하임피던스에서 소비되는 전체 평균전력은

$$P=3P_p=3\times 1,344.8=4,034.4\ [\mathrm{W}].$$

11.3 단상과 3상의 전력

단상회로와 3상회로의 부하에서 소비되는 전력을 비교하기 위하여 그림 11.13의 회로를 생각하여보자. 두 회로에서 전원의 크기는 동일하고 위상만 차이가 있으며, 선로임피던스 Z_L은 동일한 것으로 가정하자.

주어진 회로들은 대칭구조를 가지고 있으므로 중성가지를 통하여 흐르는 전류는 0 [$\mathrm{A_{rms}}$]인 것으로 가정할 수 있다. 이것은 중성가지를 제거할 수 있음을 의미하며, 임피던스 Z_N 양단에 걸리는 전압은 사실상 0 [$\mathrm{V_{rms}}$]가 된다.

먼저 단상회로의 폐경로에 키르히호프 전압법칙을 적용하여 정리하면

$$\mathrm{I}_{aN}=\frac{V\angle 0^\circ}{Z_L+Z_1}\ [\mathrm{A_{rms}}]. \qquad (11.30)$$

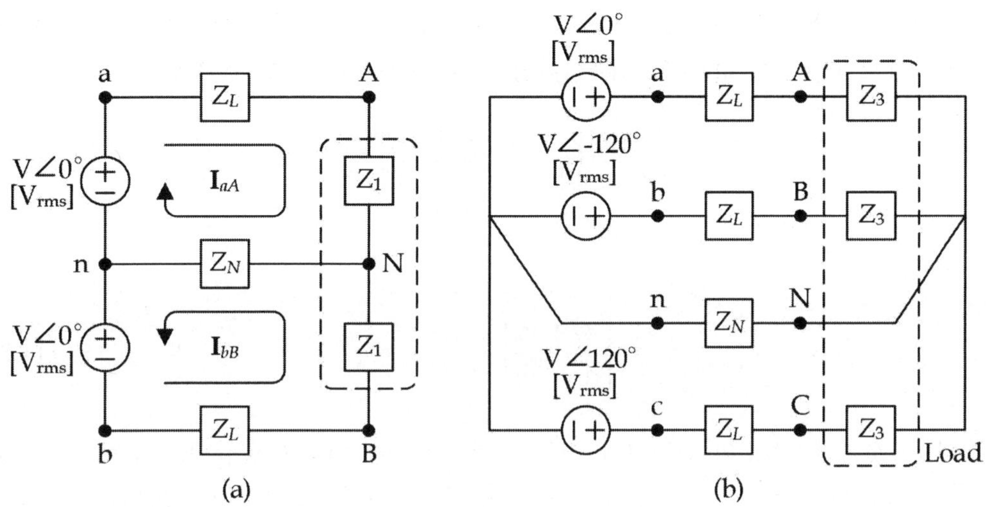

그림 11.13 부하에 전력을 공급하는 회로 (a) 단상회로 (b) 3상회로

전압원이 두 임피던스에 공급하는 평균전력은

$$P_{aN} = |\mathrm{V}_{aN}||\mathrm{I}_{aN}|\cos(\phi_v - \phi_i) = \frac{V^2}{|Z_L + Z_1|}\cos(\phi_v - \phi_i)\ [\mathrm{W}] \tag{11.31}$$

가 된다. 그러므로 두 전압원이 회로에 공급하는 전체 평균전력은 다음과 같다.

$$P_{aN} + P_{bN} = \frac{2V^2}{|Z_L + Z_1|}\cos(\phi_v - \phi_i)\ [\mathrm{W}] \tag{11.32}$$

3상회로에서 중성가지를 포함하는 폐경로에 키르히호프 전압법칙을 적용하여 정리하면

$$\mathrm{I}'_{aN} = \frac{V\angle 0^\circ}{Z_L + Z_3}\ [\mathrm{A_{rms}}] \tag{11.33}$$

이므로 단일 전압원이 공급하는 평균전력은

$$P'_{aN} = |\mathrm{V}_{aN}||\mathrm{I}'_{aN}|\cos(\phi_v - \phi_i) = \frac{V^2}{|Z_L + Z_3|}\cos(\phi_v - \phi_i)\ [\mathrm{W}] \tag{11.34}$$

가 된다. 따라서 전원부가 회로에 공급하는 전체 평균전력은 다음과 같다.

$$P'_{aN} + P'_{bN} + P'_{cN} = \frac{3V^2}{|Z_L + Z_3|}\cos(\phi_v - \phi_i)\ [\mathrm{W}] \tag{11.35}$$

만약 단상회로와 3상회로의 전원부가 회로에 공급하는 평균전력이 동일한 것으로 가정한다면 식 (11.32)와 식 (11.35)로부터 다음과 같은 관계식이 성립한다.

$$\frac{2V^2}{|Z_L+Z_1|}=\frac{3V^2}{|Z_L+Z_3|}. \tag{11.36}$$

그러므로

$$\frac{|Z_L+Z_3|}{|Z_L+Z_1|}=\frac{3}{2} \tag{11.37}$$

이 된다. 이것은 두 회로의 전원부가 동일한 평균전력을 회로에 공급하기 위해서는 3상회로의 직렬 상임피던스가 단상회로의 직렬 상임피던스보다 1.5배 커지도록 회로를 설계하여야 하는 것을 의미한다.

상임피던스가 증가되면 3상회로에서 단상선로를 통하여 흐르는 전류는 다음과 같은 관계식에 따라

$$|\mathrm{I}'_{aN}|=\frac{|V\angle 0^\circ|}{|Z_L+Z_3|}=\frac{V}{|Z_L+Z_1|\times(3/2)}=\frac{2}{3}|\mathrm{I}_{aN}| \tag{11.38}$$

이 되므로 단상회로의 전류보다 2/3배 감소된다. 이에 따라 3상회로의 경우 단일 선로임피던스에서 소비되는 평균전력은

$$P'_L=Re\{Z_L\}|\mathrm{I}'_{aN}|^2 \tag{11.39}$$

이므로 3개의 선로임피던스에서 소비되는 전체 전력손실은

$$P_3=3P'_L=3Re\{Z_L\}|\mathrm{I}'_{aN}|^2\ [\mathrm{W}]. \tag{11.40}$$

이에 비하여 단상회로의 단일 선로임피던스에서 소비되는 평균전력은

$$P_L=Re\{Z_L\}|\mathrm{I}_{aN}|^2 \tag{11.41}$$

이므로 2개의 선로임피던스 소비되는 전체 전력손실은

$$P_1=2P_L=2Re\{Z_L\}|\mathrm{I}_{aN}|^2\ [\mathrm{W}]. \tag{11.42}$$

식 (11.40)과 식 (11.42)로부터 3상회로의 선로임피던스에서 소비되는 총 전력손실은

$$P_3 = 3Re\{Z_L\}|\mathrm{I}'_{aN}|^2 = 3Re\{Z_L\}\left\{|\mathrm{I}_{aN}|\times\frac{2}{3}\right\}^2 = \frac{2}{3}\times\left[2Re\{Z_L\}|\mathrm{I}_{aN}|^2\right] \quad (11.43)$$
$$= \frac{2}{3}P_1$$

이 되어 단상회로의 선로임피던스에서 소비되는 총 전력손실보다 2/3배 감소한다. 그러므로 3상회로가 단상회로에 비하여 상대적으로 복잡한 구조를 가지지만 선로임피던스에서 소비되는 전력손실 측면에서는 훨씬 효과적이라고 할 수 있다.

예제 11.4

그림 11.13(a)에 나타낸 단상회로에서 전압원이 $\mathrm{V}_{an} = 1.3\angle 0^\circ$ [$\mathrm{kV_{rms}}$]이고, 선로임피던스와 부하임피던스는 각각 $Z_L = 2$ [Ω], $Z_1 = 10 + 5j$ [Ω]이라고 하자. 단상회로와 3상회로가 동일한 전력을 공급하기 위한 3상회로의 상임피던스 Z_3을 구하고, 단상선을 통하여 흐르는 전류를 계산하라. 그리고 전원부가 공급하는 전력과 선로임피던스에서 소비되는 평균 전력손실을 계산하라. 여기서 단상회로와 3상회로의 역률은 동일한 것으로 가정한다.

풀이

식 (11.30)에 따라 단상회로에서 단상선을 통하여 흐르는 전류는

$$\mathrm{I}_{aN} = \frac{\mathrm{V}_{an}}{Z_L + Z_1} = \frac{1300}{2+10+5j} = 100\angle -22.62^\circ \ [\mathrm{A_{rms}}]. \quad ①$$

따라서 단상회로에서 단일 전압원이 공급하는 평균전력은

$$P_a = |\mathrm{V}_{an}||\mathrm{I}_{aN}|\cos(\phi_v - \phi_i) = 1.3\times 10^3 \times 100\cos(22.62^\circ) = 120 \ [\mathrm{kW}]. \quad ②$$

선로임피던스와 부하임피던스에서 소비되는 평균전력은 각각

$$P_L = Re\{Z_L\}|\mathrm{I}_{aN}|^2 = 2\times 100^2 = 20 \ [\mathrm{kW}], \quad ③$$

$$P_{1,load} = Re\{Z_1\}|\mathrm{I}_{aN}|^2 = 10\times 100^2 = 100 \ [\mathrm{kW}]. \quad ④$$

그러므로 하나의 전압원이 공급하는 평균전력은 상임피던스에서 소비되는 평균전력과 동일한

것을 확인할 수 있다. 그리고 단상회로의 전원부가 회로에 공급하는 전체 평균전력은

$$P_1 = 2P_a = 2 \times 120 = 240 \text{ [kW]}. \quad ⑤$$

3상회로의 전원부가 단상회로의 전원부와 동일한 전력을 공급하기 위한 상임피던스 조건은 식 (11.37)에 따라

$$|Z_L + Z_3| = \frac{3}{2}|Z_L + Z_1| = \frac{3}{2}|12+5j| = 19.5 \quad ⑥$$

이고, 역률이 같은 것으로 가정하였으므로

$$\angle(Z_L + Z_3) = \angle(Z_L + Z_1) = \angle(12+5j) = 22.62^\circ \quad ⑦$$

이어야 한다. 즉,

$$Z_L + Z_3 = 19.5\angle 22.62^\circ = 18 + 7.5j \text{ [}\Omega\text{]}. \quad ⑧$$

따라서 $Z_3 = 18 + 7.5j - 2 = 16 + 7.5j$ [Ω]이 된다.

3상회로에서 상임피던스를 통하여 흐르는 전류는

$$\mathrm{I}'_{aN} = \frac{V\angle 0^\circ}{Z_L + Z_3} = \frac{1300}{18+7.5j} = 66.67\angle -22.62^\circ \text{ [A}_{\text{rms}}\text{]}. \quad ⑨$$

따라서 3상회로의 단일 전원이 회로에 공급하는 평균전력은

$$P'_a = |\mathrm{V}_{an}||\mathrm{I}'_{aN}|\cos(\phi_v - \phi_i) = 1300 \times 66.67\cos(22.62^\circ) = 80 \text{ [kW]}. \quad ⑩$$

또한, 선로임피던스와 부하임피던스에서 소비되는 평균전력은

$$P'_L = Re\{Z_L\}|\mathrm{I}'_{aN}|^2 = 2 \times 66.67^2 = 8.89 \text{ [kW]}, \quad ⑪$$

$$P_{3,load} = Re\{Z_3\}|\mathrm{I}'_{aN}|^2 = 16 \times 66.67^2 = 71.11 \text{ [kW]}. \quad ⑫$$

3상회로의 전원부가 회로에 공급하는 전체 평균전력은

$$P_3 = 3P'_a = 3 \times 80 = 240 \text{ [kW]}. \quad ⑬$$

식 ⑪과 식 ⑫를 통하여 3상회로에서도 하나의 전압원이 공급하는 평균전력은 상임피던

스에서 소비되는 평균전력과 동일한 것을 확인할 수 있다. 그리고 식 ⑤와 식 ⑬을 통하여 두 회로에서 전원부가 상임피던스에 공급하는 총 평균전력은 동일하다. 이에 비하여 식 ①과 식 ⑨를 비교하면 3상회로에서 단상선을 통하여 흐르는 전류는 단상회로의 전류에 비하여 2/3배로 감소된다.

11.4 델타(Δ)결선

지금까지는 Y형으로 결선된 3상회로를 중점적으로 다루었다. 3상 결선방식의 또 다른 형태로는 그림 11.14에 나타낸 델타(Δ)결선(delta connection)이 있다.

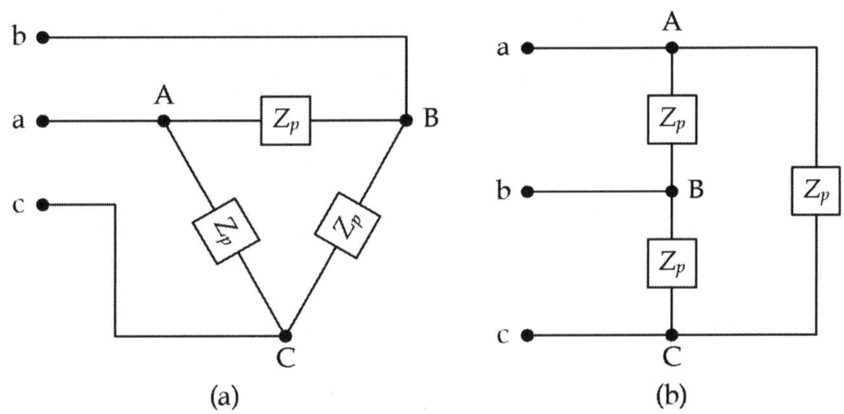

그림 11.14 두 가지 Δ결선 구조의 표현

3상 전원부도 델타형으로 결선이 가능하므로 전원부와 부하부의 3상 연결방식은 Y-Y, Y-Δ, Δ-Y, Δ-Δ방식 등 총 네 가지가 있다. 하지만 전원부를 Δ형으로 결선하는 것은 선호되지는 않는다. Δ결선 전원부의 경우 3상 전원들이 완벽한 평형상태를 유지하지 못하면 Δ결선 내부에 환류전류가 발생되므로 시간이 지남에 따라 발전기가 가열되어 고장 발생의 원인이 되기 때문이다.

Y결선 방식과는 달리 Δ결선은 중성선을 설치할 수 없으므로 3상 전원부가 연결되면 3상 3선식 구조가 된다. 이 구조에서 $V_{AB} = V_{ab}$이므로 선전압과 상전압은 동일하다. 평형 3상 선전압이 다음과 같이 주어질 때

$$\begin{cases} \mathrm{V}_{AB} = V_L \angle 30^\circ \\ \mathrm{V}_{BC} = V_L \angle -90^\circ \\ \mathrm{V}_{CA} = V_L \angle 150^\circ \end{cases} \tag{11.44}$$

부하임피던스를 $Z_p = |Z_p| \angle \theta$라고 하면 상전류는 다음과 같다.

$$\mathrm{I}_{AB} = \frac{\mathrm{V}_{AB}}{Z_p} = I_p \angle (30^\circ - \theta), \tag{11.45}$$

$$\mathrm{I}_{BC} = \frac{\mathrm{V}_{BC}}{Z_p} = I_p \angle (-90^\circ - \theta),$$

$$\mathrm{I}_{CA} = \frac{\mathrm{V}_{CA}}{Z_p} = I_p \angle (150^\circ - \theta) \ [\mathrm{A_{rms}}].$$

여기서 전류페이저의 크기는 $I_p = V_L / |Z_p|$가 된다. 또한 선전류 I_{aA}는

$$\mathrm{I}_{aA} = \mathrm{I}_{AB} - \mathrm{I}_{CA} = \sqrt{3} I_p \angle -\theta \ [\mathrm{A_{rms}}] \tag{11.46}$$

가 된다. 그러므로 평형 전원이라는 조건 아래서 나머지 선전류는

$$\mathrm{I}_{bB} = \sqrt{3} I_p \angle (-120^\circ - \theta), \ \mathrm{I}_{cC} = \sqrt{3} I_p \angle (120^\circ - \theta) \ [\mathrm{A_{rms}}]. \tag{11.47}$$

따라서 Δ 결선에서 선전류의 크기는 상전류보다 $\sqrt{3}$ 배 증가한다. 이와 같은 선전류와 상전류에 대한 페이저도를 그림 11.15에 나타내었다.

예제 11.5

그림 11.14에 나타낸 Δ 결선 부하회로에서 선전압이 220 [$\mathrm{V_{rms}}$]이고, 부하가 소비하는 전체 평균전력이 1.2 [kW]인 경우 선전류의 크기를 구하라. 여기서 부하임피던스의 역률은 0.85인 것으로 가정한다.

풀이

3상 부하에서 소비되는 전체 평균전력이 1.2 [kW]이므로 하나의 상에 연결된 부하임피던스가 소비하는 평균전력은

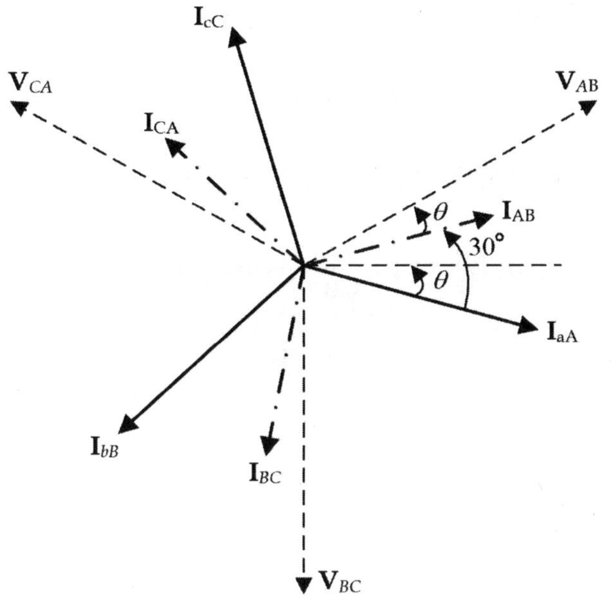

그림 11.15 Δ 결선에서 선전류와 상전류에 대한 페이저도

$$P_p = 1200/3 = 400 \text{ [W]}. \quad ①$$

따라서

$$P_p = |\mathrm{V}_p||\mathrm{I}_p|\cos(\theta) = 220 \times I_p \times 0.85 = 400 \quad ②$$

이므로 $I_p = 2.14$ [A_{rms}]가 된다. 따라서 선전류는

$$|\mathrm{I}_L| = \sqrt{3}\,I_p = \sqrt{3} \times 2.14 = 3.71 \text{ [A}_{rms}\text{]}.$$

3상 부하회로의 각 상에서 소비되는 평균전력을 P_p라고 하면 부하회로에서 소비되는 전체 평균전력은

$$P = 3P_p = 3\,V_p I_p \cos(\theta) \quad (11.48)$$

가 된다. Y결선의 경우 상전압과 선전압의 관계는

$$V_p = \sqrt{3}\,V_L \quad (11.49)$$

이고 상전류와 선전류는 $I_p = I_L$로 동일하다. Δ 결선의 경우에는 상전압과 선전압이

$V_p = V_L$로 동일한데 반해 상전류와 선전류의 관계는

$$I_p = I_L/\sqrt{3} \tag{11.50}$$

이 된다. 그러므로 식 (11.48)을 선전압과 선전류를 이용하여

$$P = 3V_pI_p\cos(\theta) = 3V_L\frac{I_L}{\sqrt{3}}\cos(\theta) = \sqrt{3}\,V_LI_L\cos(\theta) \tag{11.51}$$

로 나타낼 수 있다.

11.5 Y−Δ 변환

Y형으로 결선된 3상 부하회로를 Δ형으로 변환하거나 그 반대의 변환은 전력계통의 설계와 해석에서 매우 빈번하게 나타나는 문제이다. 예를 들어, 그림 11.16과 같이 Y형 부하회로와 Δ형 회로가 병렬로 연결되는 경우 하나의 3상 등가 부하회로로 대체하여 나타낸다면 전력계통의 해석을 훨씬 편리하게 수행할 수 있다.

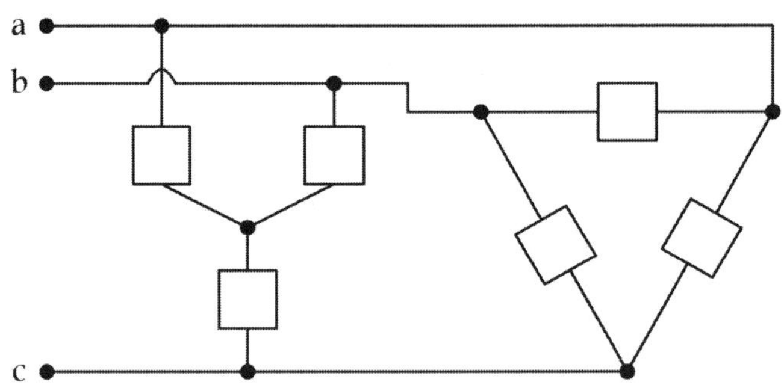

그림 11.16 Y형 부하회로와 Δ형 부하회로 병렬 연결

Y-Δ 변환 또는 Δ-Y 변환방법을 유도하기 위하여 그림 11.17과 같이 Y결선 부하회로와 Δ결선 부하회로를 생각하여보자. 여기서 마디 C를 기준마디로 가정한다. 두 3상 부하회로에서 마디 A와 마디 B로 흘러 들어가는 전류는 중간에 전류가 흘러 나가는 경로가 없으므로 마디 C로 흘러 나간다. 즉, 3상 부하회로 전체를 통하여 다음과 같은 키르히호프 전류법칙은 항상 성립한다.

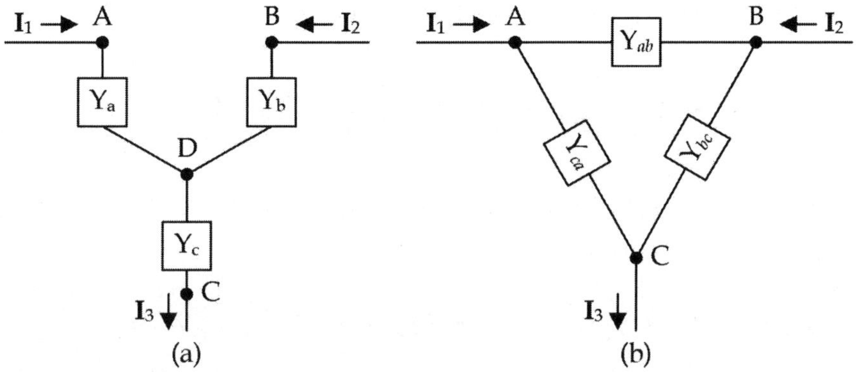

그림 11.17 3상 부하회로 (a) Y결선 (b) Δ 결선

$$I_1 + I_2 = I_3 \tag{11.52}$$

Y결선 부하회로에서 전류 I_1은 어드미턴스 Y_a를 통하여 마디 A에서 D로 흐르는 전류로 다음과 같이 정의된다.

$$I_1 = Y_a(V_A - V_D) = Y_aV_A - Y_aV_D. \tag{11.53}$$

같은 방법으로 전류 I_2는

$$I_2 = Y_b(V_B - V_D) = Y_bV_B - Y_bV_D. \tag{11.54}$$

마디 C가 기준마디인 점을 고려하면서 마디 D에 키르히호프 전류법칙을 적용하면

$$(Y_aV_A - Y_aV_D) + (Y_bV_B - Y_bV_D) - Y_cV_D = 0 \tag{11.55}$$
$$\rightarrow\ Y_aV_A + Y_bV_B - (Y_a + Y_b + Y_c)V_D = 0.$$

따라서 중간마디 D의 전압은

$$V_D = \frac{Y_aV_A + Y_bV_B}{Y_a + Y_b + Y_c}. \tag{11.56}$$

식 (11.56)을 식 (11.53)에 대입하여 정리하면

$$\frac{Y_aY_b + Y_aY_c}{Y_a + Y_b + Y_c}V_A - \frac{Y_aY_b}{Y_a + Y_b + Y_c}V_B = I_1. \tag{11.57}$$

그리고 식 (11.56)을 식 (11.54)에 대입하여 정리하면

$$-\frac{Y_a Y_b}{Y_a + Y_b + Y_c}\mathrm{V}_A + \frac{Y_a Y_b + Y_b Y_c}{Y_a + Y_b + Y_c}\mathrm{V}_B = \mathrm{I}_2. \tag{11.58}$$

한편, 마디 C가 기준마디인 점을 고려하면서 그림 11.17(b)의 Δ결선에서 마디 A에 키르히호프 전류법칙을 적용하면

$$Y_{ab}(\mathrm{V}_A - \mathrm{V}_B) + Y_{ca}\mathrm{V}_A = \mathrm{I}_1 \;\rightarrow\; (Y_{ab} + Y_{ca})\mathrm{V}_A - Y_{ab}\mathrm{V}_B = \mathrm{I}_1 \tag{11.59}$$

이 되고, 마디 B에 키르히호프 전류법칙을 적용하면

$$Y_{ab}(\mathrm{V}_B - \mathrm{V}_A) + Y_{bc}\mathrm{V}_B = \mathrm{I}_2 \;\rightarrow\; -Y_{ab}V_A + (Y_{ab} + Y_{bc})\mathrm{V}_B = \mathrm{I}_2. \tag{11.60}$$

식 (11.59)와 식 (11.57), 그리고 식 (11.60)과 식 (11.58)에서 동류항의 계수를 같다고 하면 다음과 같은 어드미턴스 관계식이 성립한다.

$$Y_{ab} = \frac{Y_a Y_b}{Y_a + Y_b + Y_c}, \tag{11.61}$$

$$Y_{bc} = \frac{Y_b Y_c}{Y_a + Y_b + Y_c},$$

$$Y_{ca} = \frac{Y_c Y_a}{Y_a + Y_b + Y_c}.$$

그러므로 식 (11.61)은 Y결선 어드미턴스(또는 임피던스) 부하회로를 Δ결선 어드미턴스(또는 임피던스) 부하회로로 변환시키는 관계식이다. Δ결선 어드미턴스는 Y결선의 인접 마디에 연결된 어드미턴스들의 곱을 Y결선의 세 어드미턴스의 합으로 나누어 구할 수 있다. 즉, 어드미턴스 Y_{ab}는 마디 A와 B를 연결하므로 Y결선의 마디 A와 마디 B에 연결된 어드미턴스의 곱 $Y_a Y_b$를 Y결선의 세 어드미턴스의 합 $(Y_a + Y_b + Y_c)$로 나눈 값이 된다.

Y결선 어드미턴스들이 모두 동일한 경우, 즉 $Y_Y = Y_a = Y_b = Y_c$인 경우 등가의 Δ결선 어드미턴스는 식 (11.61)로부터

$$Y_\Delta = \frac{Y_Y^2}{3Y_Y} = \frac{Y_Y}{3}. \tag{11.62}$$

이것을 임피던스로 변환하여 나타내면

$$\frac{1}{Z_\Delta}=\frac{1/Z_Y}{3} \rightarrow Z_\Delta=3Z_Y. \tag{11.63}$$

이제 Δ결선 부하를 Y결선 부하로 변환하는 과정을 살펴보자. 그림 11.17에서 마디 A와 마디 C 사이에서 측정되는 임피던스는

$$Z_a+Z_c=Z_{ca}//\{Z_{ab}+Z_{bc}\}=\frac{Z_{ca}(Z_{ab}+Z_{bc})}{Z_{ab}+Z_{bc}+Z_{ca}} \tag{11.64}$$

가 된다. 여기서는 임피던스를 이용하여 관계식을 유도하므로 그림 11.17에 나타낸 어드미턴스의 역수로 계산한다. 마디 A와 마디 B 사이의 임피던스와 마디 B와 마디 C 사이의 임피던스는 각각

$$Z_a+Z_b=Z_{ab}//\{Z_{ca}+Z_{bc}\}=\frac{Z_{ab}(Z_{ca}+Z_{bc})}{Z_{ab}+Z_{bc}+Z_{ca}}, \tag{11.65}$$

$$Z_b+Z_c=Z_{bc}//\{Z_{ab}+Z_{ca}\}=\frac{Z_{bc}(Z_{ab}+Z_{ca})}{Z_{ab}+Z_{bc}+Z_{ca}}. \tag{11.66}$$

식 (11.64)와 식 (11.66)으로부터

$$Z_a-Z_b=\frac{Z_{ca}Z_{ab}-Z_{bc}Z_{ab}}{Z_{ab}+Z_{bc}+Z_{ca}}=\frac{Z_{ab}(Z_{ca}-Z_{bc})}{Z_{ab}+Z_{bc}+Z_{ca}} \tag{11.67}$$

이며, 이것을 식 (11.65)에 더하면

$$2Z_a=\frac{2Z_{ab}Z_{ca}}{Z_{ab}+Z_{bc}+Z_{ca}} \tag{11.68}$$

이다. 따라서 Δ결선 임피던스(또는 어드미턴스) 부하회로로부터 Y결선 임피던스(또는 어드미턴스)를 구하는 관계식은 다음과 같다.

$$Z_a=\frac{Z_{ab}Z_{ca}}{Z_{ab}+Z_{bc}+Z_{ca}}, \tag{11.69}$$

$$Z_b=\frac{Z_{bc}Z_{ab}}{Z_{ab}+Z_{bc}+Z_{ca}},$$

$$Z_c = \frac{Z_{ca} Z_{bc}}{Z_{ab} + Z_{bc} + Z_{ca}}.$$

Y결선에서 3상 결선의 각 마디와 중간마디 D 사이의 임피던스는 Δ결선의 각 마디에 연결된 임피던스들의 곱을 Δ결선의 세 임피던스의 합으로 나누어서 구한다. 예를 들어, Y결선의 임피던스 Z_a는 Δ결선의 마디 A에 연결된 임피던스 Z_{ab}와 Z_{ca}의 곱을 Δ결선의 세 임피던스의 합 $Z_{ab}+Z_{bc}+Z_{ca}$로 나눈 값이 된다.

Δ결선 임피던스들이 모두 동일한 경우, 즉 $Z_\Delta = Z_{ab} = Z_{bc} = Z_{ca}$인 경우 등가의 Y결선 임피던스는 식 (11.69)로부터

$$Z_Y = \frac{Z_\Delta^2}{3Z_\Delta} = \frac{1}{3} Z_\Delta. \tag{11.70}$$

예제 11.6

다음 그림에 나타낸 전기회로에서 전체 임피던스 Z_T를 구하고, 전원이 회로에 공급하는 평균전력을 계산하라.

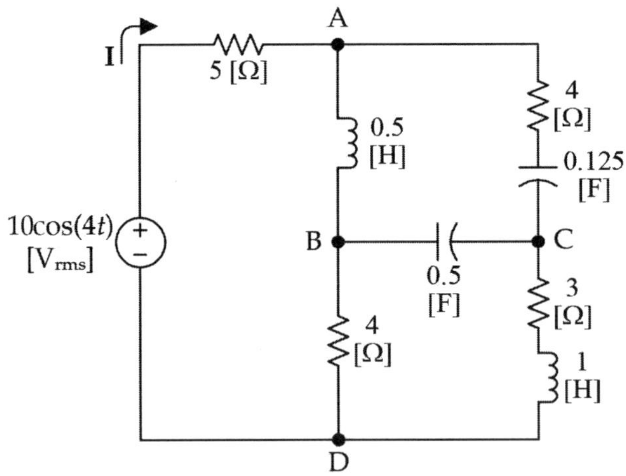

그림 11.18 예제 11.6을 위한 전기회로

풀이

주어진 회로를 페이저회로로 나타내기 위하여 전원의 각주파수 $\omega = 4$ [rad/sec]를 이용하

여 수동소자들의 임피던스를 계산하면

$$0.5\ [\text{H}] \rightarrow j\omega L = j4 \times 0.5 = 2j\ [\Omega],$$

$$1.0\ [\text{H}] \rightarrow j\omega L = j4 \times 1.0 = 4j\ [\Omega],$$

$$0.125\ [\text{F}] \rightarrow -j\frac{1}{\omega C} = -j\frac{1}{4 \times 0.125} = -2j\ [\Omega],$$

$$0.5\ [\text{F}] \rightarrow -j\frac{1}{\omega C} = -j\frac{1}{4 \times 0.5} = -0.5j\ [\Omega]$$

이다. 그러므로 주어진 회로에 대한 페이저회로는 다음과 같다.

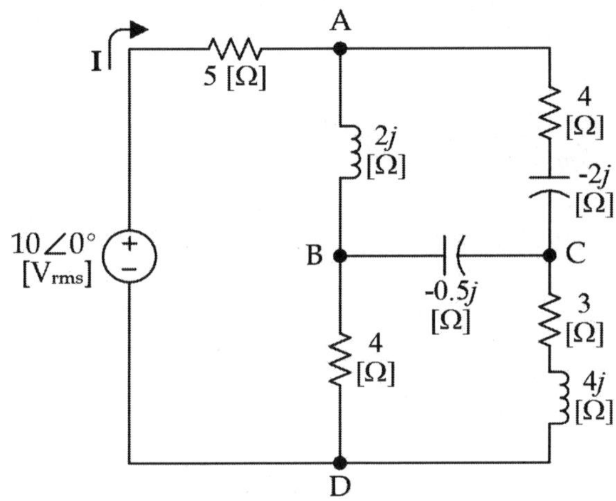

그림 11.19 주어진 회로에 대한 페이저 변환회로

전류 I를 구하려면 전체 임피던스를 구해야 한다. 5 [Ω] 저항을 제외한 임피던스 회로에서 마디 A, B, C에 연결된 임피던스들은 Δ결선 구조이며, 마디 A, B, C, D에 연결된 임피던스들은 Y결선 구조이다. 이 예제에서는 그림 11.20에 보인 것처럼 마디 A, B, C의 Δ결선 구조를 Y결선으로 변환시킨다.

식 (11.69)를 적용하면 각 마디에 연결된 임피던스는

$$Z_a = \frac{Z_{AB}Z_{CA}}{Z_{AB}+Z_{BC}+Z_{CA}} = \frac{2j(4-2j)}{2j-0.5j+4-2j} = 0.74+2.09j, \quad ①$$

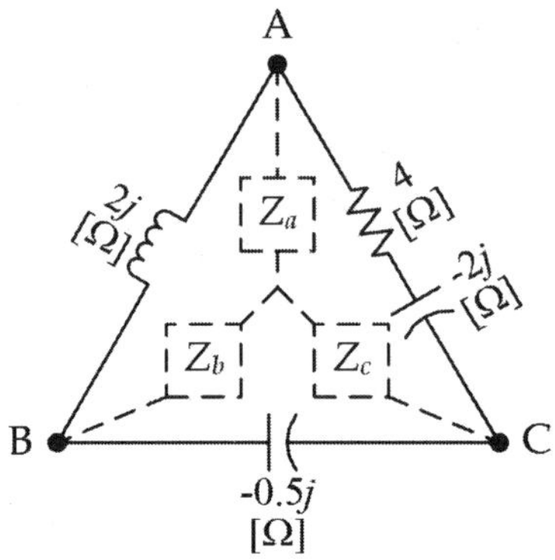

그림 11.20 Δ 결선과 Y결선 구조

$$Z_b = \frac{Z_{AB}Z_{BC}}{Z_{AB}+Z_{BC}+Z_{CA}} = \frac{2j \times -0.5j}{4-0.5j} = 0.25+0.03j,$$

$$Z_c = \frac{Z_{BC}Z_{CA}}{Z_{AB}+Z_{BC}+Z_{CA}} = \frac{-0.5j(4-2j)}{4-0.5j} = -0.18-0.52j\ [\Omega].$$

따라서 식 ①의 변환 결과를 적용한 회로는 다음과 같다.

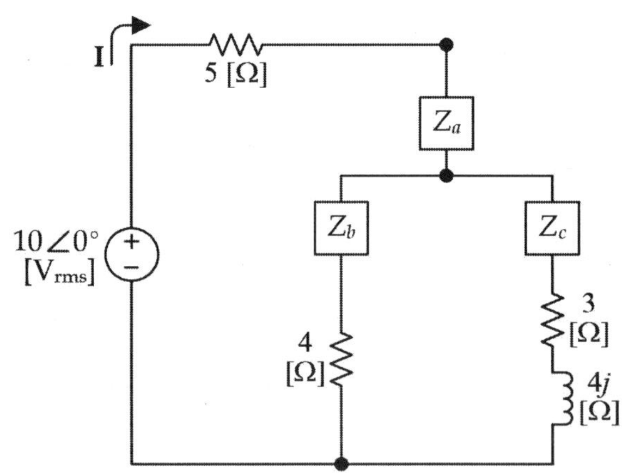

그림 11.21 Δ 결선을 Y결선으로 변환시킨 등가회로

병렬 임피던스를 먼저 계산하면

$$\{Z_b+4\}//\{Z_c+3+4j\} = \{4.25+0.03j\}//\{2.82+3.48j\} = 2.19+1.02j\ [\Omega] \quad ②$$

이므로 전체 임피던스는

$$Z_T = 5 + Z_a + 2.19 + 1.02j = 7.93 + 3.11j\ [\Omega]. \qquad ③$$

그러므로 전압원에서 임피던스 회로로 흘러가는 전류는

$$\mathrm{I} = \frac{\mathrm{V}}{Z_T} = \frac{10\angle 0^\circ}{7.93 + 3.11j} = 1.17\angle -21.41^\circ\ [\mathrm{A_{rms}}] \qquad ④$$

이므로 전원이 회로에 공급하는 평균전력은

$$P_s = |\mathrm{V}||\mathrm{I}|\cos(\phi_v - \phi_i) = 10 \times 1.17 \times \cos(21.41^\circ) = 10.89\ [\mathrm{W}]$$

11.6 3상회로의 해석

많은 전력계통에서 3상회로의 전원부분은 전류의 환류를 감소시키기 위하여 Y형으로 결선시키고 부하부분은 Δ형으로 결선시키는 방법이 가장 널리 사용된다. 이와 같은 평형 Y-Δ시스템을 그림 11.22에 나타내었다.

평형 시스템을 가정하므로 3상 전원부는 식 (11.71)과 같이 정의하기로 한다.

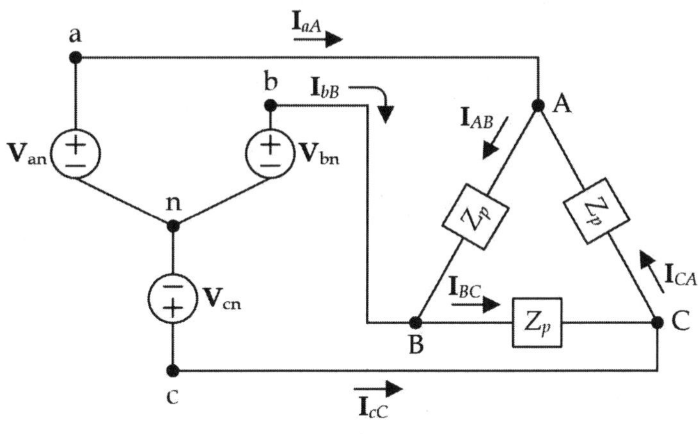

그림 11.22 평형 Y-Δ 결선 전력계통

$$\begin{cases} \mathrm{V}_{an} = V_p \angle 0^\circ \\ \mathrm{V}_{bn} = V_p \angle -120^\circ \\ \mathrm{V}_{cn} = V_p \angle 120^\circ . \end{cases} \tag{11.71}$$

이때 선전압은

$$\begin{aligned} \mathrm{V}_{ab} &= \mathrm{V}_{an} + \mathrm{V}_{nb} = V_p \angle 0^\circ - V_p \angle -120^\circ \\ &= V_p - V_p\left(-\frac{1}{2} - \frac{\sqrt{3}}{2}j\right) = \sqrt{3}\left(\frac{\sqrt{3}}{2} + \frac{1}{2}j\right)V_p = \sqrt{3}\,V_p \angle 30^\circ \end{aligned} \tag{11.72}$$

이다. 그림 11.22에서 마디 a와 마디 A가 같은 마디이고, 마디 b와 마디 B가 같은 마디이므로 식 (11.72)의 선전압은

$$\mathrm{V}_{ab} = \mathrm{V}_{AB} \tag{11.73}$$

이다. 같은 방법으로 선전압 V_{bc}와 V_{ca}는 각각 다음과 같다.

$$\mathrm{V}_{bc} = \mathrm{V}_{bn} + \mathrm{V}_{nc} = \sqrt{3}\,V_p \angle -90^\circ = \mathrm{V}_{BC}, \tag{11.74}$$

$$\mathrm{V}_{ca} = \mathrm{V}_{cn} + \mathrm{V}_{na} = \sqrt{3}\,V_p \angle 150^\circ = \mathrm{V}_{CA}.$$

식 (11.73)과 식 (11.74)로부터 평형 Y-Δ 결선시스템에서 선전압은 부하임피던스 양단에 걸리는 전압과 같음을 알 수 있다. 부하임피던스를 $Z_p = |Z_p| \angle \phi_z$라고 가정하면, 상전류는

$$\mathrm{I}_{AB} = \frac{\mathrm{V}_{AB}}{Z_p} = \frac{\sqrt{3}\,V_p \angle 30^\circ}{Z_p} = I_p \angle (30^\circ - \phi_z), \tag{11.75}$$

$$\mathrm{I}_{BC} = \frac{\mathrm{V}_{BC}}{Z_p} = \frac{\sqrt{3}\,V_p \angle -90^\circ}{Z_p} = I_p \angle (-90^\circ - \phi_z),$$

$$\mathrm{I}_{CA} = \frac{\mathrm{V}_{CA}}{Z_p} = \frac{\sqrt{3}\,V_p \angle 150^\circ}{Z_p} = I_p \angle (150^\circ - \phi_z).$$

이 된다. 여기서 $I_p = \sqrt{3}\,V_p / |Z_p|$ 이다.

그림 11.22에 나타낸 전력계통에서 식 (11.75)와 같은 상전류를 구할 수 있는 다른 방법은 전원부와 부하임피던스로 구성된 폐경로에 키르히호프 전압법칙을 적용하는 것이다. 예를 들어, 마디들이 aABbna로 연결되는 망로에 키르히호프 전압법칙을 적용하면 망로방정식은

$$-\mathrm{V}_{an}+Z_p\mathrm{I}_{AB}+\mathrm{V}_{bn}=0 \;\rightarrow\; \mathrm{V}_{an}-\mathrm{V}_{bn}=Z_p\mathrm{I}_{AB} \tag{11.76}$$

가 된다. 그러므로 상전류는

$$\mathrm{I}_{AB}=\frac{\mathrm{V}_{an}-\mathrm{V}_{bn}}{Z_p}=\frac{\mathrm{V}_{ab}}{Z_p}=\frac{\mathrm{V}_{AB}}{Z_p}. \tag{11.77}$$

식 (11.77)은 식 (11.75)와 같다. 따라서 식 (11.76)과 식 (11.77)은 Y-Δ결선시스템을 해석하기 위한 실제적인 방법이다.

한편, 그림 11.22의 마디 A에 키르히호프 전류법칙을 적용하면

$$\mathrm{I}_{aA}-\mathrm{I}_{AB}+\mathrm{I}_{CA}=0 \tag{11.78}$$

이다. 그러므로 마디 a에서 A로 흐르는 선전류는

$$\begin{aligned}\mathrm{I}_{aA}=\mathrm{I}_{AB}-\mathrm{I}_{CA}&=\frac{\mathrm{V}_{AB}-\mathrm{V}_{CA}}{Z_p}=I_p\angle(30^\circ-\phi_z)-I_p\angle(150^\circ-\phi_z)\\&=I_p\angle(30^\circ-\phi_z)+I_p\angle(-30^\circ-\phi_z)=\sqrt{3}\,I_p\angle-\phi_z\end{aligned} \tag{11.79}$$

가 된다. 그림 11.22의 전력계통이 평형 Y-Δ결선시스템이라고 가정하고 있으므로 나머지 선전류는

$$\mathrm{I}_{bB}=\mathrm{I}_{BC}-\mathrm{I}_{AB}=\sqrt{3}\,I_p\angle(-120^\circ-\phi_z), \tag{11.80}$$

$$\mathrm{I}_{cC}=\mathrm{I}_{CA}-\mathrm{I}_{BC}=\sqrt{3}\,I_p\angle(120^\circ-\phi_z).$$

그러므로 평형 Y-Δ결선시스템에서 선전류는 식 (11.75)에 나타낸 상전류보다 크기는 $\sqrt{3}$배 증가되고, 위상은 30° 뒤지는 것을 알 수 있다.

예제 11.7

그림 11.22의 평형 Y-Δ결선시스템에서 $\mathrm{V}_{an}=220\angle 0^\circ$ [$\mathrm{V_{rms}}$]이고, 부하임피던스는 $Z_p=4+3j$ [Ω]이다. 상전류와 선전류를 구하고, 부하임피던스에서 소비되는 전체 평균전력과 전원이 공급하는 평균전력을 계산하라.

풀이

V_{an}을 기준 전원으로 정하면 평형 Y결선 전압원은 다음과 같이 정의된다.

$$\begin{cases} V_{an} = 220\angle 0° \\ V_{bn} = 220\angle -120° \\ V_{cn} = 220\angle 120° \ [V_{rms}]. \end{cases} \quad ①$$

마디들이 aABbna로 연결되는 폐경로에 키르히호프 전압법칙을 적용하여 구한 망로방정식은 식 (11.76)에 따라 다음과 같다.

$$V_{an} - V_{bn} = Z_p I_{AB}. \quad ②$$

여기에 식 ①을 대입하여 정리하면 상전류는

$$I_{AB} = \frac{V_{an} - V_{bn}}{Z_p} = \frac{220(1 - 1\angle -120°)}{4+3j} = \frac{220\sqrt{3}\left(\frac{\sqrt{3}}{2} + \frac{1}{2}j\right)}{4+3j}$$
$$= (220\sqrt{3}/5)\angle(30° - 36.87°) = 76.21\angle -6.87° \ [A_{rms}]. \quad ③$$

그러므로 평형 전력계통임을 고려하면 나머지 상전류들은 다음과 같다.

$$I_{BC} = I_{AB} \times 1\angle -120° = 76.21\angle -126.87°, \quad ④$$

$$I_{CA} = I_{AB} \times 1\angle 120° = 76.21\angle 113.13° \ [A_{rms}].$$

마디 A에 키르히호프 전류법칙을 적용하면 선전류는

$$I_{aA} = I_{AB} - I_{CA} = 76.21\angle -6.87° - 76.21\angle 113.13°$$
$$= 76.21(1\angle -6.87° + 1\angle -66.87°) = 132\angle -36.87° \ [A_{rms}]. \quad ⑤$$

가 된다. 여기에 식 (11.80)을 적용하면 나머지 선전류는

$$I_{bB} = I_{BC} - I_{AB} = I_{aA} \times 1\angle -120° = 132\angle -156.87°, \quad ⑥$$

$$I_{cC} = I_{CA} - I_{BC} = I_{aA} \times 1\angle 120° = 132\angle 83.13° \ [A_{rms}].$$

마디 A와 마디 B 사이의 부하임피던스에서 소비되는 평균전력을 식 ③의 상전류를 이용하여 계산하면

$$P_{Z_p} = Re\{Z_p\}|\mathrm{I}_{AB}|^2 = 4 \times 76.21^2 = 23.232\ [\mathrm{kW}] \quad ⑦$$

이므로 전체 Δ결선 부하임피던스에서 소비되는 평균전력은

$$P_{Z_\Delta} = 3P_{Z_p} = 3 \times 23.232 = 69.7\ [\mathrm{kW}]. \quad ⑧$$

한편, 전압원 V_{an}이 부하에 공급하는 평균전력을 선전류를 이용하여 계산하면

$$P_v = |\mathrm{V}_{an}||\mathrm{I}_{aA}|\cos(\phi_v - \phi_i) = 220 \times 132 \times \cos(36.87^\circ) = 23.232\ [\mathrm{kW}] \quad ⑨$$

이므로 Y결선된 평형 3상 전원이 공급하는 전체 평균전력은

$$P_s = 3P_v = 3 \times 23.232 = 69.7\ [\mathrm{kW}]. \quad ⑩$$

식 ⑧과 식 ⑩으로부터 평형 3상 전원이 공급하는 평균전력과 Δ결선 부하임피던스에서 소비되는 평균전력이 동일하므로 그림 11.22의 평형 Y-Δ결선시스템에서 전력보존의 법칙이 성립함을 알 수 있다.

평형 Y-Y결선시스템은 개념적으로 설명이나 이해가 상대적으로 수월한 전력계통 구조이다. 이런 이유로 단상회로와 3상회로를 비교하여 설명하기 위하여 사용한 그림 11.13(b)는 대표적인 평형 Y-Y결선시스템이다. 특히, 그림 11.13(b)를 설명하면서 전원부와 부하임피던스부가 평형이면서 대칭구조를 가질 때 중성가지를 통하여 흐르는 전류는 $\mathrm{I}_{nN} = 0$ [A 또는 A_{rms}]임을 확인하였다. 이것은 그림 11.13(b)의 회로에서 중성가지를 제거할 수 있음을 의미한다. 3상 교류전원부가 평형이고 부하임피던스도 동일하다면 그림 11.23과 같이 중성가지를 제거한 평형 Y-Y결선시스템이 된다.

평형 Y-Y결선시스템에 대하여는 11.3절에서 자세히 소개하였으므로 구체적인 유도과정은 생략하고 상전압과 선전압 사이의 상관관계만 간략히 요약한다. 3상 전원부의 단일 전압원을 의미하는 상전압 V_{an}, V_{bn}, V_{cn}을 식 (11.71)처럼 정의하면 선전압 V_{ab}는

$$\mathrm{V}_{ab} = \mathrm{V}_{an} + \mathrm{V}_{nb} = \mathrm{V}_{an} - \mathrm{V}_{bn} = \sqrt{3}\,V_p \angle 30^\circ \quad (11.81)$$

가 된다. 따라서 평형 전력계통임을 고려하면 나머지 두 개의 선전압은 다음과 같다.

$$\mathrm{V}_{bc} = \mathrm{V}_{bn} - \mathrm{V}_{cn} = \sqrt{3}\,V_p \angle -90^\circ,$$

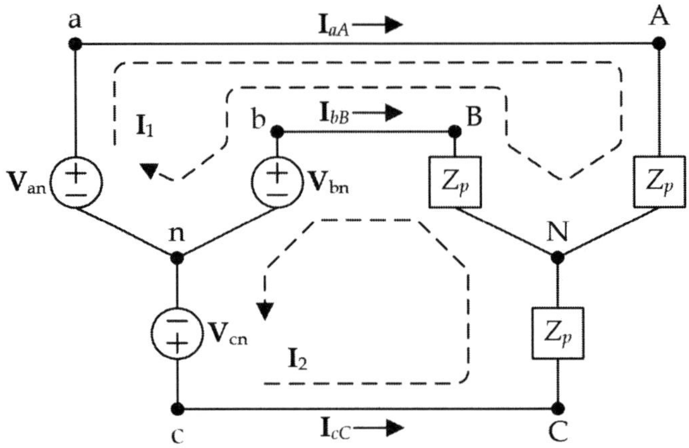

그림 11.23 평형 Y-Y결선 전력계통

$$\mathrm{V}_{ca} = \mathrm{V}_{cn} - \mathrm{V}_{an} = \sqrt{3}\, V_p \angle 150^\circ . \tag{11.82}$$

따라서 3상 Y결선 전원부의 선전압은 상전압보다 $\sqrt{3}$배 증가되고, 선전압의 위상은 상전압의 위상보다 30° 앞선다.

한편, 선전류 I_{aA}는 마디 A와 마디 N 사이의 임피던스 Z_p를 통하여 흐른다. 그러므로 Y-Y결선시스템에서 선전류는 상전류와 동일하다.

예제 11.8

그림 11.23의 평형 Y-Y결선시스템에서 $\mathrm{V}_{an} = 220\angle 0^\circ$ [$\mathrm{V_{rms}}$]이고, 부하임피던스는 $Z_p = 4 + 3j$ [Ω]이다. 선전압과 상전류를 구하고, 부하임피던스에서 소비되는 전체 평균전력과 전원이 공급하는 평균전력을 계산하라.

풀이

예제 11.7에서 풀이한 것처럼 V_{an}을 기준 전원으로 정하면 3상 전압원은

$$\begin{cases} \mathrm{V}_{an} = 220\angle 0^\circ \\ \mathrm{V}_{bn} = 220\angle -120^\circ \\ \mathrm{V}_{cn} = 220\angle 120^\circ \quad [\mathrm{V_{rms}}]. \end{cases} \quad ①$$

로 정의된다. 여기에 식 (11.81)을 적용하면 3상 전원부의 선전압은

$$V_{ab} = V_{an} - V_{bn} = 220\angle 0^\circ - 220\angle -120^\circ = 220\sqrt{3}\angle 30^\circ \quad ②$$

$$V_{bc} = V_{bn} - V_{cn} = 220\angle -120^\circ - 220\angle 120^\circ = 220\sqrt{3}\angle -90^\circ,$$

$$V_{ca} = V_{cn} - V_{an} = 220\angle 120^\circ - 220\angle 0^\circ = 220\sqrt{3}\angle 150^\circ \ [V_{rms}].$$

한편, Y-Y결선시스템에서 선전류와 상전류는 동일하므로 선전류를 구하기 위하여 그림 11.23의 두 망로에 키르히호프 전압법칙을 적용하여 망로방정식을 세운다. 마디 aANBbna의 순서로 구성된 망로를 통하여 흐르는 망로전류를 I_1로 정하고, 마디 cCNBbnc의 순서로 구성된 망로를 통하여 흐르는 망로전류를 I_2라고 하자. 첫 번째 망로에 키르히호프 전압법칙을 적용하면 망로방정식은

$$-V_{an} + Z_pI_1 + Z_p(I_1 + I_2) + V_{bn} = 0 \rightarrow 2Z_pI_1 + Z_pI_2 = V_{an} - V_{bn} = V_{ab} \quad ③$$

가 된다. 여기에 문제에서 주어진 수치와 식 ②를 대입하면

$$2(4+3j)I_1 + (4+3j)I_2 = 220\sqrt{3}\angle 30^\circ. \quad ④$$

두 번째 망로에 키르히호프 전압법칙을 적용하면 망로방정식은

$$-V_{cn} + Z_pI_2 + Z_p(I_2 + I_1) + V_{bn} = 0 \rightarrow Z_pI_1 + 2Z_pI_2 = V_{cn} - V_{bn} = -V_{bc} \quad ⑤$$

가 되므로 임피던스와 식 ②를 대입하면

$$(4+3j)I_1 + 2(4+3j)I_2 = -220\sqrt{3}\angle -90^\circ = 220\sqrt{3}\angle 90^\circ. \quad ⑥$$

식 ④와 식 ⑥을 연립방정식의 형태로 풀면

$$I_1 = \frac{2\times 220\sqrt{3}\angle 30^\circ - 220\sqrt{3}\angle 90^\circ}{3(4+3j)} = 44.0\angle -36.87^\circ,$$

$$I_2 = \frac{2\times 220\sqrt{3}\angle 90^\circ - 220\sqrt{3}\angle 30^\circ}{3(4+3j)} = 44.0\angle 83.13^\circ \ [A_{rms}]. \quad ⑦$$

망로전류 I_1은 선전류 I_{aA}와 같고, I_2는 선전류 I_{cC}와 같다. 나머지 선전류 I_{bB}는

$$I_{bB} = -(I_1 + I_2) = -(44\angle -36.87^\circ + 44\angle 83.13^\circ)$$

$$= -44(1\angle -36.87^\circ + 1\angle 83.13^\circ) = 44\angle -156.87^\circ \ [A_{rms}]. \quad ⑧$$

식 ⑦과 식 ⑧로부터 선전류들은 같은 크기를 가지고 서로 120° 씩 위상차를 가지므로 평형 Y-Y결선시스템이라는 조건에 부합하는 결과이다.

3상 부하임피던스가 Y형으로 결선되어 있고 각각의 임피던스를 통하여 선전류가 흐르는 구조이므로 선전류와 상전류는 동일하다. 따라서 각 임피던스에서 소비되는 평균전력은

$$P_{Z_p} = Re\{Z_p\}|\mathrm{I}_{aA}|^2 = 4 \times 44^2 = 7,744\ [\mathrm{W}] \qquad ⑨$$

이므로 전체 Y결선 부하임피던스에서 소비되는 평균전력은

$$P_{Z_Y} = 3P_{Z_p} = 3 \times 7,744 = 23.232\ [\mathrm{kW}]. \qquad ⑩$$

이에 비하여 전압원 V_{an}이 부하에 공급하는 평균전력을 선전류를 이용하여 계산하면

$$P_v = |\mathrm{V}_{\mathrm{an}}||\mathrm{I}_{\mathrm{aA}}|\cos(\phi_v - \phi_i) = 220 \times 44 \times \cos(36.87°) = 7,744\ [\mathrm{W}] \qquad ⑪$$

이므로 Y결선된 평형 3상 전원이 공급하는 전체 평균전력은

$$P_s = 3P_v = 3 \times 7,744 = 23.232\ [\mathrm{kW}]. \qquad ⑫$$

식 ⑩와 식 ⑫로부터 평형 Y-Y결선시스템에서 전원부가 전력계통에 공급하는 평균전력과 Y결선 부하임피던스에서 소비되는 평균전력이 동일하다.

예제 11.7의 평형 Y-Δ결선시스템과 예제 11.8의 평형 Y-Y결선시스템에서 동일한 전원과 부하임피던스를 사용하였다. 그럼에도 불구하고 Y-Y결선시스템의 전원부가 전력계통에 공급하는 평균전력과 3상 부하임피던스에서 소비되는 평균전력은 Y-Δ결선시스템에 비하여 1/3배로 감소된 것을 발견할 수 있다. 그 이유를 확인하기 위하여 Y-Y결선시스템의 3상 부하임피던스를 Δ결선 형태로 변환하면 식 (11.63)에 의하여

$$Z_\Delta = 3Z_p = 3(4+3j)\ [\Omega]$$

으로 부하임피던스가 3배 증가한다. 그러므로 Δ결선 형태로 변환된 임피던스는 그림 11.24와 같다.

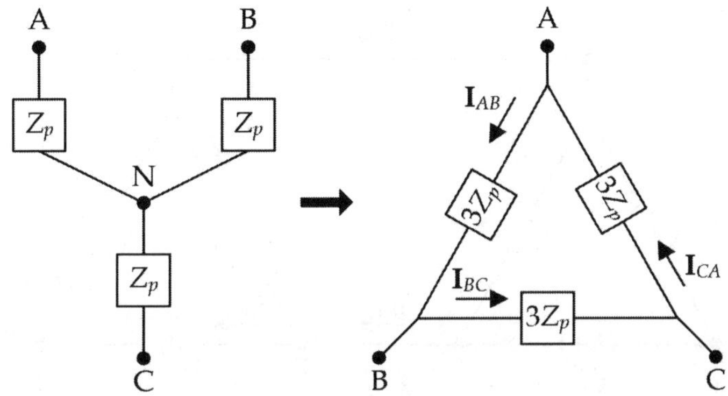

그림 11.24 Y결선 임피던스를 Δ 결선 임피던스로 변환시킨 형태

각 상의 부하임피던스가 3배 증가되므로 이를 통하여 흐르는 상전류 I_{AB}는 1/3배로 감소한다. 따라서 그림 11.24에 나타낸 Δ결선의 각 임피던스에서 소비되는 평균전력은 예제 11.7의 식 ⑦과 비교하면

$$P'_{Z_p} = Re\{3Z_p\}\left|\frac{\mathrm{I}_{AB}}{3}\right|^2 = \frac{1}{3}Re\{Z_p\}|\mathrm{I}_{AB}|^2 = \frac{1}{3}P_{Z_p} \tag{11.83}$$

이 되어 1/3배로 감소되는 것을 알 수 있다. 이것이 동일한 전원과 부하임피던스를 사용하더라도 평형 Y-Δ결선시스템보다 평형 Y-Y결선시스템의 부하임피던스에서 소비되는 평균전력이 감소되는 이유이다.

다음으로는 그림 11.25에 나타낸 평형 Δ-Δ결선 전력계통에 대하여 살펴보자. 이 시스템에서는 3상 전원부와 부하임피던스가 모두 평형 Δ형으로 결선되어 있으며, 중성가지나 중성마디가 없는 것이 특징이다. Y결선 3상 전원부는 중성마디에 연결된 상전압 V_{an}, V_{bn}, V_{cn}의 차가 선전압이 된다. 즉, 상전압 V_{ab}는

$$\mathrm{V}_{ab} = \mathrm{V}_{an} + \mathrm{V}_{nb} = \mathrm{V}_{an} - \mathrm{V}_{bn}. \tag{11.84}$$

하지만 Δ결선 전원부에서는 중성마디가 없으므로 선전압이 상전압과 동일하게 사용된다. 이와 같은 3상 시스템에서는 선전류와 상전류의 관계만 정의하면 된다.

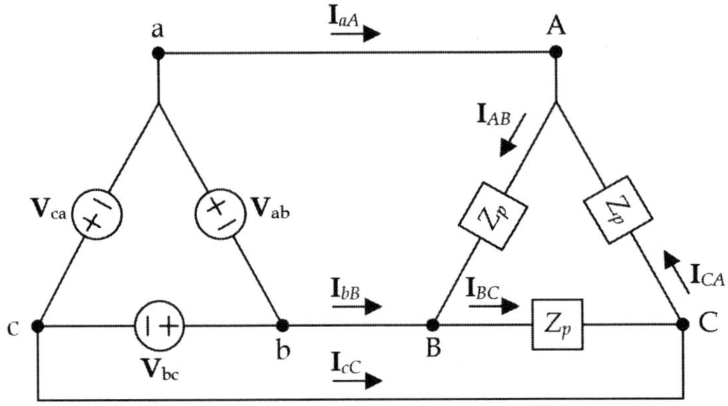

그림 11.25 평형 $\Delta-\Delta$ 결선 전력계통

그림 11.25의 시스템에서 마디 a와 A는 사실상 같은 마디이고, 마디 b와 B도 같은 마디이다. 그러므로 다음과 같은 관계가 성립한다.

$$\mathrm{V}_{ab} = \mathrm{V}_{AB},\ \mathrm{V}_{bc} = \mathrm{V}_{BC},\ \mathrm{V}_{ca} = \mathrm{V}_{CA}. \tag{11.85}$$

따라서 임피던스를 통하여 흐르는 상전류는

$$\mathrm{I}_{AB} = \frac{\mathrm{V}_{AB}}{Z_p} = \frac{\mathrm{V}_{ab}}{Z_p},\ \mathrm{I}_{BC} = \frac{\mathrm{V}_{BC}}{Z_p} = \frac{\mathrm{V}_{bc}}{Z_p},\ \mathrm{I}_{CA} = \frac{\mathrm{V}_{CA}}{Z_p} = \frac{\mathrm{V}_{ca}}{Z_p}. \tag{11.86}$$

마디 A, B, C에 키르히호프 전류법칙을 적용하면 선전류들은

$$\mathrm{I}_{aA} = \mathrm{I}_{AB} - \mathrm{I}_{CA},\ \mathrm{I}_{bB} = \mathrm{I}_{BC} - \mathrm{I}_{AB},\ \mathrm{I}_{cC} = \mathrm{I}_{CA} - \mathrm{I}_{BC} \tag{11.87}$$

로 정의된다. 상전류를

$$\begin{cases} \mathrm{I}_{AB} = I_p \angle 0^\circ \\ \mathrm{I}_{BC} = I_p \angle -120^\circ \\ \mathrm{I}_{CA} = I_p \angle 120^\circ \end{cases} \tag{11.88}$$

로 정의하면 선전류는

$$\mathrm{I}_{aA} = \mathrm{I}_{AB} - \mathrm{I}_{CA} = I_p \angle 0^\circ - I_p \angle 120^\circ = \sqrt{3} I_p \angle -30^\circ, \tag{11.89}$$

$$\mathrm{I}_{bB} = \mathrm{I}_{BC} - \mathrm{I}_{AB} = I_p \angle -120^\circ - I_p \angle 0^\circ = \sqrt{3} I_p \angle -150^\circ,$$

$$\mathrm{I}_{cC} = \mathrm{I}_{CA} - \mathrm{I}_{BC} = I_p \angle 120^\circ - I_p \angle -120^\circ = \sqrt{3} I_p \angle 90^\circ$$

가 된다. 따라서 선전류 I_{aA}, I_{bB}, I_{cC}는 각각 대응하는 상전류 I_{AB}, I_{BC}, I_{CA} 보다 30° 뒤지는 위상을 가지며 크기는 $\sqrt{3}$배 커진다.

예제 11.9

그림 11.25의 평형 Δ-Δ 결선시스템에서 선전압을 아래와 같이 정의할 때 선전류를 구하고, 3상 부하임피던스에서 소비되는 전체 평균전력과 전원부에서 공급하는 전체 평균전력을 계산하라. 여기서 부하임피던스는 $Z_p = 4 + 3j$ [Ω]이다.

$$\begin{cases} \mathrm{V}_{ab} = 220\angle 0^\circ \\ \mathrm{V}_{bc} = 220\angle -120^\circ \\ \mathrm{V}_{ca} = 220\angle 120^\circ \quad [\mathrm{V_{rms}}]. \end{cases}$$

풀이

평형 Δ-Δ 결선시스템에서는 선전압과 상전압이 같다. 상전류 I_{AB}를 구하기 위하여 마디 aABba 순서로 이루어진 망로에 키르히호프 전압법칙을 적용하면

$$\mathrm{V}_{ab} = Z_p \mathrm{I}_{AB} \qquad ①$$

가 된다. 따라서 상전류 I_{AB}는

$$\mathrm{I}_{AB} = \frac{\mathrm{V}_{ab}}{Z_p} = \frac{220\angle 0^\circ}{4+3j} = 44\angle -36.87^\circ \ [\mathrm{A_{rms}}]. \qquad ②$$

같은 방법으로 나머지 상전류들을 계산하면

$$\mathrm{I}_{BC} = \frac{\mathrm{V}_{bc}}{Z_p} = \frac{220\angle -120^\circ}{4+3j} = 44\angle -156.87^\circ, \qquad ③$$

$$\mathrm{I}_{CA} = \frac{\mathrm{V}_{ca}}{Z_p} = \frac{220\angle 120^\circ}{4+3j} = 44\angle 83.13^\circ \ [\mathrm{A_{rms}}].$$

마디 A에 키르히호프 전류법칙을 적용하면 선전류 I_{aA}는

$$\begin{aligned} \mathrm{I}_{aA} &= \mathrm{I}_{AB} - \mathrm{I}_{CA} = 44\angle -36.87^\circ - 44\angle 83.13^\circ \qquad ④ \\ &= 44(1\angle -36.87^\circ + 1\angle -96.87^\circ) = 44\sqrt{3}\angle -66.87^\circ \ [\mathrm{A_{rms}}]. \end{aligned}$$

이것으로부터 선전류 I_{aA}는 상전류 I_{AB}보다 $\sqrt{3}$배 큰 크기와 30° 뒤진 위상을 가지는 것을 알 수 있다. 그리고 나머지 선전류들도 식 ⑤에 계산한 것처럼 동일한 특징을 가진다.

$$\mathrm{I}_{bB} = \mathrm{I}_{BC} - \mathrm{I}_{AB} = 44\angle -156.87^\circ - 44\angle -36.87^\circ = 44\sqrt{3}\angle 173.13^\circ, \quad ⑤$$

$$\mathrm{I}_{cC} = \mathrm{I}_{CA} - \mathrm{I}_{BC} = 44\angle 83.13^\circ - 44\angle -156.87^\circ = 44\sqrt{3}\angle 53.13^\circ \ [\mathrm{A_{rms}}].$$

Δ형 임피던스의 각 상에서 소비되는 평균전력은

$$P_{Z_p} = Re\{Z_p\}|\mathrm{I}_{AB}|^2 = 4\times 44^2 = 7,744 \ [\mathrm{W}] \quad ⑥$$

이므로 3상 부하임피던스에서 소비되는 전체 평균전력은

$$P_{Z_\Delta} = 3P_{Z_p} = 3\times 7,744 = 23.232 \ [\mathrm{kW}]. \quad ⑦$$

이에 비하여 3상 전원부의 전압원 V_{ab}가 부하에 공급하는 평균전력은 선전류를 이용하여 계산하면

$$P_v = |\mathrm{V}_{ab}||\mathrm{I}_{aA}|\cos(\phi_v - \phi_i) = 220\times 44\times\cos(36.87^\circ) = 7,744 \ [\mathrm{W}] \quad ⑧$$

이므로 Δ결선된 평형 3상 전원이 공급하는 전체 평균전력은

$$P_s = 3P_v = 3\times 7,744 = 23.232 \ [\mathrm{kW}].$$

마지막으로 그림 11.26에 나타낸 평형 Δ-Y결선시스템에 대하여 살펴보자. 여기서도 전원부가 Δ결선 구조이므로 식 (11.90)으로 정의되는 상전압과 선전압은 같다.

$$\begin{cases} \mathrm{V}_{ab} = V_p\angle 0^\circ \\ \mathrm{V}_{bc} = V_p\angle -120^\circ \\ \mathrm{V}_{ca} = V_p\angle 120^\circ \ [\mathrm{V_{rms}}]. \end{cases} \quad (11.90)$$

마디가 aANBba의 순서로 이루어진 망로에 키르히호프 전압법칙을 적용하면 망로방정식은

$$-\mathrm{V}_{ab} + Z_p\mathrm{I}_{aA} - Z_p\mathrm{I}_{bB} = 0 \ \rightarrow \ \mathrm{I}_{aA} - \mathrm{I}_{bB} = \frac{\mathrm{V}_{ab}}{Z_p}. \quad (11.91)$$

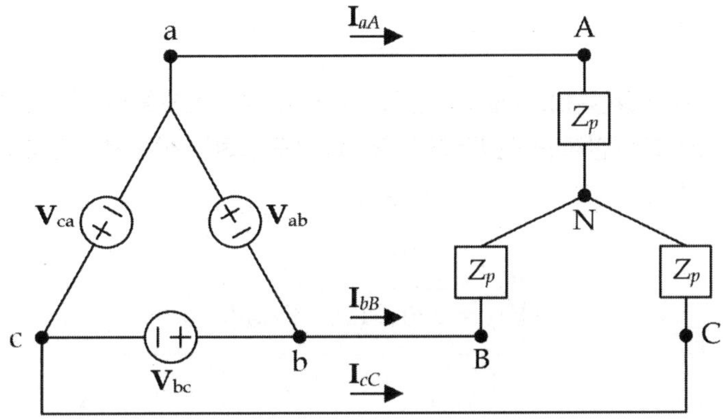

그림 11.26 평형 Δ-Y결선 전력계통

마디가 bBNCcb의 순서로 이루어진 망로에 키르히호프 전압법칙을 적용하면

$$-\mathrm{V}_{bc}+Z_p\mathrm{I}_{bB}-Z_p\mathrm{I}_{cC}=0 \rightarrow \mathrm{I}_{bB}-\mathrm{I}_{cC}=\frac{\mathrm{V}_{bc}}{Z_p}. \tag{11.92}$$

그리고 마디 C에 키르히호프 전류법칙을 적용하면

$$\mathrm{I}_{aA}+\mathrm{I}_{bB}+\mathrm{I}_{cC}=0 \rightarrow \mathrm{I}_{cC}=-(\mathrm{I}_{aA}+\mathrm{I}_{bB}). \tag{11.93}$$

식 (11.93)을 식 (11.92)에 대입한 다음 식 (11.91)과 연립방정식의 형태로 풀면 선전류 I_{aA}와 I_{bB}는

$$\mathrm{I}_{aA}=\frac{V_p}{\sqrt{3}\,|Z_p|}\angle -30^\circ-\phi_z, \tag{11.94}$$

$$\mathrm{I}_{bB}=\frac{V_p}{\sqrt{3}\,|Z_p|}\angle -150^\circ-\phi_z\ [\mathrm{A_{rms}}]$$

가 되고, 식 (11.93)에 의하여 선전류 I_{cC}는

$$\mathrm{I}_{cC}=\frac{V_p}{\sqrt{3}\,|Z_p|}\angle 90^\circ-\phi_z\ [\mathrm{A_{rms}}]. \tag{11.95}$$

식 (11.94)와 식 (11.95)의 선전류는 Y결선된 3상 부하임피던스의 각 상임피던스를 통하여 흐르는 전류이다. 따라서 그림 11.26의 평형 Δ-Y결선시스템과 그림 11.23의 평형 Y-Y결선시스템에서 상전류와 선전류는 동일하다.

예제 11.10

그림 11.26의 평형 Δ-Y결선시스템에서 선전압을 아래와 같이 정의할 때 선전류를 구하고, 3상 부하임피던스에서 소비되는 전체 평균전력과 전원부에서 공급하는 전체 평균전력을 계산하라. 여기서 각 상의 부하임피던스는 $Z_p = 4+3j$ [Ω]이다.

$$\begin{cases} \mathrm{V}_{ab} = 220\angle 0^\circ \\ \mathrm{V}_{bc} = 220\angle -120^\circ \\ \mathrm{V}_{ca} = 220\angle 120^\circ \ [\mathrm{V_{rms}}]. \end{cases}$$

풀이

평형 Δ-Y결선시스템에서는 선전압과 상전압이 동일하다. 각 상의 임피던스 Z_p가

$$Z_p = 4+3j = 5\angle 36.87^\circ \quad [\Omega] \qquad ①$$

이므로 선전류 I_{aA}는 식 (11.94)와 식 (11.95)에 의하여

$$\mathrm{I}_{aA} = \frac{220}{\sqrt{3}\times 5}\angle -30^\circ - 36.87^\circ = \frac{44}{\sqrt{3}}\angle -66.87^\circ, \qquad ②$$

$$\mathrm{I}_{bB} = \frac{220}{\sqrt{3}\times 5}\angle -150^\circ - 36.87^\circ = \frac{44}{\sqrt{3}}\angle 173.13^\circ,$$

$$\mathrm{I}_{cC} = \frac{220}{\sqrt{3}\times 5}\angle 90^\circ - 36.87^\circ = \frac{44}{\sqrt{3}}\angle 53.13^\circ \quad [\mathrm{A_{rms}}]$$

가 되고, Y결선 3상 임피던스를 통하여 흐르는 상전류는 선전류와 동일하다. 따라서 각각의 부하임피던스에서 소비되는 평균전력은

$$P_{Z_p} = Re\{Z_p\}|\mathrm{I}_{aA}|^2 = 4\times\left(\frac{44}{\sqrt{3}}\right)^2 = 2,581.33 \text{ [W]} \qquad ③$$

이므로 3상 부하임피던스에서 소비되는 전체 평균전력은

$$P_{Z_Y} = 3P_{Z_p} = 3\times 4\times\left(\frac{44}{\sqrt{3}}\right)^2 = 7,744 \text{ [W]}. \qquad ④$$

한편, Δ결선된 3상 전원부에서 하나의 전원이 부하회로에 공급하는 평균전력을 구하기 위해서는 각각의 전원을 통하여 흐르는 전류를 계산하여야 한다. 마디 a에 키르히호프 전류

법칙을 적용하면

$$\mathrm{I}_{aA}+\mathrm{I}_{ab}-\mathrm{I}_{ca}=0 \qquad ⑤$$

이고, 마디 b에 키르히호프 전류법칙을 적용한 결과는

$$\mathrm{I}_{bB}+\mathrm{I}_{bc}-\mathrm{I}_{ab}=0 \qquad ⑥$$

이다. 또한 평형 3상 전원을 가정하고 있으므로 다음 식은 항상 성립한다.

$$\mathrm{I}_{ab}+\mathrm{I}_{bc}+\mathrm{I}_{ca}=0 \;\rightarrow\; \mathrm{I}_{ca}=-(\mathrm{I}_{ab}+\mathrm{I}_{bc}) \qquad ⑦$$

식 ⑦을 식 ⑤에 대입하면

$$\mathrm{I}_{aA}+\mathrm{I}_{ab}+(\mathrm{I}_{ab}+\mathrm{I}_{bc})=0 \;\rightarrow\; 2\mathrm{I}_{ab}+\mathrm{I}_{bc}=-\mathrm{I}_{aA} \qquad ⑧$$

식 ⑥과 식 ⑧을 연립방정식으로 풀면

$$\mathrm{I}_{ab}=\frac{1}{3}(\mathrm{I}_{bB}-\mathrm{I}_{aA})=\frac{1}{3}\left(\frac{44}{\sqrt{3}}\angle 173.13^\circ+\frac{44}{\sqrt{3}}\angle 113.13^\circ\right)=\frac{44}{3}\angle 143.13^\circ, \qquad ⑨$$

$$\mathrm{I}_{bc}=\frac{1}{3}(-2\mathrm{I}_{bB}-\mathrm{I}_{aA})=\frac{44}{3}\angle 23.13^\circ\ [\mathrm{A_{rms}}].$$

식 ⑨를 식 ⑦에 적용하면

$$\mathrm{I}_{ca}=-(\mathrm{I}_{ab}+\mathrm{I}_{bc})=\frac{44}{3}\angle -96.87^\circ\ [\mathrm{A_{rms}}]. \qquad ⑩$$

전압원 V_{ab}가 3상 임피던스 회로에 공급하는 평균전력을 수동부호규정에 따라 전류의 방향을 고려하여 계산하면

$$P_v=|\mathrm{V}_{ab}||\mathrm{I}_{ba}|\cos(\phi_v-\phi_i)=220\times\frac{44}{3}\times\cos(36.87^\circ)=2{,}581.33\ [\mathrm{W}] \qquad ⑪$$

이므로 Y결선 평형 3상 전원이 공급하는 전체 평균전력은

$$P_s=3P_v=3\times 2{,}581.33=7{,}744\ [\mathrm{W}]. \qquad ⑫$$

식 ④와 식 ⑫로부터 3상 전원부가 전력계통에 공급하는 평균전력과 Y결선 3상 부하임피던스에서 소비되는 평균전력이 동일한 것을 알 수 있다. ■

연습문제

11.1 그림 P11.1은 평형 Y결선 전원부이다. 선전압 $V_{ab} = 200\angle 30^\circ$ [V_{rms}]이고, 각 상전압이 시계방향으로 지상위상(lagging phase)을 가지는 것으로 가정한다. 상순서가 다음과 같을 때 상전압을 구하라.

(1) 상순서 : a-b-c

(2) 상순서 : a-c-b

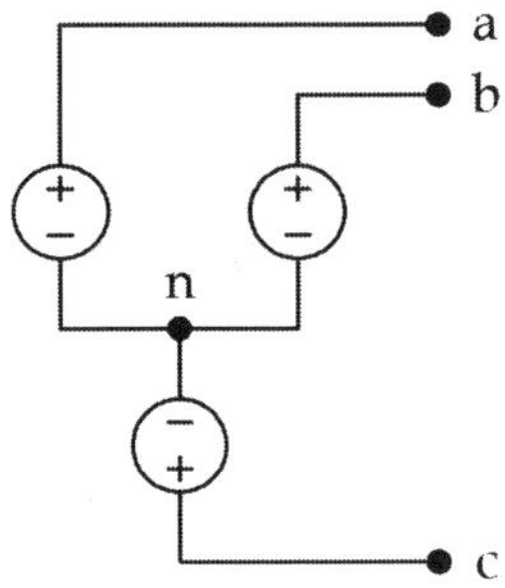

그림 P11.1

11.2 그림 P11.1의 평형 Y결선 전원부에서 $V_{an} = 120\angle 30^\circ$ [V_{rms}]이다.

(1) 각 상전압이 시계방향으로 지상위상을 가지는 경우 상전압을 정의하고, 선전압 V_{ab}, V_{bc}, V_{ca}를 구하라.

(2) 각 상전압이 시계방향으로 진상위상(leading phase)을 가지는 경우 상전압을 정의하고 선전압을 구하라.

11.3 그림 P11.3에 나타낸 평형 Y결선 전원부에서 선전압 $v_{ab}(t) = 200\sqrt{3}\cos(1000t + 45^\circ)$ [V_{rms}]이다. 상순서가 시계방향으로 a-b-c일 때 상전압 $v_{an}(t)$, $v_{bn}(t)$, $v_{cn}(t)$를 구하라.

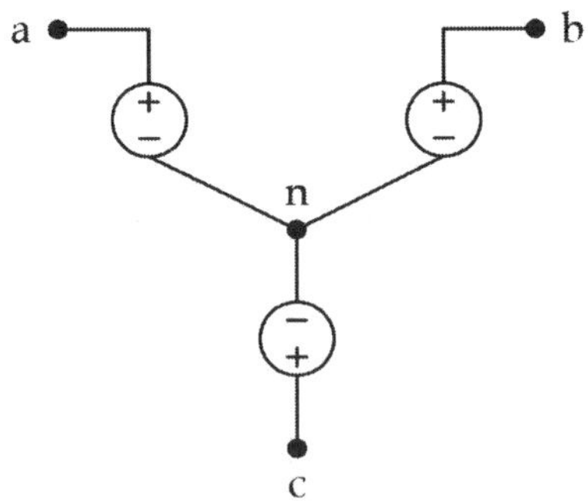

그림 P11.3

11.4 그림 P11.4의 단상 3선식 전기회로에서 전압원은 $v_s(t) = 100\cos(1000t)$ [V$_{rms}$]이다.

(1) 선전류 $i_1(t)$, $i_2(t)$와 가지전류 $i_{nN}(t)$를 구하라.

(2) 가지전류가 $i_{nN}(t) = 0$ [A$_{rms}$]가 되도록 하기 위하여 부하임피던스 Z_{L2}의 커패시터를 변경한다. 적당한 커패시터 값을 구하라.

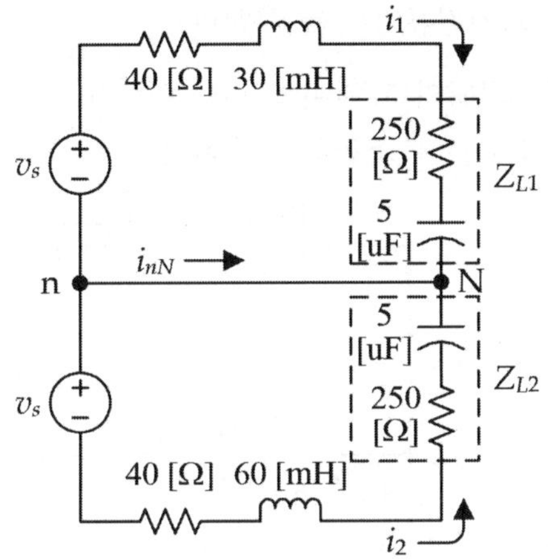

그림 P11.4

11.5 그림 P11.5에 나타낸 단상 3선식 전기회로에서 $v_{s1}(t) = 50\sqrt{2}\cos(30t)$ [V], $v_{s2}(t) = 50\sqrt{2}\sin(30t)$ [V]이다.

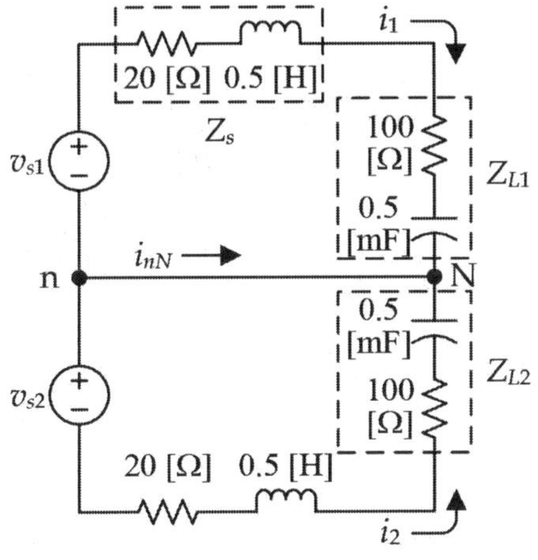

그림 P11.5

(1) 선전류 $i_1(t)$, $i_2(t)$와 가지전류 $i_{nN}(t)$를 구하라.

(2) 임피던스 Z_s와 Z_{L1}에서 소비되는 복소전력과 전압원 $v_{s1}(t)$가 회로에 공급하는 복소전력을 구하라.

11.6 그림 P11.6에 나타낸 rms 페이저회로에 대하여

(1) 선전류 $\mathbf{I}_1$, $\mathbf{I}_2$와 가지전류 $\mathbf{I}_{nN}$을 구하라.

(2) 두 전원이 회로에 공급하는 복소전력을 구하라.

(3) 중성가지에서 흡수되는 복소전력을 구하라.

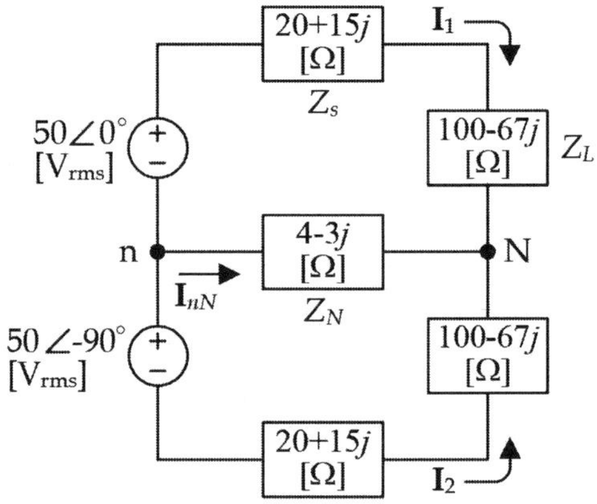

그림 P11.6

11.7 그림 P11.7의 전기회로에서 전압원은 $v_s(t) = 10\sqrt{2}\cos(20t)$ [V]이다.

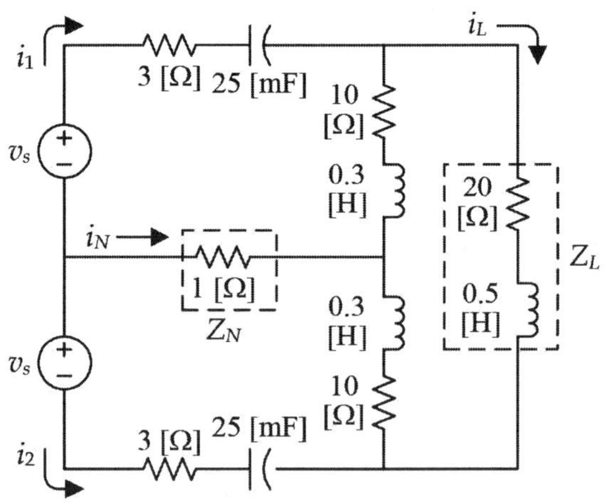

그림 P11.7

(1) 주어진 회로를 rms 페이저회로로 변환하고, 전류 $i_1(t)$, $i_2(t)$, $i_L(t)$, $i_N(t)$를 구하라.

(2) 중성가지 임피던스 Z_N과 부하임피던스 Z_L에서 소비되는 복소전력을 구하라.

11.8 그림 P11.8의 rms 페이저회로에 대하여

(1) 전류 페이저 I_1, I_2, I_L, I_N을 구하라.

(2) 부하임피던스 Z_L에서 소비되는 복소전력을 구하라.

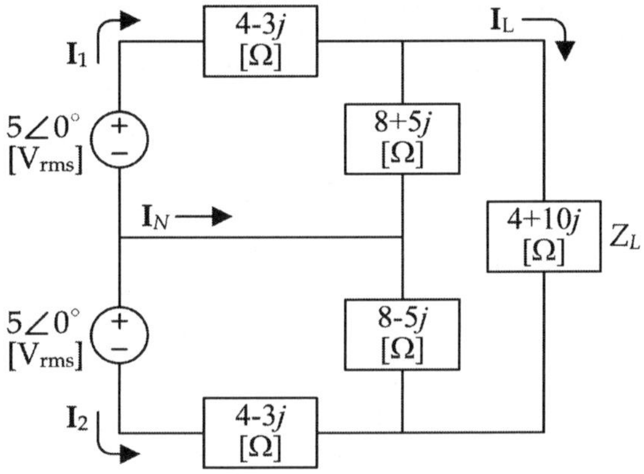

그림 P11.8

11.9 그림 P11.9의 전기회로에서 전압원은 $v_s(t) = 10\sqrt{2}\cos(20t)$ [V]이다.

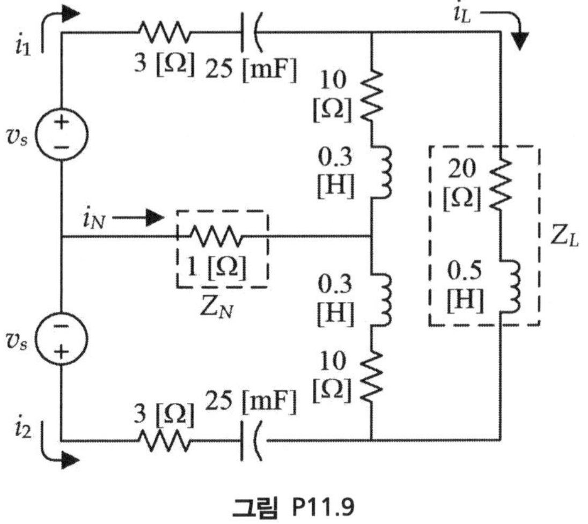

그림 P11.9

(1) 주어진 회로를 rms 페이저회로로 변환하고, 전류 $i_1(t)$, $i_2(t)$, $i_L(t)$, $i_N(t)$를 구하라.

(2) 중성가지 임피던스 Z_N과 부하임피던스 Z_L에서 소비되는 복소전력을 구하라.

(3) 전원이 회로에 공급하는 평균전력과 중성가지에서 손실되는 평균전력의 비를 구하라.

11.10 그림 P11.10에 나타낸 3상 4선식 전기회로에서 전원부는 평형 Y결선 구조이며, $v_{an}(t) = 10\sqrt{2}\cos(5t + 45^\circ)$ [V]이다. 여기서 각 상전압은 시계방향으로 a-b-c의 순서로 지상위상을 가지는 것으로 가정한다.

(1) 전원부 상전압을 정의하고, 주어진 전기회로에 대한 rms 페이저회로를 제시하라.

(2) 선전류 $i_{aA}(t)$, $i_{bB}(t)$, $i_{cC}(t)$와 중성가지를 통하여 흐르는 전류 $i_{nN}(t)$를 구하라.

(3) 각 상임피던스 Z_p에서 소비되는 복소전력과 전원이 공급하는 복소전력을 구하라.

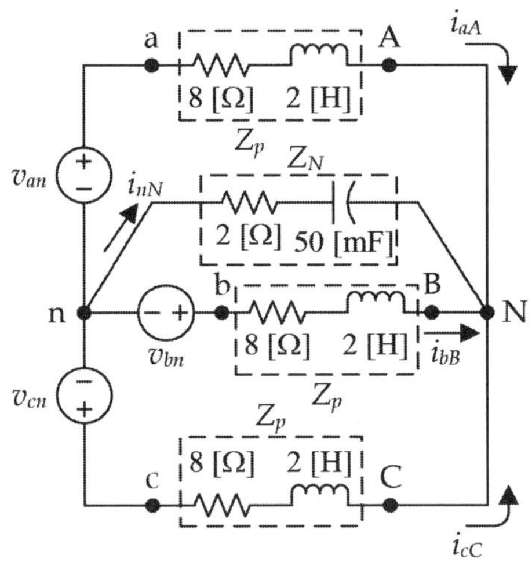

그림 P11.10

11.11 그림 P11.11의 3상 4선식 회로의 평형 Y결선 전원부에서 $\mathrm{V}_{an} = 200\angle 0^\circ$ [$\mathrm{V_{rms}}$]이고, 전원의 상순서는 a-b-c의 순서로 지상위상을 가진다. 각 상임피던스는 $Z_p = 40 + 30j$ [Ω]이고 중성가지 임피던스는 $Z_N = 1 - j$ [Ω]이다.

(1) 전류페이저 I_1, I_2, I_3을 구하라.

(2) 각 상임피던스 Z_p에서 소비되는 복소전력과 세 전원이 공급하는 복소전력이

일치함을 보여라.

(3) 선전압 $\mathbf{V}_{ab}$, $\mathbf{V}_{bc}$, $\mathbf{V}_{ca}$를 구하라.

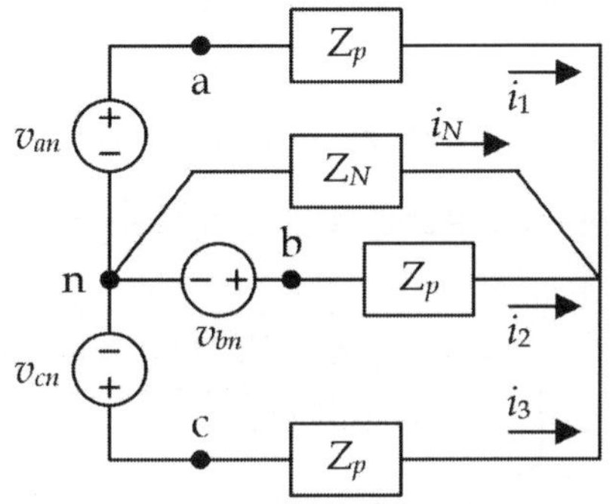

그림 P11.11

11.12 그림 P11.12의 3상 4선식 전기회로의 평형 Y결선 전원부에서 $v_{an}(t) = 20\sqrt{2}\cos(20t + 30^\circ)$ [V]이다.

(1) 상순서가 시계방향으로 a-b-c이고 지상위상을 가지는 것으로 가정할 때, 전원부를 정의하고 주어진 회로에 대한 rms 페이저회로를 제시하라.

(2) 전류 $i_1(t)$, $i_2(t)$, $i_3(t)$, $i_N(t)$를 구하라.

(3) 세 전원이 회로에 공급하는 평균전력을 구하고, 중성가지에서 손실되는 평균전력 손실률을 구하라.

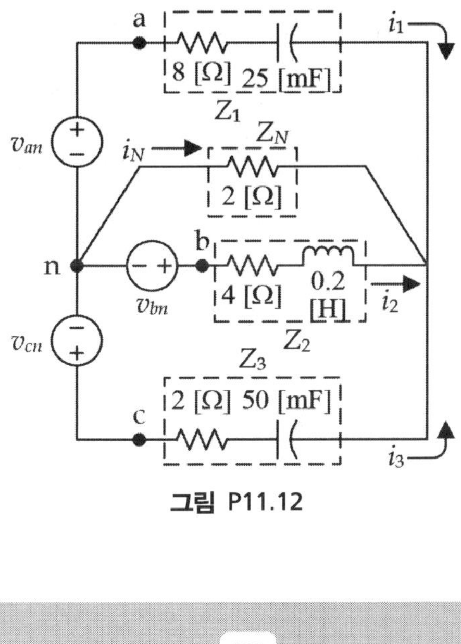

그림 P11.12

11.13 그림 P11.13의 3상 4선식 전기회로의 전원은 $v_s(t) = 10\sqrt{2}\cos(5t + 45°)$ [V]이다.

(1) 주어진 회로에 대한 rms 페이저회로를 제시하고, 전류 $i_1(t)$, $i_2(t)$, $i_3(t)$, $i_N(t)$를 구하라.

(2) 전원이 공급하는 평균전력과 각 상임피던스에서 소비되는 평균전력을 구하라.

(3) 중성가지에서 손실되는 평균전력과 평균전력 손실률을 구하라.

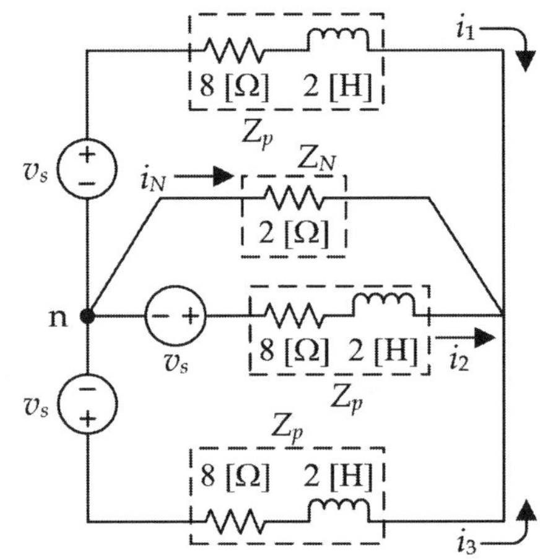

그림 P11.13

11.14 그림 P11.14의 3상 4선식 전기회로에서 세 전원은 다음과 같다.

$$v_{an}(t) = 10\sqrt{2}\cos(20t)\ [\text{V}],\ v_{bn}(t) = 5\sqrt{2}\sin(20t)\ [\text{V}],$$

$$v_{cn}(t) = 8\sqrt{2}\cos(20t + 150°)\ [\text{V}].$$

(1) 주어진 회로에 대한 rms 페이저회로를 제시하고, 전류 $i_1(t)$, $i_2(t)$, $i_3(t)$, $i_N(t)$를 구하라.

(2) 각 상임피던스와 중성가지에서 소비되는 평균전력을 구하라.

(3) 전원이 회로에 공급하는 평균전력을 구하고, 중성가지 임피던스에서 손실되는 평균전력 손실률을 구하라.

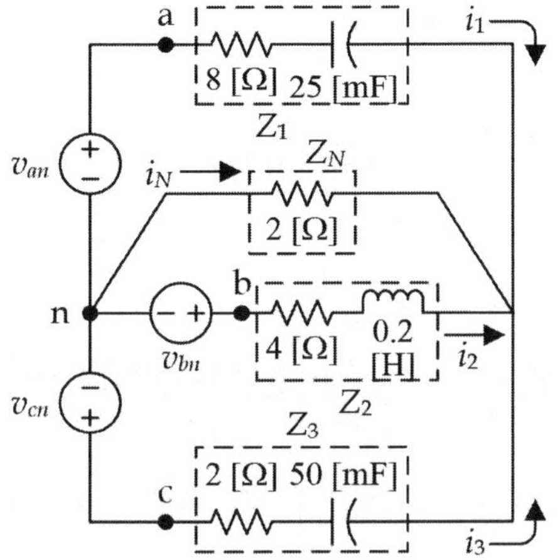

그림 P11.14

11.15 그림 P11.15의 3상 4선식 전기회로에서 세 전원은 다음과 같다.

$$v_{an}(t) = 10\sqrt{2}\cos(10t + 30^\circ)\ [\mathrm{V}],\ v_{bn}(t) = 10\sqrt{2}\sin(10t - 150^\circ)\ [\mathrm{V}],$$

$$v_{cn}(t) = 10\sqrt{2}\cos(10t - 150^\circ)\ [\mathrm{V}].$$

(1) 전류 $i_1(t)$, $i_2(t)$, $i_3(t)$를 구하라.

(2) 전류 $i_N(t)$를 구하여 중성가지에서 손실되는 평균전력을 구하라.

(3) 각 상임피던스에서 소비되는 평균전력과 역률을 구하라.

(4) 각 전압원이 공급하는 평균전력과 역률을 구하라.

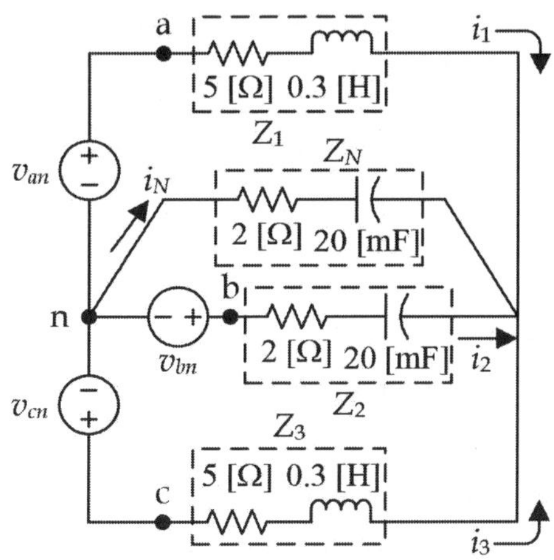

그림 P11.15

11.16 그림 P11.16의 3상 4선식 rms 페이저회로에서 전원부는 평형 Y결선 구조를 가지며 각 전압원은 다음과 같다.

$$V_{an} = 30\angle 0^\circ,\ V_{bn} = 30\angle 120^\circ,\ V_{cn} = 30\angle -120^\circ\ [V_{rms}].$$

여기서 Z_l은 선로임피던스이고, Z_1, Z_2, Z_3은 상임피던스이다.

(1) 각 상임피던스를 통하여 흐르는 전류페이저 I_1, I_2, I_3을 구하라.

(2) 각 상의 선로임피던스에서 손실되는 평균전력과 상임피던스에 흡수되는 평균전력을 구하라.

(3) 중성가지를 통하여 흐르는 전류 I_N을 구하여 중성가지에서 손실되는 평균전력을 구하라.

(4) 세 전압원이 회로에 공급하는 평균전력과 역률을 구하라.

(5) 전원이 공급하는 평균전력과 선로임피던스에서 손실되는 평균전력의 비를 구하라.

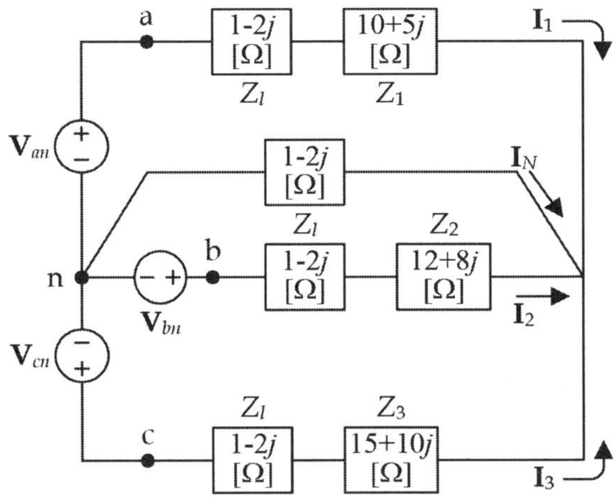

그림 P11.16

11.17 그림 P11.17에서 단자 a, b, c 사이의 △결선 임피던스를 전원의 주파수 조건에 따라 Y결선 임피던스로 변환하라.

(1) 전원의 주파수 $\omega = 15$ [rad/sec].

(2) 전원의 주파수 $\omega = 120$ [rad/sec].

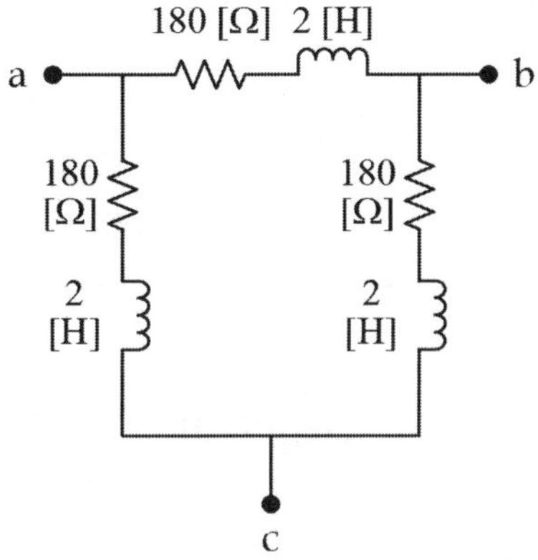

그림 P11.17

11.18 그림 P11.18의 어드미턴스 결선에서 각 어드미턴스는 다음과 같다.

$Y_{ab} = 0.045 - 0.011j,\ \ Y_{bc} = 0.027 + 0.035j,\ \ Y_{ca} = 0.028 + 0.002j$ [℧].

(1) Y결선인지 △결선인지 결정하라.

(2) Y결선이면 △결선으로, △결선이면 Y결선 임피던스로 변환하라.

(3) 주파수가 $\omega = 20$ [rad/sec]일 때, 변환된 임피던스 결선을 RLC 소자로 구현하라.

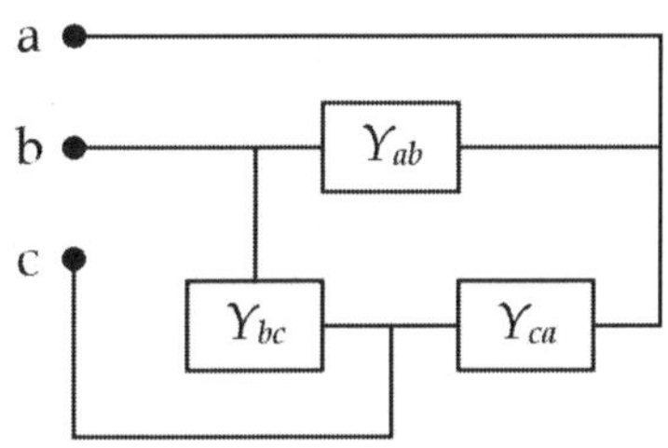

그림 P11.18

11.19 그림 P11.19는 각주파수가 $\omega = 20$ [rad/sec]로 동작하는 어떤 전기회로의 부하부이다. △결선된 임피던스를 Y결선 임피던스로 변환하라.

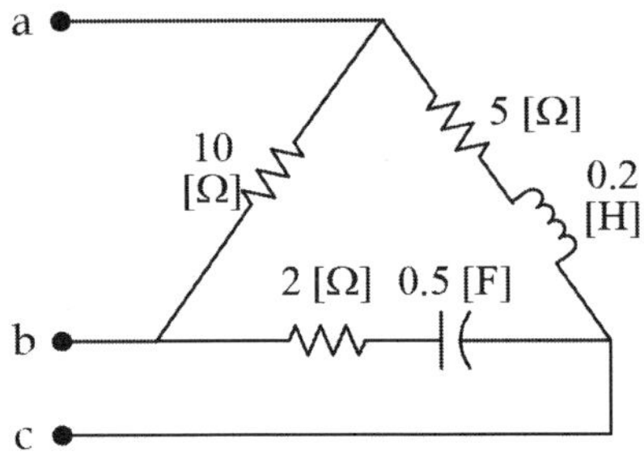

그림 P11.19

11.20 그림 P11.20은 각주파수가 $\omega = 20$ [rad/sec]로 동작하는 3상 회로의 부하부이다.

(1) 세 임피던스가 △결선인지 Y결선 구조인지를 판정하라.

(2) △결선이면 Y결선으로, Y결선이면 △결선으로 변환하라.

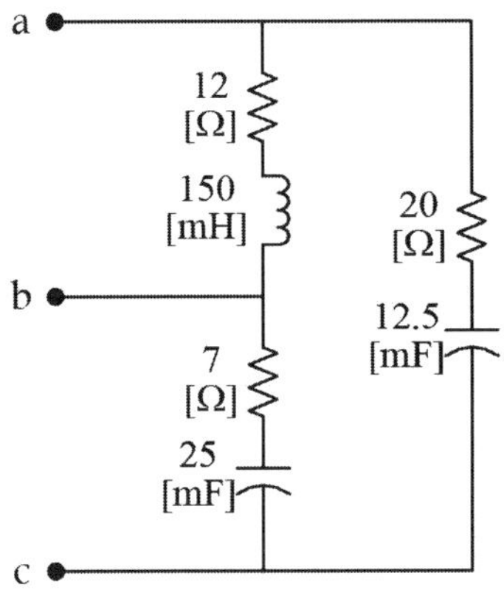

그림 P11.20

11.21 그림 P11.21은 각주파수가 $\omega = 10$ [rad/sec]로 동작하는 3상 회로의 전원부에 연결된 평형 Y결선 부하부이다. 부하임피던스의 결선 구조를 △결선으로 변환하라.

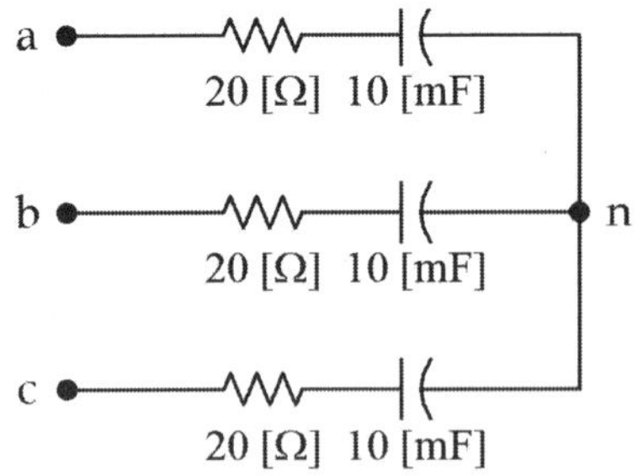

그림 P11.21

11.22 그림 P11.22는 어떤 3상 회로의 부하부 임피던스로 불평형 Y결선 구조이다. 이를 △결선 임피던스로 변환하라.

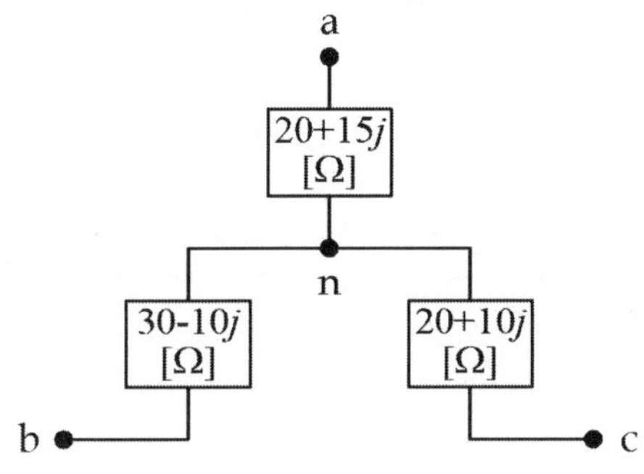

그림 P11.22

11.23 그림 P11.23은 각주파수가 $\omega = 20$ [rad/sec]로 동작하는 3상 회로의 부하부이다. Y결선 임피던스를 △결선 임피던스로 변환하라.

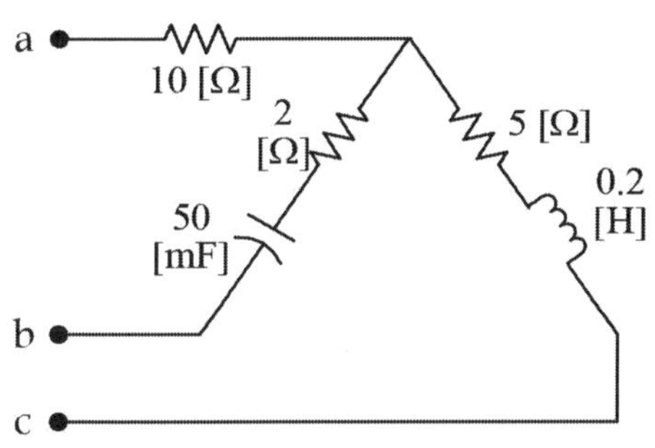

그림 P11.23

11.24 그림 P11.24는 어떤 3상 전기회로의 부하부 임피던스 회로이며 △결선과 Y결선이 복합된 구조이다. 여기서 각 임피던스는 다음과 같다.

$$Z_1 = 4-3j\ [\Omega],\ Z_2 = 5-2j\ [\Omega],\ Z_3 = 6+8j\ [\Omega],$$

$$Z_4 = 20+15j\ [\Omega],\ Z_5 = 30+10j\ [\Omega],\ Z_6 = 6+8j\ [\Omega].$$

(1) 주어진 부하임피던스를 하나의 △결선 임피던스로 변환하라.

(2) 주어진 부하임피던스를 하나의 Y결선 임피던스로 변환하라.

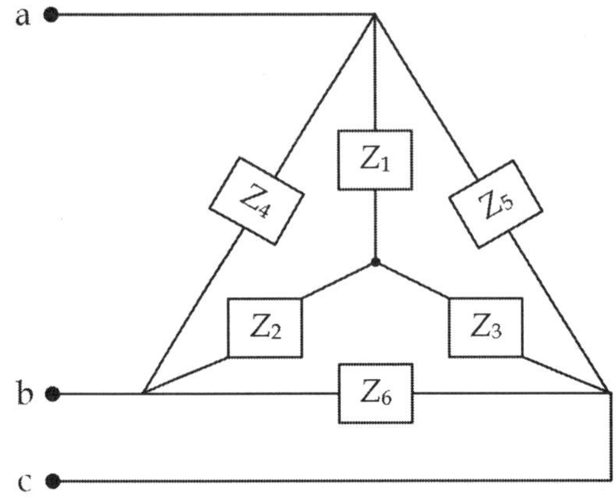

그림 P11.24

11.25 그림 P11.25는 어떤 3상 전기회로의 부하부 임피던스이며, Y결선과 △결선이 병렬 연결된 구조이다.

(1) 주어진 부하임피던스를 하나의 △결선 임피던스로 변환하라.

(2) 주어진 부하임피던스를 하나의 Y결선 임피던스로 변환하라.

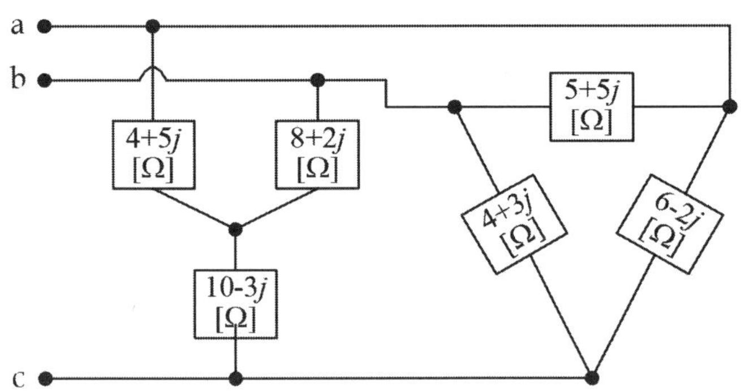

그림 P11.25

11.26 그림 P11.26은 각주파수가 $\omega = 1000$ [rad/sec]로 동작하는 3상 전원부에 연결된 부하임피던스 회로이다.

(1) 주어진 임피던스회로에 대한 페이저회로를 제시하고, 하나의 Y결선 임피던스로 변환하라.

(2) 주어진 부하임피던스를 하나의 △결선 임피던스로 변환하라.

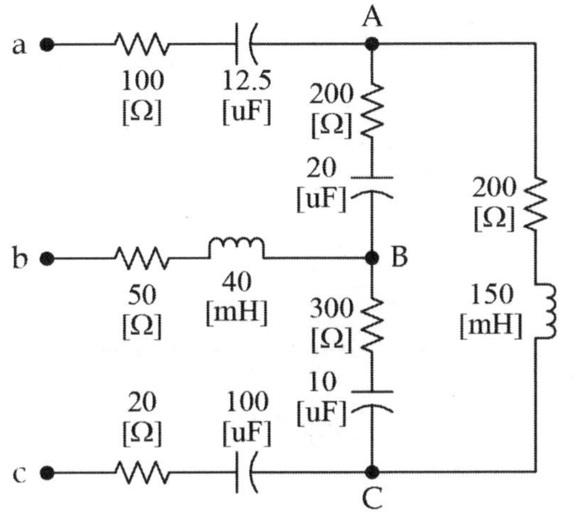

그림 P11.26

11.27 그림 P11.27의 rms 페이저회로에 대하여

(1) 마디 a, b, c에 △결선으로 연결된 세 임피던스를 Y결선으로 변환하라.

(2) 전류페이저 I_1, I_2, I를 구하라.

(3) 전원이 회로에 공급하는 평균전력을 구하라.

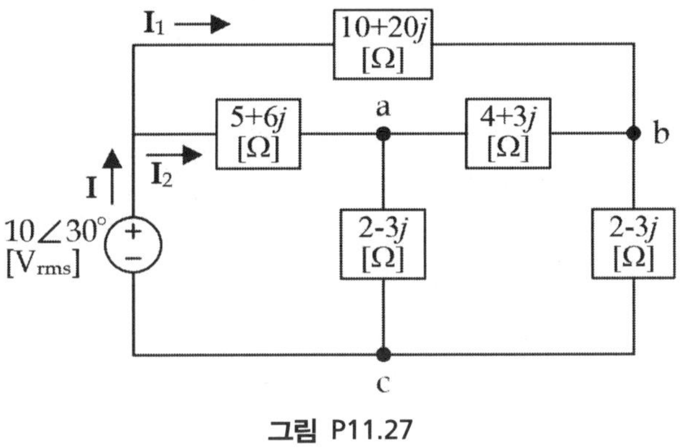

그림 P11.27

11.28 그림 P11.28의 전기회로에서 전압원은 $v_s(t) = 20\sqrt{2}\cos(10t)$ [V]이다.

(1) 주어진 회로를 rms 페이저회로로 변환하고, 전체 임피던스를 구하라.

(2) 전류 $i(t)$와 $i_L(t)$를 구하라.

(3) 전원이 회로에 공급하는 평균전력과 각각의 저항에서 소비되는 평균전력을 구하라.

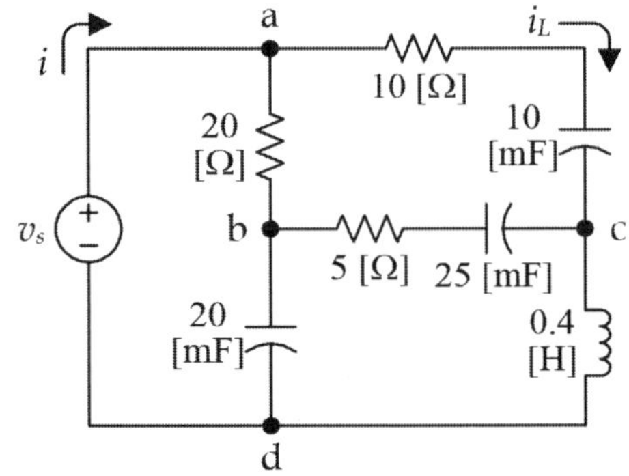

그림 P11.28

11.29 그림 P11.29의 전기회로에서 전압원은 $v_s(t) = 20\sqrt{2}\cos(10t)$ [V]이다.

(1) 주어진 회로를 rms 페이저회로로 변환하고, 전체 임피던스를 구하라.

(2) 전원의 전류 $i(t)$와 부하전류 $i_L(t)$, 전압 $v_L(t)$를 구하라.

(3) 전원이 회로에 공급하는 평균전력과 부하임피던스에서 소비되는 평균전력을 구하라.

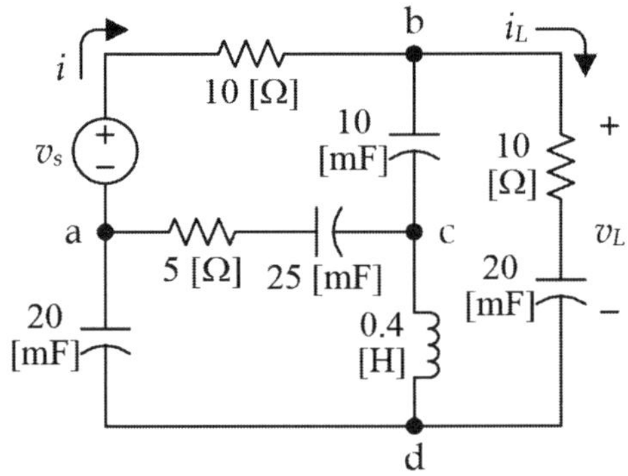

그림 P11.29

11.30 그림 P11.30의 전기회로에서 세 전원은 평형이고 각각 다음과 같다.

$$\mathrm{V}_{an} = 30\angle 0°,\ \mathrm{V}_{bn} = 30\angle -120°,\ \mathrm{V}_{cn} = 30\angle 120°\ [\mathrm{V_{rms}}].$$

(1) 망로전류 I_1, I_2, I_3을 구하라.

(2) 상전류 I_{AB}, I_{BC}, I_{CA}를 구하라.

(3) 마디 A, B, C 사이의 △결선 임피던스를 Y결선 임피던스로 변환시킨 rms 페이저회로를 제시하라.

(4) 변환된 rms 페이저회로에서 선전류 I_{aA}, I_{bB}, I_{cC}를 구하라.

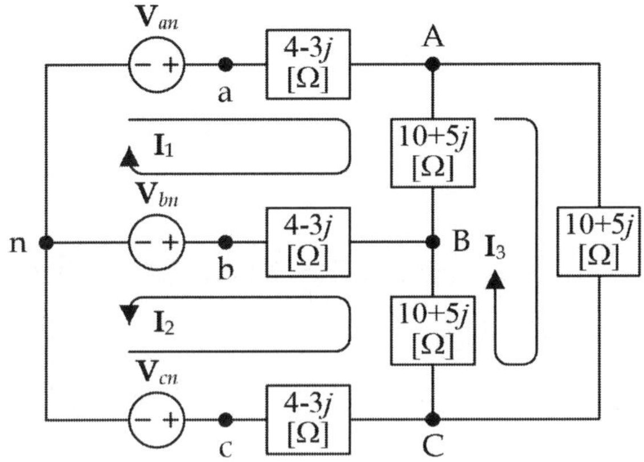

그림 P11.30

11.31 그림 P11.31에 나타낸 평형 3상 4선식 전기회로에서 세 전원의 페이저는 다음과 같다.

$$V_{an} = 20\angle 30^\circ, \; V_{bn} = 20\angle 150^\circ, \; V_{cn} = 20\angle -90^\circ \; [V_{rms}].$$

여기서 선로임피던스와 상임피던스는 각각 $Z_l = 1 - j\ [\Omega]$, $Z_p = 20 + 15j\ [\Omega]$이다.

(1) 선전류 I_{aA}, I_{bB}, I_{cC}를 구하라.

(2) 상임피던스 양단에 걸리는 상전압 V_{AN}, V_{BN}, V_{CN}을 구하라.

(3) 각각의 상임피던스에서 흡수되는 평균전력을 구하라.

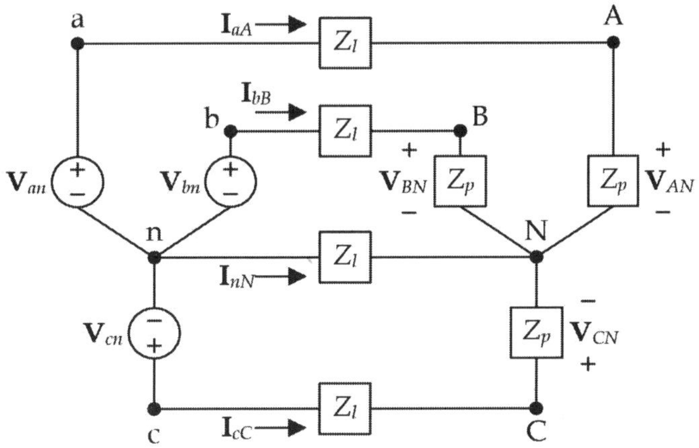

그림 P11.31

11.32 그림 P11.31의 전기회로에서 중성가지를 제거한 다음 선전류 I_{aA}, I_{bB}, I_{cC}를 구하여 문제 11.31의 결과와 비교하라.

11.33 그림 P11.33의 rms 페이저회로에서 세 전원이 다음과 같이 불평형으로 정의된다.

$$\mathrm{V}_{an} = 20\angle 0^\circ,\ \mathrm{V}_{bn} = 20\angle 100^\circ,\ \mathrm{V}_{cn} = 20\angle -75^\circ\ [\mathrm{V_{rms}}].$$

(1) 선전류 I_{aA}, I_{bB}, I_{cC}와 중성가지를 통하여 흐르는 전류 I_{nN}을 구하라.

(2) 상전압 V_{AN}, V_{BN}, V_{CN}을 구하라.

(3) 각각의 상임피던스에서 소비되는 평균전력과 중성가지에서 손실되는 평균전력을 구하라.

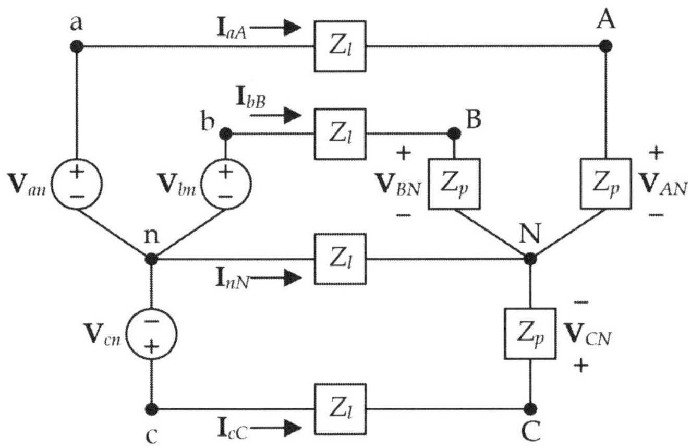

그림 P11.33

11.34 그림 P11.33의 전기회로에서 중성가지를 개방한다.

(1) 선전류 I_{aA}, I_{bB}, I_{cC} 를 구하여 문제 11.33의 결과와 비교하라.

(2) 각각의 상임피던스에서 소비되는 평균전력을 구하라.

11.35 그림 P11.35의 rms 페이저회로에서 세 전원은 다음과 같이 평형 Y결선 구조이다.

$$\mathrm{V}_{an} = 20\angle 0^\circ,\ \mathrm{V}_{bn} = 20\angle 120^\circ,\ \mathrm{V}_{cn} = 20\angle -120^\circ\ [\mathrm{V_{rms}}].$$

여기서 선로임피던스는 $Z_l = 1 - j\ [\Omega]$이고, 각 상임피던스는 $Z_a = 20 + 15j\ [\Omega]$, $Z_b = 10 - 15j\ [\Omega]$, $Z_c = 15 - 8j\ [\Omega]$이다.

(1) 선전류 $\mathbf{I}_{aA}$, $\mathbf{I}_{bB}$, $\mathbf{I}_{cC}$와 중성가지를 통하여 흐르는 전류 $\mathbf{I}_{nN}$을 구하라.

(2) 상전압 $\mathbf{V}_{AN}$, $\mathbf{V}_{BN}$, $\mathbf{V}_{CN}$을 구하라.

(3) 각각의 상임피던스에서 소비되는 평균전력과 중성가지에서 손실되는 평균전력을 구하라.

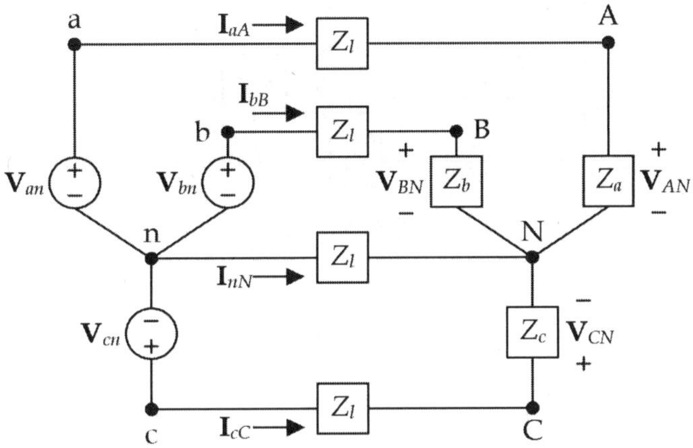

그림 P11.35

11.36 그림 P11.35의 3상 전기회로에서 중성가지를 제거한다.

(1) 선전류 $\mathbf{I}_{aA}$, $\mathbf{I}_{bB}$, $\mathbf{I}_{cC}$를 구하라.

(2) 각각의 상임피던스에서 흡수되는 평균전력을 구하라.

11.37 그림 P11.37은 평형 3상 Y-△결선회로로 세 전원은 다음과 같다.

$$\mathbf{V}_{an} = 30\angle 0^\circ,\ \mathbf{V}_{bn} = 30\angle -120^\circ,\ \mathbf{V}_{cn} = 30\angle 120^\circ\ [\mathrm{V_{rms}}].$$

여기서 각 상임피던스는 $Z_{AB} = Z_{BC} = Z_{CA} = 30 - 20j\ [\Omega]$이고, 선로임피던스는 $Z_l = 2 + j\ [\Omega]$이다.

(1) 선전류 $\mathbf{I}_{aA}$, $\mathbf{I}_{bB}$, $\mathbf{I}_{cC}$를 구하라.

(2) 상임피던스를 통하여 흐르는 상전류 $\mathbf{I}_{AB}$, $\mathbf{I}_{BC}$, $\mathbf{I}_{CA}$과 상전압 $\mathbf{V}_{AB}$, $\mathbf{V}_{BC}$, $\mathbf{V}_{CA}$를 구하라.

(3) 전원이 회로에 공급하는 평균전력, 상임피던스에서 소비되는 평균전력, 선로임피던스에서 손실되는 평균전력을 구하고, 평균전력 손실률을 계산하라.

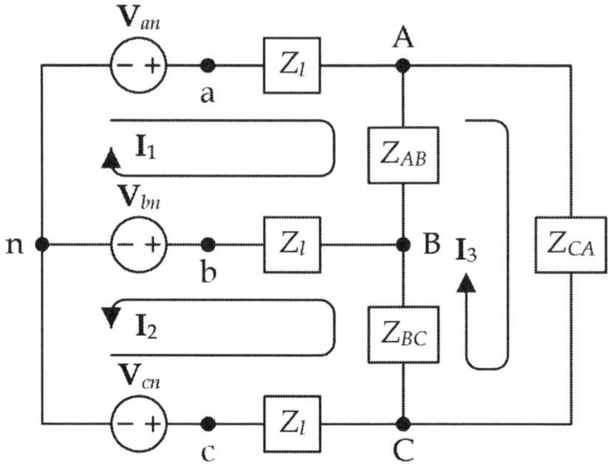

그림 P11.37

11.38 그림 P11.38에 나타낸 3상 회로에서 전원부는 다음과 같이 평형이다.

$$V_{an} = 30\angle 0^\circ,\ V_{bn} = 30\angle -120^\circ,\ V_{cn} = 30\angle 120^\circ\ [V_{rms}].$$

여기서 각 상임피던스는 $Z_{AB} = 20 + 15j\ [\Omega]$, $Z_{BC} = 15 - 8j\ [\Omega]$, $Z_{CA} = 10 - 15j\ [\Omega]$ 이고, 선로임피던스는 $Z_l = 2 + j\ [\Omega]$이다.

(1) 선전류 I_{aA}, I_{bB}, I_{cC} 를 구하라.

(2) △결선을 이루는 세 부하를 통하여 흐르는 상전류와 각각의 부하임피던스 양단에 걸리는 상전압을 구하라.

(3) 전원이 공급하는 평균전력, 상임피던스에서 소비되는 평균전력, 선로임피던스에서 손실되는 평균전력을 구하라.

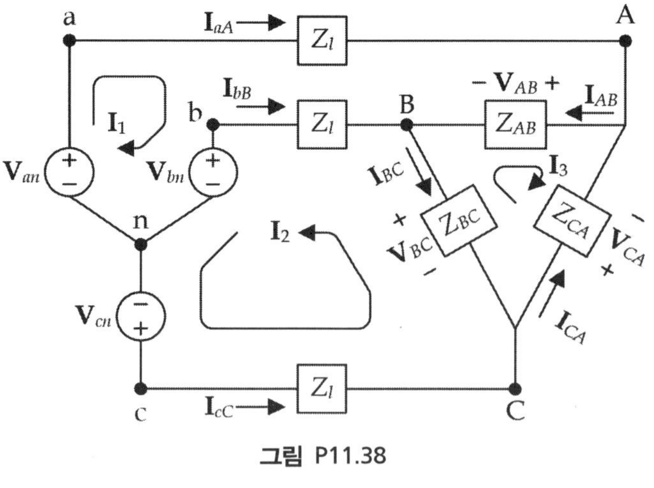

그림 P11.38

11.39 그림 P11.38의 3상 회로에 대한 문제 11.38의 해석을 검증하고자 한다.

(1) △결선된 부하임피던스를 Y결선 임피던스로 변환하고, 선전류 I_{aA}, I_{bB}, I_{cC}를 구하여 문제 11.38과 비교하라.

(2) 전원이 공급하는 평균전력과 Y결선 상임피던스에서 소비되는 평균전력을 구하라.

(3) 선로임피던스에서 손실되는 평균전력과 평균전력 손실률을 구하라.

11.40 그림 P11.40의 평형 3상 △-△결선회로에서 세 전원은 다음과 같다.

$$\mathrm{V}_{an} = 30\angle 0^\circ,\ \mathrm{V}_{bn} = 30\angle -120^\circ,\ \mathrm{V}_{cn} = 30\angle 120^\circ\ [\mathrm{V_{rms}}].$$

여기서 각 상임피던스는 $Z_p = 30 + 20j\ [\Omega]$이고, 선로임피던스는 $Z_l = 1 - j\ [\Omega]$이다.

(1) 선전류 I_{aA}, I_{bB}, I_{cC}를 구하라.

(2) △결선을 이루는 세 부하의 양단에 걸리는 상전압을 구하라.

(3) 전원이 공급하는 평균전력, 상임피던스에서 소비되는 평균전력, 선로임피던스에서 손실되는 평균전력을 구하라.

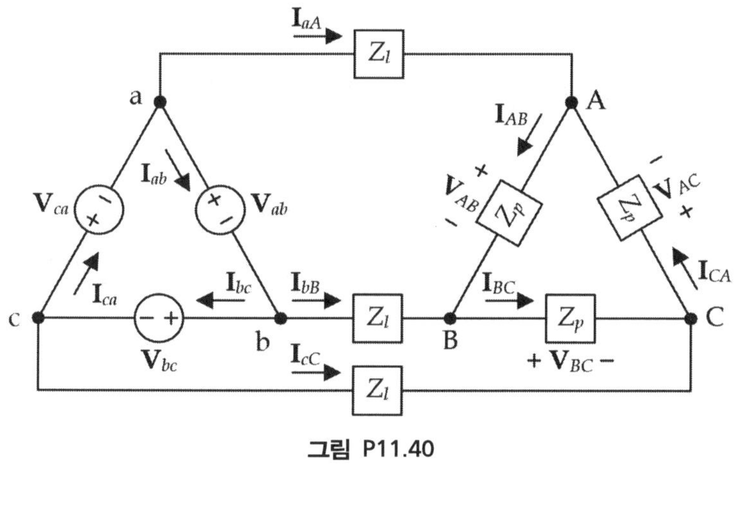

그림 P11.40

11.41 그림 P11.41의 3상 △-△결선회로에서 세 전원은 다음과 같다.

$$\mathrm{V}_{ab} = 30\angle -30^\circ,\ \mathrm{V}_{bc} = 30\angle -135^\circ,\ \mathrm{V}_{ca} = 30\angle 90^\circ\ [\mathrm{V_{rms}}].$$

여기서 각 상임피던스는 $Z_{AB} = 20 + 15j\ [\Omega]$, $Z_{BC} = 15 - 8j\ [\Omega]$, $Z_{CA} = 10 - 15j\ [\Omega]$이다.

(1) 망로전류 I_1, I_2, I_3을 이용하여 선전류 I_{aA}, I_{bB}, I_{cC}를 구하라.

(2) 상임피던스 양단에 걸리는 상전압과 상임피던스에서 소비되는 평균전력을 구하라.

(3) 전원이 회로에 공급하는 평균전력과 선로임피던스에서 손실되는 평균전력, 평균전력 손실률을 구하라.

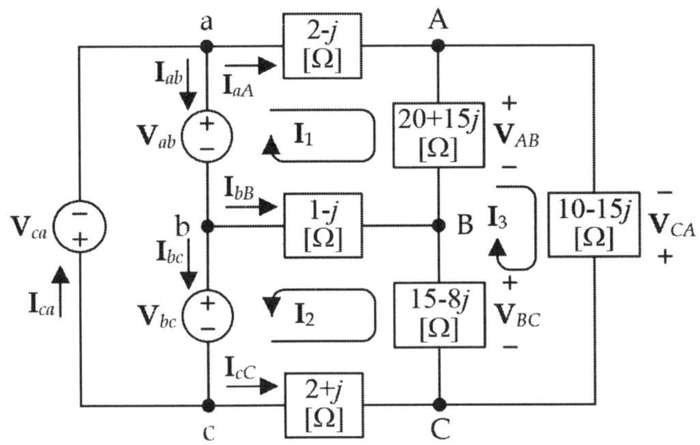

그림 P11.41

11.42 그림 P11.42의 rms 페이저회로는 평형 3상 △-Y결선회로이고, 세 전원은 다음과 같다.

$$V_{ab} = 50\angle 0^\circ,\ V_{bc} = 50\angle -120^\circ,\ V_{ca} = 50\angle 120^\circ\ [\mathrm{V_{rms}}].$$

여기서 각 상임피던스는 $Z_A = Z_B = Z_C = Z_p = 30 + 20j\ [\Omega]$이고, 선로임피던스는 $Z_l = 1 - j\ [\Omega]$이다.

(1) 선전류 I_{aA}, I_{bB}, I_{cC}를 구하라.

(2) 상전압 V_{AN}, V_{BN}, V_{CN}과 상임피던스에서 소비되는 평균전력을 구하라.

(3) 전원이 회로에 공급하는 평균전력을 구하라.

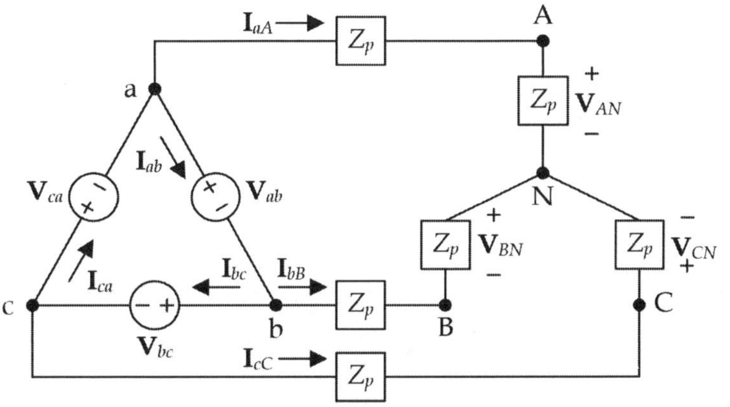

그림 P11.42

11.43 그림 P11.43은 3상 △-Y결선회로이고, 세 전압원은 다음과 같다.

$$V_{ab} = 50\angle 0^\circ,\ V_{bc} = 50\angle -120^\circ,\ V_{ca} = 50\angle 120^\circ\ [V_{rms}].$$

여기서 각 상임피던스는 $Z_A = 30 + 20j\ [\Omega]$, $Z_B = 15 - 8j\ [\Omega]$, $Z_C = 10 - 15j\ [\Omega]$이고, 선로임피던스는 $Z_l = 2 - j\ [\Omega]$이다.

(1) 선전류 I_{aA}, I_{bB}, I_{cC}를 구하라.

(2) 상전압 V_{AN}, V_{BN}, V_{CN}과 상임피던스에서 소비되는 평균전력을 구하라.

(3) 전원이 회로에 공급하는 평균전력을 구하라.

(4) 선로임피던스에서 손실되는 평균전력과 평균전력 손실률을 구하라.

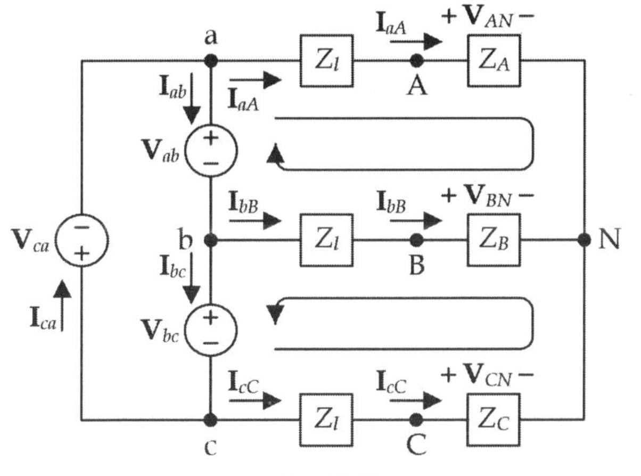

그림 P11.43

CHAPTER 12

라플라스 변환

12장 라플라스 변환

저항회로에 인덕터와 커패시터 같은 에너지 축적소자가 도입되면서 전기회로의 응답은 고유응답과 강제응답의 합으로 나타난다. 고유응답은 에너지 축적소자에 에너지가 저장되거나 저장된 에너지가 방출되는 과정에서 한시적으로 나타나는 응답이다. 특히, 전기회로에 에너지를 공급하는 전원의 순간적인 상태변화는 에너지 축적소자의 동작에 큰 영향을 미치므로 짧은 시간 동안 전기회로에서 발생되는 전기적 특성 변화를 반영하는 고유응답을 과도응답(또는 과도상태응답)이라고도 한다.

한편, 강제응답은 전기회로를 구동시키는 전원에 의하여 나타나는 응답이다. 커패시터나 인덕터에 에너지를 축적시키거나 축적된 에너지가 방전되는 메커니즘과는 달리 전원은 장시간 지속적으로 동일한 응답을 발생시킨다. 이런 이유로 강제응답은 전기회로를 구동하는 전원을 수학적으로 표현한 강제함수와 동일한 수학적 형태를 갖는 특징이 있다.

특히, 직류 전원이 회로를 구동한 이후 충분히 긴 시간이 경과되어 에너지 축적소자의 전기적 특성이 더 이상 변하지 않는 상태의 강제응답을 직류 정상상태응답이라고 한다. 전기회로가 직류 정상상태에 도달하면 인덕터는 단락회로로, 커패시터는 개방회로로 대체하여 해석한다. 이에 비하여 교류 전원이 회로를 구동시키는 경우 에너지 축적소자의 전기적 특성은 강제함수에 따라 계속 상태가 변하므로 인덕터와 커패시터를 각각 단락회로와 개방회로로 대체하여 해석할 수 없다. 그럼에도 불구하고 교류 전원이 회로를 구동한 이후 충분히 긴 시간이 경과되면 과도응답이 사라지므로 이때 나타나는 강제응답을 교류 정상상태응답이라고 한다.

교류 정상상태응답은 이전의 여러 장에서 학습한 주요 주제이다. 저항, 커패시터, 인덕터의 조합으로 구성된 1차 회로와 2차 회로에서는 회로방정식이 1계 또는 2계 미분방정식의 형태로 나타난다. 이와 같은 미분방정식으로부터 전기회로의 응답을 구하는 것은 수학적으로 꽤 까다로운 풀이과정을 거치게 되며, 정상상태응답뿐만 아니라 과도응답까지 나타난다. 정현파 함수에 대한 페이저 형식의 표현은 교류 전원이 인가되는 1차 회로와 2차 회로의 회로방정식을 페이저 형식을 가지는 대수방정식으로 변환시켜준다. 페이저 형식 대수방정식의 풀이과정은 복소수 사칙연산을 사용하므로 미분방정식 형태의 회로방정식에 대한 해법보다 놀라울 정도로 단순하다. 다만 이 과정에서 나타나는 응답은 교류 정상상태응답이므로 과도응답을 해석할 수 없는 점을 유의하여야 한다. 하지만 교류전원에 대한 실효값과 평균전력, 그리고 더 나아가서는 전기요금의 계산 등에서는 과도응답의 역할이 없으므로 과도응답에 대한 해석이 굳이 필요하지는 않았다.

이 장에서는 미분방정식 또는 미적분방정식으로 나타나는 1차 회로와 2차 회로의 회로방정식에 대한 응답을 구하는 새로운 도구로 라플라스 변환(Laplace transform)을 도입한다. 이것은 1차 회로와 2차 회로의 회로방정식을 대수방정식으로 표현하여 해석한다는 점에서는 이전에 학습한 페이저 형식을 이용하는 전기회로 해석법과 유사한 개념이지만 정현파 전원뿐만 아니라 다른 형태의 전원에 의하여 구동되는 전기회로까지도 해석할 수 있다는 점에서는 훨씬 확장된 선형회로 해석 도구이다.

12.1 s-영역

이전까지는 1차 또는 2차 회로의 회로방정식을 연립 미분방정식, 페이저 형식에 의한 복소수 대수방정식 등을 이용하여 해석하는 방법을 학습하였다. 이러한 해석은 시간영역(time domain)에서 풀이과정이 이루어지는 것을 묵시적으로 의미한다. 라플라스 변환에서는 s-영역(s-domain)이라는 새로운 영역에서 풀이과정이 이루어진다.

이미 1차 또는 2차 회로의 고유응답을 구하는 과정에서 주어진 회로방정식에 대한 특성방정식을 표현할 때 s-파라미터를 도입하여 사용한 경험이 있다. 특히, 2차 회로의 특성방정식은 s에 대한 2차 방정식으로 표현되며, 특성방정식의 근은 저항, 커패시터, 인덕터의 조합에 따라 서로 다른 두 개의 실수근, 실수 이중근, 서로 다른 두 개의 복소근으로 나타나는 것을 알고 있다. 실수의 집합은 복소수 집합의 부분집합이므로 세 종류의 특성방정식 근을 다음과 같이 복소수로 일반화시켜 나타낼 수 있다.

$$s=\sigma+j\omega. \tag{12.1}$$

그러므로 라플라스 변환에서 s-파라미터가 가지는 수의 범위인 s-영역은 복소수 영역으로 표현된다.

임의의 시간함수 $f(t)$에 대한 라플라스 변환은 식 (12.2)와 같이 정의된다.

$$F(s)=\mathcal{L}\{f(t)\}=\int_{0^-}^{\infty} f(t)e^{-st}dt. \tag{12.2}$$

여기에서 주목할 점은 적분식의 하한(lower limit)이 0이 아니라 0^-라는 점이다. 이것은 함수 $f(t)$가 시간구간 $[0^-, 0^+]$에서 연속인 경우 $t=0$으로 대체하여도 아무런 문제가 되지 않는다. 하지만 이전에 학습한 단위계단함수와 같은 특이함수의 경우 $t=0^-$와 $t=0^+$에서 서로 다른 값을 가지므로 시간구간의 극소 변화에 대한 적분 면적이 달라지는 점을 감안하기 위한 수학적 정의이다.

식 (12.2)와 같이 정의된 라프라스변환이 유효하기 위해서는 복소변수 s의 어떤 값에도 $F(s)$가 존재하여야 한다. 즉, 라플라스 변환 $F(s)$가 s의 어떤 영역에서 존재할 때 시간함수 $f(t)$를 라플라스 변환 가능이라고 한다. 그러므로 함수 $f(t)$의 라플라스 변환 가능성에 대한 충분조건은

(1) $f(t)$는 적분 영역에서 연속함수이다. 즉, 임의의 극소 시간변화량 Δt에 대하여

$$\lim_{\Delta t \to 0} f(t+\Delta t) = \lim_{\Delta t \to 0} f(t-\Delta t). \tag{12.3}$$

(2) $f(t)$의 크기는 유한한 크기를 가지는 지수함수보다 작아서 적분결과는 어떤 유한한 값으로 수렴하여야 한다. 즉,

$$\int_{0^-}^{\infty} |f(t)e^{-st}|dt = \int_{0^-}^{\infty} |f(t)||e^{-\sigma t}||e^{-jwt}|dt < \infty \tag{12.4}$$

이어야 한다. 이것은 식 (12.4)에서 $|e^{jwt}|=1$이고 $|e^{-\sigma t}|=e^{-\sigma t}$이므로 피적분함수가

$$|f(t)| \le Me^{\sigma t} \tag{12.5}$$

를 만족하는 어떤 유한한 M이 존재함을 의미한다.

s-영역의 함수 $F(s)$에 대한 라플라스 역변환(inverse Laplace transform)은 다음과 같이 정의된다.

$$f(t) = \mathcal{L}^{-1}\{F(s)\} = \frac{1}{2\pi j}\int_{\sigma_1 - j\infty}^{\sigma_1 + j\infty} F(s)e^{st}ds. \tag{12.6}$$

여기서 σ_1은 실수이고 식 (12.5)의 σ와 비교하면 $\sigma_1 > \sigma$이다. 이 적분식을 증명하는 과정은 복소함수론의 영역이므로 여기서는 다루지 않는 것으로 한다. 다만, 어떤 함수 $f(t)$에 대한 라플라스 변환 $F(s)$는 유일하게 존재하므로 그 역도 성립한다.

s-영역에 대한 설명을 이어가기 위하여 그림 12.1(a)와 같은 시간영역 실함수

$$f(t) = e^{-at}u(t) \tag{12.7}$$

를 생각해보자. 여기서 $u(t)$는 앞에서 학습한 바 있는 단위계단함수이고 a는 임의의 상수이다. $u(t)$의 정의에 의하여 주어진 함수는 $t > 0$에서 연속이다. 또한, 단위계단함수 때문에 라플라스 변환의 적분 구간은 0^-가 아니라 0부터 시작된다. 라플라스 변환이 s-영역에서 존재하는 다른 조건을 확인하기 위하여 식 (12.1)을 적용하면

$$\left[e^{-(s+a)t}\right]_{s=\sigma+j\omega} = e^{-(\sigma+a)t}e^{-j\omega t}. \tag{12.8}$$

오일러의 공식에 따르면

$$e^{-j\omega t} = \cos(\omega t) + j\sin(\omega t) \tag{12.9}$$

는 $|e^{jwt}| = 1$인 진동함수이므로 식 (12.8)이 유한한 값으로 수렴하기 위해서는 크기를 결정하는 지수함수 $e^{-(\sigma+a)t}$가 수렴하여야 한다.

$$\lim_{t \to \infty} e^{-(\sigma+a)t} \simeq 0 \tag{12.10}$$

이 될 조건은 $\sigma + a > 0$이다. 그러므로 $\sigma = Re\{s\} > -a$인 조건에서 시간함수 $f(t) = e^{-at}u(t)$의 라플라스 변환은

$$\begin{aligned} F(s) = \mathcal{L}\{f(t)\} &= \int_{0^-}^{\infty} \{e^{-at}u(t)\}e^{-st}dt = \int_0^{\infty} e^{-(s+a)t}dt \\ &= \frac{-1}{s+a}\left[e^{-(s+a)t}\right]_0^{\infty} = \frac{1}{s+a} \end{aligned} \tag{12.11}$$

가 되며, 이것을 s-영역에서 그림으로 나타내면 그림 12.1(b)와 같다.

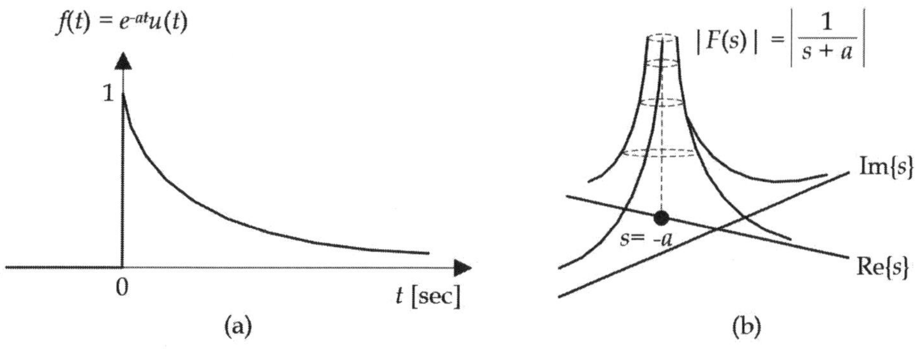

그림 12.1 실함수 $f(t) = e^{-at}u(t)$와 라플라스 변환 $F(s)$

이 예에서 $a=0$인 경우 시간함수는 $f(t)=u(t)$가 된다. 그러므로 단위계단함수에 대한 라플라스 변환은

$$\mathcal{L}\{u(t)\}=\int_{0^-}^{\infty} u(t)e^{-st}dt=\int_{0}^{\infty} e^{-st}dt=\frac{1}{s} \tag{12.12}$$

이 됨을 알 수 있다.

한편, 식 (12.11)과 그림 12.1(b)에서 $s=-a$인 경우

$$[F(s)]_{s=-a}=\left[\frac{1}{s+a}\right]_{s=-a}=\infty \tag{12.13}$$

가 되어 발산하는 것을 알 수 있다. 이로부터 s-영역에서 라플라스 변환의 발산과 수렴에 대한 두 가지 정의를 추가한다.

(1) 라플라스 변환의 극점(pole) : s-영역의 어떤 수 s_p에 대하여 라플라스 변환 $F(s)$가 다음과 같이 발산하면 s_p는 $F(s)$의 극점이다.

$$|F(s)|_{s=s_p}=\infty. \tag{12.14}$$

(2) 라플라스 변환의 영점(zero) : s-영역의 어떤 수 s_z에 대하여 라플라스 변환 $F(s)$가 다음과 같이 수렴하면 s_z는 $F(s)$의 극점이다.

$$|F(s)|_{s=s_z}=0. \tag{12.15}$$

예제 12.1

시간함수 $f(t)=(2e^{-t}+3e^{-3t})u(t)$의 라플라스 변환 $F(s)$를 구하고, $F(s)$의 극점과 영점을 구하라.

풀이

라플라스 변환의 정의식에 따라

$$F(s) = \mathcal{L}\{f(t)\} = \int_{0^-}^{\infty} \{(2e^{-t} + 3e^{-3t})u(t)\}e^{-st}dt \qquad ①$$

$$= \int_{0}^{\infty} 2e^{-(s+1)t}dt + \int_{0}^{\infty} 3e^{-(s+3)t}dt = \frac{2}{s+1} + \frac{3}{s+3}$$

$$\rightarrow F(s) = \frac{2}{s+1} + \frac{3}{s+3} = \frac{5s+9}{(s+1)(s+3)}.$$

그러므로 식 (12.14)를 만족하는 극점은 라플라스 변환의 분모가 0이 되도록 하는 $s = -1$과 $s = -3$이다. 그리고 식 (12.15)를 만족하는 영점은 라플라스 변환의 분자가 0이 되도록 하는 $s = -9/5$이다.

라플라스 변환의 극점과 영점에 대한 분석뿐만 아니라 예제 12.1은 라플라스 변환의 선형성에 대한 실마리를 제공한다. 선형시스템 또는 선형변환(linear transform)은 중첩의 원리(superposition principle)를 만족하는 것으로 4장에서 학습한 바 있다. 라플라스 변환이 중첩의 원리를 만족하는 선형변환인지 확인하기 위하여 $f_1(t) = e^{-t}u(t)$와 $f_2(t) = e^{-3t}u(t)$라는 두 함수를 생각하여보자. 함수 $f_1(t)$와 $f_2(t)$의 라플라스 변환을 각각 $F_1(s)$와 $F_2(s)$라고 하면 $F_1(s)$와 $F_2(s)$는 다음과 같다.

$$F_1(s) = \mathcal{L}\{f_1(t)\} = \int_{0^-}^{\infty} \{e^{-t}u(t)\}e^{-st}dt = \int_{0}^{\infty} e^{-(s+1)t}dt = \frac{1}{s+1},$$

$$F_2(s) = \mathcal{L}\{f_2(t)\} = \int_{0^-}^{\infty} \{e^{-3t}u(t)\}e^{-st}dt = \int_{0}^{\infty} e^{-(s+3)t}dt = \frac{1}{s+3}$$

이들을 예제 12.1의 식 ①에 적용하면 주어진 시간함수 $f(t)$에 대한 라플라스 변환은

$$F(s) = \frac{2}{s+1} + \frac{3}{s+3} = 2F_1(s) + 3F_2(s)$$

으로 나타낼 수 있다. 이로부터 다음 식도 성립한다.

$$\mathcal{L}\{f(t)\} = 2\mathcal{L}\{f_1(t)\} + 3\mathcal{L}\{f_2(t)\} = \mathcal{L}\{2f_1(t) + 3f_2(t)\}.$$

이를 일반화시켜 나타내면 임의의 두 시간함수 $f_1(t)$와 $f_2(t)$의 가중합(weighted sum)으로 주어지는 새로운 시간함수 $f(t)$에 대한 라플라스 변환은

$$F(s) = \mathcal{L}\{f(t)\} = \mathcal{L}\{c_1 f_1(t) + c_2 f_2(t)\} = c_1 F_1(s) + c_2 F_2(s) \qquad (12.16)$$

이 된다. 여기서 c_1과 c_2는 임의의 상수로 각각 함수 $f_1(t)$와 $f_2(t)$의 가중치이다. 그러므로 라플라스 변환은 선형변환이다.

예제 12.2

시간함수 $f(t)=\cos(\omega t)$의 라플라스 변환 $F(s)$를 구하고, $F(s)$의 극점과 영점을 구하라.

풀이

오일러의 공식[1)]을 이용하면 주어진 함수는

$$f(t)=\cos(\omega t)=\frac{1}{2}\left(e^{j\omega t}+e^{-j\omega t}\right). \quad ①$$

라플라스 변환의 정의식에 따라

$$F(s)=\mathcal{L}\{f(t)\}=\int_{0^-}^{\infty}\left\{\frac{1}{2}\left(e^{j\omega t}+e^{-j\omega t}\right)\right\}e^{-st}dt. \quad ②$$

라플라스 변환의 선형성을 이용하면 식 ②는

$$\begin{aligned}F(s)&=\frac{1}{2}\int_{0}^{\infty}e^{-(s-j\omega)t}dt+\frac{1}{2}\int_{0}^{\infty}e^{-(s+j\omega)t}dt \quad ③\\&=\frac{-1}{2(s-j\omega)}\left[e^{-(s-j\omega)t}\right]_0^{\infty}+\frac{-1}{2(s+j\omega)}\left[e^{-(s+j\omega)t}\right]_0^{\infty}\\&=\frac{1}{2}\left\{\frac{1}{s-j\omega}+\frac{1}{s+j\omega}\right\}=\frac{s}{(s-j\omega)(s+j\omega)}=\frac{s}{s^2+\omega^2}.\end{aligned}$$

식 ③으로부터 $F(s)$는 s-영역에서 두 개의 극점과 한 개의 영점을 가지며, 이들은 각각 $s=\pm j\omega$와 $s=0$에 위치한다.

12.2 특이함수

특이함수(singularity function)는 함수가 불연속이 되거나 또는 그 함수의 도함수가 불

1) 오일러의 항등식은 부록 B. 복소수와 복소지수함수를 참고하라.

연속이 되는 어떤 특이점(singularity point)을 가지는 함수로 알려져 있다. 하지만 이것이 특이함수에 대한 정확한 수학적 정의라고는 할 수 없다. 현재까지 학습한 특이함수로는 식 (12.17)과 같이 정의되는 단위계단함수가 있다.

$$u(t)=\begin{cases}1, & t>0\\ 0, & t<0\end{cases} \tag{12.17}$$

식 (12.17)의 정의에서 $t=0$인 경우 단위계단함수의 값은 정의되지 않는다. 1차 회로나 2차 회로에서 단위계단함수를 전원함수로 사용하는 예를 학습한 바 있다. 이것은 전기회로에 포함된 물리적인 스위치를 열거나 닫는 것을 의미한다.

특이함수의 두 번째 예는 단위충격파함수(unit impulse function)이다. 이것은 흔히 임펄스함수 또는 디랙델타함수(Dirac delta function)라고도 하며 다음과 같이 단위계단함수의 1차 미분으로 정의된다.

$$\delta(t)=\frac{d}{dt}u(t)=\begin{cases}1, & t=0\\ 0, & t\neq 0\end{cases} \tag{12.18}$$

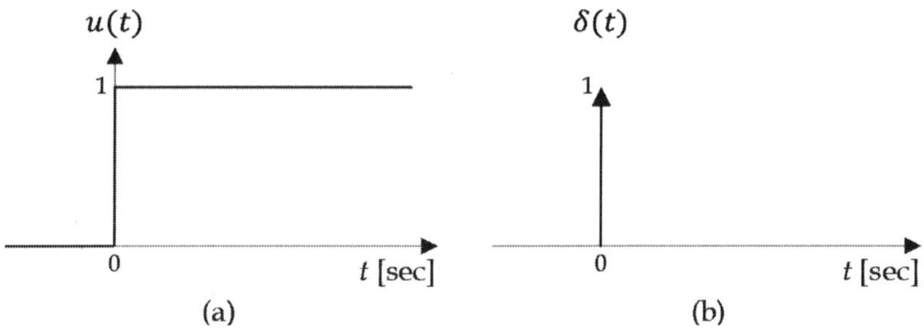

그림 12.2 (a) 단위계단함수 (b) 단위충격파함수

사실 그림 12.2(a)에 나타낸 단위계단함수를 식 (12.18)처럼 1차 미분하면 $t=0$에서 미분값은 무한대가 되어 그림 12.2(b)에 나타낸 것처럼 1로 정의할 수 없지만 해석의 편의성을 위하여 충격파의 세기를 1로 정의하는 경우가 많다.

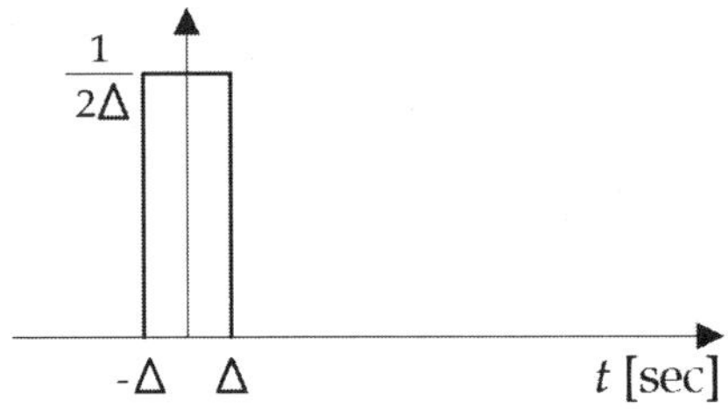

그림 12.3 면적이 1인 사각펄스

그림 12.3에 나타낸 면적이 1인 사각펄스함수를 생각하여보자. 사각펄스의 밑변과 높이를 정의하는 Δ값을 0에 근접할 정도로 작게 하더라도 면적은

$$\lim_{\Delta \to 0} \int_{-\Delta}^{\Delta} \frac{1}{2\Delta}\, dt = 1 \tag{12.19}$$

으로 여전히 1이 된다. Δ가 0으로 수렴할 정도로 작게 하는 것은 사각펄스의 폭이 0^-부터 0^+까지 되며, 높이는 ∞가 되므로 사각펄스는 충격파함수가 된다. 따라서 단위충격파함수는

$$\int_{-\infty}^{\infty} \delta(t)\, dt = 1 \tag{12.20}$$

이 되는 특성을 가진다. 이것을 단위충격파함수의 강도(strength)라고 한다. 또한, 식 (12.18)과 식 (12.20)으로부터 단위계단함수는 단위충격파함수의 적분으로 다음과 같이 나타낼 수 있다.

$$u(t) = \int_{-\infty}^{t} \delta(\tau)\, d\tau. \tag{12.21}$$

한편, 단위충격파함수와 일반 함수의 곱에 관한 규칙으로 가장 빈번하게 사용되는 것을 식 (12.22)에 나타내었다.

$$f(t)\delta(t) = f(0)\delta(t), \tag{12.22}$$

$$f(t)\delta(t-t_0) = f(t_0)\delta(t-t_0),$$

여기서 t_0는 임의의 시간천이(time shift)이다.

예제 12.3

시간함수 $f(t)=\delta(t-t_0)$의 라플라스 변환 $F(s)$를 구하라. 여기서 t_0는 상수이다.

풀이

라플라스 변환의 정의식에 의하여 $F(s)$는

$$F(s)=\mathcal{L}\{f(t)\}=\int_{0^-}^{\infty}\delta(t-t_0)e^{-st}dt. \quad ①$$

충격파함수의 곱셈 규칙을 적용하면 식 ①은

$$F(s)=\int_{0}^{\infty}\delta(t-t_0)e^{-st_0}dt=e^{-st_0}\int_{0}^{\infty}\delta(t-t_0)dt=e^{-st_0} \quad ②$$

가 된다.

■

예제 12.3에서 시간천이를 나타내는 상수 $t_0=0$이라면 $e^{-st_0}=1$이 되므로 단위충격파함수의 라플라스 변환은 다음과 같이 나타낼 수 있다.

$$F(s)=\mathcal{L}\{\delta(t)\}=\int_{0^-}^{\infty}\delta(t)e^{-st}dt=1 \quad (12.23)$$

12.3 라플라스 변환의 성질

라플라스 변환은 적분식이므로 곱함수의 적분에 대한 라이프니츠 규칙(Leibniz rule)을 알아두면 매우 유용하다.

$$\begin{aligned}\int_{t_1}^{t_2}\frac{d}{dt}\{f(t)\cdot g(t)\}dt &= [f(t)\cdot g(t)]_{t_1}^{t_2} \\ &= \int_{t_1}^{t_2}f'(t)\cdot g(t)dt+\int_{t_1}^{t_2}f(t)\cdot g'(t)dt,\end{aligned} \quad (12.24)$$

여기서 $f'(t)$와 $g'(t)$는 각각

$$f'(t) = \frac{d}{dt}f(t),\ \ g'(t) = \frac{d}{dt}g(t) \tag{12.25}$$

를 나타낸다.

예제 12.4

시간함수 $h(t) = tu(t)$의 라플라스 변환 $H(s)$를 구하라.

풀이

정의식에 의하여 함수 $h(t)$의 라플라스 변환 $H(s)$는

$$H(s) = \mathcal{L}\{h(t)\} = \int_{0^-}^{\infty} \{tu(t)\}e^{-st}dt = \int_{0}^{\infty} te^{-st}dt. \qquad ①$$

$g'(t) = e^{-st}$로 두고 식 ①에 라이프니츠 규칙을 적용하면

$$\begin{aligned} F(s) &= \int_0^{\infty} te^{-st}dt = \left[t \cdot \frac{-1}{s}e^{-st}\right]_0^{\infty} - \int_0^{\infty} \frac{-1}{s}e^{-st}\,dt \qquad ② \\ &= 0 + \frac{1}{s}\left[\frac{-1}{s}e^{-st}\right]_0^{\infty} = \frac{1}{s^2}. \end{aligned}$$

미분함수의 라플라스 변환

어떤 시간함수 $f(t)$의 라플라스 변환을 $F(s)$라고 하면, 함수 $f(t)$의 1차 미분함수 $\frac{d}{dt}f(t)$의 라플라스 변환은

$$\mathcal{L}\left\{\frac{d}{dt}f(t)\right\} = sF(s) - f(0^-). \tag{12.26}$$

▎증명

라플라스 변환의 정의식에 따른

$$\mathcal{L}\left\{\frac{d}{dt}f(t)\right\} = \int_{0^-}^{\infty}\left[\frac{d}{dt}f(t)\right]e^{-st}dt \tag{12.27}$$

에 라이프니츠 규칙을 적용하면

$$\int_{0^-}^{\infty}\left[\frac{d}{dt}f(t)\right]e^{-st}dt=\left[f(t)e^{-st}\right]_{0^-}^{\infty}-\int_{0^-}^{\infty}f(t)\cdot\frac{d}{dt}e^{-st}dt \tag{12.28}$$
$$=-f(0^-)+s\int_{0^-}^{\infty}f(t)e^{-st}dt=-f(0^-)+sF(s).$$

적분함수의 라플라스 변환

어떤 시간함수 $f(t)$의 라플라스 변환을 $F(s)$라고 할 때, 함수 $f(t)$의 1차 적분함수 $\int_{0^-}^{t}f(\tau)d\tau$의 라플라스 변환은

$$\mathcal{L}\left\{\int_{0^-}^{t}f(\tau)d\tau\right\}=\frac{F(s)}{s}. \tag{12.29}$$

▌증명

라플라스 변환의 정의식에 따른

$$\mathcal{L}\left\{\int_{0^-}^{t}f(\tau)d\tau\right\}=\int_{0^-}^{\infty}\left\{\int_{0^-}^{t}f(\tau)d\tau\right\}e^{-st}dt \tag{12.30}$$

에 라이프니츠 규칙을 적용하면

$$\int_{0^-}^{\infty}\left[\int_{0^-}^{t}f(\tau)d\tau\right]e^{-st}dt=\left[\int_{0^-}^{t}f(\tau)d\tau\cdot e^{-st}\right]_{0^-}^{\infty} \tag{12.31}$$
$$-\int_{0^-}^{\infty}\left[\frac{d}{dt}\left\{\int_{0^-}^{t}f(\tau)d\tau\right\}\cdot\frac{-1}{s}e^{-st}\right]dt.$$

식 (12.31)에서 등호 오른쪽의 첫 번째 항은

$$\left[\int_{0^-}^{t}f(\tau)d\tau\cdot e^{-st}\right]_{0^-}^{\infty}=\int_{0^-}^{\infty}f(\tau)d\tau\cdot e^{-\infty}-\int_{0^-}^{0^-}f(\tau)d\tau\cdot e^{0}=0-0 \tag{12.32}$$

이 된다. 등호 오른쪽의 두 번째 항은

$$\frac{1}{s}\int_{0^-}^{\infty}\left[\left\{\frac{d}{dt}\int_{0^-}^{t}f(\tau)d\tau\right\}\cdot e^{-st}\right]dt=\frac{1}{s}\int_{0^-}^{\infty}f(t)e^{-st}dt=\frac{1}{s}F(s). \tag{12.33}$$

단위충격파함수의 라플라스 변환

단위충격파함수 $\delta(t)$의 라플라스 변환

$$\mathcal{L}\{\delta(t)\}=\int_{0^-}^{\infty}\delta(t)e^{-st}dt \tag{12.34}$$

은 식 (12.22)의 충격파함수 곱셈 규칙에 의하여

$$\int_{0^-}^{\infty}\delta(t)e^{-st}dt=\int_{0^-}^{\infty}\delta(t)e^{0}dt=\int_{0^-}^{\infty}\delta(t)dt=1. \tag{12.35}$$

시간이동된 함수의 라플라스 변환

어떤 시간함수 $f(t)$의 라플라스 변환을 $F(s)$라고 할 때, 함수 $f(t)$를 t_0만큼 시간축으로 평행이동(time shift)(또는 시간지연)시킨 함수의 라플라스 변환은

$$\mathcal{L}\{f(t-t_o)u(t-t_0)\}=e^{-st_0}F(s),\ \ t_0>0. \tag{12.36}$$

❙ 증명

함수 $f(t)$를 시간 t_0만큼 평행이동시킨 함수는 $f(t-t_0)u(t-t_0)$로 정의되며, 이동된 함수의 라플라스 변환은 정의식에 따라

$$\mathcal{L}\{f(t-t_0)u(t-t_0)\}=\int_{0^-}^{\infty}\{f(t-t_0)u(t-t_0)\}e^{-st}dt. \tag{12.37}$$

여기서 $t-t_0=\tau$라 두면 $dt=d\tau$가 되고 적분의 시작 시간은 0^-에서 $-t_0^-$로 변경된다. 이를 식 (12.37)에 적용하면

$$\begin{aligned}\int_{0^-}^{\infty}f(t-t_0)u(t-t_0)e^{-st}dt&=\int_{-t_0}^{\infty}f(\tau)u(\tau)e^{-s(\tau+t_0)}d\tau \\ &=e^{-st_0}\int_{0}^{\infty}f(\tau)e^{-s\tau}d\tau=e^{-st_0}F(s).\end{aligned} \tag{12.38}$$

예제 12.5

그림 12.4에 나타낸 시간함수에 대한 라플라스 변환을 구하라.

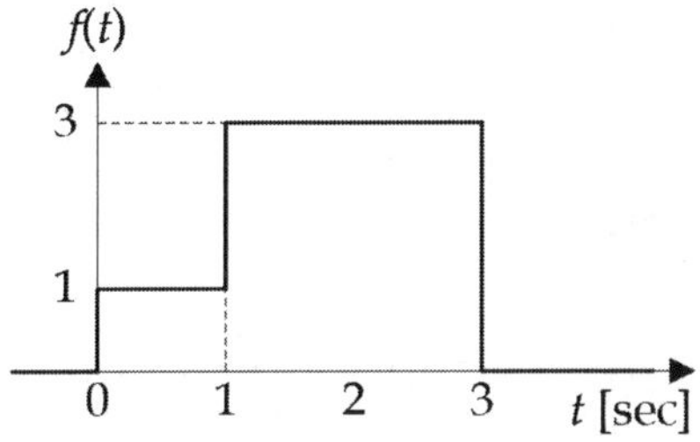

그림 12.4 예제 12.4를 위한 신호파형

풀이

주어진 함수 $f(t)$는 그림 12.5에 나타낸 세 함수의 합으로 다음과 같이 표현할 수 있다.

$$f(t) = f_1(t) + f_2(t) + f_3(t) = u(t) + 2u(t-1) - 3u(t-3). \quad ①$$

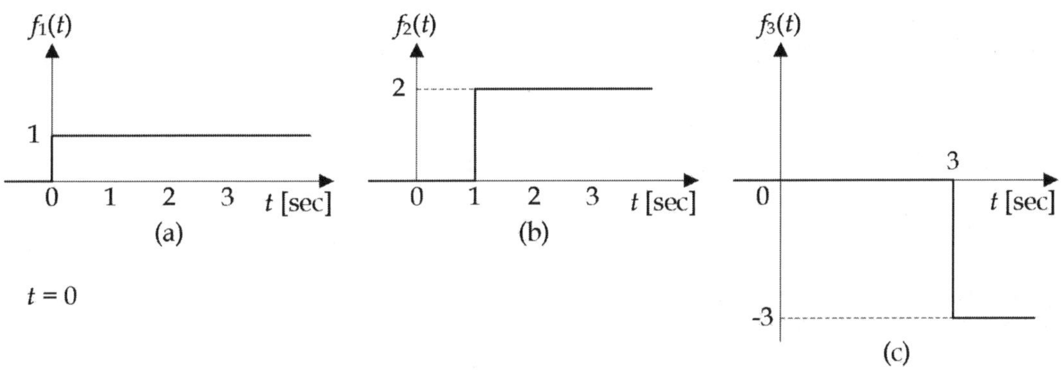

그림 12.5 신호파형 $f(t)$의 구성요소

그러므로 라플라스 변환의 정의식에 의하여 $F(s)$는

$$F(s) = \mathcal{L}\{f(t)\} = \int_{0^-}^{\infty} \{u(t) + 2u(t-1) - 3u(t-3)\}e^{-st}dt. \quad ②$$

라플라스 변환의 선형성에 의하여 식 ②는

$$F(s) = \int_{0^-}^{\infty} u(t)e^{-st}dt + 2\int_{0^-}^{\infty} u(t-1)e^{-st}dt - 3\int_{0^-}^{\infty} u(t-3)e^{-st}dt. \quad ③$$

등호 오른쪽의 첫 번째 적분식은 단위계단함수에 대한 라플라스 변환으로

$$F_1(s) = \frac{1}{s}. \quad ④$$

등호 오른쪽의 두 번째 적분식은

$$\begin{aligned} F_2(s) &= 2\int_{0^-}^{\infty} u(t-1)e^{-st}dt = 2\int_{-1}^{\infty} u(\tau_1)e^{-s(\tau_1+1)}d\tau_1 \\ &= 2e^{-s}\int_0^{\infty} e^{-s\tau_1}d\tau_1 = \frac{2}{s}e^{-s} \end{aligned} \quad ⑤$$

가 되고, 세 번째 적분식은

$$\begin{aligned} F_3(s) &= -3\int_{0^-}^{\infty} u(t-3)e^{-st}dt = -3\int_{-3}^{\infty} u(\tau_2)e^{-s(\tau_2+3)}d\tau_2 \\ &= -3e^{-3s}\int_0^{\infty} e^{-s\tau_2}d\tau_2 = -\frac{3}{s}e^{-3s}. \end{aligned} \quad ⑥$$

따라서 주어진 함수에 대한 라플라스 변환은

$$\begin{aligned} F(s) &= F_1(s) + F_2(s) + F_3(s) \\ &= \frac{1}{s} + \frac{2}{s}e^{-s} - \frac{3}{s}e^{-3s} = \frac{1}{s}(1 + 2e^{-s} - e^{-3s}). \end{aligned} \quad ⑦$$

주파수이동된 함수의 라플라스 변환

어떤 시간함수 $f(t)$의 라플라스 변환을 $F(s)$라고 할 때, 함수 $f(t)$에 $e^{-s_0 t}$를 곱하여 주파수이동시킨 함수의 라플라스 변환은

$$\mathcal{L}\{f(t)e^{-s_0 t}\} = F(s+s_0) \quad (12.39)$$

여기서 s_0는 임의의 복소수 상수이다.

▌증명

함수 $f(t)$에 $e^{-s_0 t}$를 곱한 $f(t)e^{-s_0 t}$에 대한 라플라스 변환은 정의식에 따라

$$\mathcal{L}\{f(t)e^{-s_0 t}\} = \int_{0^-}^{\infty}\{f(t)e^{-s_0 t}\}e^{-st}dt = \int_{0^-}^{\infty} f(t)e^{-(s+s_0)t}dt = F(s+s_0). \quad (12.40)$$

여기서 s_0는 s-영역의 상수를 나타내므로 어떤 함수에 복소지수함수 e^{-s_0t}를 곱하는 것은 주어진 함수의 라플라스 변환을 s-영역에서 이동시키는 것을 의미한다. 특히, s-영역을 주파수영역으로 변환시키면 e^{-s_0t}를 곱하는 것은 주파수영역 이동(frequency shift), 즉 주어진 함수를 변조(modulation)시키는 것을 의미한다.

예제 12.6

어떤 시간함수 $f(t)$의 라플라스 변환을 $F(s)$라고 할 때, $f(t)\cos(\omega_0 t)$의 라플라스 변환을 구하라.

풀이

함수 $f(t)\cos(\omega_0 t)$의 라플라스 변환을 구하는 정의식은

$$\mathcal{L}\{f(t)\cos(\omega_0 t)\}=\int_{0^-}^{\infty}\{f(t)\cos(\omega_0 t)\}dt. \qquad ①$$

식 ①에 오일러의 공식을 적용하면

$$\int_{0^-}^{\infty}\{f(t)\cos(\omega_0 t)\}e^{-st}dt=\frac{1}{2}\int_{0}^{\infty}f(t)\{e^{j\omega_0 t}+e^{-j\omega_0 t}\}e^{-st}dt \qquad ②$$

이 되므로 $f(t)\cos(\omega_0 t)$의 라플라스 변환은

$$\begin{aligned}\mathcal{L}\{f(t)\cos(\omega_0 t)\}&=\frac{1}{2}\left\{\int_{0}^{\infty}f(t)e^{-(s-j\omega_0)t}dt+\int_{0}^{\infty}f(t)e^{-(s+j\omega_0)t}dt\right\} \qquad ③\\&=\frac{1}{2}\{F(s-j\omega_0)+F(s+j\omega_0)\}.\end{aligned}$$

따라서 어떤 함수 $f(t)$에 $\cos(\omega_0 t)$를 시간영역에서 곱하면 함수의 라플라스 변환 $F(s)$는 s-영역의 허수축으로 ω_0와 $-\omega_0$만큼 이동된 위치에 크기가 1/2배 감소된 형태로 나타난다.

시간 스케일링(time-scaling)

어떤 시간함수 $f(t)$의 라플라스 변환을 $F(s)$라고 할 때, 이 함수를 시간축에서 상수 a배만큼 스케일링한 함수 $f(at)$의 라플라스 변환 정의식은

표 12.1 라플라스 변환의 성질

	$f(t)$	$F(s)$
선형성	$c_1f_1(t)+c_2f_2(t)$	$c_1F_1(s)+c_2F_2(s)$
미분	$\frac{d}{dt}f(t)$	$sF(s)-f(0^-)$
n차 미분	$\frac{d^n}{dt^n}f(t)$	$s^nF(s)-s^{n-1}f(0^-)-s^{n-2}f'(0^-)$ $-\cdots-sf^{(n-2)}(0^-)-f^{(n-1)}(0^-)$
적분	$\int_{0^-}^{t}f(\tau)d\tau$	$\frac{F(s)}{s}$
시간이동	$f(t-t_o)u(t-t_0),\ t_0>0$	$e^{-st_0}F(s)$
주파수이동	$f(t)e^{-s_0t}$	$F(s+s_0)$
시간 스케일링	$f(at),\ a>0$	$\frac{1}{a}F\left(\frac{s}{a}\right)$

$$\mathcal{L}\{f(at)\}=\int_{0^-}^{\infty}f(at)e^{-st}dt,\ a>0 \tag{12.41}$$

여기서 $\tau=at$로 두면 $t=\tau/a$, $dt=(1/a)d\tau$가 되고 적분영역은 변함이 없다. 따라서 식 (12.41)은

$$\mathcal{L}\{f(at)\}=\int_{0^-}^{\infty}f(at)e^{-st}dt=\frac{1}{a}\int_{0^-}^{\infty}f(\tau)e^{-(s/a)\tau}d\tau=\frac{1}{a}F\left(\frac{s}{a}\right). \tag{12.42}$$

시간변수 t에 대한 스케일링은 $a>1$인 경우 $f(at)$는 함수 $f(t)$를 시간축에서 압축(compression)하는 것이고, $a<1$이면 시간축에서 팽창(expansion)시키는 것을 의미한다. 따라서 식 (12.42)로부터 시간축에서 주어진 함수를 압축시키면 s-영역에서 라플라스 변환은 동일한 배율로 팽창되면서 크기가 감소되고, 시간축에서 팽창시키면 함수의 라플라스 변환은 동일한 배율로 압축되면서 크기가 증가된다. 이런 이유로 상수 a를 시간압축인자(time-compression factor)라고 한다.

이와 같은 라플라스 변환의 성질을 표 12.1에 정리하여 나타내었다. 여기서 n차 미분함수에 대한 라플라스 변환은 증명하지는 않았으나 식 (12.26)을 거듭 적용함으로써 구할 수

표 12.2 회로해석에서 자주 사용하는 함수들의 라플라스 변환쌍

	$f(t)$	$F(s)$
단위충격파함수	$\delta(t)$	1
단위계단함수	$u(t)$	$1/s$
단위경사함수	$r(t)=tu(t)$	$1/s^2$
상수	a	a/s
1차 함수	at	a/s^2
멱함수	$t^{n-1}/(n-1)!$	$1/s^n$
지수함수	e^{-at}	$1/(s+a)$
	te^{-at}	$1/(s+a)^2$
코사인함수	$\cos(\omega t)$	$\dfrac{s}{s^2+w^2}$
	$\cos(\omega t+\theta)$	$\dfrac{s\cos(\theta)-\omega\sin(\theta)}{s^2+\omega^2}$
사인함수	$\sin(\omega t)$	$\dfrac{w}{s^2+w^2}$
	$\sin(\omega t+\theta)$	$\dfrac{s\sin(\theta)+\omega\cos(\theta)}{s^2+\omega^2}$
감쇠 코사인함수	$e^{-at}\cos(\omega t)$	$\dfrac{s+a}{(s+a)^2+\omega^2}$
감쇠 사인함수	$e^{-at}\sin(\omega t)$	$\dfrac{\omega}{(s+a)^2+\omega^2}$
t와 코사인함수의 곱	$t\cos(\omega t)$	$\dfrac{s^2-\omega^2}{(s^2+\omega^2)^2}$
t와 사인함수의 곱	$t\sin(\omega t)$	$\dfrac{2\omega s}{(s^2+\omega^2)^2}$

있다. 또한, 회로해석에서 자주 사용되는 몇 가지 중요한 함수들에 대한 라플라스 변환쌍을 표 12.2에 제시하였다.

예제 12.7

어떤 시간함수 $f(t)=(t-2)e^{-(t-2)}u(t-2)$의 라플라스 변환을 구하라.

풀이

주어진 시간함수를 라플라스 변환 정의식에 적용하면

$$F(s)=\mathcal{L}\{(t-2)e^{-(t-2)}u(t-2)\}=\int_{0^-}^{\infty}\{(t-2)e^{-(t-2)}u(t-2)\}e^{-st}dt. \quad ①$$

여기서 $t-2=\tau$로 변수 변환하면, $t=\tau+2$, $dt=d\tau$가 되고 적분구간은 $[0^-, \infty]$에서 $[-2^-, \infty]$로 변한다. 그러므로 식 ①을 고쳐 쓰면

$$F(s)=\int_{0^-}^{\infty}\{(t-2)e^{-(t-2)}u(t-2)\}e^{-st}dt=\int_{-2^-}^{\infty}\{\tau e^{-\tau}u(\tau)\}e^{-s(\tau+2)}d\tau. \quad ②$$

식 ②는 τ에 대한 단위계단함수를 포함하므로 실제적인 적분영역을 고려하면 적분식은 다음과 같이 변형된다.

$$\int_{-2^-}^{\infty}\{\tau e^{-\tau}u(\tau)\}e^{-s(\tau+2)}d\tau=e^{-2s}\int_{0}^{\infty}\tau e^{-(s+1)\tau}d\tau. \quad ③$$

식 ③에 라이프니츠 적분 규칙을 적용하여 풀이하면 주어진 함수에 대한 라플라스 변환은

$$F(s)=e^{-2s}\int_{0}^{\infty}\tau e^{-(s+1)\tau}d\tau=\frac{-e^{-2s}}{(s+1)}\left[\tau e^{-(s+1)\tau}\right]_0^{\infty}+\frac{e^{-2s}}{(s+1)}\int_{0}^{\infty}e^{-(s+1)\tau}d\tau \quad ④$$

$$=0-\frac{e^{-2s}}{(s+1)}\frac{-1}{(s+1)}\left[e^{-(s+1)\tau}\right]_0^{\infty}=\frac{e^{-2s}}{(s+1)^2}$$

가 된다.

예제 12.8

예제 12.7의 시간함수 $f(t)=(t-2)e^{-(t-2)}u(t-2)$의 라플라스 변환을 표 12.1과 표 12.2의 라플라스 변환 성질을 이용하여 구하라.

풀이

표 12.1과 표 12.2를 이용하여 라플라스 변환을 구하기 위하여 주어진 함수를 구성하는 기본 함수를 다음과 같이 단위계단함수로 정의한다.

$$f(t)=(t-2)e^{-(t-2)}u(t-2) \rightarrow f_1(\tau)=u(\tau). \quad ①$$

그러므로 주어진 함수는 기본 함수인 단위계단함수를 시간 이동한 다음 주파수이동과 1차 함수를 곱한 형태라고 할 수 있다.

먼저 기본 함수에 대한 라플라스 변환은 표 12.2의 단위계단함수의 라플라스 변환이므로 식 ②와 같다.

$$F_1(s)=\mathcal{L}\{u(t)\}=\frac{1}{s}. \quad ②$$

여기에 주파수이동을 적용하면 표 12.1에 의하여

$$F_2(s)=\mathcal{L}\{e^{-t}f_1(t)\}=\left[\frac{1}{s}\right]_{s\rightarrow s+1}=\frac{1}{s+1} \quad ③$$

이 되며, 1차 함수를 곱한 형태의 라플라스 변환은 표에 따라

$$F_3(s)=\mathcal{L}\{tf_2(t)\}=\frac{1}{(s+1)^2}, \quad ④$$

여기서 $f_2(t)=e^{-t}f_1(t)=e^{-t}u(t)$이다. 마지막으로 $f_3(t)=tf_2(t)$에 시간이동을 적용하면

$$f(t)=[f_3(t)]_{t\rightarrow t-2}=[te^{-t}u(t)]_{t\rightarrow t-2}=(t-2)e^{-(t-2)}u(t-2) \quad ⑤$$

가 되므로 라플라스 변환은 표에 따라

$$f(t)=[f_3(t)]_{t\rightarrow t-2} \rightarrow F(s)=e^{-2s}F_3(s)=\frac{e^{-2s}}{(s+1)^2} \quad ⑥$$

이 된다. 이 결과는 예제 12.7에서 구한 라플라스 변환과 동일하다.

■

예제 12.8의 풀이에서는 자세한 설명을 위하여 과정별로 구하였지만 연습에 의하여 익

숙해지면 예제 12.7과 같이 적분식에 대한 정통적 풀이방법보다 훨씬 수월하게 복합 함수에 대한 라플라스 변환을 구할 수 있다.

주기함수(periodic function)

시간 T를 주기로 동일한 파형이 반복되는 주기함수 $f(t)$의 일반적인 정의는 다음과 같다.

$$f(t-nT)=f(t), \tag{12.43}$$

여기서 n은 정수이다. 그림 12.6의 주기함수의 예에서는 파형 $f_1(t)$가 주기 T [sec]마다 반복되고 있다.

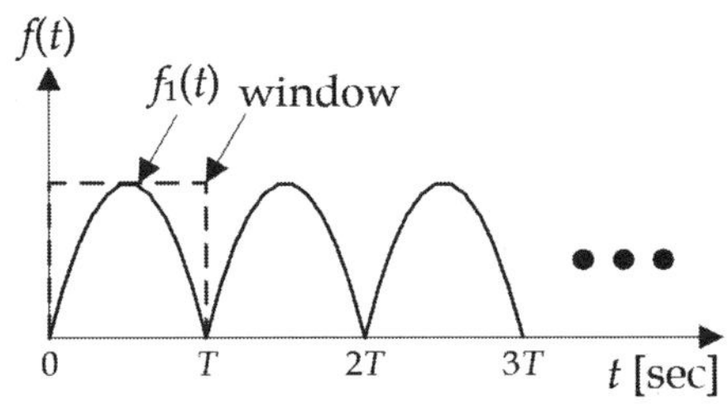

그림 12.6 주기함수의 예

여기서 $f_1(t)$는 주기함수 $f(t)$의 첫 번째 주기동안 나타나는 신호로 다음과 같이 $f(t)$와 창함수(window function)의 곱으로 나타낼 수 있다.

$$f_1(t)=f(t)\cdot\{u(t)-u(t-T)\}. \tag{12.44}$$

함수 $f(t)$의 라플라스 변환을 $F(s)$라고 하면 $f_1(t)$의 라플라스 변환은

$$\begin{aligned} F_1(s)=\mathcal{L}\{f_1(t)\}&=\int_{0^-}^{\infty} f(t)\{u(t)-u(t-T)\}e^{-st}dt \\ &=\int_{0^-}^{\infty} f(t)u(t)e^{-st}dt-\int_{0^-}^{\infty} f(t)u(t-T)e^{-st}dt \end{aligned} \tag{12.45}$$

이 된다. $t-T=\tau$라 두면, $dt=d\tau$, $t=\tau+T$가 되므로 식 (12.45)는 다음과 같이 정리할 수 있다.

$$F_1(s)=\int_{0^-}^{\infty} f(t)u(t)e^{-st}dt-\int_{-T^-}^{\infty} f(\tau+T)u(\tau)e^{-s(\tau+T)}d\tau. \tag{12.46}$$

함수 $f(t)$가 주기함수이므로 식 (12.46)의 등호 오른쪽의 두 번째 적분항에서 $f(\tau+T)$는 식 (12.43)에 의하여 $f(\tau)=f(\tau+T)$이다. 또한 두 항은 단위계단함수 $u(t)$를 포함하기 때문에 적분구간은 $[0,\infty]$이 되므로 식 (12.46)은

$$\begin{aligned} F_1(s) &= \int_0^{\infty} f(t)e^{-st}dt - e^{-sT}\int_0^{\infty} f(\tau)e^{-s\tau}d\tau \\ &= F(s) - e^{-sT}F(s) = \left(1-e^{-sT}\right)F(s) \end{aligned} \tag{12.47}$$

가 된다. 따라서 주기함수 $f(t)$의 라플라스 변환은 다음과 같이 나타낼 수 있다.

$$F(s) = \frac{F_1(s)}{1-e^{-sT}}. \tag{12.48}$$

12.4 라플라스 역변환

식 (12.6)에 나타낸 적분식은 s-영역의 함수 $F(s)$로부터 시간함수 $f(t)$를 구하는 라플라스 역변환의 정의식이다. 이 정의식을 직접 적용하여 $f(t)$를 구하는 것은 쉽지 않다. 어떤 시간함수 $f(t)$에 대한 라플라스 변환 $F(s)$는 유일하게 존재한다. 이와 같은 유일성(uniqueness)은 주어진 라플라스 변환으로부터 시간함수를 구하는 역변환을 표 12.1과 표 12.2를 이용하여 쉽게 구할 수 있도록 한다.

라플라스 변환을 회로해석에 적용하는 과정은 전기회로의 회로방정식을 시간함수의 형태로 정의하고, 이것을 라플라스 변환하여 s-영역 함수로 표현한 다음 회로 파라미터에 대한 함수 $F(s)$를 구한다. 마지막으로 표 12.1과 표 12.2를 이용하여 $F(s)$에 대한 역변환을 수행하여 $f(t)$를 구하는 과정으로 이루어진다. 예를 들어, 구하고자 하는 전압에 대한 라플라스 변환이

$$V(s) = \frac{2}{s+1} - \frac{3}{(s+3)^2}$$

라고 하자. 라플라스 변환은 선형성을 만족하므로 등호 오른쪽의 첫 번째 항에 대한 역변환과 두 번째 항에 대한 역변환을 개별적으로 구한 다음 중첩의 원리를 적용하여 회로 파라미터에 대한 시간함수를 구할 수 있다. 즉, 등호 오른쪽의 첫 번째 항은 다음과 같이 정리할 수 있다.

$$V_1(s) = \frac{2}{s+1} = 2 \times \frac{1}{s+1}$$

$1/(s+1)$은 표 12.2의 지수함수 e^{-t}에 대한 라플라스 변환된 형태이므로 $V_1(s)$에 대응하는 시간함수는

$$v_1(t) = 2\mathcal{L}^{-1}\left\{\frac{1}{s+1}\right\} = 2\mathcal{L}^{-1}\{\mathcal{L}(e^{-t})\} = 2e^{-t}u(t)$$

가 된다. 유사한 방식으로 $V(s)$에서 등호 오른쪽의 두 번째 항은

$$V_2(s) = \frac{3}{(s+3)^2} = 3 \times \frac{1}{(s+3)^2}$$

으로 정리할 수 있으며, 이것은 1차 함수와 지수함수의 곱에 대한 라플라스 변환의 형식이다. 따라서 $V_2(s)$에 대한 역변환은

$$v_2(t) = 3\mathcal{L}^{-1}\left\{\frac{1}{(s+3)^2}\right\} = 3\mathcal{L}^{-1}\{\mathcal{L}(te^{-3t})\} = 3te^{-3t}u(t).$$

그러므로 중첩의 원리에 의하여 $V(s)$에 대한 역변환은

$$v(t) = v_1(t) + v_2(t) = (2e^{-t} - 3te^{-3t})u(t).$$

라플라스 변환쌍을 이용하여 역변환을 구하기 위해서는 앞의 예에서 보인 것처럼 s-영역 함수가 독립적인 개체들로 분리되어 있는 것이 편리하다. 예를 들어, 아래의 두 가지 표현은 같은 s-영역 함수를 나타내지만 가장 오른쪽에 나타낸 분수함수로부터 역변환 $v(t)$를 구하는 것은 쉽지 않다.

$$V(s) = \frac{2}{s+1} - \frac{3}{(s+3)^2} = \frac{2s^2+9s+15}{s^3+7s^2+15s+9}.$$

앞의 예를 통하여 s-영역의 분수함수를 역변환하기 위해서는 분수함수를 구성하는 기본 함수들의 선형합으로 표현하는 것이 유리함을 알 수 있다.

부분분수 전개

s-영역 분수함수는 다음과 같은 유리함수(rational function)로 표현할 수 있다.

$$F(s)=\frac{N(s)}{D(s)}=\frac{a_m s^m+a_{m-1}s^{m-1}+\cdots+a_1 s+a_0}{b_n s^n+b_{n-1}s^{n-1}+\cdots+b_1 s+b_0}, \tag{12.49}$$

여기서 m과 n은 각각 분자와 분모 다항식의 차수를 나타내는 양의 정수이다. 다항식 $N(s)=0$을 만족시키는 근 $z_1, z_2, \cdots, z_m$은 함수 $F(s)$의 영점이고, $D(s)=0$을 만족시키는 근 $p_1, p_2, \cdots, p_n$은 함수 $F(s)$의 극점이다.

분모 다항식의 차수가 분자 다항식의 차수보다 큰 경우, 즉 $n>m$일 때 $F(s)$를 진분수 유리함수(proper rational function)라고 하며, 식 (12.49)는

$$F(s)=\frac{A_1}{s-p_1}+\frac{A_2}{s-p_2}+\cdots+\frac{A_n}{s-p_n} \tag{12.50}$$

으로 변형하여 나타낼 수 있다. 여기서 A_i, $1\le i\le n$,은 임의의 복소수 상수이다. 이에 비하여 분자 다항식의 차수가 분모 다항식의 차수 이상인 경우, 즉 $m\ge n$이면 식 (12.49)를 가분수 유리함수(improper rational function)라고 하며, 식 (12.49)는

$$F(s)=Q(s)+\frac{A_1}{s-p_1}+\frac{A_2}{s-p_2}+\cdots+\frac{A_n}{s-p_n} \tag{12.51}$$

으로 나타낼 수 있다. 여기서 $Q(s)$는 차수가 $(m-n)$인 다항식이다. 특히, 식 (12.50)처럼 독립된 기본 분수함수들의 가중합으로 표현하는 것을 부분분수 전개(partial fraction expansion)라고 한다. 이와 같이 독립된 부분분수 항으로 나타내면 표 12.1과 표 12.2에 나타낸 라플라스 변환쌍을 이용하여 역변환을 쉽게 수행할 수 있다. 이러한 부분분수 전개에서 중요한 사항은 극점의 형태이고, 이에 따라 각 부분분수의 계수 형태도 달라진다.

예제 12.9

어떤 시간함수 $f(t)$의 라플라스 변환이

$$F(s)=\frac{N(s)}{(s+1)(s+2)^2(s^2+6s+10)}$$

이다. 함수 $F(s)$를 부분분수 전개할 때 극점의 위치를 구하라. 여기서 분자 다항식 $N(s)$는 변수 s의 4차 함수이다.

풀이

분모 다항식은 변수 s의 5차 함수이므로 $F(s)$는 진분수 유리함수이며, 극점은

$$D(s)=(s+1)(s+2)^2(s^2+6s+10)=0 \qquad ①$$

을 만족하는 근이다. 그러므로 함수 $F(s)$의 5개 극점은 각각 다음과 같다.

$$s+1=0 \rightarrow s=-1, \qquad ②$$

$$(s+2)^2=0 \rightarrow s=-2, \qquad ③$$

$$s^2+6s+10=(s+3)^2+1=0 \rightarrow s=-3\pm j. \qquad ④$$

식 ②의 극점을 단순 실극점이라고 하고, 식 ③의 극점을 중복 실극점, 식 ④의 극점을 켤레 복소극점이라고 한다.

단순 실극점의 계수

진분수 유리함수 $F(s)$를 식 (12.52)와 같이 부분분수로 전개하여 표현할 때

$$F(s)=\frac{N(s)}{(s-p_1)(s-p_2)\cdots(s-p_n)}=\frac{A_1}{s-p_1}+\frac{A_2}{s-p_2}+\cdots+\frac{A_n}{s-p_n}, \qquad (12.52)$$

극점 p_i, $1\le i\le n$,가 단순 실극점이라면 부분분수 항의 계수 A_i는 다음과 같이 계산할 수 있다.

$$A_i=\left[(s-p_i)F(s)\right]_{s=p_i}=\left[\frac{N(s)\cdot(s-p_i)}{(s-p_1)(s-p_2)\cdots(s-p_n)}\right]_{s=p_i}. \qquad (12.53)$$

중복 실극점의 계수

진분수 유리함수 $F(s)$의 극점들 가운데 두 개의 극점이 동일하다면, 즉 $p_i=p_j$인 경우 식 (12.52)는

$$\begin{aligned}F(s)&=\frac{N(s)}{(s-p_1)\cdots(s-p_i)^2\cdots(s-p_n)} \qquad (12.54)\\ &=\frac{A_1}{s-p_1}+\cdots+\frac{A_i}{s-p_i}+\frac{A_j}{(s-p_i)^2}+\cdots+\frac{A_n}{s-p_n}\end{aligned}$$

으로 나타내어진다. 여기서 주목할 점은 $(s-p_i)$의 1차 항과 2차 항을 분모로 가지는 부분분수 항이 나타난다는 것이다. 계수 A_j는 단순 실극점의 계수를 구하는 방법과 동일하게 식 (12.55)처럼 계산한다.

$$A_j = \left[(s-p_i)^2 F(s)\right]_{s=p_i} = \left[\frac{N(s)\cdot(s-p_i)^2}{(s-p_1)\cdots(s-p_i)^2\cdots(s-p_n)}\right]_{s=p_i}. \tag{12.55}$$

이에 비하여 $(s-p_i)$의 1차 항을 분모로 가지는 부분분수 항의 계수 A_i는

$$A_i = \left[\frac{d}{ds}\left\{(s-p_i)^2 F(s)\right\}\right]_{s=p_i} = \left[\frac{d}{ds}\left\{\frac{N(s)\cdot(s-p_i)^2}{(s-p_1)\cdots(s-p_i)^2\cdots(s-p_n)}\right\}\right]_{s=p_i} \tag{12.56}$$

과 같이 1차 미분을 이용하여 계산한다.

이를 일반화하여 m차 중복 실극점을 가지는 함수 $F(s)$를 부분분수 전개하면 다음과 같다.

$$F(s) = \frac{N(s)}{D_1(s)(s-p)^m} = \frac{A_m}{(s-p)^m} + \frac{A_{m-1}}{(s-p)^{m-1}} + \cdots + \frac{A_1}{s-p} + F_1(s). \tag{12.57}$$

식 (12.57)에서 중복 실극점에 대한 각 부분분수 항의 계수는 다음과 같이 구할 수 있다.

$$A_m = \left[(s-p)^m F(s)\right]_{s=p}, \tag{12.58}$$

$$A_{m-1} = \left[\frac{d}{ds}\left\{(s-p)^m F(s)\right\}\right]_{s=p}, \tag{12.59}$$

$$A_{m-2} = \left[\frac{1}{2!}\frac{d^2}{ds^2}\left\{(s-p)^m F(s)\right\}\right]_{s=p}, \tag{12.60}$$

$$\vdots$$

$$A_1 = \left[\frac{1}{(m-1)!}\frac{d^{m-1}}{ds^{m-1}}\left\{(s-p)^m F(s)\right\}\right]_{s=p}. \tag{12.61}$$

켤레 복소극점의 계수

진분수 유리함수 $F(s)$의 극점들 가운데 두 개의 극점이 서로 켤레복소수라면, 즉 $p_i = \sigma + j\omega = (\sigma - j\omega)^* = p_j^*$인 경우 $F(s)$는 다음과 같은 형태로 나타난다.

$$F(s) = \frac{N(s)}{D_1(s)(s^2 + as + b)} = \frac{A}{s - (\sigma + j\omega)} + \frac{B}{s - (\sigma - j\omega)} + F_1(s), \qquad (12.62)$$

여기서 $s^2 + as + b = 0$의 두 근이 켤레복소근이므로 $a^2 < 4b$이다. 식 (12.62)는 식 (12.52)와 동일한 형태를 가지므로 계수 A와 B를 계산하는 방법도 단순 실극점의 계수를 구하는 방법을 적용하여

$$A = [\{s - (\sigma + j\omega)\}F(s)]_{s = \sigma + j\omega} = \left[\frac{N(s)}{D_1(s)\{s - (\sigma - j\omega)\}}\right]_{s = \sigma + j\omega}, \qquad (12.63)$$

$$B = [\{s - (\sigma - j\omega)\}F(s)]_{s = \sigma - j\omega} = \left[\frac{N(s)}{D_1(s)\{s - (\sigma + j\omega)\}}\right]_{s = \sigma - j\omega}. \qquad (12.64)$$

식 (12.63)과 식 (12.64)로부터 계수 A와 B는 일반적으로 복소수가 되며, 특히 $A = B^*$로 서로 켤레복소수의 관계가 된다.

예제 12.10

예제 12.9에서 분자 다항식이 $N(s) = 2s + 1$이라고 할 때 함수 $F(s)$의 라플라스 역변환을 구하라.

풀이

$N(s) = 2s + 1$이면 함수 $F(s)$는

$$F(s) = \frac{2s + 1}{(s+1)(s+2)^2(s^2 + 6s + 10)} \qquad ①$$

이 된다. 함수 $F(s)$의 극점은 예제 12.9에서 풀이한 것처럼 $s = -1$에 단순 실극점, $s = -2$에 중복 실극점, $s = -3 \pm j$에 켤레 복소극점을 가진다. 그러므로 $F(s)$를 부분분수 전개하면 다음과 같다.

$$F(s)=\frac{2s+1}{(s+1)(s+2)^2(s^2+6s+10)} \qquad ②$$
$$=\frac{A}{s+1}+\frac{B}{(s+2)^2}+\frac{C}{s+2}+\frac{D}{s+3-j}+\frac{D^*}{s+3+j}.$$

단순 실극점의 계수는

$$A=[(s+1)F(s)]_{s=-1}=\left[(s+1)\frac{2s+1}{(s+1)(s+2)^2(s^2+6s+10)}\right]_{s=-1} \qquad ③$$
$$=\frac{2\times-1+1}{(-1+2)^2\{(-1)^2+6\times-1+10\}}=\frac{-1}{1\times(1-6+10)}=-0.2.$$

중복 실극점 중 분모 다항식이 $(s+2)^2$인 부분분수 항의 계수는

$$B=[(s+2)^2F(s)]_{s=-2}=\left[(s+2)^2\frac{2s+1}{(s+1)(s+2)^2(s^2+6s+10)}\right]_{s=-2} \qquad ④$$
$$=\frac{2\times-2+1}{(-2+1)\{(-2)^2+6\times-2+10\}}=\frac{-3}{-1\times(4-12+10)}=1.5$$

이고, 분모 다항식이 $(s+2)$인 부분분수 항의 계수는

$$C=\left[\frac{d}{ds}\{(s+2)^2F(s)\}\right]_{s=-2}=\left[\frac{d}{ds}\left\{\frac{2s+1}{(s+1)(s^2+6s+10)}\right\}\right]_{s=-2} \qquad ⑤$$
$$=\left[\frac{2\{(s+1)(s^2+6s+10)\}-(2s+1)\{(s^2+6s+10)+(s+1)(2s+6)\}}{\{(s+1)(s^2+6s+10)\}^2}\right]_{s=-2}$$
$$=\frac{2\times-2-(-3)\times0}{(-2)^2}=-1.$$

켤레 복소극점 중 하나인 $s=-3+j$에 대한 계수는

$$D=[(s+3-j)F(s)]_{s=-3+j}=\left[\frac{2s+1}{(s+1)(s+2)^2(s+3+j)}\right]_{s=-3+j} \qquad ⑥$$
$$=\frac{2(-3+j)+1}{(-3+j+1)(-3+j+2)^2(-3+j+3+j)}=0.6+0.05j$$

이므로 켤레 복소극점 $s=-3-j$에 대한 계수는 $D^*=(0.6+0.05j)^*=0.6-0.05j$가 된다. 그러므로 함수 $F(s)$에 대한 부분분수 전개는

$$F(s)=\frac{-0.2}{s+1}+\frac{1.5}{(s+2)^2}+\frac{-1}{s+2}+\frac{0.6+0.05j}{s+3-j}+\frac{0.6-0.05j}{s+3+j}. \qquad ⑦$$

표 12.1과 표 12.2를 이용하여 각각의 부분분수 항에 대한 라플라스 역변환을 구하면 다음과 같다.

$$f_1(t) = \mathcal{L}^{-1}\left\{\frac{-0.2}{s+1}\right\} = -0.2\mathcal{L}^{-1}\left\{\frac{1}{s+1}\right\} = -0.2e^{-t}u(t), \qquad ⑧$$

$$f_2(t) = \mathcal{L}^{-1}\left\{\frac{1.5}{(s+2)^2}\right\} = 1.5\mathcal{L}^{-1}\left\{\frac{1}{(s+2)^2}\right\} = 1.5te^{-2t}u(t), \qquad ⑨$$

$$f_3(t) = \mathcal{L}^{-1}\left\{\frac{-1}{s+2}\right\} = -1\mathcal{L}^{-1}\left\{\frac{1}{s+2}\right\} = -e^{-2t}u(t), \qquad ⑩$$

$$\begin{aligned} f_4(t) &= \mathcal{L}^{-1}\left\{\frac{0.6+0.05j}{s+3-j}\right\} = (0.6+0.05j)\mathcal{L}^{-1}\left\{\frac{1}{s+3-j}\right\}, \\ &= (0.6+0.05j)e^{-(3-j)t}u(t) \end{aligned} \qquad ⑪$$

$$\begin{aligned} f_5(t) &= \mathcal{L}^{-1}\left\{\frac{0.6-0.05j}{s+3+j}\right\} = (0.6-0.05j)\mathcal{L}^{-1}\left\{\frac{1}{s+3+j}\right\}. \\ &= (0.6-0.05j)e^{-(3+j)t}u(t) \end{aligned} \qquad ⑫$$

그러므로 중첩의 원리에 의하여 함수 $F(s)$에 대한 라플라스 역변환은

$$\begin{aligned} f(t) &= f_1(t)+f_2(t)+f_3(t)+f_4(t)+f_5(t) \\ &= -0.2e^{-t}u(t)+1.5te^{-2t}u(t)-e^{-2t}u(t) \\ &\quad +(0.6+0.05j)e^{-(3-j)t}u(t)+(0.6-0.05j)e^{-(3+j)t}u(t) \end{aligned} \qquad ⑬$$

가 된다. 특히, $f_4(t)$와 $f_5(t)$의 합은

$$\begin{aligned} f_4(t)+f_5(t) &= (0.6+0.05j)e^{-(3-j)t}u(t)+(0.6-0.05j)e^{-(3+j)t}u(t) \\ &= e^{-3t}\{0.6(e^{jt}+e^{-jt})+0.05j(e^{jt}-e^{-jt})\}u(t) \\ &= e^{-3t}\{1.2\cos(t)-0.1\sin(t)\}u(t) \end{aligned} \qquad ⑭$$

로 나타낼 수 있다. 식 ⑭는 8장에서 학습한 정현파함수의 합성법을 이용하면

$$\begin{aligned} f_4(t)+f_5(t) &= \sqrt{(1.2)^2+(-0.1)^2}\,e^{-3t}\cos\left(t-\tan^{-1}\left(\frac{-0.1}{1.2}\right)\right)u(t) \\ &= 1.2e^{-3t}\cos(t+4.76^\circ)u(t) \end{aligned} \qquad ⑮$$

로 나타낼 수 있다. 따라서 s-영역 함수 $F(s)$에 대한 라플라스 역변환은 최종적으로

$$f(t) = \{-0.2e^{-t}+(1.5t-1)e^{-2t}+1.2e^{-3t}\cos(t+4.76^\circ)\}u(t) \qquad ⑯$$

가 된다. ■

12.5 초기값 정리와 최종값 정리

라플라스 변환이 존재하는 어떤 시간함수가 주어졌을 때, 이 시간함수의 초기값과 최종값은 각각

$$\text{초기값 : } f(0) = \lim_{t \to 0} f(t), \tag{12.65}$$

$$\text{최종값 : } f(\infty) = \lim_{t \to \infty} f(t)$$

로 정의된다. 라플라스 변환 $F(s)$로부터 식 (12.65)와 같이 정의되는 시간함수의 초기값과 최종값을 직접 구할 수도 있다. 이것은 라플라스 변환이 주어진 경우 굳이 역변환을 수행하지 않고서도 시간함수 $f(t)$의 초기값과 최종값을 구할 수 있음을 의미한다.

식 (12.26)에 나타낸 미분된 시간함수의 라플라스 변환에는 시간함수 $f(t)$의 초기값에 대한 정보 $f(0)$가 포함된다. 여기에 s에 대한 극한을 취하면 등호의 왼쪽 항은

$$\lim_{s \to \infty}\left\{\int_{0^-}^{\infty}\left[\frac{d}{dt}f(t)\right]e^{-st}dt\right\} = \int_{0^-}^{\infty}\left[\frac{d}{dt}f(t)\right]\left\{\lim_{s \to \infty} e^{-st}\right\}dt = 0 \tag{12.66}$$

이 되고, 등호의 오른쪽 항은

$$\lim_{s \to \infty}\{sF(s) - f(0)\} = \lim_{s \to \infty} sF(s) - f(0) \tag{12.67}$$

가 된다. 그러므로 식 (12.65), 식 (12.66), 식 (12.67)을 정리하면 라플라스 변환의 초기값 정리(initial-value theorem)는

$$f(0) = \lim_{t \to 0} f(t) = \lim_{s \to \infty} sF(s). \tag{12.68}$$

한편, 미분함수의 라플라스 변환식에 s를 0으로 수렴시키는 극한을 취하면

$$\lim_{s \to 0}\left\{\int_{0^-}^{\infty}\left[\frac{d}{dt}f(t)\right]e^{-st}dt\right\} = \lim_{s \to 0}\{sF(s) - f(0)\} \tag{12.69}$$

이다. 여기서 등호 왼쪽 항을 정리하면

$$\lim_{s\to 0}\left\{\int_{0^-}^{\infty}\left[\frac{d}{dt}f(t)\right]e^{-st}dt\right\} = \int_{0^-}^{\infty}\left[\frac{d}{dt}f(t)\right]\left\{\lim_{s\to 0}e^{-st}\right\}dt \tag{12.70}$$
$$= \int_{0^-}^{\infty}\left[\frac{d}{dt}f(t)\right]dt = f(\infty) - f(0)$$

가 되고, 등호 오른쪽 항은

$$\lim_{s\to 0}\{sF(s) - f(0)\} = \lim_{s\to 0} sF(s) - f(0). \tag{12.71}$$

따라서 식 (12.70)과 식 (12.71)로부터 라플라스 변환의 최종값 정리(final-value theorem)는 다음과 같다.

$$f(\infty) = \lim_{t\to\infty} f(t) = \lim_{s\to 0} sF(s). \tag{12.72}$$

식 (12.68)의 초기값 정리와 식 (12.72)의 최종값 정리를 이용하면 라플라스 변환 $F(s)$가 주어졌을 때 역변환을 구하지 않고서도 시간함수 $f(t)$의 초기값과 최종값을 편리하게 구할 수 있다.

모든 라플라스 변환영역 함수 $F(s)$에 대하여 초기값 정리와 최종값 정리를 적용할 수 있는 것은 아니다. 초기값 정리를 적용하기 위한 조건으로는 시간영역 함수 $f(0)$의 값이 정확하게 정의될 수 있어야만 한다. 이것은 시간함수 $f(t)$가 임펄스함수 $\delta(t)$를 포함해서는 안된다는 것을 의미한다. 또한, 최종값 정리를 적용하기 위한 조건도 시간함수 $f(t)$가 $t=\infty$에서 유한한 값으로 정의되어야만 한다. 즉, 시간함수 $f(t)$는 $[f(t)]_{t=\infty} \le \infty$이어야 한다는 기본적인 전제 조건을 만족하여야 하며, $F(s)$의 모든 극점이 s-평면의 왼쪽 반평면(left-handside half plane, LHHP)에 있어야 한다. 이 조건의 유일한 예외는 s-평면의 원점에 1개의 극점이 있는 경우이다.

예제 12.11

어떤 시간함수의 라플라스 변환이 아래와 같을 때 시간함수 $f(t)$의 초기값과 최종값을 구하라.

$$F(s) = \frac{s^2+5s+20}{s(s+4)^2}$$

풀이

식 (12.68)의 초기값 정리를 적용하면

$$f(0) = \lim_{s \to \infty} sF(s) = \lim_{s \to \infty} \left\{ \frac{s(s^2+5s+20)}{s(s+4)^2} \right\} = \lim_{s \to \infty} \left\{ \frac{s^2+5s+20}{s^2+8s+16} \right\}. \qquad ①$$

식 ①은 ∞ / ∞ 의 형태를 가지므로 분자와 분모를 s^2 으로 나누어 계산하면 시간함수 $f(t)$의 초기값은

$$f(0) = \lim_{s \to \infty} \left\{ \frac{1+5/s+20/s^2}{1+8/s+16/s^2} \right\} = 1. \qquad ②$$

식 (12.72)의 최종값 정리를 이용하면

$$f(\infty) = \lim_{s \to 0} sF(s) = \lim_{s \to 0} \left\{ \frac{s(s^2+5s+20)}{s(s+4)^2} \right\} = \lim_{s \to 0} \left\{ \frac{s^2+5s+20}{s^2+8s+16} \right\} = \frac{20}{16} \qquad ③$$

이므로 시간함수 $f(t)$의 최종값은 1.25이다.

계산 결과를 확인하기 위하여 함수 $F(s)$에 대한 역변환을 구하여 초기값과 최종값을 계산해보자. 함수 $F(s)$의 분자 다항식은 s의 2차 함수이고 분모 다항식은 s의 3차 함수이므로 $F(s)$는 진분수 유리함수이다. 따라서 $F(s)$는 식 ④와 같이 부분분수 전개할 수 있다.

$$F(s) = \frac{s^2+5s+20}{s(s+4)^2} = \frac{A}{s} + \frac{B}{(s+4)^2} + \frac{C}{s+4}. \qquad ④$$

각 부분분수 항의 계수는

$$A = [sF(s)]_{s=0} = \left[s\frac{s^2+5s+20}{s(s+4)^2} \right]_{s=0} = \frac{20}{16} = 1.25, \qquad ⑤$$

$$B = [(s+4)^2 F(s)]_{s=-4} = \left[(s+4)^2 \frac{s^2+5s+20}{s(s+4)^2} \right]_{s=-4} = \frac{16}{-4} = -4, \qquad ⑥$$

$$C = \left[\frac{d}{ds} \{(s+4)^2 F(s)\} \right]_{s=-4} = \left[\frac{d}{ds} \left\{ (s+4)^2 \frac{s^2+5s+20}{s(s+4)^2} \right\} \right]_{s=-4} \qquad ⑦$$

$$= \left[\frac{(2s+5)s-(s^2+5s+20)}{s^2} \right]_{s=-4} = \frac{12-16}{16} = -0.25.$$

따라서 식 ④의 부분분수 전개는

$$F(s)=\frac{1.25}{s}-\frac{4}{(s+4)^2}-\frac{0.25}{s+4} \qquad ⑧$$

이고, 이를 라플라스 역변환하면 시간함수는 다음과 같다.

$$f(t)=\mathcal{L}^{-1}\left\{\frac{1.25}{s}-\frac{4}{(s+4)^2}-\frac{0.25}{s+4}\right\}=\{1.25-4te^{-4t}-0.25e^{-4t}\}u(t). \qquad ⑨$$

식 ⑨에 극한을 적용하여 초기값과 최종값을 구하면 각각

$$f(0)=\lim_{t\to 0}f(t)=\lim_{t\to 0}\{1.25-4te^{-4t}-0.25e^{-4t}\}=1.25-0-0.25=1, \qquad ⑩$$

$$f(\infty)=\lim_{t\to\infty}f(t)=\lim_{t\to\infty}\{1.25-4te^{-4t}-0.25e^{-4t}\}=1.25-0-0=1.25.$$

이 결과는 s-영역 함수 $F(s)$에 초기값 정리와 최종값 정리를 적용하여 계산한 식 ②와 식 ③과 동일하다.

12.6 라플라스 변환을 이용한 미분방정식 해법

시간함수 $x(t)$에 대한 2계 미분방정식이

$$\frac{d^2x(t)}{dt^2}+a\frac{dx(t)}{dt}+bx(t)=f(t) \qquad (12.73)$$

로 주어질 때 라플라스 변환을 이용하여 $x(t)$를 구하는 문제를 생각하여보자. 여기서 a와 b는 임의의 상수이다. 표 12.1을 이용하면 식 (12.73)에서 등호 좌측 항들에 대한 라플라스 변환은

$$\begin{aligned}\mathcal{L}\left\{\frac{d^2x(t)}{dt^2}+a\frac{dx(t)}{dt}+bx(t)\right\}&=\mathcal{L}\left\{\frac{d^2x(t)}{dt^2}\right\}+\mathcal{L}\left\{a\frac{dx(t)}{dt}\right\}+\mathcal{L}\{bx(t)\}\\&=\{s^2X(s)-sx(0^-)-x'(0^-)\}\\&\quad+a\{sX(s)-x(0^-)\}+bX(s).\end{aligned} \qquad (12.74)$$

여기서 $x(0^-)$는 함수 $x(t)$의 초기값이고, $x'(0^-)$는 $x(t)$의 1차 미분함수의 초기값을 나타낸다. 식 (12.74)를 정리하고 식 (12.73)의 등호 우측 항에 대한 라플라스 변환까지 포함시키면, 식 (12.73)에 대한 라플라스 변환은

$$(s^2+as+b)X(s)-(s+a)x(0^-)-x'(0^-)=F(s) \tag{12.75}$$

이 되므로 함수 $x(t)$에 대한 라플라스 변환은 다음과 같이 정리된다.

$$X(s)=\frac{F(s)+(s+a)x(0^-)+x'(0^-)}{s^2+as+b}. \tag{12.76}$$

따라서 식 (12.76)을 역변환함으로써 주어진 2계 미분방정식의 해를 구할 수 있다.

저항, 인덕터, 커패시터로 구성된 2차 회로의 회로방정식은 1차 미분과 1차 적분 모두 포함된 방정식이거나 2계 미분방정식으로 나타나는 것을 7장에서 학습하였다. 식 (12.73)은 전형적인 2차 회로방정식이므로 라플라스 변환은 앞에서 학습한 미분방정식이나 페이저 방정식의 해를 구하는 방법이 아닌 새로운 방법으로 회로방정식의 해를 구하는 방법이다. 예를 들어, 그림 12.7의 RLC 직렬회로에서 망로전류 $i(t)$를 구하는 문제를 생각하여보자.

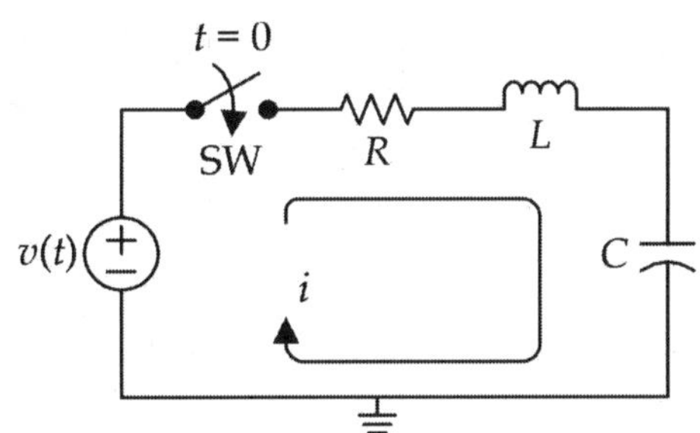

그림 12.7 RLC 직렬회로

$t>0$ [sec]에서 주어진 회로의 단일 폐경로에 수동부호규정에 따라 키르히호프 전압법칙을 적용하면 회로방정식은

$$Ri(t)+L\frac{di(t)}{dt}+\frac{1}{C}\int_{0^-}^{t} i(\tau)\,d\tau+v_c(0^-)=v(t). \tag{12.77}$$

여기서 $v_c(0^-)$는 커패시터의 초기 전압이다. 식 (12.77)에서 등호 왼쪽의 두 번째 항은 전류 $i(t)$에 대한 미분항이고, 세 번째 항은 적분항이다. 이와 같은 미적분방정식의 해를 구

하기 위하여 7장에서는 식 (12.77)의 양변을 미분하여

$$L\frac{d^2i(t)}{dt^2}+R\frac{di(t)}{dt}+\frac{1}{C}i(t)=\frac{dv(t)}{dt} \tag{12.78}$$

와 같은 2계 미분방정식으로 변환시켜 해를 구하였다. 여기서는 망로전류 $i(t)$를 식 (12.77)의 라플라스 변환을 이용하여 구하여보자.

시간함수 $i(t)$의 라플라스 변환을 $I(s)$라고 하면 식 (12.77)에서 등호 왼쪽 항들에 대한 라플라스 변환은

$$\begin{aligned}
&\mathcal{L}\{Ri(t)\}=R\mathcal{L}\{i(t)\}=RI(s),\\
&\mathcal{L}\left\{L\frac{di(t)}{dt}\right\}=L\mathcal{L}\left\{\frac{di(t)}{dt}\right\}=L\{sI(s)-i(0^-)\},\\
&\mathcal{L}\left\{\frac{1}{C}\int_{0^-}^{t}i(\tau)d\tau\right\}=\frac{1}{C}\mathcal{L}\left\{\int_{0^-}^{t}i(\tau)d\tau\right\}=\frac{1}{C}\frac{I(s)}{s},\\
&\mathcal{L}\{v_c(0^-)\}=\frac{v_c(0^-)}{s}
\end{aligned} \tag{12.79}$$

이므로 식 (12.77)의 회로방정식에 대한 라플라스 변환은 다음과 같다.

$$\begin{aligned}
&\left(Ls+R+\frac{1}{Cs}\right)I(s)+\left(\frac{v_c(0^-)}{s}-Li(0^-)\right)=V(s)\\
\rightarrow\ &\left(Ls^2+Rs+\frac{1}{C}\right)I(s)+\left(v_c(0^-)-sLi(0^-)\right)=s\,V(s).
\end{aligned} \tag{12.80}$$

만약 $t=0$ [sec] 전에 스위치가 충분한 시간동안 열려 있어서 커패시터가 완전 방전된 상태로 있었다면 $v_c(0^-)=0$ [V]이고, 인덕터를 통하여 흐르는 전류는 연속성의 원리를 만족하므로 $i(0^+)=i(0^-)=0$ [A]로 가정할 수 있으므로 식 (12.80)은

$$I(s)=\frac{s\,V(s)}{\left(Ls^2+Rs+\frac{1}{C}\right)} \tag{12.81}$$

이 된다. 따라서 식 (12.81)을 부분분수 전개한 다음 라플라스 역변환함으로써 망로전류 $i(t)$를 구할 수 있다.

식 (12.78)의 미분방정식의 해는 고유응답(natural response)과 강제응답(forced response)으로 나뉘어진다. 라플라스 변환을 이용한 회로해석에서 주목할 점은 식 (12.81)의 분모 다항식은 특성방정식(characteristic equation)과 동일한 형태이며, 분자 다항식은 전원에 의한 강제함수의 라플라스 변환이라는 것이다. 특성방정식은 고유응답을 구할 때 사용되었고, 강제함수는 강제응답을 구하는데 사용되었다. 따라서 페이저방정식을 이용한 회로해석과는 달리 라플라스 변환을 이용한 회로해석은 강제응답과 고유응답을 모두 포함하는 완전응답을 구할 수 있다.

예제 12.12

그림 12.8에 나타낸 RLC 직렬회로에서 망로전류 $i(t)$를 구하라.

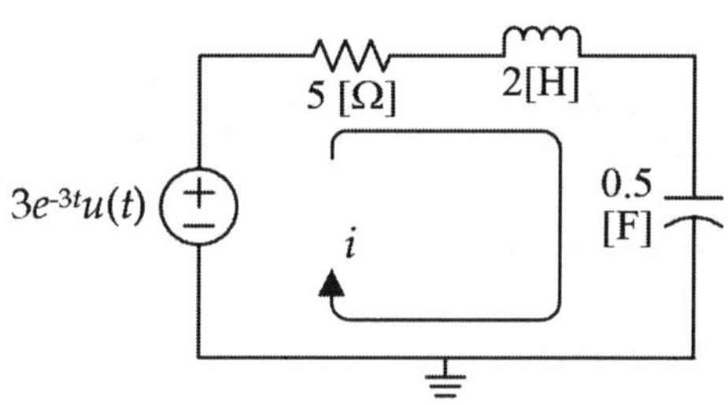

그림 12.8 예제 12.12를 위한 전기회로

풀이

전원이 단위계단함수를 포함하므로 $t<0$에서 회로를 구동시키는 전원은 없는 상태이다. 따라서 $t<0$에서 망로전류는 $i(t)=0$ [A]이고 커패시터 양단에 걸리는 전압도 $v_c(t)=0$ [V]이다. $t>0$이 되어 전압원이 회로를 구동시키기 시작하더라도 연속성의 원리에 의하여 인덕터를 통하여 흐르는 전류와 커패시터 전압의 초기값은

$$i(0^+)=i(0^-)=0 \text{ [A]},\; v_c(0^+)=v_c(0^-)=0 \text{ [V]} \tag{①}$$

가 된다.

$t>0$에서 주어진 회로에 키르히호프 전압법칙을 적용한 회로방정식은 다음과 같다.

$$2\frac{di(t)}{dt}+5i(t)+2\int_0^t i(\tau)\,d\tau+v_c(0)=3e^{-3t}u(t). \tag{②}$$

식 ②를 라플라스 변환하면

$$2\{sI(s)-i(0^+)\}+5I(s)+\frac{2}{s}I(s)+\frac{v_c(0^+)}{s}=\frac{3}{s+3} \qquad ③$$

이 된다. 여기에 식 ①에서 구한 초기값을 대입하고 정리하면 망로전류에 대한 라플라스 변환은

$$\left(2s+5+\frac{2}{s}\right)I(s)=\frac{3}{s+3} \qquad ④$$

$$\rightarrow\ I(s)=\frac{3}{(s+3)\left(2s+5+\frac{2}{s}\right)}=\frac{3s}{(s+3)(2s^2+5s+2)}.$$

식 ④를 부분분수 전개하여 나타내면

$$\begin{aligned} I(s)&=\frac{3s}{(s+3)(2s^2+5s+2)}=\frac{1.5s}{(s+0.5)(s+2)(s+3)} \\ &=\frac{A}{s+0.5}+\frac{B}{s+2}+\frac{C}{s+3}. \end{aligned} \qquad ⑤$$

각 부분분수 항의 계수를 계산하면 각각 다음과 같다.

$$A=[(s+0.5)I(s)]_{s=-0.5}=\left[\frac{1.5s}{(s+2)(s+3)}\right]_{s=-0.5}=\frac{-0.75}{1.5\times 2.5}=-0.2, \qquad ⑥$$

$$B=[(s+2)I(s)]_{s=-2}=\left[\frac{1.5s}{(s+0.5)(s+3)}\right]_{s=-2}=\frac{-3}{-1.5\times 1}=2,$$

$$C=[(s+3)I(s)]_{s=-3}=\left[\frac{1.5s}{(s+0.5)(s+2)}\right]_{s=-3}=\frac{-4.5}{-2.5\times -1}=-1.8.$$

그러므로 망로전류에 대한 라플라스 변환은

$$I(s)=\frac{-0.2}{s+0.5}+\frac{2}{s+2}+\frac{-1.8}{s+3} \qquad ⑦$$

이고, 이를 역변환하면 망로전류는 다음과 같다.

$$\begin{aligned} i(t)&=\mathcal{L}^{-1}\left\{\frac{-0.2}{s+0.5}+\frac{2}{s+2}+\frac{-1.8}{s+3}\right\} \\ &=(-0.2e^{-0.5t}+2e^{-2t}-1.8e^{-3t})u(t)\ [\mathrm{A}]. \end{aligned} \qquad ⑧$$

식 ⑧은 7.6절에서 2계 미분방정식의 풀이법을 사용하여 구한 완전응답과 동일한 결과임을 알 수 있다.

예제 12.13

그림 12.9에 나타낸 전기회로에서 망로전류 $i(t)$, $0 < t$,를 구하라. 주어진 전기회로는 $t < 0$에서는 정상상태로 동작하고 있는 것으로 가정한다.

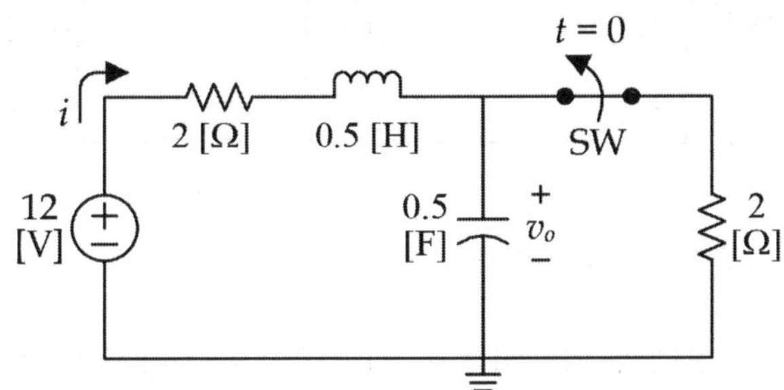

그림 12.9 예제 12.13을 위한 전기회로

풀이

$t < 0$에서 주어진 전기회로가 정상상태로 동작하고 있다면 등가회로는 그림 12.10과 같이 나타낼 수 있다.

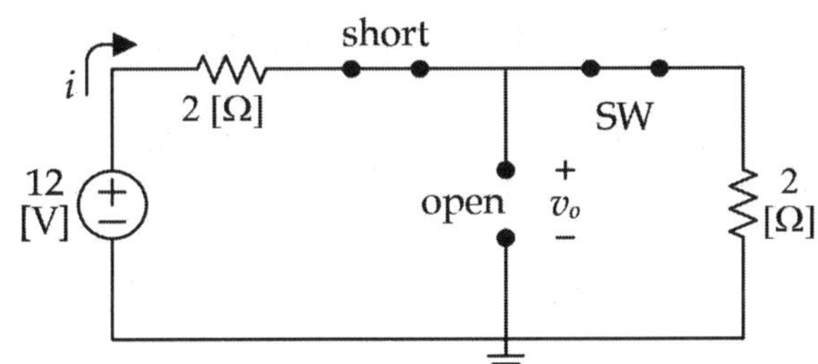

그림 12.10 $t < 0$에서 주어진 전기회로에 대한 등가모델

이로부터 인덕터를 통하여 흐르는 전류와 커패시터 양단에 걸리는 전압의 초기값은

$$\text{옴의 법칙} : i(0^-) = \frac{12}{2+2} = 3 \text{ [A]}, \qquad ①$$

$$\text{전압분배법칙 : } v_c(0^-) = 12\times\frac{2}{2+2} = 6 \text{ [V]}.$$

$t=0$에서 스위치가 열리면 주어진 전기회로의 구조는 그림 12.11과 같이 RLC 직렬 회로가 된다.

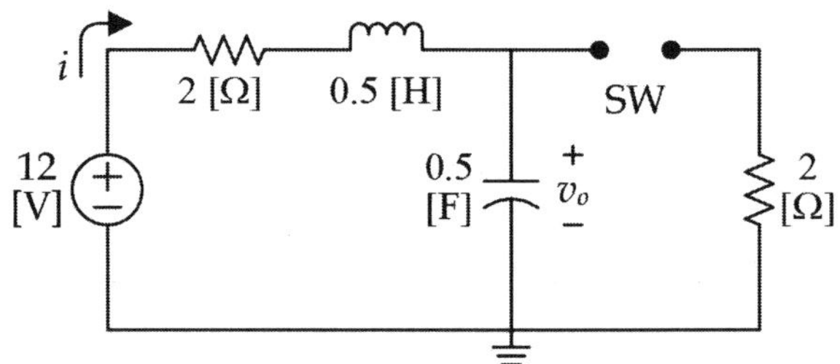

그림 12.11 $0 < t$에서 주어진 전기회로에 대한 등가모델

수동부호규정에 따라 폐경로에 키르히호프 전압법칙을 적용하면 회로방정식은

$$2i(t) + 0.5\frac{di(t)}{dt} + \frac{1}{0.5}\int_0^t i(\tau)d\tau + v_o(0^-) = 12. \qquad ②$$

식 ②를 라플라스 변환하면

$$2I(s) + 0.5\{sI(s) - i(0^-)\} + 2\frac{I(s)}{s} + \frac{v_o(0^-)}{s} = \frac{12}{s} \qquad ③$$

가 된다. 여기에 식 ①에서 구한 초기값을 대입하여 정리하면

$$\left\{0.5s + 2 + \frac{2}{s}\right\}I(s) = \frac{6}{s} + \frac{3}{2} = \frac{3s+12}{2s} \;\rightarrow\; I(s) = \frac{3(s+4)}{s^2+4s+4} = \frac{3(s+4)}{(s+2)^2}. \qquad ④$$

식 ④는 중복 실극점을 가지는 진분수 분수함수이므로 부분분수 전개하면 다음과 같이 나타낼 수 있다.

$$I(s) = \frac{A}{(s+2)^2} + \frac{B}{(s+2)}. \qquad ⑤$$

등호 우측의 첫 번째 부분분수 항의 계수는

$$A = \left[(s+2)^2 I(s)\right]_{s=-2} = -6+12 = 6 \qquad ⑥$$

이고, 두 번째 항의 계수는

$$B = \left[\frac{d}{ds}\{(s+2)^2 I(s)\}\right]_{s=-2} = \left[\frac{d}{ds}\{3s+12\}\right]_{s=-2} = 3. \qquad ⑦$$

이 된다. 그러므로 식 ⑤는

$$I(s) = \frac{6}{(s+2)^2} + \frac{3}{(s+2)} \qquad ⑧$$

따라서 식 ⑧을 라플라스 역변환하면

$$i(t) = \mathcal{L}^{-1}\{I(s)\} = (6te^{-2t} + 3e^{-2t})u(t) \ \ [\mathrm{A}]. \qquad ⑨$$

가 된다.

식 ④에 라플라스 변환의 최종값 정리를 적용하면

$$i(\infty) = \lim_{s\to 0} sI(s) = \left[\frac{3s(s+4)}{s^2+4s+4}\right]_{s=0} = 0 \ \ [\mathrm{A}] \qquad ⑩$$

가 된다. 이는 식 ⑨에서 구한 전류 $i(t)$에 시간 극한 $t\to\infty$를 취하여도 같은 결과를 얻게 된다. 주어진 전기회로는 직류 전압원으로 구동되므로 상수 형태의 강제응답이 있을 것으로 예상되지만 실제 식 ⑨에는 상수 형태의 강제응답이 존재하지 않는 것을 알 수 있다. 그 이유는 그림 12.10에 나타낸 등가회로에서 시간이 충분히 경과되면 커패시터가 완전히 충전되어 궁극적으로는 직류 정상상태가 된다. 이때 커패시터는 개방회로처럼 동작하므로 폐경로를 통하여 흐르는 망로전류는 $i(\infty) = 0$ [A]가 된다.

■

12.7 극점과 안정성

영점에 비하여 라플라스 변환함수 $F(s)$의 극점의 위치는 시간함수 $f(t)$의 동작특성에 지배적인 영향을 미친다. 어떤 함수 $f(t)$의 라플라스 변환 $F(s)$가 $s=p$에 단순 실극점을 가진다면 시간함수 $f(t)$는 Ke^{pt}항을 포함하고, $F(s)$가 $s=p$에 이중 실극점을 가진다면 시간함수 $f(t)$는 $K_1 e^{pt}$와 $K_2 te^{pt}$ 항을 포함한다. 여기서 K, K_1, K_2는 임의의 상수이다.

s-영역이 2차원 복소평면이므로 극점을 나타내는 수학적 형식은 $p=\sigma+j\omega$로 표현된다. 만약 변환함수가 단순 실극점을 가지는 경우 $p=\sigma$가 되므로 시간함수는

$$f(t)=\mathcal{L}^{-1}\left\{\frac{K}{s-\sigma}\right\}=Ke^{\sigma t}. \tag{12.82}$$

식 (12.82)로부터 극점 σ의 위치에 따라 시간함수는 다음과 같이 동작한다.

$$\lim_{t\to\infty} f(t)=\lim_{t\to\infty} Ke^{\sigma t}=\begin{cases}\infty, \sigma>0 \\ 0, \quad \sigma<0\end{cases} \tag{12.83}$$

즉, $\sigma>0$이라면 변수 t가 증가됨에 따라 시간함수는 지수함수적으로 증가되어 무한대로 발산하고, $\sigma<0$이라면 0으로 수렴한다.

다른 예로 s의 이차함수 $F(s)$의 두 극점이 $s=\sigma\pm j\omega$에 위치한다면, 즉

$$F(s)=\frac{K}{(s-\sigma-j\omega)(s-\sigma+j\omega)}=\frac{K_1}{(s-\sigma-j\omega)}+\frac{K_2}{(s-\sigma+j\omega)} \tag{12.84}$$

이면 시간함수 $f(t)$는 다음과 같은 형태를 가진다.

$$\begin{aligned} f(t) &= K_1 e^{(\sigma+j\omega)t}+K_1^* e^{(\sigma-j\omega)t} \\ &= 2e^{\sigma t}\{a\cos(\omega t)-b\sin(\omega t)\}=2e^{\sigma t}Re\{K_1 e^{j\omega t}\}. \end{aligned} \tag{12.85}$$

여기서 K_1^*는 복소상수 $K_1=a+jb$의 켤레복소수이다. $Re\{K_1 e^{j\omega t}\}$는 $K_1=\sqrt{a^2+b^2}$의 진폭을 가지는 정현파함수이므로 식 (12.85)도 식 (12.83)의 특성을 가진다. 다만 차이점은 식 (12.82)에는 정현파 성분이 포함되지 않으므로 단순히 지수함수적으로 발산 또는 수렴하는 특징이 있지만 식 (12.85)는 정현파 성분에 의하여 $\sigma>0$인 경우 시간함수 $f(t)$는 진동하면서 발산하고 $\sigma<0$이면 $f(t)$는 진동하면서 감쇄되는 차이점이 있다. 또한, 식 (12.82)에서 $\sigma=0$이면 $f(t)$는 상수로 직류 성분이 되지만 식 (12.85)의 경우 $\sigma=0$이면 $f(t)$는 정현파함수가 되므로 일정한 진폭으로 진동하는 함수가 된다.

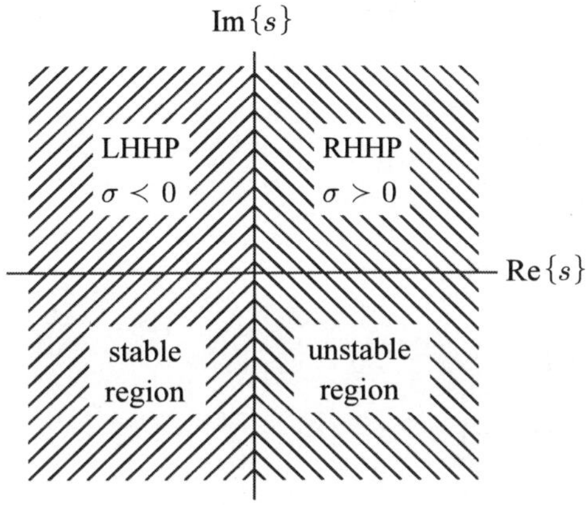

그림 12.12 2차원 s-평면

이들을 종합하면 그림 12.12에 나타낸 2차원 s-평면에서 극점이 오른쪽 반평면(right-handside half plane, RHHP)에 위치하면, 즉 $Re\{p\}=\sigma>0$인 경우 시간함수 $f(t)$는 무한대로 발산한다. 극점이 왼쪽 반평면에 위치하면, 즉 $Re\{p\}=\sigma<0$이면 $f(t)$는 시간이 경과됨에 따라 수렴하는 특징을 가진다. 이런 이유로 s-영역의 왼쪽 반평면은 안정(stable)영역이 되고 오른쪽 반평면은 불안정(unstable)영역이다.

한편, $\sigma=0$인 경우, 즉 극점이 $Im\{s\}$ 축 위에 위치하는 경우 식 (12.82)에서 시간함수는 일정한 값으로 안정화된다. 반면에 식 (12.85)에서 $\sigma=0$이면 $f(t)$는 정현파함수가 되므로 일정한 진폭으로 계속 진동한다. 따라서 $\sigma=0$인 경우는 시스템의 응답이 시간이 경과됨에 따라 어떤 값으로 수렴하는 특징이 없으므로 안정영역이라고 할 수 없다.

연습문제

12.1 다음 시간함수의 라플라스 변환을 구하라. 여기서 $u(t)$는 단위계단함수이고, $a>0$인 상수이다.

(1) $f_1(t)=u(t-a)$.

(2) $f_2(t)=e^{-at}u(t)$.

(3) $f_3(t)=te^{-at}u(t)$.

(4) $f_4(t)=e^{-t}u(t-a)$.

(5) $f_5(t)=te^{-t}u(t-a)$.

12.2 다음 함수의 라플라스 변환을 구하라. 여기서 $\cosh(t)$와 $\sinh(t)$는 다음과 같이 정의된다.

$$\cosh(t)=\frac{1}{2}(e^t+e^{-t}),\ \sinh(t)=\frac{1}{2}(e^t-e^{-t}).$$

(1) $f_1(t)=\cos(\omega t+\theta)$.

(2) $f_2(t)=\sin(\omega t+\theta)$.

(3) $f_3(t)=\cosh(\omega t)$.

(4) $f_4(t)=\sinh(\omega t)$.

12.3 다음 함수에 대한 라플라스 변환을 구하라. 여기서 $a>0$인 상수이다.

(1) $f_1(t)=e^{-at}\cos(\omega t)$.

(2) $f_2(t)=e^{-at}\sin(\omega t)$.

(3) $f_3(t)=\dfrac{d}{dt}\{e^{-at}\cos(\omega t)\}$.

(4) $f_4(t)=\dfrac{d}{dt}\{e^{-at}\sin(\omega t)\}$.

12.4 다음 함수에 대한 라플라스 변환을 구하라. 여기서 $u(t)$는 단위계단함수이다.

(1) $f_1(t)=5u(t-2)$.

(2) $f_2(t) = \dfrac{d}{dt}\{f_1(t)\}$.

(3) $f_3(t) = tf_1(t)$.

(4) $f_4(t) = \displaystyle\int_0^t f_1(\tau)\,d\tau$.

12.5 다음 함수에 대한 라플라스 변환을 구하라. 여기서 $u(t)$는 단위계단함수이다.

(1) $f_1(t) = 3u(t) - 2u(t-1) - u(t-3)$.

(2) $f_2(t) = (3t-6)u(t-2)$.

(3) $f_3(t) = (3t-9)u(t-2)$.

12.6 다음 함수에 대한 라플라스 변환을 구하라.

(1) $f_1(t) = 10\cos(3t)$.

(2) $f_2(t) = 10\sin(5t)$.

(3) $f_3(t) = 8\cos(5t - 45^\circ)$.

12.7 다음 함수에 대한 라플라스 변환을 구하라. 여기서 $u(t)$는 단위계단함수이다.

(1) $f_1(t) = e^{-4t}u(t)$.

(2) $f_2(t) = e^{3jt}u(t)$.

(3) $f_3(t) = e^{(3-4j)t}u(t)$.

(4) $f_4(t) = \left(e^{3jt} - e^{-3jt}\right)u(t)$.

12.8 다음 함수에 대한 라플라스 변환을 구하라. 여기서 $u(t)$는 단위계단함수이다.

(1) $f_1(t) = te^{-5t}u(t)$.

(2) $f_2(t) = te^{-3jt}u(t)$.

(3) $f_3(t) = 6t\cos(4t)u(t)$.

(4) $f_4(t) = 10t\cos(4t - 30^\circ)u(t)$.

12.9 다음 함수에 대하여 ① 시간함수를 미분한 결과를 라플라스 변환하는 방법과 ② 미분함수에 대한 라플라스 변환식을 이용한 라플라스 변환을 구하라.

(1) $f_1(t) = \frac{d}{dt}\{3\cos(4t)\}$.

(2) $f_2(t) = \frac{d}{dt}\{e^{-4t}\}$.

(3) $f_3(t) = \frac{d}{dt}\{te^{-4t}\}$.

(4) $f_4(t) = \frac{d}{dt}\{3t\cos(4t)\}$.

12.10 임의의 주기함수(periodic function) $f(t)$의 라플라스 변환을 구하라.

12.11 그림 P12.11에 나타낸 함수에 대한 라플라스 변환을 구하라.

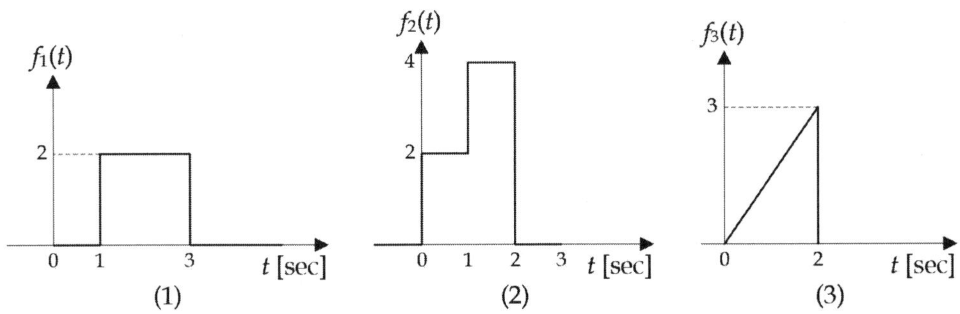

그림 P12.11

12.12 다음 시간함수에 대한 라플라스 변환을 구하라.

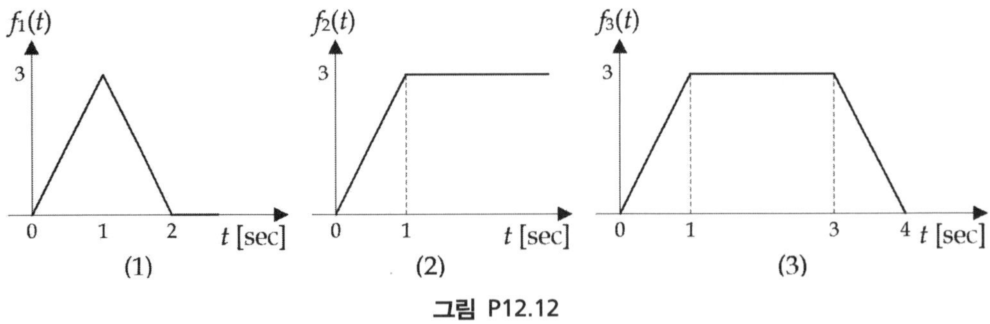

그림 P12.12

12.13 그림 P12.13의 시간함수에 대한 라플라스 변환을 구하라.

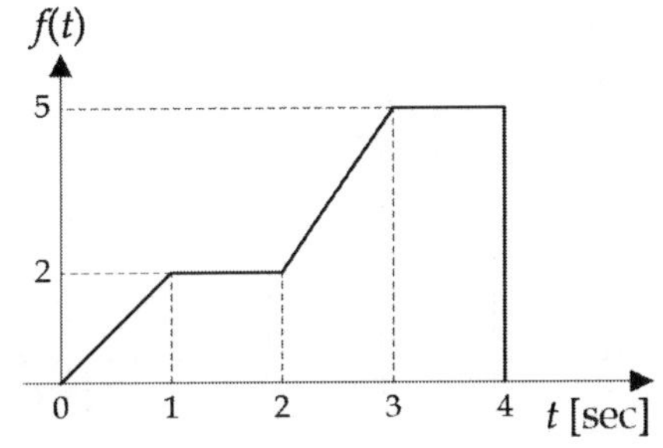

그림 P12.13

12.14 그림 P12.14에 나타낸 시간함수에 대하여

(1) 함수 $f(t)$를 정의하고 라플라스 변환을 구하라.

(2) $\delta(t)$의 라플라스 변환식을 이용하여 $f(t)$의 라플라스 변환을 구하여 (1)의 결과와 비교하라.

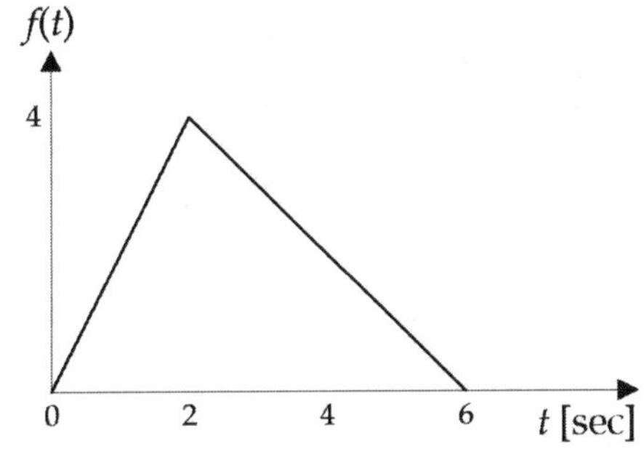

그림 P12.14

12.15 그림 P12.15의 단위 임펄스 함수열의 라플라스 변환을 구하라.

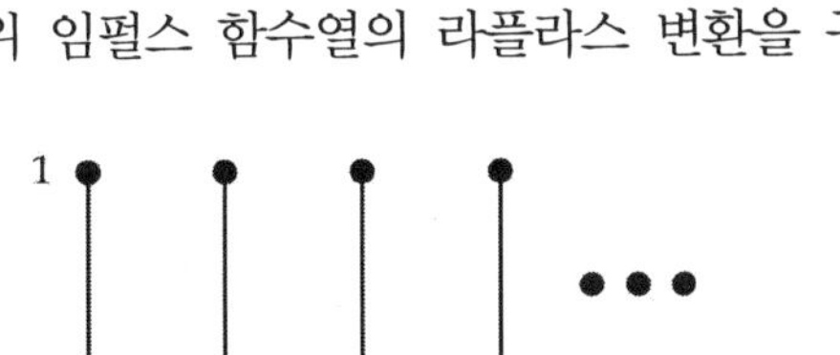

그림 P12.15

12.16 그림 P12.16에 나타낸 주기함수 $f(t)$의 라플라스 변환을 구하라.

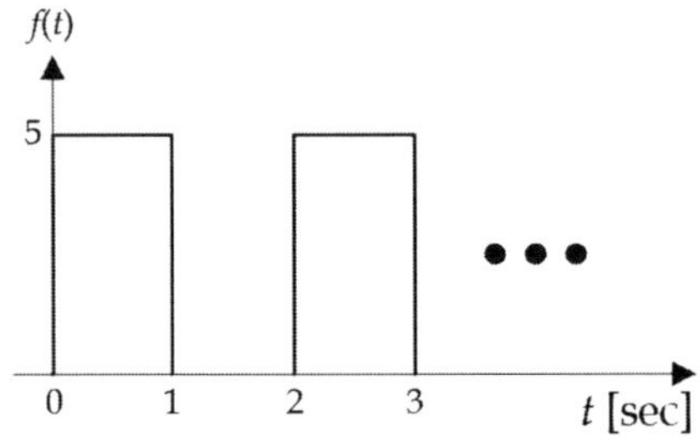

그림 P12.16

12.17 그림 P12.17에 나타낸 주기함수의 라플라스 변환을 구하라.

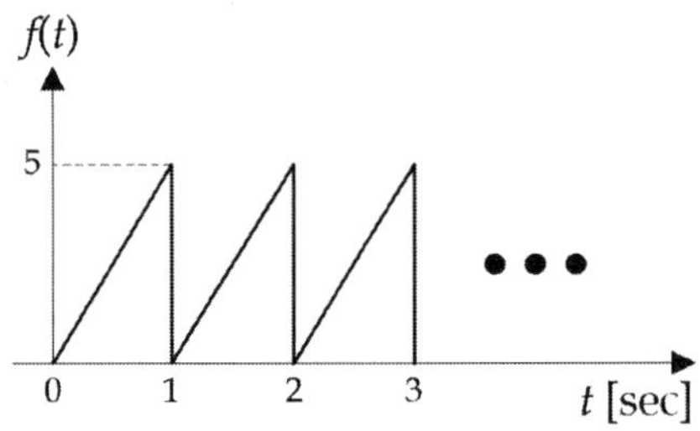

그림 P12.17

12.18 그림 P12.18에 나타낸 주기함수의 라플라스 변환을 구하라.

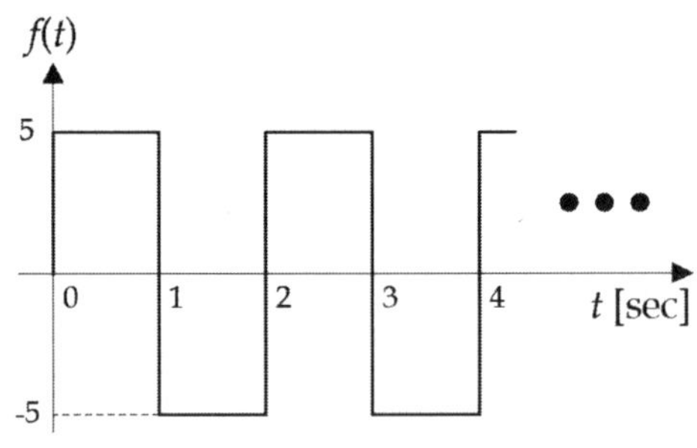

그림 P12.18

12.19 그림 P12.19에 나타낸 직류 오프셋(dc offset)을 포함하는 정현파함수의 라플라스 변환을 구하라.

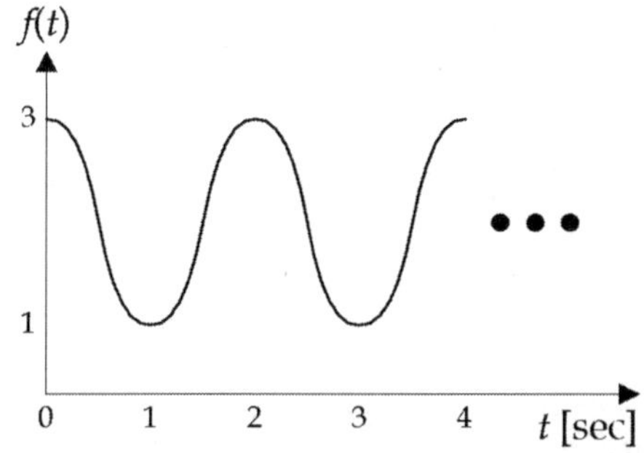

그림 P12.19

12.20 그림 P12.20에 나타낸 직류 오프셋을 포함하는 구형파(rectangular) 함수의 라플라스 변환을 구하라.

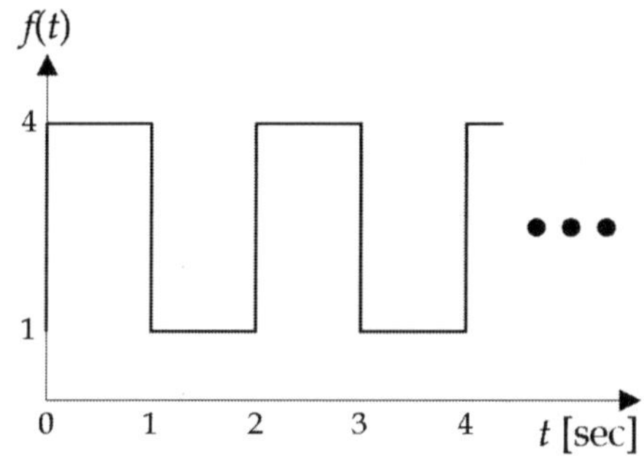

그림 P12.20

12.21 다음 s-영역 함수에 대한 라플라스 역변환을 구하라.

(1) $F_1(s) = \frac{4}{s} - \frac{2}{s+2}$.

(2) $F_2(s) = 10 + \frac{9}{3s+2} - \frac{5}{s+3}$.

(3) $F_3(s) = \frac{2s}{s^2+9}$.

(4) $F_4(s) = \frac{3s-12}{s^2+9}$.

12.22 다음 s-영역 함수에 대한 시간영역 함수를 구하라.

(1) $F_1(s) = \dfrac{2s+1}{s^2+2s+0}$.

(2) $F_2(s) = \dfrac{6s}{s^2+0.5s+2.25}$.

(3) $F_3(s) = \dfrac{s^2-1}{s^2+8s+17}$.

(4) $H(s) = \dfrac{100(s+2)}{(s+1)(s+10)}$.

12.23 다음 s-영역 함수에 대한 시간영역 함수를 구하라.

(1) $F_1(s) = \dfrac{4}{s}e^{-5s}$.

(2) $F_2(s) = \dfrac{3}{s}(1-e^{-2s})$.

(3) $F_3(s) = \dfrac{5}{s} - \dfrac{2}{s}e^{-2s} - \dfrac{3}{s}e^{-4s}$.

(4) $F_4(s) = \dfrac{3}{s}e^{-3s+2}$.

(5) $F_5(s) = \dfrac{4}{s+2}e^{-3s-8}$.

12.24 다음 s-영역 함수에 대한 라플라스 역변환을 구하라.

(1) $F_1(s) = \left(\dfrac{\sqrt{2}}{s}\right)^2$.

(2) $F_2(s) = \dfrac{1}{s} \cdot \left(\dfrac{3}{s} - 1\right)$.

(3) $F_3(s) = \dfrac{2e^{-s}}{s} \cdot \left(\dfrac{1}{s} + 1\right)$.

(4) $F_4(s) = \dfrac{3}{s^2} \cdot (1-e^{-2s}) - \dfrac{6}{s}e^{-2s}$.

12.25 다음 s-영역 함수에 대한 라플라스 역변환을 구하라.

(1) $F_1(s) = \dfrac{1}{s(s+2)(s+3)}$.

(2) $F_2(s) = \dfrac{10s}{3(s+1)(s+4)(s+5)}$.

(3) $F_3(s) = \dfrac{2s-3}{4(s+3)(2s+1)}$.

(4) $F_4(s) = \dfrac{2s^2}{(3s+2)(2s+3)}$.

12.26 다음 s-영역 함수에 대한 라플라스 역변환을 부분분수 전개법을 이용하여 구하라.

(1) $F_1(s) = \dfrac{2s^2}{3s^2+6s-6}$.

(2) $F_2(s) = \dfrac{5}{s^2+6s+25}$.

(3) $F_3(s) = \dfrac{3s+10}{2s^2+32s+200}$.

12.27 다음 s-영역 함수에 대한 라플라스 역변환을 부분분수 전개법을 이용하여 구하라.

(1) $F_1(s) = \dfrac{3s-2}{(s+1)(s+2)^2}$.

(2) $F_2(s) = \dfrac{3s}{(s+3)^2}$.

(3) $F_3(s) = \dfrac{5}{(s+1)^2(s+2)^2}$.

(4) $F_4(s) = \dfrac{s^2+6s+8}{(s+1)^2(s+3)}$.

12.28 다음 s-영역 함수에 대한 라플라스 역변환을 구하라.

$$F(s) = \frac{3s+13}{s^3+4s^2+13s}$$

12.29 다음 s-영역 함수에 대한 라플라스 역변환을 구하라.

(1) $F_1(s) = \dfrac{3}{1 - e^{-2s}}$.

(2) $F_2(s) = \dfrac{\dfrac{5}{s}(1 - e^{-s})^2}{1 - e^{-2s}}$.

(3) $F_3(s) = \dfrac{4}{s} \cdot \dfrac{1}{1 + e^{-0.5s}}$.

12.30 다음 s-영역 함수에 대한 시간영역 함수를 주기함수의 라플라스 역변환을 이용하여 구하라.

$$F(s) = \frac{800\pi}{s^2 + (200\pi)^2}$$

12.31 어떤 시간함수의 라플라스 변환이 다음과 같다.

$$F(s) = \frac{3s - 2}{(s+1)(s+4)}$$

(1) 초기값 정리와 최종값 정리를 이용하여 $f(0)$와 $f(\infty)$를 구하라.

(2) $F(s)$에 대한 라플라스 역변환을 구하여 (1)의 결과를 검증하라.

12.32 어떤 시간함수의 라플라스 변환이 다음과 같다.

$$F(s) = \frac{4s^2 - 5s + 3}{s(s+2)^3}$$

(1) 초기값 정리와 최종값 정리를 이용하여 $f(0)$와 $f(\infty)$를 구하라.

(2) $F(s)$에 대한 라플라스 역변환을 구하여 (1)의 결과를 검증하라.

12.33 다음 s-영역 함수 $F(s)$에 대하여

$$F(s) = \frac{3s^2 + 4}{s^3 + 6s^2 + 3s}$$

(1) 극점(pole)과 영점(zero)을 구하고, 초기값 정리와 최종값 정리를 적용할 수 있는지 검사하라.

(2) 초기값 정리와 최종값 정리가 적용 가능하면, 시간함수 $f(t)$의 초기값과 최종

값을 구하라.

(3) 주어진 함수에 대한 라플라스 역변환을 구하여 (2)의 결과와 비교하라.

12.34 어떤 시스템의 전달함수(transfer function)가 다음과 같다.

$$H(s) = \frac{2s + \dfrac{10}{s}}{2s + \dfrac{10}{s} + 9}$$

(1) 영점과 극점을 구하고, 초기값 정리와 최종값 정리를 적용할 수 있는지 검사하라.

(2) 초기값 정리와 최종값 정리를 적용할 수 있으면, 임펄스응답 $h(t)$의 초기값과 최종값을 구하라.

(3) 주어진 전달함수에 대한 임펄스응답을 구하여 (2)의 결과와 비교하라.

12.35 어떤 시스템의 전달함수가 다음과 같다.

$$H(s) = \frac{3s^2 + 10s + 3}{(s+1)^2(s+2)}$$

(1) 전달함수의 영점과 극점을 구하고, 초기값 정리와 최종값 정리를 적용할 수 있는지 검사하라.

(2) 초기값 정리와 최종값 정리를 적용할 수 있으면, 임펄스응답의 초기값과 최종값을 구하라.

(3) 임펄스응답 $h(t)$를 구하여 (2)의 결과와 비교하라.

12.36 어떤 시스템의 전달함수가 다음과 같다.

$$H(s) = \frac{7s + 21}{s^2 + 6s + 25}$$

(1) 전달함수의 영점과 극점을 구하고, 초기값 정리와 최종값 정리를 적용할 수 있는지 검사하라.

(2) 초기값 정리와 최종값 정리를 적용할 수 있으면, 임펄스응답의 초기값과 최종값을 구하라.

(3) 임펄스응답 $h(t)$를 구하여 (2)의 결과와 비교하라.

12.37 다음 1계 미분방정식에 대하여

$$\frac{d}{dt}\{f(t)\},\ f(t)=2t^2+3t+4,\ t\geq 0,\ f(0^-)=4$$

(1) 시간함수의 미분을 라플라스 변환하여 $F(s)$를 구하라.

(2) 미분함수의 라플라스 변환식을 이용하여 $F(s)$를 구하라.

12.38 다음 미적분방정식에 대하여

$$10f(t)+\frac{d}{dt}f(t)+\frac{1}{0.02}\int_0^t f(\tau)\,d\tau=g(t)$$

(1) 주어진 방정식을 라플라스 변환하라. 여기서 $f(0^-)=0$이다.

(2) $g(t)=5u(t)$일 때, $f(t)$를 구하라.

12.39 다음 2계 미분방정식에 대하여

$$\frac{d^2}{dt^2}f(t)+3\frac{d}{dt}f(t)+2f(t)=g(t),\ f(0^-)=2,\ f'(0^-)=0$$

(1) 미분방정식의 라플라스 변환을 구하라.

(2) $g(t)=4e^{-3t}u(t)$일 때, 초기값 정리와 최종값 정리를 이용하여 $f(0)$와 $f(\infty)$를 구하라. 여기서 $u(t)$는 단위계단함수이다.

(3) $f(t)$를 구하여 (2)의 결과와 비교하라.

12.40 $\mathcal{L}\{x(t)\}=X(s)$이고 $\mathcal{L}\{y(t)\}=Y(s)$라고 할 때, 다음 미적분방정식에 대하여

$$8y(t)+2\frac{d}{dt}y(t)+6\int_0^t y(\tau)\,d\tau=10x(t)$$

(1) $H(s)=Y(s)/X(s)$로 정의되는 전달함수를 구하라. 여기서 $y(0^-)=0$이다.

(2) $y(0^-)=4$이고, $x(t)=e^{-t}\cos(3t)u(t)$일 때, $Y(s)$를 구하고, $y(0)$와 $y(\infty)$를 초기값 정리와 최종값 정리를 이용하여 구하라. 여기서 $u(t)$는 단위계단함수이다.

(3) $Y(s)$의 라플라스 역변환 $y(t)$를 구하여 (2)에서 구한 초기값과 최종값을 검증하라.

12.41 라플라스 변환을 이용하여 다음 미분방정식의 해를 구하라. 여기서 $u(t)$는 단위계단함수이다.

(1) $\frac{d^2}{dt^2}x(t)+4\frac{d}{dt}x(t)+4x(t)=2u(t),\ x(0^-)=3,\ x'(0^-)=1.$

(2) $\frac{d^2}{dt^2}y(t)+3\frac{d}{dt}y(t)+2y(t)=4\cos(3t),\ y(0^-)=y'(0^-)=0.$

12.42 그림 P12.42에 나타낸 RC 직렬회로에 대하여

(1) 커패시터 양단의 전압 $v_o(t)$에 대한 s-영역 표현을 구하라. 커패시터의 초기전압은 $v_o(0^-)=0$ [V]이다.

(2) 전압원이 $v_i(t)=\delta(t)$ [V]일 때, 출력전압 $v_o(t)$를 구하라.

(3) 전압원이 $v_i(t)=5u(t)$ [V]일 때, 출력전압 $v_o(t)$를 구하라.

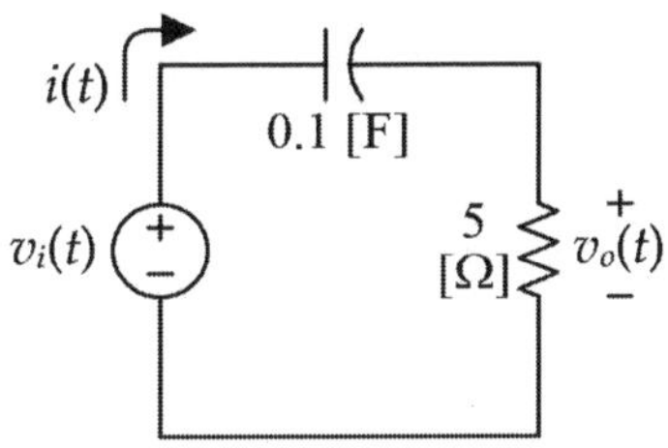

그림 P12.42

12.43 그림 P12.42에 나타낸 RC 직렬회로에 대하여

(1) 전원에 대한 출력전압의 비 $H(s)=V_o(s)/V_i(s)$를 정의하고, $v_i(t)=\delta(t)$인 경우 $v_o(t)=h(t)$임을 보여라.

(2) $v_i(t)=5\{u(t)-u(t-2)\}$일 때, $v_o(t)$를 구하라.

12.44 그림 P12.44의 RLC 병렬회로에서 스위치의 연결이 바뀌기 전까지 커패시터와 인덕터에 축적된 에너지는 0 [J]이다.

(1) $t \geq 0$ [sec]에서 시간영역 회로방정식을 구하고, 이에 대한 라플라스 변환식을 구하라.

(2) $t \geq 0$ [sec]에서 주어진 회로의 임피던스 $Z(s)$를 라플라스 변환을 이용하여 구하라.

(3) 전원이 $i_s(t) = 0.1u(t)$ [A]일 때. 커패시터 양단의 전압 $v_C(t)$를 구하라.

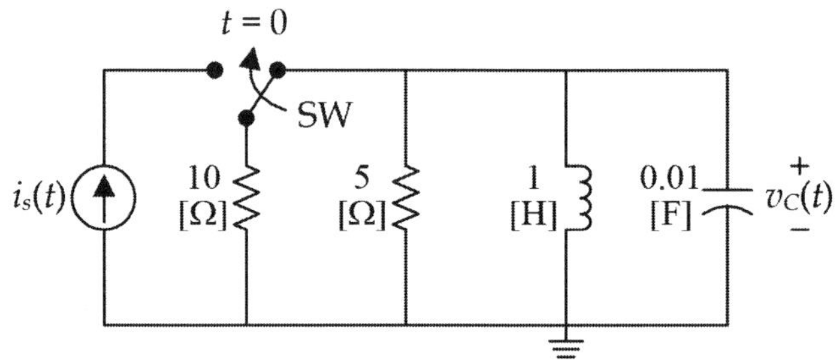

그림 P12.44

라플라스 변환을 이용한 회로해석

CHAPTER

13

에너지 축적소자가 포함된 교류회로를 해석하는 도구로 복소수 페이저를 사용한 바 있다. 이것은 미분방정식으로 나타나는 회로방정식을 페이저 대수방정식으로 변환시켜 해석하므로 미분방정식의 해를 구하는 방법보다는 편리하게 교류 정상상태응답을 구할 수 있다. 하지만 복소수 페이저를 이용한 해석에서는 스위치의 개폐 전후나 펄스함수 전원에 의하여 일시적으로 나타나는 과도상태응답을 구하는 것이 쉽지 않다.

라플라스 변환은 시간영역에서 주어진 방정식을 s-영역의 대수방정식으로 변환시킨 다음 대수방정식에 대한 수학적 연산을 수행하고 다시 시간영역으로 역변환함으로써 주어진 시간영역 방정식에 대한 해를 구한다. 특히, 모든 라플라스 변환은 그것에 대응하는 유일한 역변환이 존재하며, 선형성을 만족하므로 굳이 어려운 적분식으로 정의된 라플라스 역변환식을 사용하지 않고서도 해를 구할 수 있다. 또한, 시간영역 방정식이 미분방정식으로 주어지는 경우 강제응답뿐만 아니라 고유응답도 구할 수 있는 점은 복소수 페이저를 이용한 전기회로 해석보다는 훨씬 유용하다. 이런 점을 고려하면 라플라스 변환은 에너지 축적소자가 포함된 전기회로의 해석을 위한 매우 강력한 도구로 사용될 수 있다. 이 장에서는 라플라스 변환을 이용한 전기회로 해석을 일반화시켜 학습할 예정이다.

13.1 수동소자의 s-영역 모델과 해석법칙

이전에도 학습했던 것처럼 전기회로는 하나 이상의 능동소자와 하나 이상의 수동소자들의 조합으로 구성된다. 이러한 전기회로를 해석하기 위하여 주어진 회로를 폐경로나 마디 등으로 분해하고 각각의 폐경로나 마디에 키르히호프 법칙, 옴의 법칙, 전압 및 전류분배법칙 등의 수단을 적용하여 회로방정식을 만든다. 라플라스 변환을 이용하여 전기회로를 해석하는 경우도 이와 다르지 않다. 다만 차이점이 있다면 이전에 학습한 회로해석법은 소자들의 특성에 따른 전압, 전류 등의 파라미터를 직접 이용하여 시간영역에서 회로방정식을 만들고, 그 해를 구한다. 이에 비하여 라플라스 변환을 이용한 회로해석법에서는 회로방정식을 s-영역으로 변환시켜 수학적 처리과정을 수행한 다음 다시 역변환하여 시간영역으로 재변환시킴으로써 해석을 마무리한다.

시간영역에서 저항에 적용되는 옴의 법칙은 저항 양단에 걸리는 전압과 저항을 통하여 흐르는 전류의 관계를 나타내며 다음과 같이 정의된다.

$$v(t) = Ri(t) \tag{13.1}$$

여기서 저항 R은 상수이므로 식 (13.1)을 라플라스 변환하면

$$V(s) = RI(s) \tag{13.2}$$

가 된다. 여기서 $V(s) = \mathcal{L}\{v(t)\}$와 $I(s) = \mathcal{L}\{i(t)\}$는 각각 시간영역 전압과 전류의 라플라스 변환이다. 식 (13.1)과 식 (13.2)로부터 저항의 회로변수는 시간영역과 s-영역에서 동일한 형태를 가지는 것을 알 수 있다.

인덕터의 양단에 걸리는 전압과 인덕터를 통하여 흐르는 전류는 다음과 같은 관계를 가지는 것으로 학습하였다.

$$v(t) = L\frac{di(t)}{dt}. \tag{13.3}$$

식 (13.3)과 같은 미분함수에 대한 라플라스 변환은

$$V(s) = L\{sI(s) - i(0^-)\} = sLI(s) - LI_0. \tag{13.4}$$

여기서 $I_0 = i(0^-)$는 인덕터 전류의 초기값을 나타낸다. 식 (13.4)로부터 초기전류 I_0는 부호 반전된 직류 전압원의 형태로 동작한다.

한편, 식 (13.4)는 다음과 같이 변형될 수 있다.

$$I(s) = \frac{V(s) + LI_0}{sL} = \frac{V(s)}{sL} + \frac{I_0}{s}. \tag{13.5}$$

이것은 인덕터 양단에 걸리는 전압을 변수로 인덕터를 통하여 흐르는 전류를 나타내는 적분식에 대한 라플라스 변환형태이며, 초기전류는 전류원으로 동작한다.

식 (13.4)와 식 (13.5)를 기반으로 인덕터에서 발생되는 전류와 전압의 관계를 종합하여 등가회로의 형태로 나타내면 그림 13.1과 같다.

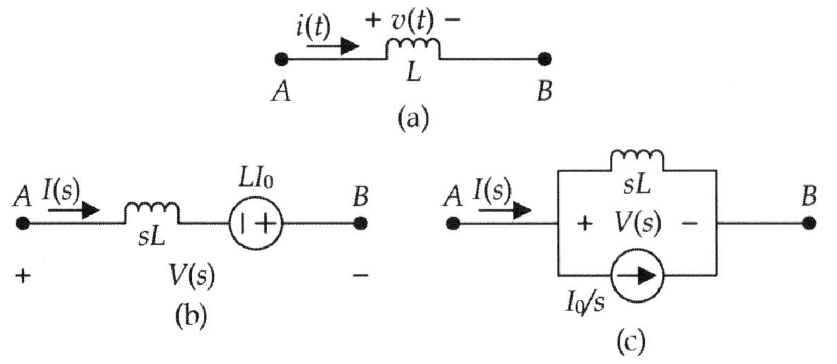

그림 13.1 시간영역과 s-영역에서 인덕터 전압-전류 관계 등가회로 (a) 시간영역 (b) 인덕터 전압의 s-영역 등가회로 (c) 인덕터 전류의 s-영역 등가회로

인덕터에 축적된 초기 에너지가 없으면, 즉 $I_0 = 0$ [A]라면 그림 13.1(b)의 직류 전압원은 단락상태가 되고, 그림 13.1(c)의 전류원은 개방상태가 된다.

커패시터를 통하여 흐르는 전류는 커패시터 양단에 걸리는 전압과 다음과 같은 관계에 있다.

$$i(t) = C\frac{dv(t)}{dt}. \tag{13.6}$$

식 (13.6)을 라플라스 변환하면

$$I(s) = C\{sV(s) - v(0^-)\} = sCV(s) - CV_0. \tag{13.7}$$

여기서 $V_0 = v(0^-)$는 커패시터의 초기 전압을 나타낸다. 식 (13.7)로부터 커패시터를 통하여 흐르는 전류의 s-영역 표현은 어드미턴스 성분 sC와 $V(s)$의 곱으로 나타나는 전류와 부호반전된 직류 전류원으로 구성된다.

식 (13.7)은 다음과 같이 변형하여 나타낼 수 있다.

$$V(s) = \frac{I(s) + CV_0}{sC} = \frac{I(s)}{sC} + \frac{V_0}{s}. \tag{13.8}$$

따라서 커패시터 양단의 전압은 커패시터를 통하여 흐르는 전류에 대한 적분항과 커패시터에 충전된 초기전압으로 구성되는 것을 알 수 있다. 또한, 식 (13.7)과 식 (13.8)의 전압-전류 관계식으로부터 s-영역에서 커패시터의 등가회로 모델은 다음과 같이 나타낼 수 있다.

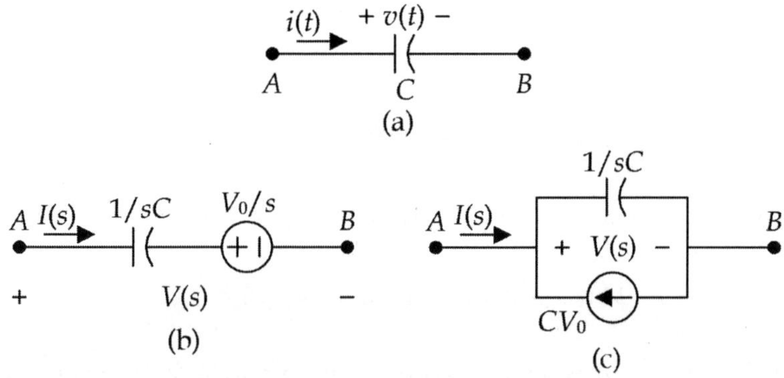

그림 13.2 시간영역과 s-영역에서 커패시터 전압-전류 관계 등가회로 (a) 시간영역 (b) 커패시터 전압의 s-영역 등가회로 (c) 커패시터 전류의 s-영역 등가회로

s-영역 등가회로에서 초기값을 모두 0으로 가정하면 수동소자의 전압-전류 관계식은 다음과 같이 간단하게 나타낼 수 있다

$$V(s) = Z(s)I(s). \tag{13.9}$$

여기서 $Z(s)$는 임피던스의 s-영역 표현으로 수동소자에 따라 다음과 같다.

$$\text{저항} : Z(s) = \frac{V(s)}{I(s)} = R, \tag{13.10}$$

$$\text{인덕터} : Z(s) = \frac{V(s)}{I(s)} = sL,$$

$$\text{커패시터} : Z(s) = \frac{V(s)}{I(s)} = \frac{1}{sC}.$$

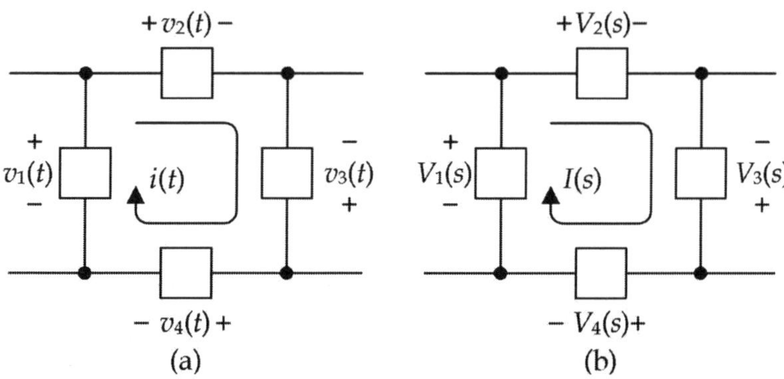

그림 13.3 폐경로와 키르히호프 전압법칙 (a) 시간영역 표현 (b) s-영역 표현

그림 13.3(a)에 나타낸 폐경로에 수동부호규정에 따라 키르히호프 전압법칙을 적용한 방정식은

$$-v_1(t)+v_2(t)-v_3(t)+v_4(t)=0. \tag{13.11}$$

식 (13.11)을 라플라스 변환하면 s-영역에서 키르히호프 전압법칙은

$$-V_1(s)+V_2(s)-V_3(s)+V_4(s)=0 \tag{13.12}$$

이 된다. 이것을 s-영역 등가회로로 나타내면 그림 13.3(b)와 같다. 따라서 폐경로에서 발생되는 전체 전압강하의 합이 0이 되는 것은 시간영역뿐만 아니라 s-영역에서도 동일하게 적용된다.

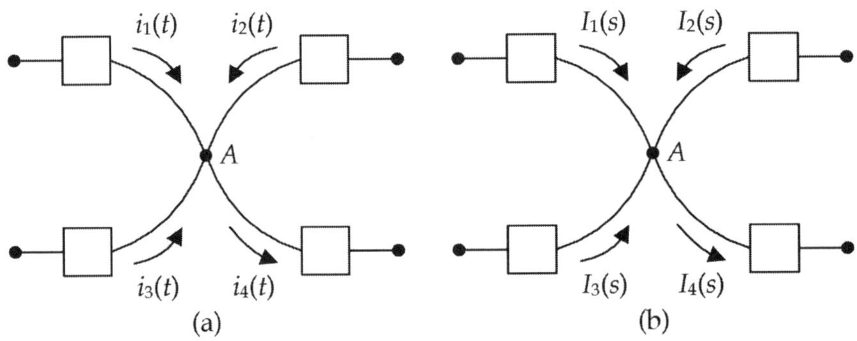

그림 13.4 마디와 키르히호프 전류법칙 (a) 시간영역 표현 (b) s–영역 표현

그림 13.4(a)에서 마디 A로 흘러 들어가는 전류를 양의 부호로 하여 키르히호프 전류법칙을 적용한 방정식은

$$i_1(t)+i_2(t)+i_3(t)-i_4(t)=0. \tag{13.13}$$

식 (13.13)을 라플라스 변환하면

$$I_1(s)+I_2(s)+I_3(s)-I_4(s)=0 \tag{13.14}$$

이 된다. 이것을 s-영역 등가회로로 나타내면 그림 13.4(b)와 같다. 따라서 키르히호프 전압법칙과 마찬가지로 키르히호프 전류법칙도 시간영역과 s-영역에 동일하게 적용된다.

예제 13.1

그림 13.5에 나타낸 병렬연결된 수동소자의 전체 임피던스를 s-영역에서 구하라.

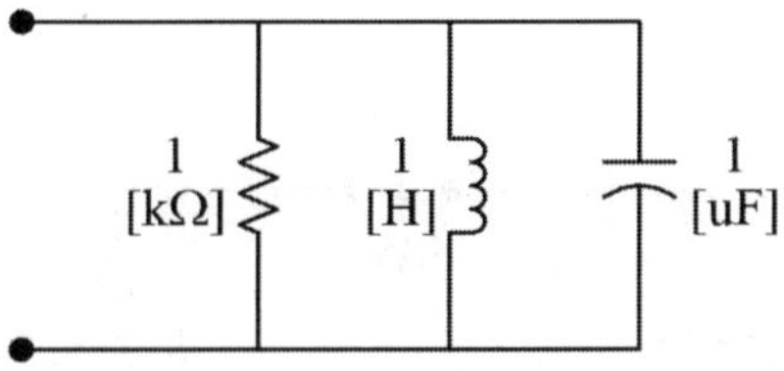

그림 13.5 예제 13.1을 위한 병렬연결된 수동소자

풀이

식 (13.10)에 따라 각 수동소자에 대한 s-영역 임피던스는

$$Z_R(s) = 10^3\ [\Omega],\ Z_L(s) = s\ \ [\Omega],\ Z_c(s) = \frac{10^6}{s}\ [\Omega]. \quad ①$$

식 ①의 임피던스를 어드미턴스로 변환하면

$$Y_R(s) = \frac{1}{Z_R(s)} = 10^{-3}\ [\mathrm{S}],\ \ Y_L(s) = \frac{1}{Z_L(s)} = \frac{1}{s}\ [\mathrm{S}],\ \ Y_c(s) = \frac{1}{Z_c(s)} = 10^{-6}s\ [\mathrm{S}]. \quad ②$$

병렬연결된 수동소자들의 전체 어드미턴스는

$$\begin{aligned} Y(s) &= Y_R(s) + Y_L(s) + Y_c(s) = 10^{-3} + \frac{1}{s} + 10^{-6}s \\ &= 10^{-6}\left(\frac{s^2 + 10^3 s + 10^6}{s}\right)\ [\mathrm{S}] \end{aligned} \quad ③$$

가 되므로 전체 임피던스는

$$Z(s) = \frac{1}{Y(s)} = 10^6\left(\frac{s}{s^2 + 10^3 s + 10^6}\right)\ [\Omega] \quad ④$$

참고로 전체 임피던스의 영점은 $s = 0$이고, 극점은 $s^2 + 10^3 s + 10^6 = 0$을 만족하는 $s_1 = -500(1 + \sqrt{3}j)$와 $s_2 = -500(1 - \sqrt{3}j)$에 있다.

예제 13.2

그림 13.6에 나타낸 무전원 RC회로에서 저항 양단에 걸리는 전압을 구하라. 여기서 스위치가 닫히기 전까지 커패시터는 V_0 [V]로 충전되어 있는 것으로 가정한다.

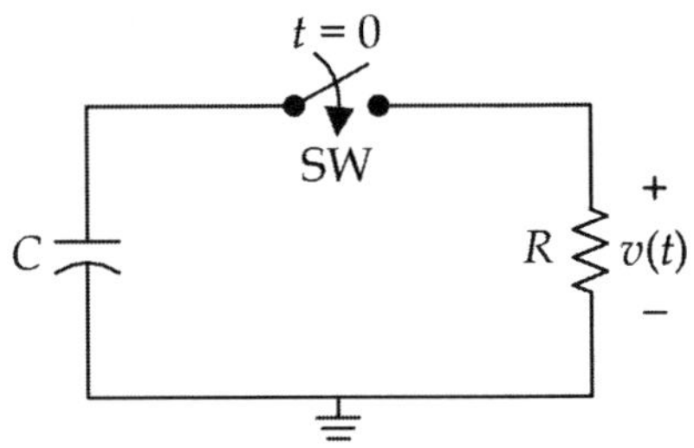

그림 13.6 예제 13.2를 위한 전기회로

풀이

$t=0^-$ [sec]에서 커패시터가 V_0 [V]로 충전되어 있으므로 $t=0$ [sec]에서 스위치가 닫힐 때 주어진 회로에 대한 s-영역 등가회로 모델은 그림 13.2(b)를 참고하면 그림 13.7과 같이 나타낼 수 있다.

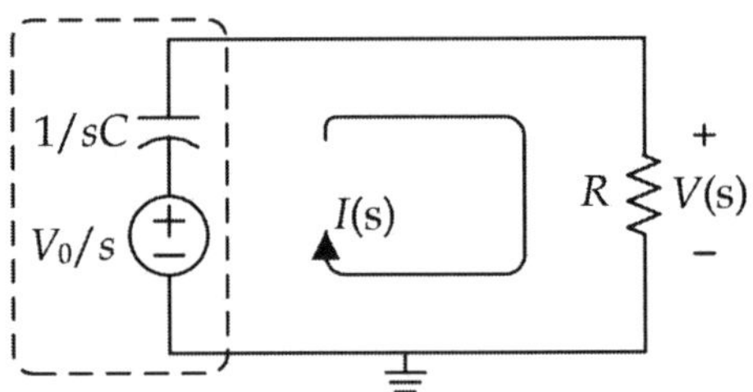

그림 13.7 제시된 회로에 대한 s-영역 등가회로 모델

s-영역 등가회로에 수동부호규정에 따른 키르히호프 전압법칙을 적용하면 회로방정식은 다음과 같다.

$$-\frac{V_0}{s}+\frac{1}{sC}I(s)+RI(s)=0 \ \rightarrow\ \left(\frac{1}{sC}+R\right)I(s)=\frac{V_0}{s}. \qquad ①$$

식 ①을 전류 $I(s)$에 대하여 정리하여 나타내면

$$I(s) = \frac{V_0/R}{s+(1/RC)}. \quad ②$$

식 ②를 라플라스 역변환시키면 시간영역에서 폐경로를 통하여 흐르는 전류는

$$i(t) = \mathcal{L}^{-1}\{I(s)\} = \frac{V_0}{R}e^{-t/RC}u(t)\ [\mathrm{A}] \quad ③$$

가 된다. 따라서 저항 R 양단에 걸리는 전압은

$$v(t) = Ri(t) = V_0 e^{-t/RC}u(t)\ [\mathrm{V}]. \quad ④$$

한편, $t=0$ [sec]에서 스위치가 닫힐 때 주어진 회로에 대한 s-영역 등가회로 모델을 그림 13.2(c)를 이용하여 나타내면 그림 13.8과 같다.

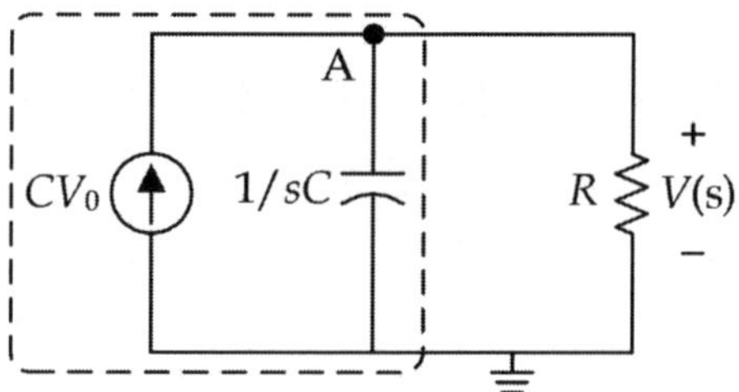

그림 13.8 제시된 회로에 대한 s-영역 등가회로의 다른 모델

그림 13.8의 s-영역 등가회로에서 마디 A에 키르히호프 전류법칙을 적용하면 회로방정식은

$$-CV_0 + \frac{V(s)}{1/sC} + \frac{V(s)}{R} = 0 \rightarrow \left(sC + \frac{1}{R}\right)V(s) = CV_0. \quad ⑤$$

식 ⑤를 정리하여 나타내면

$$V(s) = \frac{CV_0}{sC+1/R} = \frac{V_0}{s+1/RC}. \quad ⑥$$

식 ⑥을 라플라스 역변환하면 저항 R 양단에 걸리는 전압은

$$v(t) = \mathcal{L}^{-1}\{V(s)\} = V_0 e^{-t/RC}u(t)\ [\mathrm{V}] \quad ⑦$$

가 된다. 이 결과는 주어진 회로에 대하여 그림 13.7의 등가회로 모델을 이용하여 구한 결과와 동일하다. 따라서 사용 가능한 두 가지 등가회로 모델 중 어떤 것을 선택하든지 동일한 결과를 얻을 수 있으므로 주어진 회로의 다른 부분들의 구조에 따라 경험적인 방법으로 적절한 등가회로 모델을 적용하여 해석할 수 있도록 많은 학습이 필요하다.

13.2 s-영역 회로해석

12장에서 라플라스 변환을 이용하여 전기회로를 해석하는 방법에 대하여 학습한 바 있다. 여기서는 제시된 회로에 대하여 시간영역에서 회로방정식을 도출하고, 이를 라플라스 변환하여 s-영역 대수방정식으로 수학적 처리과정을 수행한다. 그리고 마지막으로 라플라스 역변환시킴으로써 주어진 회로에 대한 완전응답을 구하였다.

한편, 8장에서 학습한 페이저를 이용한 교류회로 해석도 복소수 페이저로 표현되는 대수방정식에 대한 수학적 처리과정을 수행한 다음 정현파 함수형태로 변환시켜 주어진 회로에 대한 강제응답을 구한다. 여기서 가장 먼저 수행되어야 하는 절차는 주어진 전기회로를 페이저 회로로 변환시키는 것이고, 이를 기반으로 페이저 대수방정식을 도출하였다.

이 장의 주제는 라플라스 변환을 이용한 회로해석으로 12장의 마지막 부분에서 학습한 내용을 확장한 것이다. 12장에서 학습한 방법은 주어진 전기회로에 대한 회로방정식을 시간영역에서 구하였지만 여기서는 주어진 회로를 s-영역 회로 모델로 변환시킨 다음 회로방정식을 구하는 차이점이 있다. 따라서 앞 절에서 학습한 초기값을 가지는 수동소자에 대한 s-영역 등가회로 모델은 라플라스 변환영역 회로 모델을 도출하기 위한 매우 유용한 도구로 사용된다.

s-영역 회로해석을 위한 예로 그림 13.9에 나타낸 RLC 직렬회로에 대하여 생각하여보자. 전원이 단위계단함수를 포함하고 있으므로 $t<0$에서는 폐경로를 통하여 흐르는 전류는 $i(t)=0$ [A]이므로 인덕터를 통하여 흐르는 전류의 초기조건은 $i(0^-)=0$ [A]가 된다. 그리고 커패시터 양단에 걸리는 전압의 초기값은 $v_c(0^-)=V_0$ [V]로 가정한다.

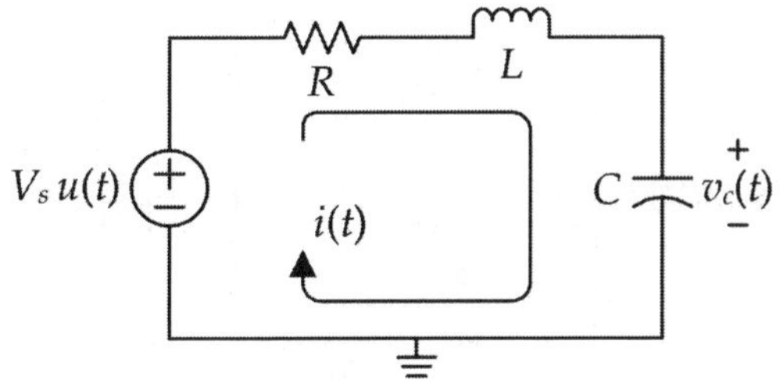

그림 13.9 대표적인 2차 회로인 RLC 직렬회로

먼저 $i(0^-)=0$ [A]이고, $v_c(0^-)=V_0$ [V]로 가정하였으므로 $t>0$ 이후 주어진 회로에 대한 s-영역 등가회로 모델은 그림 13.10과 같다.

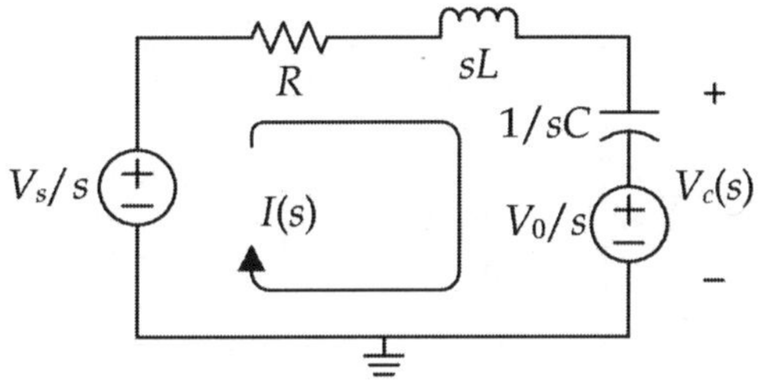

그림 13.10 $t>0$에서 RLC 직렬회로에 대한 s-영역 등가회로 모델

그림 13.10의 등가회로 모델에 키르히호프 전압법칙을 적용하면 회로방정식은

$$-\frac{V_s}{s}+RI(s)+sLI(s)+\frac{1}{sC}I(s)+\frac{V_0}{s}=0. \tag{13.15}$$

이를 전류 $I(s)$에 대하여 정리하여 나타내면

$$I(s)=\frac{V_s-V_0}{s\left(R+sL+\dfrac{1}{sC}\right)}=\frac{(V_s-V_0)/L}{s^2+\dfrac{R}{L}s+\dfrac{1}{LC}} \tag{13.16}$$

이 된다. 따라서 식 (13.16)을 라플라스 역변환함으로써 폐경로 전류에 대한 시간영역 응답을 구할 수 있다.

이것을 구체적으로 확인하기 위하여 그림 13.11과 같은 RLC 직렬회로에서 전류에 대한 완전응답을 구하여보자. 이 회로는 그림 7.14와 동일한 회로이며, 인덕터 전류와 커패시터 전압의 초기값도 동일하게 $i(0^+)=i(0^-)=0$ [A], $v_c(0^+)=v_c(0^-)=0$ [V]로 가정한다.

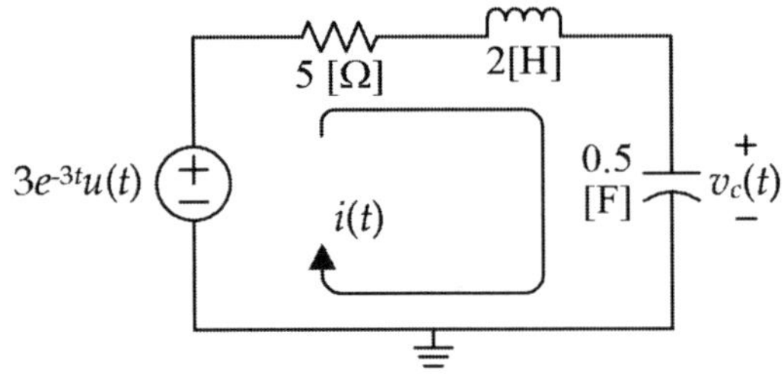

그림 13.11 시변 독립 전압원을 가지는 RLC 회로

커패시터의 초기 충전 전압이 0 [V]이므로 그림 13.11에 대한 s-영역 등가회로 모델은 다음과 같다.

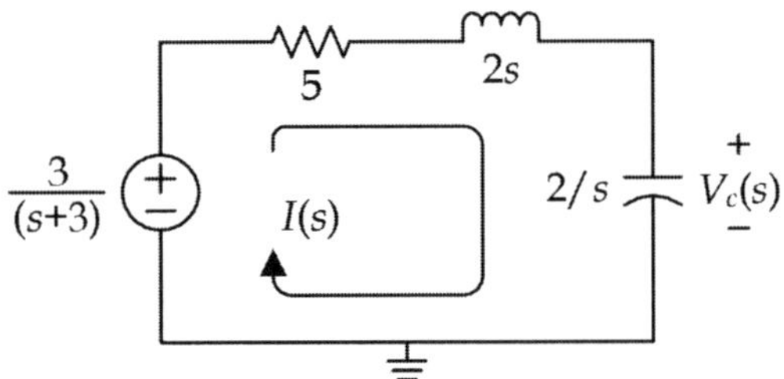

그림 13.12 주어진 RLC 회로에 대한 s–영역 등가회로

그림 13.12의 회로에 키르히호프 전압법칙을 적용하면 s-영역 회로방정식은

$$-\frac{3}{s+3}+5I(s)+2sI(s)+\frac{2}{s}I(s)=0. \tag{13.17}$$

위의 식을 전류 $I(s)$에 대하여 정리하여 나타내면

$$I(s)=\frac{3}{(s+3)(5+2s+2/s)}=\frac{3s}{(s+3)(2s^2+5s+2)} \tag{13.18}$$

이 된다. 분모에 있는 s의 2차 항을 인수분해한 다음 부분분수전개 형식으로 나타내면 다음과 같다.

$$I(s)=\frac{3s}{(s+3)(s+2)(2s+1)}=\frac{A}{s+3}+\frac{B}{s+2}+\frac{C}{2s+1}. \tag{13.19}$$

부분분수의 각 항에 대한 계수는

$$A = [(s+3)I(s)]_{s=-3} = \left[\frac{3s}{(s+2)(2s+1)}\right]_{s=-3} = \frac{-9}{-1\times-5} = -1.8, \qquad (13.20)$$

$$B = [(s+2)I(s)]_{s=-2} = \left[\frac{3s}{(s+3)(2s+1)}\right]_{s=-2} = \frac{-6}{1\times-3} = 2,$$

$$C = [(2s+1)I(s)]_{s=-1/2} = \left[\frac{3s}{(s+3)(s+2)}\right]_{s=-1/2} = \frac{-3/2}{5/2\times3/2} = -0.2.$$

따라서 s-영역에서 폐경로를 통하여 흐르는 전류에 대한 최종 형태는

$$I(s) = \frac{-1.8}{s+3} + \frac{2}{s+2} - \frac{0.2}{s+1/2} \qquad (13.21)$$

가 되며, 식 (13.21)을 라플라스 역변환하면 시간영역에서 망로 전류에 대한 완전응답은 다음과 같다.

$$\begin{aligned} i(t) &= \mathcal{L}^{-1}\{I(s)\} = \mathcal{L}^{-1}\left\{\frac{-1.8}{s+3} + \frac{2}{s+2} - \frac{0.2}{s+1/2}\right\} \\ &= \{-1.8e^{-3t} + 2e^{-2t} - 0.2e^{-t/2}\}u(t)\,[\mathrm{A}]. \end{aligned} \qquad (13.22)$$

이 결과는 그림 7.14에 대한 2차 회로 해석법을 이용하여 구한 완전응답과 완벽하게 동일하다. 그러므로 라플라스 변환을 이용한 회로해석법은 2차 미분방정식을 이용하여 회로를 해석하는 방법보다 훨씬 간편하게 교류회로에 대한 완전응답을 구할 수 있는 매우 유용한 방법인 것을 알 수 있다.

예제 13.3

그림 13.13에 나타낸 전기회로에서 마디 A의 전압 $v(t)$와 2 [Ω] 저항을 통하여 흐르는 전류 $i(t)$를 구하라. 여기서 주어진 전기회로는 $t < 0$에서 직류 정상상태에 있었던 것으로 가정한다.

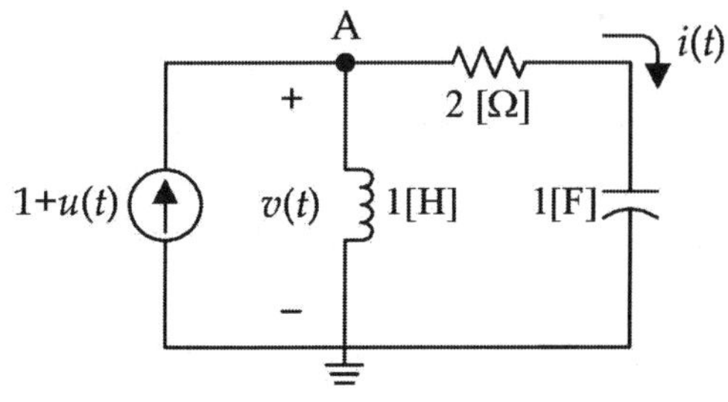

그림 13.13 예제 13.3을 위한 전기회로

풀이

$t<0$ [sec]에서 주어진 회로가 직류 정상상태에 있었던 것으로 가정하였으므로 인덕터와 커패시터는 그림 13.14와 같이 단락회로와 개방회로로 대체할 수 있다.

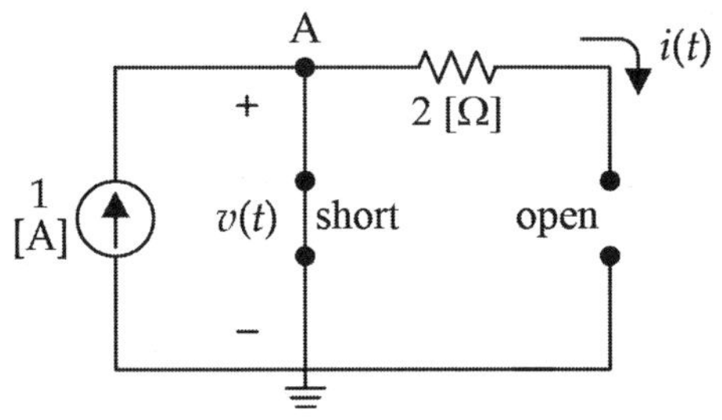

그림 13.14 $t<0$ [sec]에서 주어진 회로에 대한 등가회로

그러므로 $t<0$ [sec]에서 전류는 단락된 인덕터를 통하여 흐르므로 인덕터 전류와 커패시터 전압의 초기값은 각각 다음과 같다.

$$i_L(0^-)=1\ [\mathrm{A}],\ v_c(0^-)=0\ [\mathrm{V}]. \quad ①$$

$t=0^+$ [sec]부터 전류원은 $1+u(t)=2$ [A]로 동작하며, 인덕터와 커패시터의 초기값을 고려하여 주어진 회로를 s-영역 등가회로로 변환하면 그림 13.15와 같다.

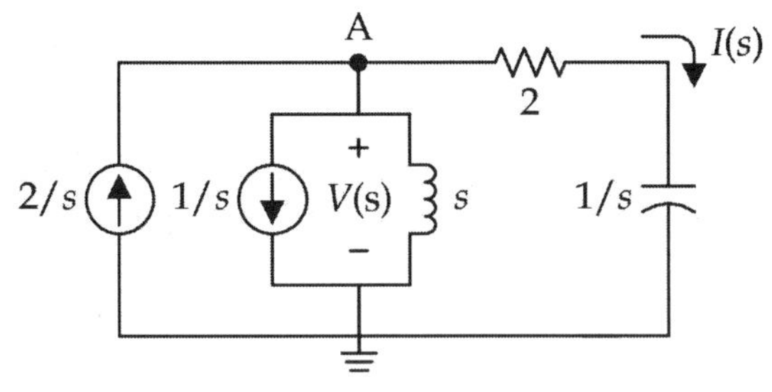

그림 13.15 $t>0$ [sec]에서 주어진 회로에 대한 s-영역 등가회로

마디 A에 키르히호프 전류법칙을 적용하면 회로방정식은

$$\frac{-2}{s}+\frac{1}{s}+\frac{V(s)}{s}+\frac{V(s)}{2+1/s}=0 \ \rightarrow\ V(s)\left(\frac{1}{s}+\frac{1}{2+1/s}\right)=\frac{1}{s}. \quad ②$$

식 ②를 정리하여 나타내면 전압 $V(s)$는

$$V(s)=\frac{1}{s}\Big/\left(\frac{1}{s}+\frac{1}{2+1/s}\right)=\frac{2s+1}{(s+1)^2} \qquad ③$$

이 된다. 식 ③은 중복 실극점을 가지므로 이를 부분분수전개하면 다음과 같은 형태가 된다.

$$V(s)=\frac{A}{s+1}+\frac{B}{(s+1)^2}. \qquad ④$$

각 부분분수의 계수는

$$A=\left[\frac{d}{ds}\{(s+1)^2V(s)\}\right]_{s=-1}=\left[\frac{d}{ds}\{2s+1\}\right]_{s=-1}=2, \qquad ⑤$$

$$B=\left[(s+1)^2V(s)\right]_{s=-1}=[2s+1]_{s=-1}=-1$$

이 되므로 식 ④는

$$V(s)=\frac{2}{s+1}-\frac{1}{(s+1)^2}. \qquad ⑥$$

따라서 식 ⑥을 라플라스 역변환하면 마디 A의 전압에 대한 완전응답은

$$v(t)=2e^{-t}u(t)-te^{-t}u(t)=(2-t)e^{-t}u(t)\ [\mathrm{V}]. \qquad ⑦$$

한편, 2 [Ω] 저항을 통하여 흐르는 전류는

$$I(s)=\frac{V(s)}{2+1/s}=\frac{(2s+1)/(s+1)^2}{(2s+1)/s}=\frac{s}{(s+1)^2} \qquad ⑧$$

이며, 이를 부분분수전개하면

$$I(s)=\frac{1}{s+1}-\frac{1}{(s+1)^2}. \qquad ⑨$$

그러므로 2 [Ω] 저항을 통하여 흐르는 전류의 시간영역 완전응답은 다음과 같다.

$$i(t)=e^{-t}u(t)-te^{-t}u(t)=(1-t)e^{-t}u(t)\ [\mathrm{A}]. \qquad ⑩$$

식 ⑩으로부터 $t > 0$ [sec] 이후 전류는 과도상태응답을 나타내지만 충분한 시간이 경과되어 주어진 전기회로가 다시 정상상태에 도달하면 커패시터는 개방회로로 동작하므로 전류는 0 [A]가 된다.

■

한편, 예제 13.3은 라플라스 변환을 이용한 가장 일반적인 회로해석 수행 절차를 보여준다. 먼저 주어진 전기회로로부터 수동소자의 초기값을 정하고, 이 값들을 고려하여 주어진 전기회로를 s-영역 등가회로로 변환시킨다. 그리고 회로해석을 위한 세부기술들을 등가회로에 적용하여 회로방정식을 도출하여 전압과 전류에 대한 s-영역 함수를 계산한 다음 라플라스 역변환하여 회로 파라미터에 대한 완전응답을 구하는 순서로 해석이 이루어진다.

현재까지는 주로 단순 폐경로 회로에 대하여 s-영역 해석을 학습하였다. 폐경로가 추가 확장된 전기회로는 이미 잘 알고 있는 마디해석법이나 망로해석법을 이용하여 해석할 수 있다. 4장에서 학습한 시간영역의 회로해석법들은 라플라스 변환영역(여태까지는 s-영역이라고 하였음)에서도 동일하게 적용된다. 예를 들어, 그림 13.16에 나타낸 회로를 망로해석법을 이용하여 해석하여보자.

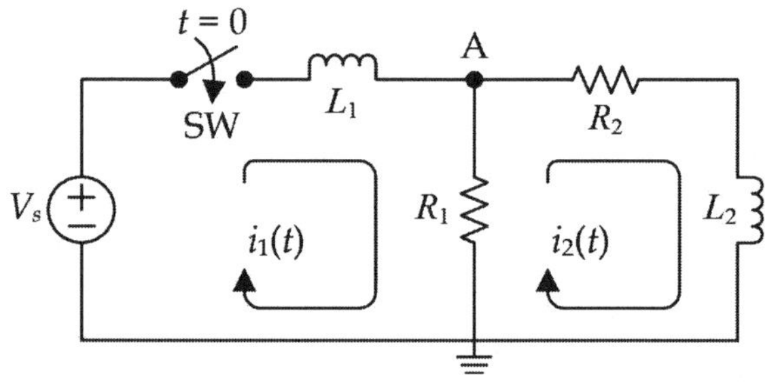

그림 13.16 두 개의 망로로 구성된 일반적인 전기회로

먼저 $t < 0$에서 주어진 회로는 직류 정상상태에 있었던 것으로 가정한다. 이 가정은 $t = 0$에서 스위치가 닫히기 직전까지 두 인덕터에 저장된 초기 에너지는 0 [J]이라는 것과 같은 의미이다. 따라서 망로전류의 초기값은 $i_1(0^-) = i_2(0^-) = 0$ [A]이다.

두 망로전류의 초기값이 0 [A]이므로 $t = 0$에서 스위치가 닫힐 때 주어진 회로에 대한 s-영역 등가회로는 그림 13.17과 같다.

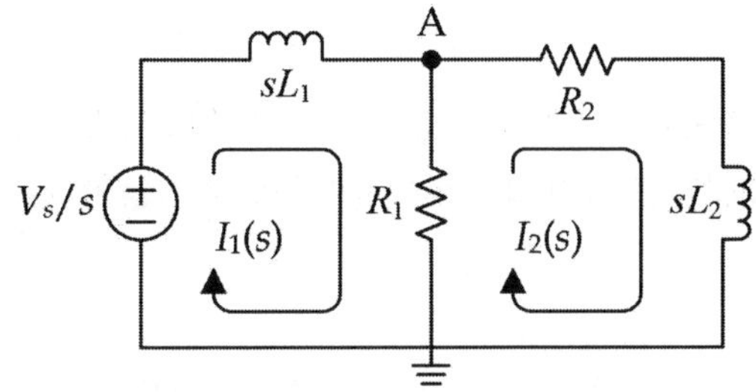

그림 13.17 $t > 0$에서 그림 13.16의 회로에 대한 초기값을 고려한 s-영역 등가회로

각각의 망로에 키르히호프 전압법칙을 적용한 망로방정식은

$$(R_1 + sL_1)I_1(s) - R_1 I_2(s) = V_s/s, \tag{13.23}$$

$$-R_1 I_1(s) + (R_1 + R_2 + sL_2)I_2(s) = 0.$$

식 (13.23)은 전형적인 연립방정식의 형태이며, 행렬로 나타내면 다음과 같다.

$$\begin{bmatrix} R_1 + sL_1 & -R_1 \\ -R_1 & R_1 + R_2 + sL_2 \end{bmatrix} \begin{bmatrix} I_1(s) \\ I_2(s) \end{bmatrix} = \begin{bmatrix} V_s/s \\ 0 \end{bmatrix}. \tag{13.24}$$

크라머의 법칙을 이용하여 망로전류에 대한 s-영역 응답을 구하기 위한 계수행렬의 행렬식은

$$\Delta = \begin{vmatrix} R_1 + sL_1 & -R_1 \\ -R_1 & R_1 + R_2 + sL_2 \end{vmatrix} = (R_1 + sL_1)(R_1 + R_2 + sL_2) - R_1^2 \tag{13.25}$$

이므로 각 망로전류의 s-영역 응답은

$$I_1(s) = \frac{1}{\Delta}\begin{vmatrix} V_s/s & -R_1 \\ 0 & R_1 + R_2 + sL_2 \end{vmatrix} = \frac{(V_s/s)(R_1 + R_2 + sL_2)}{(R_1 + sL_1)(R_1 + R_2 + sL_2) - R_1^2}, \tag{13.26}$$

$$I_2(s) = \frac{1}{\Delta}\begin{vmatrix} R_1 + sL_1 & V_s/s \\ -R_1 & 0 \end{vmatrix} = \frac{R_1 V_s/s}{(R_1 + sL_1)(R_1 + R_2 + sL_2) - R_1^2}.$$

따라서 식 (12.26)의 s에 대한 함수를 라플라스 역변환하여 망로전류의 시간응답을 구할 수 있다. 이와 같은 해석방법은 단지 시간영역이 아닌 s-영역에서 이루어지는 점을 제외하면 4장에서 학습한 일반적인 망로해석법과 완전히 동일하다.

예제 13.4

그림 13.18에 나타낸 전기회로에서 마디 A의 전압 $v(t)$와 1 [F] 커패시터에 걸리는 전압을 구하라. $t<0$에서 커패시터에 저장된 초기 에너지는 0 [J]인 것으로 가정한다.

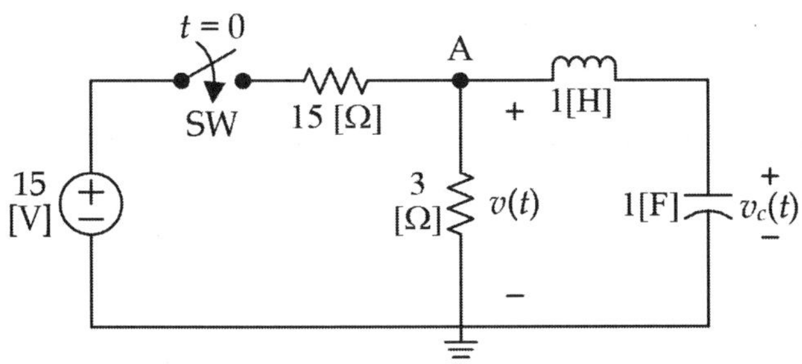

그림 13.18 예제 13.4를 위한 전기회로

풀이

스위치가 닫히기 전 커패시터에 저장된 초기 에너지는 0 [J]인 것으로 가정하였으므로 $t>0$에서 주어진 회로에 대한 s-영역 등가회로는 그림 13.19와 같다.

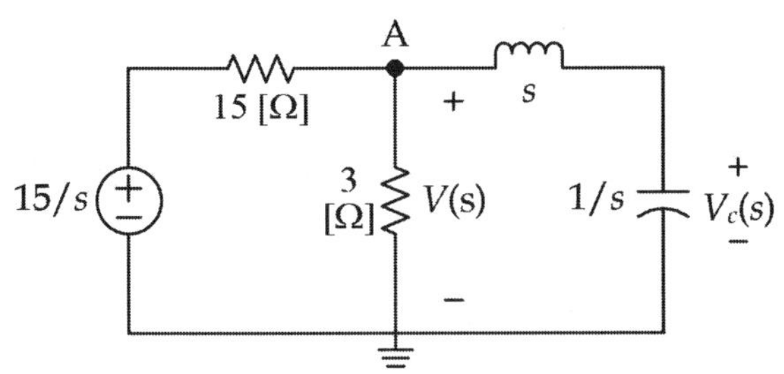

그림 13.19 스위치가 닫힌 이후 주어진 회로에 대한 s–영역 등가회로

등가회로에서 마디 A에 키르히호프 전류법칙을 적용하면 s-영역 회로방정식은 다음과 같다.

$$\frac{V(s)-15/s}{15}+\frac{V(s)}{3}+\frac{V(s)}{s+1/s}=0 \rightarrow \left(0.4+\frac{s}{s^2+1}\right)V(s)=\frac{1}{s}. \quad ①$$

식 ①을 정리하여 나타내면

$$V(s)=\frac{1}{s}\frac{1}{0.4+\dfrac{s}{s^2+1}}=\frac{1}{s}\frac{s^2+1}{0.4s^2+s+0.4}=\frac{s^2+1}{0.4s(s^2+2.5s+1)}. \quad ②$$

식 ②의 분모를 인수분해하여 부분분수전개 형식으로 표현하면 다음과 같다.

$$V(s)=\frac{s^2+1}{0.4s(s+0.5)(s+2)}=\left(\frac{A}{s}+\frac{B}{s+0.5}+\frac{C}{s+2}\right). \quad ③$$

각 부분분수항의 계수는 다음과 같이 계산된다.

$$A=[s\,V(s)]_{s=0}=\left[\frac{s^2+1}{0.4(s+0.5)(s+2)}\right]_{s=0}=\frac{1}{0.4\times0.5\times2}=2.5, \quad ④$$

$$B=[(s+0.5)\,V(s)]_{s=-0.5}=\left[\frac{s^2+1}{0.4s(s+2)}\right]_{s=-0.5}=-\frac{25}{6},$$

$$C=[(s+2)\,V(s)]_{s=-2}=\left[\frac{s^2+1}{0.4s(s+0.5)}\right]_{s=-2}=\frac{25}{6}.$$

그러므로 식 ③을 고쳐 쓰면

$$V(s)=\frac{2.5}{s}-\frac{25/6}{s+0.5}+\frac{25/6}{s+2} \quad ⑤$$

가 되며, 이를 라플라스 역변환하면 마디 A의 전압에 대한 시간영역 완전응답은

$$v(t)=\left(2.5-\frac{25}{6}e^{-0.5t}+\frac{25}{6}e^{-2t}\right)u(t)\ [\mathrm{V}]. \quad ⑥$$

계산결과의 검증을 위하여 식 ⑤에 최종값 정리를 적용하면

$$\lim_{s\to0}s\,V(s)=\lim_{s\to0}\left\{2.5-\frac{s\cdot25/6}{s+0.5}+\frac{s\cdot25/6}{s+2}\right\}=2.5=\lim_{t\to\infty}v(t) \quad ⑦$$

가 된다. 비교를 위하여 주어진 전기회로에서 스위치가 닫힌 이후 충분한 시간이 경과되어 정상상태에 도달하면 인덕터와 커패시터는 각각 단락회로와 개방회로로 동작하므로 정상상태에서 회로의 동작 모델은 다음과 같다.

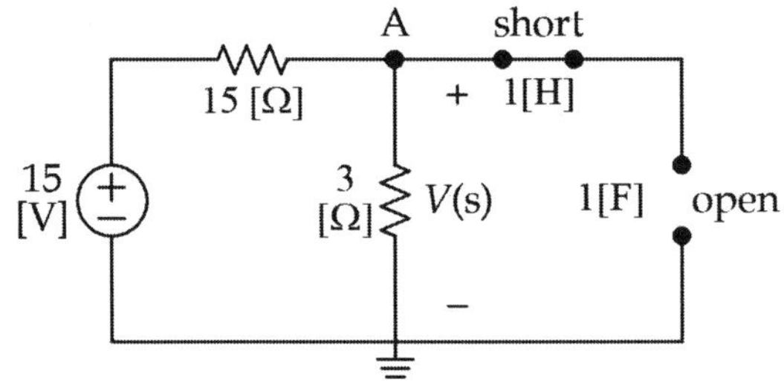

그림 13.20 스위치가 닫힌 이후 정상상태에 도달한 회로의 동작 모델

커패시터가 개방된 상태로 동작하므로 인덕터와 커패시터를 통하여 흐르는 전류는 0 [A]가 된다. 따라서 마디 A의 전압은 전압분배법칙에 의하여

$$[v(t)]_{t=\infty} = 15 \times \frac{3}{15+3} = 2.5 \text{ [V]} \qquad ⑧$$

가 된다. 이는 식 ⑦과 동일한 결과이므로 식 ⑥까지 도출한 마디 A의 전압은 정확한 것임을 확인할 수 있다.

한편, 커패시터 양단에 걸리는 전압은 마디 A의 전압에 다음과 같이 전압분배법칙을 적용하여 계산한다.

$$\begin{aligned} V_c(s) &= \frac{1/s}{s+1/s} V(s) = \frac{1}{s^2+1} \cdot \frac{s^2+1}{0.4s(s+0.5)(s+2)}. \\ &= \frac{1}{0.4s(s+0.5)(s+2)} = \left(\frac{D}{s} + \frac{E}{s+0.5} + \frac{F}{s+2} \right) \end{aligned} \qquad ⑨$$

식 ⑨의 각 부분분수항의 계수는

$$D = [s\,V_c(s)]_{s=0} = \left[\frac{1}{0.4(s+0.5)(s+2)} \right]_{s=0} = \frac{1}{0.4 \times 0.5 \times 2} = 2.5, \qquad ⑩$$

$$E = [(s+0.5)\,V_c(s)]_{s=-0.5} = \left[\frac{1}{0.4s(s+2)} \right]_{s=-0.5} = -\frac{10}{3},$$

$$F = [(s+2)\,V_c(s)]_{s=-2} = \left[\frac{1}{0.4s(s+0.5)} \right]_{s=-2} = \frac{5}{6}$$

이 되며, 이를 식 ⑨에 대입하면 s-영역에서 커패시터 양단의 전압은 다음과 같다.

$$V_c(s) = \frac{2.5}{s} - \frac{10/3}{s+0.5} + \frac{5/6}{s+2}. \qquad ⑪$$

커패시터 양단에 걸리는 전압의 시간영역 완전응답은 식 ⑪을 라플라스 역변환하면

$$v_c(t) = \left(2.5 - \frac{10}{3}e^{-0.5t} + \frac{5}{6}e^{-2t}\right)u(t)\ [\text{V}]. \qquad ⑫$$

스위치가 닫힌 상태에서 정상상태에 도달하면 그림 13.20에 나타낸 것처럼 커패시터는 개방회로로 동작한다. 그럼에도 불구하고 커패시터 양단의 전압을 계산하면

$$\lim_{t\to\infty} v_c(t) = \lim_{t\to\infty}\left\{2.5 - \frac{10}{3}e^{-0.5t} + \frac{5}{6}e^{-2t}\right\} = 2.5\ [\text{V}] \qquad ⑬$$

가 된다. 이는 정상상태에서 인덕터와 커패시터를 통하여 흐르는 전류가 0 [A]이므로 인덕터 주변에는 자기장이 형성되지 않아서 인덕터에 축적되는 에너지는 0 [J]이 되므로 커패시터에 충전되는 전압이 마디 A에 걸리는 전압과 같아진다.

■

전기회로를 단순화시키는 방법으로 테브냉 등가회로와 노튼 등가회로를 소개한 바 있다. 이들은 회로 단순화뿐만 아니라 부하회로에 최대의 전력을 공급하는 회로를 설계하기 위한 최대 전력전송이론에서도 매우 유용하게 사용된다.

4장에서도 학습했던 것처럼 테브냉 등가회로를 구하는 과정은 크게 두 가지로 구성된다. 첫 번째는 개방된 부하회로에서 측정되는 개방회로 전압 $v_{sc}(t)$를 구하여 테브냉 전압원으로 정하는 것이고, 두 번째는 개방된 부하회로에서 측정되는 임피던스(또는 어드미턴스)를 테브냉 임피던스(또는 어드미턴스)로 정하는 과정이다. 이 두 과정을 그림 13.21의 예시 회로에 적용하여 테브냉 등가회로를 구하여보자. 여기서 부하회로는 a-b 단자의 오른쪽에 있는 커패시터로 한다.

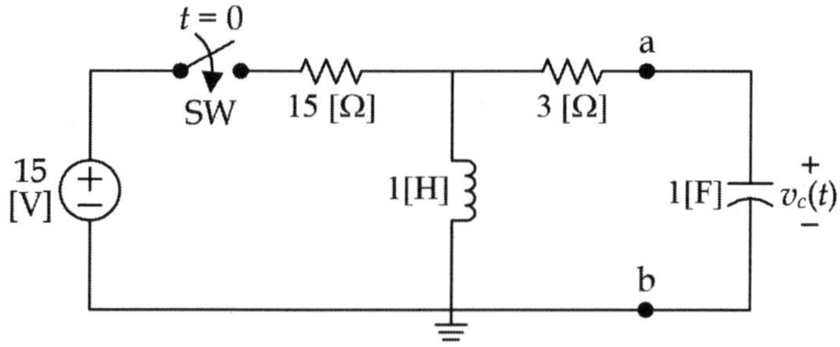

그림 13.21 테브냉 등가회로를 위한 예시 회로

$t > 0$에서 스위치가 닫힌 이후 주어진 회로를 s-영역 등가회로로 변환하여 나타내면 그림 13.22와 같다.

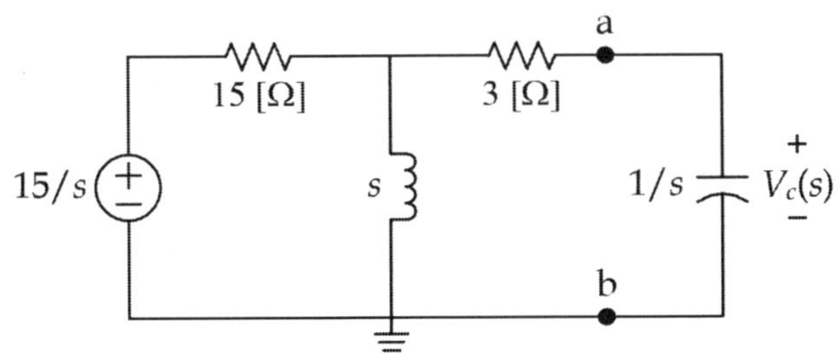

그림 13.22 주어진 예시 회로에 대한 s-영역 변환회로

테브냉 전압원을 구하기 위하여 커패시터를 개방시키고 a와 b 단자에서 개방회로 전압을 계산한다. 이때 커패시터가 개방되었으므로 3 [Ω] 저항으로는 전류가 흐르지 않으므로 전압도 걸리지 않는다. 그러므로 개방회로 전압은 1 [H] 인덕터에 걸리는 전압이 되며, 전압분배법칙에 의하여 다음과 같이 계산된다.

$$V_T(s) = V_{oc}(s) = \frac{s}{s+15} \cdot \frac{15}{s} = \frac{15}{s+15} \text{ [V]}. \tag{13.27}$$

테브냉 임피던스를 구하기 위하여 커패시터를 개방시키고 a와 b 단자에서 임피던스를 측정한다. 이때 회로에 포함된 전압원은 단락시키고 전류원은 개방시킴으로써 전원의 영향을 배제시켜야 한다. 그림 13.22의 회로에서 전압원을 단락시키면 15 [Ω] 저항과 1 [H] 인덕터는 병렬연결이 되므로 개방 단자들 사이에서 측정되는 임피던스는 다음과 같이 계산된다.

$$Z_T(s) = \{15//s\} + 3 = \frac{15s}{s+15} + 3 = \frac{18s+45}{s+15} \text{ [}\Omega\text{]}. \tag{13.28}$$

따라서 주어진 회로에 대한 테브냉 등가회로는 식 (13.27)과 식 (13.28)에 의하여 그림 13.23과 같다.

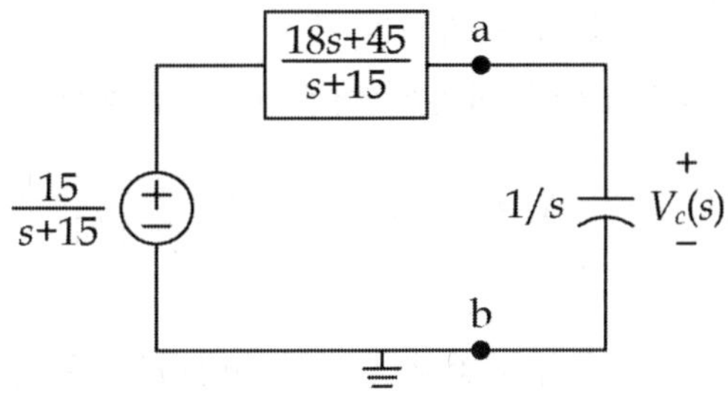

그림 13.23 예시 회로에 대한 s-영역 테브냉 등가회로

예제 13.5

그림 13.24에 나타낸 전기회로에서 1 [H] 인덕터를 부하로 할 때 a와 b 단자의 왼쪽 회로부분에 대한 노튼 등가회로와 부하임피던스를 통하여 흐르는 전류 $i_L(t)$를 구하라. $t<0$에서 커패시터와 인덕터에 저장된 초기 에너지는 0 [J]로 가정한다.

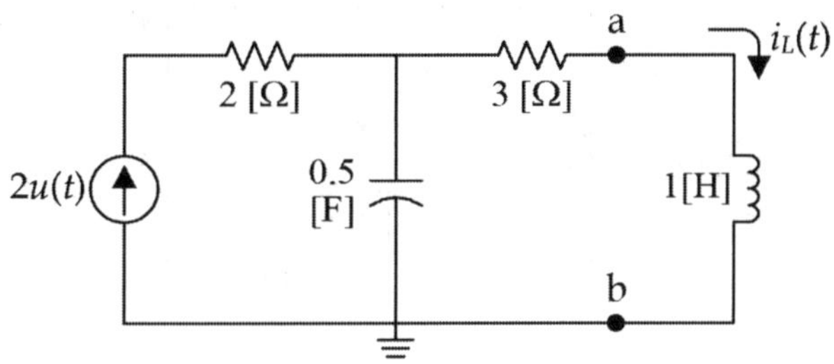

그림 13.24 예제 13.5를 위한 전기회로

풀이

계단함수형 전원이 인가되기 전 커패시터와 인덕터에 축적된 에너지가 0 [J]인 것으로 가정하였으므로 $t>0$에서 주어진 회로에 대한 s-영역 등가회로는 그림 13.25와 같다.

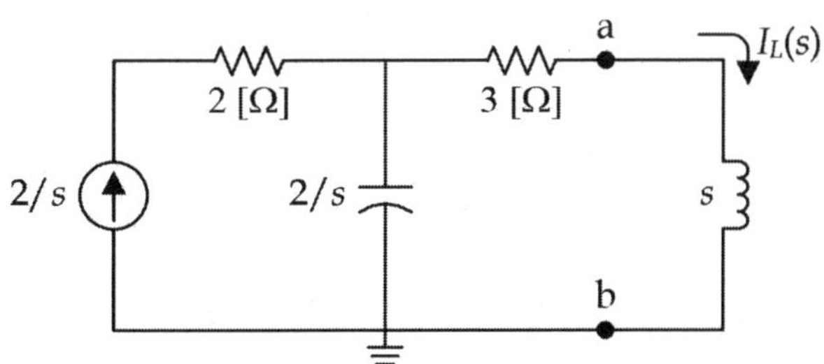

그림 13.25 $t>0$에서 주어진 회로에 대한 s-영역 등가회로

부하임피던스를 단락시키고 단락된 경로를 통하여 흐르는 단락회로 전류 $I_{sc}(s)$를 노튼 전류원으로 정하면 전류분배법칙에 의하여 다음과 같이 계산된다.

$$I_{sc}(s) = \frac{2/s}{2/s+3} \cdot \frac{2}{s} = \frac{4}{s(3s+2)} \text{ [A]}. \qquad ①$$

노튼 임피던스를 구하기 위하여 부하임피던스를 개방하고, 왼쪽의 $2/s$ 전류원도 개방시킨 상태에서 a와 b 단자에서 측정되는 임피던스는 $3\,[\Omega]$ 저항과 $2/s$ [F] 커패시터의 직렬연결이므로

$$Z_N(s) = \frac{2}{s} + 3 = \frac{3s+2}{s} \, [\Omega]. \qquad ②$$

따라서 주어진 회로에 대한 s-영역 노튼 등가회로는 다음과 같다.

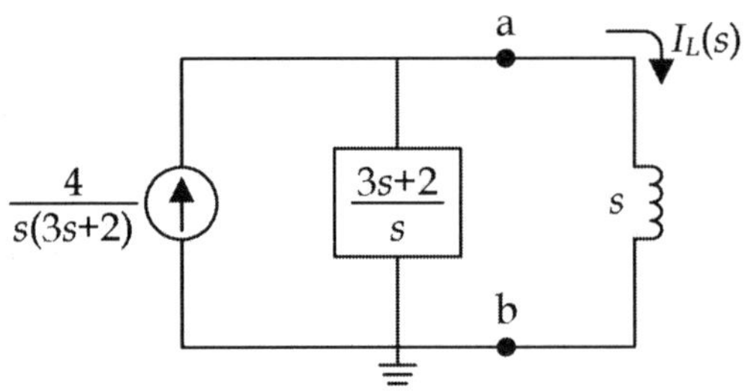

그림 13.26 $t > 0$에서 주어진 회로에 대한 s–영역 노튼 등가회로

그림 13.26의 등가회로로부터 부하임피던스를 통하여 흐르는 전류는 전류분배법칙에 의하여

$$I_L(s) = \frac{4}{s(3s+2)} \cdot \frac{(3s+2)/s}{(3s+2)/s+s} = \frac{4}{s(s+1)(s+2)} \text{ [A]}. \qquad ③$$

식 ③을 부분분수전개하여 나타내면

$$I_L(s) = \frac{4}{s(s+1)(s+2)} = \frac{2}{s} - \frac{4}{s+1} + \frac{2}{s+2} \text{ [A]} \qquad ④$$

이다. 따라서 식 ④를 라플라스 역변환하면 부하임피던스를 통하여 흐르는 전류의 시간영역 완전응답은

$$i_L(t) = \mathcal{L}^{-1}\left\{\frac{2}{s} - \frac{4}{s+1} + \frac{2}{s+2}\right\} = \left(2 - 4e^{-t} + 2e^{-2t}\right)u(t)\ [\text{A}] \qquad ⑤$$

가 된다. 계산 결과의 검증을 위하여 계단함수 전원이 연결된 이후 충분한 시간이 경과되어 정상상태에 도달한 경우로 가정하면 식 ⑤는

$$\lim_{t\to\infty} i_L(t) = \lim_{t\to\infty}\left\{\left(2 - 4e^{-t} + 2e^{-2t}\right)u(t)\right\} = 2\ [\text{A}] \qquad ⑥$$

이 되고, 식 ③에 최종값 정리를 적용하면

$$\lim_{s\to 0} sI_L(s) = \lim_{s\to 0}\left\{\frac{4s}{s(s+1)(s+2)}\right\} = 2\ [\text{A}]. \qquad ⑦$$

이것은 식 ⑥과 동일한 결과이다. 또한, 시간이 경과되어 정상상태에 도달한 경우 주어진 회로에서 커패시터는 개방회로로 동작하고 인덕터는 단락회로로 동작하므로 인덕터를 통하여 흐르는 전류는 전원이 공급하는 2 [A]가 되며, 이는 식 ⑥과 식 ⑦의 결과와 동일한 것임을 알 수 있다.

■

13.3 전달함수

포괄적인 의미에서 회로해석은 주어진 회로 또는 시스템에서 주로 전원에 해당하는 입력에 대하여 회로를 구성하는 소자들에서 발생되는 전압이나 전류 등과 같은 파라미터들을 이론적인 방법으로 구하는 것이다. 이때 회로 파라미터들은 전압 또는 전류의 완전응답이며, 시스템을 해석하는 측면에서는 출력이라고 부르기도 한다.

모든 전원 또는 입력에 대한 모든 응답 또는 출력을 구하는 것은 때로는 매우 번거로운 일이다. 특히, 시스템을 해석하는 측면에서는 하나 이상의 입력에 대한 특정 소자의 응답만이 관심의 대상이 되는 경우가 빈번하다. 이것은 포괄적인 의미의 회로해석에 비하면 좁은 범위의 해석이다. 하나 이상의 전원(입력)에 대한 특정 소자의 응답(출력)의 관계를 s-영역에서 정의하는 함수가 전달함수(transfer function)이다. 이때 모든 초기조건(initial condition)은 0으로 한다. 이러한 개념을 수학적으로 표현하면

$$b_n \frac{d^n y(t)}{dt^n} + b_{n-1} \frac{d^{n-1} y(t)}{dt^{n-1}} + \cdots + b_1 \frac{dy(t)}{dt} + b_0 y(t) = a_m \frac{d^m x(t)}{dt^m} + a_{m-1} \frac{d^{m-1} x(t)}{dt^{m-1}} + \cdots + a_1 \frac{dx(t)}{dt} + a_0 x(t) \quad (13.29)$$

로 정의되는 입출력 관계식을 라플라스 변환하면 다음과 같다. 여기서 $x(t)$는 입력함수이고 $y(t)$는 출력(응답)함수이다.

$$b_n s^n Y(s) + b_{n-1} s^{n-1} Y(s) + \cdots + b_1 s Y(s) + b_0 Y(s) = a_m s^m X(s) + a_{m-1} s^{m-1} X(s) + \cdots + a_1 s X(s) + a_0 X(s), \quad (13.30)$$

식 (13.30)을 입력함수 $X(s)$에 대한 출력함수 $Y(s)$의 비로 정리하여 나타내면 다음과 같다.

$$H(s) = \frac{Y(s)}{X(s)} = \frac{a_m s^m + a_{m-1} s^{m-1} + \cdots + a_1 s + a_0}{b_n s^n + b_{n-1} s^{n-1} + \cdots + b_1 s + b_0}. \quad (13.31)$$

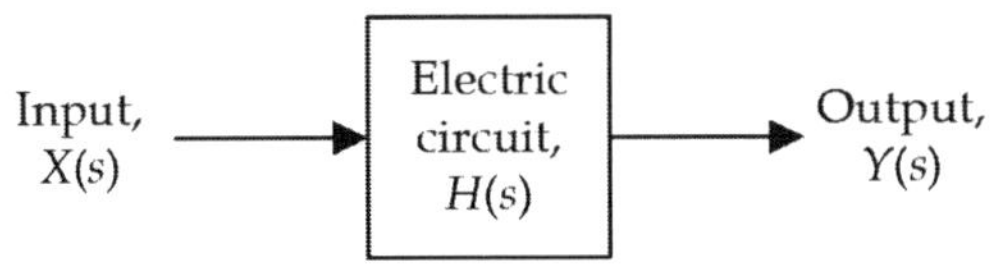

그림 13.27 선형 시불변 회로의 변환영역 블록도

그림 13.27에 나타낸 것처럼 어떤 선형 시불변(linear time-invariant, LTI) 회로에서 입력함수가 $X(s)$이고 출력함수가 $Y(s)$일 때 전달함수(또는 회로망 함수)는 입력에 대한 출력의 비로 정의되며, 식 (13.31)로부터 라플라스 변환영역에서 출력함수는 입력함수와 전달함수의 곱으로 식 (13.32)와 같이 표현된다.

$$H(s) = \frac{Y(s)}{X(s)} \quad \text{또는} \quad Y(s) = H(s)X(s). \quad (13.32)$$

식 (13.32)로부터 입력함수 $X(s)$를 고의적으로 불안정영역의 신호로 선택하지 않는다면 (실제로 이것은 합리적인 가정임) 출력함수 $Y(s)$의 안정성 여부는 전달함수의 안정성에 의존한다. 이는 그림 13.27에 나타낸 전기회로를 설계할 때 12.7절에서 학습했던 것처럼 회로의 전달함수 $H(s)$의 극점이 s-평면의 왼쪽 반평면에 위치하도록 파라미터들을 정하여야만 안정된 출력을 얻을 수 있음을 의미한다.

회로해석에서 입력함수와 출력함수를 나타내는 실제적인 파라미터는 전압이나 전류이므로 식 (13.32)의 전달함수는 다음과 같이 분류하여 표현하는 경우도 있다.

$$\text{전압이득 : } H(s) = \frac{V_o(s)}{V_i(s)} \text{ 또는 } V_o(s) = H(s)V_i(s), \tag{13.33}$$

$$\text{전류이득 : } H(s) = \frac{I_o(s)}{I_i(s)} \text{ 또는 } I_o(s) = H(s)I_i(s),$$

$$\text{전달임피던스 : } H(s) = \frac{V_o(s)}{I_i(s)} \text{ 또는 } V_o(s) = H(s)I_i(s),$$

$$\text{전달어드미턴스 : } H(s) = \frac{I_o(s)}{V_i(s)} \text{ 또는 } I_o(s) = H(s)V_i(s).$$

특히, $X(s) = 1$인 경우 출력함수는

$$Y(s) = H(s) \tag{13.34}$$

가 되어 전달함수와 같아진다. 식 (13.34)의 조건에 해당하는 입력함수의 시간영역 표현은

$$x(t) = \mathcal{L}^{-1}\{X(s) = 1\} = \delta(t) \tag{13.35}$$

이다. 즉, 그림 13.27에서 시스템의 입력함수가 식 (13.35)와 같은 단위충격파함수라면 식 (13.34)의 라플라스 역변환은

$$y(t) = h(t) \tag{13.36}$$

가 된다. $h(t)$는 입력함수가 단위충격파함수일 때 나타나는 시간영역 응답이므로 전달함수 $H(s)$의 시간영역 표현 $h(t)$를 임펄스응답(impulse response)이라고 한다.

그림 13.28(a)에 나타낸 RLC 직렬회로에서 전원 입력에 대한 커패시터 양단의 전압을 출력으로 할 때 전달함수를 구하여보자

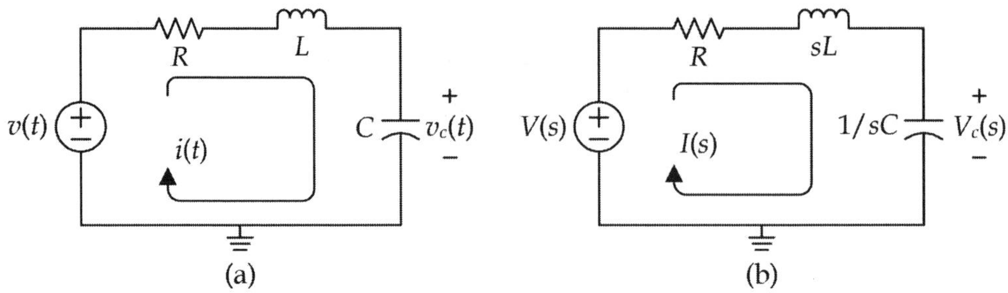

그림 13.28 RLC 직렬회로 (a) 시간영역 (b) 라플라스 변환영역

주어진 시간영역 RLC 직렬회로를 s-영역 등가회로로 변환시키면 그림 13.28(b)와 같다. 전달함수를 구하기 위해서는 모든 초기값을 0으로 설정하여야 하므로 그림 13.28(b)의 변환영역 등가회로는 그림 13.10과는 차이가 있다. 변환영역 등가회로에 전압분배법칙을 적용하면 커패시터 양단에 걸리는 전압은

$$V_c(s)=\frac{1/sC}{R+sL+1/sC}V(s) \tag{13.37}$$

로 나타낼 수 있다. 이를 정리하면 전달함수는 다음과 같다.

$$H(s)=\frac{V_c(s)}{V(s)}=\frac{1}{LCs^2+RCs+1} \quad \text{또는} \quad H(s)=\frac{1/LC}{s^2+(R/L)s+1/LC}. \tag{13.38}$$

예제 13.6

그림 13.29에 나타낸 선형시스템의 입력이 $x(t)=3e^{-2t}u(t)$일 때 출력은 $y(t)=6e^{-2t}\cos(5t)u(t)$이다. 시스템의 전달함수와 임펄스응답을 구하라.

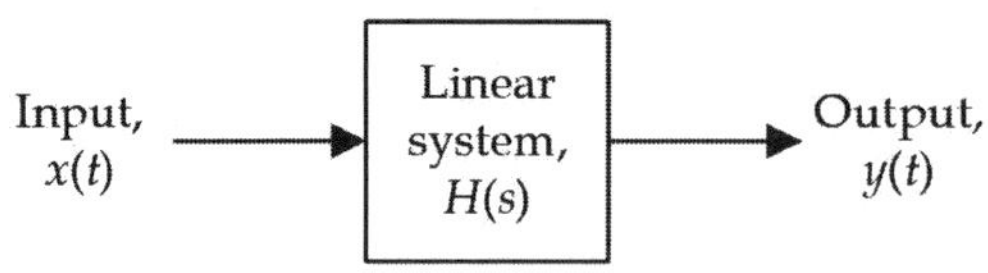

그림 13.29 예제 13.6을 위한 선형시스템 블록도

풀이

입력함수 $x(t)$의 라플라스 변환은

$$X(s) = \mathcal{L}\{x(t)\} = \int_0^\infty 3e^{-2t}e^{-st}dt = \frac{3}{s+2} \quad ①$$

이고, 출력함수 $y(t)$의 라플라스 변환은

$$Y(s) = \mathcal{L}\{y(t)\} = \int_0^\infty 6e^{-2t}\cos(5t)e^{-st}dt = \frac{6(s+2)}{(s+2)^2+5^2} \quad ②$$

이다. 따라서 전달함수는

$$H(s) = \frac{Y(s)}{X(s)} = \frac{6(s+2)/\{(s+2)^2+25\}}{3/(s+2)} = \frac{2(s+2)^2}{(s+2)^2+25}. \quad ③$$

임펄스응답을 구하기 위하여 식 ③을 고쳐 쓰면

$$H(s) = 2 - \frac{50}{(s+2)^2+5^2} = 2 - 10\frac{5}{(s+2)^2+5^2}. \quad ④$$

따라서 식 ④를 라플라스 역변환하면 임펄스응답은

$$h(t) = \mathcal{L}^{-1}\left\{2 - 10\frac{5}{(s+2)^2+5^2}\right\} = 2\delta(t) - 10\sin(5t)u(t). \quad ⑤$$

가 된다.

예제 13.7

그림 13.30에 나타낸 전기회로의 전달함수 $H(s) = V_o(s)/V_i(s)$를 구하라.

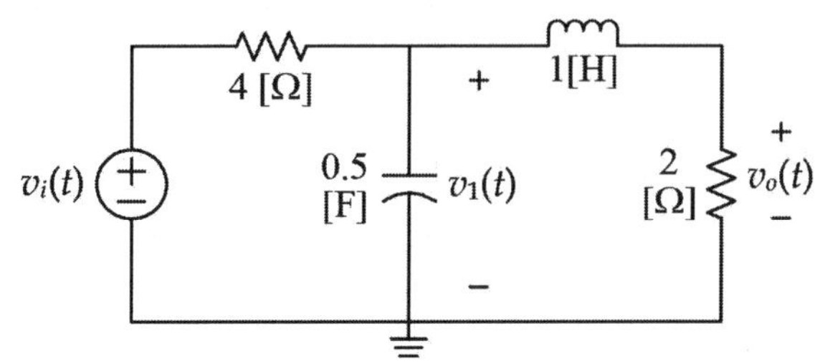

그림 13.30 예제 13.7을 위한 전기회로

풀이

모든 초기값이 0인 조건에서 주어진 회로에 대한 s-영역 등가회로는 다음과 같다.

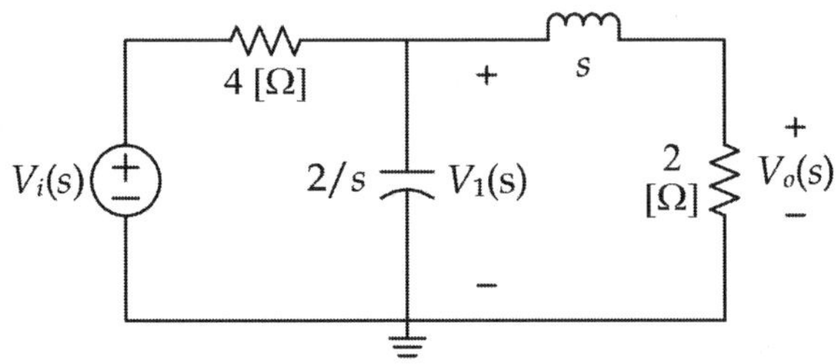

그림 13.31 주어진 회로에 대한 변환영역 등가회로

변환영역 등가회로에서 커패시터와 인덕터, 2 [Ω] 저항으로 구성된 부분의 임피던스를 계산하면

$$Z_1(s) = \frac{(s+2)\cdot 2/s}{(s+2)+2/s} = \frac{2(s+2)}{s(s+2)+2} \qquad ①$$

이므로 전압분배법칙을 적용하면 임피던스 $Z_1(s)$ 양단에 걸리는 전압은

$$V_1(s) = \frac{Z_1(s)}{4+Z_1(s)} V_i(s) = \frac{s+2}{2s^2+5s+6} V_i(s). \qquad ②$$

따라서 $H_1(s) = V_1(s)/V_i(s)$로 정의하면 전달함수 $H_1(s)$는

$$H_1(s) = \frac{V_1(s)}{V_i(s)} = \frac{s+2}{2s^2+5s+6}. \qquad ③$$

한편, $V_o(s)$는 $V_1(s)$ 전압이 1 [H] 인덕터와 2 [Ω] 저항 중 저항에 걸리는 전압이므로 전압분배법칙에 의하여

$$V_o(s) = \frac{2}{s+2} V_1(s) \qquad ④$$

가 된다. 이를 정리하면

$$H_2(s) = \frac{V_o(s)}{V_1(s)} = \frac{2}{s+2}. \qquad ⑤$$

그러므로 최종 전달함수는

$$H(s)=\frac{V_o(s)}{V_i(s)}=\frac{V_o(s)}{V_1(s)}\cdot\frac{V_1(s)}{V_i(s)}=H_2(s)H_1(s) \qquad ⑥$$
$$=\frac{2}{s+2}\cdot\frac{s+2}{2s^2+5s+6}=\frac{2}{2s^2+5s+6}$$

이다.

■

예제 13.7은 직렬 접속회로(serially cascaded circuit)의 전달함수는 단위회로의 전달함수의 곱으로 나타나는 예를 보여준다. 즉, N개의 단위회로가 직렬로 연속되는 경우 최종 전달함수는

$$H(s)=H_N(s)H_{N-1}(s)\times\cdots\times H_1(s), \tag{13.39}$$

여기서 $H_k(s)$, $1\le k\le N$은 k 번째 단위회로의 전달함수이다. 이것은 3.5절에서 학습한 다단 접속회로의 이득을 구하는 것과 같은 개념이며, 식 (13.29)와 같은 다항식으로 표현되는 다단 필터회로(filter circuit)를 설계하고 검증하는데 매우 유용하다.

한편, 다수의 전원이 어떤 소자의 회로 파라미터에 영향을 미치는 경우는 중첩의 원리를 적용하여 해석하는 것으로 학습하였다. 예를 들어, N개의 전압원에 의하여 어떤 수동소자 양단에 나타나는 전압은 식 (13.40)과 같이 나타낼 수 있다.

$$v_o(t)=v_{o1}(t)+v_{o2}(t)+\cdots+v_{oN}(t), \tag{13.40}$$

여기서 $v_{ok}(t)$, $1\le k\le N$은 k번째 전압원에 의하여 수동소자 양단에 나타나는 전압을 나타낸다. 식 (13.40)을 라플라스 변환하면

$$V_o(s)=V_{o1}(s)+V_{o2}(s)+\cdots+V_{oN}(s) \tag{13.41}$$

이 되고, 각 출력함수 $V_{ok}(s)$는

$$V_{ok}(s)=H_k(s)V_k(s),\ 1\le k\le N. \tag{13.42}$$

여기서 $V_k(s)$는 k 번째 전압원에 대한 라플라스 변환이다. 식 (13.42)를 식 (13.41)에 대입하면

$$V_o(s) = H_1(s)V_1(s) + H_2(s)V_2(s) + \cdots + H_N(s)V_N(s). \tag{13.43}$$

식 (13.43)으로부터 출력함수는 각각의 입력함수와 그에 따른 전달함수들의 곱의 합(sum of products)으로 나타나므로 중첩의 원리가 적용된다. 또한, 라플라스 변환도 중첩의 원리를 만족시키는 선형변환임을 알 수 있다.

13.4 전달함수와 컨볼루션

그림 13.27의 선형 시불변 회로의 변환영역 블록도를 통하여 시스템의 입력과 출력함수 사이의 관계를 나타내는 전달함수는 다음과 같이 정의되는 것을 학습하였다.

$$H(s) = \frac{Y(s)}{X(s)}. \tag{13.44}$$

그러므로 출력함수 $Y(s)$의 시간영역 응답은 라플라스 역변환에 의하여

$$y(t) = \mathcal{L}^{-1}\{Y(s)\} = \mathcal{L}^{-1}\{H(s)X(s)\} \tag{13.45}$$

이 되고, 이 역변환은 입력함수의 시간영역 표현인 $x(t)$와 선형 시불변 회로의 임펄스응답인 $h(t)$의 함수로 다음과 같다.

$$y(t) = \mathcal{L}^{-1}\{H(s)X(s)\} = h(t)*x(t). \tag{13.46}$$

여기서 연산자 기호 *는 두 함수의 컨볼루션(convolution, 또는 상승적분이라고도 함)으로 일반적으로는 다음과 같이 정의된다.

$$h(t)*x(t) = \int_{-\infty}^{\infty} h(\tau)x(t-\tau)d\tau. \tag{13.47}$$

회로해석에 다루는 선형 시불변 회로는 실현 가능한(realizable 또는 causal) 시스템이어야만 하므로 파라미터 t와 τ는 모두 $t \ge 0$, $\tau \ge 0$인 조건을 적용하면 식 (13.47)은 다음과 같이 나타낼 수 있다.

$$h(t)*x(t) = \int_{0}^{\infty} h(\tau)x(t-\tau)d\tau. \tag{13.48}$$

여기서 실현 가능한 시스템이란 어떤 시간 $t=t_0$에서 시스템의 응답 $y(t)$는 입력 $x(t)$, $t \le t_0$에 의해서만 발생되는 시스템을 의미한다. 즉, 현재 시점의 응답은 현재 또는 현재보다 이전의 입력에 의해서만 발생되어야 하는 것이다. 이는 지극히 당연하지만 현재 시점에서 나타나는 출력이 미래의 입력 성분을 포함할 수 없다는 것을 의미한다.

식 (13.45)와 식 (13.48)로부터 다음과 같은 관계식을 도출할 수 있다.

$$\mathcal{L}\{h(t)*x(t)\}=\mathcal{L}\left\{\int_0^{\infty} h(\tau)x(t-\tau)d\tau\right\}=H(s)X(s). \tag{13.49}$$

즉, 두 시간함수의 컨볼루션을 라플라스 변환시킨 것은 각 시간함수의 라플라스 변환을 곱한 것과 같다. 그림 13.27의 변환영역 블록도에 대한 시간영역 표현은 다음과 같이 나타낼 수 있다.

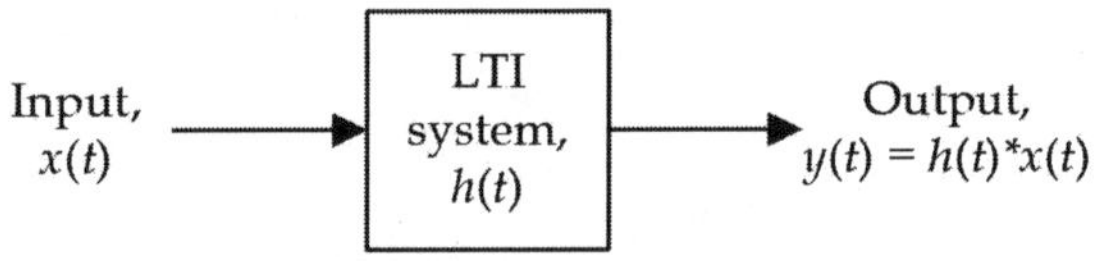

그림 13.32 선형 시불변 시스템의 블록도

한편, 식 (13.49)에서 $H(s)X(s)=X(s)H(s)$와 같이 교환법칙이 성립하므로 시간함수들의 컨볼루션도 식 (13.50)처럼 교환법칙이 성립한다.

$$h(t)*x(t)=x(t)*h(t)=\int_0^{\infty} x(\tau)h(t-\tau)d\tau. \tag{13.50}$$

두 시간함수의 컨볼루션을 나타내는 식 (13.50)에서 $x(\tau)$는 시간함수 $x(t)$에서 단순히 변수를 변경시킨 것이다. 이에 비하여 $h(t-\tau)$는 $h(\tau)$의 좌우대칭 함수 $h(-\tau)$ t만큼 시간 천이시킨 형태이다. 따라서 식 (13.50)의 컨볼루션 연산은 $x(\tau)$를 고정시키고 $h(-\tau)$를 t만큼 천이시키면서 두 함수의 곱을 적분하는 것이다.

예를 들어, 그림 13.32에 나타낸 선형 시불변 회로의 입력 시간함수 $x(t)$와 임펄스응답 $h(t)$가 다음과 같이 정의될 때 출력 시간함수를 구하는 문제를 생각해보자.

$$x(t)=\begin{cases}1, 0 \le t \le 2 \\ 0, \text{otherwise}\end{cases}, \quad h(t)=\begin{cases}t, 0 \le t \le 2 \\ 0, \text{otherwise}\end{cases}. \tag{13.51}$$

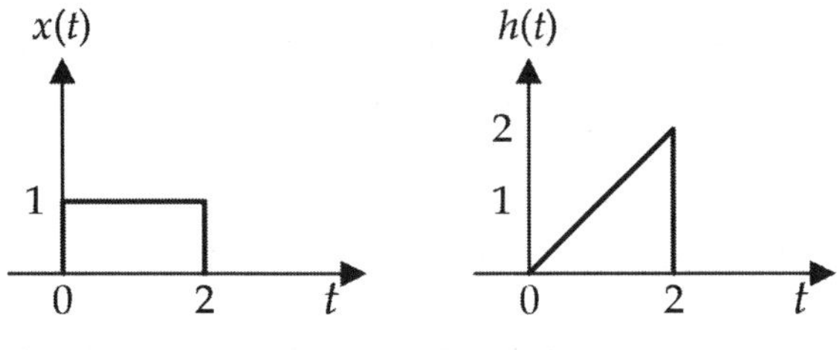

그림 13.33 식 (13.51)에 정의된 두 시간함수

출력 시간함수 $y(t)$는 두 시간함수의 컨볼루션으로 다음 식을 이용하여 계산한다.

$$y(t) = x(t)*h(t) = \int_{0}^{\infty} x(\tau)h(t-\tau)d\tau. \tag{13.52}$$

여기서 시간천이 파라미터 t에 따라 $h(t-\tau)$ 함수의 위치가 결정된다. $t<0$인 어떤값에 대한 $x(\tau)$와 $h(t-\tau)$를 그림으로 나타내면 그림 13.34와 같다.

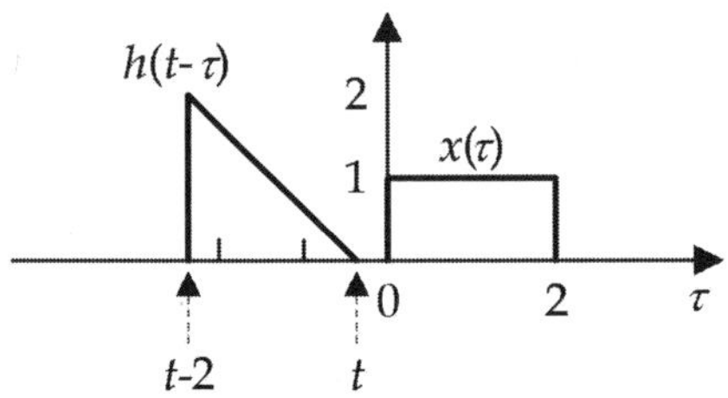

그림 13.34 시간천이가 $t<0$인 구간에서 두 함수의 관계

$t<0$인 경우는 실현 가능한 시스템의 정의에 위배되기도 하며, 그림 13.34에서도 함수 $x(\tau)$와 $h(t-\tau)$는 서로 공유하는 부분이 없으므로

$$y(t) = \int_{0}^{\infty} x(\tau)h(t-\tau)d\tau = 0. \tag{13.53}$$

시간천이가 $0<t\le 2$인 구간에서 두 함수는 그림 13.35에 나타낸 것처럼 서로 공유하는 부분을 가지며, 이 구간에서 두 함수의 곱은 다음과 같다.

$$x(\tau)h(t-\tau) = -\tau + t. \tag{13.54}$$

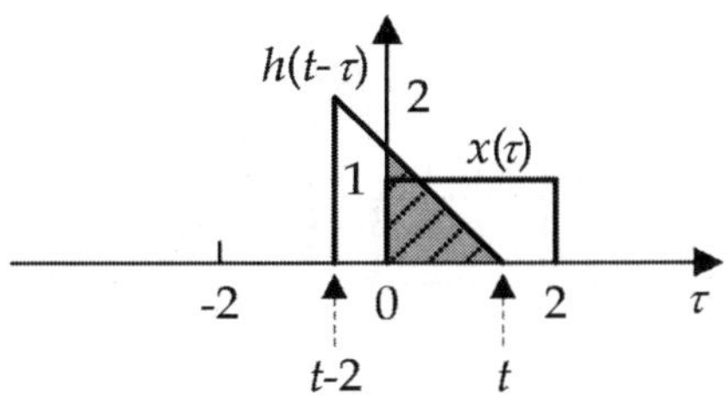

그림 13.35 시간천이가 $0 < t \leq 2$인 구간에서 두 함수의 관계

이에 따라 출력 시간함수는

$$y(t) = \int_0^\infty x(\tau)h(t-\tau)d\tau = \int_0^t (-\tau + t)d\tau = \frac{1}{2}t^2 \tag{13.55}$$

이 되고, $t=2$일 때 최대값 $[y(t)]_{t=2} = [t^2/2]_{t=2} = 2$가 된다.

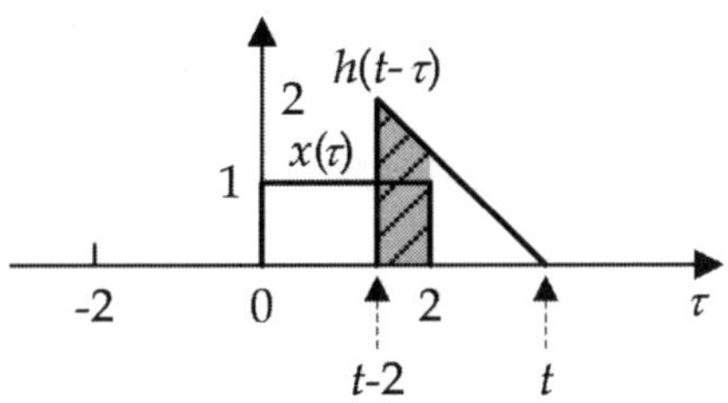

그림 13.36 시간천이가 $2 < t \leq 4$인 구간에서 두 함수의 관계

$2 < t \leq 4$인 구간에서는 두 함수가 공유하는 부분은 그림 13.36과 같고, 이 구간에서 두 함수의 곱은 여전히 식 (13.54)와 같다. 그러므로 출력 시간함수는

$$y(t) = \int_0^\infty x(\tau)h(t-\tau)d\tau = \int_{t-2}^2 (-\tau + t)d\tau = -\frac{1}{2}(t-2)^2 + 2 \tag{13.56}$$

가 된다. 마지막으로 $t-2 > 2$인 구간에서 두 함수는 그림 13.37에 나타낸 것처럼 공유하는 부분이 없으므로 출력 시간함수는

$$y(t) = \int_0^\infty x(\tau)h(t-\tau)d\tau = 0. \tag{13.57}$$

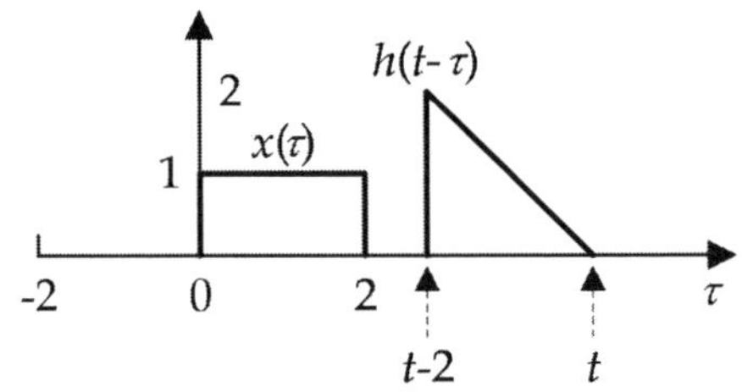

그림 13.37 시간천이가 $4 < t$인 구간에서 두 함수의 관계

시간천이 파라미터 t의 변화에 따른 출력 시간함수 $y(t) = x(t)*h(t)$는 식 (13.53), 식 (13.55), 식 (13.56), 식 (13.57)에 의하여 다음과 같다.

$$y(t) = x(t)*h(t) = \begin{cases} 0, & t < 0 \\ \frac{1}{2}t^2, & 0 < t \le 2 \\ -\frac{1}{2}(t-2)^2 + 2, & 2 < t \le 4 \\ 0, & t > 4 \end{cases}. \tag{13.58}$$

식 (13.58)을 그림으로 나타내면 다음과 같다.

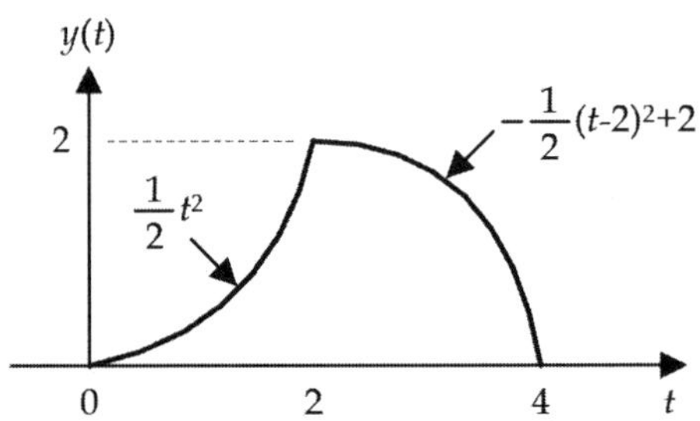

그림 13.38 식 (13.51)에 정의된 두 시간함수의 컨볼루션

예제 13.8

그림 13.32에 나타낸 선형 시불변 시스템에서 입력함수와 시스템의 임펄스응답이 식 (13.51)과 같다. 다음 식이 성립함을 증명하라.

$$\mathcal{L}\{y(t)\} = \mathcal{L}\{x(t)*h(t)\} = H(s)X(s) = Y(s).$$

풀이

$y(t)$의 라플라스 변환은 두 시간함수의 컨볼루션 결과인 식 (13.58)에 대하여 다음과 같이 시간구간에 따라 라플라스 변환하여 구한다. (풀이의 중간과정은 상당히 길어서 여기서는 생략하지만 학습자들은 풀어보기를 권장한다.)

$$\mathcal{L}\{y(t)\} = \mathcal{L}\{x(t)*h(t)\} = \int_0^2 \frac{1}{2}t^2 e^{-st}\,dt + \int_2^4 \left\{-\frac{1}{2}(t-2)^2 + 2\right\} e^{-st}\,dt. \qquad ①$$

식 ①에서 우변의 첫 번째 적분식은

$$\int_0^2 \frac{1}{2}t^2 e^{-st}\,dt = \frac{1}{s^3} - \frac{1}{s^3}e^{-2s} - \frac{2}{s^2}e^{-2s} - \frac{2}{s^2}e^{-2s} \qquad ②$$

이고, 두 번째 적분식은

$$\int_2^4 \left\{-\frac{1}{2}(t-2)^2 + 2\right\} e^{-st}\,dt = \frac{2}{s^2}e^{-2s} + \frac{2}{s^2}e^{-4s} + \frac{1}{s^3}e^{-4s} - \frac{1}{s^3}e^{-2s}. \qquad ③$$

$t<0$과 $t>4$의 시간구간에 대한 라플라스 변환은 0이다. 따라서 출력 시간함수 $y(t)$에 대한 라플라스 변환은 식 ②와 식 ③의 합으로 다음과 같다.

$$Y(s) = \mathcal{L}\{y(t)\} = \frac{1}{s^3} - \frac{2}{s^3}e^{-2s} - \frac{2}{s^2}e^{-2s} + \frac{2}{s^2}e^{-4s} + \frac{1}{s^3}e^{-4s}. \qquad ④$$

두 시간함수의 컨볼루션의 라플라스 변환을 구하였으므로 이번에는 각 시간함수의 라플라스 변환의 곱을 확인한다. 먼저 입력 시간함수 $x(t)$의 라플라스 변환은 다음과 같다.

$$\begin{aligned} X(s) &= \mathcal{L}\{x(t)\} = \int_{0^-}^2 \{u(t) - u(t-2)\} e^{-st} dt \qquad ⑤ \\ &= \int_{0^-}^2 u(t) e^{-st} dt - \int_{0^-}^2 u(t-2) e^{-st} dt = \frac{1}{s} - \frac{1}{s}e^{-2s}. \end{aligned}$$

선형 시불변 회로의 임펄스응답에 대한 라플라스 변환은

$$H(s) = \mathcal{L}\{h(t)\} = \int_{0^-}^2 t e^{-st} dt = \frac{1}{s^2} - \frac{1}{s^2}e^{-2s} - \frac{2}{s}e^{-2s}. \qquad ⑥$$

그러므로 식 ⑤와 식 ⑥의 곱은 다음과 같다.

$$X(s)H(s) = \frac{1}{s}(1-e^{-2s}) \cdot \left\{\frac{1}{s^2}(1-e^{-2s}) - \frac{2}{s}e^{-2s}\right\} \qquad ⑦$$
$$= \frac{1}{s^3} - \frac{2}{s^3}e^{-2s} - \frac{2}{s^2}e^{-2s} + \frac{2}{s^2}e^{-4s} + \frac{1}{s^3}e^{-4s}.$$

식 ④와 식 ⑦이 동일하므로 다음 식이 성립함을 확인할 수 있다.

$$\mathcal{L}\{x(t)*h(t)\} = H(s)X(s) \qquad ⑧$$

즉, 두 시간함수의 컨볼루션의 라플라스 변환과 각 시간함수의 라플라스 변환의 곱은 동일하다.

예제 13.9

어떤 선형 시불변 시스템의 입력 $x(t)$와 시스템의 임펄스응답 $h(t)$가 각각 그림 13.39(a)와 13.39(b)와 같을 때 출력 $y(t)$를 구하라.

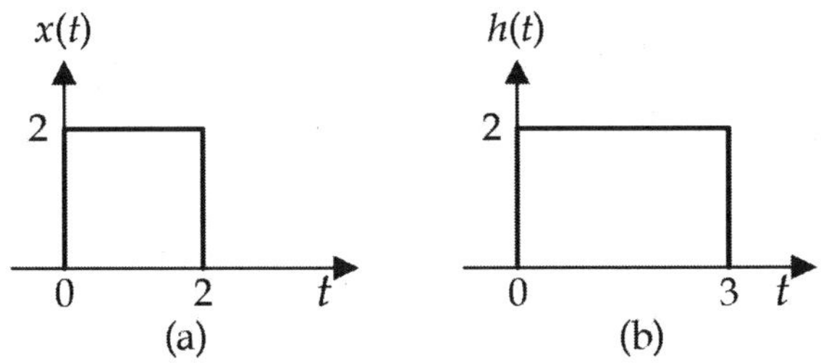

그림 13.39 임의의 선형 시불변 회로의 (a) 입력 함수 (b) 임펄스응답

풀이

출력 $y(t)$는 두 함수의 컨볼루션으로 다음과 같이 구할 수 있다.

$$y(t) = \int_0^\infty h(\tau)x(t-\tau)d\tau. \qquad ①$$

시간천이가 $t \le 0$일 때, 식 ①에 나타낸 두 함수는 그림 13.40과 같은 위치에 있으므로 서로 공유하는 영역이 없다. 따라서 $y(t)=0$이 된다.

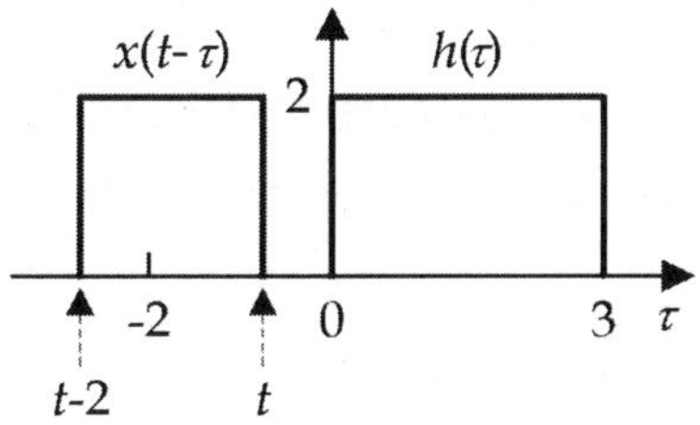

그림 13.40 $t \leq 0$일 때 두 함수의 관계

시간천이 파라미터가 $0 < t \leq 2$의 구간에 있을 때 두 함수는 그림 13.41과 같이 공유되는 영역을 가진다.

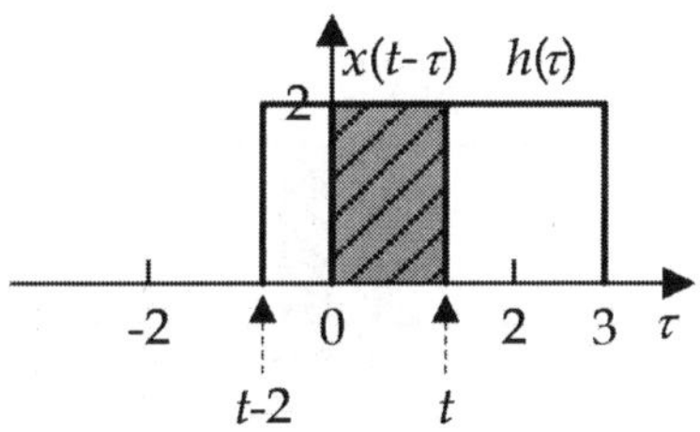

그림 13.41 $0 < t \leq 2$일 때 두 함수의 관계

그림 13.41에서 서로 공유하고 있는 영역에 대한 컨볼루션은

$$y(t) = \int_0^t 2 \times 2\, d\tau = 4t \qquad ②$$

가 되고, 최대값은 $t = 2$일 때 $y(t) = [4t]_{t=2} = 8$이 된다.

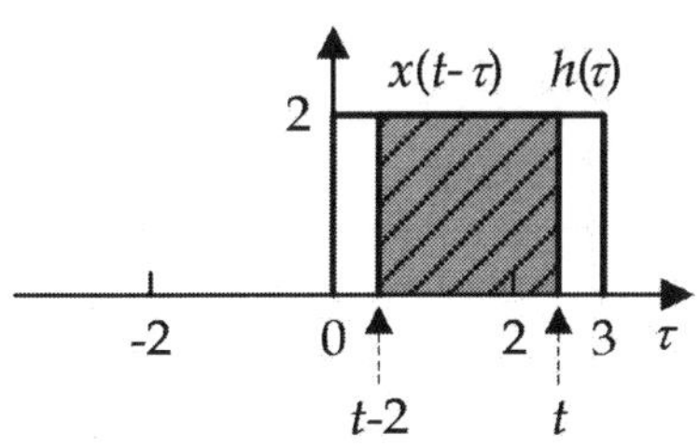

그림 13.42 $2 < t \leq 3$ 구간에서 두 함수의 관계

한편, 임펄스응답이 나타나는 사각펄스의 폭이 입력 시간함수의 펄스폭보다 넓으므로 시간천이 $2 < t \le 3$ 구간에서는 그림 13.42에 나타낸 것처럼 입력 함수의 모든 영역이 임펄스응답의 영역 내에 위치한다. 따라서 두 함수의 컨볼루션은

$$y(t) = \int_{t-2}^{t} 2 \times 2\, d\tau = [4\tau]_{t-2}^{t} = 8 \quad ③$$

이 되어 앞에서 계산한 최대값을 그대로 유지한다.

시간천이가 $3 < t \le 5$의 구간에서 두 함수는 그림 13.43의 관계에 있다. 즉, 시간천이가 증가됨에 따라 입력 함수가 천이되어 임펄스응답의 펄스폭을 벗어나면서 두 함수가 공유하는 영역이 점점 감소된다.

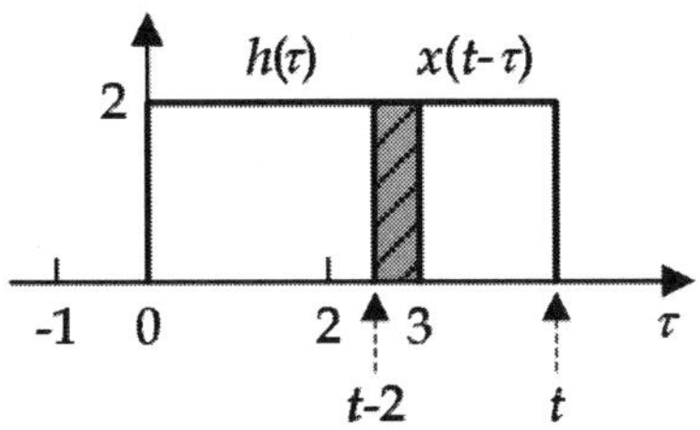

그림 13.43 $3 < t \le 5$ 구간에서 두 함수의 관계

따라서 이 구간에서 두 함수의 컨볼루션은 다음과 같이 계산된다.

$$y(t) = \int_{t-2}^{3} 2 \times 2\, d\tau = [4\tau]_{t-2}^{3} = 20 - 4t. \quad ④$$

마지막으로 $t > 5$인 시간천이 구간에서는 그림 13.44에 나타낸 것처럼 입력 함수가 임펄스응답의 펄스 영역을 완전히 벗어나 서로 공유하는 영역이 없어지므로 출력 함수는 $y(t) = x(t) * h(t) = 0$이 된다.

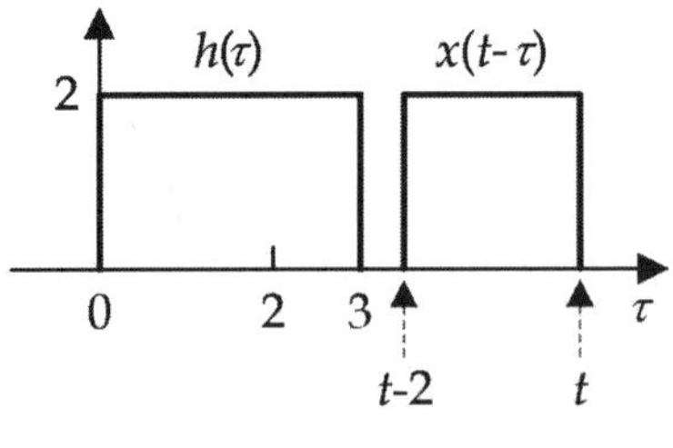

그림 13.44 $t > 5$ 구간에서 두 함수의 관계

이 결과들을 종합하면 입력 시간함수와 임펄스응답의 컨볼루션은

$$y(t) = x(t)*h(t) = \begin{cases} 0, & t \le 0 \\ 4t, & 0 < t \le 2 \\ 8, & 2 < t \le 3 \\ 20-4t, & 3 < t \le 5 \\ 0, & t > 5 \end{cases} \quad ⑤$$

가 되고, 이를 그림으로 나타내면 다음과 같다.

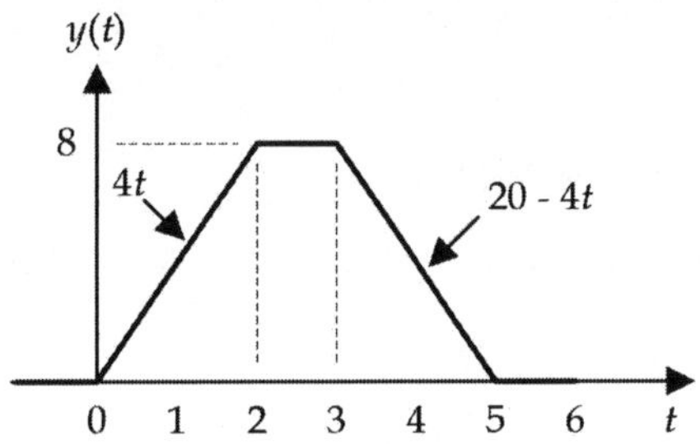

그림 13.45 선형 시불변 회로의 출력 함수 $y(t) = x(t)*h(t)$

연습문제

13.1 4 [Ω] 저항, 0.1 [H] 인덕터, 0.025 [F] 커패시터가 직렬로 연결된 부하회로가 있다.

(1) 전체 부하임피던스를 s-영역 함수로 표현하라.

(2) 임피던스의 극점과 영점을 구하라.

13.2 50 [Ω] 저항, 0.2 [H] 인덕터, 0.001 [F] 커패시터가 병렬로 연결된 부하회로가 있다.

(1) 전체 부하어드미턴스를 s-영역 함수로 표현하라.

(2) 전체 어드미턴스의 극점과 영점을 구하라.

13.3 그림 P13.3의 부하회로에 대하여

(1) 단자 a와 b 사이의 임피던스를 s의 함수로 표현하라.

(2) Z_{ab}의 극점과 영점을 구하라.

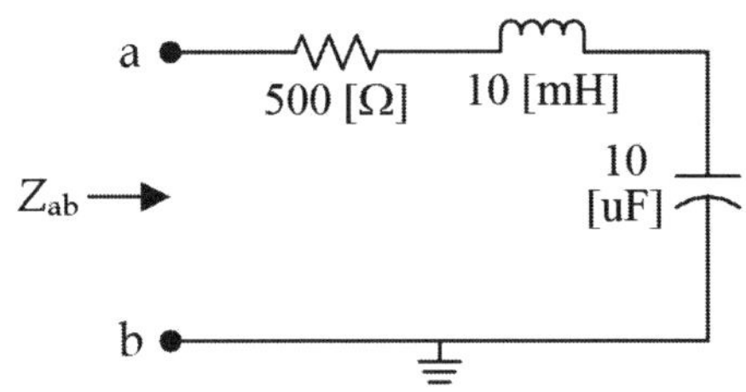

그림 P13.3

13.4 그림 P13.4의 부하회로에 대하여

(1) 단자 a와 b 사이의 임피던스를 s-영역 함수로 표현하라.

(2) Z_{ab}의 극점과 영점을 구하라.

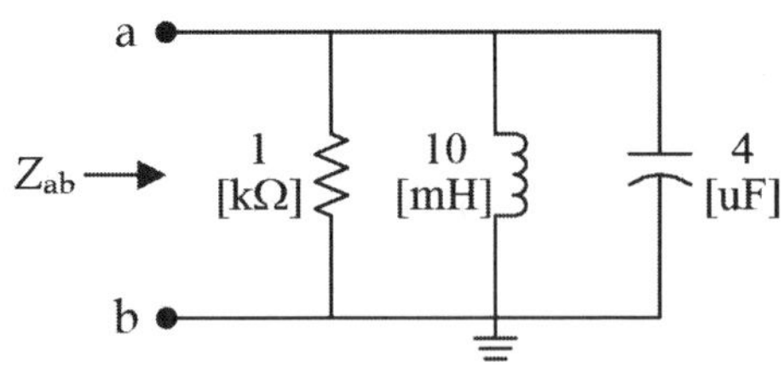

그림 P13.4

13.5 그림 P13.5의 부하회로에 대하여

(1) 부하임피던스 Z_{ab}를 구하라.

(2) 부하임피던스의 극점과 영점을 구하라.

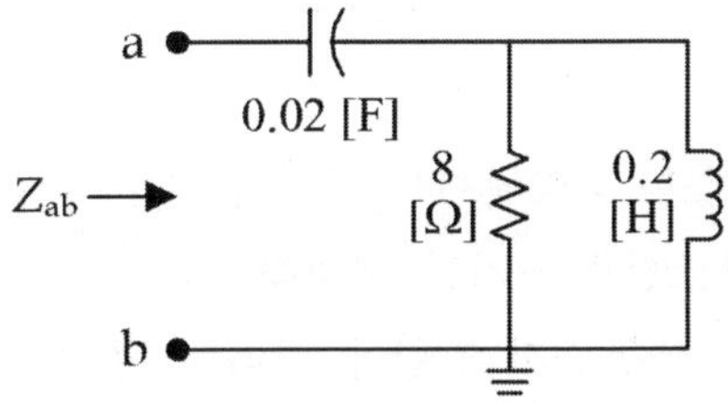

그림 P13.5

13.6 그림 P13.6의 부하회로에 대하여

(1) 부하어드미턴스 Y_{ab}를 s-영역 함수로 표현하라.

(2) Y_{ab}의 극점과 영점을 구하라.

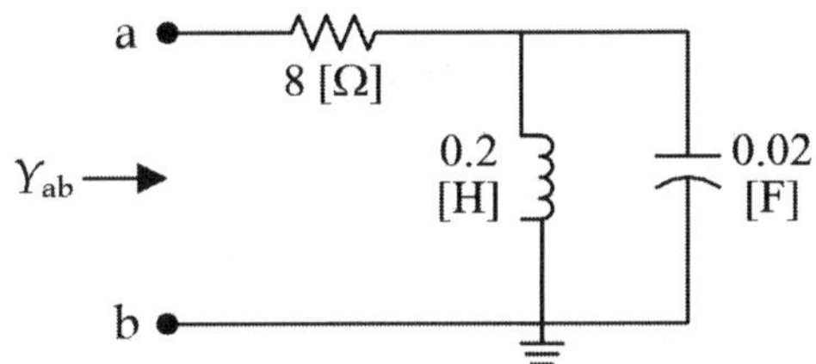

그림 P13.6

13.7 그림 P13.7의 부하회로에 대하여

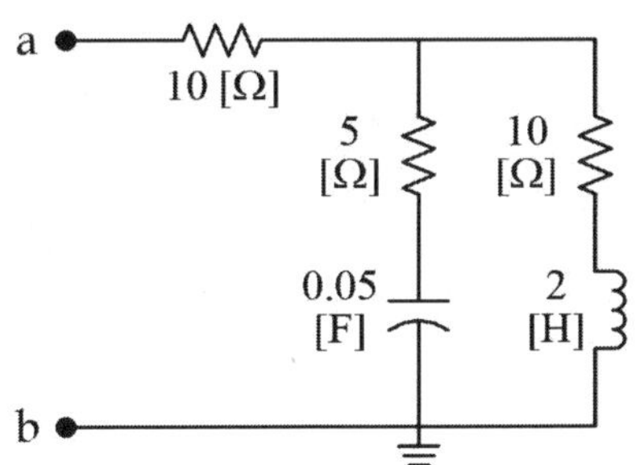

그림 P13.7

(1) Z_{ab}를 구하고, 임피던스의 극점을 구하라.

(2) Y_{ab}를 구하고, 어드미턴스의 극점을 구하라.

13.8 그림 P13.8의 RLC 직렬회로는 $t < 0$ [sec]에서 정상상태로 동작한다. 여기서 $u(t)$는 단위계단함수이다.

(1) 이 회로의 임피던스를 s-영역에서 구하라.

(2) $t > 0$ [sec]에서 망로전류 $i(t)$를 구하라.

(3) $t > 0$ [sec]에서 각 수동소자 양단에 걸리는 전압을 구하라.

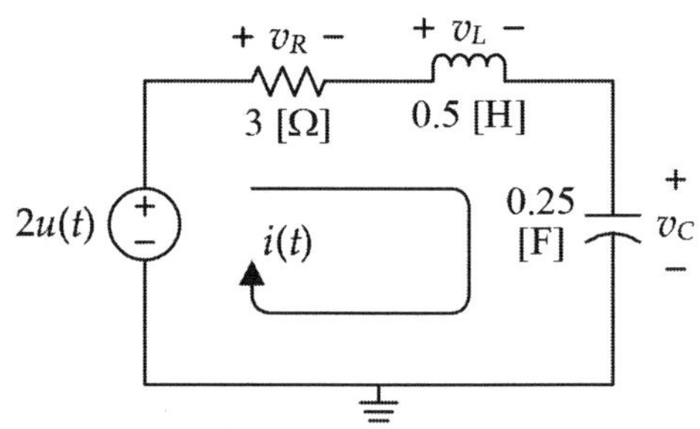

그림 P13.8

13.9 그림 P13.9에 나타낸 회로는 $t < 0$ [sec]에서 정상상태로 동작한다. 전압원은 $v(t) = 20u(t)$ [V]이고, $u(t)$는 단위계단함수이다.

(1) 이 회로의 임피던스를 s-영역에서 구하라.

(2) $t > 0$ [sec]에서 망로전류 $i(t)$를 구하라.

(3) $t > 0$ [sec]에서 $v_R(t)$, $v_L(t)$, $v_C(t)$를 구하라.

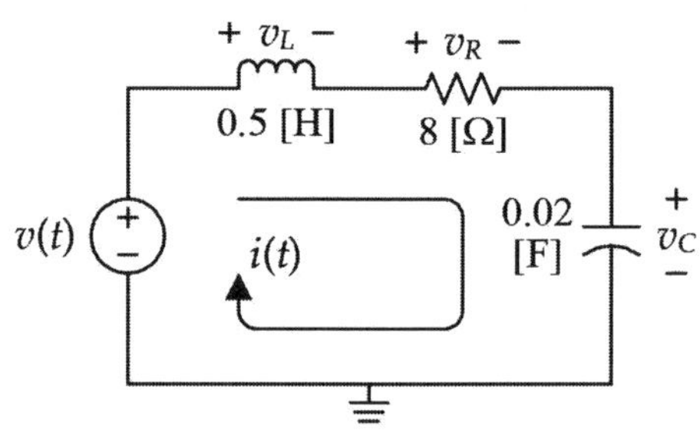

그림 P13.9

13.10 그림 P13.10의 RLC 병렬회로는 $t < 0$ [sec]에서 정상상태로 동작한다. 전원은 $v(t) = 5u(t)$ [V]이고, $u(t)$는 단위계단함수이다.

(1) 회로의 어드미턴스를 s-영역에서 구하라.

(2) 전체 전류 $i(t)$를 구하라.

(3) 각 소자를 통하여 흐르는 전류를 구하여 마디 A에서 키르히호프 전류법칙이 만족되는지 확인하라.

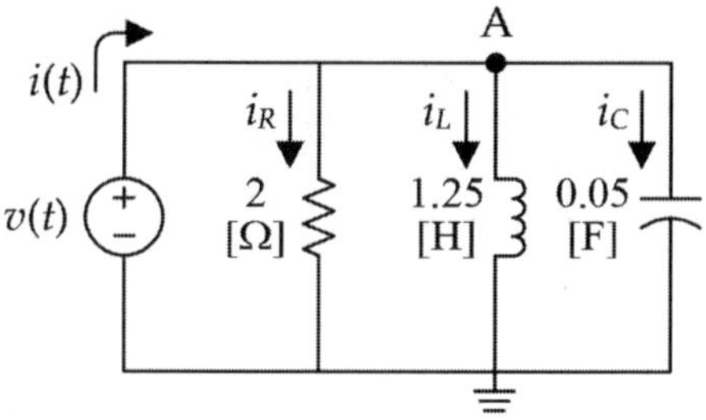

그림 P13.10

13.11 그림 P13.11의 RLC 병렬회로는 $t < 0$ [sec]에서 정상상태로 동작한다. 전류원은 $i(t) = 0.6u(t)$ [A]이고, $u(t)$는 단위계단함수이다.

(1) 회로의 임피던스를 s의 함수로 표현하라.

(2) 전압 $v(t)$를 구하라.

(3) 각 수동소자를 통하여 흐르는 전류를 구하라.

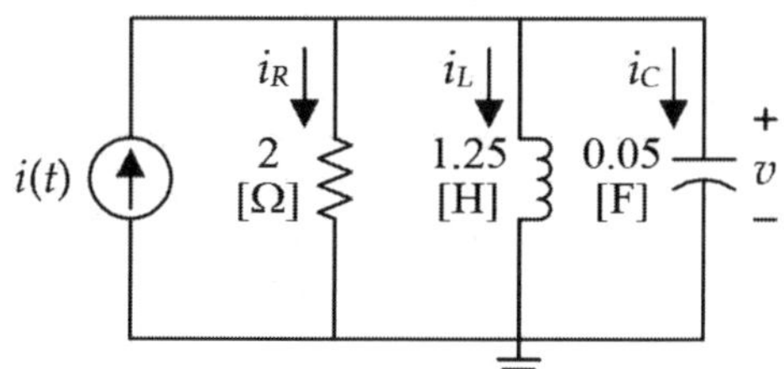

그림 P13.11

13.12 그림 P13.12의 RLC 회로에서 전압원은 $v(t) = 10u(t)$ [V]이고, $u(t)$는 단위계단함수이다. $t < 0$ [sec]에서 주어진 회로는 정상상태로 동작한다.

(1) 회로의 임피던스를 s의 함수로 표현하라.

(2) 전류 $i(t)$, $i_R(t)$, $i_L(t)$를 구하라.

(3) 전압 $v_C(t)$와 $v_L(t)$를 구하라.

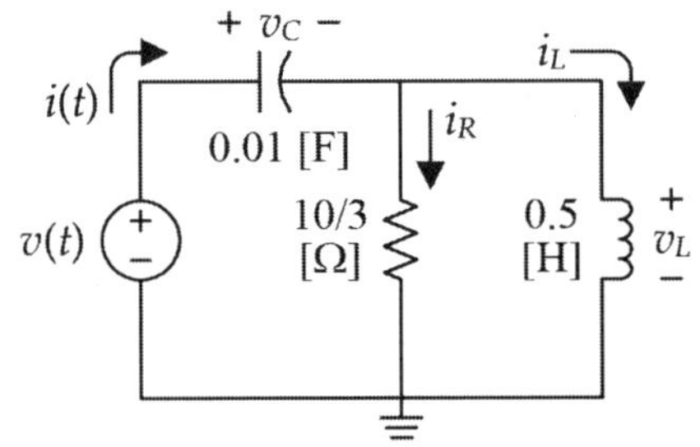

그림 P13.12

13.13 그림 P13.13의 회로는 $t < 0$ [sec]에서 정상상태로 동작한다. 여기서 전압원은 $v(t) = 20u(t)$ [V]이고, $u(t)$는 단위계단함수이다.

(1) 회로의 임피던스를 s의 함수로 표현하라.

(2) 전류 $i(t)$, $i_C(t)$, $i_L(t)$를 구하라.

(3) 전압 $v_C(t)$와 $v_L(t)$를 구하라.

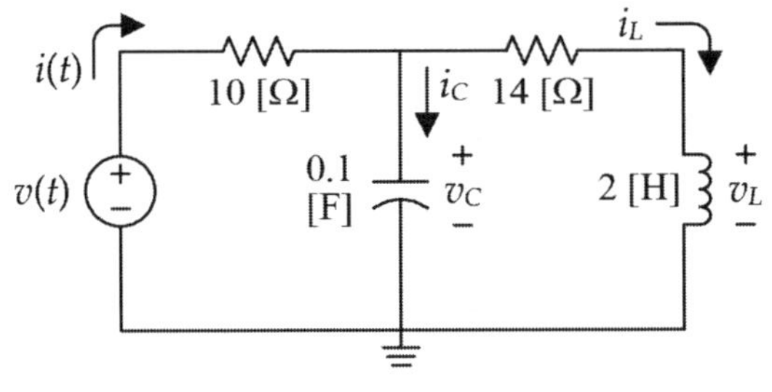

그림 P13.13

13.14 그림 P13.14의 전기회로에서 전원은 $v_s(t) = 10e^{-2t}u(t)$ [V]이다. 커패시터의 초기 전압은 $v_C(0^-) = 5$ [V]이고, $u(t)$는 단위계단함수이다.

(1) 주어진 회로를 s-영역 등가회로로 변환하라.

(2) 커패시터 양단의 전압 $V_C(s)$를 구하고, $v_C(t)$로 변환하여 표현하라.

(3) 전류 $i(t)$, $i_C(t)$, $i_R(t)$를 구하라.

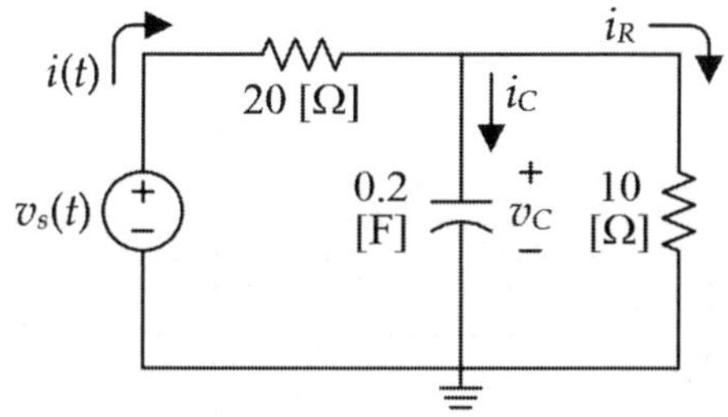

그림 P13.14

13.15 그림 P13.15의 회로에서 전압원은 $v_s(t) = 2 + u(t)$ [V]이다. 여기서 $u(t)$는 단위계단함수이며, $t < 0$ [sec]에서 회로는 정상상태로 동작한다.

(1) 커패시터 전압 $v_C(t)$와 인덕터 전류 $i_L(t)$의 초기값을 구하라.

(2) $t > 0$ [sec]에서 주어진 회로에 대한 s-영역 등가회로를 제시하고, 커패시터 양단의 전압 $V_C(s)$와 $v_C(t)$를 구하라.

(3) $t > 0$ [sec]에서 전류 $i(t)$, $i_C(t)$, $i_L(t)$를 구하라.

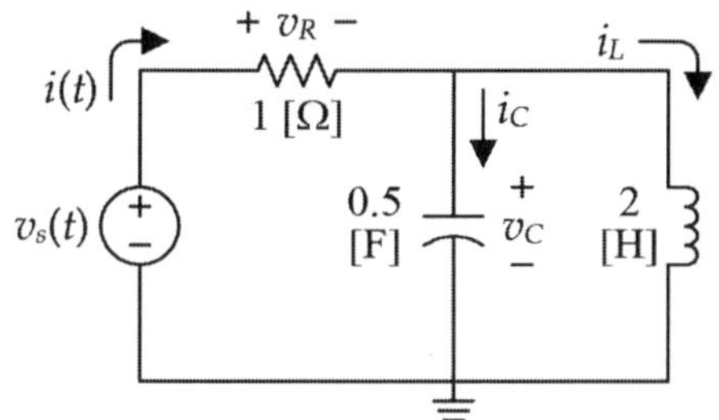

그림 P13.15

13.16 그림 P13.16의 회로는 $t = 0$ [sec]에서 스위치가 열리기 전까지 직류 정상상태로 동작하고 있었다.

(1) 스위치의 상태가 변경되기 직전 전류 $i(t)$와 커패시터 전압 $v_C(t)$를 구하고, 이 값들을 이용하여 주어진 회로에 대한 $t>0$ [sec]에서 s-영역 등가회로를 제시하라.

(2) $t>0$ [sec]에서 망로전류 $I(s)$를 구하고, $i(t)$로 역변환하라.

(3) $t>0$ [sec]에서 인덕터와 커패시터 양단의 전압 $v_L(t)$와 $v_C(t)$를 구하라.

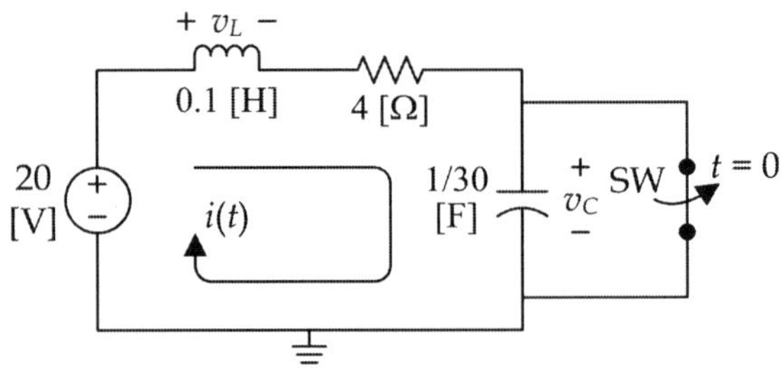

그림 P13.16

13.17 그림 P13.17의 회로는 $t=0$ [sec]에서 스위치가 닫히기 전까지 정상상태로 동작한다. 여기서 전원은 $v(t)=9$ [V]이다.

(1) $t=0$ [sec]에서 스위치가 닫힐 때 인덕터를 통하여 흐르는 전류 $i(t)$와 커패시터 양단의 전압 $v_C(t)$를 구하라.

(2) 인덕터 전류와 커패시터 전압의 초기값을 반영하여 $t>0$ [sec]에서 주어진 회로에 대한 s-영역 등가회로를 제시하고, $t>0$ [sec]에서 커패시터 전압 $v_C(t)$를 구하라.

(3) $t>0$ [sec]에서 인덕터 전류 $i(t)$를 구하라.

(4) 문제 (2)와 문제 (3)의 결과를 연습문제 7.35의 결과와 비교하여 설명하라.

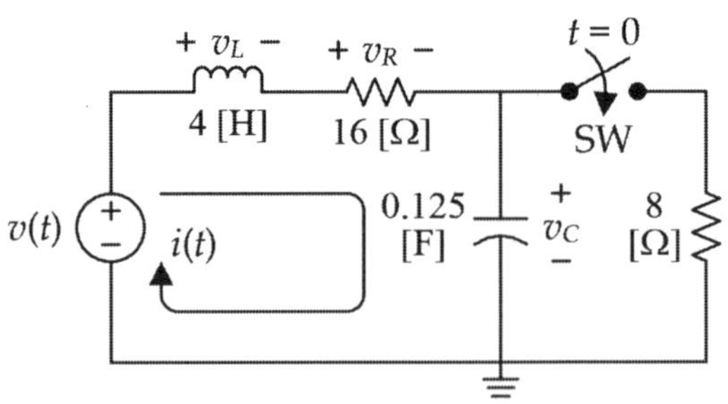

그림 P13.17

13.18 $t = 0$ [sec]에서 스위치의 위치가 변경되기 전까지 그림 P13.18의 회로는 직류 정상상태로 동작한다.

(1) 전류 $i(t)$와 전압 $v_C(t)$의 $t = 0^+$ [sec]에서 초기값을 구하라. 초기값들을 반영하여 주어진 회로에 대한 s-영역 등가회로를 제시하라.

(2) 망로전류 $I(s)$를 구하고, $i(t)$로 역변환하라.

(3) 수동소자 양단의 전압을 s-영역에서 구하여 시간함수 $v_R(t)$, $v_L(t)$, $v_C(t)$로 변환하여 표현하라.

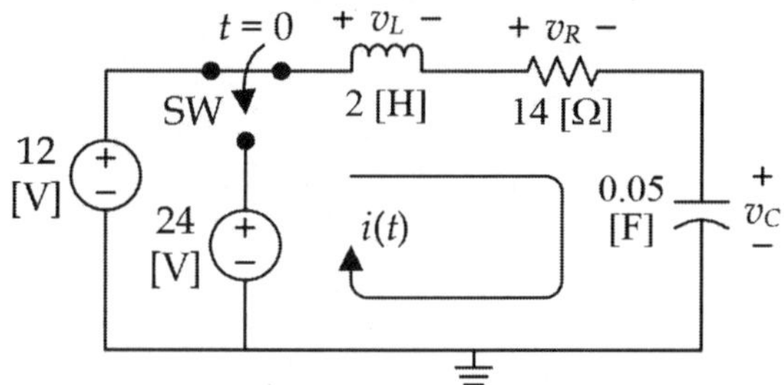

그림 P13.18

13.19 그림 P13.19의 전기회로는 $t < 0$ [sec]에서 스위치의 상태가 변경되기 전까지 직류 정상상태로 동작한다.

(1) 인덕터 전류 $i_L(t)$와 커패시터 전압 $v_C(t)$의 초기값을 구하라.

(2) 초기값들을 반영하여 주어진 회로에 대한 s-영역 등가회로를 제시하고, $t > 0$ [sec]에서 인덕터를 통하여 흐르는 전류 $i_L(t)$를 구하라.

(3) $t > 0$ [sec]에서 각 수동소자 양단의 전압을 s-영역에서 구하여 시간함수 $v_R(t)$, $v_L(t)$, $v_C(t)$로 변환하여 표현하라.

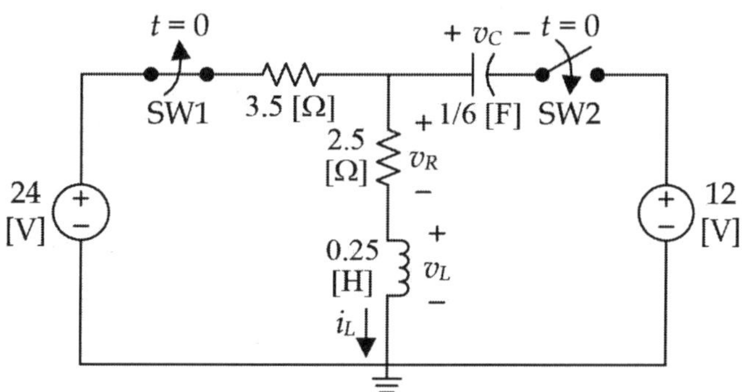

그림 P13.19

13.20 그림 P13.20의 전기회로에서 두 전압원은 각각 다음과 같다.

$$v_1(t) = 4\ [\text{V}],\ v_2(t) = 2u(t)\ [\text{V}]$$

(1) $t < 0$ [sec]에서 회로가 정상상태로 동작하는 것으로 가정할 때, 인덕터 전류 $i_L(t)$와 커패시터 전압 $v_C(t)$를 구하라.

(2) (1)에서 구한 전류와 전압을 초기값으로 이용할 때, $t > 0$ [sec]에서 주어진 회로를 s-영역 등가회로로 변환하고, 망로전류 $i_1(t)$와 $i_2(t)$를 구하라.

(3) $t > 0$ [sec]에서 전류 $i_L(t)$와 전압 $v_C(t)$를 구하라.

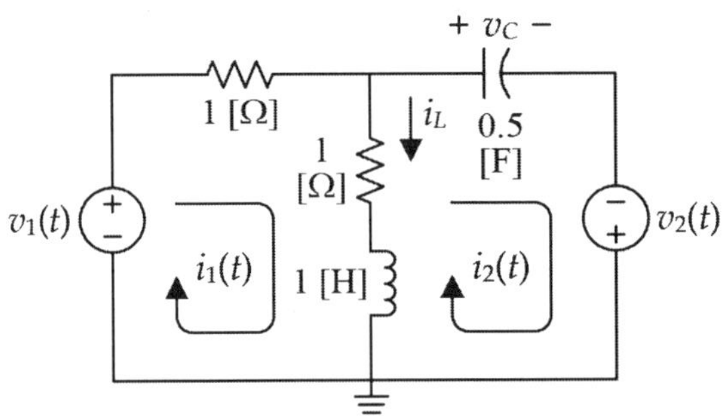

그림 P13.20

13.21 그림 P13.21의 전기회로는 $t < 0$ [sec]에서 직류 정상상태로 동작한다. $t = 0$ [sec]에서 3점 스위치의 a-b 연결은 b-c 연결로 전환한다.

(1) $t = 0^-$ [sec]에서 커패시터 전압 $v_C(t)$를 구하라.

(2) $t > 0$ [sec]에서 주어진 전기회로에 대한 s-영역 등가회로를 제시하고 전류 $i_L(t)$를 구하라.

(3) $t > 0$ [sec]에서 커패시터, 인덕터, 30 [Ω] 저항 양단에 걸리는 전압을 구하라.

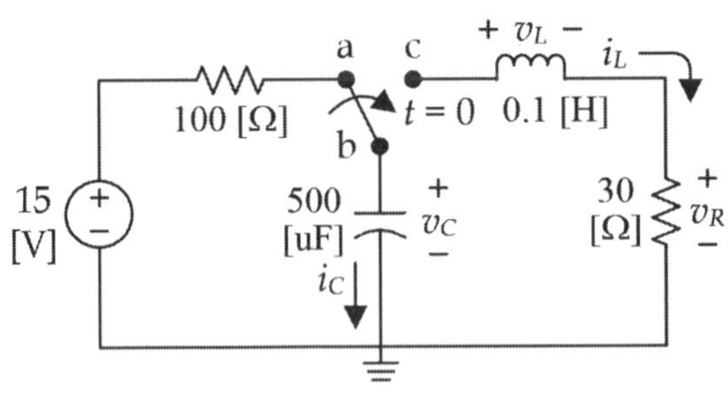

그림 P13.21

13.22 그림 P13.22(a)의 전기회로에서 전압원은 그림 P13.22(b)처럼 동작한다.

(1) $0 < t \le 0.2$ [sec]에서 주어진 전기회로에 대한 s-영역 등가회로를 제시하고, 전류 $i(t)$, $i_R(t)$, $i_C(t)$를 구하라.

(2) $0 < t \le 0.2$ [sec]에서 커패시터 양단의 전압 $v_C(t)$를 구하고, 파형을 그려라.

(3) $t \ge 0.2$ [sec]에서 주어진 회로에 대한 s-영역 등가회로를 제시하라.

(4) $t \ge 0.2$ [sec]에서 커패시터의 전압 $v_C(t)$와 인덕터 전류 $i_L(t)$를 구하라.

(5) 전체 시간구간에서 커패시터 전압과 인덕터 전류의 파형을 그려라.

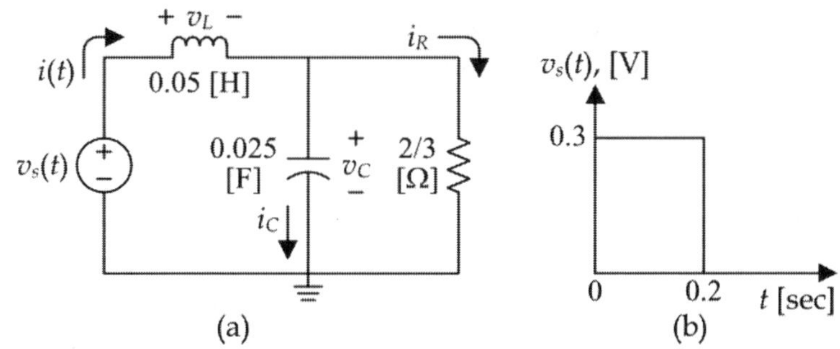

그림 P13.22

13.23 그림 P13.23의 전기회로에서 전압원은 $v(t) = 5u(t)$ [V]이다.

(1) $t > 0$ [sec]에서 단자 a와 b의 왼쪽 회로부분에 대한 테브냉 등가회로를 s-영역에서 구하라.

(2) 부하저항 양단에 걸리는 전압 $v_R(t)$와 부하저항을 통하여 흐르는 전류 $i_R(t)$를 구하라.

(3) 인덕터와 커패시터 양단에 걸리는 전압을 구하라.

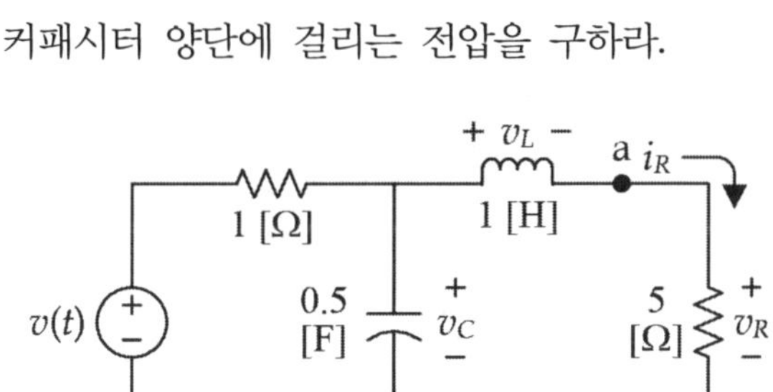

그림 P13.23

13.24 그림 P13.24에 나타낸 전기회로에 대하여

(1) $t > 0$ [sec]에서 단자 a와 b의 왼쪽 회로부분에 대한 테브냉 등가회로를 s-영역에서 구하라.

(2) 부하임피던스에 걸리는 전압 $v_L(t)$를 구하라.

(3) 커패시터를 통하여 흐르는 전류 $i_C(t)$ 구하라.

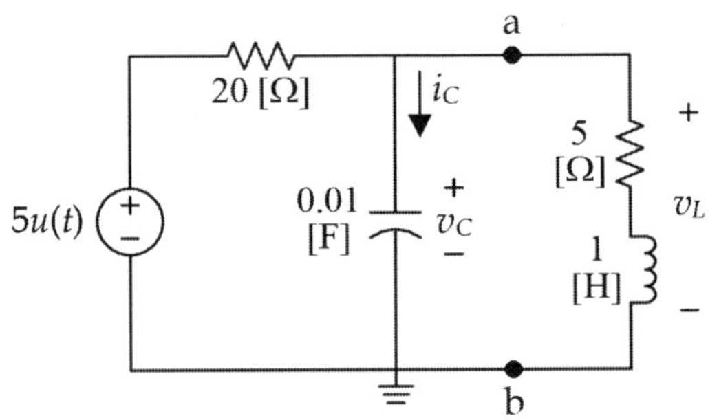

그림 P13.24

13.25 그림 P13.25의 전기회로에서 전압원은 $v(t) = 20e^{-2t}u(t)$ [V]이다.

(1) $t > 0$ [sec]에서 단자 a와 b의 왼쪽 회로부분에 대한 테브냉 등가회로를 s-영역에서 구하라.

(2) 단자 a와 b 사이에 8 [Ω] 저항을 부하임피던스로 삽입할 때, 부하임피던스로 흐르는 전류 $i_L(t)$와 전압 $v_L(t)$를 구하라.

(3) 2 [H] 인덕터를 통하여 흐르는 전류 $i_1(t)$와 커패시터 양단에 걸리는 전압 $v_C(t)$를 구하라.

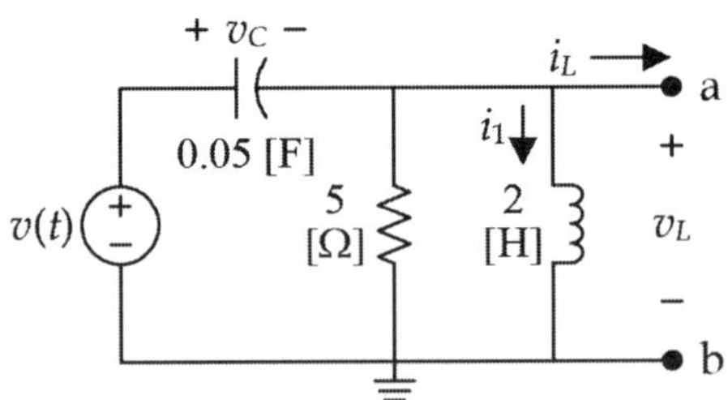

그림 P13.25

13.26 그림 P13.26의 전기회로에서 전류원은 $i_s(t) = 4u(t)$ [A]이다.

(1) $t > 0$ [sec]에서 주어진 회로에 대한 s-영역 등가회로를 구하라.

(2) 종속전원 제어전류 $i_x(t)$와 부하저항인 $2\,[\Omega]$ 양단에 걸리는 전압 $v_L(t)$를 구하라.

(3) 부하저항 $2\,[\Omega]$을 제외한 회로부분에 대한 테브냉 등가회로를 s-영역에서 구하라.

(4) 테브냉 등가회로에서 부하저항 양단의 전압 $v_L(t)$를 구하라.

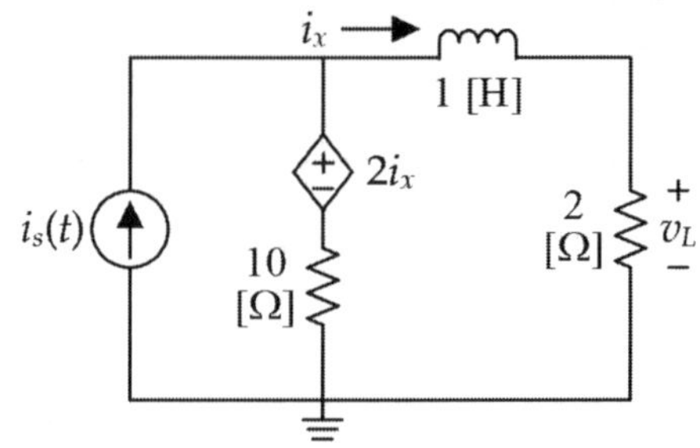

그림 P13.26

13.27 그림 P13.27의 전기회로에서 전압원은 $v(t) = 10u(t)$ [V]이다.

(1) $t > 0$ [sec]에서 주어진 회로에 대한 s-영역 등가회로를 제시하고, 전류 $i_1(t)$와 $i_2(t)$를 구하라.

(2) 종속전원 제어전압 $v_C(t)$를 구하라.

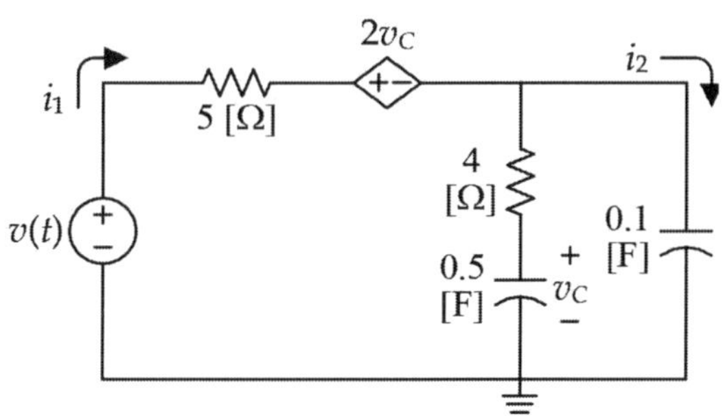

그림 P13.27

13.28 그림 P13.28의 전기회로에서 전원은 $i_s(t) = 2u(t)$ [A]이다.

(1) $t > 0$ [sec]에서 주어진 회로에 대한 s-영역 등가회로를 제시하고, 종속전원 제어전류 $i_x(t)$를 구하라.

(2) 인덕터와 커패시터 양단의 전압 $v_L(t)$와 $v_C(t)$를 구하라.

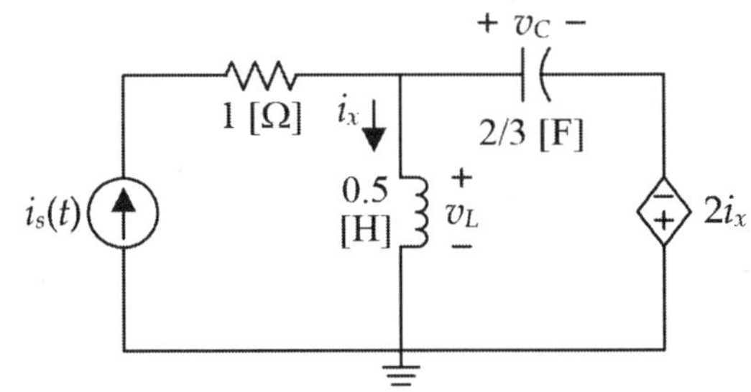

그림 P13.28

13.29 그림 P13.29의 전기회로에서 전원은 $v_s(t) = 3u(t)$ [V]이다.

(1) $t > 0$ [sec]에서 주어진 회로에 대한 s-영역 등가회로를 제시하고, 커패시터 양단의 전압 $v_C(t)$를 구하라.

(2) 종속전원 제어전류 $i_x(t)$를 구하라.

(3) 인덕터 전압 $v_L(t)$와 전류 $i_L(t)$를 구하라.

(4) 각각의 전압, 전류값들이 연속성의 원리를 만족하는지 검사하라.

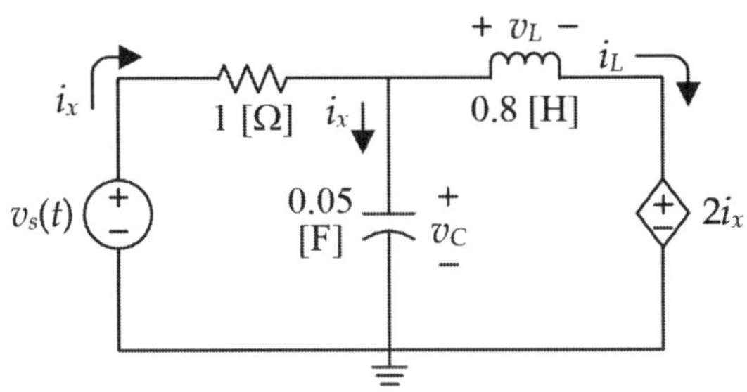

그림 P13.29

13.30 그림 P13.30의 전기회로에서 전압원은 $v_s(t) = u(t)$ [V]이다.

(1) $t > 0$ [sec]에서 주어진 회로에 대한 s-영역 등가회로를 제시하고, 커패시터 전압 $v_C(t)$를 구하라.

(2) 종속전원 제어전류 $i_x(t)$와 $i_R(t)$, $i_C(t)$를 구하라.

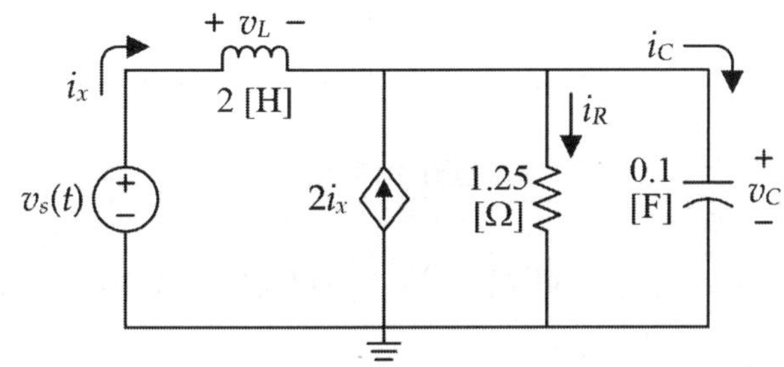

그림 P13.30

13.31 그림 P13.31의 전기회로는 문제 13.30의 회로와 같지만 회로해석의 관점을 변경하여 보자.

(1) 0.1 [F] 커패시터를 부하임피던스라고 할 때, 단자 a와 b의 왼쪽 회로부분에 대한 테브냉 등가회로를 s-영역에서 구하라.

(2) 부하임피던스인 커패시터의 양단에 걸리는 부하전압 $v_C(t)$와 부하를 통하여 흐르는 전류 $i_C(t)$를 구하여 문제 13.30의 결과와 비교하라.

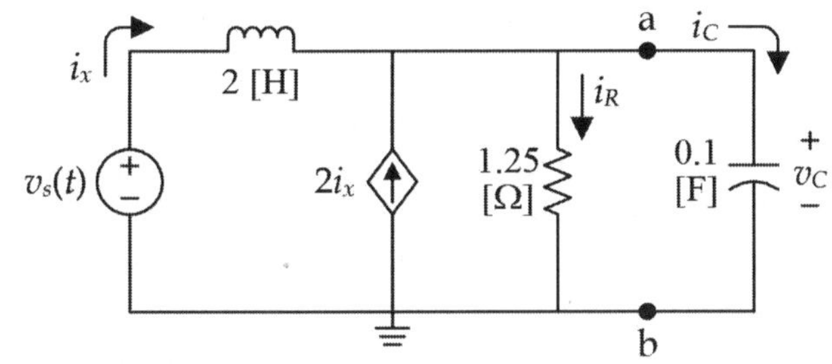

그림 P13.31

13.32 그림 P13.32의 전기회로는 그림 P13.30의 회로 전체가 어떤 2단자 부하회로의 전원부로 사용되는 구조이다. 전원부 회로에 대한 테브냉 등가회로를 s-영역에서 구하라.

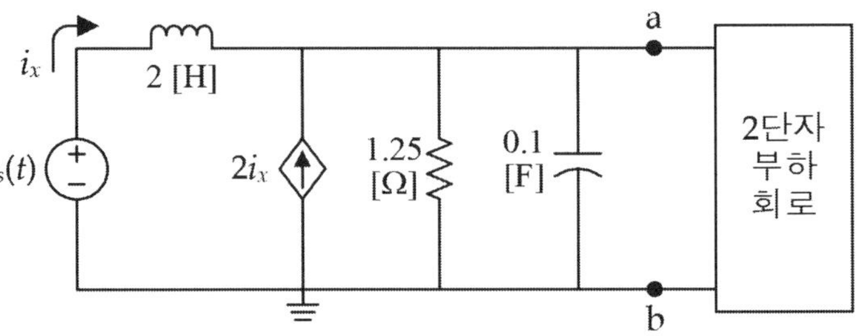

그림 P13.32

13.33 그림 P13.33의 연산증폭기 회로는 $t < 0$ [sec]에서 정상상태로 동작하고, 입력 전원은 $v_s(t) = 4u(t)$ [V]이다.

(1) 이상적인 연산증폭기를 가정할 때, $t > 0$ [sec]에서 출력전압의 s-영역 표현인 $V_o(s)$를 구한 다음 역변환하여 $v_o(t)$를 구하라.

(2) 커패시터 양단에 걸리는 전압 $v_C(t)$와 커패시터를 통하여 흐르는 전류 $i_C(t)$를 구하라.

(3) 전압원을 $v_s(t) = (4 + 4e^{-2t})u(t)$ [V]로 변경할 때, $t > 0$ [sec]에서 출력전압 $v_o(t)$와 전류 $i_C(t)$를 구하라.

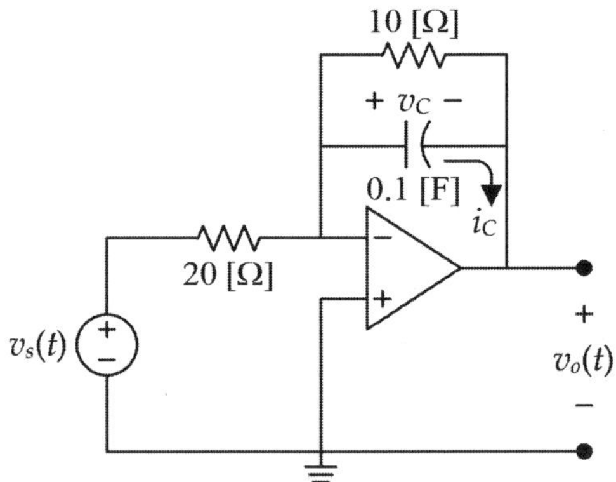

그림 P13.33

13.34 그림 P13.34의 연산증폭기 회로는 $t < 0$ [sec]에서 정상상태로 동작하고, 전압원은 $v_i(t) = u(t)$ [V]이다.

(1) 이상적인 연산증폭기를 가정할 때, $t > 0$ [sec]에서 출력전압을 s-영역에서 구한 다음 역변환하여 $v_o(t)$를 구하라.

(2) 인덕터와 커패시터를 통하여 흐르는 전류 $i_L(t)$와 $i_C(t)$를 구하라.

(3) $t = \infty$ [sec]일 때, $i_L(t)$와 $i_C(t)$의 동작 특성을 설명하라.

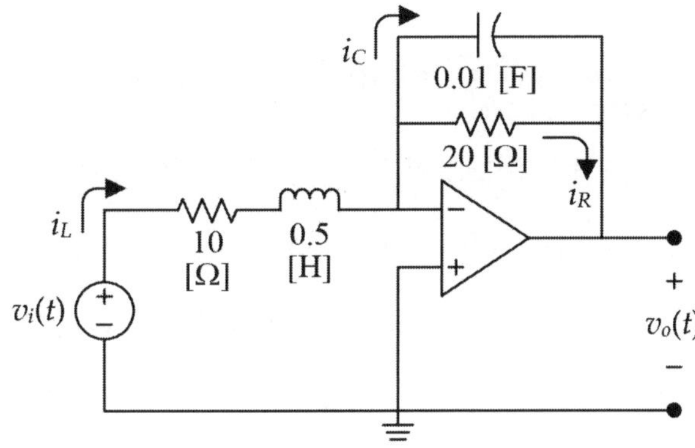

그림 P13.34

13.35 그림 P13.35의 연산증폭기 회로는 그림 P13.34의 회로에 비반전 입력단자로 출력 전압을 궤환시키는 회로를 추가한 것이다. $t < 0$ [sec]에서 정상상태로 동작하고, 전압원은 $v_s(t) = u(t)$ [V]이다.

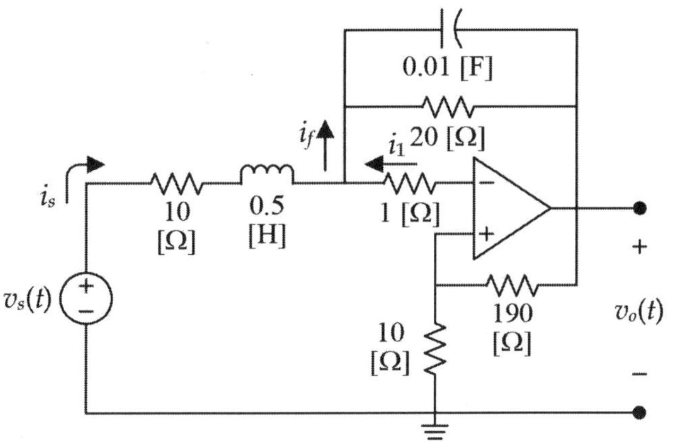

그림 P13.35

(1) 이상적인 연산증폭기를 가정할 때, $t > 0$ [sec]에서 출력전압을 s-영역에서 구한 다음 역변환하여 $v_o(t)$를 구하라.

(2) 전류 $i_s(t)$, $i_1(t)$, $i_f(t)$를 구하라.

(3) 비반전 단자로 출력전압을 궤환시킨 효과를 간단히 설명하라.

13.36 어떤 전기회로시스템의 입력 시간함수 $x(t)$와 출력함수 $y(t)$에 대한 회로방정식이 다음과 같다.

$$2\frac{d^2y(t)}{dt^2}+9\frac{dy(t)}{dt}+4y(t)=\frac{dx(t)}{dt}+3x(t).$$

여기서 모든 초기조건은 0으로 가정한다.

(1) $Y(s)=\mathcal{L}\{y(t)\}$이고, $X(s)=\mathcal{L}\{x(t)\}$일 때, 전달함수 $H(s)=\dfrac{Y(s)}{X(s)}$를 구하라.

(2) 이 시스템의 임펄스응답 $h(t)=\mathcal{L}^{-1}\{H(s)\}$를 구하라.

(3) 입력 시간함수가 $x(t)=4e^{-3t}u(t)$일 때, 출력 시간함수 $y(t)$를 구하라.

13.37 그림 P13.37에 나타낸 선형시스템에서 입력 시간함수가 $x(t)=5u(t)$일 때, 출력은 $y(t)=(3+4e^{-3t})u(t)$가 되었다.

(1) 시스템의 전달함수를 구하라.

(2) 시스템의 임펄스응답 $h(t)$를 구하라.

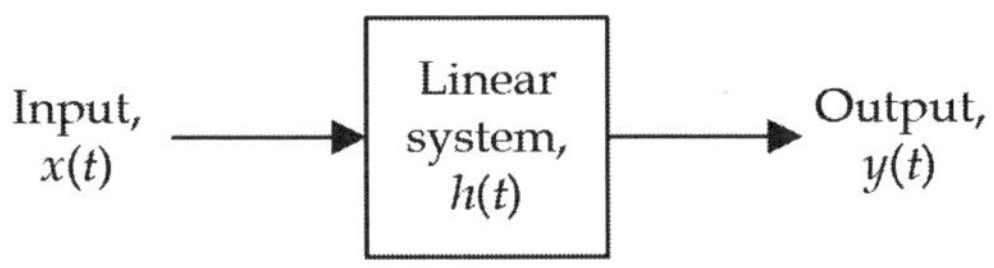

그림 P13.37

13.38 어떤 선형 회로시스템의 입력 시간함수가 $x(t)=5e^{-3t}u(t)$일 때, 출력 시간함수는 $y(t)=10e^{-3t}\cos(3t)u(t)$가 되었다.

(1) 시스템의 전달함수를 구하라.

(2) 시스템의 임펄스응답 $h(t)$를 구하라.

13.39 그림 P13.39의 회로에서 전원은 $i_s(t)=0.9u(t)$ [A]이다. $t<0$ [sec]에서 전기회로는 직류 정상상태로 동작하는 것으로 가정한다.

(1) 주어진 회로에 대한 s-영역 등가회로를 제시하고, $t > 0$ [sec]에서 마디전압 $V_1(s)$와 $V_2(s)$를 구하여 시간함수 $v_1(t)$와 $v_2(t)$로 변환하라.

(2) 전달임피던스를 $Z = V_o(s)/I_s(s)$로 정의할 때, Z를 구하라. 여기서 $V_o(s)$는 $v_o(t)$의 라플라스 변환이고, $I_s(s)$는 $i_s(t)$의 라플라스 변환이다.

(3) 시스템의 전달함수 $H(s) = I_o(s)/I_s(s)$와 임펄스응답 $h(t)$를 구하라. 여기서 $I_o(s)$는 $i_o(t)$의 라플라스 변환이다.

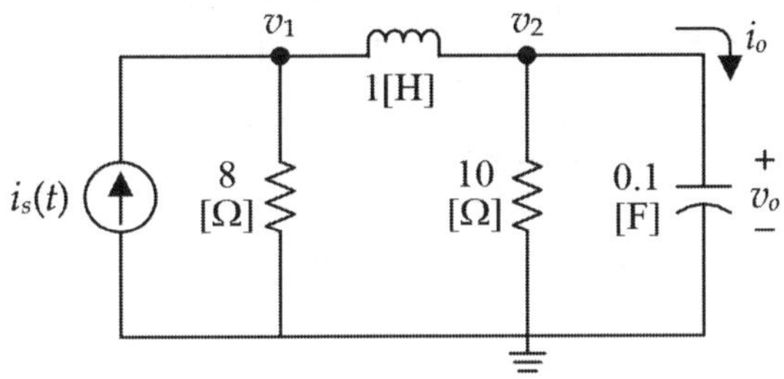

그림 P13.39

13.40 그림 P13.40의 회로는 $t < 0$ [sec]에서 전기회로는 직류 정상상태로 동작한다. 전원은 $v_s(t) = 3u(t)$ [V]이다.

(1) 주어진 회로에 대한 s-영역 등가회로를 제시하고, $t > 0$ [sec]에서 출력전압 $V_o(s)$와 시간함수 $v_o(t)$를 구하라.

(2) 종속전원 제어전류 $i_s(t)$를 구하라.

(3) 전달함수 $H(s) = V_o(s)/V_s(s)$와 임펄스응답 $h(t)$를 구하라. 여기서 $V_s(s)$는 $v_s(t)$의 라플라스 변환이다.

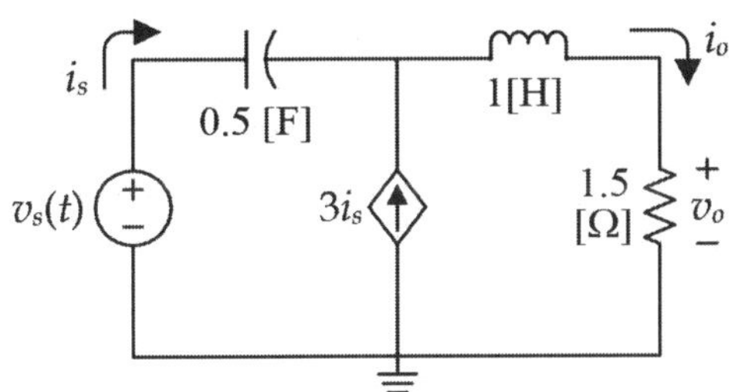

그림 P13.40

13.41 그림 P13.41의 연산증폭기 회로는 $t<0$ [sec]에서 정상상태로 동작한다.

(1) 이상적인 연산증폭기를 가정할 때, $t>0$ [sec]에서 이 시스템의 전달함수 $H(s)=V_o(s)/V_i(s)$와 임펄스응답 $h(t)$를 구하라.

(2) 시스템의 안정성(stability)을 판정하고, 이유를 설명하라.

(3) $v_i(t)=5e^{-2t}u(t)$ [V]일 때 출력전압 $v_o(t)$를 구하라.

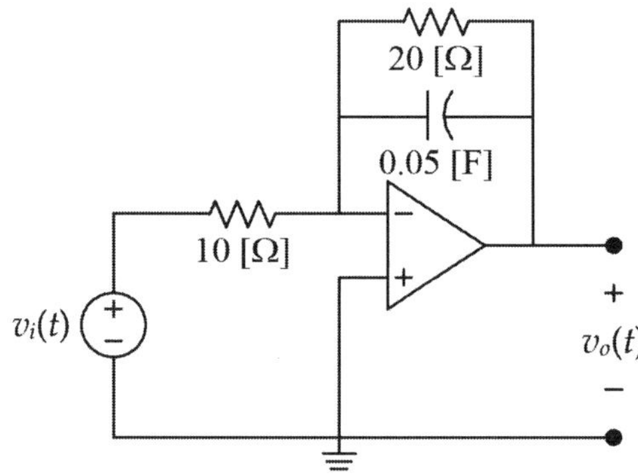

그림 P13.41

13.42 그림 P13.42의 연산증폭기 회로는 $t<0$ [sec]에서 정상상태로 동작한다. 연산증폭기는 이상적으로 동작하는 것으로 가정한다.

(1) $t>0$ [sec]에서 이 시스템의 전달함수 $H(s)=V_o(s)/V_i(s)$와 임펄스응답 $h(t)$를 구하라.

(2) 시스템의 안정성을 판정하고, 이유를 설명하라.

(3) $v_i(t)=5u(t)$ [V]일 때 출력전압 $v_o(t)$를 구하라.

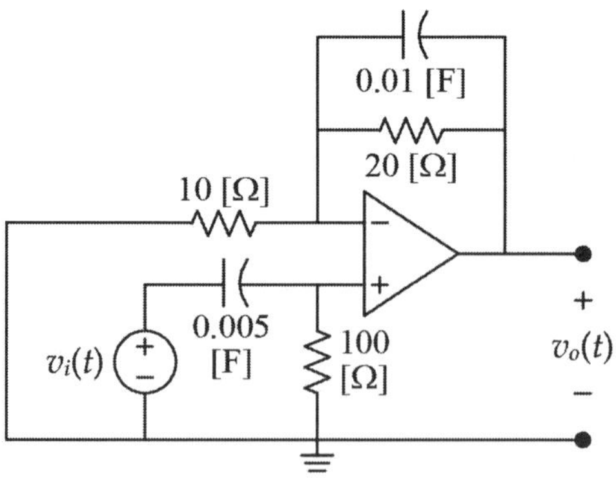

그림 P13.42

13.43 그림 P13.43의 연산증폭기 회로는 $t<0$ [sec]에서 정상상태로 동작한다. 연산증폭기는 이상적으로 동작하는 것으로 가정한다.

(1) $t>0$ [sec]에서 이 시스템의 전달함수 $H(s)=V_o(s)/V_i(s)$를 구하라.

(2) 전달함수의 극점과 영점을 구하여 시스템의 안정성을 판정하고, 이유를 설명하라.

(3) $v_i(t)=-0.25u(t)$ [V]일 때 출력전압 $v_o(t)$를 구하라.

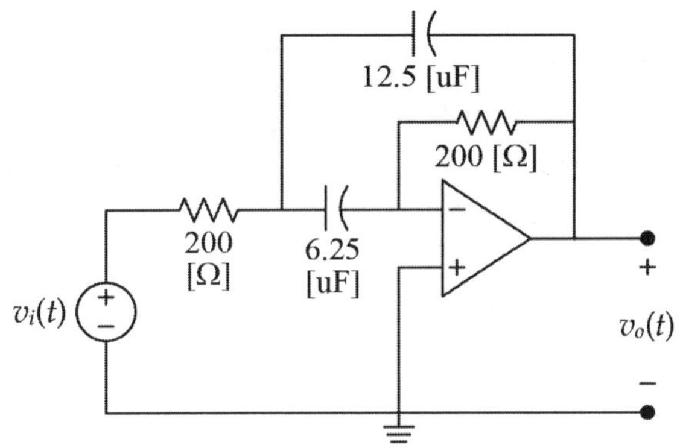

그림 P13.43

13.44 그림 P13.44의 연산증폭기 회로는 $t<0$ [sec]에서 정상상태로 동작하며, 모든 커패시터에 저장된 초기 에너지는 0 [J]이다.

(1) 이상적인 연산증폭기를 가정할 때, $t>0$ [sec]에서 이 시스템의 전달함수 $H(s)=V_o(s)/V_i(s)$를 구하라.

(2) 전달함수의 극점과 영점을 구하여 시스템의 안정성을 판정하라.

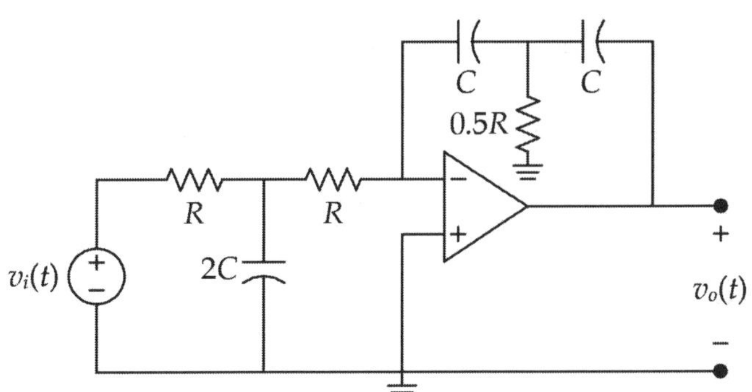

그림 P13.44

13.45 그림 P13.45의 두 시간함수는 $x(t) = 5e^{-2t}u(t)$, $y(t) = u(t) - u(t-1)$이다.

(1) $z(t) = x(t)*y(t)$를 구하라. 여기서 *는 컨볼루션(convolution) 연산이다.

(2) $Z(s) = \mathcal{L}\{z(t)\}$를 구하라.

(3) $X(s) = \mathcal{L}\{x(t)\}$, $Y(s) = \mathcal{L}\{y(t)\}$라고 할 때, $X(s) \cdot Y(s)$를 구하여 (2)의 결과와 비교하라.

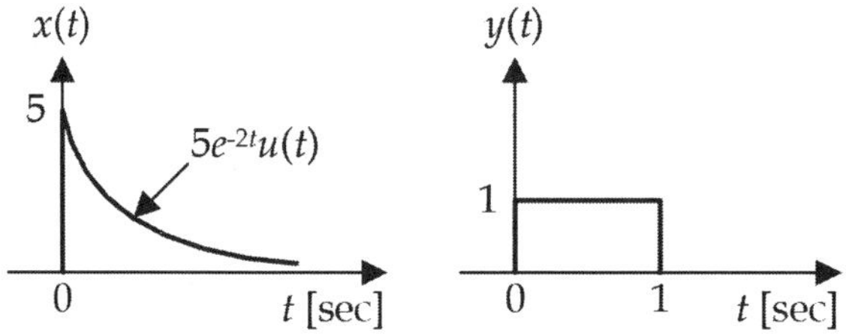

그림 P13.45

13.46 그림 P13.46에 나타낸 두 시간함수 $x(t)$와 $y(t)$에 대하여

(1) $z(t) = x(t)*y(t)$를 구하라. 여기서 *는 컨볼루션 연산이다.

(2) $z(t)$의 라플라스 변환을 구하라.

(3) $X(s) = \mathcal{L}\{x(t)\}$, $Y(s) = \mathcal{L}\{y(t)\}$라고 할 때, $X(s) \cdot Y(s)$를 구하여 (2)의 결과와 비교하라.

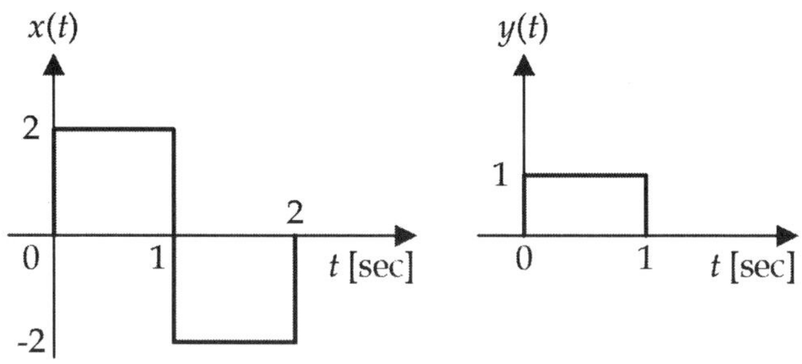

그림 P13.46

13.47 두 시간함수 $x(t)$와 $y(t)$가 각각 다음과 같다.

$$x(t) = e^{-t}u(t),\ y(t) = 3e^{-2t}u(t).$$

(1) $z(t) = x(t)*y(t)$를 구하라. 여기서 *는 컨볼루션 연산이다.

(2) $z(t)$의 라플라스 변환을 구하라.

(3) $x(t)$와 $y(t)$의 라플라스 변환을 구하여 $\mathcal{L}\{x(t)*y(t)\} = X(s) \cdot Y(s)$임을 입증하라. 여기서 $X(s) = \mathcal{L}\{x(t)\}$, $Y(s) = \mathcal{L}\{y(t)\}$이다.

13.48 그림 P13.48은 선형 시불변시스템(linear time-invariant, LTI)의 블록도이다. 이 시스템의 입력 시간함수가 $x(t) = e^{-t}u(t)$이고, 시스템의 임펄스응답이 $h(t) = e^{-t}u(t)$이다.

(1) 이 시스템의 출력 시간함수 $y(t)$를 시간영역에서 구하라.

(2) $Y(s) = \mathcal{L}\{y(t)\} = X(s) \cdot H(s)$임을 입증하라. 여기서 $X(s) = \mathcal{L}\{x(t)\}$, $H(s) = \mathcal{L}\{h(t)\}$이다.

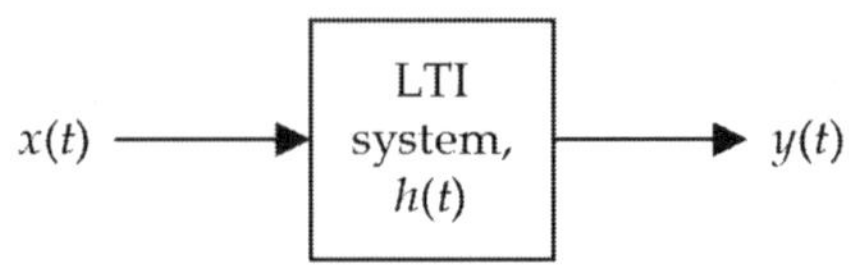

그림 P13.48

주파수응답

CHAPTER

14

현재까지 학습한 대부분의 회로해석에서 주요 관심은 주어진 회로에서 특정 파라미터에 대한 완전응답을 구하는 것이고, 이를 통하여 주어진 회로의 정상상태응답도 구할 수 있다. 1계, 2계 미분방정식, 페이저, 라플라스 변환 등은 이와 같은 완전응답을 구하기 위한 매우 유용한 도구로 사용되었다.

전기회로를 해석하는 과정에서 아주 특별한 경우를 제외하면 일반적으로 전원의 주파수는 특정한 값으로 고정시키고 해석하였다. 여기서 특별한 경우라 할지라도 전원의 주파수를 변화시키는 것보다는 서로 다른 주파수를 가지는 두 개 이상의 교류전원이 회로를 구동시키는 경우에 대하여 중첩의 원리를 적용하여 해석할 수 있음을 확인하는 정도로만 학습하였다.

커패시터나 인덕터가 포함된 회로에 대한 페이저 회로나 라플라스 변환회로를 구하는 과정을 상기시켜보면 이 수동소자들의 임피던스를 구할 때 전원의 주파수가 파라미터로 사용되는 것을 알 수 있다. 즉, 커패시터나 인덕터가 가지는 임피던스는 주파수의 변화에 의존하므로 이러한 소자들이 포함된 전기회로의 동작특성과 전달함수도 주파수의 변화에 따라 변화한다. 이와 같이 주파수의 변화에 따라 나타나는 특성을 주파수응답(frequency response)이라고 한다.

전기회로의 주파수응답은 음향시스템, 통신시스템, 제어시스템 등의 설계와 분석, 성능개선의 목적으로 매우 빈번하게 사용된다. 이 장에서는 전기회로의 주파수응답에 대한 개념과 함께 흔히 주파수 선택적 회로(frequency selective circuit)라고 하는 필터(filter)의 설계와 해석에 대하여 학습한다.

14.1 주파수응답의 개념

라플라스 변환을 이용한 회로해석에서 그림 14.1(a)와 같은 시간영역 회로를 그림 14.1(b)와 같은 등가회로 모델로 변환시켜 RLC 직렬회로의 전달함수를 전압분배법칙을 적용하여 구하면 식 (14.1)과 같이 되는 것을 학습하였다. 이때 모든 초기값은 0으로 설정한다.

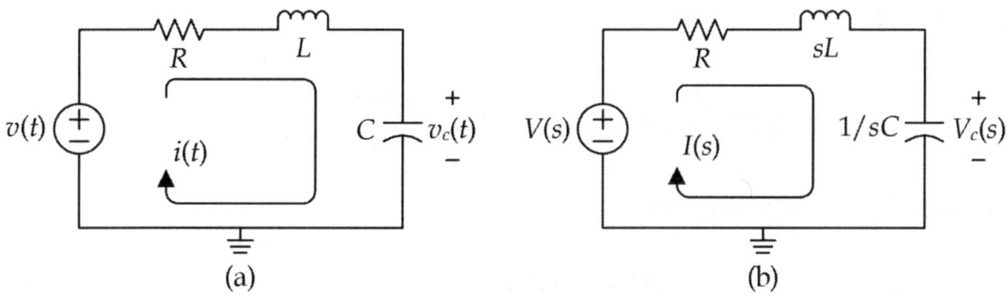

그림 14.1 RLC 직렬회로 (a) 시간영역 (b) 라플라스 변환영역

$$H(s) = \frac{V_c(s)}{V(s)} = \frac{1/LC}{s^2 + (R/L)s + 1/LC}. \tag{14.1}$$

한편, 8장에서는 정현파 전원을 사용하는 회로를 해석하여 정상상태응답을 구하는 수월한 방법으로 페이저를 이용하는 방법을 학습하였다. 예를 들어, 그림 14.1(a)에 나타낸 직렬 RLC 회로의 전원이 식 (14.2)와 같이 정의되는 정현파 전원이라면 등가 페이저회로는 그림 14.2와 같다.

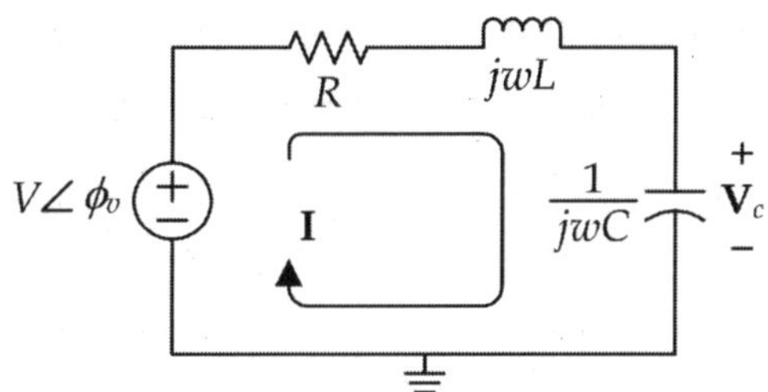

그림 14.2 정현파 전원을 가지는 RLC 직렬회로의 페이저 등가회로

$$v(t) = V\cos(\omega t + \phi_v)\ [\mathrm{V}]. \tag{14.2}$$

여기서 V는 정현파의 진폭이고 ω는 각주파수로 단위는 [rad/sec]이며 ϕ_v는 위상각을 나타낸다. 식 (14.2)의 정현파 함수는 페이저회로에서는 다음과 같이 페이저로 변환시켜 표시하는 것이 일반적이다.

$$\mathrm{V} = V\angle\phi_v\ [\mathrm{V}]. \tag{14.3}$$

전원 입력에 대한 커패시터 양단에 걸리는 전압페이저의 비를 전압분배법칙을 이용하여 구하면 다음과 같다.

$$\frac{\mathrm{V}_c}{\mathrm{V}} = \frac{1/j\omega C}{R + j\omega L + 1/j\omega C} = \frac{1/LC}{(j\omega)^2 + j\omega(R/L) + 1/LC}. \tag{14.4}$$

식 (14.4)와 식 (14.1)을 비교하면

$$H(\omega) = [H(s)]_{s=j\omega} \tag{14.5}$$

로 표현됨을 알 수 있다. 여기서 $H(\omega) = \mathrm{V}_c/\mathrm{V}$ 이다.

라플라스 변환영역에서 복소 파라미터 s는 일반적으로

$$s = \sigma + j\omega \tag{14.6}$$

로 표현된다. 여기서 실수부인 σ는 시간영역에서는 응답의 감쇄를 나타내는 파라미터이고 ω는 진동을 나타내는 파라미터로 앞에서 설명한 각주파수이다. 따라서 식 (14.5)에 나타낸 전달함수 $H(\omega)$뿐만 아니라 전압, 전류와 같은 회로 파라미터의 주파수응답 $V(\omega)$, $I(\omega)$는 주파수를 변수로 가지는 함수이다.

페이저회로에 대한 해석에서 학습의 주된 관심은 입력 전원페이저의 크기나 위상의 변화에 따른 회로 파라미터의 정상상태응답의 변화이었다. 페이저회로로 변환하는 과정에서 정현파 전원의 주파수는 상수로 가정하였다. 관점을 달리하여 전원페이저의 크기와 위상을 고정하고 주파수를 변화시키는 경우를 생각하여보자. 식 (14.2)로 주어지는 정현파 전원의 시간함수를 식 (14.3)의 페이저로 변환하는 과정에서 전원 주파수의 변화는 외형상 전혀 반영되지 않는 것처럼 보인다. 하지만 식 (14.4)에 나타낸 전달함수의 분모에는 주파수가 주요 변수이므로 전원 주파수를 변화시키면 전달함수의 특성도 변화한다. 이것은 그림 14.2에 나타낸 페이저 등가회로에서 수동소자들로 구성된 임피던스가 식 (14.7)처럼 주파수에 따라 변하는 함수이기 때문이다.

$$Z(\omega) = R + j\left(\omega L - \frac{1}{\omega C}\right). \tag{14.7}$$

일반적으로 임피던스는 복소수이고 전원페이저도 복소수이므로 전달함수 $H(\omega)$는 식 (14.4)의 예처럼 복소수이다. 따라서 전달함수의 주파수응답에 절대값을 취하면

$$|H(\omega)| = \left|\frac{V_o(\omega)}{V_i(\omega)}\right| = \frac{|V_o(\omega)|}{|V_i(\omega)|} \;\rightarrow\; |V_o(\omega)| = |H(\omega)||V_i(\omega)|. \tag{14.8}$$

여기서 $V_o(\omega)$와 $V_i(\omega)$는 각각 출력과 입력의 주파수응답을 나타낸다. 식 (14.8)로부터 전달함수 주파수응답의 크기는 출력과 입력 주파수응답 크기의 비가 되며, 주어진 회로의 이득(gain)이라고도 한다. 이에 비하여 전달함수의 위상은 식 (14.9)와 같이 주어지며, 이를 위상응답 또는 위상변이(phase shift)라고 한다.

$$\angle H(\omega) = \angle \frac{V_o(\omega)}{V_i(\omega)} = \angle V_o(\omega) - \angle V_i(\omega). \tag{14.9}$$

따라서 이득과 위상변이가 각각 주어지거나 또는 이들을 함께 포함하는 주파수응답이 주어지면 회로가 주파수의 변화에 따라 어떻게 동작하는지를 완전하게 파악할 수 있으며, 정상상태응답도 구할 수 있다.

예제 14.1

어떤 회로의 전달함수가 다음과 같을 때 $\omega = 2$ [rad/sec]에서 이득과 위상변이를 구하라.

$$H(s) = \frac{s+2}{s^2+2s+5}.$$

풀이

식 (14.5)에 따라 회로의 주파수응답은 다음과 같다.

$$H(\omega) = [H(s)]_{s=jw} = \frac{j\omega+2}{(j\omega)^2+2j\omega+5} = \frac{2+j\omega}{(5-\omega^2)+j2\omega}. \quad ①$$

따라서 주파수응답의 이득과 위상은 ω의 함수로 각각 다음과 같다.

$$|H(\omega)| = \frac{|2+j\omega|}{|(5-\omega^2)+j2\omega|} = \frac{\sqrt{2^2+\omega^2}}{\sqrt{(5-\omega^2)^2+4\omega^2}}, \quad ②$$

$$\angle H(\omega) = \angle(2+j\omega) - \angle((5-\omega^2)+j2\omega) = \tan^{-1}\left(\frac{\omega}{2}\right) - \tan^{-1}\left(\frac{2\omega}{5-\omega^2}\right). \quad ③$$

$\omega = 2$ [rad/sec]에서 이득은

$$|H(\omega)|_{\omega=2} = \frac{|2+j\omega|_{\omega=2}}{|(5-\omega^2)+j2\omega|_{\omega=2}} = \frac{\sqrt{8}}{\sqrt{(5-2^2)^2+4^2}} = 0.69 \quad ④$$

이고, 위상변이는

$$\angle [H(\omega)]_{\omega=2} = \angle \left[\frac{2+j\omega}{(5-\omega^2)+j2\omega} \right]_{\omega=2} \qquad ⑤$$
$$= \tan^{-1}(2/2) - \tan^{-1}(4/1) = -30.96^\circ$$

이다. 식 ②에 나타낸 전달함수의 이득을 주파수의 변화에 따라 나타내면 그림 14.3과 같다.

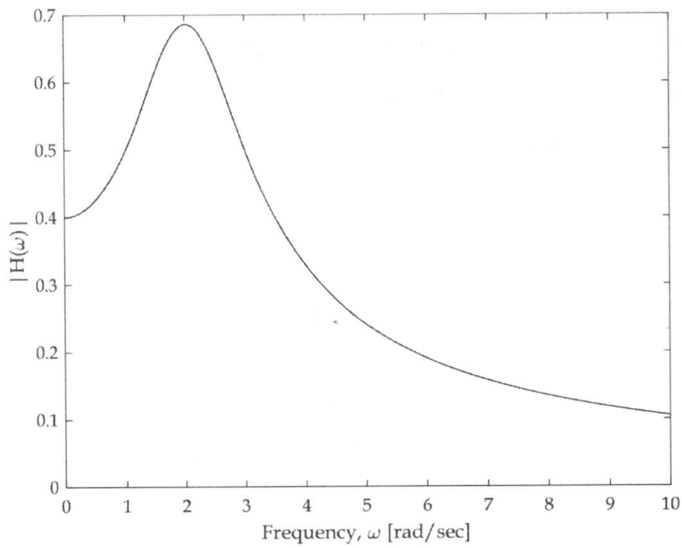

그림 14.3 주파수의 변화에 따른 전달함수의 이득

14.2 데시벨 스케일

그림 14.3에 나타낸 주파수응답의 이득곡선에서 Y-축 스케일은 선형 스케일로 표현하였다. 일반적으로 데이터의 최대값과 최소값의 동적범위가 크지 않은 경우에는 선형 스케일로 표현하는 것이 유리할 수 있다. 하지만 이득곡선이 표현하여야 하는 데이터의 범위가 매우 넓어 최대값이 최소값보다 수천 배 이상 큰 경우 선형 스케일로 나타내면 최소값 영역의 데이터는 정확하게 측정하는 것이 어렵다. 반대로 최소값 영역의 데이터를 정확하게 나타내면 전체 그래프의 크기가 지나치게 커지는 현상이 발생한다. 이런 이유로 매우

큰 값과 아주 작은 값들을 동시에 정확하게 관측하기 위한 방법으로 데이터의 Y-축 값에 상용로그를 취한 스케일을 사용하여 이득곡선을 표현한다.

로그 스케일을 사용하는 것이 유리한 다른 경우로는 같은 비율은 그래프에서 같은 크기로 표현된다는 점이다. 즉, 두 수의 비율이 $x_1/x_2 = R$인 경우

$$\log_{10}\left(\frac{x_1}{x_2}\right) = \log_{10}x_1 - \log_{10}x_2 = \log_{10}R \tag{14.10}$$

이 되며, 이것은 두 수 x_1과 x_2가 가지는 절대적인 값과는 무관하다. 예를 들어, $x_1 = 10^6$ 이고 $x_2 = 10^4$인 경우 두 수의 비율 x_1/x_2를 로그 스케일로 나타내면

$$\log_{10}\left(\frac{x_1}{x_2}\right) = \log_{10}x_1 - \log_{10}x_2 = \log_{10}10^6 - \log_{10}10^4 = 6-4 = 2$$

가 된다. 이에 비하여 $x_3 = 10^{-2}$이고 $x_4 = 10^{-4}$인 경우 두 수의 비율을 로그 스케일로 나타내면

$$\log_{10}\left(\frac{x_3}{x_4}\right) = \log_{10}x_3 - \log_{10}x_4 = \log_{10}10^{-2} - \log_{10}10^{-4} = -2+4 = 2$$

이다. 따라서 두 쌍의 수들의 비율이 $x_1/x_2 = x_3/x_4 = 10^2$으로 동일하므로 로그 스케일 그래프에서는 같은 크기의 차이로 표시된다.

이득곡선을 나타내는 그래프에서 눈금을 표시하는 스케일의 단위로는 식 (14.11)과 같이 정의되는 데시벨(decibel, dB)이 주로 사용된다.

$$G = 20\log_{10}X \text{ [dB]}. \tag{14.11}$$

여기서 X는 전압 또는 전류의 크기를 나타내는 양의 실수이다. 원래 이것은 식 (14.12)처럼 통신시스템에서 두 전력 P_1 [W]와 P_2 [W]의 비를 나타내기 위하여 사용되었다.

$$\text{Power ratio} = \log_{10}\left(\frac{P_1}{P_2}\right) \text{ [bel]}. \tag{14.12}$$

하지만 더 작은 전력비를 표현하기 위하여 식 (14.13)처럼 로그함수에 10을 곱하여 단위가 [decibel, dB]로 변경되어 현재까지 표준적으로 사용되고 있다.

$$\text{Power ratio} = 10\log_{10}\left(\frac{P_1}{P_2}\right) \text{ [dB]}. \tag{14.13}$$

현재는 전력비뿐만 아니라 전력(또는 에너지)의 절대적인 크기를 나타내는 방법으로도 일반적으로 데시벨 단위를 사용한다. 특히, 식 (14.13)과 식 (14.11)을 비교하면 전력을 나타내는 식 (14.13)에서는 상용로그에 10을 곱하지만 전압(또는 전류)을 데시벨 단위로 표현하는 경우에는 상용로그에 20을 곱한다. 이것을 확인하기 위하여 전력의 정의를 고려하면 식 (14.13)은

$$10\log_{10}\left(\frac{P_1}{P_2}\right) = 10\log_{10}\left(\frac{V_1^2/R_1}{V_2^2/R_2}\right) = 10\log_{10}\left(\frac{V_1^2}{V_2^2}\right) + 10\log_{10}\left(\frac{R_2}{R_1}\right) \tag{14.14}$$

가 된다. 두 저항이 $R_1 = R_2$라면 식 (14.14)는

$$\text{Power ratio} = 10\log_{10}\left(\frac{V_1^2}{V_2^2}\right) + 10\log_{10}(1) = 20\log_{10}\left(\frac{V_1}{V_2}\right) \text{ [dB]}. \tag{14.15}$$

가 되므로 식 (14.11)의 정의와 동일한 형태가 됨을 알 수 있다.

한편, 식 (14.13)에서 $P_1 = 2P_2$가 된다면 전력비는

$$\text{Power ratio} = 10\log_{10}\left(\frac{P_1}{P_2}\right) = 10\log_{10}\left(\frac{2P_2}{P_2}\right) = 10\log_{10}(2) = 3.01 \text{ [dB]} \tag{14.16}$$

이고, $P_1 = P_2/2$이면 전력비는

$$\text{Power ratio} = 10\log_{10}\left(\frac{P_2/2}{P_2}\right) = 10\log_{10}(2^{-1}) = -3.01 \text{ [dB]} \tag{14.17}$$

이다. 따라서 전력비나 전력이 2배로 증가되거나 1/2배로 감소되면 데시벨 스케일로는 각각 $+3$ [dB] 또는 -3 [dB]로 표현된다. 이는 전력(또는 에너지)의 상대적 변화를 표현하기 위한 방법으로 가장 빈번하게 사용하는 방법이다. 이것을 식 (14.15)에 나타낸 전압(또는 전류)의 비로 환산하면

$$\text{Power ratio} = 20\log_{10}\left(\frac{V_1}{V_2}\right) = 10\log_{10}\left(\frac{V_1}{V_2}\right)^2 = 3.01 = 10\log_{10}(2) \tag{14.18}$$

이므로

$$(V_1/V_2)^2 = 2 \;\rightarrow\; V_1 = \sqrt{2}\,V_2 \tag{14.19}$$

가 된다. 이를 종합하여 정리하면 데시벨 스케일에서 3 [dB] 또는 -3 [dB]의 변화는 전력의 절대값의 비로는 2배 증가 또는 1/2배로 감소되는 것이고, 전압(또는 전류)의 절대값의 비로는 $\sqrt{2}$배 또는 $1/\sqrt{2} = 0.707$배 증감을 의미한다.

예제 14.2

예제 14.1에 주어진 전달함수의 주파수응답에 대한 이득곡선을 데시벨 스케일로 나타내어라.

풀이

식 (14.5)에 따라 회로의 주파수응답이 다음과 같으므로

$$H(\omega) = [H(s)]_{s=j\omega} = \frac{j\omega + 2}{(j\omega)^2 + 2j\omega + 5} = \frac{2 + j\omega}{(5-\omega^2) + j2\omega} \quad ①$$

이득곡선의 데시벨 스케일은

$$10\log_{10}|H(\omega)|^2 = 10\log_{10}\left|\frac{2+j\omega}{(5-\omega^2)+j2\omega}\right|^2 = 20\log_{10}\frac{\sqrt{4+\omega^2}}{\sqrt{(5-\omega^2)^2+4\omega^2}}. \quad ②$$

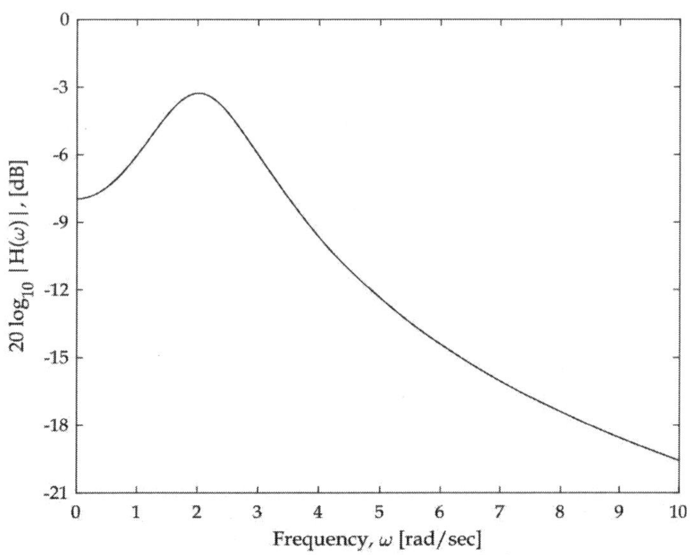

그림 14.4 예제 14.1에 대한 데시벨 스케일 이득곡선

식 ②를 데시벨 스케일 그래프로 나타내면 그림 14.4와 같다.

예제 14.3

그림 14.5에 나타낸 RLC 직렬회로에서 전달함수를 V_c/V_s로 정의한다. 여기서 V_c는 커패시터 양단에 걸리는 전압페이지이고, V_s는 $v_s(t) = 10\cos(\omega t)$ [V]인 교류전원의 페이저이다. 전달함수의 주파수응답을 구하고, 전달함수의 이득곡선을 데시벨 스케일로 나타내어라.

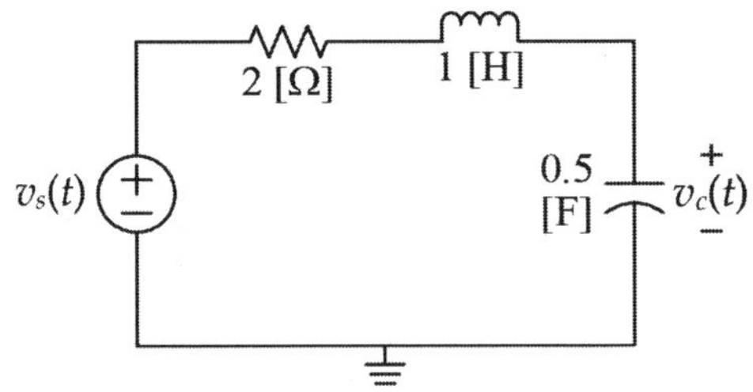

그림 14.5 예제 14.3을 위한 전기회로

풀이

주어진 회로를 라플라스 변환영역 등가회로로 나타내면 그림 14.6과 같다.

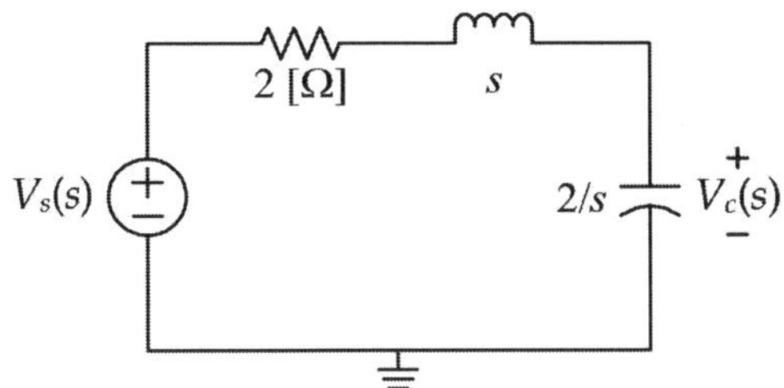

그림 14.6 주어진 회로에 대한 변환영역 등가회로

그림 14.6에서 커패시터 양단에 걸리는 전압은 전압분배법칙에 의하여

$$V_c(s) = \frac{2/s}{2+s+2/s} V_s(s) \rightarrow V_c(s) = \frac{2}{s^2+2s+2} V_s(s). \quad ①$$

식 ①로부터 s-영역 전달함수는 다음과 같다.

$$H(s) = \frac{V_c(s)}{V_s(s)} = \frac{2}{s^2 + 2s + 2}. \qquad ②$$

식 ②로부터 전달함수의 주파수응답을 구하면 식 ③과 같다.

$$H(\omega) = [H(s)]_{s=j\omega} = \frac{2}{(j\omega)^2 + 2j\omega + 2} = \frac{2}{(2-\omega^2) + j2\omega}. \qquad ③$$

식 ③으로부터 전달함수의 이득은

$$|H(\omega)| = \left| \frac{2}{(2-\omega^2) + j2\omega} \right| = \frac{2}{\sqrt{(2-\omega^2)^2 + 4\omega^2}} \qquad ④$$

가 되므로 이득곡선을 데시벨 스케일로 나타내는 식은 다음과 같다.

$$20\log_{10}|H(\omega)| = 20\log_{10}\frac{2}{\sqrt{(2-\omega^2)^2 + 4\omega^2}}. \qquad ⑤$$

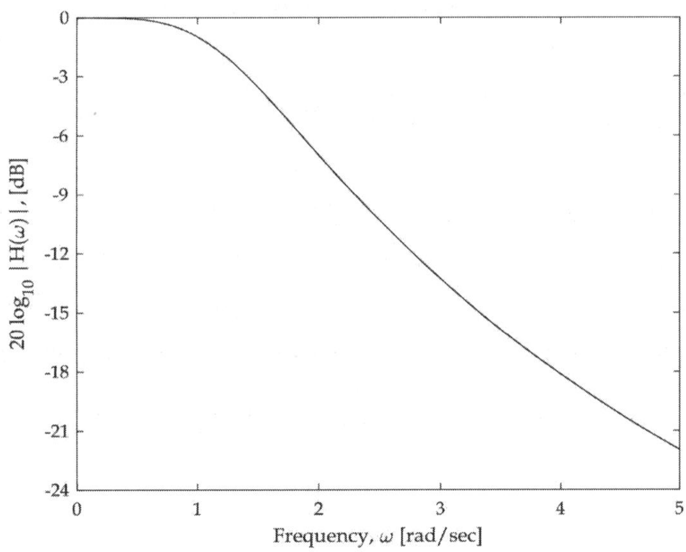

그림 14.7 예제 14.3에서 정의된 전달함수의 이득

그림 14.7은 식 ⑤에 나타낸 전달함수의 데시벨 스케일 이득곡선이다.

14.3 보드선도

앞 절에서는 주파수응답의 이득을 그래프로 표현하는 이유와 방법에 대하여 학습하였다. 대부분의 주파수응답은 변수 ω에 대한 복소함수이므로 식 (14.8)과 식 (14.9)에 나타낸 것처럼 이득과 위상응답을 동시에 가진다. 따라서 어떤 선형 시스템의 주파수응답을 이득과 위상에 따라 다음과 같이 간단히 나타낼 수 있다.

$$H(\omega) = |H(\omega)| \angle \phi_H(\omega) = |H(\omega)| e^{j\phi_H(\omega)}. \qquad (14.20)$$

식 (14.20)의 양변에 자연로그를 취하면

$$\ln H(\omega) = \ln\left\{ |H(\omega)| e^{j\phi_H(\omega)} \right\} = \ln |H(\omega)| + j\phi_H(\omega) \qquad (14.21)$$

가 되어 이득을 나타내는 실수부와 위상응답을 나타내는 허수부로 분리시킬 수 있다. 그러므로 완전한 주파수응답을 그래프로 표현하기 위해서는 식 (14.21)의 실수부인 이득응답을 데시벨 스케일로 작도하고, 허수부인 위상응답을 주파수 ω에 따라 $-\pi \sim \pi$ [rad]의 범위 또는 $-180^\circ \sim 180^\circ$ 의 범위로 작도한다.

실제 주파수응답을 나타내기 위한 주파수 영역은 매우 넓기 때문에 주파수 축을 선형 스케일로 작도하는 것이 매우 불편한 경우가 종종 발생한다. 이러한 문제점을 해결하기 위한 방안으로 주파수 축을 로그 스케일로 변형하여 나타낸다. 즉, 이득응답의 Y-축은 데시벨 스케일을 사용하고 X-축은 로그 스케일을 사용한다. 위상응답의 경우 Y-축은 선형 스케일을 사용하고 X-축은 로그 스케일을 사용한다. 이러한 형식의 반로그선도(semilogarithmic plot) 그래프를 보드선도(bode plot 또는 bode diagram)라고 한다.

임의의 선형 시불변 시스템의 라플라스 변환영역 전달함수가 다음과 같이 주어진다고 가정하자.

$$H(s) = \frac{KN_1(s)N_2(s)\cdots}{D_1(s)D_2(s)\cdots}. \qquad (14.22)$$

식 (14.22)에 대한 주파수응답의 이득은

$$|H(s)| = \frac{|K||N_1(s)||N_2(s)|\ \cdots}{|D_1(s)||D_2(s)|\ \cdots} \qquad (14.23)$$

가 된다. 따라서 식 (14.23)에 대한 데시벨 스케일 표현은

$$|H(s)| = |K| + \sum_{k=1} |N_k(s)| - \sum_{i=1} |D_i(s)| \text{ [dB]}. \tag{14.24}$$

앞 절에서 이미 학습하였듯이 식 (14.23)과 식 (14.24)에서는 편의상 같은 기호를 사용하였지만 식 (14.24)에서 사용된 파라미터들은 단위가 [dB]이므로 식 (14.23)과 비교하면

$$|H(s)| \text{ [dB]} = 20\log_{10}|H(s)| \; |K| \text{ [dB]} = 20\log_{10}|K|, \; \cdots \tag{14.25}$$

를 의미한다.

보드선도를 그리기 위해서는 식 (14.22)의 등호 오른쪽에 있는 $N_k(s)$와 $D_i(s)$들은 표준형으로 나타내는 것이 일반적이다. 가령, s의 함수 $(as+b)$와 (as^2+bs+c)를 각각 다음과 같이 나타내면

$$as+b = a\left(s+\frac{b}{a}\right), \; as^2+bs+c = a\left(s^2+\frac{b}{a}s+\frac{c}{a}\right) \tag{14.26}$$

괄호 속에 나타낸 s의 1차 함수와 2차 함수가 표준형이 되고, 괄호 앞의 계수 a는 식 (14.22)의 상수항이 된다. 식 (14.26)에서 표준형으로 나타낸 각 항들의 주파수응답은

$$\left(s+\frac{b}{a}\right)_{s=j\omega} = \frac{b}{a}+j\omega, \tag{14.27}$$

$$\left(s^2+\frac{b}{a}s+\frac{c}{a}\right)_{s=j\omega} = (j\omega)^2+\frac{b}{a}j\omega+\frac{c}{a} = \left(\frac{c}{a}-\omega^2\right)+j\frac{b\omega}{a}$$

으로 주파수 ω에 대한 복소함수가 되며, 이를 이용하여 이득응답과 위상응답에 대한 보드선도를 그린다.

먼저, 상수항 $|K|$ [dB]는 보드선도에서 주파수가 변하더라도 이득응답은 일정한 값을 가지며, 위상응답은 모든 주파수에 대하여 $0°$ 이다. $N_k(\omega)$가 실근을 가지는 경우를 일반화시켜 나타내면

$$|N_k(\omega)| \text{ [dB]} = 20\log_{10}|N_k(\omega)| = 20\log_{10}|a+j\omega|^r . \tag{14.28}$$

여기서 $r=1$인 경우는 $\omega/a=-1$에서 영점을 가지는 단순 실근을 나타내며, $r \geq 2$이면 $\omega/a=-1$에서 영점을 가지는 r개의 중복 실근을 의미한다.

식 (14.28)은 다시 다음과 같이 나타낼 수 있다.

$$|N_k(\omega)|\ [\text{dB}] = 20r\log_{10}\{|a||1+j(\omega/a)|\}. \tag{14.29}$$

$\omega/a \ll 1$이라면 $\omega/a \simeq 0$으로 가정할 수 있으므로 식 (14.29)는

$$|N_k(\omega)|\ [\text{dB}] = 20r\log_{10}\{|a||1+j(\omega/a)|\} \simeq 20r\log_{10}|a|,\ \omega/a \ll 1 \tag{14.30}$$

이 된다. 그러므로 이 영역에서 이득은 거의 일정한 값인 $20r\log_{10}|a|$ [dB]에 수렴하는 것으로 근사화된다. 이에 비하여 $\omega/a \gg 1$이면 식 (14.29)는

$$|N_k(\omega)|\ [\text{dB}] \simeq 20r\log_{10}\{|a||j(\omega/a)|\} = 20r\log_{10}\omega,\ \omega/a \gg 1 \tag{14.31}$$

가 된다. $x = \log_{10}\omega$라고 하면 식 (14.31)은

$$|N_k(\omega)|\ [\text{dB}] \simeq 20r\log_{10}\omega = 20rx. \tag{14.32}$$

따라서 $|N_k(\omega)|$ [dB]는 변수 x에 대한 1차 함수로 주파수 ω가 증가됨에 따라 ω에 상용로그를 취한 X-축에 대하여 기울기가 $20r$인 직선에 수렴하는 형태로 작도할 수 있다. 또한, $x = \log_{10}\omega$이므로 X-축의 값이 1, 2, 3, ⋯ 등으로 변하는 것은 주파수가 10^1, 10^2, 10^3, ⋯ 등으로 증가되는 것과 같다. 이런 이유로 기울기 $20r$은 데케이드(decade) 당 $20r$ [dB] 기울기라고 한다.

한편, $\omega = a$ [rad/sec]라면 식 (14.28)은

$$|N_k(\omega)|\ [\text{dB}] = 20\log_{10}|a(1+j)|^r = 20r\log_{10}\{|a||1+j|\} \tag{14.33}$$

가 된다. $|1+j| = \sqrt{2}$이므로 식 (14.33)은

$$|N_k(\omega)|\ [\text{dB}] = 20r\left\{\log_{10}|a| + \log_{10}\sqrt{2}\right\} = 20r\log_{10}|a| + 3.01r \tag{14.34}$$

이다. 따라서 $r=1$인 단순 실근의 경우라면 식 (14.34)는

$$|N_k(\omega)|\ [\text{dB}] = 20\log_{10}|a| + 3.01. \tag{14.35}$$

$\omega = a$ [rad/sec]는 점근선(asymptotic line)이라고 하는 식 (14.30)과 식 (14.31)로 표현되는 $|N_k(\omega)|$ [dB]의 근사식의 그래프가 서로 만나는 주파수이다. 따라서 $\omega < a$의 범위에서

거의 일정한 값 $20r\log_{10}|a|$으로 이득이 $\omega > a$ 영역에서 $20r$의 기울기로 증가되는 변곡점이 되는 주파수가 $\omega = a$ [rad/sec]이며, 이것을 절점주파수(break frequency)라고 한다. 식 (14.35)는 절점주파수에서 $|N_k(\omega)|$의 실제 이득이 근사화된 이득에 비하여 약 3 [dB] 높은 것을 의미한다. 이와 같은 주파수응답의 이득곡선에 대한 보드선도를 그림으로 나타내면 그림 14.8과 같다. 여기서 Y-축의 $|a|$는 식 (14.29) ~ 식 (14.34)에서는 $20r\log_{10}|a|$를 의미한다.

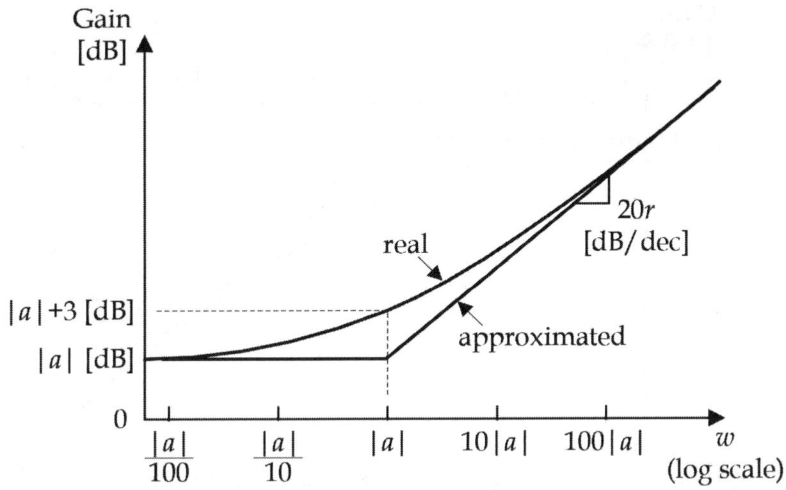

그림 14.8 전달함수에서 $N_k(\omega)$가 실근을 가지는 경우에 대한 이득보드선

그림 14.8에서 real은 전달함수 $H(\omega)$를 사용하여 실제 계산된 이득곡선을 나타내며, approximated는 식 (14.30)과 식 (14.31)을 사용하여 계산된 근사화된 이득보드선도이다.

한편, 전달함수의 분모항인 $D_i(\omega)$가 실근을 가지는 경우를 일반화시켜 나타내면

$$|D_i(\omega)|\ [\text{dB}] = 20\log_{10}|D_i(\omega)| = 20\log_{10}\left|\frac{1}{b+j\omega}\right|^r \tag{14.36}$$

이 되며, 이것은 다음과 같이 나타낼 수 있다.

$$|D_i(\omega)|\ [\text{dB}] = -20r\log_{10}\{|b||1+j(\omega/b)|\}. \tag{14.37}$$

그러므로 주파수 ω와 상수 b의 관계에 따라 식 (14.37)은

$$|D_i(\omega)|\ [\text{dB}] \simeq -20r\log_{10}|b|,\ \omega/b \ll 1 \tag{14.38}$$

$$|D_i(\omega)|\ [\mathrm{dB}] \simeq -20r\log_{10}\omega,\ \ \omega/b \gg 1 \tag{14.39}$$

가 된다. 따라서 $|D_i(\omega)|$ [dB]는 $\log_{10}\omega$에 대한 1차 함수로 주파수 ω가 증가됨에 따라 ω에 상용로그를 취한 X-축에 대하여 기울기가 $-20r$인 직선에 수렴하는 형태가 된다. 이는 전달함수의 분자항인 $|N_k(\omega)|$와는 반대되는 동작으로 이득보드선도는 그림 14.9와 같이 나타난다.

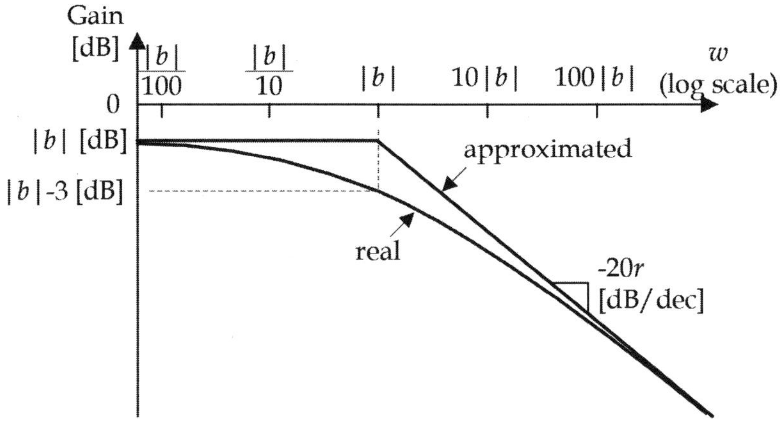

그림 14.9 전달함수에서 $D_i(\omega)$가 실근을 가지는 경우에 대한 이득보드선도

$D_i(\omega)$는 전달함수의 분모항이므로 두 점근선이 만나는 절점주파수 $\omega = b$ [rad/sec]에서 실제 이득은 근사화된 이득보다 약 3 [dB] 작은 것을 알 수 있다.

예제 14.4

어떤 회로의 전달함수가 다음과 같을 때 주파수의 변화에 따른 이득응답의 보드선도를 구하라.

$$H(s) = \frac{200s}{(s+2)(s+10)}$$

풀이

이 회로의 주파수응답은 다음과 같다.

$$H(\omega) = [H(s)]_{s=j\omega} = \frac{200 \cdot j\omega}{(j\omega+2)(j\omega+10)}. \qquad ①$$

식 ①의 주파수응답을 표준형으로 변환하면

$$H(\omega)=\frac{200j\omega}{2(1+j\omega/2)\cdot 10(1+j\omega/10)}=\frac{10\cdot j\omega}{(1+j\omega/2)(1+j\omega/10)}. \qquad ②$$

분자의 상수항을 이득으로 계산하면

$$20\log_{10}|10|=20\ [\text{dB}] \qquad ③$$

이며, 이것은 주파수 ω의 변화에 상관없이 일정하다. 분자의 두 번째 항인 $j\omega$의 이득은

$$20\log_{10}|N_1(\omega)|=20\log_{10}|j\omega|=20\log_{10}\omega \qquad ④$$

가 되므로 $\omega=0$ [rad/sec]부터 $\log_{10}\omega$의 변화에 따라 기울기가 20인 점근선으로 수렴한다. 그러므로 전달함수의 분자항들에 대한 근사화 이득보드선도는 그림 14.10과 같이 작도할 수 있다.

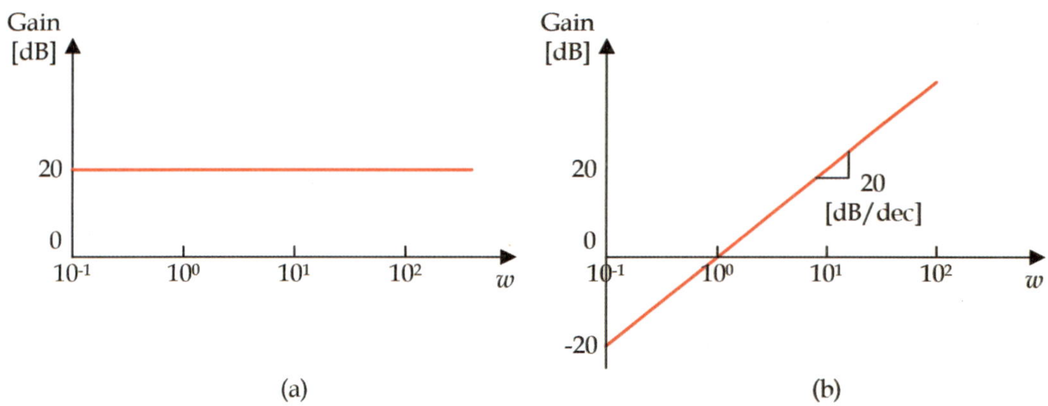

그림 14.10 주어진 전달함수에서 분자항들의 근사 이득보드선도 (a) 상수항 (b) $j\omega$항

한편, 첫 번째 분모항의 이득은 식 (14.37)에 따라 다음과 같다.

$$|D_1(\omega)|\,[\text{dB}] = -20r\log_{10}\{|1+j(\omega/2)|\}. \qquad ⑤$$

따라서 절점주파수는 $\omega=2$ [rad/sec]가 되며, 절점주파수 보다 낮은 주파수 대역에서 근사 이득선도는

$$|D_1(\omega)|\,[\text{dB}] \simeq -20\log_{10}|1|=0,\ \omega<2 \qquad ⑥$$

이 되고, $\omega > 2$ [rad/sec] 주파수 대역에서 근사 이득선도는

$$|D_1(\omega)|\,[\text{dB}] \simeq -20\log_{10}\omega,\ \ \omega > 2. \quad ⑦$$

두 번째 분모항 $D_2(\omega)$는 첫 번째 분모항 $D_1(\omega)$와 차수가 동일하므로 절점주파수만 달라지고 근사 이득선도의 형태는 동일하다. 두 번째 분모항의 절점주파수는 $\omega = 10$ [rad/sec]이므로 절점주파수 보다 낮은 주파수 대역에서 근사 이득선도는

$$|D_2(\omega)|\,[\text{dB}] \simeq -20\log_{10}|1| = 0,\ \ \omega < 10 \quad ⑧$$

이 되고, $\omega > 10$ [rad/sec] 주파수 대역에서 근사 이득선도는

$$|D_2(\omega)|\,[\text{dB}] \simeq -20\log_{10}\omega,\ \ \omega > 10. \quad ⑨$$

전달함수의 분모항들에 대한 근사화 이득보드선도는 그림 14.11과 같이 나타난다.

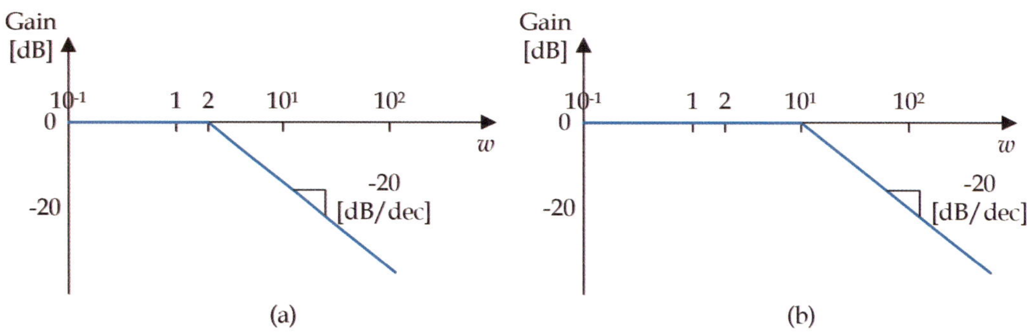

그림 14.11 주어진 전달함수에서 분모항들의 근사 이득보드선도 (a) $D_1(\omega)$항 (b) $D_2(\omega)$항

주어진 전달함수에 대한 전체 근사 이득보드선도는 식 (14.24)에 따라

$$\begin{aligned}20\log_{10}|H(\omega)| &= 20\log_{10}|10| + 20\log_{10}|N_1(\omega)| \\ &\quad - 20\log_{10}|D_1(\omega)| - 20\log_{10}|D_2(\omega)|\end{aligned} \quad ⑩$$

이므로 그림 14.10에 나타낸 분자항들의 근사 이득보드선도와 그림 14.11에 나타낸 분모항들의 근사 이득보드선도를 더하여 구하면 그림 14.12와 같다.

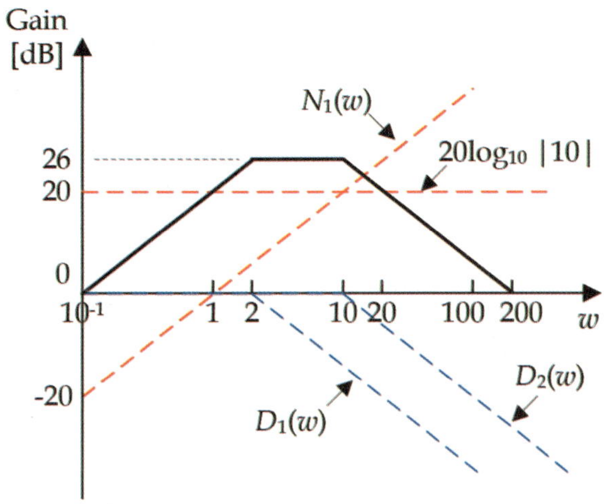

그림 14.12 주어진 전달함수에 대한 근사 이득보드선도

상수항과 실근을 가지는 항들로만 구성된 전달함수의 근사 이득보드선도를 작도하는 방법에 대하여 학습하였으므로 켤레복소근을 가지는 항에 대한 이득보드선도를 그리는 방법을 학습하여보자. 변환영역 전달함수의 분자항이

$$N_k(s) = s^2 + 2\zeta\omega_n s + \omega_n^2 \tag{14.40}$$

으로 한 쌍의 켤레복소근을 가지는 것으로 가정한다. 여기서 ω_n은 7장의 식 (7.30)에서 정의한 고유주파수이고, ζ는 감쇠비(또는 제동인자)이다. 식 (14.40)의 성분이 켤레복소근을 가진다는 것은 전달함수 $H(s)$의 영점들 가운데 두 개가 켤레복소수임을 의미하며, 이는 근의 판별식에 따라

$$|\zeta| < 1 \tag{14.41}$$

라는 조건이 성립함을 의미한다.

실근항에 대한 근사 이득을 구하는 방법에 따라 식 (14.40)의 주파수응답은

$$N_k(\omega) = [N_k(s)]_{s=j\omega} = (\omega_n^2 - \omega^2) + j(2\zeta\omega_n\omega) = (\omega_n^2 - \omega^2)\left(1 + j\frac{2\zeta\omega_n\omega}{\omega_n^2 - \omega^2}\right). \tag{14.42}$$

만약 $\omega_n \gg \omega$인 경우, 식 (14.42)는

$$N_k(\omega) = (\omega_n^2 - \omega^2)\left(1 + j\frac{2\zeta\omega_n\omega}{\omega_n^2 - \omega^2}\right) \simeq \omega_n^2\left(1 + j\frac{2\zeta\omega}{\omega_n}\right) \simeq \omega_n^2 \tag{14.43}$$

으로 근사화된다. 식 (14.43)에서 ω_n은 상수이므로 $N_k(\omega)$의 $\omega_n \gg \omega$인 조건에서 데시벨 스케일 이득에 대한 점근선은

$$20\log_{10}|N_k(\omega)| \simeq 20\log_{10}\omega_n^2 = 40\log_{10}\omega_n, \ \ \omega_n \gg \omega \tag{14.44}$$

이 된다. 이에 비하여 $\omega_n \ll \omega$인 경우 식 (14.42)는

$$N_k(\omega) = (\omega_n^2 - \omega^2)\left(1 + j\frac{2\zeta\omega_n\omega}{\omega_n^2 - \omega^2}\right) \simeq -\omega^2\left(1 + j\frac{2\zeta\omega_n}{-w}\right) \simeq -\omega^2 \tag{14.45}$$

으로 근사화된다. 따라서 $\omega_n \ll \omega$인 조건에서 전달함수의 데시벨 스케일 이득에 대한 점근선은

$$20\log_{10}|N_k(\omega)| \simeq 20\log_{10}|-\omega^2| = 40\log_{10}\omega, \ \ \omega_n \ll \omega \tag{14.46}$$

이 된다. $N_k(\omega)$가 전달함수의 분자항이므로 식 (14.16)은 $\omega_n \ll \omega$인 조건에서 주파수가 증가함에 따라 이득에 대한 점근선은 40 [dB/dec]의 기울기를 가지는 직선이 되는 것을 의미한다.

식 (14.44)와 식 (14.46)에 나타낸 두 점근선이 만나는 절점주파수는 $\omega = \omega_n$ [rad/sec]가 되며, 이 주파수에서 식 (14.42)의 주파수응답은

$$[N_k(\omega)]_{s=j\omega} = [(\omega_n^2 - \omega^2) + j(2\zeta\omega_n\omega)]_{s=j\omega} = j2\zeta\omega_n^2 \tag{14.47}$$

이 된다. 절점주파수 $\omega = \omega_n$ [rad/sec]에서 전달함수의 실제 이득은

$$20\log_{10}|N_k(\omega = \omega_n)| = 20\log_{10}|j2\zeta\omega_n^2| = 40\log_{10}\omega_n + 20\log_{10}2\zeta \tag{14.48}$$

이 된다. 따라서 식 (14.44)와 식 (14.46)으로 표현되는 근사 이득선도가 수렴하는 점근선은 제동인자와는 독립된 함수인 반면 실제 이득곡선은 ζ에 따라 절점주파수에서의 이득이 변화될 것이라고 예상할 수 있다.

한편, 식 (14.40)은 전달함수가 한 쌍의 켤레복소수를 영점으로 가지는 경우를 나타낸다. 만약 동일한 켤레복소수 쌍이 r개 중복된다면 식 (14.40)은 다음과 같이 변경된다.

$$N_k(s) = \left(s^2 + 2\zeta\omega_n s + \omega_n^2\right)^r \tag{14.49}$$

이에 따라 식 (14.44)와 식 (14.46)은 각각 다음과 같이 변경되어야 한다.

$$20\log_{10}|N_k(\omega)|^r \simeq 20\log_{10}\omega_n^{2r} = 40r\log_{10}\omega_n,\ \ \omega_n \gg \omega, \tag{14.50}$$

$$20\log_{10}|N_k(\omega)|^r \simeq 20\log_{10}\left|-\omega^2\right|^r = 40r\log_{10}\omega,\ \ \omega_n \ll \omega. \tag{14.51}$$

그리고 절점주파수에서 실제 이득을 나타내는 식 (14.48)은 다음과 같이 변경된다.

$$20\log_{10}|N_k(\omega=\omega_n)|^r = 20\log_{10}\left|j2\zeta\omega_n^2\right|^r = 40r\log_{10}\omega_n + 20r\log_{10}2\zeta. \tag{14.52}$$

그림 14.13은 식 (14.40)의 전달함수에 대한 점근선과 감쇠비 ζ의 변화에 따른 실제 이득곡선을 나타낸다.

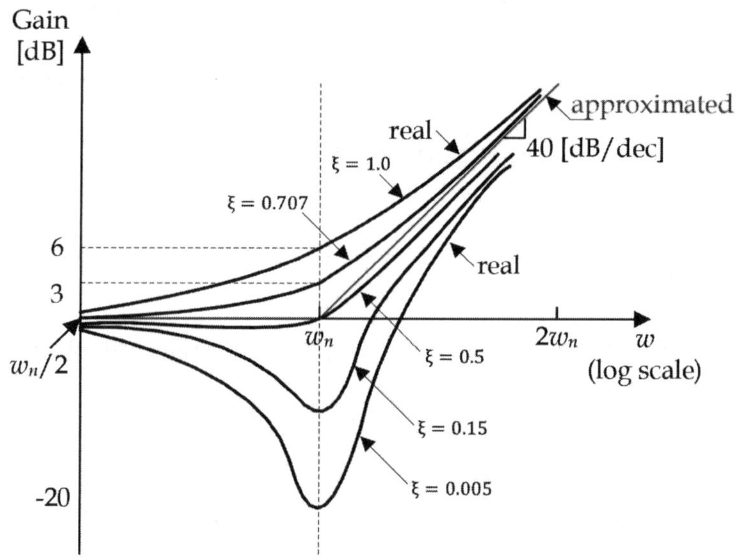

그림 14.13 식 (14.40)의 전달함수에 대한 근사 이득보드선도와 실제 이득곡선

앞의 학습에서는 켤레복소근을 영점으로 전달함수 성분에 대한 이득 보드선도를 작도하는 방법에 대하여 설명하였다. 켤레복소근을 극점으로 가지는 성분은 전달함수의 분모항이 되므로 식 (14.44), 식 (14.46), 식 (14.48), 식 (14.50), 식 (14.51), 식 (14.52)의 부호들을 반전시키면 된다.

예제 14.5

어떤 회로의 라플라스 변환영역 전달함수가 다음과 같을 때 주파수의 변화에 따른 이득응답의 근사 보드선도와 실제 이득선도를 그려라.

$$H(s) = \frac{1}{(s^2 + 2s + 400)^2}.$$

풀이

이 회로의 주파수응답은 다음과 같다.

$$H(\omega) = [H(s)]_{s=j\omega} = \frac{1}{\{(j\omega)^2 + 2j\omega + 400\}^2} = \frac{1}{\{(400-\omega^2) + j2\omega\}^2}. \qquad ①$$

따라서 주파수응답의 절점주파수 ω_n는 $(400-\omega^2)=0$이 되는 주파수이므로 $\omega_n = 20$ [rad/sec]이다. $\omega < \omega_n$인 주파수 대역에서 근사 이득선도의 점근선은

$$20\log_{10}|H(\omega)| \simeq 20\log_{10}|(1/400)^2| = -40\log_{10}400 = -108.08 \text{ [dB]}. \qquad ②$$

$\omega_n < \omega$인 주파수 대역에서 근사 이득선도의 점근선은

$$20\log_{10}|H(\omega)| \simeq 20\log_{10}\left|\left(\frac{1}{-\omega^2}\right)^2\right| = -80\log_{10}\omega \text{ [dB]} \qquad ③$$

가 되므로 X-축을 로그 스케일로 표현하면 기울기가 -80 [dB/dec]인 직선의 방정식이 된다.

한편, 주파수응답의 절점주파수에서 실제 이득은

$$20\log_{10}|H(\omega)| \simeq 20\log_{10}\left|\left(\frac{1}{j40}\right)^2\right| = -40\log_{10}40 = -64.08 \text{ [dB]} \qquad ④$$

가 된다. 따라서 주어진 전달함수에 대한 근사 이득보드선도와 실제 이득선도는 그림 14.14와 같이 작도할 수 있다.

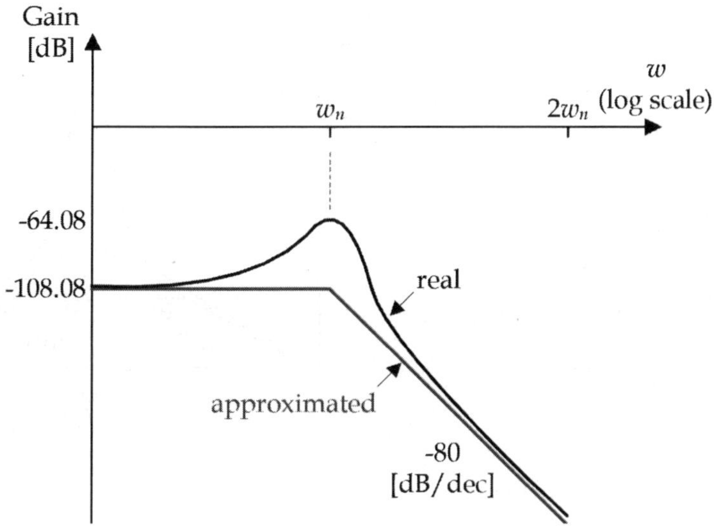

그림 14.14 주어진 전달함수에 대한 근사 이득보드선도와 실제 이득곡선

14.4 공진회로

주파수응답은 주파수의 변화에 따른 회로의 동작특성을 나타내며, 이득선도는 이러한 특성을 이해하기 편리하게 그래프로 표현하는 방법이다. 가령 그림 14.14의 이득선도를 통하여 주어진 회로는 고유주파수에 해당하는 절점주파수에 근접한 주파수 대역에서는 높은 이득을 가지는 반면 다른 주파수 대역의 이득은 크게 감소시킨다.

레이저 다이오드의 경우 특정 주파수 ω_0의 입력신호만 강력하게 증폭하고 다른 주파수 성분은 크게 감쇠시킴으로써 입력신호가 가진 대부분의 에너지를 ω_0 주파수를 가지는 빛으로 출력한다. 이와 같이 아주 좁은 특정 주파수 대역의 이득이 다른 주파수 대역의 이득보다 현저히 커지도록 회로를 설계하면 원하는 주파수 영역의 입력 신호에 민감하게 반응하고 그 외의 주파수 영역에 있는 잡음이나 간섭신호를 강하게 억제할 수 있는 효과가 있다. 이러한 특성을 가지도록 설계한 회로를 공진회로(resonant circuit)라고 하고, 이득이 최대가 되는 주파수를 공진주파수(resonant frequency)라고 한다.

공진회로들은 대부분 공진주파수에서 그림 14.14보다 조금 더 극단적인 주파수응답 특성을 나타낸다. 이는 다수의 공진회로들에서 전달함수가 켤레복소근을 극점으로 가지는

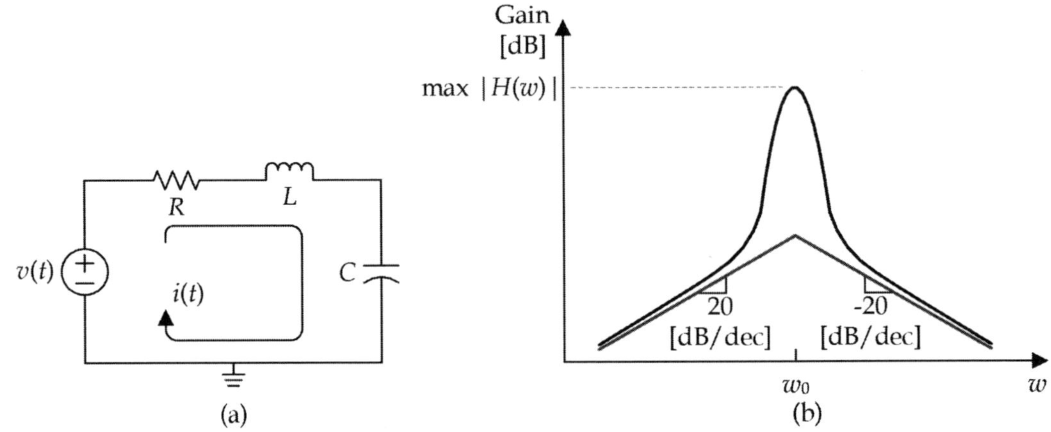

그림 14.15 (a) RLC 직렬회로 (b) 이득보드선도

것을 의미하며, 하나 이상의 인덕터와 커패시터가 포함된 회로에서 공진현상이 발생된다. 예를 들어, 그림 14.15(b)에 나타낸 이득곡선을 가지는 RLC 직렬회로를 설계하는 문제를 살펴보자. 그림 14.15(a)의 회로의 어드미턴스 $Y(s)$를 전달함수로 정의하면 옴의 법칙에 의하여

$$H(s)=Y(s)=\frac{I(s)}{V(s)}=\frac{(1/L)s}{s^2+(R/L)s+(1/LC)}. \tag{14.53}$$

이것은 원점에 영점이 있으며, 한 쌍의 켤레복소근 또는 두 개의 실근으로 나타나는 극점을 가진다. 켤레복소근을 극점으로 가지는 경우는 s의 2차 함수인 분모항의 판별식이 다음 조건을 만족하여야 한다.

$$\left(\frac{R}{L}\right)^2-\frac{4}{LC}<0. \tag{14.54}$$

이를 정리하면 켤레복소근을 극점으로 가지는 조건은

$$\frac{R}{2}\sqrt{\frac{C}{L}}<1 \tag{14.55}$$

이 되며, 이때 식 (14.53)의 전달함수는 다음과 같이 나타낼 수 있다.

$$H(s)=\frac{N(s)}{s^2+2\zeta\omega_0 s+\omega_0^2}. \tag{14.56}$$

이것을 식 (14.53)과 비교하면 고유주파수와 제동인자(감쇠비)는 각각 다음과 같다.

$$\omega_0 = \frac{1}{\sqrt{LC}} \text{ [rad/sec]}, \ \zeta = \frac{R}{2}\sqrt{\frac{C}{L}}. \tag{14.57}$$

식 (14.57)을 식 (14.56)에 적용하고, $s = j\omega$로 치환하면 주파수응답은

$$H(\omega) = \frac{j(1/L)\omega}{\{(1/LC) - \omega^2\} + j(R/L)\omega}. \tag{14.58}$$

따라서 주파수응답의 이득을 최대로 만들기 위해서는 식 (14.58)의 분모의 크기가 최소가 되어야 하므로 이를 만족하는 주파수는

$$(1/LC) - \omega^2 = 0 \ \rightarrow \ \omega = \frac{1}{\sqrt{LC}} = \omega_0 \text{ [rad/sec]} \tag{14.59}$$

임을 알 수 있다. 이와 같이 주파수응답의 이득이 최대가 되는 주파수를 공진주파수라고 한다. 이때 실제 이득곡선의 최대값은

$$20\log_{10}|H(\omega)|_{\omega=\omega_0} = 20\log_{10}\left|\frac{j(1/L)\omega_0}{\{(1/LC) - \omega_0^2\} + j(R/L)\omega_0}\right| = 20\log_{10}\frac{1}{R}. \tag{14.60}$$

그러므로 그림 14.15(b)에서 $\max|H(\omega)|$로 표시된 최대 이득을 데시벨 단위로 환산하면 식 (14.60)이 되며, 그림 14.15(b)와 같은 동작특성을 얻기 위해서는 14.5(a)의 RLC 직렬회로에서 수동소자가 식 (14.57)의 조건을 만족하도록 설계하여야 한다.

여기까지의 설명은 그림 14.15(a)의 RLC 직렬회로의 어드미턴스를 전달함수로 정의한 경우에만 해당한다. 만약 같은 회로에서 식 (14.61)로 정의되는 임피던스를 전달함수로 정하면

$$H(s) = R + sL + 1/sC \tag{14.61}$$

주파수응답은

$$H(\omega) = [H(s)]_{s=j\omega} = R + j\left(\omega L - \frac{1}{\omega C}\right) \tag{14.62}$$

이 된다. 식 (14.62)는 식 (8.51)과 동일한 형태이며, 여기서 리액턴스 성분인 허수부를 최소화시키는 주파수는 식 (9.47)에 정의된 것처럼 공진주파수가 된다. 따라서 식 (14.62)로

정의된 주파수응답의 이득을 최소화시키는 공진주파수는

$$\omega L - \frac{1}{\omega C} = 0 \rightarrow \omega_r = \omega_0 = \frac{1}{\sqrt{LC}} \text{ [rad/sec]} \tag{14.63}$$

임을 알 수 있다. 따라서 RLC 직렬회로에서 전달함수를 어드미턴스로 정의하든 또는 임피던스로 정의하든 공진주파수는 항상 동일하다. 또한, 전달함수의 정의는 달라지지만 어드미턴스와 임피던스는 서로 역수이므로 같은 회로를 대상으로 어드미턴스를 최대화시키는 것은 임피던스를 최소화시키는 것과 동일하다.

RLC 직렬회로에서 소비되는 평균전력은 식 (10.42) 따라

$$P(\omega) = Re\{S\} = \frac{Re\{Z(\omega)\}}{|Z(\omega)|^2}|V_{rms}|^2 \tag{14.64}$$

이다. 평균전력이 최대가 최는 공진주파수 $\omega = \omega_r$에서 식 (14.64)는

$$[P(\omega)]_{\omega=\omega_r} = \frac{Re\{Z(\omega_r)\}}{|Z(\omega_r)|^2}|V_{rms}|^2 = \frac{R}{R^2}|V_{rms}|^2 = \frac{1}{R}|V_{rms}|^2. \tag{14.65}$$

식 (14.65)의 최대 평균전력의 1/2이 되는 주파수, 즉 반전력주파수(half-power frequency)는 식 (14.64)로부터

$$|P(\omega)|_{\omega=\omega_1} = \frac{Re\{Z(\omega_1)\}}{|Z(\omega_1)|^2}|V_{rms}|^2 = \frac{R}{|Z(\omega_1)|^2}|V_{rms}|^2 = \frac{1}{2R}|V_{rms}|^2. \tag{14.66}$$

여기에 식 (14.62)의 전달함수가 임피던스를 나타내므로 식 (14.66)은 다음과 같이 정리된다.

$$R^2 + \left(\omega_1 L - \frac{1}{\omega_1 C}\right)^2 = 2R^2. \tag{14.67}$$

식 (14.67)을 만족시키는 반전력주파수를 구하면

$$\omega_1 = -\frac{R}{2L} + \sqrt{\left(\frac{R}{2L}\right)^2 + \frac{1}{LC}},\ \omega_2 = \frac{R}{2L} + \sqrt{\left(\frac{R}{2L}\right)^2 + \frac{1}{LC}}. \tag{14.68}$$

이 된다. 이로부터 반전력주파수와 공진주파수의 관계는

$$\omega_r = \sqrt{\omega_1 \omega_2} \tag{14.69}$$

가 된다. 이는 그림 14.16과 같은 이득곡선에서 공진주파수는 서로 다른 두 반전력주파수의 기하평균이 됨을 의미한다.

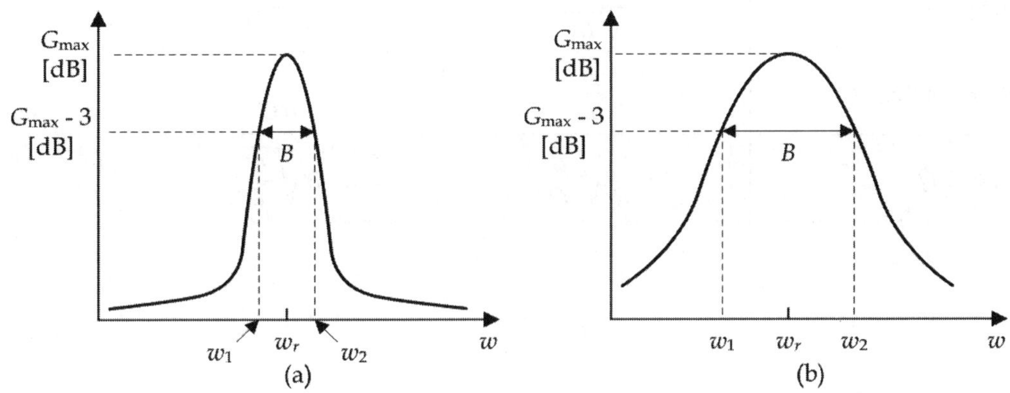

그림 14.16 동일한 주파수대역폭과 서로 다른 선택도를 가지는 이득곡선

일반적으로 어떤 회로의 주파수응답 곡선에서 차단주파수(cut-off frequency)는 최대 이득을 나타내는 주파수보다 약 3 [dB] 낮은 이득을 가지는 주파수로 정의된다(공진주파수에서 이득이 최소가 되는 경우에는 최소 이득보다 3 [dB] 높은 이득을 가지는 주파수로 정의). 예를 들어, 그림 14.16과 같은 주파수응답 이득곡선에서 반전력주파수가 차단주파수이므로 주파수대역폭(bandwidth)은

$$B = \omega_2 - \omega_1. \tag{14.70}$$

식 (14.68)로부터 RLC 직렬회로에서 주파수대역폭은

$$B = \omega_2 - \omega_1 = R/L. \tag{14.71}$$

임을 알 수 있다.

공진회로의 이득곡선에서 공진주파수를 중심으로 이득의 최대값을 형성하는 주파수 대역이 좁아질수록 주파수 선택도는 높아진다. 그림 14.16에 나타낸 두 이득곡선을 예로 들면, 그림 14.16(a)의 이득곡선이 공진주파수를 중심으로 차단주파수까지의 범위에서 이득의 날카로움(sharpness)이 더 높다. 이러한 분석을 계량화시킨 것이 식 (14.72)에 나타낸 양호도(quality factor)이다.

표 14.1 RLC 직렬회로와 병렬회로의 주파수 특성

파라미터	RLC 직렬회로	RLC 병렬회로
공진주파수, ω_r	$\dfrac{1}{\sqrt{LC}}$	$\dfrac{1}{\sqrt{LC}}$
주파수대역폭, B	$\dfrac{R}{L}$	$\dfrac{1}{RC}$
양호도, Q	$\dfrac{1}{R}\sqrt{\dfrac{L}{C}}$	$R\sqrt{\dfrac{C}{L}}$

$$Q = \frac{\omega_r}{B}. \tag{14.72}$$

식 (14.72)에 식 (14.63)과 식 (14.71)을 대입하면 RLC 직렬회로의 양호도는 수동소자의 값으로부터 다음과 같이 직접 계산이 가능하다.

$$Q = \frac{1/\sqrt{LC}}{R/L} = \frac{1}{R}\sqrt{\frac{L}{C}}. \tag{14.73}$$

RLC 병렬회로에 대한 주파수대역폭이나 양호도를 별도로 유도하지는 않겠지만 RLC 직렬회로와 함께 종합하여 나타내면 표 14.1과 같다.

예제 14.6

다음 RLC 직렬회로에 대하여 파라미터를 구하라.
(a) 공진주파수, 주파수대역폭, 반전력주파수, 양호도
(b) 공진주파수와 각각의 반전력주파수에서 전류의 크기

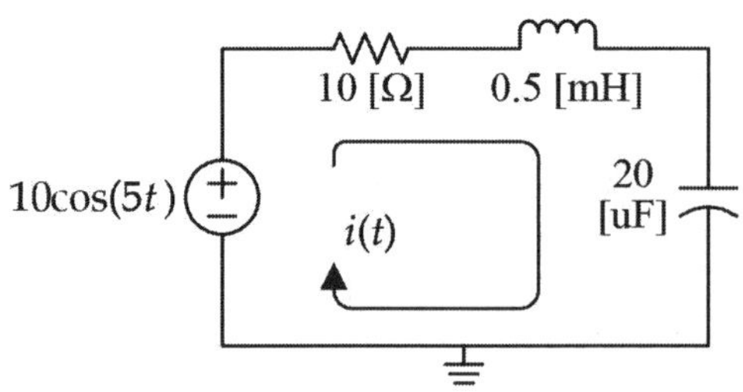

그림 14.17 예제 14.6을 위한 전기회로

풀이

(a) 표 1에 나타낸 파라미터를 이용하면 공진주파수는

$$\omega_r = \frac{1}{\sqrt{LC}} = \frac{1}{\sqrt{0.5\times10^{-3}\times20\times10^{-6}}} = 10\ [\text{krad/sec}] \qquad ①$$

이고, 주파수대역폭과 주파수 양호도는 각각

$$B = \frac{R}{L} = \frac{10}{0.5\times10^{-3}} = 20\ [\text{krad/sec}], \qquad ②$$

$$Q = \frac{1}{R}\sqrt{\frac{L}{C}} = \frac{1}{10}\sqrt{\frac{0.5\times10^{-3}}{20\times10^{-6}}} = 5. \qquad ③$$

상측 차단주파수(upper cut-off frequency)와 하측 차단주파수는 각각

$$\omega_2 = \frac{10}{2\times0.5\times10^{-3}} + \sqrt{\left(\frac{10}{2\times0.5\times10^{-3}}\right)^2 + (10^4)^2} = 24,142\ [\text{rad/sec}], \qquad ④$$

$$\omega_1 = -\frac{10}{2\times0.5\times10^{-3}} + \sqrt{\left(\frac{10}{2\times0.5\times10^{-3}}\right)^2 + (10^4)^2} = 4,142\ [\text{rad/sec}].$$

(b) 공진주파수에서 전류의 크기는

$$|\mathrm{I}| = \left[\frac{|\mathrm{V}|}{Z(\omega)}\right]_{\omega=\omega_r} = \frac{|\mathrm{V}|}{R} = \frac{10}{10} = 1\ [\mathrm{A}]. \qquad ⑤$$

상측 및 하측 차단주파수에서 전류의 크기는

$$|\mathrm{I}| = \left[\frac{|\mathrm{V}|}{Z(\omega)}\right]_{\omega=\omega_2,\omega_1} = \frac{|\mathrm{V}|}{\sqrt{2}R} = \frac{10}{10\sqrt{2}} = \frac{1}{\sqrt{2}} = 0.707\ [\mathrm{A}]. \qquad ⑥$$

RLC 직렬회로에서 전류의 크기가 최대가 되는 주파수는 공진주파수이고, 차단주파수에서 전류의 크기는 최대 전류의 $1/\sqrt{2}$ 배로 감소한다. 그러므로 차단주파수에서 평균전력은 최대 평균전력의 $(1/\sqrt{2})^2 = 1/2$ 배로 감소하므로 차단주파수가 반전력주파수임을 확인할 수 있다.

예제 14.7

다음 부하회로의 공진주파수를 구하라.

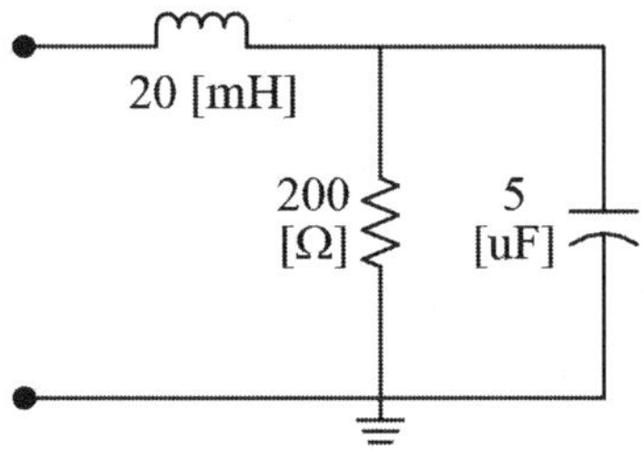

그림 14.18 예제 14.7을 위한 전기회로

풀이

주어진 부하회로는 RLC 직렬회로도 아니고 병렬회로도 아니므로 표 14.1에 나타낸 파라미터를 사용할 수 없다. 부하회로의 임피던스를 전달함수로 정의하여 주파수응답을 구하면

$$H(\omega)=j20\times10^{-3}\omega+\frac{200\times\dfrac{1}{j5\times10^{-6}\omega}}{200+\dfrac{1}{j5\times10^{-6}\omega}}=j0.02\omega+\frac{200}{1+j10^{-3}\omega} \qquad ①$$

$$=\frac{200+j(0.02\omega+2\times10^{-8}\omega^3-0.2\omega)}{1+10^{-6}\omega^2}$$

이 된다. 공진주파수 ω_r에서 임피던스의 허수부는 0이 되어야 한다. 즉, 공진주파수에서 식 ①의 허수부는

$$2\times10^{-8}\omega^3-0.18\omega=\omega(2\times10^{-8}\omega^2-0.18)=0 \qquad ②$$

이어야 한다. 따라서 식 ②를 만족하면서 $\omega\neq0$인 공진주파수는

$$\omega_r=\sqrt{\frac{0.18}{2\times10^{-8}}}=3000\ [\text{rad/sec}] \qquad ③$$

가 된다.

14.5 필터회로

필터(filter)는 정수기나 커피머신의 예처럼 불필요한 내용물을 걸러주는 장치로 일반적으로는 여과기라고 한다. 통신시스템 등에서는 원하는 주파수대역의 신호는 잘 통과시키고 그 외의 주파수를 가지는 신호를 차단시키는 장치로 여파기라고도 한다. 필터는 일반적인 전기전자회로에서 가장 빈번하게 사용되는 구성요소라고 할 수 있다. 대개 저항, 인덕터, 커패시터 등 수동소자만으로 구성된 필터를 수동필터(passive filter)라고 한다. 이에 비하여 부피가 큰 인덕터를 사용하지 않고 트랜지스터나 연산증폭기와 같은 능동소자를 사용하여 구성된 필터를 능동필터(active filter)라고 한다.

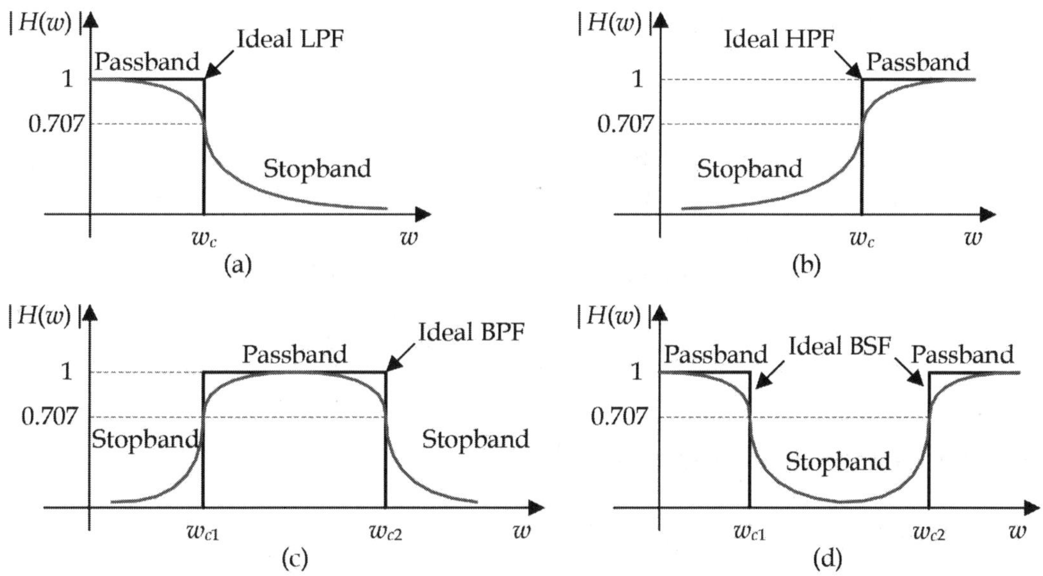

그림 14.19 전형적인 필터회로의 주파수응답 (a) 저주파 통과필터 (b) 고주파 통과필터 (c) 대역통과필터 (d) 대역차단필터

통과대역(passband)과 차단대역(stopband)에 따라 구분하는 네 가지 전형적인 필터회로의 주파수응답 특성을 그림 14.19에 나타내었다. 여기서 $\omega_c = 2\pi f_c$는 차단주파수를 나타내며, 특별한 언급이 없다면 앞에서 학습한 반전력주파수가 차단주파수가 된다. 이상적인 필터(ideal filter)는 차단주파수를 중심으로 on-off 형식으로 신호를 통과시키거나 완벽하게 신호를 제거한다. 하지만 이상적인 동작특성을 가지는 필터를 설계하는 것은 현실적으로 불가능하므로 대부분의 필터는 그림에 나타낸 것처럼 차단주파수부터 불필요한 신호

에 대한 주파수응답의 억압이 진행된다.

그림 14.19(a)의 저주파 통과필터(low-pass filter)는 저주파 영역의 신호는 잘 통과시키는데 반해 고주파 영역의 신호는 차단한다. 이와는 반대로 고주파 통과필터(high-pass filter)는 직류와 저주파 영역의 신호는 차단시키고 차단주파수 이상의 고주파 신호는 잘 통과시킨다. 대역통과필터(bandpass filter)는 두 개의 차단주파수 범위 내의 신호만 통과시키고 그 외의 주파수대역 신호는 대부분 차단한다. 이에 비하여 대역차단필터(band stop filter)는 대역통과필터와는 반대되는 동작특성을 갖는다. 대역차단필터 중 차단 주파수대역이 매우 좁아서 특정 주파수대역의 신호만을 차단시키도록 설계된 필터를 노치필터(notch filter)라고 한다.

대표적인 저주파 통과필터는 저항과 커패시터를 이용하여 그림 14.20에 나타낸 것처럼 설계할 수 있다. 여기서 전원은 정현파 전압원으로 $v_i(t)=V_i\cos(\omega t)$라고 가정한다.

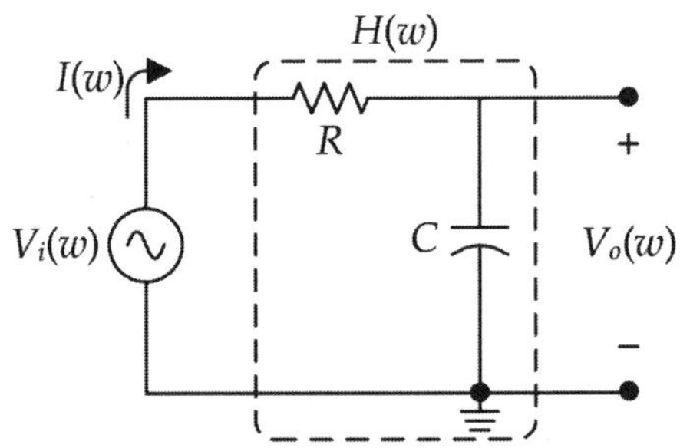

그림 14.20 대표적인 저주파 통과필터 회로

그림 14.20의 회로에 전압분배법칙을 적용하면 출력전압은

$$V_o(\omega)=\frac{1/j\omega C}{R+1/j\omega C}V_i(\omega) \tag{14.74}$$

이 되고, 이를 정리하면 저주파 통과필터의 전달함수는

$$H(\omega)=\frac{V_o(\omega)}{V_i(\omega)}=\frac{1}{1+j\omega RC}. \tag{14.75}$$

식 (14.75)로부터 전달함수의 이득은

$$|H(\omega)| = \left|\frac{1}{1+j\omega RC}\right| = \frac{1}{\sqrt{1+(\omega RC)^2}} \tag{14.76}$$

이므로, 직류 또는 저주파대역에서 이득은

$$\lim_{\omega\to 0}|H(\omega)| = \left[\frac{1}{\sqrt{1+(\omega RC)^2}}\right]_{\omega\to 0} = 1 \tag{14.77}$$

이다. 이에 반해 고주파대역에서 이득은

$$\lim_{\omega\to \infty}|H(\omega)| = \left[\frac{1}{\sqrt{1+(\omega RC)^2}}\right]_{\omega\to \infty} = \frac{1}{\infty} = 0. \tag{14.78}$$

한편, 식 (14.76)으로부터 저주파 통과필터의 차단주파수는

$$|H(\omega)| = \frac{1}{\sqrt{1+(\omega RC)^2}} = \frac{1}{\sqrt{2}} \tag{14.79}$$

를 만족하는 주파수이며, 이를 계산하면

$$\omega_c = \frac{1}{RC} = \frac{1}{\tau} \text{ [rad/sec]}. \tag{14.80}$$

여기서 τ [sec]는 RC회로의 시상수이다. 따라서 식 (14.75)에 나타낸 저주파 통과필터의 전달함수는 차단주파수 ω_c [rad/sec]에서 식 (14.77)처럼 계산되는 최대 이득의 $1/\sqrt{2}$ 배가 되며, 차단주파수보다 높은 주파수대역에서는 이득이 급격히 감소되므로 이 영역의 주파수를 가지는 입력 신호는 거의 차단된다. 이에 비하여 차단주파수보다 낮은 주파수대역에서 이득은 식 (14.77)과 같이 거의 1에 가까운 값을 가지므로 입력신호가 거의 왜곡되지 않고 출력에 전달된다. 이러한 동작특성을 간략하게 나타낸 것이 그림 14.19(a)의 저주파 통과필터 주파수응답이다.

예제 14.8

다음 RL회로의 주파수응답을 구하여 필터의 종류를 판별하라.

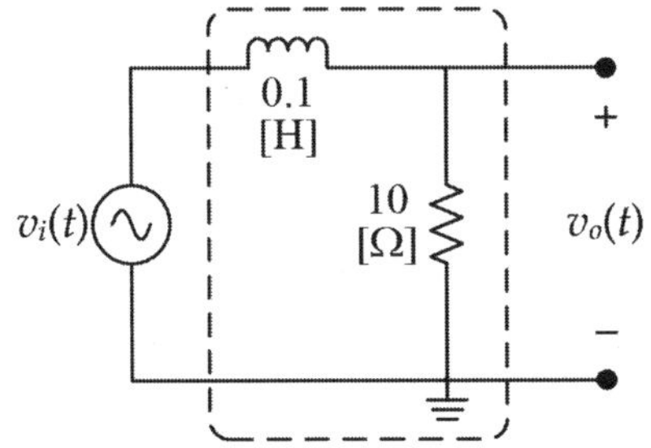

그림 14.21 예제 14.8을 위한 전기회로

풀이

주어진 회로를 s-영역으로 변환시킨 다음 전압분배법칙을 적용하면 전달함수는 다음과 같다.

$$H(s)=\frac{V_o(s)}{V_i(s)}=\frac{R}{R+sL}=\frac{10}{10+0.1s} \qquad ①$$

식 ①의 전달함수를 이용하여 구한 주어진 회로의 주파수응답은

$$H(\omega)=\frac{1}{1+j0.01\omega} \qquad ②$$

이다. 식 ②로부터 주파수응답의 차단주파수를 계산하면

$$|H(\omega)|=\left|\frac{1}{1+j0.01\omega}\right|=\frac{1}{\sqrt{2}} \;\rightarrow\; \omega_c=100\ [\text{rad/sec}]. \qquad ③$$

이득곡선이 수렴하는 점근선은 $\omega \ll \omega_c$인 주파수대역과 $\omega \gg \omega_c$인 영역으로 나누어 구한다. $\omega \ll \omega_c$인 대역에서 주파수응답의 이득은

$$20\log_{10}|H(\omega)|=20\log_{10}\left|\frac{1}{\sqrt{1+(0.01\omega)^2}}\right| \simeq 20\log_{10}\left|\frac{1}{1}\right|=0\ [\text{dB}] \qquad ④$$

에 수렴하고, $\omega \gg \omega_c$인 대역에서는 주파수가 증가함에 따라 이득은

$$20\log_{10}|H(\omega)|=20\log_{10}\left|\frac{1}{\sqrt{1+(0.01\omega)^2}}\right| \simeq -20\log_{10}|0.01\omega|\ [\text{dB}] \qquad ⑤$$

에 수렴한다. 식 ⑤를 정리하면

$$-20\log_{10}|0.01\omega| = -20\log_{10}\omega - 20\log_{10}10^{-2} = -20\log_{10}\omega + 40 \text{ [dB]} \qquad ⑥$$

가 된다. 차단주파수 $\omega = \omega_c = 100$ [rad/sec]에서 식 ⑥은 0 [dB]가 되므로 $\omega \ll \omega_c$ 대역의 점근선을 나타내는 식 ④와 $\omega \gg \omega_c$ 대역의 점근선을 나타내는 식 ⑤는 차단주파수에서 교차한다.

한편, 차단주파수에서 주파수응답의 실제 이득은 식 ③을 이용하여 계산하면

$$20\log_{10}|H(\omega)| = 20\log_{10}\left|\frac{1}{\sqrt{2}}\right| = -3.01 \text{ [dB]}. \qquad ⑦$$

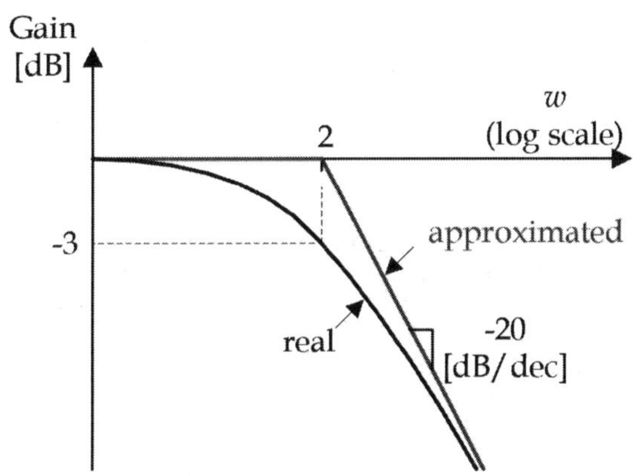

그림 14.22 주어진 RL회로의 주파수응답 이득곡선

주어진 RL회로의 전달함수에 대한 주파수응답 이득곡선은 그림 14.22와 같다. 여기서 ω축은 로그 스케일 단위이므로 ω축의 2는 $10^2 = 100$ [rad/sec]를 나타낸다. 차단주파수보다 낮은 주파수대역에서는 비교적 높은 이득을 가지는 반면 차단주파수보다 높은 주파수 대역에서는 주파수가 증가됨에 따라 이득은 -20 [dB/dec]씩 감소된다. 따라서 제시된 RL 회로는 저주파 통과필터로 동작한다.

그림 14.20에 나타낸 저주파 통과필터 회로에서 저항과 커패시터의 위치를 서로 바꾸면 그림 14.23과 같은 고주파 통과필터 회로가 된다.

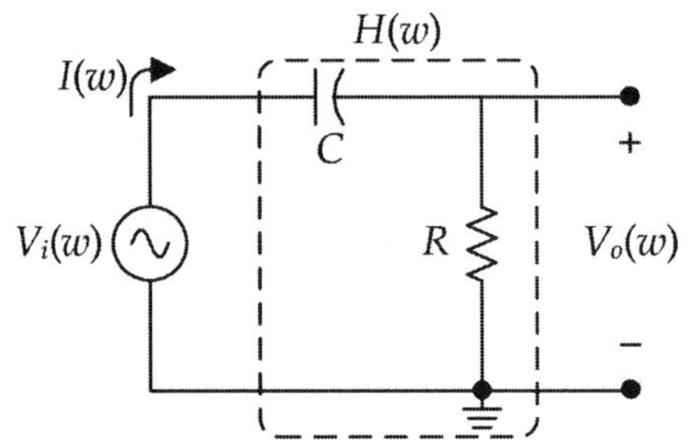

그림 14.23 대표적인 고주파 통과필터 회로

전압분배법칙을 그림 14.23의 회로에 적용하면 출력전압은

$$V_o(\omega) = \frac{R}{R+1/j\omega C} V_i(\omega) \tag{14.81}$$

이 되고, 이를 정리하면 저주파 통과필터의 전달함수는

$$H(\omega) = \frac{V_o(\omega)}{V_i(\omega)} = \frac{j\omega RC}{1+j\omega RC}. \tag{14.82}$$

식 (15.82)로부터 전달함수의 이득은

$$|H(\omega)| = \left|\frac{j\omega RC}{1+j\omega RC}\right| = \frac{\omega RC}{\sqrt{1+(\omega RC)^2}}. \tag{14.83}$$

따라서 차단주파수는

$$|H(\omega)| = \frac{\omega RC}{\sqrt{1+(\omega RC)^2}} = \frac{1}{\sqrt{2}} \rightarrow \omega_c = \frac{1}{RC} = \frac{1}{\tau} \text{ [rad/sec]} \tag{14.84}$$

가 된다. 이는 저주파 통과필터와 동일한 식으로 시상수의 역수가 저항과 커패시터를 사용하여 설계한 필터회로의 차단주파수가 됨을 의미한다.

한편, 차단주파수보다 낮은 주파수대역에서 전달함수의 이득은

$$\lim_{\omega\to 0} |H(\omega)| = \left[\frac{\omega RC}{\sqrt{1+(\omega RC)^2}}\right]_{\omega\to 0} = 0 \tag{14.85}$$

으로 수렴하는데 반해 차단주파수보다 높은 대역의 이득은

$$\lim_{\omega \to \infty} |H(\omega)| = \left[\frac{\omega RC}{\sqrt{1+(\omega RC)^2}} \right]_{\omega \to \infty} = 1 \tag{14.86}$$

로 수렴한다. 그러므로 그림 14.23(b)에 나타낸 고주파 통과필터는 차단주파수보다 낮은 주파수대역의 입력신호를 크게 억압시켜 거의 통과시키지 않지만 차단주파수보다 높은 입력신호는 식 (14.86)에 따라 거의 왜곡되지 않고 출력에 전달되도록 한다.

예제 14.9

다음 전기회로의 주파수응답을 구하여 필터의 종류를 판별하라.

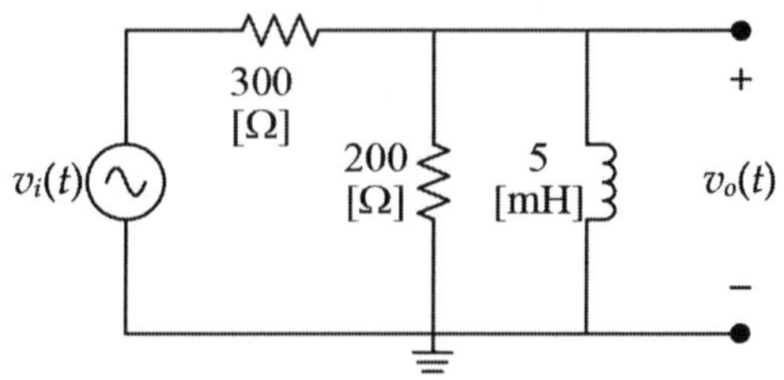

그림 14.24 예제 14.9를 위한 전기회로

풀이

주어진 회로를 s-영역으로 변환시킨 다음 전압분배법칙을 적용하면 출력전압은 200 [Ω] 저항과 5 [mH] 인덕터의 병렬연결 양단에서 측정되는 전압이므로 전달함수는 다음과 같다.

$$H(s) = \frac{V_o(s)}{V_i(s)} = \frac{200//5\times10^{-3}s}{300+\{200//5\times10^{-3}s\}} \quad ①$$

식 ①을 정리하면 전달함수는

$$H(s) = \frac{s/(200+5\times10^{-3}s)}{300+s/(200+5\times10^{-3}s)} = \frac{1}{2.5}\cdot\frac{s}{s+24\times10^3} \quad ②$$

이 되며, 이것으로부터 주파수응답은

$$H(\omega) = \frac{1}{2.5}\cdot\frac{j\omega}{24\times10^3+j\omega}. \quad ③$$

따라서 주파수응답의 이득이 수렴하는 특성은

$$\lim_{\omega \to 0} |H(\omega)| = \frac{1}{2.5} \cdot \lim_{\omega \to 0} \frac{\omega}{\sqrt{(24 \times 10^3)^2 + \omega^2}} = 0, \quad ④$$

$$\lim_{\omega \to \infty} |H(\omega)| = \frac{1}{2.5} \cdot \lim_{\omega \to \infty} \frac{\omega}{\sqrt{(24 \times 10^3)^2 + \omega^2}} = \frac{1}{2.5} \quad ⑤$$

가 된다. 식 ④와 식 ⑤로부터 그림 14.24의 회로는 저주파 대역의 입력신호는 거의 차단시키고 고주파 대역의 신호는 최대 진폭이 1/2.5 배로 감소된 상태로 출력시키는 고주파 통과필터로 동작한다.

참고로 이 회로의 차단주파수는

$$|H(\omega)|_{\omega = \omega_c} = \frac{1}{2.5} \frac{\omega_c}{\sqrt{(24 \times 10^3)^2 + \omega_c^2}} = \frac{1}{2.5} \frac{1}{\sqrt{2}} \quad ⑥$$

가 되어야 한다. 그러므로

$$\sqrt{2}\,\omega_c = \sqrt{(24 \times 10^3)^2 + \omega_c^2} \quad ⑦$$

을 만족하는 차단주파수는 $\omega_c = 24 \times 10^3$ [rad/sec]가 된다. 그러므로 주파수응답의 이득곡선은 다음과 같다.

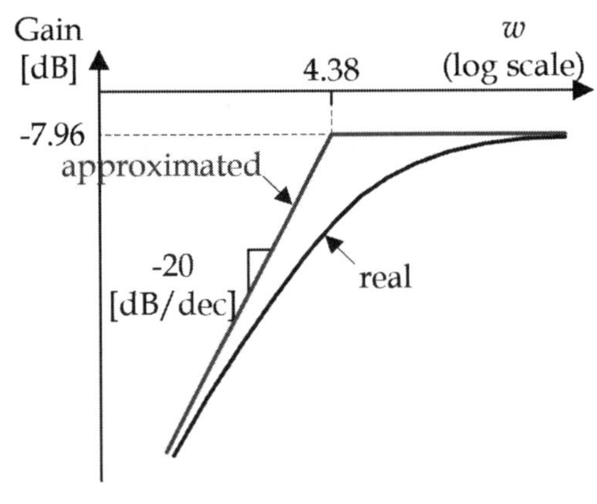

그림 14.25 주어진 전기회로의 주파수응답 이득곡선

주어진 고주파 통과필터의 최대 이득은 $\omega \gg \omega_c$인 주파수대역에 있으므로

$$20\log_{10}|H(\omega)|_{\omega=\infty} = 20\log_{10}\left|\frac{1}{2.5}\right| = -7.96 \text{ [dB]} \qquad ⑧$$

이고, 로그 스케일로 환산한 차단주파수(또는 절점주파수)는 $\log_{10}(24\times 10^3) = 4.38$ [rad/sec]에 위치하는 것을 알 수 있다.

■

그림 14.19(c)에 나타낸 대역통과필터의 이득을 분석하면 최대 이득을 가지는 어떤 주파수와 두 개의 차단주파수를 가지는 회로가 필요하다. 이것은 그림 14.16에 나타낸 이득곡선과 매우 유사한 형태임을 알 수 있다. 대역통과필터에서 최대 이득이 나타나는 주파수는 공진주파수가 되고 두 차단주파수는 상측 및 하측 반전력주파수가 되도록 설계한다. 그러므로 공진주파수를 나타내는 식 (14.63)과 상측 및 하측 반전력주파수를 나타내는 식 (14.68)을 사용하려면 대역통과필터는 저항, 인덕터, 커패시터가 모두 포함된 RLC 회로를 이용하여 설계하는 것이 한 가지 방법이 된다. 대표적으로는 그림 14.26과 같은 RLC 직렬회로의 저항에서 출력전압을 측정하는 경우 전달함수는 전압분배법칙에 의하여 다음과 같다.

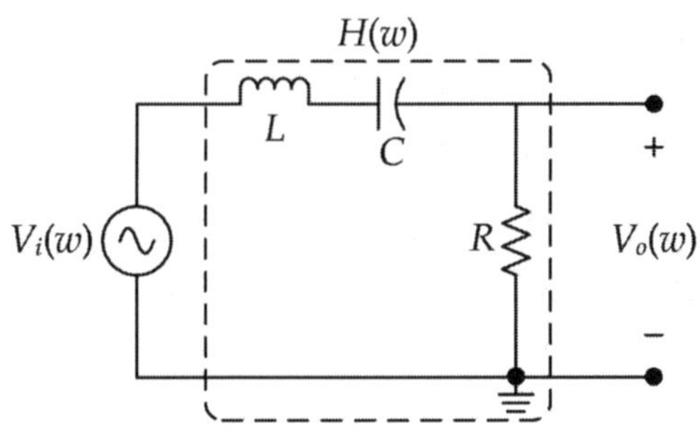

그림 14.26 RLC 직렬 대역통과필터

$$H(\omega) = \frac{V_o(\omega)}{V_i(\omega)} = \frac{R}{R + j(\omega L - 1/\omega C)}. \qquad (14.87)$$

RLC 직렬회로의 이득은 공진주파수에서 실함수가 되므로 식 (14.87)로부터 공진주파수는

$$\omega L - \frac{1}{\omega C} = 0 \;\rightarrow\; \omega_r = \frac{1}{\sqrt{LC}} \text{ [rad/sec]}. \qquad (14.88)$$

상측 및 하측 차단주파수는 다음을 만족하는 주파수이다.

$$|H(\omega)| = \frac{1}{\sqrt{1+\left(\frac{\omega L - 1/\omega C}{R}\right)^2}} = \frac{1}{\sqrt{2}}. \tag{14.89}$$

식 (14.89)를 풀면 RLC 직렬회로를 이용하여 설계되는 대역통과필터의 두 차단주파수는 식 (14.68)과 동일하게

$$\omega_{c1} = -\frac{R}{2L} + \sqrt{\left(\frac{R}{2L}\right)^2 + \frac{1}{LC}}, \quad \omega_{c2} = \frac{R}{2L} + \sqrt{\left(\frac{R}{2L}\right)^2 + \frac{1}{LC}}. \tag{14.90}$$

한편, 식 (14.90)에 나타낸 두 개의 차단주파수를 가지면서 공진주파수에서 전달함수의 이득이 최소가 되는 회로는 대역차단필터가 된다. 이것은 그림 14.26의 대역통과필터에서 인덕터와 커패시터 조합과 저항의 위치를 서로 바꾸고, 인덕터와 커패시터 조합의 양단에서 출력전압을 측정하는 회로로 변경하면 된다. 그러므로 공진주파수와 상측 및 하측 차단주파수가 정해지면 저항, 인덕터, 커패시터의 적절한 조합을 구할 수 있다. 그리고 이러한 조합을 이용하여 최적 동작특성을 가지는 RLC 직렬회로 기반 대역통과필터와 대역차단필터를 설계한다.

그림 14.19(c)의 대역통과필터 동작특성에서 최대 이득을 가지는 공진주파수의 왼쪽 부분은 고주파 통과필터로 동작하고, 공진주파수의 오른쪽 부분은 저주파 통과필터의 특성을 가진다. 그러므로 그림 14.27에 나타낸 것처럼 저주파 통과필터와 고주파 통과필터를 연접시켜 대역통과필터를 설계하는 것도 가능하다.

앞에서도 여러 차례 학습한 것처럼 그림 14.27의 연접회로에서 전체 전달함수의 주파수응답은

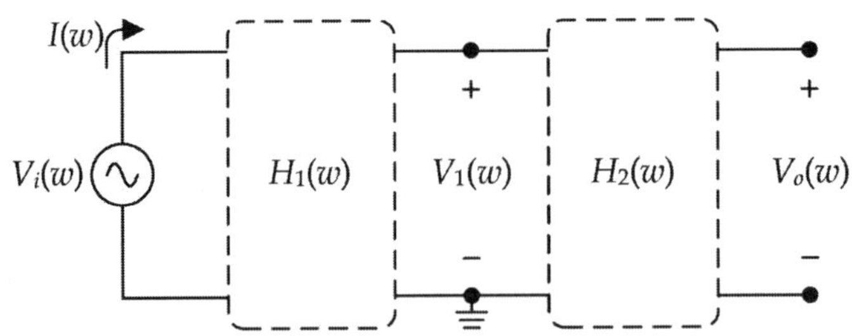

그림 14.27 연접회로

$$H(\omega)=\frac{V_o(\omega)}{V_i(\omega)}=\frac{V_o(\omega)}{V_1(\omega)}\cdot\frac{V_1(\omega)}{V_i(\omega)}=H_2(\omega)H_1(\omega) \tag{14.91}$$

가 된다. 연접회로가 대역통과필터로 동작하기 위해서는 $H_2(\omega)$와 $H_1(\omega)$가 한 쌍의 고주파 통과필터와 저주파 통과필터로 동작하도록 설계하면 된다. 여기서 주목할 점은 고주파 통과필터의 차단주파수가 반드시 저주파 통과필터의 차단주파수보다 낮은 주파수대역에 위치하도록 설계하여야 한다는 점이다. 또한, 실제 필터회로의 설계에서 주의할 점은 전달함수가 $H_2(\omega)$인 필터는 $H_1(\omega)$ 필터의 부하회로이므로, 부하회로가 연결되면서 출력전압이 갑작스럽게 크게 변하는 부하효과(loading effect)가 발생되는 것이다. 이것을 예방하기 위해서는 부하회로인 $H_2(\omega)$ 필터의 입력 임피던스가 앞단인 $H_1(\omega)$ 필터의 출력 임피던스보다 훨씬 커지도록 설계하여야 한다.

예제 14.10

다음 전기회로는 저주파 통과필터와 고주파 통과필터가 연접된 형태로 설계되어 있다. 주어진 회로에 일반적인 회로해석법을 적용하여 구한 주파수응답과 다단 연접필터 해석법을 적용하여 구한 주파수응답을 구하여 비교하라.

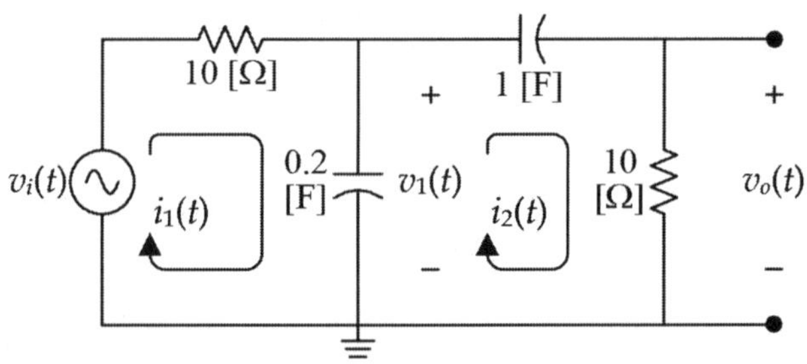

그림 14.28 예제 14.10을 위한 전기회로

풀이

◀ 일반적인 회로해석법을 적용한 주파수응답 ▶

주어진 회로의 변환영역 등가회로에서 왼쪽 망로에 키르히호프 전압법칙을 적용하면 망로방정식은

$$10I_1(s)+\frac{5}{s}\{I_1(s)-I_2(s)\}=V_i(s) \rightarrow \left(10+\frac{5}{s}\right)I_1(s)-\frac{5}{s}I_2(s)=V_i(s) \qquad ①$$

가 되고, 오른쪽 망로에 키르히호프 전압법칙을 적용한 망로방정식은

$$\frac{1}{s}I_2(s)+10I_2(s)+\frac{5}{s}\{I_2(s)-I_1(s)\}=0 \rightarrow -\frac{5}{s}I_1(s)+\left(10+\frac{6}{s}\right)I_2(s)=0. \qquad ②$$

식 ①과 식 ②를 행렬의 형태로 나타내면

$$\begin{bmatrix}\left(10+\frac{5}{s}\right) & -\frac{5}{s} \\ -\frac{5}{s} & \left(10+\frac{6}{s}\right)\end{bmatrix}\begin{bmatrix}I_1(s)\\ I_2(s)\end{bmatrix}=\begin{bmatrix}V_i(s)\\ 0\end{bmatrix} \qquad ③$$

이 되므로 망로전류 행렬은

$$\begin{bmatrix}I_1(s)\\ I_2(s)\end{bmatrix}=\begin{bmatrix}\left(10+\frac{5}{s}\right) & -\frac{5}{s} \\ -\frac{5}{s} & \left(10+\frac{6}{s}\right)\end{bmatrix}^{-1}\begin{bmatrix}V_i(s)\\ 0\end{bmatrix} \qquad ④$$

으로 계산할 수 있다.

주어진 회로에서 출력전압은 오른쪽 망로의 10 [Ω] 양단에 걸리는 전압이므로 식 ④에 크라머의 법칙을 적용하면

$$I_2(s)=\frac{1}{\Delta}\begin{vmatrix}\left(10+\frac{5}{s}\right) & V_i(s) \\ -\frac{5}{s} & 0\end{vmatrix}=\frac{\frac{5}{s}V_i(s)}{\left(10+\frac{5}{s}\right)\left(10+\frac{6}{s}\right)-\left(\frac{5}{s}\right)^2} \qquad ⑤$$

이 되고, 이를 다시 정리하여 나타내면 다음과 같다.

$$I_2(s)=\frac{\frac{5}{s}V_i(s)}{100+\frac{110}{s}+\frac{30}{s^2}-\frac{25}{s^2}}=\frac{5s}{100s^2+110s+5}V_i(s). \qquad ⑥$$

따라서 출력전압은

$$V_o(s)=10I_2(s)=10\times\frac{5s}{100s^2+110s+5}V_i(s)=\frac{5s}{10s^2+11s+0.5}V_i(s) \qquad ⑦$$

가 되므로 주어진 회로의 전달함수는

$$H(s)=\frac{V_o(s)}{V_i(s)}=\frac{5s}{10s^2+11s+0.5} \qquad ⑧$$

이므로 주파수응답은 다음과 같다.

$$H(\omega)=\frac{j5\omega}{(0.5-10\omega^2)+j11\omega}. \qquad ⑨$$

◖ 연접필터 해석법을 적용한 주파수응답 ◗

전압분배법칙을 적용하여 첫 번째 저주파 통과필터의 전달함수를 구하면

$$H_1(s)=\frac{V_1(s)}{V_i(s)}=\frac{5/s}{10+5/s}=\frac{5}{10s+5} \qquad ⑩$$

이므로 주파수응답은

$$H_1(\omega)=\frac{5}{j10\omega+5}=\frac{1}{1+j2\omega}. \qquad ⑪$$

식 ⑪로부터 저주파 통과필터의 차단주파수는 $|H_1(\omega)|=1/\sqrt{2}$가 되는 $\omega_{cL}=0.5$ [rad/sec]가 된다.

두 번째 고주파 통과필터의 전달함수는

$$H_2(s)=\frac{V_o(s)}{V_1(s)}=\frac{10}{1/s+10}=\frac{10s}{10s+1} \qquad ⑫$$

이며, 고주파 통과필터의 차단주파수는

$$|H_2(\omega)|=\left|\frac{j10\omega}{1+j10\omega}\right|=\frac{1}{\sqrt{2}} \qquad ⑬$$

을 만족하여야 하므로 $\omega_{cH}=0.1$ [rad/sec]가 된다. 따라서 주어진 필터회로에서 저주파 통과필터의 차단주파수가 고주파 통과필터의 차단주파수보다 높아야 하는 조건은 충족된다.

한편, 전체 전달함수는

$$H(s) = \frac{V_o(s)}{V_i(s)} = H_1(s)H_2(s) = \frac{5}{10s+5} \cdot \frac{10s}{10s+1} = \frac{5s}{10s^2+6s+0.5} \qquad ⑭$$

가 되므로 다단 연접필터 해석법에 의한 주파수응답은

$$H(\omega) = \frac{j5\omega}{(0.5-10\omega^2)+j6\omega}. \qquad ⑮$$

식 ⑨와 식 ⑮를 비교하면 일반적인 회로해석법을 적용한 주파수응답과 2단 연접필터 해석법에 의한 주파수응답이 동일하지 않음을 알 수 있다. 예를 들어, 식 ⑨와 식 ⑮에서 분모항의 실수부가 0이 되는 주파수 $\omega = \sqrt{0.05}$ [rad/sec]에서 식 ⑨에 의한 실제 이득은 $|H(\omega = \sqrt{0.05})| = 5/11 \simeq 0.45$이지만 식 ⑮에서 이득을 계산하면 $|H(\omega = \sqrt{0.05})| = 5/6 \simeq 0.83$이 된다. 이와 같은 현상이 발생하는 이유가 바로 부하효과 때문이고, 이것은 수동소자들로 다단 연접필터 설계하는 것이 어려워지는 원인이 된다. 따라서 단과 단 사이에 발생하는 부하효과를 방지하기 위하여 두 번째 단의 입력 임피던스를 크게 증가시킬 수 있도록 필터를 설계하여야 한다.

■

지금까지 소개한 필터는 저항, 인덕터, 커패시터 등 수동소자만으로 구성된 필터회로로 구체적으로는 수동필터라고 한다. 이러한 수동필터는 이득의 크기가 1, 즉 데시벨로 환산하면 0 [dB]을 초과하지 못하며, 현대의 집적회로 제조기술의 발전에도 불구하여 인덕터는 크기와 형태 때문에 회로설계에서 여러 가지 결점을 초래할 가능성도 높다. 또한, 앞의 예제 14.10에서도 설명한 것처럼 다단 접속회로를 사용하여 필터회로를 설계하는 경우 부하효과를 방지하기 위하여 단과 단 사이에 높은 임피던스를 가지는 부하회로를 추가할 필요가 있으며, 이것은 필터회로의 동작특성을 변경시킬 수 있으므로 매우 세밀한 설계가 필요하다. 이와 같은 수동필터의 단점을 보완하기 위하여 저항, 커패시터, 연산증폭기로 구성된 능동필터가 실제적인 필터회로 설계에서 매우 빈번하게 사용되고 있다.

예를 들어, 그림 14.29에 나타낸 능동필터는 그림 3.15의 반전증폭기의 궤환부에 커패시터를 추가한 것이다. 연산증폭기가 이상적으로 동작하는 것으로 가정하고, 마디 A에 키르히호프 전류법칙을 적용하면 회로방정식은 다음과 같다.

$$\frac{V_A - V_i(s)}{Z_i} + \frac{V_A - V_o(s)}{Z_f} = 0. \qquad (14.92)$$

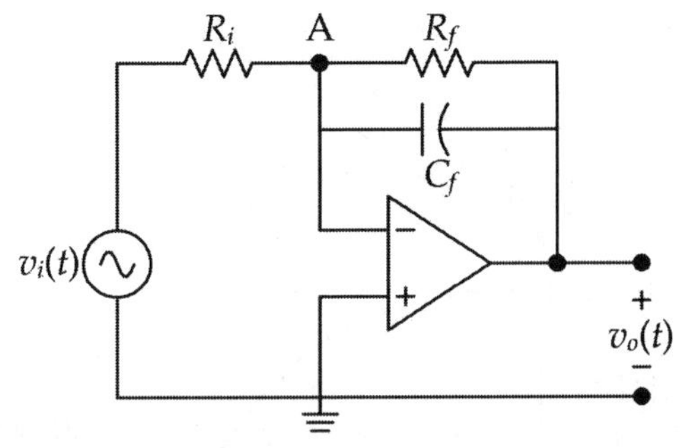

그림 14.29 능동 저주파 통과필터

여기서 입력 전원부 임피던스와 궤환 임피던스는 각각

$$Z_i = R_i,\ Z_f = R_f // C_f = \frac{R_f \cdot 1/sC_f}{R_f + 1/sC_f} = \frac{R_f}{1 + sR_fC_f}. \tag{14.93}$$

연산증폭기가 이상적으로 동작하므로 $V_A = 0$ [V]로 놓고, 식 (14.93)을 식 (14.92)에 적용하면 전달함수의 주파수응답은

$$\begin{aligned} H(\omega) &= [H(s)]_{s=jw} = \frac{V_o(\omega)}{V_i(\omega)} = -\frac{Z_f}{Z_i} = -\frac{R_f}{R_i} \cdot \frac{1}{1 + j\omega R_fC_f} \\ &= G_I \cdot H_L(\omega) \end{aligned} \tag{14.94}$$

가 된다. 식 (14.94)에서

$$G_I = -\frac{R_f}{R_i} \tag{14.95}$$

는 식 (3.16)에 나타낸 반전증폭기의 이득이고

$$H_L(\omega) = \frac{1}{1 + j\omega R_fC_f} \tag{14.96}$$

는 전형적인 저주파 통과필터의 주파수응답이다.

한편, 식 (14.94)로부터 능동필터의 주파수응답에 대한 이득은

$$\begin{aligned} 20\log_{10}|H(\omega)| &= 20\log_{10}|G_I| + 20\log_{10}|H_L(\omega)| \\ &= 20\log_{10}|G_I| - 20\log_{10}\left[1 + (\omega R_fC_f)^2\right]^{1/2} \end{aligned} \tag{14.97}$$

가 되며, 이득곡선은 그림 14.30과 같다.

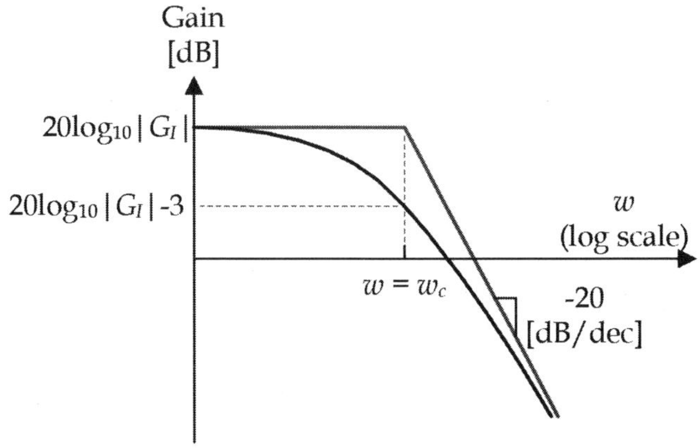

그림 14.30 능동 저주파 통과필터의 이득곡선

여기서 $\omega_c = (R_f C_f)^{-1}$ [rad/sec]는 필터의 차단주파수이다. 따라서 수동필터와는 달리 그림 14.29와 같은 능동 저주파 통과필터는 반전증폭기의 이득, 즉 전원부 저항과 궤환부 저항의 비율에 따라 1보다 큰 이득을 가지면서도 저주파 통과필터로 동작하도록 설계하는 것이 가능하다.

예제 14.11

다음 능동필터의 주파수응답을 구하고, 이득곡선을 그려라. 여기서 연산증폭기는 이상적인 동작 특성을 가지는 것으로 가정한다.

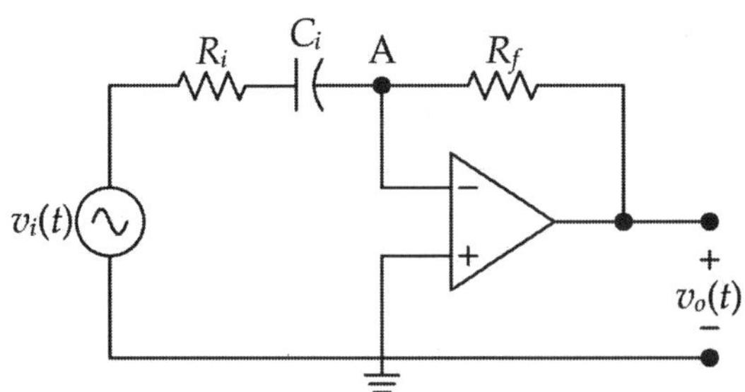

그림 14.31 예제 14.11을 위한 능동필터 회로

풀이

연산증폭기가 이상적으로 동작하는 것으로 가정하였으므로 마디 A에 키르히호프 전류 법칙을 적용하면 반전증폭기에 대한 회로방정식은

$$\frac{-V_i(s)}{Z_i}+\frac{-V_o(s)}{Z_f}=0, \qquad ①$$

여기서 전원부 입력 임피던스와 궤환 임피던스는 각각

$$Z_i=R_i+\frac{1}{j\omega C_i},\ Z_f=R_f. \qquad ②$$

식 ②를 식 ①에 적용하면 주어진 능동필터 회로의 s영역 전달함수는 다음과 같다.

$$H(s)=-\frac{sR_fC_i}{1+sR_iC_i}. \qquad ③$$

따라서 전달함수는 $s=-(R_iC_i)^{-1}$에서 극점을 가지며, $s=0$에서 영점을 가진다. 식 ③을 이용하여 주어진 능동필터의 주파수응답을 구하면

$$H(\omega)=[H(s)]_{s=j\omega}=-\frac{j\omega R_fC_i}{1+j\omega R_iC_i} \qquad ④$$

가 된다. 이것은 반전증폭기의 특성에 따라 부호가 반전되었지만 식 (14.82)에 나타낸 전형적인 고주파 통과필터의 전달함수와 거의 동일한 형태이다.

주어진 능동필터의 고주파영역 이득은

$$\lim_{\omega\to\infty}|H(\omega)|=\lim_{\omega\to\infty}\left|\frac{\omega R_fC_i}{\sqrt{1+(\omega R_iC_i)^2}}\right|\cong\frac{R_f}{R_i} \qquad ⑤$$

이 된다. 또한, 극점에서 필터의 이득은

$$\lim_{\omega=(R_iC_i)^{-1}}|H(\omega)|=\lim_{\omega=(R_iC_i)^{-1}}\left|\frac{R_fC_i/R_iC_i}{\sqrt{1+1}}\right|=\frac{1}{\sqrt{2}}\frac{R_f}{R_i} \qquad ⑥$$

이 된다. 그러므로 주어진 능동 고주파 통과필터의 이득곡선은 다음과 같다.

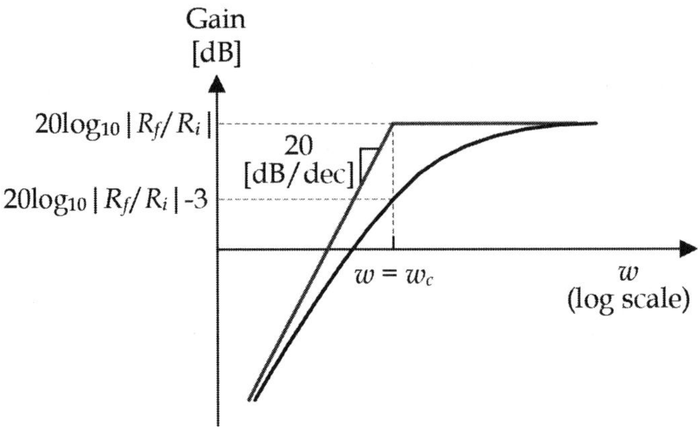

그림 14.32 예제 14.11의 능동 고주파 통과필터의 이득곡선

따라서 최대 이득보다 3 [dB] 낮은 이득을 가지는 차단주파수는

$$\omega_c = \frac{1}{R_i C_i} \text{ [rad/sec]} \quad ⑦$$

이다. 이 예제는 전원부 저항과 궤환부 저항의 비율에 따라 1보다 큰 이득을 가지는 고주파 통과필터를 능동필터의 형태로 설계하는 것이 가능함을 보여준다.

연습문제

14.1 어떤 시스템의 입력이 $v_i(t) = 30\cos(10t + 60^\circ)$ [V]이다. 이 시스템의 전달함수가 다음과 같을 때 출력 $v_o(t)$의 정상상태응답을 구하라.

(1) $H(s) = \dfrac{20}{s+20}$.

(2) $H(s) = \dfrac{2s}{s+20}$.

(3) $H(s) = \dfrac{5s+20}{s^2+5s+100}$.

(4) $H(s) = \dfrac{-1}{s^3+10s^2+50s+200}$.

14.2 어떤 시스템의 s-영역 전달함수가 다음과 같을 때, 시스템의 이득과 위상변위를 각주파수(angular frequency) ω의 함수로 표현하고 그래프를 그려라. 그리고 이득이 최대 이득의 $1/\sqrt{2}$ 배가 되는 주파수를 구하라.

(1) $H(s) = \dfrac{40}{s+20}$.

(2) $H(s) = \dfrac{s}{s+20}$.

(3) $H(s) = \dfrac{5s+20}{s^2+5s+100}$.

(4) $H(s) = \dfrac{-(5s+20)}{s^2+5s+100}$.

14.3 어떤 회로의 s-영역 전달함수가 다음과 같다.

$$H(s) = \frac{s+1}{s^2+5s+1}$$

(1) 각주파수 $\omega = 4$ [rad/sec]에서 이득과 위상변위를 구하라.

(2) 이 회로의 입력이 $v_i(t) = 5\cos(4t + 30^\circ)$ [V]일 때, 출력의 정상상태응답을 구하라.

14.4 그림 P14.4는 임펄스응답 $h(t)$인 어떤 시스템의 블록도이고, $h(t)$의 라플라스 변환은 다음과 같다.

$$\mathcal{L}\{h(t)\} = \frac{10s+5}{s^2+8s+200}$$

(1) 각주파수가 $\omega = 20$ [rad/sec]에서 이득과 위상변위를 구하라.

(2) 이 회로의 입력이 $v_i(t) = 20\sin(20t)$ [V]일 때, 출력의 정상상태응답을 구하라.

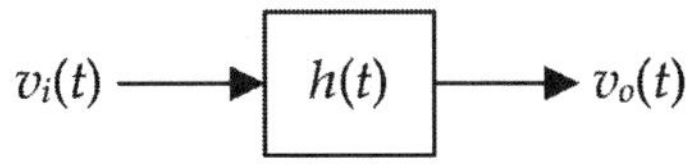

그림 P14.4

14.5 그림 P14.5의 전기회로에서 저항은 $R = 100$ [kΩ]이고 커패시터는 $C = 0.1$ [nF]이다.

(1) 이 회로의 s-영역 전달함수를 구하라.

(2) 각주파수 $\omega = 20$ [rad/sec]에서 시스템의 이득과 위상변위를 구하라.

(3) 시스템의 이득이 최대 이득의 $1/\sqrt{2}$ 배가 되는 주파수를 구하라.

(4) 입력 전원이 $v_i(t) = 100\cos(2\times 10^5 t + 30^\circ)$ [V]일 때, 출력 $v_o(t)$의 정상상태 응답을 구하라.

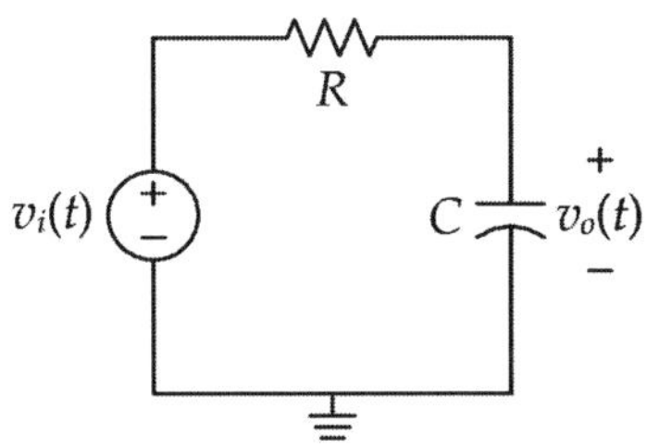

그림 P14.5

14.6 그림 P14.6의 전기회로에서 커패시터는 $C = 10$ [μF]이다.

(1) 이 회로의 전달함수 $H(s) = V_o(s)/V_i(s)$를 구하라.

(2) $R_1 = 10$ [kΩ], $R_2 = 100$ [kΩ]일 때, 시스템의 이득이 최대 이득의 $1/\sqrt{2}$ 배가 되는 주파수를 구하라.

(3) $R_1 = 100$ [kΩ], $R_2 = 10$ [kΩ]일 때, 시스템의 이득이 최대 이득의 -30 [dB]가 되는 주파수를 구하라.

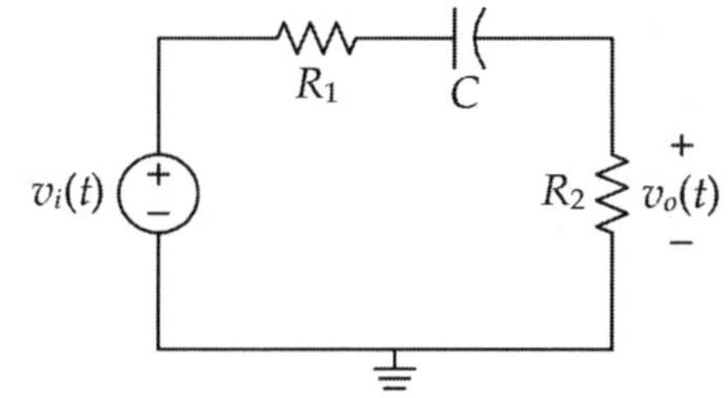

그림 P14.6

14.7 그림 P14.7에 나타낸 전기회로의 전달함수 $H(s) = V_o(s)/V_i(s)$를 구하라.

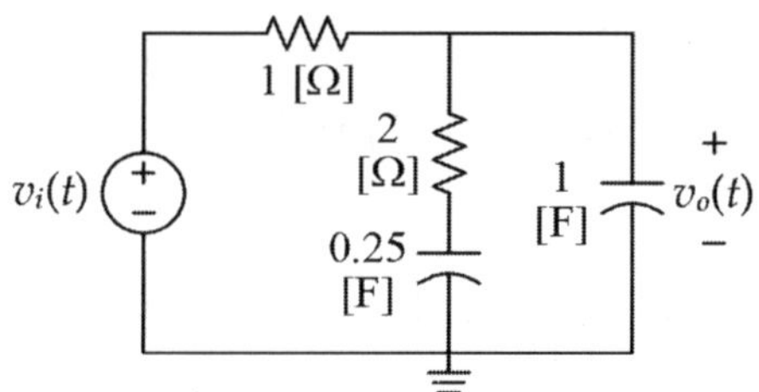

그림 P14.7

14.8 그림 P14.8에 나타낸 전기회로의 전달함수 $H(s) = V_o(s)/V_s(s)$를 구하라.

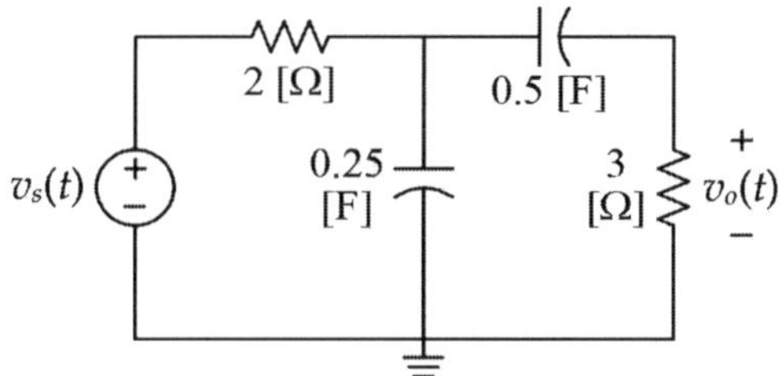

그림 P14.8

14.9 그림 P14.9에 나타낸 전기회로에 대하여

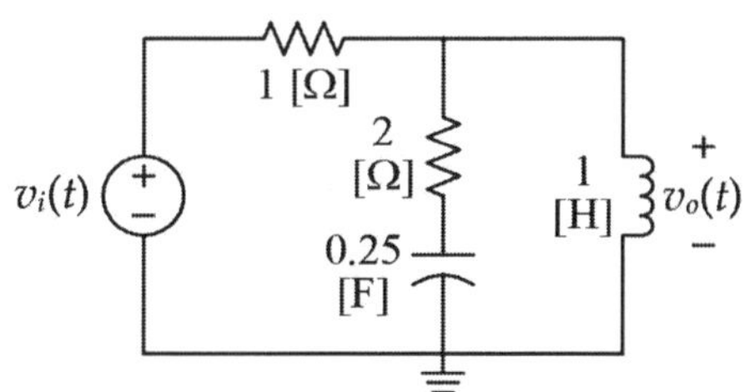

그림 P14.9

(1) 전달함수 $H(s) = V_o(s)/V_i(s)$를 구하라.

(2) 시스템의 임펄스응답을 구하라.

(3) 입력 전원이 $v_i(t) = 3\sin\left(\dfrac{t}{\sqrt{3}} + 60^\circ\right)$ [V]일 때, 출력 $v_o(t)$의 정상상태응답을 구하라.

14.10 그림 P14.10에 나타낸 전기회로에서

(1) 전달함수 $H(s) = I_L(s)/I_s(s)$를 구하라.

(2) 임펄스응답 $h(t)$를 구하라.

(3) 전원이 $i_s(t) = 3\sin(\sqrt{3}t + 60^\circ)$ [A]일 때, 인덕터 전류 $i_L(t)$의 정상상태응답을 구하라.

(4) 인덕터 양단의 전압 $V_o(\omega)$와 정상상태응답 $v_o(t)$를 구하라.

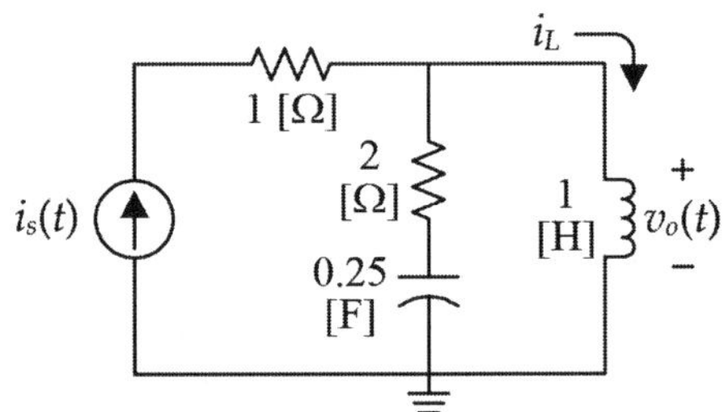

그림 P14.10

14.11 그림 P14.11의 전기회로에 대하여

(1) 전달함수 $H(s) = V_o(s)/V_i(s)$를 구하여 극점과 영점의 위치를 구하라.

(2) 전달함수의 이득이 최대 이득의 −30 [dB]가 되는 주파수를 구하라.

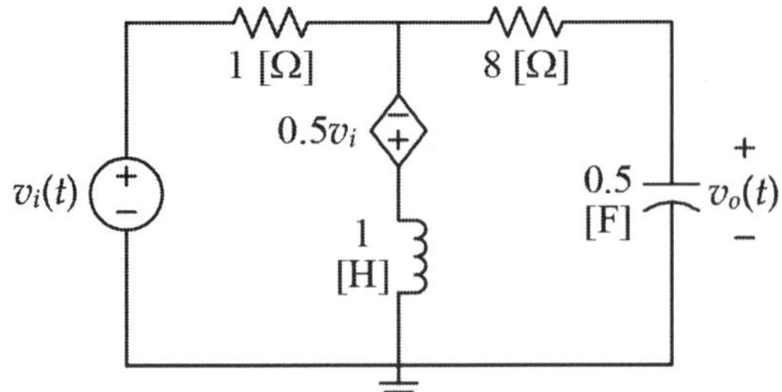

그림 P14.11

14.12 그림 P14.12에 나타낸 연산증폭기 회로에 대하여

(1) 전달함수 $H(s) = V_o(s)/V_s(s)$를 구하라.

(2) 전압원이 $v_s(t) = 20\cos(5t - 30°)$ [V]일 때, 출력전압 $v_o(t)$의 정상상태응답을 구하라.

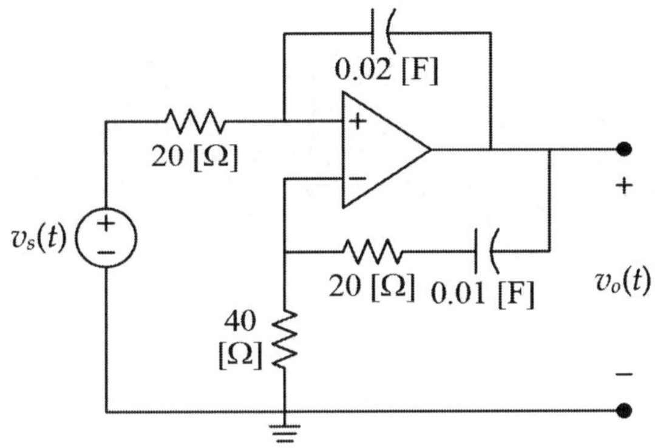

그림 P14.12

14.13 그림 P14.13의 연산증폭기 회로에서 전압원은 $v_s(t) = 200\cos(5t - 30°)$ [V]이다.

(1) 전달함수 $H(s) = V_o(s)/V_s(s)$를 구하라.

(2) 출력전압 $v_o(t)$의 정상상태응답을 구하라.

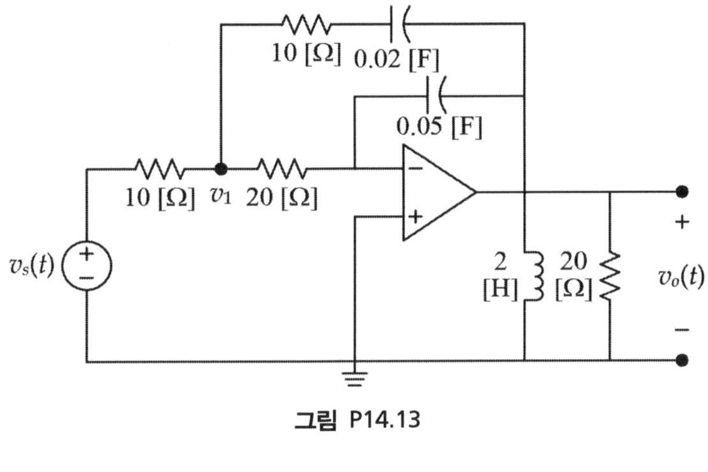

그림 P14.13

14.14 그림 P14.14의 연산증폭기 회로에서 전원은 $v_s(t) = 100\sin(\omega t + 30°)$ [V]이다.

(1) 전달함수 $H_1(s) = V_1(s)/V_s(s)$와 $H_2(s) = V_o(s)/V_1(s)$를 구하라.

(2) 연산증폭기 회로의 전체 전달함수 $H(s) = V_o(s)/V_s(s)$를 구하라.

(3) $\omega = 0$, 5, 100 [rad/sec]에서 주어진 회로의 이득과 출력전압 $v_o(t)$의 정상상태 응답을 구하라.

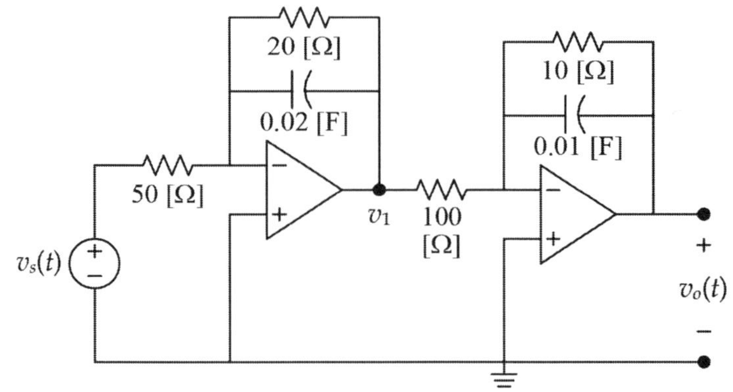

그림 P14.14

14.15 그림 P14.15의 전기회로에서 두 전원은 각각 다음과 같다.

$$v_1(t) = 5\cos(4t + 30°)\ [\text{V}],\ v_2(t) = 8\sin(6t + 60°)\ [\text{V}].$$

(1) 이 회로의 전달함수를 구하라.

(2) 출력전압 $v_o(t)$의 정상상태응답을 구하라.

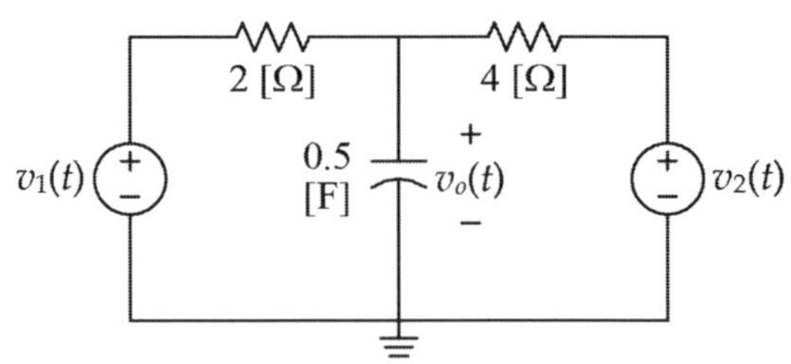

그림 P14.15

14.16 그림 P14.16의 전기회로에서 두 전원은 각각 다음과 같다.

$$v_s(t) = 20\cos(5t + 30°)\ [\text{V}],\ i_s(t) = -4\cos(5t)\ [\text{A}].$$

(1) 전달함수 $H_1(s) = V_C(s)/V_s(s)$를 구하라.

(2) 전달함수 $H_2(s) = I_C(s)/I_s(s)$를 구하라.

(3) 커패시터 양단의 전압 $v_C(t)$의 정상상태응답을 구하라.

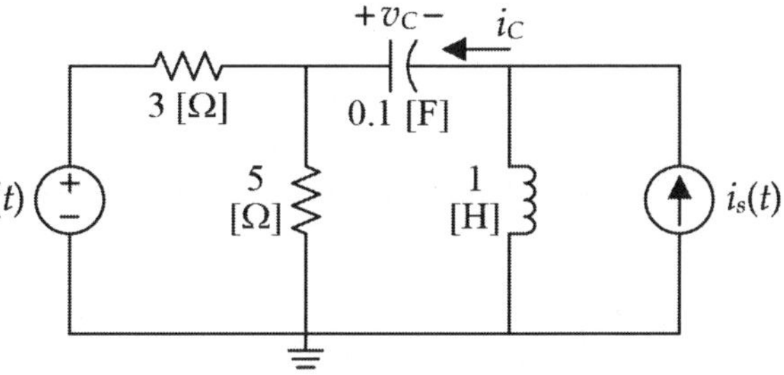

그림 P14.16

14.17 그림 P14.17의 전기회로에서 두 전원은 각각 다음과 같다.

$$v_s(t) = 30\cos(20t + 45^\circ)\ [\mathrm{V}],\ i_s(t) = 0.2\cos(10t)\ [\mathrm{mA}].$$

(1) 전달함수 $H_1(s) = V_o(s)/V_s(s)$를 구하라.

(2) 전달함수 $H_2(s) = I_C(s)/I_s(s)$를 구하라.

(3) 커패시터 양단의 전압 $v_o(t)$의 정상상태응답을 구하라.

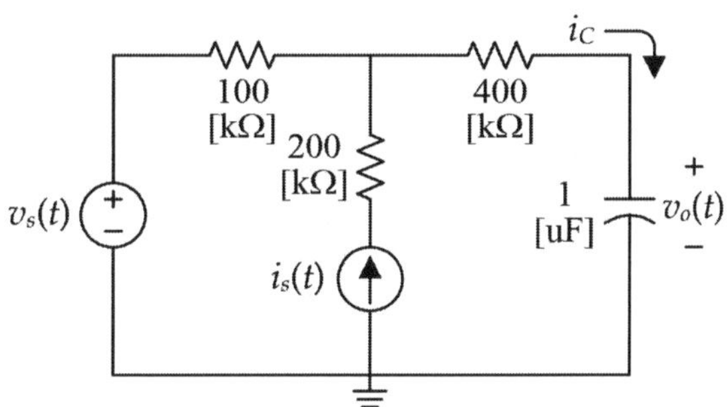

그림 P14.17

14.18 그림 P14.18의 전기회로에서 두 전원은 각각 다음과 같다.

$$v_s(t) = 25\cos(20t)\ [\mathrm{V}],\ i_s(t) = 5\cos(40t + 90^\circ)\ [\mathrm{A}].$$

(1) 전달함수 $H_1(s) = V_C(s)/V_s(s)$를 구하라.

(2) 전달함수 $H_2(s) = I_C(s)/I_s(s)$를 구하라.

(3) 커패시터 양단의 전압 $v_o(t)$의 정상상태응답을 구하라.

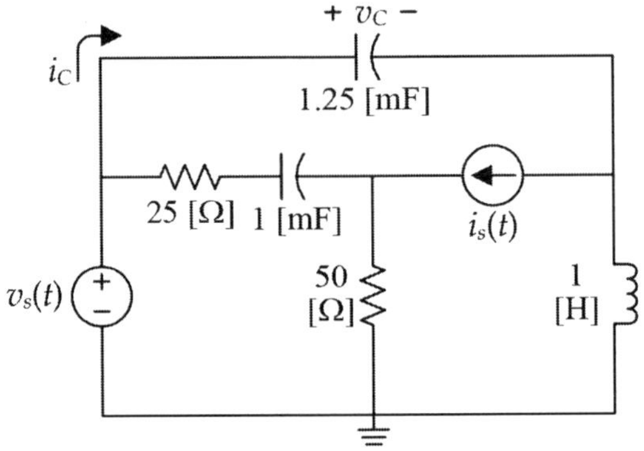

그림 P14.18

14.19 어떤 시스템의 전달함수가 다음과 같을 때, 시스템의 근사이득과 실제 이득에 대한 보드선도를 그려라.

(1) $H(s)=\dfrac{20}{s+20}$.

(2) $H(s)=\dfrac{2s}{s+20}$.

(3) $H(s)=\dfrac{5}{s^2+5s+100}$.

(4) $H(s)=\dfrac{100(s+2)}{(s+1)(s+10)}$.

14.20 어떤 시스템의 전달함수가 다음과 같을 때, 시스템의 근사이득과 실제 이득에 대한 보드선도를 그려라.

(1) $H(s)=\dfrac{1}{s^2}$.

(2) $H(s)=\dfrac{1}{(s+10)^2}$.

(3) $H(s)=\dfrac{1}{(s+1)(s+10)^2}$.

(4) $H(s)=\dfrac{1}{(s+10)(s^2+40s+625)}$.

14.21 어떤 시스템의 전달함수가 다음과 같다. 시스템의 근사이득과 실제 이득에 대한 보드선도를 그려라.

(1) $H(s) = \dfrac{40}{s(s^2+4s+25)}$.

(2) $H(s) = \dfrac{2s}{(s+1)(s+4)^2}$.

(3) $H(s) = \dfrac{20s(s+10)}{(s+1)(s^2+2s+400)}$.

14.22 그림 P14.22에 나타낸 직렬 RLC회로에 대하여

(1) 이 회로의 공진주파수(resonant frequency) ω_r [rad/sec]를 구하라.

(2) 각주파수가 $\omega=\omega_r$과 $\omega=\omega_r \pm 0.5\omega_r$에서 회로의 임피던스 $Z(\omega)$를 구하라.

(3) 전달함수를 $H(s)=I(s)/V(s)$로 정의할 때, 근사이득과 실제 이득을 보드선도로 그려라.

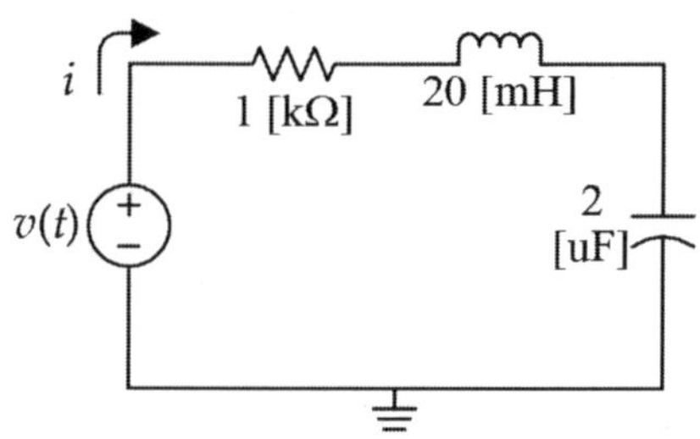

그림 P14.22

14.23 그림 P14.23의 직렬 RLC회로에 대하여

(1) 이 회로의 공진주파수 ω_r [rad/sec]를 구하라.

(2) 각주파수가 $\omega=\omega_r$과 $\omega=\omega_r \pm 0.5\omega_r$에서 회로의 임피던스 $Z(\omega)$를 구하라.

(3) 전달함수를 $H(s)=I(s)/V(s)$로 정의할 때, 근사이득과 실제 이득을 보드선도로 그려라.

(4) 대역폭(bandwidth) B와 양호도(quality factor) Q를 구하라.

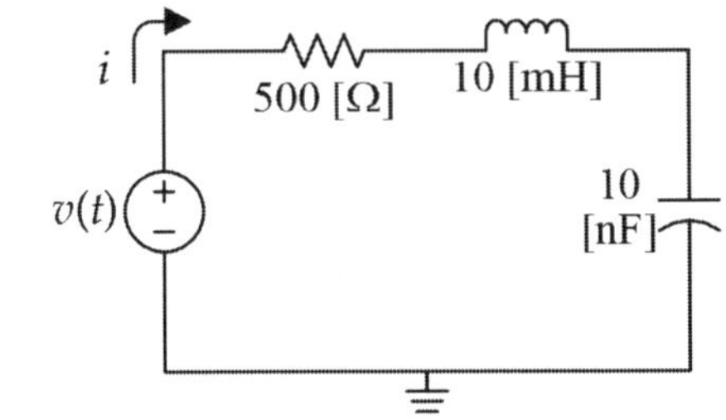

그림 P14.23

14.24 그림 P14.24의 직렬 RLC회로에 대하여

(1) 전달함수 $H(s) = V_o(s)/V_s(s)$를 구하라.

(2) 이 회로의 공진주파수 ω_r, 대역폭 B, 양호도 Q를 구하라.

(3) 전달함수의 이득이 최대 이득의 $1/\sqrt{2}$ 배가 되는 주파수를 구하라.

(4) 전달함수의 근사이득과 실제 이득을 보드선도로 그려라.

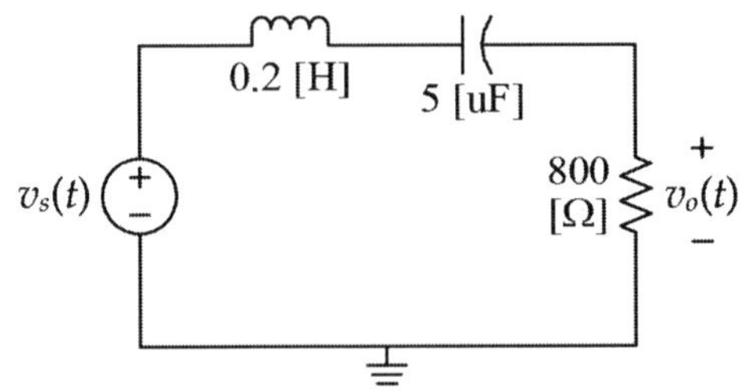

그림 P14.24

14.25 어떤 직렬 RLC 공진회로의 상측 차단주파수(cut-off frequency)와 하측 차단주파수가 각각 $f_u = 10$ [kHz]와 $f_l = 2.5$ [kHz]이다.

(1) 이 회로의 공진주파수와 양호도를 구하라.

(2) 이 회로의 커패시터가 $C = 0.1$ [μF]일 때, 저항과 인덕터를 구하여 회로를 설계하라.

14.26 사람의 가청주파수 범위는 약 20 [Hz] ~ 20 [kHz]로 알려져 있다. 이 주파수 범위에서 동작하는 오디오 이퀄라이저(equalizer)를 간단한 직렬 RLC 공진회로로 설계하고자 한다.

(1) 공진주파수와 양호도를 구하라.

(2) 320 [nF] 커패시터를 사용할 때, 인덕터와 저항을 구하여 이퀄라이저 회로를 설계하라.

14.27 공진주파수가 $f_r = 5$ [kHz]인 직렬 RLC 공진회로를 0.1 [μF] 커패시터를 이용하여 설계하고자 한다.

(1) 양호도가 $Q = 10$인 공진회로를 설계하기 위한 인덕터와 저항을 구하라.

(2) (1)에서 설계된 공진회로의 대역폭, 상측 차단주파수와 하측 차단주파수를 구하라.

14.28 문제 14.27의 조건에서 양호도를 $Q = 5$로 변경하여 직렬 RLC 다시 설계한다.

(1) 변경된 조건에 맞는 인덕터와 저항을 구하라.

(2) (1)에서 설계된 공진회로의 대역폭, 상측 차단주파수와 하측 차단주파수를 구하라.

14.29 그림 P14.29의 병렬 RLC회로에 대하여

(1) 전달함수 $H(s) = V_s(s)/I(s)$를 구하라.

(2) 전달함수의 근사이득과 실제 이득을 보드선도로 그려라.

(3) 이 회로의 공진주파수, 대역폭, 양호도를 구하라.

(4) 상측 차단주파수와 하측 차단주파수를 구하라.

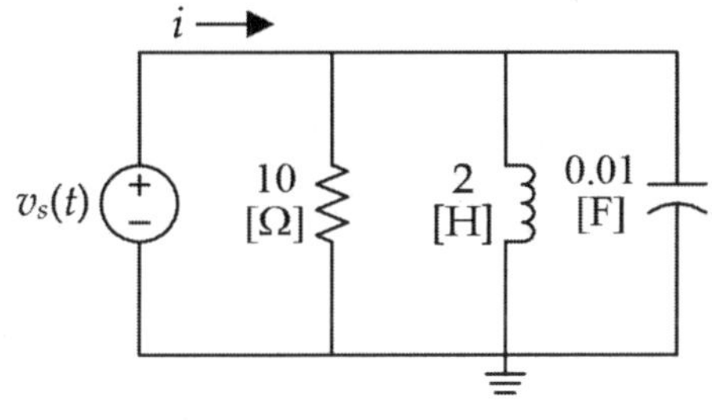

그림 P14.29

14.30 그림 P14.30에 나타낸 병렬 RLC 공진회로에 대하여

(1) 전달함수 $H(s) = V_o(s)/I_s(s)$를 구하라.

(2) 전달함수의 이득 보드선도를 그려라.

(3) 이 회로의 공진주파수, 대역폭, 양호도를 구하라.

(4) 상측 차단주파수와 하측 차단주파수를 구하라.

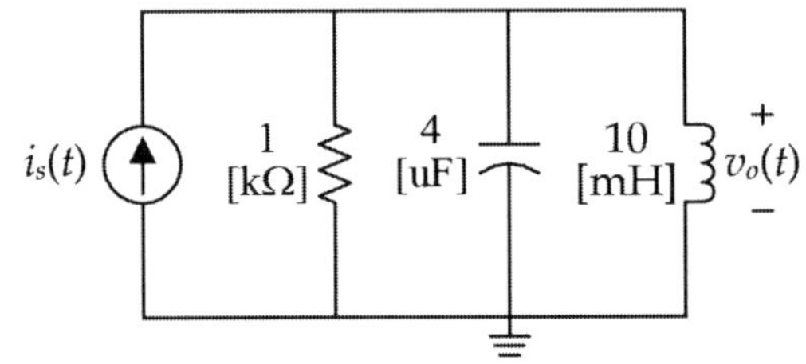

그림 P14.30

14.31 그림 P14.30의 병렬 RLC회로에서 저항을 200 [Ω]으로 변경한다.

(1) 전달함수 $H(s) = V_o(s)/I_s(s)$를 구하고, 이득 보드선도를 그려라.

(2) 이 회로의 공진주파수, 대역폭, 양호도를 구하라.

(3) 상측 차단주파수와 하측 차단주파수를 구하라.

(4) 문제 14.30과의 차이를 비교하여 설명하라.

14.32 어떤 병렬 RLC 공진회로의 상측 및 하측 차단주파수가 각각 $f_u = 8$ [kHz]와 $f_l = 2$ [kHz]이다.

(1) 공진주파수와 양호도를 구하라.

(2) 이 회로의 커패시터가 $C = 0.2$ [μF]일 때, 저항과 인덕터를 구하여 공진회로를 설계하라.

(3) 이 회로의 전달함수를 $H(s) = V(s)/I(s)$로 정의할 때 전달함수를 구하고, 이득에 대한 보드선도를 그려라.

14.33 문제 14.26의 가청주파수 범위 20 [Hz] ~ 20 [kHz]에서 동작하는 오디오 이퀄라이저를 병렬 RLC 공진회로를 이용하여 설계하고자 한다.

(1) 공진주파수와 양호도를 구하라.

(2) 2 [μF] 커패시터를 사용할 때, 인덕터와 저항을 구하여 이퀄라이저 회로를 설계하라.

(3) 이퀄라이저 회로의 전달함수 $H(s) = V(s)/I(s)$를 구하고, 이득에 대한 보드

선도를 그려라.

14.34 공진주파수가 $f_r = 5$ [kHz]인 병렬 RLC 공진회로를 설계하고자 한다.

(1) 양호도 $Q = 10$인 회로를 1 [nF] 커패시터를 이용하여 설계할 때, 저항과 인덕터를 구하라.

(2) 전달함수 $H(s) = V(s)/I(s)$를 구하고, 전달함수에 대한 이득 보드선도를 그려라.

(3) 상측 차단주파수와 하측 차단주파수를 구하라.

14.35 그림 P14.35의 RL 수동필터에 대하여

(1) 전달함수 $H(s) = V_o(s)/V_i(s)$를 구하라.

(2) 이 회로의 이득과 위상변위에 대한 주파수응답을 보드선도로 그리고, 필터의 종류를 판정하라.

(3) 이득응답이 최대가 되는 주파수와 최대 이득을 구하라.

(4) 이득응답이 최대 이득의 $1/\sqrt{2}$ 배가 되는 주파수를 구하라.

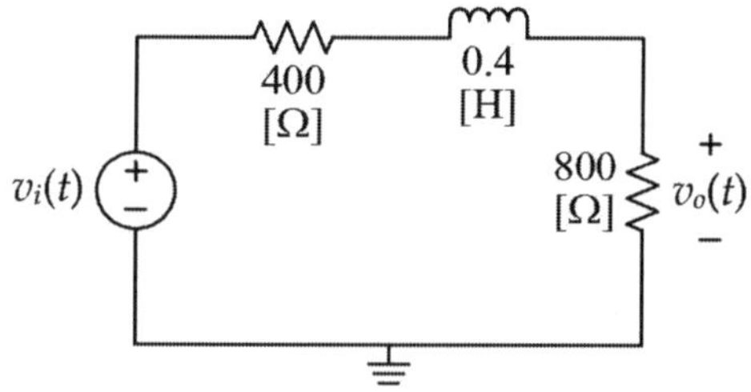

그림 P14.35

14.36 그림 P14.36의 RC 수동필터에 대하여

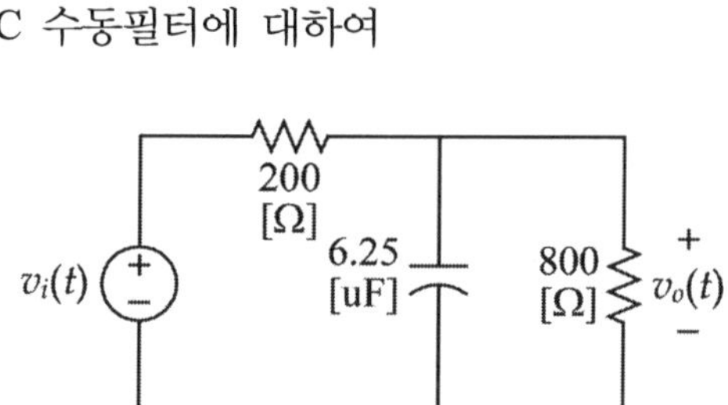

그림 P14.36

(1) 전달함수 $H(s) = V_o(s)/V_i(s)$를 구하라.

(2) 이 회로의 이득과 위상변위에 대한 주파수응답을 보드선도로 그리고, 필터의 종류를 판정하라.

(3) 이득응답이 최대가 되는 주파수와 최대 이득을 구하라.

(4) 이 회로의 반전력주파수(half-power frequency)를 구하라.

14.37 그림 P14.37의 RC 수동필터에 대하여

(1) 전달함수 $H(s) = V_o(s)/V_i(s)$를 구하라.

(2) 전달함수의 이득이 최대가 되는 주파수와 최대 이득을 구하라.

(3) 이득이 최대값의 $1/\sqrt{2}$ 배가 되는 차단주파수를 구하라.

(4) 전달함수의 이득과 위상변위에 대한 주파수응답을 보드선도로 그리고, 필터의 종류를 판정하라.

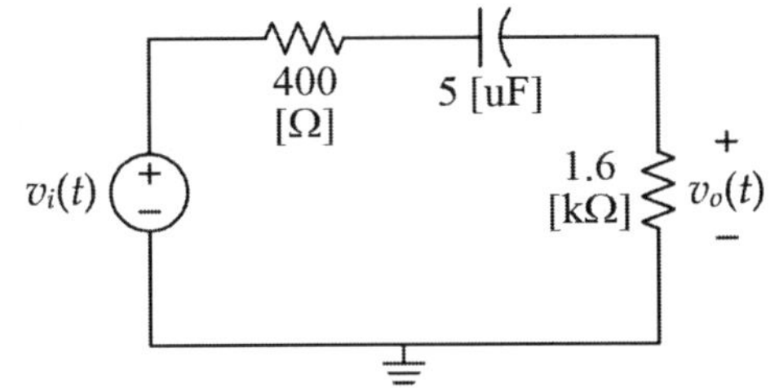

그림 P14.37

14.38 그림 P14.38에 나타낸 RLC 수동필터에 대하여

(1) 전달함수 $H(s) = V_o(s)/V_s(s)$를 구하라.

(2) 전달함수의 주파수응답 이득이 최대가 되는 주파수와 최대 이득을 구하라.

(3) 주파수응답 이득이 최대 이득의 $1/\sqrt{2}$ 배가 되는 차단주파수를 구하고, 이득 곡선을 그려서 수동필터의 종류를 판정하라.

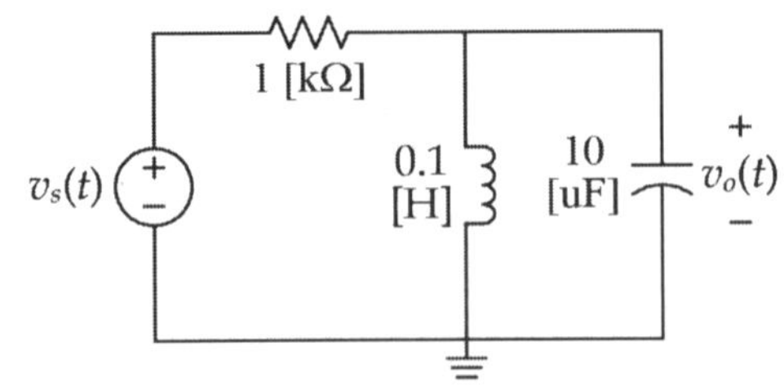

그림 P14.38

14.39 그림 P14.39의 RLC 수동필터에 대하여

(1) 전달함수 $H(s) = V_o(s)/V_i(s)$를 구하라.

(2) $\omega = 0,\ 1/\sqrt{LC},\ \infty$ [rad/sec]에서 주파수응답 이득을 구하라.

(3) 주파수응답 이득이 최대 이득의 $1/\sqrt{2}$ 배가 되는 차단주파수를 구하고, 이득 곡선을 그려서 수동필터의 종류를 판정하라.

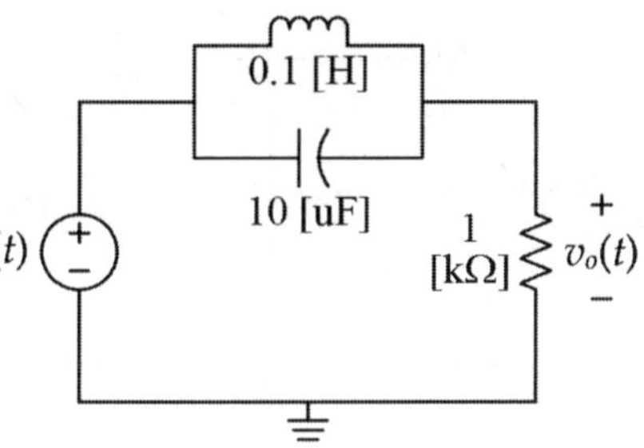

그림 P14.39

14.40 그림 P14.40의 RLC 수동필터에 대하여

(1) 전달함수 $H(s) = V_o(s)/V_i(s)$를 구하라.

(2) 주파수응답 이득이 최대가 되는 주파수와 최소가 되는 주파수를 구하고, 각 주파수에서 이득을 구하라.

(3) 주파수응답 이득이 최대 이득의 $1/\sqrt{2}$ 배가 되는 주파수를 구하고, 이득 곡선을 그려서 필터의 종류를 판정하라.

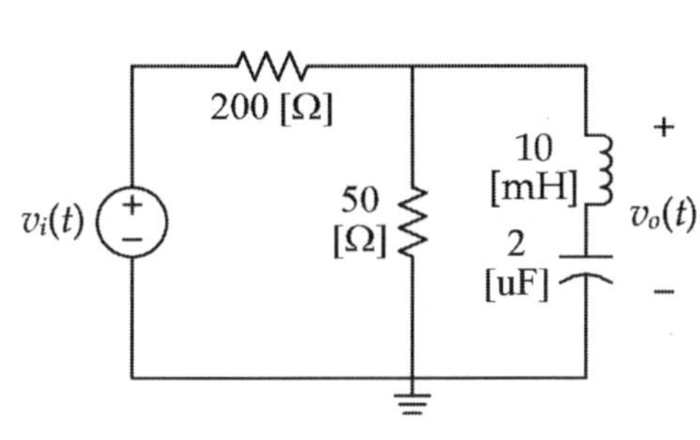

그림 P14.40

14.41 그림 P14.41의 전기회로는 저대역 통과필터(low-pass filter, LPF)와 고대역 통과필터(high-pass filter, HPF)가 연접된 수동필터이다. 여기서 저항 $R_1 = R_2 = 200\ [\Omega]$이고, 커패시터는 $C_1 = 5$ [μF], $C_2 = 10$ [μF]이다.

(1) 전달함수 $H(s) = V_o(s)/V_s(s)$를 구하라.

(2) 주파수응답 이득이 최대가 되는 주파수와 최대 이득을 구하라.

(3) 주파수응답 이득이 최대 이득의 $1/\sqrt{2}$ 배가 되는 주파수를 구하고, 이득 곡선을 그려서 필터의 종류를 판정하라.

(4) 수동필터의 대역폭과 양호도를 구하라.

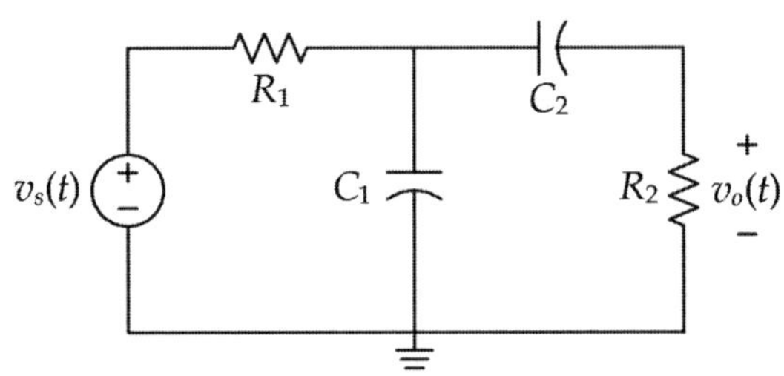

그림 P14.41

14.42 그림 P14.41에 나타낸 RC 수동필터의 소자를 다음과 같이 변경한다.

$R_1 = 200\ [\Omega],\ R_2 = 8\ [\mathrm{k}\Omega],\ C_1 = 5\ [\mu\mathrm{F}],\ C_2 = 0.25\ [\mu\mathrm{F}].$

(1) 전달함수 $H(s) = V_o(s)/V_s(s)$를 구하라.

(2) 주파수응답 이득이 최대가 되는 주파수와 최대 이득을 구하라.

(3) 주파수응답 이득이 최대 이득의 $1/\sqrt{2}$ 배가 되는 주파수를 구하고, 이득 곡선을 그려서 필터의 종류를 판정하라.

(4) 수동필터의 대역폭과 양호도를 구하라.

14.43 문제 14.41과 문제 14.42에서 사용된 연접형 수동필터의 전달함수가 이상적인 형태인 $H(s) = H_{LPF}(s) \cdot H_{HPF}(s)$인 것으로 가정한다. 여기서 수동소자의 값은 문제 14.41과 문제 14.42의 값을 사용한다.

(1) 전체 전달함수 $H(s)$를 구하라.

(2) 주파수응답 이득이 최대가 되는 주파수와 최대 이득을 구하라.

(3) 주파수응답 이득이 최대 이득의 $1/\sqrt{2}$ 배가 되는 주파수를 구하고, 이득 곡선을 그려서 필터의 종류를 판정하라.

(4) 수동필터의 대역폭과 양호도를 구하라.

(5) 문제 14.41과 문제 14.42를 비교할 때, 어떤 수동소자 세트가 이상적인 연접형 수동필터 회로 설계에 가까운 결과를 도출하는지 판정하고, 그 이유를 설명하라.

14.44 그림 P14.44는 연산증폭기를 이용한 능동필터 회로이다.

(1) 전달함수 $H(s) = V_o(s)/V_i(s)$를 구하라.

(2) 주파수응답 이득이 최대가 되는 주파수와 최대 이득을 구하라.

(3) 주파수응답 이득이 최대값의 $1/\sqrt{2}$ 배가 되는 주파수를 구하고, 이득 곡선을 그려서 필터의 종류를 판정하라.

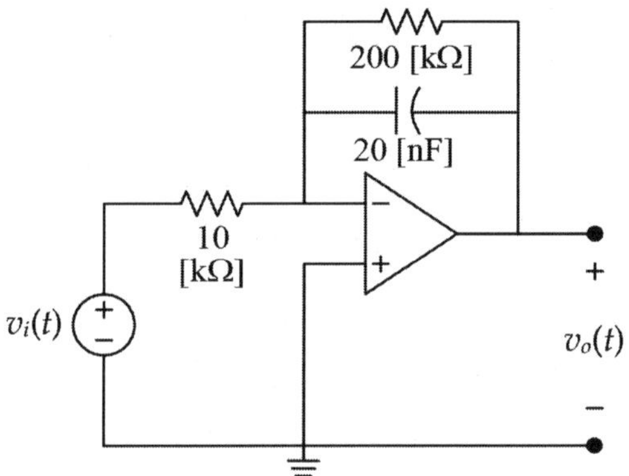

그림 P14.44

14.45 그림 P14.45에 나타낸 연산증폭기를 이용한 능동필터 회로에 대하여

(1) 전달함수 $H(s) = V_o(s)/V_i(s)$를 구하라.

(2) 주파수응답 이득이 최대가 되는 주파수와 최대 이득을 구하라.

(3) 주파수응답 이득이 최대값의 $1/\sqrt{2}$ 배가 되는 주파수를 구하고, 이득 곡선을 그려서 필터의 종류를 판정하라.

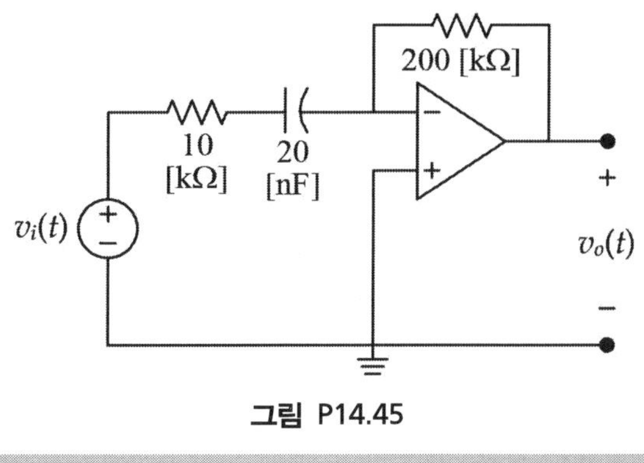

그림 P14.45

14.46 그림 P14.46에 나타낸 연산증폭기를 이용한 능동필터 회로에 대하여

(1) 전달함수 $H(s) = V_o(s)/V_i(s)$를 구하라.

(2) 주파수응답 이득이 최대가 되는 주파수와 최대 이득을 구하라.

(3) 주파수응답 이득이 최대값의 $1/\sqrt{2}$ 배가 되는 주파수를 구하고, 이득 곡선을 그려서 필터의 종류를 판정하라.

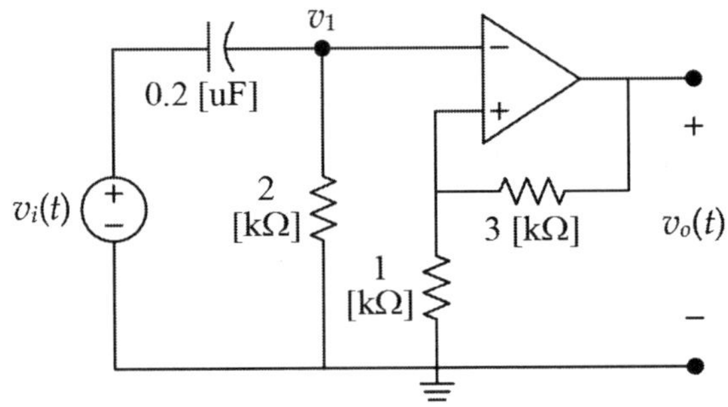

그림 P14.46

14.47 그림 P14.47에 나타낸 연산증폭기를 이용한 능동필터 회로에 대하여

(1) 전달함수 $H(s) = V_o(s)/V_i(s)$를 구하라.

(2) 주파수응답 이득이 최대가 되는 주파수와 최대 이득을 구하라.

(3) 주파수응답 이득이 최대값의 $1/\sqrt{2}$ 배가 되는 주파수를 구하고, 이득 곡선을 간략히 그리고 필터 종류를 판정하라.

(4) 대역폭과 양호도를 구하라.

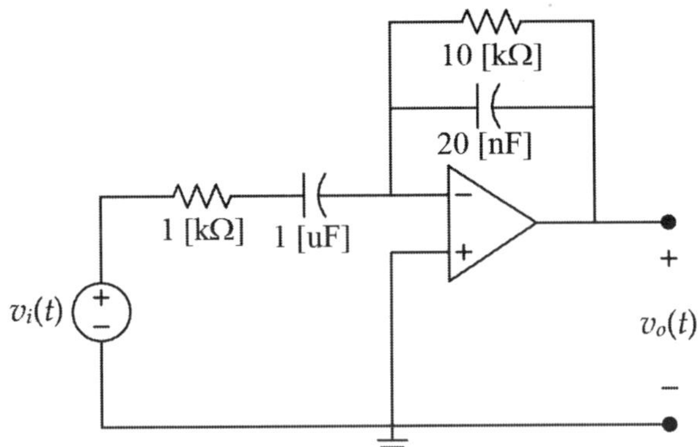

그림 P14.47

14.48 그림 P14.48에 나타낸 다단 연산증폭기를 이용한 능동필터 회로에 대하여

(1) 전달함수 $H(s) = V_o(s)/V_i(s)$를 구하라.

(2) 주파수응답 이득이 최대가 되는 주파수와 최대 이득을 구하라.

(3) 주파수응답 이득이 최대 이득의 $1/\sqrt{2}$ 배가 되는 주파수를 구하라.

(4) 주파수응답 이득 곡선을 간략히 그리고 필터 종류를 판정하라.

(5) 대역폭과 양호도를 구하라.

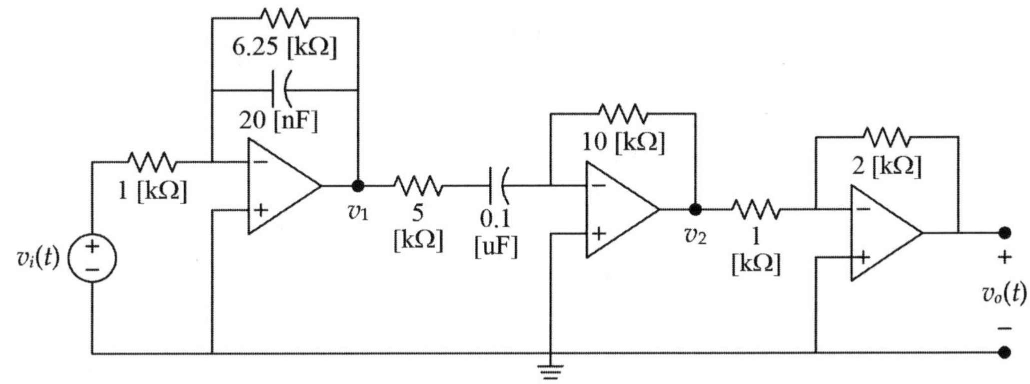

그림 P14.48

자기결합회로와 2-포트 회로

CHAPTER

15

현재까지 학습한 전기회로에서 소자들은 전선으로 연결되어 있어서 어떤 소자를 통하여 흐르는 전류와 각 소자의 저항이나 임피던스에 의하여 전압이 결정된다. 그리고 이러한 현상을 바탕으로 연결된 소자 사이의 동작이나 연결된 망로와 망로 사이의 상호작용에 의하여 나타나는 전기적 파라미터를 중점적으로 해석하였다.

전선에 의한 직접적인 연결이 없는 회로들 사이에서도 상호작용이 일어날 수 있을까? 두 회로가 물리적으로 아주 근거리에 위치하는 경우라는 전제조건이 만족된다면 이 물음에 대한 대답은 '그렇다'이다. 인덕터 주변에 형성된 자속이 시간에 따라 변하는 경우 인덕터 양단에 전압이 유도되는 현상을 5장에서 학습하였다. 또한, 인덕터를 통하여 시간에 따라 변하는 전류를 흐르게 하면 인덕터 주변에는 시간에 따라 변하는 자기장을 발생시킬 수도 있다. 그러므로 쇄교 자속의 영향이 미칠 수 있는 거리에 위치한 한 쌍의 인덕터(또는 코일)는 전선으로 직접 연결되지 않더라도 한 쪽 인덕터에 시변 전류를 흐르게 하면 다른 쪽 인덕터에 전압을 유기시킬 수 있다. 이러한 현상을 자기적 결합(magnetic coupling)이라고 하며, 무선 전력전송이나 무선 충전은 대표적인 활용 예이다.

자기결합 특성을 이용하여 만든 대표적인 회로소자가 변압기(transformer)이다. 변압기는 전력시스템의 한 쪽 회로에 인가된 교류전압과 전류를 높이거나 낮춰서 다른 쪽 회로에 나타나게 하는 목적으로 사용된다. 이 장에서는 상호 인덕턴스(mutual inductance)의 개념부터 시작하여 자기결합 특성을 이용하는 일반적인 변압기의 해석, 이상적인 변압기와 단권변압기 회로의 동작 특성 등에 대하여 학습한다. 그리고 마지막으로 2-포트 회로의 특성과 여러 가지 파라미터 결정방법을 학습한다.

15.1 상호 인덕턴스와 자기결합회로

코일형 인덕터에 전류 i가 흐르면 코일 주변에는 자기장이 형성된다. ϕ를 자속밀도(magnetic flux density)로 정의할 때 그림 15.1과 같이 N번 감은 코일의 쇄교자속은 다음과 같다.

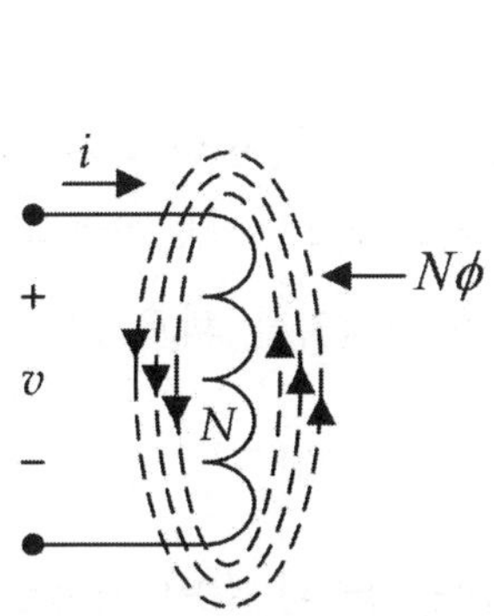

그림 15.1 코일형 인덕터

$$\lambda = N\phi = Li \tag{15.1}$$

코일을 통하여 흐르는 전류가 교류이면 식 (15.1)의 자속도 시변함수가 되므로 인덕터 양단에 유기되는 전압은 다음과 같다.

$$v = \frac{d\lambda}{dt}. \tag{15.2}$$

식 (15.1)을 식 (15.2)에 대입하면 인덕터에서 전압-전류 관계식은 다음과 같이 유도할 수 있다.

$$v = \frac{d\lambda}{dt} = \frac{d}{dt}\{Li\} = L\frac{di}{dt}. \tag{15.3}$$

식 (15.1)부터 식 (15.3)까지 나타낸 인덕터의 전압-전류 특성은 단일 코일에 의하여 나타나는 전기적 특성이다. 이 개념을 확장하여 그림 15.2와 같은 한 쌍의 코일형 인덕터에서 나타나는 전기적 특성을 고려하여 보자.

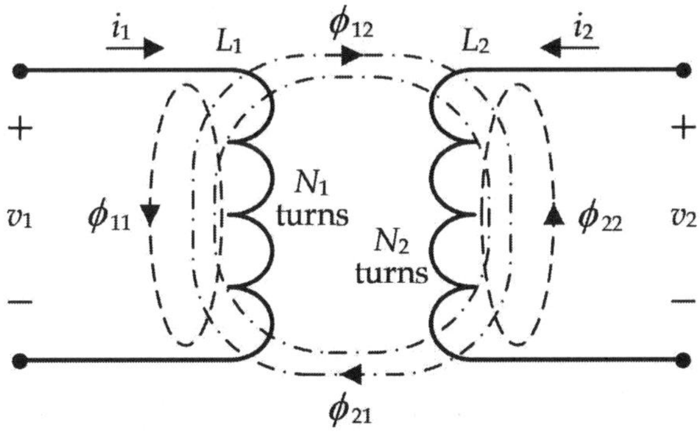

그림 15.2 상호결합된 코일형 인덕터 쌍

두 개의 코일형 인덕터가 전류에 의하여 발생되는 자기장의 영향을 받을 수 있을 정도로 충분히 가까운 거리에 위치하는 경우 전류 i_1에 의하여 발생되는 자속 ϕ_1은 왼쪽 코일형 인덕터를 쇄교하는 성분과 오른쪽 인덕터를 쇄교하는 성분의 합이 되고

$$\phi_1 = \phi_{11} + \phi_{12}, \tag{15.4}$$

전류 i_2에 의하여 발생되는 자속은 다음과 같이 나타낼 수 있다.

$$\phi_2 = \phi_{21} + \phi_{22}. \tag{15.5}$$

이와 같은 경우 두 코일은 물리적으로는 분리되어 있지만 자기적으로는 결합되어 있는 것으로 간주할 수 있다.

자속 ϕ_1은 왼쪽 코일을 쇄교하므로 인덕터 1에 유기되는 전압은

$$v_1 = N_1 \frac{d\phi_1}{dt} \tag{15.6}$$

이 되고, 이것을 전류의 변화량으로 나타내면 다음과 같다.

$$v_1 = N_1 \frac{d\phi_1}{di_1} \cdot \frac{di_1}{dt} = L_1 \frac{di_1}{dt}. \tag{15.7}$$

여기서 $L_1 = d\phi_1/di_1$을 인덕터 1의 자기 인덕턴스(self-inductance)라고 한다. 자속 ϕ_1중 ϕ_{12}만이 오른쪽 코일을 쇄교하므로 전류 i_1에 의하여 인덕터 2에 유기되는 전압은 다음과 같이 나타낼 수 있다.

$$v_2 = N_2 \frac{d\phi_{12}}{dt} = N_2 \frac{d\phi_{12}}{di_1} \cdot \frac{di_1}{dt}. \tag{15.8}$$

여기서

$$M_{21} = N_2 \frac{d\phi_{12}}{di_1} \tag{15.9}$$

는 인덕터 1에 대한 인덕터 2의 상호 인덕턴스로 정의된다. 즉, 상호 인덕턴스 M_{21}은 인덕터 1에 흐르는 전류 i_1에 의하여 인덕터 2에 유기되는 전압을 정량화시켜 나타내는 계수이다. 그러므로 식 (15.8)은

$$v_2 = M_{21}\frac{di_1}{dt} \tag{15.10}$$

으로 나타낼 수 있다.

동일한 원리를 적용하면 전류 i_2에 의하여 인덕터 2에 유기되는 전압은

$$v_2 = N_2\frac{d\phi_2}{di_2} \cdot \frac{di_2}{dt} = L_2\frac{di_2}{dt} \tag{15.11}$$

가 되고, $L_2 = d\phi_2/di_2$는 인덕터 2의 자기 인덕턴스이다. 또한 자속 ϕ_{21}은 인덕터 1을 쇄교하므로 전류 i_2에 의하여 인덕터 1에 유기되는 전압은

$$v_1 = N_1\frac{d\phi_{21}}{dt} = N_1\frac{d\phi_{21}}{di_2} \cdot \frac{di_2}{dt} = M_{12}\frac{di_2}{dt} \tag{15.12}$$

이다. 따라서 인덕터 2에 대한 인덕터 1의 상호 인덕턴스는 다음과 같이 정의된다.

$$M_{12} = N_1\frac{d\phi_{21}}{di_2}. \tag{15.13}$$

일반적으로 상호 인덕턴스는 항상 양의 값을 가지며,

$$M_{12} = M_{21} = M \tag{15.14}$$

로 동일하다. (이것은 15.2절 자기결합회로의 에너지에서 설명하기로 한다.) 하지만 상호 유도전압 Mdi/dt의 극성은 전류와 전압의 기준 방향과 극성에 따라 정해진다. 이것은 쇄교자속의 방향이 코일의 감긴 방향에 따라 렌츠의 법칙과 오른손의 법칙에 의하여 결정되기 때문이다.

전기회로에서 코일의 감긴 방향을 일일이 나타내는 것이 매우 불편한 일이기 때문에 전기회로에서는 점규약(dot convention)을 사용한다. 점규약은 자기적으로 상호 결합된 두 코일의 각각 한쪽 끝에 점을 찍어 코일에 전류가 흘러 들어가는 방향을 표시함으로써 상호 유도전압의 극성을 쉽게 결정하는 방법이다. 점규약은 다음과 같은 두 가지 방법으로 정리할 수 있다.

1

만약 한 코일형 인덕터의 점이 찍힌 단자로 전류가 흘러 들어가면, 다른 코일형 인덕터에 유기되는 상호 유도전압의 기준 극성은 점이 찍힌 단자에서 양이 된다.

2

만약 한 코일형 인덕터의 점이 찍힌 단자로 전류가 흘러 나오면, 다른 코일형 인덕터에 유기되는 상호 유도전압의 기준 극성은 점이 찍힌 단자에서 음이 된다.

이와 같은 점규약을 사용하면 상호 유도전압의 기준 극성은 유기시키는 전류의 기준 방향과 점의 위치에 따라 쉽게 정할 수 있다. 그림 15.3은 점규약에 따라 발생 가능한 4쌍의 자기결합회로를 나타낸다.

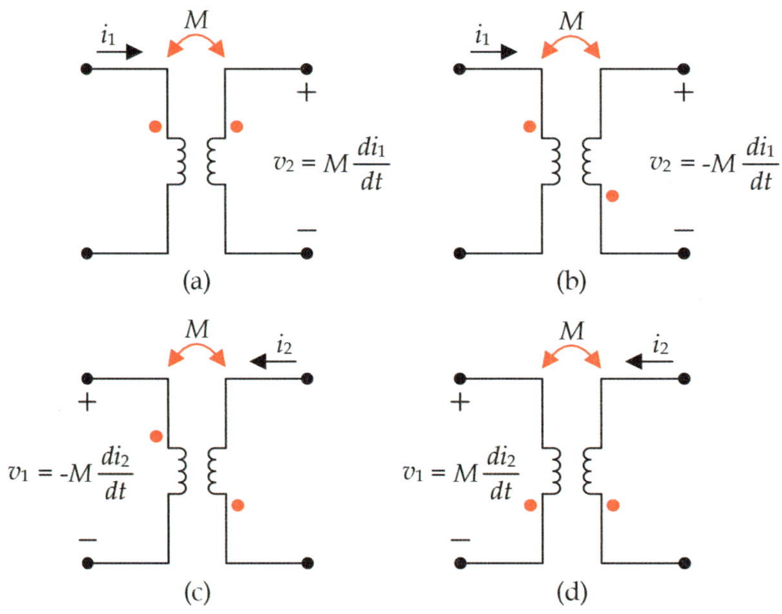

그림 15.3 점규약에 따른 자기결합회로의 예

그림 15.3(a)에서 상호 유도전압을 유기시키는 전류 i_1이 왼쪽 코일의 점이 찍힌 부분으로 흘러 들어가므로 오른쪽 코일에 유도되는 전압의 극성은 점이 찍힌 부분이 양의 극성을 가지게 된다. 그러므로 상호 유도전압 v_2는 Mdi_1/dt가 되는 것이다. 이에 비하여 그림 15.3(b)에서는 전류 i_1의 기준 방향은 그림 15.3(a)와 동일하지만 오른쪽 코일에 찍힌 점이 반대 위치이므로 상호 유도전압의 극성은 음이 된다. 따라서 상호 유도전압은

$v_2 = -Mdi_1/dt$가 된다. 그림 15.3(c)의 경우 전류 i_2가 점이 찍힌 부분으로 흘러 나가므로 왼쪽 코일의 점이 찍힌 부분을 양으로 측정하면 상호 유도전압의 극성은 음이 되어야 한다. 이런 이유로 상호 유도전압은 $v_1 = -Mdi_2/dt$가 된다. 하지만 그림 15.3(d)처럼 점이 찍힌 부분이 상호 유도전압을 측정하는 음의 단자에 위치하면 상호 유도전압은 $v_1 = -(-Mdi_2/dt) = Mdi_2/dt$가 된다.

직렬 연결된 코일형 인덕터에서 점규약의 적용방법을 살펴보기 위하여 그림 15.4를 예로 들어보자.

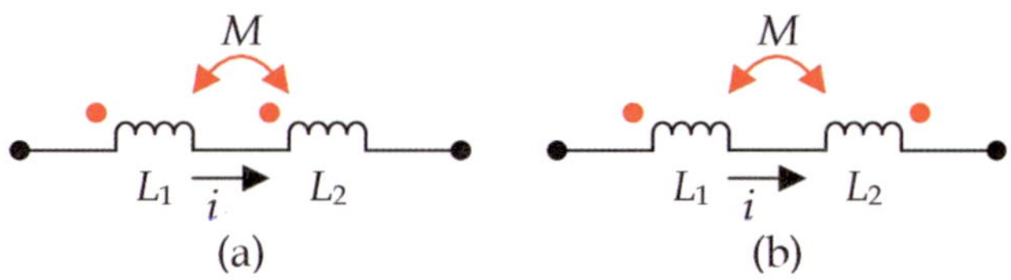

그림 15.4 직렬 연결된 코일형 인덕터에 대한 점규약

그림 15.4(a)에서 전류는 두 코일의 점이 찍힌 부분으로 흘러 들어가는 형태이며, 이 경우 전체 인덕턴스는

$$L = L_1 + L_2 + 2M \tag{15.15}$$

이 되며, 이것을 직렬 보조연결(series-aiding connection)이라고 한다. 이에 비하여 그림 15.4(b)에서는 두 번째 코일의 점이 찍힌 부분이 전류가 흘러 나오는 방향이므로 극성은 음이 되고, 전체 인덕턴스는

$$L = L_1 + L_2 - 2M. \tag{15.16}$$

이러한 결합구조를 직렬 대립연결(series-opposing connection)이라고 한다.

자기적 결합의 개념과 점규약에 대한 학습을 바탕으로 상호 인덕턴스를 포함하는 그림 15.5의 회로를 해석하여보자. 왼쪽 폐회로에 키르히호프 전압법칙을 적용하면 회로방정식은

$$v_1 = R_1 i_1 + L_1\frac{di_1}{dt} + M\frac{di_2}{dt} \tag{15.17}$$

가 되고, 오른쪽 폐회로에 키르히호프 전압법칙을 적용한 회로방정식은

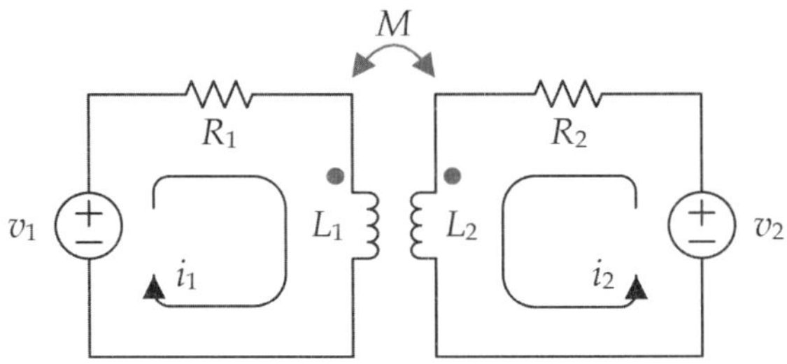

그림 15.5 자기결합 인덕터를 포함하는 회로

$$v_2 = R_2 i_2 + L_2 \frac{di_2}{dt} + M \frac{di_1}{dt}. \tag{15.18}$$

두 교류전원 v_1과 v_2의 각주파수를 ω [rad/sec]라고 가정하면, 식 (15.17)과 식 (15.18)의 주파수영역 표현은 각각 다음과 같다.

$$\mathrm{V}_1 = R_1 \mathrm{I}_1 + j\omega L_1 \mathrm{I}_1 + j\omega M \mathrm{I}_2 = (R_1 + j\omega L_1)\mathrm{I}_1 + j\omega M \mathrm{I}_2, \tag{15.19}$$

$$\mathrm{V}_2 = R_2 \mathrm{I}_2 + j\omega L_2 \mathrm{I}_2 + j\omega M \mathrm{I}_1 = j\omega M \mathrm{I}_1 + (R_2 + j\omega L_2)\mathrm{I}_2. \tag{15.20}$$

여기서 V_1과 I_1은 각각 전압 v_1과 전류 i_1의 페이저 형식을 나타낸다. 식 (15.19)와 식 (15.20)으로부터 그림 15.5에 나타낸 시간영역 자기결합회로에 대응하는 주파수영역 회로는 그림 15.6과 같다.

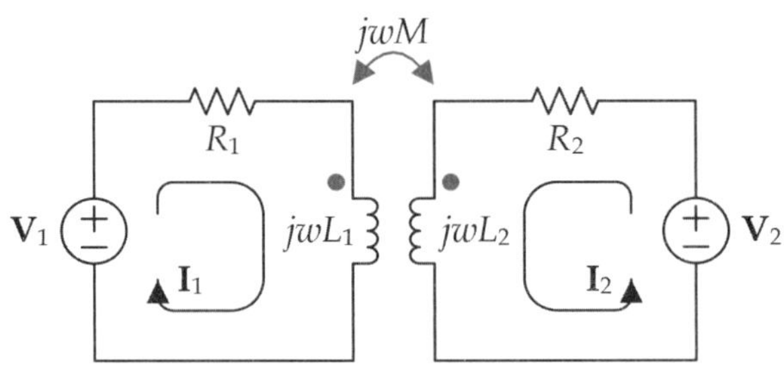

그림 15.6 자기결합 인덕터를 포함하는 회로의 주파수영역 표현

식 (15.19)와 식 (15.20)의 주파수영역 회로방정식을 행렬의 형태로 나타내면

$$\begin{pmatrix} R_1 + j\omega L_1 & j\omega M \\ j\omega M & R_2 + j\omega L_2 \end{pmatrix} \begin{pmatrix} \mathrm{I}_1 \\ \mathrm{I}_2 \end{pmatrix} = \begin{pmatrix} \mathrm{V}_1 \\ \mathrm{V}_2 \end{pmatrix} \tag{15.21}$$

가 되며, 이를 풀면 망로전류의 주파수응답과 정상상태응답을 구할 수 있다.

예제 15.1

다음 자기결합회로에서 망로전류 I_1과 I_2, 전압 V_o를 구하라.

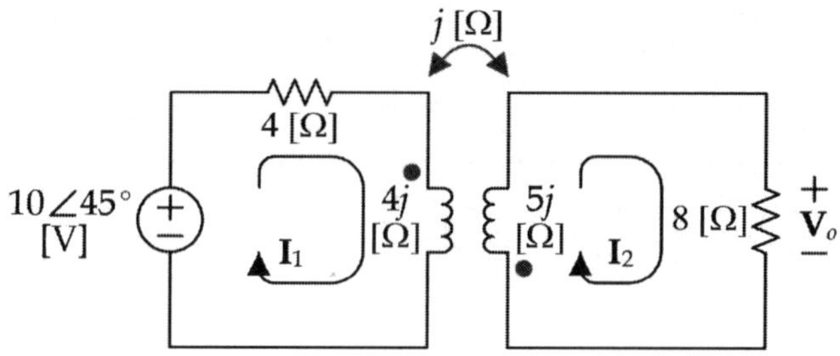

그림 15.7 예제 15.1을 위한 자기결합회로

풀이

왼쪽 망로에 키르히호프 전압법칙을 적용하여 정리하면 회로방정식은 다음과 같다.

$$-10\angle 45^\circ + 4\mathrm{I}_1 + 4j\mathrm{I}_1 + j\mathrm{I}_2 = 0 \rightarrow (4+4j)\mathrm{I}_1 + j\mathrm{I}_2 = 10\angle 45^\circ. \quad ①$$

오른쪽 망로에 키르히호프 전압법칙을 적용한 회로방정식은

$$5j\mathrm{I}_2 + 8\mathrm{I}_2 + j\mathrm{I}_1 = 0 \rightarrow j\mathrm{I}_1 + (8+5j)\mathrm{I}_2 = 0. \quad ②$$

두 망로방정식을 행렬형태로 나타내면

$$\begin{pmatrix} 4+4j & j \\ j & 8+5j \end{pmatrix}\begin{pmatrix} \mathrm{I}_1 \\ \mathrm{I}_2 \end{pmatrix} = \begin{pmatrix} 10\angle 45^\circ \\ 0 \end{pmatrix} \quad ③$$

이고, 계수행렬의 행렬식은 다음과 같이 계산된다.

$$\Delta = \begin{vmatrix} 4+4j & j \\ j & 8+5j \end{vmatrix} = (4+4j)(8+5j) - j^2 = 13+52j. \quad ④$$

크라머의 법칙을 이용하면 망로전류는 각각

$$\mathrm{I}_1 = \frac{1}{\Delta}\begin{vmatrix} 10\angle 45^\circ & j \\ 0 & 8+5j \end{vmatrix} = \frac{10\angle 45^\circ \times 9.43\angle 32.01^\circ}{53.6\angle 75.96^\circ} = 1.76\angle 1.05^\circ \ [\mathrm{A}], \quad ⑤$$

$$I_2 = \frac{1}{\Delta}\begin{vmatrix} 4+4j & 10\angle 45^\circ \\ j & 0 \end{vmatrix} = \frac{-j\times 10\angle 45^\circ}{53.6\angle 75.96^\circ} = 0.19\angle -120.96^\circ \text{ [A]}. \quad ⑥$$

그러므로 8 [Ω] 저항 양단의 전압은

$$V_o = 8I_2 = 8\times 0.19\angle -120.96^\circ = 1.52\angle -120.96^\circ \text{ [V]} \quad ⑦$$

가 된다.

예제 15.2

다음 자기결합회로에서 망로전류 I_1과 I_2를 구하라.

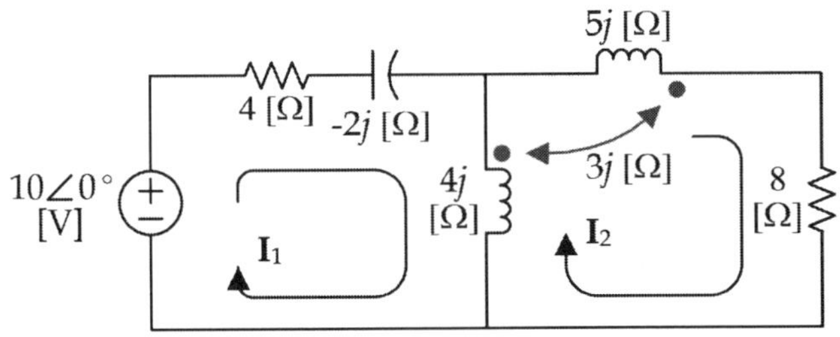

그림 15.8 예제 15.2를 위한 자기결합회로

풀이

상호 전압을 유기시키는 전류 I_2가 $5j$ [Ω] 인덕터의 점이 찍힌 부분으로 흘러 나오는 것을 고려하면 왼쪽 망로에 키르히호프 전압법칙을 적용한 회로방정식은 다음과 같다.

$$-10\angle 0^\circ + (4-2j)I_1 + 4j(I_1 - I_2) - 3jI_2 = 0 \rightarrow (4+2j)I_1 - 7jI_2 = 10. \quad ①$$

오른쪽 망로에서는 전류 I_2에 대하여 두 개의 인덕터가 직렬 연결된 형태임을 고려하면 키르히호프 전압법칙을 적용한 회로방정식은

$$(8+5j)I_2 + 4j(I_2 - I_1) - 3jI_1 + 2\times 3jI_2 = 0 \rightarrow -7jI_1 + (8+15j)I_2 = 0. \quad ②$$

두 망로방정식을 행렬형태로 나타내면

$$\begin{pmatrix} 4+2j & -7j \\ -7j & 8+15j \end{pmatrix}\begin{pmatrix} I_1 \\ I_2 \end{pmatrix} = \begin{pmatrix} 10 \\ 0 \end{pmatrix} \quad ③$$

이고, 계수행렬의 행렬식은 다음과 같이 계산된다.

$$\varDelta = \begin{vmatrix} 4+2j & -7j \\ -7j & 8+15j \end{vmatrix} = (4+2j)(8+15j) - (-7j)^2 = 51+76j. \qquad ④$$

크라머의 법칙을 이용하면 망로전류는 각각

$$\mathrm{I}_1 = \frac{1}{\varDelta}\begin{vmatrix} 10 & -7j \\ 0 & 8+15j \end{vmatrix} = \frac{10 \times 17\angle 66.93^\circ}{91.53\angle 56.14^\circ} = 1.86\angle 10.79^\circ \text{ [A]}, \qquad ⑤$$

$$\mathrm{I}_2 = \frac{1}{\varDelta}\begin{vmatrix} 4+2j & 10 \\ -7j & 0 \end{vmatrix} = \frac{-7j \times 10}{91.53\angle 56.14^\circ} = 0.76\angle -146.14^\circ \text{ [A]} \qquad ⑥$$

로 계산된다.

15.2 자기결합회로의 에너지

자기결합이 없는 단일 인덕터에 저장되는 에너지는 5장에서 학습한 것처럼 다음과 같다.

$$w = \frac{1}{2}Li^2. \qquad (15.22)$$

그림 이제는 그림 15.9에 나타낸 자기결합회로에서 인덕터에 저장되는 에너지를 계산하여보자.

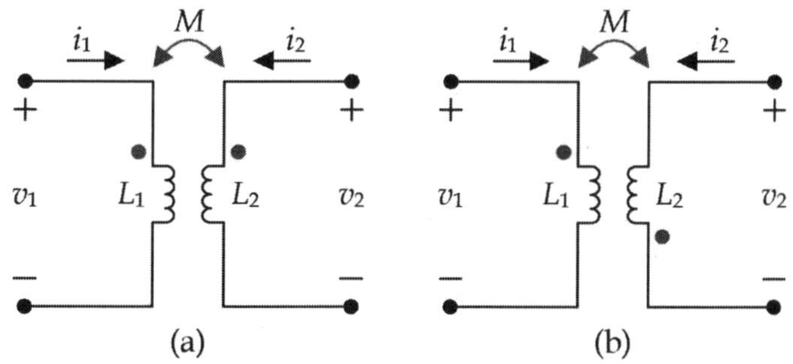

그림 15.9 기본적인 자기결합회로

먼저 편리한 해석을 위하여 초기 시간은 $t=0$으로 정하고, 두 인덕터에 저장된 초기 에너지는 0 [J]인 것으로 가정한다. 즉, $w_1(0)=w_2(0)=0$ [J]이다. 앞에서 학습한 것처럼 그림 15.9(a)에서 인덕터 1 양단에 걸리는 전압은

$$v_1 = L_1 \frac{di_1}{dt} + M_{12} \frac{di_2}{dt} \tag{15.23}$$

여기서 첫 번째 항은 전류 i_1에 의하여 인덕터 1에 유기되는 전압이고, 두 번째 항은 전류 i_2에 의하여 인덕터 1에 유기되는 상호 유도전압이다. 그림 15.9(b)에서는 인덕터 2의 점이 찍힌 곳으로 유기전류 i_2가 흘러 나가므로 상호 유도전압의 극성이 음이 된다. 따라서 인덕터 1 양단에 걸리는 전압은

$$v_1 = L_1 \frac{di_1}{dt} - M_{12} \frac{di_2}{dt} \tag{15.24}$$

이 된다. 따라서 식 (15.23)과 식 (15.24)를 일반화시켜 하나의 식으로 나타내면 다음과 같다.

$$v_1 = L_1 \frac{di_1}{dt} \pm M_{12} \frac{di_2}{dt} \tag{15.25}$$

동일한 원리로 인덕터 2 양단에 걸리는 전압은 다음과 같이 나타낼 수 있다.

$$v_2 = L_2 \frac{di_2}{dt} \pm M_{21} \frac{di_1}{dt}. \tag{15.26}$$

두 개의 인덕터에 걸리는 전압과 인덕터를 통하여 흐르는 전류가 정의되었으므로 각각의 인덕터에서 소비되는 순시전력은 다음과 같이 정의된다.

$$p_1 = v_1 i_1 = i_1 L_1 \frac{di_1}{dt} \pm i_1 M_{12} \frac{di_2}{dt}, \tag{15.27}$$

$$p_2 = v_2 i_2 = i_2 L_2 \frac{di_2}{dt} \pm i_2 M_{21} \frac{di_1}{dt}. \tag{15.28}$$

시간구간 [0, t_1]동안 인덕터 2의 전류를 $i_2=0$ [A]로 유지하면서 인덕터 1에 흐르는 전류를 0 [A]에서 I_1 [A]로 변화시킬 때 결합 인덕터에 저장되는 에너지는

$$w_1 = \int_0^{t_1} p_1\,dt = \int_0^{t_1} \left(i_1 L_1 \frac{di_1}{dt} \pm i_1 M_{12} \frac{di_2}{dt} \right) dt = L_1 \int_0^{t_1} i_1\,di_1 = \frac{1}{2} L_1 I_1^2 \tag{15.29}$$

이 된다. 다음 시간구간 $[t_1,\ t_2]$동안 인덕터 1에 흐르는 전류는 그대로 유지하고 인덕터 2에 흐르는 전류를 0 [A]에서 I_2 [A]로 증가시키면 $di_1/dt = 0$이므로 인덕터 1에 저장되는 에너지는

$$w_1{}' = \int_{t_1}^{t_2} p_1\,dt = \int_{t_1}^{t_2}\left(0 \pm i_1 M_{12}\frac{di_2}{dt}\right)dt = \pm M_{12}\int_{t_1}^{t_2} I_1\,di_2 = \pm M_{12}I_1I_2 \tag{15.30}$$

이 되고, 인덕터 2에 저장되는 에너지는

$$w_2 = \int_{t_1}^{t_2} p_2\,dt = \int_{t_1}^{t_2}\left(i_2L_2\frac{di_2}{dt} \pm i_2M_{21}\frac{di_1}{dt}\right)dt = L_2\int_{t_1}^{t_2} i_2\,di_2 = \frac{1}{2}L_2I_2^2. \tag{15.31}$$

식 (15.29)부터 식 (15.31)을 통하여 시간구간 $[0,\ t_2]$동안 결합 인덕터 쌍에 저장되는 총 에너지는

$$w = w_1 + w_2 + w_1{}' = \frac{1}{2}L_1I_1^2 + \frac{1}{2}L_2I_2^2 \pm M_{12}I_1I_2. \tag{15.32}$$

이번에는 같은 시간동안 전류 i_1과 i_2의 순서를 바꿔서 총 에너지를 구하면

$$w = w_2 + w_1 + w_2{}' = \frac{1}{2}L_2I_2^2 + \frac{1}{2}L_1I_1^2 \pm M_{21}I_2I_1 \tag{15.33}$$

이다. 동일한 시간동안 두 방법에 의하여 결합 인덕터 쌍에 저장되는 총 에너지를 나타내는 식 (15.32)와 식 (15.33)은 동일하여야 하므로

$$M_{12} = M_{21} = M \tag{15.34}$$

이 되어야 한다. 이로부터 자기결합회로 인덕터 쌍에 저장되는 총 에너지에 대한 일반식은

$$w = \frac{1}{2}L_1i_1^2 + \frac{1}{2}L_2i_2^2 \pm Mi_1i_2 \tag{15.35}$$

로 표현된다. 여기서 결합 인덕턴스 앞의 부호는 점규약에 의하여 두 전류가 모두 점이 찍힌 단자로 흘러 들어가거나 흘러 나오는 경우에는 (+)부호가 되고, 전류의 흐름이 다른 경우에는 (−)부호가 된다.

인덕터는 수동소자이므로 저장되는 총 에너지는

$$w=\frac{1}{2}L_1i_1^2+\frac{1}{2}L_2i_2^2-Mi_1i_2\geq 0 \tag{15.36}$$

이 만족되어야 한다. 식 (15.36)을 변형하여 다시 쓰면

$$\frac{1}{2}(\sqrt{L_1}i_1-\sqrt{L_2}i_2)^2+(\sqrt{L_1L_2}-M)i_1i_2\geq 0 \tag{15.37}$$

이 된다. 여기서 첫 번째 항은 항상 0보다 크거나 같으므로 식 (15.36)을 만족하는 조건은

$$k=\frac{M}{\sqrt{L_1L_2}}\leq 1 \tag{15.38}$$

임을 알 수 있다. 여기서 k는 결합계수라고 하며 하나의 인덕터에 의하여 발생된 자속이 다른 인덕터를 쇄교하는 정도를 나타낸다. 두 인덕터 사이에 상호 인덕턴스가 $M=0$ [H]라면 결합계수도 0이 된다. 또한, 식 (15.38)에 식 (15.34)를 적용하면

$$k=\frac{\sqrt{M_{12}M_{21}}}{\sqrt{L_1L_2}}=\sqrt{\frac{\phi_{21}}{\phi_1}}\cdot\sqrt{\frac{\phi_{12}}{\phi_2}} \tag{15.39}$$

된다. 자속 ϕ_{21}과 ϕ_{12}는 자속 ϕ_1과 ϕ_2의 일부분이므로 결합계수의 범위는

$$0\leq k\leq 1 \tag{15.40}$$

이 되어야 하며, 이것은 등가적으로

$$0\leq M\leq \sqrt{L_1L_2} \tag{15.41}$$

가 됨을 의미한다. 따라서 상호 인덕턴스의 최대값은 두 인덕터가 가지는 자기 인덕턴스의 기하평균을 초과할 수 없다.

예제 15.3

다음 자기결합회로에서 전원이 $v(t)=5\cos(2t+45^\circ)$ [V]일 때 인덕터 쌍의 결합계수, 망로전류 $i_1(t)$와 $i_2(t)$를 구하라. 그리고 $t=1$ [sec]까지 결합 인덕터에 축적되는 에너지를 구하라. 여기서 초기시간 $t=0$ [sec]에서 인덕터에 저장된 초기 에너지는 0 [J]인 것으로 가정한다.

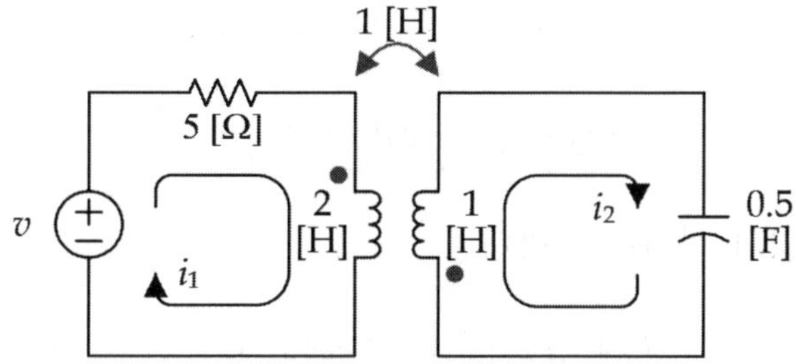

그림 15.10 예제 15.3을 위한 자기결합회로

풀이

식 (15.38)에 따라 결합계수는

$$k = \frac{M}{\sqrt{L_1 L_2}} = \frac{1}{\sqrt{2 \times 1}} = 0.71. \qquad ①$$

교류전원의 각주파수가 $\omega = 2$ [rad/sec]이므로 각 수동소자의 임피던스는

$$j\omega L_1 = j2 \times 2 = 4j, \ \ j\omega L_2 = j2 \times 1 = 2j, \qquad ②$$

$$j\omega M = j2 \times 1 = 2j, \ \ \frac{1}{j\omega C} = -j\frac{1}{2 \times 0.5} = -j \ [\Omega].$$

식 ②의 파라미터를 적용하여 주어진 회로에 대한 페이저 변환회로는 다음과 같다.

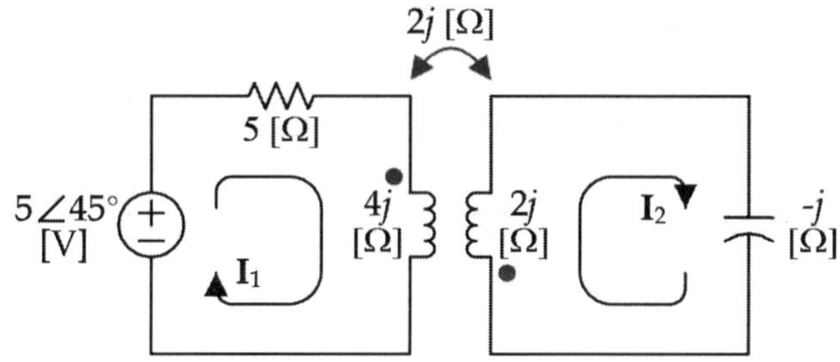

그림 15.11 주어진 회로에 대한 페이저 변환회로

페이저 변환회로의 왼쪽 망로와 오른쪽 망로에 키르히호프 전압법칙을 적용하면 회로방정식은 각각 다음과 같다.

$$(5+4j)\mathrm{I}_1+2j\mathrm{I}_2=5\angle 45^\circ, \quad ③$$

$$(2j-j)\mathrm{I}_2+2j\mathrm{I}_1=0. \quad ④$$

두 회로방정식을 행렬의 형태로 나타내면

$$\begin{pmatrix} 5+4j & 2j \\ 2j & j \end{pmatrix}\begin{pmatrix} \mathrm{I}_1 \\ \mathrm{I}_2 \end{pmatrix}=\begin{pmatrix} 5\angle 45^\circ \\ 0 \end{pmatrix} \quad ⑤$$

이다. 따라서 계수행렬의 행렬식은

$$\Delta=\begin{vmatrix} 5+4j & 2j \\ 2j & j \end{vmatrix}=(5+4j)\cdot j-(2j)^2=5j-4+4=5j. \quad ⑥$$

크라머의 법칙을 적용하면 각각의 망로전류는

$$\mathrm{I}_1=\begin{vmatrix} 5\angle 45^\circ & 2j \\ 0 & j \end{vmatrix}/\Delta=\frac{5\angle 45^\circ \times j}{5j}=1\angle 45^\circ \quad ⑦$$

$$\rightarrow i_1(t)=\cos(2t+45^\circ)\ [\mathrm{A}],$$

$$\mathrm{I}_2=\begin{vmatrix} 5+4j & 5\angle 45^\circ \\ 2j & 0 \end{vmatrix}/\Delta=\frac{-(5\angle 45^\circ \times 2j)}{5j}=2\angle -135^\circ$$

$$\rightarrow i_2(t)=2\cos(2t-135^\circ)\ [\mathrm{A}], \quad ⑧$$

$t=1$ [sec]이면 $\omega t=2$ [rad]이며, 이것을 각도로 환산하면 114.59° 이므로 $t=1$ [sec]에서 각각의 망로전류는

$$i_1(t=1)=\cos(114.59^\circ+45^\circ)=-0.94\ [\mathrm{A}], \quad ⑨$$

$$i_2(t=1)=2\cos(114.59^\circ-135^\circ)=1.87\ [\mathrm{A}].$$

그러므로 $t=1$ [sec]까지 결합 인덕터 쌍에 축적되는 총 에너지는 식 (15.35)에 따라

$$w=\frac{1}{2}\times 2\times(-0.94)^2+\frac{1}{2}\times 1\times(1.87)^2+1\times -0.94\times 1.87=0.87\ [\mathrm{J}]. \quad ⑩$$

15.3 상호 인덕턴스와 변압기

변압기는 결합 코일의 상호 인덕턴스 특성을 이용하는 대표적인 4단자 회로소자이다. 그림 15.12에 나타낸 것처럼 변압기는 코어(core)에 서로 단락되지 않도록 두 개의 코일을 감고, 1차 코일(primary coil)에는 전원을 연결하고 2차 코일(secondary coil)에는 부하를 연결한다. 코어는 코일에 전류가 흐르면 강한 자기장을 쉽게 형성할 수 있는 재료를 사용하며, 이것은 1차 코일과 2차 코일의 상호 결합을 도와주는 역할을 한다.

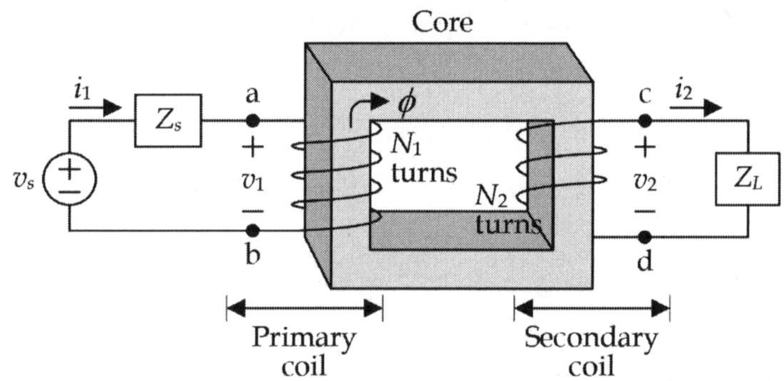

그림 15.12 변압기

이와 같은 변압기를 전기회로 심볼을 사용하여 나타내면 다음과 같다.

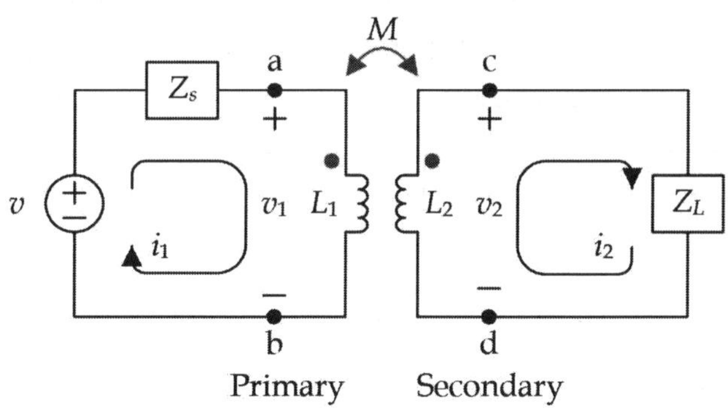

그림 15.13 전기회로 심볼을 이용한 변압기

점규약을 고려하여 1차 측과 2차 측 인덕터 양단에 걸리는 전압을 수동부호규정에 따라 구하면

$$j\omega L_1 \mathrm{I}_1 - j\omega M \mathrm{I}_2 = \mathrm{V}_1, \tag{15.42}$$

$$-j\omega M \mathrm{I}_1 + j\omega L_2 \mathrm{I}_2 = -\mathrm{V}_2. \tag{15.43}$$

$\mathrm{V}_2 = Z_L \mathrm{I}_2$이므로 식 (15.43)은

$$\mathrm{I}_2 = \frac{j\omega M}{Z_L + j\omega L_2}\mathrm{I}_1 \tag{15.44}$$

가 되며, 이것을 식 (15.42)에 대입하면

$$\left(j\omega L_1 + \frac{\omega^2 M^2}{Z_L + j\omega L_2}\right)\mathrm{I}_1 = \mathrm{V}_1. \tag{15.45}$$

V_1과 I_1이 각각 1차 측 인덕터 양단에 걸리는 전압과 인덕터를 통하여 흐르는 전류이므로 1차 측 인덕터의 임피던스는

$$Z_1 = \frac{\mathrm{V}_1}{\mathrm{I}_1} = \left(j\omega L_1 + \frac{\omega^2 M^2}{Z_L + j\omega L_2}\right) = j\omega L_1 + Z_R(\omega). \tag{15.46}$$

여기서 마지막 등호 오른쪽의 두 번째 항 $Z_R(\omega)$는

$$Z_R(\omega) = \frac{\omega^2 M^2}{Z_L + j\omega L_2} \tag{15.47}$$

로 정의되며, 1차 코일과 2차 코일의 자기결합에 의하여 나타나는 것으로 2차 측 임피던스가 마치 1차 측에 반사된 것처럼 나타난다고 하여 반사 임피던스(reflected impedance)라고 한다. 그러므로 2차 측의 회로에는 변함이 없이 1차 측 인덕터의 임피던스는 반사 임피던스를 고려하면 그림 15.14와 같이 등가회로로 대체할 수 있다.

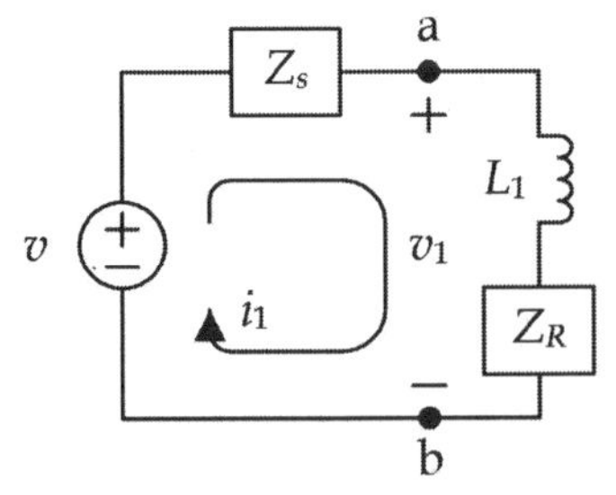

그림 15.14 반사 임피던스를 고려한 1차 측의 등가회로

변압기에서는 1차 측과 2차 측의 전류비와 전압비도 회로해석에 중요한 파라미터이다. 식 (15.44)에 의하여 1차 측과 2차 측 전류비는 다음과 같다.

$$\frac{\mathbf{I}_2}{\mathbf{I}_1} = \frac{j\omega M}{Z_L + j\omega L_2}. \tag{15.48}$$

1차 측과 2차 측 전압비는

$$\frac{\mathbf{V}_2}{\mathbf{V}_1} = \frac{Z_L \mathbf{I}_2}{\mathbf{V}_1} = Z_L \frac{\mathbf{I}_2}{\mathbf{I}_1}\frac{\mathbf{I}_1}{\mathbf{V}_1} \tag{15.49}$$

로 나타낼 수 있다. 여기에 식 (15.46)과 식 (15.48)을 대입하면 전압비는

$$\frac{\mathbf{V}_2}{\mathbf{V}_1} = \frac{j\omega M Z_L}{j\omega L_1 (Z_L + j\omega L_2) + \omega^2 M^2} \tag{15.50}$$

이 된다. 식 (15.48)과 식 (15.50)은 1차 측 전류와 전압이 변압기에 의하여 2차 측에 나타나는 형태를 수학적으로 모델링할 때 유용하게 사용될 수 있다.

예제 15.4

그림 15.15에 나타낸 두 회로에서 전압원은 $v_s(t) = 100\cos(2\pi f t)$ [V]이다. 부하저항 2 [kΩ]에서 소비되는 평균전력을 구하여 비교하라. 여기서 전원의 주파수는 $f = 60$ [Hz]이다.

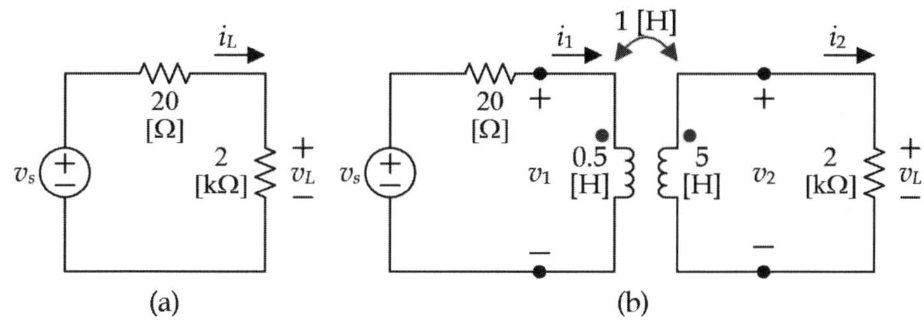

그림 15.15 예제 15.4를 위한 전기회로

풀이

그림 15.15(a)의 회로에 전압분배법칙을 적용하면 부하저항 양단에 걸리는 전압은

$$\mathrm{V}_L = \frac{2000}{20+2000}\mathrm{V}_s = 99 \text{ [V]} \qquad ①$$

이고, 부하저항을 통하여 흐르는 전류는

$$\mathrm{I}_L = \frac{100}{2020} = 0.0495 \text{ [A]} \qquad ②$$

이다. 따라서 부하저항에서 소비되는 평균전력은

$$P_L = \frac{1}{2}|\mathrm{V}_L||\mathrm{I}_L| = \frac{1}{2} \times 99 \times 0.0495 = 2.45 \text{ [W]}. \qquad ③$$

한편, 변압기를 사용하는 그림 15.15(b)의 결합회로에서 각각의 임피던스 성분은 다음과 같이 변환된다.

$$L_1 = 0.5 \text{ [H]} \rightarrow j\omega L_1 = j2\pi \times 60 \times 0.5 = j60\pi \text{ [}\Omega\text{]}, \qquad ④$$

$$L_2 = 5.0 \text{ [H]} \rightarrow j\omega L_2 = j2\pi \times 60 \times 5 = j600\pi \text{ [}\Omega\text{]},$$

$$M = 1.0 \text{ [H]} \rightarrow j\omega M = j2\pi \times 60 \times 1.0 = j120\pi \text{ [}\Omega\text{]}.$$

식 (15.47)에 따라 반사 임피던스를 구하면

$$Z_R(\omega) = \frac{\omega^2 M^2}{Z_L + j\omega L_2} = \frac{(120\pi)^2}{2000 + j600\pi} = 37.63 - 35.47j \text{ [}\Omega\text{]} \qquad ⑤$$

이 되므로 1차 코일에 흐르는 전류는

$$\mathrm{I}_1 = \frac{\mathrm{V}_s}{Z_s + Z_R + j\omega L_1} = \frac{100}{20 + (37.63 - 35.47j) + j60\pi} = 0.216 - 0.572j \text{ [A]} \qquad ⑥$$

이다. 식 (15.48)에 나타낸 1차 측 전류와 2차 측 전류의 비를 이용하면 2차 측 코일에 흐르는 전류는

$$\mathrm{I}_2 = \frac{j\omega M}{Z_L + j\omega L_2}\mathrm{I}_1 = \frac{j120\pi}{2000 + j600\pi}(0.216 - 0.572j) \qquad ⑦$$

$$= 0.084\angle -22.61^\circ \text{ [A]}.$$

따라서 변압기를 사용하는 결합회로의 부하저항에서 소비되는 평균전력은

$$P_L = \frac{1}{2}Re\{Z_L\}|\mathrm{I}_2|^2 = \frac{1}{2}\times 2000\times 0.084^2 = 7.06\ [\mathrm{W}]. \qquad ⑧$$

그러므로 동일한 전원과 입력 저항 및 부하저항을 사용하더라도 변압기를 이용하여 결합된 회로에서 부하에 공급되는 전력이 크게 증가하는 것을 알 수 있다.

최대 전력전송이론에 따르면 그림 15.15(a) 회로에서 부하에 공급되는 전력이 최대가 되려면 부하저항이 전원부 저항과 같은 20 [Ω]이어야 하지만 회로에서 부하저항은 2 [kΩ]이므로 전원부 저항과 부하저항 사이의 부정합이 매우 크다. 이에 비하여 변압기가 사용된 회로에서는 1차 코일에 나타나는 반사 임피던스가 $37.63-35.47j$ [Ω]이므로 임피던스 부정합이 크게 감소하며, 부하에 공급되는 전력도 크게 증가시킬 수 있다. 이것은 변압기를 사용하는 주된 이유 중의 하나이다.

한편, 예제 15.4에서 1차 측과 2차 측 전류비는 풀이 식 ⑥과 식 ⑦로부터

$$\left|\frac{\mathrm{I}_2}{\mathrm{I}_1}\right| = \left|\frac{0.084\angle -22.61^\circ}{0.216-0.572j}\right| = 0.14$$

이고, 전압비는

$$\left|\frac{\mathrm{V}_2}{\mathrm{V}_1}\right| = \left|\frac{j120\pi\times 2000}{j60\pi\times(2000+j600\pi)+(120\pi)^2}\right| = 1.74$$

이다. 따라서 그림 15.15(b)에 사용된 변압기는 전류는 감소시키고, 전압은 증가시키는 역할을 한다.

변압기를 사용하는 다른 목적은 두 회로를 전기적으로 격리(electrical isolation)시키는 것에 있다. 이것은 안전 상의 이유도 있지만 1차 측과 2차 측 회로를 격리시킴으로써 각 회로의 기준 전압레벨들을 독립적으로 조정할 수 있는 편리함 때문이다.

변압기를 사용하지만 전기적, 물리적으로 격리되지 않은 그림 15.16(a)와 같은 3단자 결합회로를 생각하여보자.

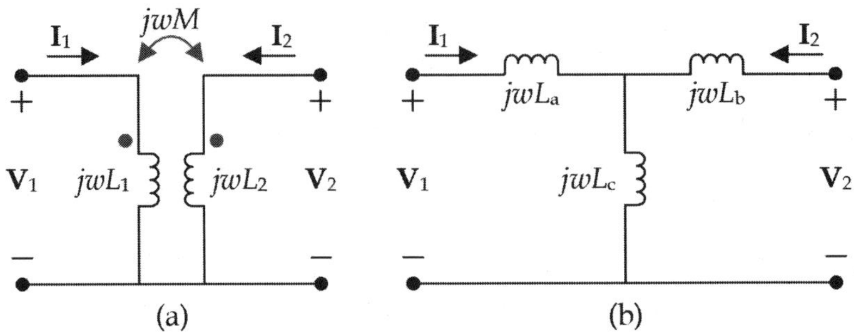

그림 15.16 (a) 3단자 변압기 (b) 3단자 변압기의 등가회로-Y형 결선

그림 15.16(a)의 3단자 결합회로의 전압-전류 관계식은

$$V_1 = j\omega L_1 I_1 + j\omega M I_2, \qquad (15.51)$$

$$V_2 = j\omega M I_1 + j\omega L_2 I_2.$$

이것을 행렬의 형태로 표현하면

$$\begin{pmatrix} j\omega L_1 & j\omega M \\ j\omega M & j\omega L_2 \end{pmatrix}\begin{pmatrix} I_1 \\ I_2 \end{pmatrix} = \begin{pmatrix} V_1 \\ V_2 \end{pmatrix}. \qquad (15.52)$$

한편, 결합이 없는 Y형 연결회로인 그림 15.16(b)에서 전압-전류 관계식은 다음과 같다.

$$V_1 = j\omega(L_a + L_c)I_1 + j\omega L_c I_2, \qquad (15.53)$$

$$V_2 = j\omega L_c I_1 + j\omega(L_b + L_c)I_2.$$

식 (15.53)을 행렬의 형태로 표현하면

$$\begin{pmatrix} j\omega(L_a + L_c) & j\omega L_c \\ j\omega L_c & j\omega(L_b + L_c) \end{pmatrix}\begin{pmatrix} I_1 \\ I_2 \end{pmatrix} = \begin{pmatrix} V_1 \\ V_2 \end{pmatrix}. \qquad (15.54)$$

두 회로가 서로 등가라면 식 (15.52)와 식 (15.54)는 동일하여야 하므로 다음의 관계가 성립한다.

$$L_c = M,\ L_a = L_1 - M,\ L_b = L_2 - M. \qquad (15.55)$$

식 (15.55)는 결합회로에서 변압기를 자기적 결합이 없는 등가 Y형 결선 모델로 변환하는 방법이며, 변압기 회로를 좀 더 쉽게 해석할 수 있는 도구로 사용된다.

식 (15.52)는 다음과 같이 변형하여 나타낼 수 있다.

$$\begin{pmatrix} \mathrm{I}_1 \\ \mathrm{I}_2 \end{pmatrix} = \begin{pmatrix} j\omega L_1 & j\omega M \\ j\omega M & j\omega L_2 \end{pmatrix}^{-1} \begin{pmatrix} \mathrm{V}_1 \\ \mathrm{V}_2 \end{pmatrix}. \tag{15.56}$$

여기서 계수행렬의 역행렬을 구하면

$$\begin{pmatrix} j\omega L_1 & j\omega M \\ j\omega M & j\omega L_2 \end{pmatrix}^{-1} = \frac{1}{\Delta} \begin{pmatrix} j\omega L_2 & -j\omega M \\ -j\omega M & j\omega L_1 \end{pmatrix}, \tag{15.57}$$

여기서 행렬식 Δ는

$$\Delta = j\omega L_1 \cdot j\omega L_2 - (j\omega M)^2 = (j\omega)^2 \left(L_1 L_2 - M^2\right). \tag{15.58}$$

따라서 식 (15.56)은 다음과 같이 정리할 수 있다.

$$\begin{pmatrix} \mathrm{I}_1 \\ \mathrm{I}_2 \end{pmatrix} = \frac{1}{j\omega\left(L_1 L_2 - M^2\right)} \begin{pmatrix} L_1 & -M \\ -M & L_2 \end{pmatrix} \begin{pmatrix} \mathrm{V}_1 \\ \mathrm{V}_2 \end{pmatrix}. \tag{15.59}$$

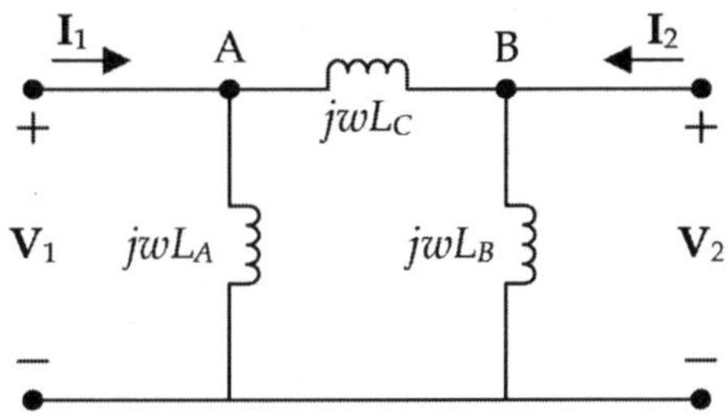

그림 15.17 3단자 변압기의 등가회로 – Δ형 결선

그림 15.17에 나타낸 자기결합이 없는 Δ형 결선회로의 마디 A에 키르히호프 전류법칙을 적용하면 전류-전압 관계식은

$$\mathrm{I}_1 = \frac{\mathrm{V}_1}{j\omega L_A} + \frac{\mathrm{V}_1 - \mathrm{V}_2}{j\omega L_C} = \left(\frac{1}{j\omega L_A} + \frac{1}{j\omega L_C}\right)\mathrm{V}_1 - \frac{1}{j\omega L_C}\mathrm{V}_2 \tag{15.60}$$

이 되고, 마디 B에 키르히호프 전류법칙을 적용하면

$$\mathrm{I}_2 = \frac{\mathrm{V}_2}{j\omega L_B} + \frac{\mathrm{V}_2 - \mathrm{V}_1}{j\omega L_C} = -\frac{1}{j\omega L_C}\mathrm{V}_1 + \left(\frac{1}{j\omega L_B} + \frac{1}{j\omega L_C}\right)\mathrm{V}_2 \tag{15.61}$$

가 된다. 그러므로 두 전류-전압 관계식을 행렬의 형태로 나타내면 다음과 같다.

$$\begin{pmatrix} I_1 \\ I_2 \end{pmatrix} = \begin{pmatrix} \dfrac{1}{j\omega L_A} + \dfrac{1}{j\omega L_C} & -\dfrac{1}{j\omega L_C} \\ -\dfrac{1}{j\omega L_C} & \dfrac{1}{j\omega L_B} + \dfrac{1}{j\omega L_C} \end{pmatrix} \begin{pmatrix} V_1 \\ V_2 \end{pmatrix}. \tag{15.62}$$

식 (15.62)와 식 (15.59)가 같아지려면 두 계수행렬이 동치이어야 하므로 인덕턴스들 사이에는 다음 관계가 성립하여야 한다.

$$L_C = \frac{L_1L_2 - M^2}{M}, \quad L_A = \frac{L_1L_2 - M^2}{L_2 - M}, \quad L_B = \frac{L_1L_2 - M^2}{L_1 - M}. \tag{15.63}$$

식 (15.63)은 그림 15.16(a)의 자기결합 변압기를 그림 5.17과 같이 자기적 결합이 없는 등가 Δ형 결선 모델로 변환시키는 방법이다. 따라서 식 (15.55)를 만족하는 Y형 결선과 식 (15.63)을 만족하는 Δ형 결선 모델은 모두 그림 15.16(a)와 등가회로이다.

예제 15.5

다음 3단자 변압기에 대한 자기결합이 없는 Y결선 등가회로와 Δ결선 등가회로를 구하라.

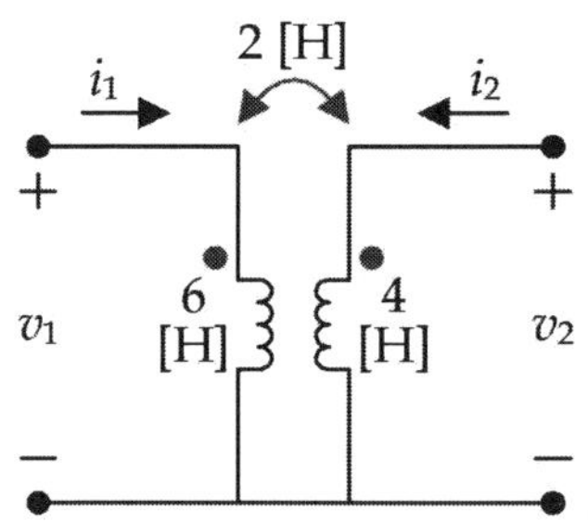

그림 15.18 예제 15.5를 위한 3단자 변압기

풀이

식 (15.55)에 따른 Y결선 등가회로 모델을 위한 파라미터는

$$L_c = M = 2\ [\mathrm{H}], \tag{1}$$

$$L_a = L_1 - M = 6 - 2 = 4\ [\mathrm{H}],$$

$$L_b = L_2 - M = 4 - 2 = 2\ [\mathrm{H}].$$

식 (15.63)에 따른 Δ결선 등가회로 모델을 위한 파라미터는

$$L_C = \frac{L_1L_2 - M^2}{M} = \frac{6\times4-2^2}{2} = 10\ [\mathrm{H}], \qquad ②$$

$$L_A = \frac{L_1L_2 - M^2}{L_2 - M} = \frac{6\times4-2^2}{4-2} = 10\ [\mathrm{H}],$$

$$L_B = \frac{L_1L_2 - M^2}{L_1 - M} = \frac{6\times4-2^2}{6-2} = 5\ [\mathrm{H}].$$

따라서 주어진 3단자 변압기에 대한 자기결합이 없는 Y결선 등가회로 모델과 Δ결선 등가회로 모델은 식 ①과 식 ②에 의하여 그림 15.19와 같다.

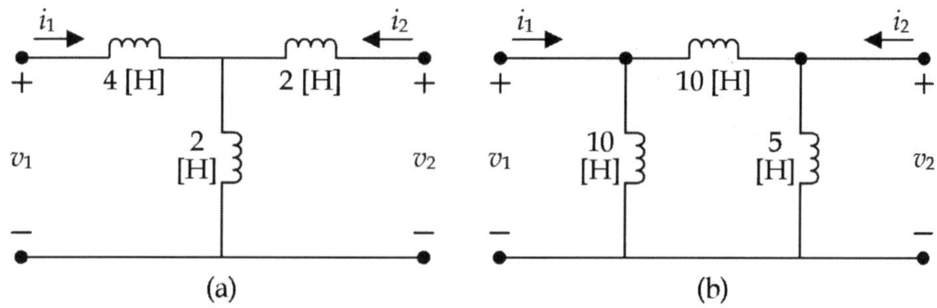

그림 15.19 주어진 3단자 변압기에 대한 등가회로 모델 (a) Y결선 (b) Δ결선

15.4 이상적인 변압기

앞 절에서 예제 15.4로부터 자기결합된 코일쌍이 변압기로 동작하면 1차 측과 2차 측의 전류비와 전압비는 각각 식 (15.48)과 식 (15.50)으로 결정되는 것을 학습하였다. 이 식들에 따르면 2차 측 코일에 유기되는 전압과 전류는 전원의 주파수 ω와 부하임피던스 Z_L의 영향을 받는다.

변압기의 1차 코일과 2차 코일의 전류비와 전압비가 주파수와 부하임피던스에 관계없이 일정하게 유지되는 것이 바람직한 경우가 종종 있다. 예를 들어, 송전회로에서 발전기가 생산한 전압을 승압시키기 위하여 변압기를 사용하는 경우 일반 수용가의 연결 상태와 상관없이 송전 선로전압은 일정하게 유지되어야 한다.

한 쌍의 코일로 구성된 변압기에서 1차 코일에 정현파 전압을 인가할 때 발생하는 자속 ϕ가 2차 코일에도 동일하게 쇄교한다면 1차 코일에 유기되는 전압과 2차 코일에 유기되는 전압은 각각 다음과 같다.

$$v_1 = N_1 \frac{d\phi}{dt}, \; v_2 = N_2 \frac{d\phi}{dt}, \tag{15.64}$$

여기서 N_1과 N_2는 각각 1차 코일과 2차 코일의 권선수(number of turns)를 나타낸다. 식 (15.64)로부터 두 코일의 전압비는

$$\frac{\mathrm{V}_2}{\mathrm{V}_1} = \frac{N_2}{N_1} = n \tag{15.65}$$

와 같이 일정한 상수가 된다. 여기서 n을 권선수비라고 한다.

한편, 결합계수가 $k=1$, 즉 완전 결합된 변압기의 경우 상호 인덕턴스는 다음과 같이 두 인덕턴스의 기하평균이 된다.

$$M = \sqrt{L_1 L_2}. \tag{15.66}$$

이것을 식 (15.50)에 대입하면 1차 측과 2차 측 전압비는 다음과 같이 자기 인덕턴스비의 제곱근이 된다.

$$\frac{\mathrm{V}_2}{\mathrm{V}_1} = \frac{j\omega Z_L \sqrt{L_1 L_2}}{j\omega L_1 (Z_L + j\omega L_2) + \omega^2 L_1 L_2} = \sqrt{\frac{L_2}{L_1}}. \tag{15.67}$$

그러므로 식 (15.65)와 식 (15.67)로부터

$$\frac{L_2}{L_1} = \frac{N_2^2}{N_1^2} = n^2 \tag{15.68}$$

이 됨을 알 수 있다. 이것은 완전 결합된 두 코일의 자기 인덕턴스비는 권선비의 제곱과 같음을 의미한다. 이로부터 완전 결합된 변압기에서는 전압비가 상수가 되어 일정하므로 부하임피던스나 주파수의 변화에 무관한 특성을 가진다.

완전 결합된 경우 1차와 2차 측 전류비는 식 (15.48)에 의하여

$$\frac{\mathrm{I}_2}{\mathrm{I}_1} = \frac{j\omega \sqrt{L_1 L_2}}{Z_L + j\omega L_2}. \tag{15.69}$$

식 (15.69)는 주파수 ω의 함수지만 인덕턴스 L_2가 부하임피던스보다 매우 크거나 부하임피던스가 현저히 작은 것으로 가정하면

$$\frac{\mathrm{I}_2}{\mathrm{I}_1} = \frac{j\omega\sqrt{L_1 L_2}}{Z_L + j\omega L_2} \cong \sqrt{\frac{L_1}{L_2}} = \frac{1}{n} \tag{15.70}$$

이 되어 권선수비의 역수로 일정한 값을 유지하게 된다. 따라서 식 (15.67)과 식 (15.70)으로부터 다음 관계가 성립한다.

$$\frac{\mathrm{V}_2}{\mathrm{V}_1} \times \frac{\mathrm{I}_2}{\mathrm{I}_1} = \sqrt{\frac{L_2}{L_1}} \times \sqrt{\frac{L_1}{L_2}} = n \times \frac{1}{n} = 1 \rightarrow \mathrm{V}_1\mathrm{I}_1 = \mathrm{V}_2\mathrm{I}_2. \tag{15.71}$$

이것은 1차 코일과 2차 코일에서 전력보존의 법칙이 성립함을 의미하므로 완전 결합된 코일 쌍은 무손실 소자이다.

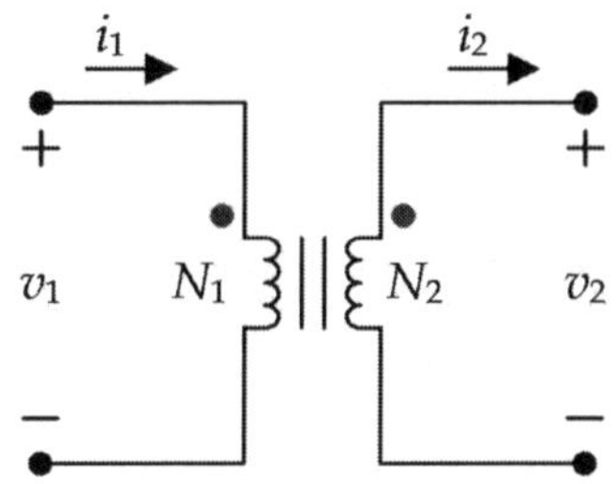

그림 15.20 이상적인 변압기의 회로 기호

식 (15.67)과 식 (15.70)을 만족하는 변압기를 이상적인 변압기(ideal transformer)라고 하며 전기회로 기호로는 그림 15.20과 같이 나타낸다. 또한, 위의 식들을 유도하는 과정에서 몇 가지 조건을 제시하였다. 이상적인 변압기가 가지는 특성을 요약하면 다음과 같다.

> **이상적인 변압기의 동작 특성**
>
> ① 두 코일은 완전 결합이다. 즉, $k = 1$ 또는 $M = \sqrt{L_1 L_2}$ 이다.
>
> ② 자기 인덕턴스 L_1, L_2와 상호 인덕턴스 M은 매우 큰 값을 갖는다.
>
> ③ 1차 코일과 2차 코일에서 에너지 손실은 발생하지 않는다.

식 (15.65)로부터 이상적인 변압기의 권선수비가 1보다 크면, 즉 $n > 1$ (또는 $N_2 > N_1$)이면 2차 측의 전압은 1차 측의 전압보다 커진다. 이를 승압변압기라고 한다. 또한 승압변압기에서는 2차 측의 전류가 1차 측의 전류보다 작아진다. 이에 비하여 권선수비가 1보다 작으면, 즉 $n < 1$ (또는 $N_2 < N_1$)이면 2차 측의 전압은 1차 측의 전압보다 작아지며, 이것을 강압변압기라고 한다. 강압변압기에서 2차 측의 전류는 1차 측보다 커진다. 마지막으로 $n = 1$인 경우 1차 측과 2차 측의 전압과 전류가 동일하며, 물리적으로만 떨어져 있으므로 격리변압기라고 한다.

상호 결합된 변압기에서 점규약은 상호 인덕턴스의 부호를 결정하는 중요한 요인으로 사용된 바 있다. 이상적인 변압기에서도 점규약은 2차 측 전압의 극성과 전류의 기준 방향을 설정하는 중요한 요인이며, 다음과 같이 적용한다.

이상적인 변압기의 점규약

① 1차 측과 2차 측 전압 V_1과 V_2가 점이 찍힌 단자에 대해 모두 양이거나 음이면 전압비는 양의 부호를 적용하여 n이 되고, 서로 다르면 $-n$이 된다.

② 1차 측과 2차 측 전류 I_1과 I_2가 점이 찍힌 단자로 흘러 들어가거나 흘러 나오면 전류비는 음의 부호를 적용하여 $-n$이 되고, 서로 다른 방향이면 n이 된다.

이상적인 변압기의 점규약을 적용하는 방법에 대한 예를 그림 15.21에 나타내었다. 그림 15.21(a)에서 1차와 2차 측 전압은 모두 점이 찍힌 부분을 (+)부호로 설정하고 있다. 그리고 1차 측 전류는 점이 찍힌 단자로 흘러 들어가는 반면 2차 측 전류는 점이 찍힌 단자로부터 흘러 나오는 방향으로 설정되었다. 따라서 그림 15.21(a)에서 전압과 전류비는 점규약에 의하여 다음과 같다.

$$\frac{\mathrm{V}_2}{\mathrm{V}_1} = \frac{N_2}{N_1}, \quad \frac{\mathrm{I}_2}{\mathrm{I}_1} = \frac{N_1}{N_2}. \tag{15.72}$$

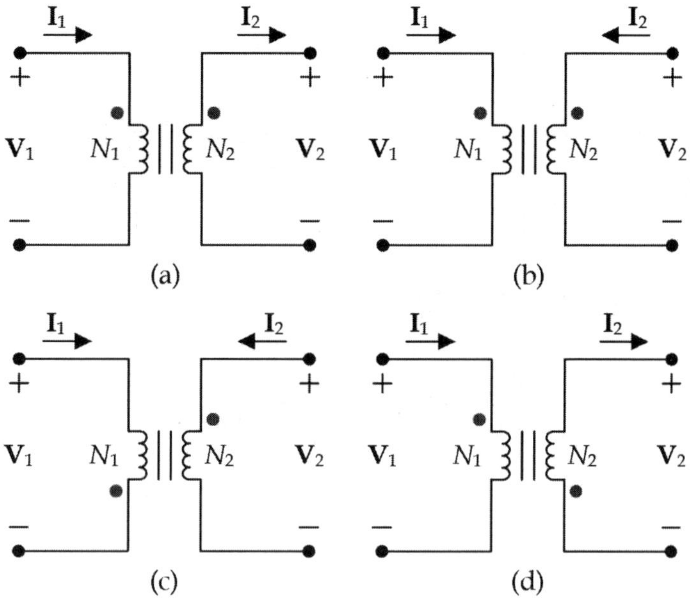

그림 15.21 이상적인 변압기의 점규약 적용 방법

그림 15.21(b)의 전압 설정은 그림 15.21(a)와 같지만, 전류들은 모두 점이 찍힌 단자로 흘러 들어가는 방향으로 설정되어 있으므로 그림 15.21(a)에서 전압과 전류비는 점규약에 의하여

$$\frac{V_2}{V_1}=\frac{N_2}{N_1},\ \frac{I_2}{I_1}=-\frac{N_1}{N_2} \tag{15.73}$$

가 된다. 그림 15.21(c)의 경우 1차 코일의 점이 찍힌 단자가 앞의 두 경우와는 반대가 됨에 따라 전압의 극성도 반대로 된다. 또한, 1차 측 전류는 점이 찍힌 단자로 흘러 나오는 반면 2차 측 전류는 점이 찍힌 단자로 흘러 들어가는 방향으로 설정되어 있다. 따라서 그림 15.21(c)에 나타낸 변압기에서 전압과 전류비는

$$\frac{V_2}{V_1}=-\frac{N_2}{N_1},\ \frac{I_2}{I_1}=\frac{N_1}{N_2} \tag{15.74}$$

로 계산하여야 한다. 마지막으로 그림 15.21(d)의 경우 양측의 전류가 모두 점이 찍힌 단자로 흘러 들어가는 방향으로 설정되어 있으며, (+)로 설정된 전압 단자들과 점이 찍힌 단자들이 동일하지 않으므로 전압과 전류비는 다음과 같은 극성을 가진다.

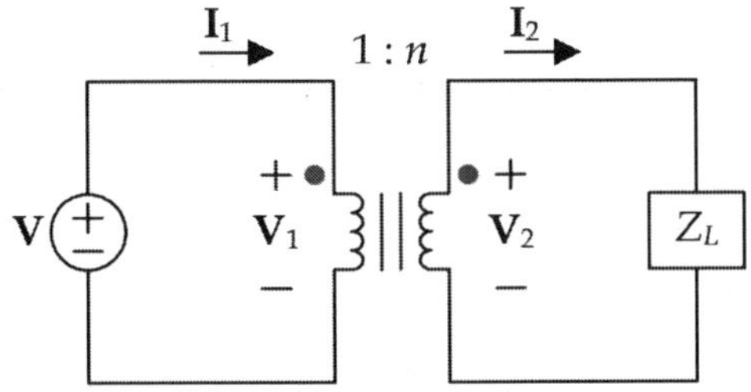

그림 15.22 이상적인 변압기를 적용한 회로

$$\frac{\mathrm{V}_2}{\mathrm{V}_1} = -\frac{N_2}{N_1},\quad \frac{\mathrm{I}_2}{\mathrm{I}_1} = -\frac{N_1}{N_2}. \tag{15.75}$$

그림 15.22에 이상적인 변압기를 적용한 간단한 회로를 나타내었다. 이것은 그림 15.21(a)에 나타낸 이상적인 변압기에 전원과 부하임피던스를 연결한 회로이다. 따라서 점규약에 따른 1차와 2차 측 전압비와 전류비는

$$\frac{\mathrm{V}_2}{\mathrm{V}_1} = n,\quad \frac{\mathrm{I}_2}{\mathrm{I}_1} = \frac{1}{n} \tag{15.76}$$

이 된다. 1차 측 코일의 복소전력은

$$S_1 = \mathrm{V}_1 \mathrm{I}_1^* \tag{15.77}$$

이며, 식 (15.76)을 적용하면

$$S_1 = \mathrm{V}_1 \mathrm{I}_1^* = \frac{\mathrm{V}_2}{n} \cdot n\mathrm{I}_2^* = \mathrm{V}_2 \mathrm{I}_2^* = S_2. \tag{15.78}$$

따라서 1차 측에 공급된 복소전력이 손실 없이 2차 측에 전달되므로 이상적인 변압기는 전력보존의 법칙이 성립하는 무손실 변압기임을 알 수 있다. 또한, 그림 15.22의 회로에서 전원에서 보는 입력 임피던스는

$$Z_{in} = \frac{\mathrm{V}_1}{\mathrm{I}_1} = \frac{\mathrm{V}_2/n}{n\mathrm{I}_2} = \frac{1}{n^2}\frac{\mathrm{V}_2}{\mathrm{I}_2} = \frac{1}{n^2} Z_L \tag{15.79}$$

가 된다. 이것은 부하임피던스 Z_L이 1차 측에 반사되어 나타나는 것처럼 보이는 것으로 해석되므로 이상적인 변압기의 반사 임피던스가 된다. 이러한 반사 임피던스를 사용하면

그림 15.22의 회로에서 변압기와 2차 쪽 회로를 그림 15.23에 나타낸 것처럼 제거하는 것이 가능하다.

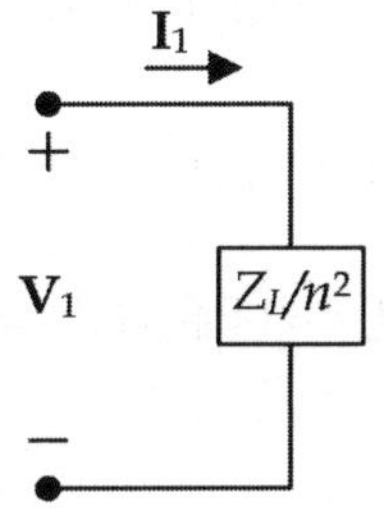

그림 15.23 1차 측 회로로 반사시킨 등가회로

예제 15.6

이상적인 변압기를 사용하는 다음 회로에서 1차 측 회로의 전류 I_1과 전원이 회로에 공급하는 복소전력 S, 2차 측 부하임피던스의 출력전압 V_o를 구하라. 여기서 $Z_1 = 2+3j$ [Ω]이고 $Z_2 = 18$ [Ω]이다.

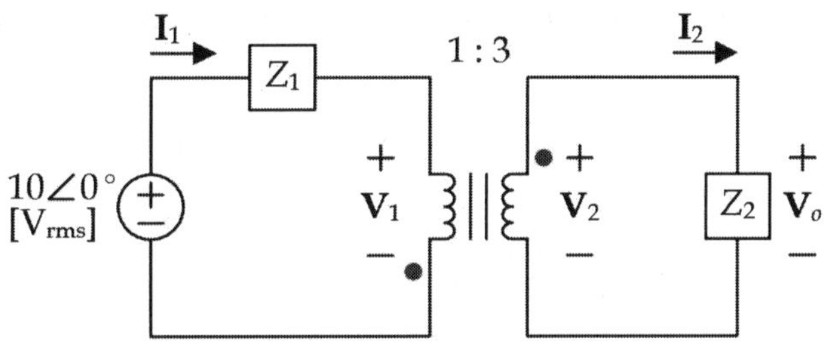

그림 15.24 예제 15.6을 위한 이상적인 변압기 회로

풀이

점규약에 따른 1차와 2차 측 전압과 전류비는 다음과 같다.

$$\frac{\mathrm{V}_2}{\mathrm{V}_1} = -3, \quad \frac{\mathrm{I}_2}{\mathrm{I}_1} = -\frac{1}{3}. \qquad ①$$

1차 측 폐경로에 키르히호프 전압법칙을 적용하면 회로방정식은

$$Z_1 \mathrm{I}_1 + \mathrm{V}_1 = 10\angle 0^\circ . \qquad ②$$

2차 측 회로에 키르히호프 전압법칙을 적용하면 회로방정식은

$$\mathrm{V}_o = \mathrm{V}_2 = Z_2 \mathrm{I}_2 = 18\,\mathrm{I}_2 . \qquad ③$$

식 ③에 식 ①의 전압과 전류비를 적용하면 $\mathrm{V}_1 = 2\mathrm{I}_1$가 되고, 이를 식 ②에 대입하면

$$(2+3j)\mathrm{I}_1 + 2\mathrm{I}_1 = (4+3j)\mathrm{I}_1 = 10\angle 0^\circ \qquad ④$$

이므로 1차 측 전류는

$$\mathrm{I}_1 = \frac{10\angle 0^\circ}{(4+3j)} = 2.0\angle -36.87^\circ \ [\mathrm{A_{rms}}] \qquad ⑤$$

이고, 전원이 공급하는 복소전력은

$$S = \mathrm{V}_s \mathrm{I}_1^* = 10\angle 0^\circ \times 2\angle 36.87^\circ = 20\angle 36.87^\circ \ [\mathrm{VA}]. \qquad ⑥$$

2차 측 부하임피던스에 나타나는 출력전압은 식 ③에 의하여

$$\mathrm{V}_o = 18\,\mathrm{I}_2 = 18 \times \frac{-1}{3} \times 2.0\angle -36.87^\circ = 12\angle 143.13^\circ \ [\mathrm{V_{rms}}]. \qquad ⑦$$

한편, 식 ⑤의 1차 측 전류는 반사 임피던스를 이용하여 다음과 같다.

$$Z_R = \frac{1}{n^2} Z_2 = \frac{1}{3^2} \times 18 = 2\ [\Omega]. \qquad ⑧$$

식 ⑧의 반사 임피던스를 1차 측에 적용한 회로는 다음과 같다.

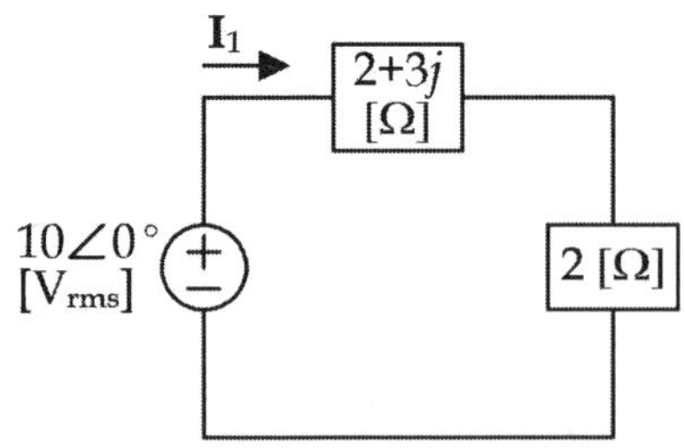

그림 15.25 주어진 회로의 1차 측에 반사 임피던스를 적용한 회로

따라서 1차 측 회로의 전류는

$$I_1 = \frac{10\angle 0^\circ}{2+3j+2} = 2.0\angle -36.87^\circ \ [A_{rms}] \qquad ⑨$$

가 되어 식 ⑤와 동일한 결과를 얻을 수 있다.

이상적인 변압기와 2차 측 회로를 그림 15.23과 같이 반사 임피던스를 이용한 등가회로로 대체한다면 전원부는 어떤 형태로 변환시킬 수 있을지 궁금해진다. 이를 확인하기 위하여 그림 15.26과 같이 1차와 2차 측에 임피던스와 전원부가 연결된 회로를 생각하여보자.

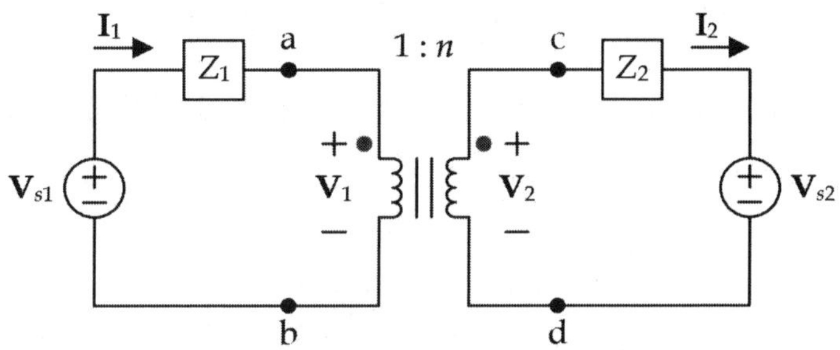

그림 15.26 이상적인 변압기를 사용하는 회로

단자 a와 b의 오른쪽 부분에 대한 개방회로 전압을 구하기 위하여 그림 15.27(a)처럼 1차 측 전원과 임피던스를 개방한다.

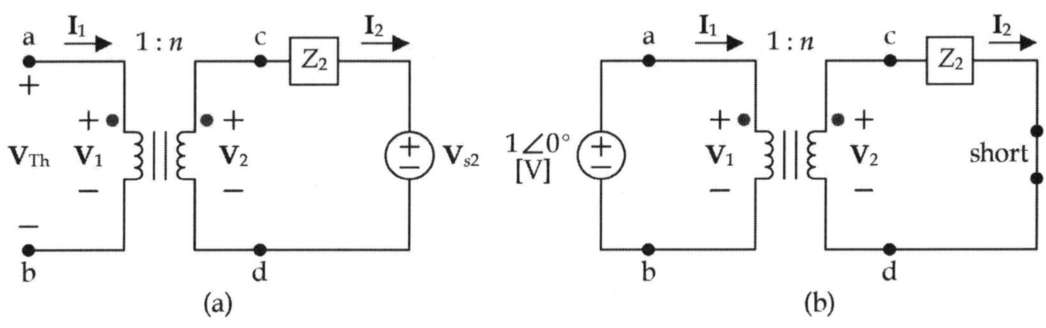

그림 15.27 이상적인 변압기 적용 회로에 대한 테브냉 등가회로를 구하는 회로

그림 15.27(a) 회로에서 1차 측 전원이 개방되었으므로 1차 측 코일에 흐르는 전류는 $I_1 = 0$ [A]가 된다. 이상적인 변압기의 전류비에 따라 2차 측 전류도 $I_2 = I_1/n = 0$ [A]가

된다. 따라서 2차 측 임피던스 Z_2 양단에 걸리는 전압이 0 [V]가 되므로 2차 측 코일의 전압은 $\mathrm{V}_2 = \mathrm{V}_{s2}$가 된다. 이상적인 변압기의 전압비를 적용하면 1차 측 개방회로 전압, 즉 테브낭 전압은 다음과 같다.

$$\mathrm{V}_{Th} = \mathrm{V}_1 = \frac{\mathrm{V}_2}{n} = \frac{\mathrm{V}_{s2}}{n} \tag{15.80}$$

다음으로 테브낭 임피던스 Z_{Th}를 구하기 위하여 그림 15.27(a)의 개방된 터미널에 단위 전원을 추가하고 기존 2차 회로 측 전압원은 단락시켜 그림 15.27(b)와 같이 구성한다. 1차 측에 나타나는 입력 임피던스는 2차 측의 반사 임피던스로 식 (15.79)에 따라 다음과 같다.

$$Z_{Th} = \frac{\mathrm{V}_1}{\mathrm{I}_1} = \frac{\mathrm{V}_2/n}{n\mathrm{I}_2} = \frac{1}{n^2}\frac{\mathrm{V}_2}{\mathrm{I}_2} = \frac{1}{n^2}Z_2. \tag{15.81}$$

그러므로 그림 15.26에 나타낸 회로에서 2차 측을 1차 측에 반사시킨 테브낭 등가회로는 그림 15.28과 같다.

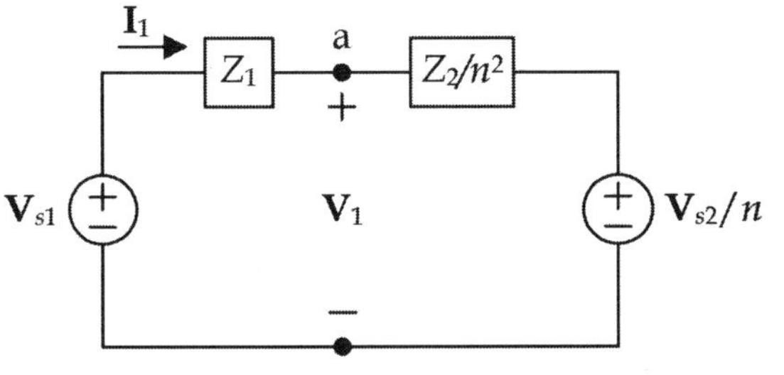

그림 15.28 그림 15.26의 회로에서 2차 측을 1차 측에 반사시킨 등가회로

같은 방법으로 1차 측 회로를 2차 측에 반사시켜 얻을 수 있는 테브낭 등가회로는 그림 15.29와 같다.

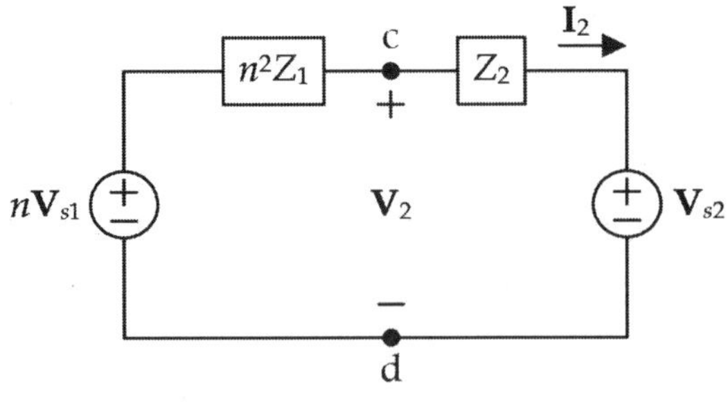

그림 15.29 1차 측을 2차 측에 반사시킨 등가회로

그림 15.28과 그림 15.29는 그림 15.26에 대한 테브냉 등가회로이며, 변압기가 제거된 형태의 구조를 가지므로 편리하게 회로를 해석할 수 있는 장점이 있다. 여기서 주의할 점은 점규약에 따라 전압이나 전류의 극성을 정확하게 설정하는 것이다.

예제 15.7

이상적인 변압기를 사용하는 다음 회로에서 $\mathrm{I}_1, \mathrm{V}_1, \mathrm{I}_2, \mathrm{V}_2$를 구하라. 여기서 $Z_1 = 32 - 8j$ [Ω]이고 $Z_2 = 3 + 2j$ [Ω]이다.

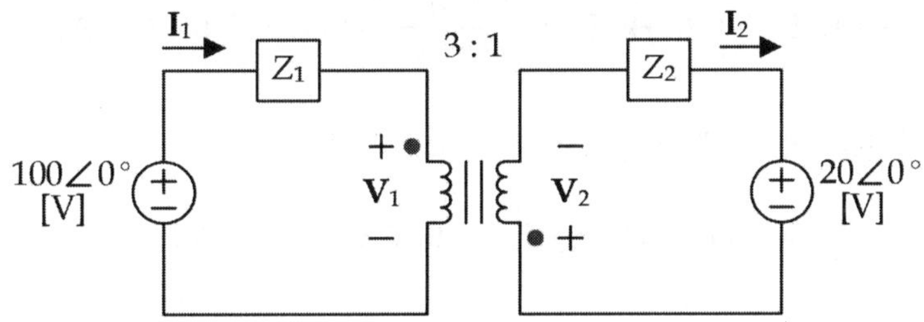

그림 15.30 예제 15.7을 위한 회로

풀이

주어진 회로에서 이상적인 변압기의 권선수비는 $N_2/N_1 = n = 1/3$이다. 변압기의 두 코일의 전압은 점이 찍힌 부분에 (+) 극성으로 설정되어 있으며, 전류의 기준 방향은 점이 찍힌 부분으로 전류가 흘러 들어가므로 점규약에 따른 1차와 2차 측 전압과 전류비는 다음과 같다.

$$\frac{\mathrm{V}_2}{\mathrm{V}_1} = n = \frac{1}{3}, \ \frac{\mathrm{I}_2}{\mathrm{I}_1} = -\frac{1}{n} = -3. \quad ①$$

이로부터 두 코일에서 전압과 전류는 다음과 같이 정의된다.

$$\mathrm{V}_2 = \mathrm{V}_1/3, \ \mathrm{I}_2 = -3\mathrm{I}_1. \quad ②$$

1차 측 회로에 키르히호프 전압법칙을 적용한 망로방정식은

$$(32 - 8j)\mathrm{I}_1 + \mathrm{V}_1 = 100\angle 0^\circ \quad ③$$

이고, 2차 측 회로에 키르히호프 전압법칙을 적용한 망로방정식은

$$(3+2j)I_2+20\angle 0^\circ+V_2=0 \ \rightarrow\ (3+2j)I_2+V_2=-20\angle 0^\circ \quad ④$$

이다. 식 ④에 식 ②를 적용하면

$$(3+2j)\cdot(-3I_1)+\frac{V_1}{3}=-20\angle 0^\circ \ \rightarrow\ 9(3+2j)I_1-V_1=60\angle 0^\circ. \quad ⑤$$

식 ③과 식 ⑤로부터 1차 측 전류는 다음과 같다.

$$(59+10j)I_1=160 \ \rightarrow\ I_1=\frac{160}{59+10j}=2.67\angle -9.62^\circ \ [A] \quad ⑥$$

로 계산되며, 이것을 식 ③에 적용하면 1차 코일의 전압은

$$V_1=100-(32-8j)I_1=40.28\angle 61.32^\circ \ [V]. \quad ⑦$$

그러므로 식 ⑥과 식 ⑦을 식 ②에 적용하면 2차 측 전압과 전류는 각각 다음과 같이 계산된다.

$$I_2=-3I_1=-3\times 2.67\angle -9.62^\circ=8.01\angle 170.38^\circ \ [A], \quad ⑧$$

$$V_2=\frac{V_1}{3}=\frac{40.28\angle 61.32^\circ}{3}=13.43\angle 61.32^\circ \ [V].$$

예제 15.8

예제 15.7의 회로에서 2차 측 회로를 1차 측에 반사시킨 테브냉 등가회로를 제시하고, 이를 이용하여 I_1, V_1을 구하라. 여기서 1차와 2차 측 임피던스는 동일한 것으로 가정한다.

풀이

테브냉 등가회로를 구하기 위하여 주어진 회로의 1차 측 전압원을 그림 15.31처럼 개방시키면 $I_1=0$ [A]가 되므로 2차 측 전류도 $I_2=0$ [A]가 된다. 이 경우 2차 측 임피던스 양단에 걸리는 전압은 0 [V]가 되므로 2차 측 코일의 전압은

$$V_2=-V_{s2}=-20 \ [V]. \quad ①$$

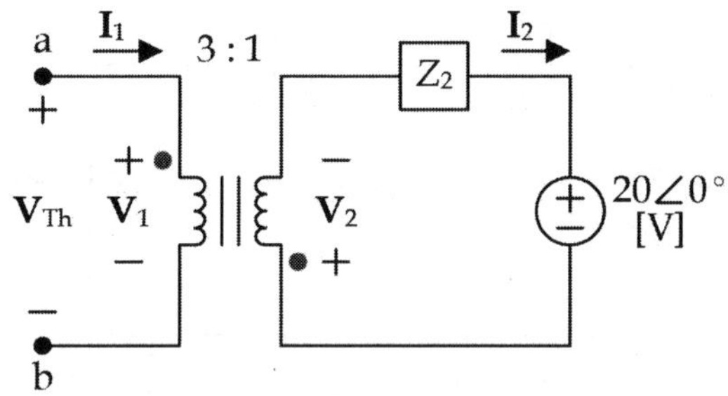

그림 15.31 그림 15.30에서 1차 측 전압원을 개방시킨 회로

그러므로 테브냉 전압원은

$$\mathrm{V}_{Th} = \mathrm{V}_1 = \frac{\mathrm{V}_2}{n} = \frac{-20\angle 0^\circ}{1/3} = -60 \text{ [V]}. \quad ②$$

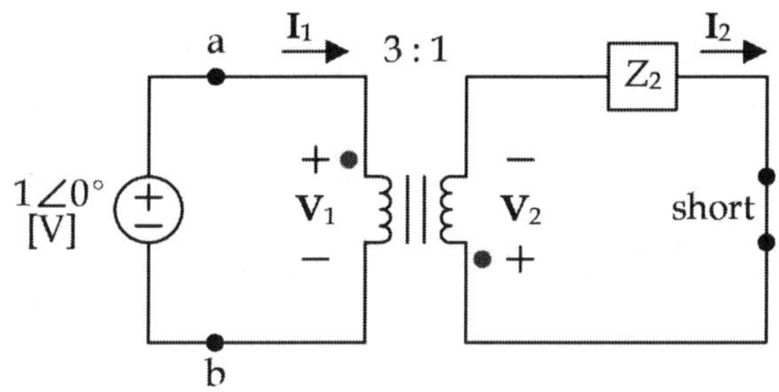

그림 15.32 그림 15.30에서 테브냉 임피던스를 구하기 위한 회로

테브냉 임피던스를 구하기 위하여 그림 15.31에서 단자 a와 b 사이에 단위 전원을 인가하고 2차 측 전압원을 단락시키면 그림 15.32와 같은 변형된 회로를 만들 수 있다. 그림 15.32의 회로에서 1차 측에 나타나는 테브냉 임피던스는

$$Z_{Th} = \frac{\mathrm{V}_1}{\mathrm{I}_1} = \frac{1}{n^2}\frac{\mathrm{V}_2}{\mathrm{I}_2} = \frac{1}{n^2}Z_2 = 9(3+2j) \text{ }[\Omega]. \quad ③$$

가 된다. 따라서 그림 15.30의 회로에서 2차 측을 1차 측에 반사시켜 얻은 테브냉 등가회로는 그림 15.33과 같다.

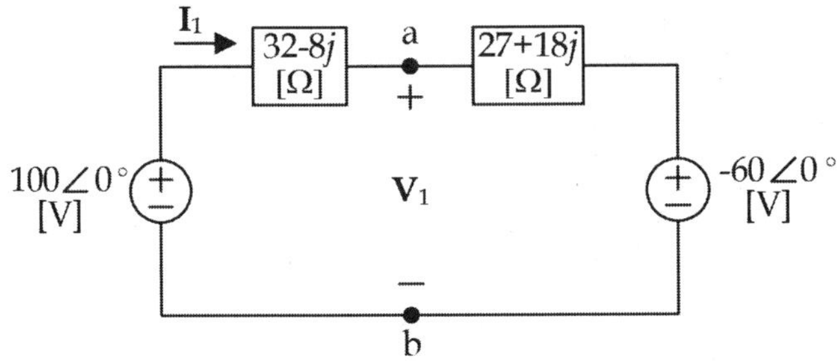

그림 15.33 그림 15.30의 회로에 대한 1차 측에 반사된 테브냉 등가회로

그림 15.33의 등가회로에 키르히호프 전압법칙을 적용한 망로방정식은

$$-100\angle 0^\circ + (32-8j)I_1 + (27+18j)I_1 - 60\angle 0^\circ = 0 \qquad ④$$

이므로 전류 I_1은 다음과 같이 계산된다.

$$I_1 = \frac{100\angle 0^\circ + 60\angle 0^\circ}{59+10j} = 2.67\angle -9.62^\circ \ [\mathrm{A}]. \qquad ⑤$$

전압 V_1은 식 ③에서 구한 테브냉 임피던스 $(27+18j)\,[\Omega]$ 양단에 걸리는 전압과 식 ② 에서 구한 테브냉 전압원의 합이 되므로 다음과 같다.

$$V_1 = (27+18j)\times 2.67\angle -9.62^\circ - 60\angle 0^\circ = 40.18\angle 61.6^\circ \ [\mathrm{V}]. \qquad ⑥$$

계산과정에서 발생한 반올림에 의한 오차를 고려하면 식 ⑤와 식 ⑥의 결과는 예제 15.7 에서 구한 결과와 동일한 것을 알 수 있다.

15.5 이상적인 단권변압기

지금까지는 두 개의 코일이 자기적으로 결합되는 변압기들을 학습하였다. 하나의 코일에 탭을 만들어 1차 측과 2차 측이 자기적으로 결합되도록 만든 특별한 형태의 변압기를 단권변압기(autotransformer)라고 한다. 그림 15.34에 이상적인 강압형 단권변압기와 승압형 단권변압기를 나타내었다.

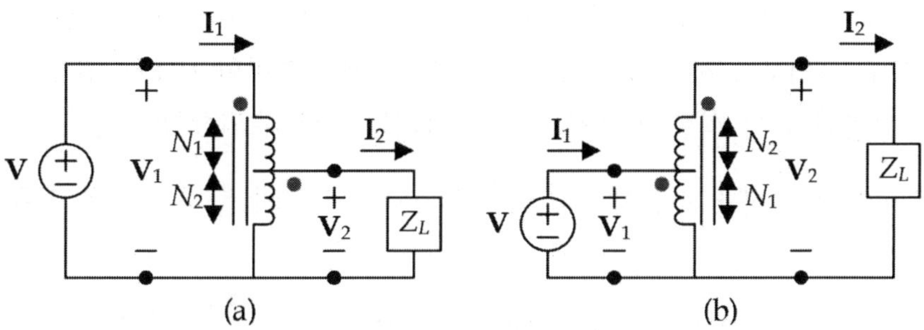

그림 15.34 이상적인 단권변압기 (a) 강압형 (b) 승압형

단권변압기는 하나의 코일만으로 구현되므로 대체로 두 개의 코일을 사용하는 일반적인 변압기보다 작고 가볍게 만들 수 있는 장점이 있다. 하지만 1차 코일과 2차 코일이 분리되어 않으므로 전기적인 격리가 없는 특징이 있다.

일반적으로 이상적인 변압기에서 유도한 식들은 이상적인 단권변압기에서도 약간의 변형이 있지만 거의 동일한 방법으로 적용된다. 예를 들어, 그림 15.34(a)에 나타낸 강압형 단권변압기에서 1차와 2차 측 전압비는

$$\frac{\mathrm{V}_2}{\mathrm{V}_1} = \frac{N_2}{N_1 + N_2} = n. \tag{15.82}$$

따라서 강압형 단권변압기의 권선수비 n은 1보다 작다. 또한, 이상적인 단권변압기는 무손실 소자이므로 1차 코일의 복소전력과 2차 코일의 복소전력이 식 (15.83)처럼 같아야 한다.

$$S_1 = \mathrm{V}_1\mathrm{I}_1^* = \mathrm{V}_2\mathrm{I}_2^* = S_2. \tag{15.83}$$

식 (15.83)으로부터 $V_1I_1 = V_2I_2$가 성립하므로

$$\frac{\mathrm{V}_2}{\mathrm{V}_1} = \frac{\mathrm{I}_1}{\mathrm{I}_2} = n \tag{15.84}$$

가 된다. 따라서 이상적인 변압기의 1차와 2차 측 전류비의 정의대로 표현하면

$$\frac{\mathrm{I}_2}{\mathrm{I}_1} = \frac{1}{n} = \frac{N_1 + N_2}{N_2} = 1 + \frac{N_1}{N_2}. \tag{15.85}$$

이것은 강압형 단권변압기에서 2차 측의 전류는 1차 측의 전류보다 커지는 것을 의미한다. 또한, 식 (15.82)부터 식 (15.85)의 유도과정에서 권선수비의 부호는 전압과 전류의 기준 방향과 코일에 점이 찍힌 방향에 따라 결정되는 것에 유의하여야 한다.

그림 15.34(b)에 나타낸 승압형 단권변압기에서 1차와 2차 측의 전압과 전류비는 각각 다음과 같다.

$$\frac{\mathrm{V}_2}{\mathrm{V}_1} = \frac{N_1 + N_2}{N_1} = 1 + \frac{N_2}{N_1} = n, \tag{15.86}$$

$$\frac{\mathrm{I}_2}{\mathrm{I}_1} = \frac{1}{n} = \frac{N_1}{N_1 + N_2}. \tag{15.87}$$

그러므로 승압형 단권변압기의 2차 코일 양단의 전압은 1차 코일 양단의 전압보다 크고, 2차 측 전류는 1차 측 전류보다 작아진다.

예제 15.9

그림 15.35의 이상적인 단권변압기 회로에서 전류 $\mathrm{I}_1, \mathrm{I}_2, \mathrm{I}_o$를 구하고, 부하에서 소비되는 복소전력을 계산하라. 여기서 부하 임피던스는 $Z_L = 4 + 3j\ [\Omega]$인 것으로 가정한다.

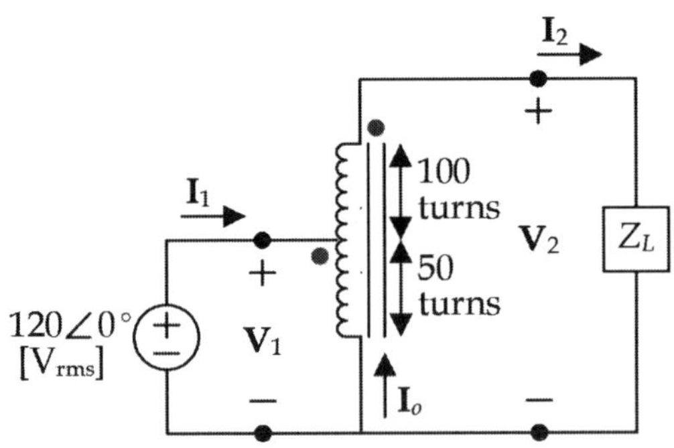

그림 15.35 예제 15.9를 위한 이상적인 단권변압기

풀이

1차 측 코일의 권선수는 $N_1 = 50$이고, 2차 측 코일의 권선수는 $N_2 = 100$이다. 1차와 2차 측 전압은 점이 찍힌 부분에 (+) 극성으로 설정되어 있다. 1차 측 전류의 기준 방향은 점

이 찍힌 부분으로 전류가 흘러 들어가고, 2차 측 전류는 점이 찍힌 부분에서 흘러 나오는 것으로 기준 방향이 설정되어 있다. 그러므로 점규약에 의하여 1차 측과 2차 측 전압비와 전류비는 각각 다음과 같다.

$$\frac{\mathrm{V}_2}{\mathrm{V}_1} = \frac{N_1 + N_2}{N_1} = 1 + \frac{100}{50} = 3, \qquad ①$$

$$\frac{\mathrm{I}_2}{\mathrm{I}_1} = \frac{50}{50+100} = \frac{1}{3}. \qquad ②$$

1차 측 코일에 걸리는 전압은 전원의 전압과 동일하므로

$$\mathrm{V}_1 = \mathrm{V}_s = 120\angle 0^\circ \ [\mathrm{V_{rms}}]. \qquad ③$$

따라서 2차 측 코일에 유기되는 전압은 식 ①에 따라

$$\mathrm{V}_2 = n\mathrm{V}_1 = 3 \times 120\angle 0^\circ = 360\angle 0^\circ \ [\mathrm{V_{rms}}] \qquad ④$$

이 되고, 2차 측 부하 임피던스에 흐르는 전류는 다음과 같이 계산된다.

$$\mathrm{I}_2 = \frac{\mathrm{V}_2}{Z_L} = \frac{360\angle 0^\circ}{4+3j} = 72\angle -36.87^\circ \ [\mathrm{A_{rms}}]. \qquad ⑤$$

식 ⑤를 식 ②에 적용하면 1차 측 코일로 흘러 들어가는 전류는

$$\mathrm{I}_1 = n\mathrm{I}_2 = 3 \times 72\angle -36.87^\circ = 216\angle -36.87^\circ \ [\mathrm{A_{rms}}]. \qquad ⑥$$

한편, 1차 코일과 2차 코일의 탭에서 키르히호프 전류법칙을 적용하면 $\mathrm{I}_1 + \mathrm{I}_o = \mathrm{I}_2$가 되므로

$$\mathrm{I}_o = \mathrm{I}_2 - \mathrm{I}_1 = 72\angle -36.87^\circ - 216\angle -36.87^\circ = 144\angle 143.13^\circ \ [\mathrm{A_{rms}}]. \qquad ⑦$$

부하 임피던스에서 소비되는 복소전력은

$$S_L = \mathrm{V}_2\mathrm{I}_2^* = 360\angle 0^\circ \times 72\angle 36.87^\circ = 25.92\angle 36.87^\circ \ [\mathrm{kVA}]. \qquad ⑧$$

1차 측에서 전달되는 복소전력을 계산하면

$$S_1 = \mathrm{V}_1\mathrm{I}_1^* = 120\angle 0^\circ \times 216\angle 36.87^\circ = 25.92\angle 36.87^\circ \ [\mathrm{kVA}] \qquad ⑨$$

이므로 주어진 단권변압기에서 전력보존의 법칙이 성립함을 알 수 있다. 또한, 식 ④의 2차 측 전압은 식 ③의 1차 측 전압보다 크므로 주어진 단권변압기는 승압형 변압기이다. 이에 따라 2차 측 전류는 1차 측 전류보다 권선수비에 반비례하는 비율로 감소되는 것을 식 ⑥과 식 ⑤를 통하여 확인할 수 있다.

15.6 2-포트 회로

어떤 회로에 전류가 들어오거나 나가는 단자들의 쌍을 포트(port)라고 한다. 지금까지 학습한 대부분의 전기회로는 그림 15.36(a)와 같은 2-단자 회로이며, 이것은 포트 개념으로는 1-포트 회로망이다. 여기서 키르히호프 전류법칙은 어떤 단자로 들어가는 전류는 반드시 다른 단자로부터 흘러나오는 전류와 같아야 한다.

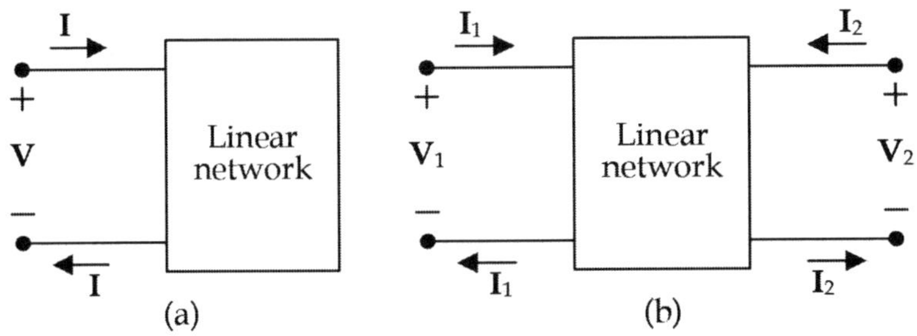

그림 15.36 선형 회로망 (a) 1-포트 회로망 (b) 2-포트 회로망

그림 15.36(b)에 나타낸 선형 회로망은 외부와 연결되는 두 쌍의 단자로 구성된 2-포트 회로망이다. 대개 2-포트 회로망에서 왼쪽 단자 쌍을 입력포트(input port)라고 하고 오른쪽 단자 쌍을 출력포트(output port)라고 한다. 이와 같은 2-포트 회로망은 입출력이 설정된 시스템에서 전기회로를 어떻게 구성할 것인지 블랙박스 형태로 설정하고 필요한 작은 동작들을 하나씩 해결해나가는 문제해결 방법에서 탁월한 기능을 발휘한다. 즉, 주어진 문제를 작은 문제들로 분할하고 각각의 작은 문제를 해결하여 직렬 또는 병렬 연결시킴으로써 전체 선형 회로망을 완성하는 것이다. 예를 들면, 서로 다른 특징을 가지는 두 개의 필터를 독립적으로 설계하여 직렬 연결함으로써 단일 필터로 동작하도록 회로망을 구성할 수 있다. 여기서도 입력포트와 출력포트 측 각각은 키르히호프 전류법칙을 만족하여야 한다. 그러므로 그림 15.36(b)에 나타낸 것처럼 입력포트나 출력포트로 흘러들어가는

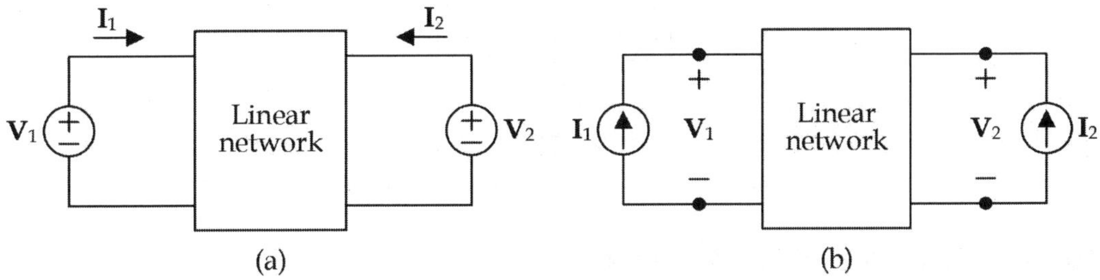

그림 15.37 선형 2-포트 회로망 (a) 전압원으로 구동 (b) 전류원으로 구동

전류와 각 포트로부터 흘러나오는 전류는 항상 동일하다.

전압원으로 구동되는 형식과 전류원으로 구동되는 형식을 가지는 선형 2-포트 회로망을 그림 15.37에 나타내었다. 이러한 회로망에서 단자 전압과 전류의 관계는

$$\begin{bmatrix} V_1 \\ V_2 \end{bmatrix} = \begin{bmatrix} z_{11} & z_{12} \\ z_{21} & z_{22} \end{bmatrix} \begin{bmatrix} I_1 \\ I_2 \end{bmatrix} \rightarrow V = zI \tag{15.88}$$

로 나타난다. 여기서 z는 임피던스로 구성되며, 흔히 z파라미터라고 한다. 이들 파라미터의 값은 입력포트를 개방하거나 출력포트를 개방하여 다음과 같이 구할 수 있다.

$$z_{11} = \left.\frac{V_1}{I_1}\right|_{I_2=0}, \quad z_{21} = \left.\frac{V_2}{I_1}\right|_{I_2=0}, \quad z_{12} = \left.\frac{V_1}{I_2}\right|_{I_1=0}, \quad z_{22} = \left.\frac{V_2}{I_2}\right|_{I_1=0}. \tag{15.89}$$

따라서 z_{11}은 개방회로 입력 임피던스, z_{22}는 개방회로 출력 임피던스라고 하고, 이들을 합쳐서 구동점 임피던스(driving-point impedance)라고 한다. z_{12}는 포트 1에서 포트 2로의 개방회로 전달임피던스, z_{21}은 포트 2에서 포트 1로의 개방회로 전달임피던스라고 한다. 특히, $z_{11} = z_{22}$일 때 2-포트 회로망은 대칭(symmetrical)이라고 한다. 또한, 주어진 회로망이 선형이고 종속전원을 포함하지 않는다면 $z_{12} = z_{21}$이 되며, 이 경우 2 포트는 가역(reciprocal)이라고 한다. 이는 구동점과 관찰점(측정점)이 서로 바뀌어도 전달임피던스는 동일해짐을 의미한다.

예제 15.10

그림 15.38의 선형 2-포트 회로망의 z파라미터를 구하라.

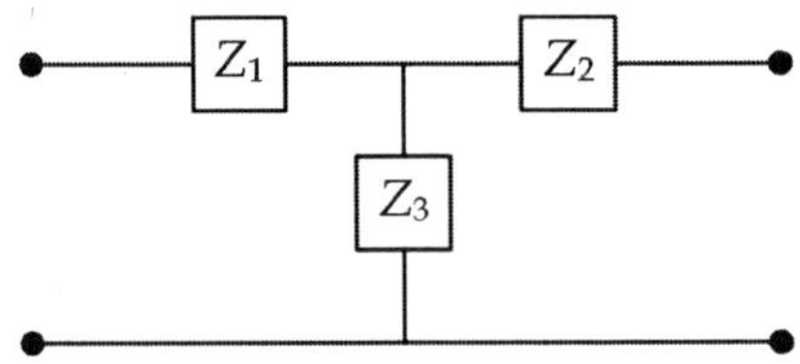

그림 15.38 예제 15.10을 위한 2-포트 회로망

풀이

주어진 2-포트 회로망에 그림 15.39처럼 입력포트에는 전압원 V_1을 연결하고 출력포트는 개방하는 것을 가정한다.

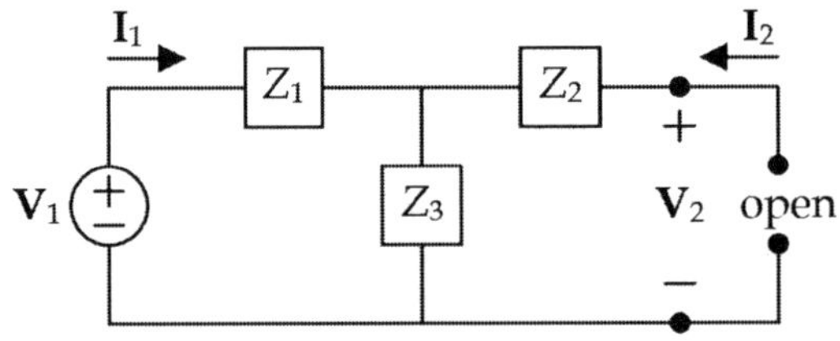

그림 15.39 출력포트를 개방시킨 변형 회로망

출력포트가 개방되었으므로 $\mathrm{I}_2 = 0$ [A]이다. 왼쪽 망로에 키르히호프 전압법칙을 적용하면 회로방정식은

$$Z_1\mathrm{I}_1 + Z_3\mathrm{I}_1 = \mathrm{V}_1 \qquad ①$$

이므로 개방회로 입력 임피던스는

$$z_{11} = \left.\frac{\mathrm{V}_1}{\mathrm{I}_1}\right|_{\mathrm{I}_2=0} = Z_1 + Z_3\ [\Omega] \qquad ②$$

이 된다. $\mathrm{I}_2 = 0$ [A]이므로 Z_2 양단의 전압은 0 [V]가 되며, 개방 단자의 전압은

$$\mathrm{V}_2 = Z_3\mathrm{I}_1 \qquad ③$$

이다. 따라서 입력포트에서 출력포트로 전달되는 개방회로 전달임피던스는

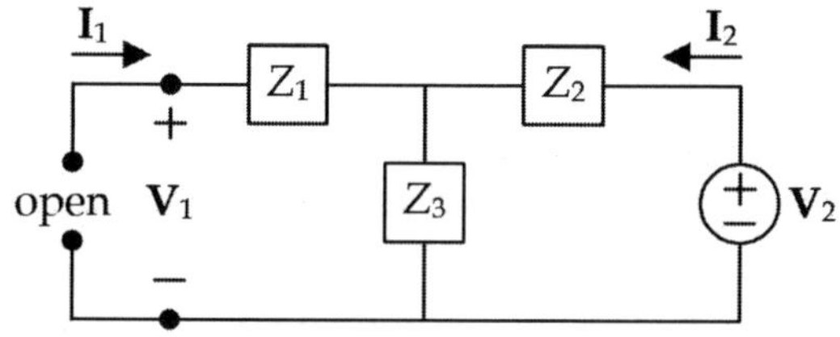

그림 15.40 입력포트를 개방시킨 변형 회로망

$$z_{21} = \left.\frac{V_2}{I_1}\right|_{I_2=0} = Z_3\ [\Omega]. \qquad ④$$

입력포트를 개방시키고 출력포트에 전압원 V_2를 연결한 그림 15.40의 회로에서 오른쪽 망로에 키르히호프 전압법칙을 적용하면

$$Z_2 I_2 + Z_3 I_2 = V_2 \qquad ⑤$$

이므로 개방회로 출력 임피던스는

$$z_{22} = \left.\frac{V_2}{I_2}\right|_{I_1=0} = Z_2 + Z_3\ [\Omega] \qquad ⑥$$

이 된다. $I_1 = 0$ [A]이므로 Z_1 양단의 전압도 0 [V]가 되고 개방 단자의 전압은

$$V_1 = Z_3 I_2 \qquad ⑦$$

이다. 따라서 포트 2에서 포트 1로 전달되는 개방회로 임피던스는

$$z_{12} = \left.\frac{V_1}{I_2}\right|_{I_1=0} = Z_3\ [\Omega]. \qquad ⑧$$

그러므로 z파라미터 행렬은 다음과 같다.

$$\mathbf{z} = \begin{bmatrix} z_{11} & z_{12} \\ z_{21} & z_{22} \end{bmatrix} = \begin{bmatrix} Z_1 + Z_3 & Z_3 \\ Z_3 & Z_2 + Z_3 \end{bmatrix}\ [\Omega]. \qquad ⑨$$

식 ⑨로부터 $z_{12} = z_{21}$이므로 주어진 선형 2-포트 회로망은 가역적이다.

예제 15.11

다음 선형 2-포트 회로망에서 전류 I_1과 I_2를 구하라.

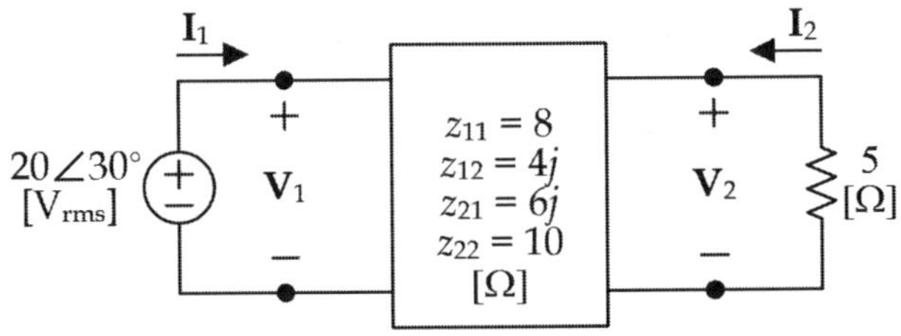

그림 15.41 예제 15.10을 위한 2-포트 회로망

풀이

2-포트 회로망에서 주어진 z파라미터를 이용하면 전압-전류 관계식은 다음과 같이 나타낼 수 있다.

$$\begin{bmatrix} V_1 \\ V_2 \end{bmatrix} = \begin{bmatrix} z_{11} & z_{12} \\ z_{21} & z_{22} \end{bmatrix} \begin{bmatrix} I_1 \\ I_2 \end{bmatrix} = \begin{bmatrix} 8 & 4j \\ 6j & 10 \end{bmatrix} \begin{bmatrix} I_1 \\ I_2 \end{bmatrix}. \quad ①$$

식 ①로부터 회로방정식은

$$V_1 = 8I_1 + 4jI_2, \quad ②$$

$$V_2 = 6jI_1 + 10I_2 \quad ③$$

가 된다. 출력포트 전압 $V_2 = -5I_2$를 식 ③에 대입하면

$$6jI_1 + 10I_2 = -5I_2 \rightarrow I_2 = -0.4jI_1 \quad ④$$

이 되고, 이를 식 ②에 대입하면

$$8I_1 + 4j(-0.4j)I_1 = 20\angle 30^\circ \rightarrow I_1 = \frac{20\angle 30^\circ}{9.6} = 2.08\angle 30^\circ \ [A_{rms}]. \quad ⑤$$

식 ⑤를 식 ④에 대입하면

$$I_2 = -0.4j \times \frac{20\angle 30^\circ}{9.6} = 0.83\angle -60^\circ \ [A_{rms}]. \quad ⑥$$

설명의 편의를 위하여 그림 15.37(b)에 나타낸 전류 구동형 2-포트 회로망을 그림 15.42에 다시 그렸다.

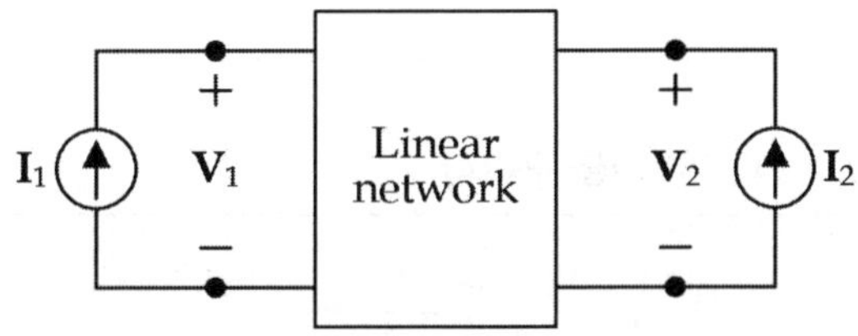

그림 15.42 전류 구동형 선형 2-포트 회로망

그림 15.42의 선형 회로망에서는 식 (15.90)에 나타낸 것처럼 어드미턴스를 이용한 y파라미터를 유도하는 것이 식 (15.88)에 나타낸 z파라미터보다 쉽다.

$$\begin{bmatrix} I_1 \\ I_2 \end{bmatrix} = \begin{bmatrix} y_{11} & y_{12} \\ y_{21} & y_{22} \end{bmatrix} \begin{bmatrix} V_1 \\ V_2 \end{bmatrix} \rightarrow I = yV. \tag{15.90}$$

먼저, 그림 15.42의 회로망에서 출력포트를 단락시키면 $V_2 = 0$ [V]가 되므로 식 (15.90)에서

$$I_1 = y_{11}V_1 + y_{12}V_2 = y_{11}V_1, \tag{15.91}$$

$$I_2 = y_{21}V_1 + y_{22}V_2 = y_{21}V_1$$

이 된다. 그러므로 단락회로 입력 어드미턴스와 포트 1에서 포트 2로의 단락회로 전달 어드미턴스는 각각 다음과 같다.

$$y_{11} = \left.\frac{I_1}{V_1}\right|_{V_2=0}, \quad y_{21} = \left.\frac{I_2}{V_1}\right|_{V_2=0}. \tag{15.92}$$

입력포트를 단락시키면 $V_1 = 0$ [V]가 되므로 식 (15.90)에서

$$I_1 = y_{11}V_1 + y_{12}V_2 = y_{12}V_2, \tag{15.93}$$

$$I_2 = y_{21}V_1 + y_{22}V_2 = y_{22}V_2$$

가 된다. 포트 2에서 포트 1로의 단락회로 전달 어드미턴스와 단락회로 출력 어드미턴스는 각각 다음과 같다.

$$y_{12} = \frac{I_1}{V_2}\bigg|_{V_1=0}, \quad y_{22} = \frac{I_2}{V_2}\bigg|_{V_1=0}. \tag{15.94}$$

예제 15.12

다음 선형 2-포트 회로망의 y파라미터를 구하라.

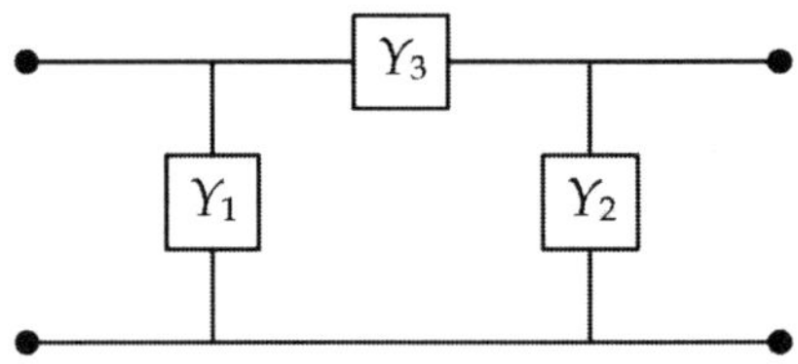

그림 15.43 예제 15.12를 위한 2-포트 회로망

풀이

주어진 선형 회로망에서 입력포트에 전류원 I_1을 연결하고 출력포트를 단락시키면 다음 그림과 같은 2-포트 회로망이 된다.

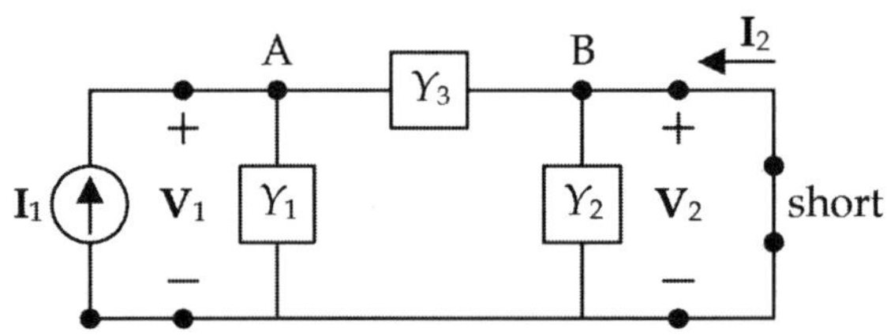

그림 15.44 출력포트를 단락시킨 변형 회로망

출력포트가 단락됨에 따라 어드미턴스 Y_2는 연결이 없는 것처럼 동작하므로 Y_1과 Y_3가 병렬 연결된 상태와 같다. 그러므로 마디 A에 키르히호프 전류법칙을 적용하면

$$I_1 = Y_1 V_1 + Y_3 V_1 = (Y_1 + Y_3)V_1 \quad ①$$

이므로 단락회로 입력 어드미턴스는

$$y_{11} = \frac{I_1}{V_1} = Y_1 + Y_3 \text{ [S]} \quad ②$$

가 된다. 출력포트가 단락을 유지하는 상태에서 마디 A에서 마디 B로 흐르는 전류는

$$Y_3 \mathrm{V}_1 = -\mathrm{I}_2 \quad ③$$

이므로 포트 1에서 포트 2로의 단락회로 전달 어드미턴스는

$$y_{21} = \frac{\mathrm{I}_2}{\mathrm{V}_1} = -Y_3 \text{ [S]}. \quad ④$$

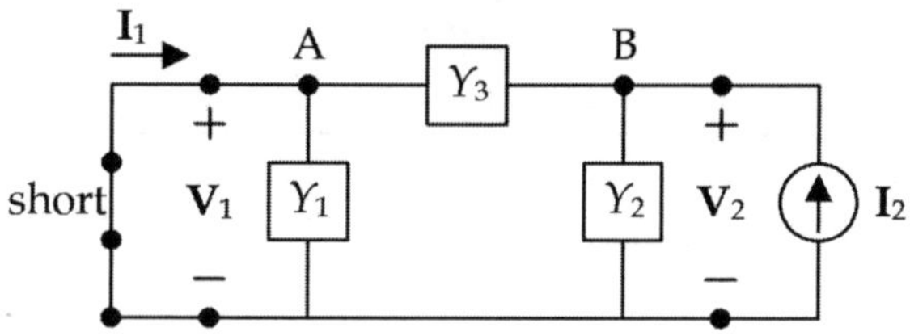

그림 15.45 입력포트를 단락시킨 변형 회로망

입력포트를 단락시키고 출력포트에 전류원 I_2를 연결한 그림 15.45의 회로망에서 마디 B에 키르히호프 전류법칙을 적용하면 회로방정식은

$$\mathrm{I}_2 = Y_2 \mathrm{V}_2 + Y_3 \mathrm{V}_2 = (Y_2 + Y_3)\mathrm{V}_2 \quad ⑤$$

가 된다. 따라서 단락회로 출력 어드미턴스는

$$y_{22} = \frac{\mathrm{I}_2}{\mathrm{V}_2} = Y_2 + Y_3 \text{ [S]} \quad ⑥$$

가 되고, 포트 2에서 포트 1로의 단락회로 전달 어드미턴스는

$$-\mathrm{I}_1 = Y_3 \mathrm{V}_2 \rightarrow y_{12} = \frac{\mathrm{I}_1}{\mathrm{V}_2} = -Y_3 \text{ [S]}. \quad ⑦$$

이들을 종합하면 주어진 2-포트 회로망의 y파라미터는 다음과 같다.

$$\mathrm{y} = \begin{bmatrix} y_{11} & y_{12} \\ y_{21} & y_{22} \end{bmatrix} = \begin{bmatrix} Y_1 + Y_3 & -Y_3 \\ -Y_3 & Y_2 + Y_3 \end{bmatrix} \text{ [S]}. \quad ⑧$$

또한, $y_{12} = y_{21}$이므로 주어진 선형 2-포트 회로망은 가역적이라고 할 수 있다.

예제 15.13

다음 2-포트 회로망의 y파라미터를 구하라.

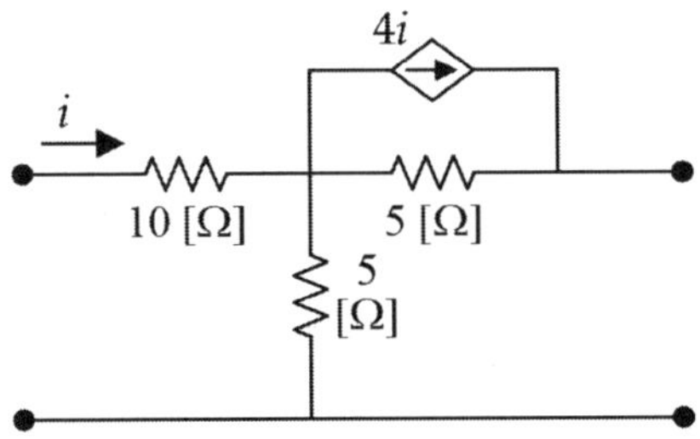

그림 15.46 예제 15.13을 위한 2-포트 회로망

풀이

주어진 선형 회로망의 입력포트에 전류원 I_1을 연결하고 출력포트를 단락시킨 변형 회로망은 그림 15.47과 같다.

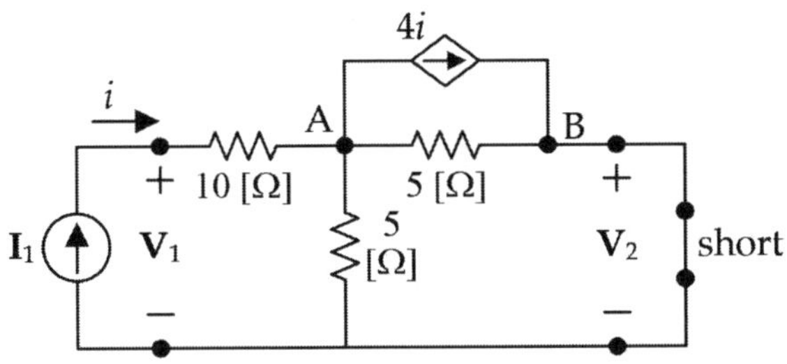

그림 15.47 출력포트를 단락시킨 변형 회로망

마디 A에 키르히호프 전류법칙을 적용한 회로방정식은

$$4i + \frac{V_A - V_B}{5} + \frac{V_A}{5} = I_1. \qquad ①$$

종속 전류원을 제어하는 전류는 입력포트 전류원과 같고, 출력포트는 단락되어 있으므로 식 ①의 해석을 위한 보조식은 다음과 같다.

$$i = I_1, \ V_B = V_2 = 0, \ V_A = V_1 - 10i. \qquad ②$$

보조식을 식 ①에 대입하여 정리하면

$$4\mathrm{I}_1+\frac{\mathrm{V}_1-10\mathrm{I}_1}{5}+\frac{\mathrm{V}_1-10\mathrm{I}_1}{5}=\mathrm{I}_1 \;\rightarrow\; \frac{2}{5}\mathrm{V}_1=\mathrm{I}_1 \qquad ③$$

가 되므로 단락회로 입력 어드미턴스는

$$y_{11}=\frac{\mathrm{I}_1}{\mathrm{V}_1}=0.4\ [\mathrm{S}]. \qquad ④$$

마디 B에 키르히호프 전류법칙을 적용하면

$$4i+\mathrm{I}_2+\frac{\mathrm{V}_A}{5}=0 \;\rightarrow\; 4\mathrm{I}_1+\mathrm{I}_2+\frac{\mathrm{V}_1-10\mathrm{I}_1}{5}=0 \qquad ⑤$$

가 되고, 식 ③의 $\mathrm{I}_1=(2/5)\mathrm{V}_1$을 식 ⑤에 대입하면

$$\frac{8}{5}\mathrm{V}_1+\mathrm{I}_2+\frac{\mathrm{V}_1-4\mathrm{V}_1}{5}=0 \;\rightarrow\; \mathrm{V}_1=-\mathrm{I}_2. \qquad ⑥$$

따라서 포트 1에서 포트 2로의 단락회로 전달 어드미턴스는

$$y_{21}=\frac{\mathrm{I}_2}{\mathrm{V}_1}=-1\ [\mathrm{S}]. \qquad ⑦$$

한편, 주어진 2-포트 회로망에서 입력포트를 단락시키고 출력포트에 전류원 I_2를 연결하면 다음과 같은 회로망이 된다.

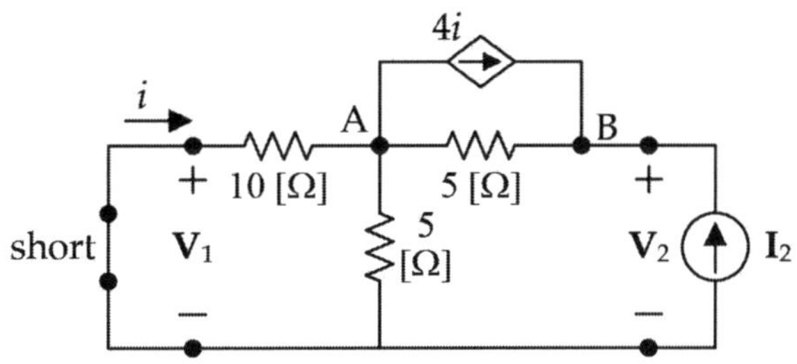

그림 15.48 입력포트를 단락시킨 변형 회로망

마디 A에 키르히호프 전류법칙을 적용하면 회로방정식은

$$4i + \frac{V_A - V_B}{5} + \frac{V_A}{5} + \frac{V_A - V_1}{10} = 0. \quad ⑧$$

식 ⑧을 위한 보조방정식은 다음과 같다.

$$i = I_1,\ V_1 = 0,\ V_B = V_2. \quad ⑨$$

보조방정식을 식 ⑧에 대입하여 정리하면

$$4I_1 + \left(\frac{1}{5} + \frac{1}{5} + \frac{1}{10}\right)V_A - \frac{V_2}{5} = 0 \quad ⑩$$

가 되고 $V_A = -10I_1$을 식 ⑩에 대입하여 정리하면

$$-I_1 - \frac{V_2}{5} = 0. \quad ⑪$$

따라서 포트 2에서 포트 1로의 단락회로 전달 어드미턴스는

$$y_{12} = \frac{I_1}{V_2} = -0.2\ [S]. \quad ⑫$$

마지막으로 마디 B에 키르히호프 전류법칙을 적용한 방정식은

$$4i + I_2 + \frac{V_A - V_B}{5} = 0. \quad ⑬$$

여기에 식 ⑨의 보조식과 식 ⑫를 대입하여 정리하면

$$I_2 = 0.6V_2 \quad ⑭$$

가 되므로 단락회로 출력 어드미턴스는

$$y_{22} = \frac{I_2}{V_2} = 0.6\ [S]. \quad ⑮$$

그러므로 위의 식들을 종합하여 정리하면 주어진 2-포트 회로망의 y파라미터는

$$y = \begin{bmatrix} y_{11} & y_{12} \\ y_{21} & y_{22} \end{bmatrix} = \begin{bmatrix} 0.4 & -0.2 \\ -1 & 0.6 \end{bmatrix}\ [S]. \quad ⑯$$

식 ⑯의 y파라미터에서 $y_{12} \neq y_{21}$이므로 주어진 2-포트 회로망은 가역적이지 않음을 알 수 있다. 이것은 주어진 회로망에 종속전원이 포함되어 있기 때문이다.

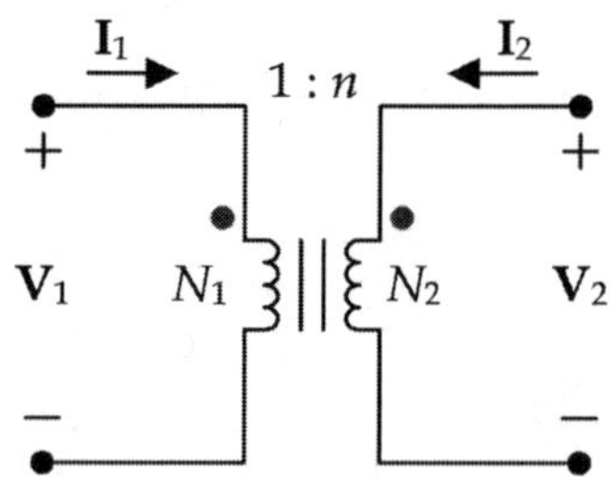

그림 15.49 이상적인 변압기 회로

그림 15.49의 이상적인 변압기를 사용하는 회로도 일종의 2-포트 회로망이다. 이상적인 변압기 회로의 특성은 주로 1차와 2차 측 전압과 전류비에 의하여 결정된다.

$$V_1 = \frac{1}{n}V_2,\ I_1 = -nI_2, \tag{15.95}$$

여기서 n은 권선수비를 나타낸다. 식 (15.88)이나 식 (15.90)과는 달리 식 (15.95)와 같은 전압비와 전류비는 z파라미터나 y파라미터를 이용한 전압-전류 관계식을 만들 수 없다. 이와 같은 경우에는 입력포트 전압 V_1과 출력포트 전류 I_2를 종속변수로 사용하는 관계식을 다음과 같이 설정할 수 있다.

$$\begin{matrix} V_1 = h_{11}I_1 + h_{12}V_2 \\ I_2 = h_{21}I_1 + h_{22}V_2 \end{matrix} \ \rightarrow \ \begin{bmatrix} V_1 \\ I_2 \end{bmatrix} = \begin{bmatrix} h_{11} & h_{12} \\ h_{21} & h_{22} \end{bmatrix} \begin{bmatrix} I_1 \\ V_2 \end{bmatrix}, \tag{15.96}$$

여기서 계수행렬 h를 하이브리드 파라미터 또는 h파라미터라고 한다. 이것은 트랜지스터와 같은 소자나 이상적인 변압기의 특성이나 동작 해석에 많이 사용된다.

h파라미터에서 각각의 항은 다음과 같이 결정된다.

$$h_{11} = \left.\frac{V_1}{I_1}\right|_{V_2=0},\ h_{21} = \left.\frac{I_2}{I_1}\right|_{V_2=0},\ h_{12} = \left.\frac{V_1}{V_2}\right|_{I_1=0},\ h_{22} = \left.\frac{I_2}{V_2}\right|_{I_1=0}. \tag{15.97}$$

식 (15.97)에서 $V_2 = 0$는 출력포트를 단락시키는 것이고, $I_1 = 0$는 입력포트를 개방시키는 조건을 의미한다. 따라서 h_{11}은 입력포트의 전압과 전류의 비를 나타내므로 출력포트를 단락시켰을 때 입력포트 측의 임피던스 성분이다. h_{21}은 출력포트를 단락시켰을 때 입력포트 전류에 대한 출력포트 전류의 비를 나타내며 정방향 전류이득이 된다. 이에 비하여 h_{12}는 입력포트를 개방시켰을 때 출력포트 전압에 대한 입력포트 전압의 비로 역방향 전압이득이다. 마지막으로 h_{22}는 입력포트를 개방하였을 때 출력포트에서 전류와 전압의 비로 출력 어드미턴스 성분을 나타낸다. 이러한 특성을 반영한 h파라미터 기반 등가회로를 그림 15.50에 나타내었다.

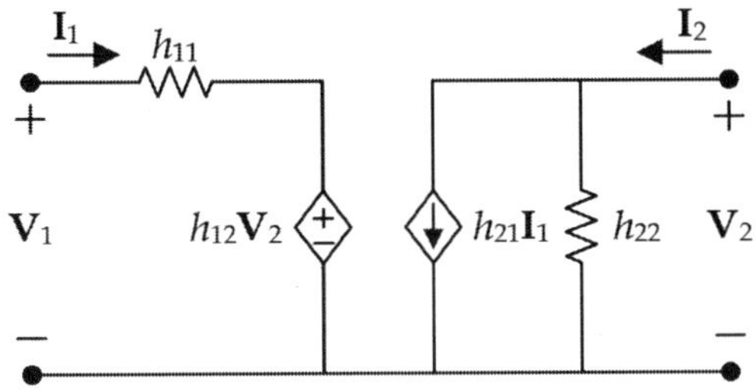

그림 15.50 2-포트 회로망의 h파라미터 등가회로

그림 15.50에 나타낸 등가회로는 전자회로에서 트랜지스터 소신호 증폭모델에 대한 해석에서 자세하게 학습할 것이므로 여기서는 해석을 생략한다. 관심이 있는 학생들은 전자회로 교재의 관련 부분을 학습할 것을 추천한다.

h파라미터와 유사한 구조를 가지는 파라미터 모델로는 역하이브리드 파라미터라고 하는 g파라미터가 있다. 이것은 입력포트 전류 I_1과 출력포트 전압 V_2를 종속변수로 사용하여 다음과 같이 설정할 수 있다.

$$\begin{aligned}\mathrm{I}_1 &= g_{11}\mathrm{V}_1 + g_{12}\mathrm{I}_2 \\ \mathrm{V}_2 &= g_{21}\mathrm{V}_1 + g_{22}\mathrm{I}_2\end{aligned} \rightarrow \begin{bmatrix}\mathrm{I}_1 \\ \mathrm{V}_2\end{bmatrix} = \begin{bmatrix}g_{11} & g_{12} \\ g_{21} & g_{22}\end{bmatrix}\begin{bmatrix}\mathrm{V}_1 \\ \mathrm{I}_2\end{bmatrix}. \tag{15.98}$$

여기서 각각의 파라미터는 다음과 같이 결정된다.

$$g_{11} = \left.\frac{\mathrm{I}_1}{\mathrm{V}_1}\right|_{\mathrm{I}_2=0},\ g_{21} = \left.\frac{\mathrm{V}_2}{\mathrm{V}_1}\right|_{\mathrm{I}_2=0},\ g_{12} = \left.\frac{\mathrm{I}_1}{\mathrm{I}_2}\right|_{\mathrm{V}_1=0},\ g_{22} = \left.\frac{\mathrm{V}_2}{\mathrm{I}_2}\right|_{\mathrm{V}_1=0}. \tag{15.99}$$

식 (15.99)의 정의에서 g_{11}은 출력포트를 개방하였을 때 입력포트에서 측정되는 어드미턴스 성분이고, g_{21}은 같은 조건에서 정방향 전압이득을 나타낸다. 이에 비하여 g_{12}는 입력포트를 단락시켰을 때 역방향 전류이득이고, g_{22}는 입력포트를 단락시켰을 때 출력포트에서 측정되는 임피던스 성분을 나타낸다. 그림 15.51은 g파라미터를 사용한 2-포트 회로망의 등가회로이며, 전자회로에서 전계효과 트랜지스터(field effect transistor, FET)의 모델링과 해석에 자주 사용된다.

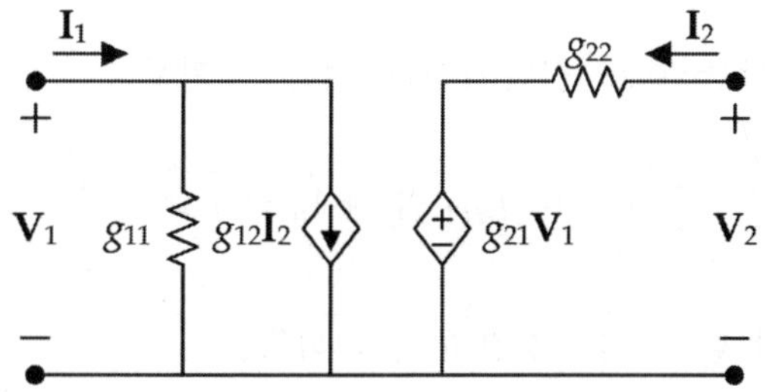

그림 15.51 2-포트 회로망의 g파라미터 등가회로

예제 15.14

그림 15.52에 나타낸 2-포트 회로망의 h파라미터를 구하라.

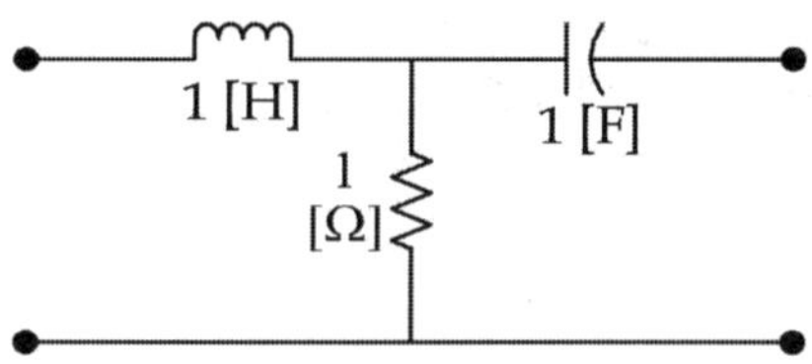

그림 15.52 예제 15.14를 위한 2-포트 회로망

풀이

주어진 2-포트 회로망의 입력포트에 전압원 V_1을 연결하고 출력포트를 단락시킨 s영역 변환 회로망은 그림 15.53과 같다.

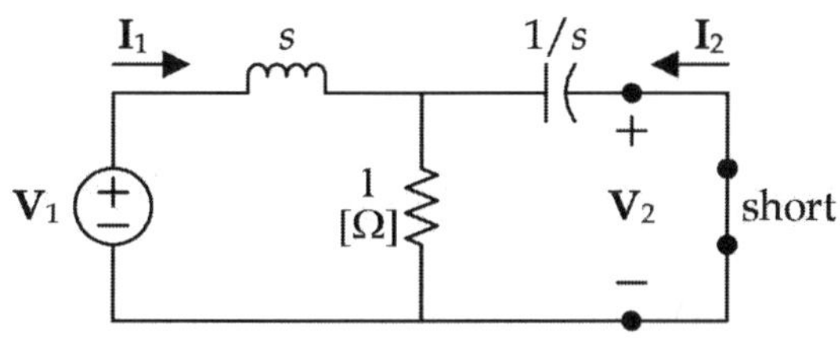

그림 15.53 입력포트에 전압원을 연결하고 출력포트를 단락시킨 s영역 변환 회로망

그림 15.53의 2-포트 회로망의 왼쪽 망로에 키르히호프 전압법칙을 적용하면 회로방정식은

$$s\mathrm{I}_1 + 1 \cdot (\mathrm{I}_1 + \mathrm{I}_2) = \mathrm{V}_1 \qquad ①$$

이고, 오른쪽 망로에 키르히호프 전압법칙을 적용한 회로방정식은

$$\frac{1}{s} \cdot (-\mathrm{I}_2) - (\mathrm{I}_1 + \mathrm{I}_2) = 0 \qquad ②$$

이다. 식 ②를 정리하면 단락회로 정방향 전류이득은

$$\mathrm{I}_2 = \frac{-1}{1+1/s}\mathrm{I}_1 \rightarrow h_{21} = \frac{\mathrm{I}_2}{\mathrm{I}_1} = \frac{-1}{1+1/s} = -\frac{s}{s+1} \qquad ③$$

가 되고, 식 ③에서 전류 I_1과 I_2의 관계식을 식 ①에 대입하여 정리하면

$$\mathrm{V}_1 = \left(s + 1 - \frac{1}{s+1}\right)\mathrm{I}_1. \qquad ④$$

따라서 단락회로 입력 임피던스는 다음과 같다.

$$h_{11} = \frac{\mathrm{V}_1}{\mathrm{I}_1} = \frac{s^2+2s}{s+1}\ [\Omega]. \qquad ⑤$$

출력포트에 전압원을 연결하고 입력포트를 개방시켜 전류 $\mathrm{I}_1 = 0$으로 만든 변형 회로망을 그림 15.54에 나타내었다.

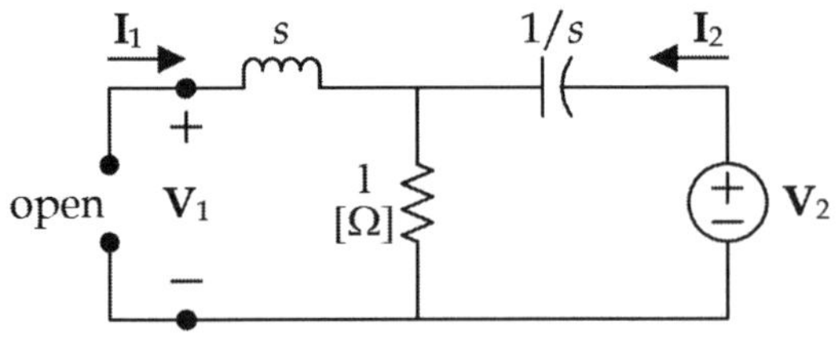

그림 15.54 입력포트를 개방하고 출력포트에 전압원을 연결한 s영역 변환 회로망

그림 15.54에 나타낸 회로망에서는 입력포트가 개방되어 $\mathrm{I}_1 = 0$이므로 오른쪽 망로에 키르히호프 전압법칙을 적용한 회로방정식은 다음과 같다.

$$\frac{1}{s}I_2 + I_2 = V_2. \qquad ⑥$$

따라서 식 ⑥으로부터 출력 어드미턴스 성분은

$$h_{22} = \frac{I_2}{V_2} = \frac{1}{1+1/s} = \frac{s}{s+1}\ [S] \qquad ⑦$$

이 된다. $I_1 = 0$이므로 입력포트 측 인덕터 양단에는 전압이 걸리지 않으므로 $1\,[\Omega]$ 저항 양단에 걸리는 전압은 전압분배법칙을 적용하면

$$V_1 = \frac{1}{1+1/s}V_2. \qquad ⑧$$

이로부터 역방향 전압이득은

$$h_{12} = \frac{V_1}{V_2} = \frac{s}{s+1} \qquad ⑨$$

이들을 종합하면 그림 15.52에 나타낸 2-포트 회로망에 대한 h파라미터는 다음과 같다.

$$h = \begin{bmatrix} h_{11} & h_{12} \\ h_{21} & h_{22} \end{bmatrix} = \begin{bmatrix} \frac{s(s+2)}{s+1} & \frac{s}{s+1} \\ -\frac{s}{s+1} & \frac{s}{s+1} \end{bmatrix}. \qquad ⑩$$

예제 15.15

그림 15.52에 나타낸 2-포트 회로망의 g파라미터를 구하라.

풀이

주어진 2-포트 회로망의 입력포트에 전압원 V_1을 연결하고 출력포트를 개방시킨 s영역 변환 회로망은 그림 15.55와 같다.

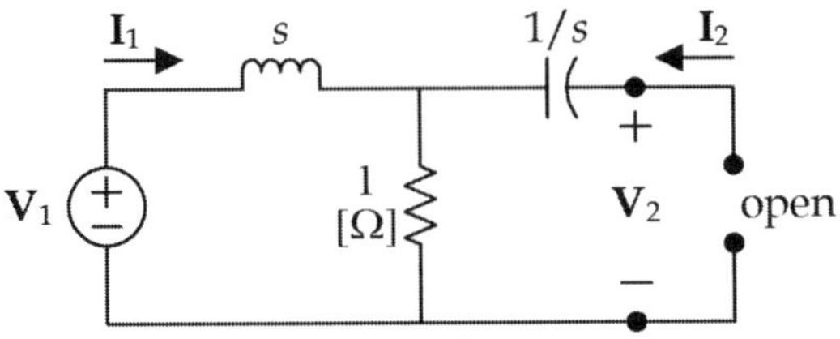

그림 15.55 입력포트에 전압원을 연결하고 출력포트를 개방한 s 영역 변환 회로망

그림 15.55에 나타낸 2-포트 회로망에서 출력포트가 개방됨에 따라 $I_2 = 0$임을 고려하면 왼쪽 망로에 키르히호프 전압법칙을 적용한 회로방정식은

$$sI_1 + I_1 = (s+1)I_1 = V_1 \tag{①}$$

이다. 이로부터 개방회로 입력 어드미턴스 성분을 계산하면

$$g_{11} = \frac{I_1}{V_1} = \frac{1}{s+1}\ [S] \tag{②}$$

이 된다. 또한, 전압분배법칙을 적용하면 출력포트 전압은 다음과 같다.

$$V_2 = \frac{1}{s+1}V_1. \tag{③}$$

따라서 출력포트가 개방된 상태에서 정방향 전압이득은

$$g_{21} = \frac{V_2}{V_1} = \frac{1}{s+1}. \tag{④}$$

한편, 입력포트를 단락시키고 출력포트에 전압원을 연결한 회로망은 그림 15.56과 같다. 오른쪽 망로에 키르히호프 전압법칙을 적용하여 얻은 회로방정식은

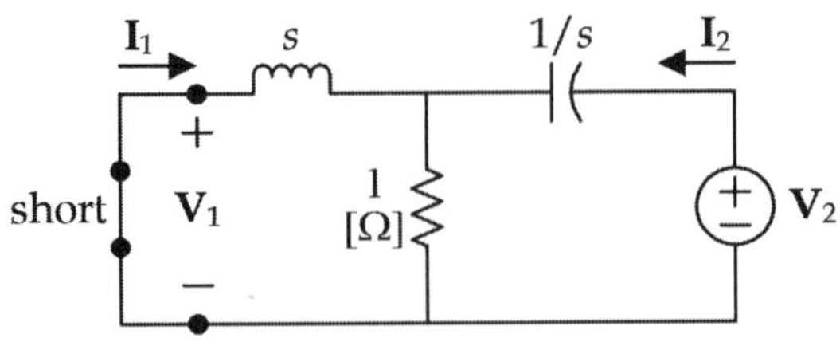

그림 15.56 입력포트를 개방하고 출력포트에 전압원을 연결한 s 영역 변환 회로망

$$\frac{1}{s}\mathrm{I}_2 + 1 \cdot (\mathrm{I}_1 + \mathrm{I}_2) = \mathrm{V}_2 \;\rightarrow\; \mathrm{I}_1 + \left(1 + \frac{1}{s}\right)\mathrm{I}_2 = \mathrm{V}_2 \qquad ⑤$$

가 되고, 왼쪽 망로에 키르히호프 전압법칙을 적용한 회로방정식은

$$s\mathrm{I}_1 + 1 \cdot (\mathrm{I}_1 + \mathrm{I}_2) = 0 \;\rightarrow\; \mathrm{I}_2 = -(s+1)\mathrm{I}_1 \qquad ⑥$$

이 된다. 식 ⑥으로부터 단락회로 역방향 전류이득은 다음과 같다.

$$g_{12} = \frac{\mathrm{I}_1}{\mathrm{I}_2} = -\frac{1}{s+1}. \qquad ⑦$$

또한, 식 ⑥의 전류 관계식을 식 ⑤에 대입하여 정리하면

$$\left(1 + \frac{1}{s}\right)\mathrm{I}_2 - \frac{1}{s+1}\mathrm{I}_2 = \mathrm{V}_2. \qquad ⑧$$

식 ⑧로부터

$$g_{22} = \frac{\mathrm{V}_2}{\mathrm{I}_2} = \frac{s^2+s+1}{s(s+1)}\ [\Omega]. \qquad ⑨$$

이 된다. 이것은 입력포트를 단락시킨 상태에서 출력포트 측에서 측정되는 임피던스 성분이다. 이들을 종합하면 그림 15.52의 2-포트 회로망에 대한 g파라미터는 다음과 같다.

$$\mathbf{g} = \begin{bmatrix} g_{11} & g_{12} \\ g_{21} & g_{22} \end{bmatrix} = \begin{bmatrix} \frac{1}{s+1} & -\frac{1}{s+1} \\ \frac{1}{s+1} & \frac{s^2+s+1}{s(s+1)} \end{bmatrix}. \qquad ⑩$$

■

예제 15.14의 h파라미터와 예제 15.15의 g파라미터에서 h_{12}와 g_{21}은 전압이득이고 h_{21}과 g_{12}는 전류이득이므로 단위가 없다. 이에 비하여 h_{11}과 g_{22}는 임피던스 성분이고 h_{22}와 g_{11}은 어드미턴스 성분이므로 각각 [Ω]과 [S]라는 정확한 단위를 사용하여야 한다.

연습문제

15.1 한 쌍의 결합코일로 구성된 자기결합회로의 2차 측 두 단자가 개방된 상태에서 $i_1(t) = 5t + 2$ [A]일 때 $v_1(t) = 10$ [V], $v_2(t) = -5$ [V]이다. 그리고 1차 측 두 단자가 개방된 상태에서 $i_2(t) = 4t$ [A]일 때 $v_2(t) = 2$ [V]이다.

(1) 자기 인덕턴스 L_1, L_2와 상호 인덕턴스 M을 구하라.

(2) 두 코일의 결합계수를 구하라.

15.2 한 쌍의 결합코일의 자기 인덕턴스가 $L_1 = 4$ [H], $L_2 = 1$ [H]이다. 1차 코일과 2차 코일의 전류가 각각 $i_1(t) = 3\cos(5t)$ [A], $i_2(t) = 5\cos(5t)$ [A]일 때, 1차 코일을 통과하는 쇄교자속이 $\lambda_1(t) = K\cos(5t + \phi)$ [Wb]이다. 쇄교자속의 최대 진폭 $K_{\max}$와 최소 진폭 $K_{\min}$을 구하라.

15.3 그림 P15.3의 자기결합회로에서 $v_1(t) = 6\sin(2t)$ [V]일 때, $i_1(t) = 0.5\cos(2t)$ [A]이다.

(1) 점규약에 따른 결합코일의 전압-전류 관계식을 구하라.

(2) 2차 측 코일에 저장된 초기에너지가 0 [J]일 때, 전류 $i_2(t)$와 전압 $v_2(t)$를 구하라.

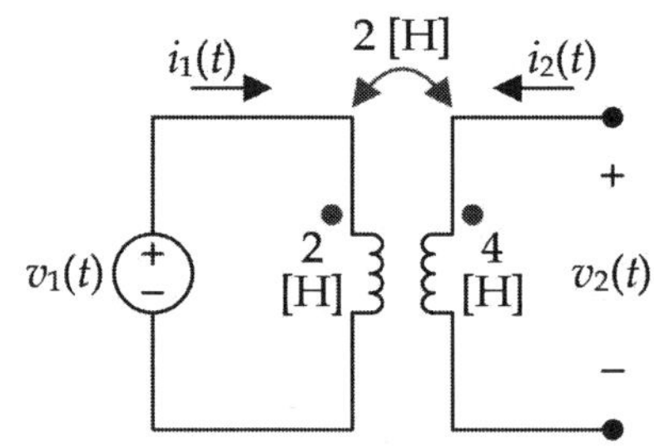

그림 P15.3

15.4 그림 P15.4의 자기결합회로에서 $v_1(t) = 6\sin(2t)$ [V]일 때, $i_1(t) = 0.5\cos(2t)$ [A]이다.

(1) 점규약에 따른 결합코일의 전압-전류 관계식을 구하라.

(2) 전류 $i_2(t)$와 전압 $v_2(t)$를 구하라. 여기서 2차 측 코일에 저장된 초기에너지는 0 [J]인 것으로 가정한다.

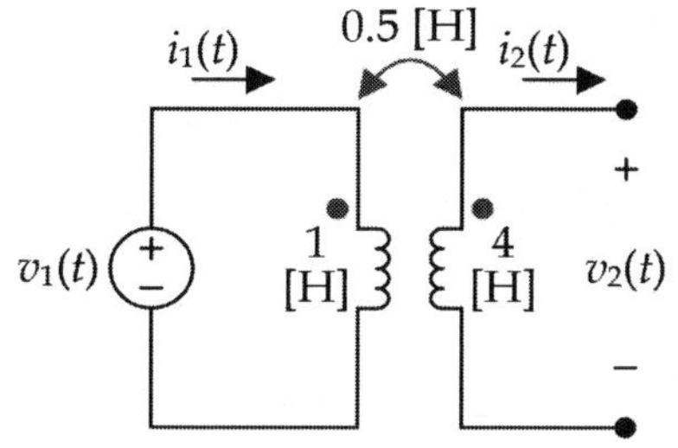

그림 P15.4

15.5 다음 자기결합회로에서 전류는 $i(t) = 0.5\cos(3t + 30^\circ)$ [A]이다.

(1) 단자 a와 b 사이의 등가인덕턴스를 구하라.

(2) 단자 a와 b 사이의 전압 $v_{ab}(t)$를 구하라.

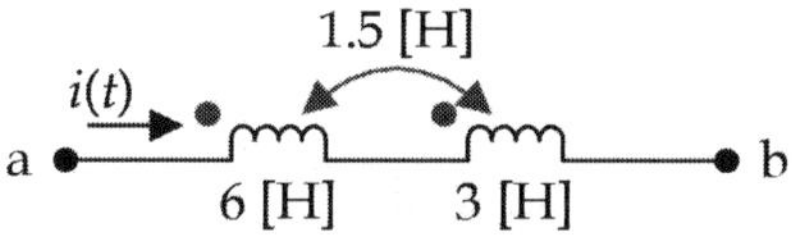

그림 P15.5

15.6 그림 P15.6에 나타낸 자기결합회로에서 $i(t) = 0.2\sin(5t - 30^\circ)$ [A]이다.

(1) 단자 a와 b 사이의 등가인덕턴스를 구하라.

(2) $v_{ab}(t)$를 구하라.

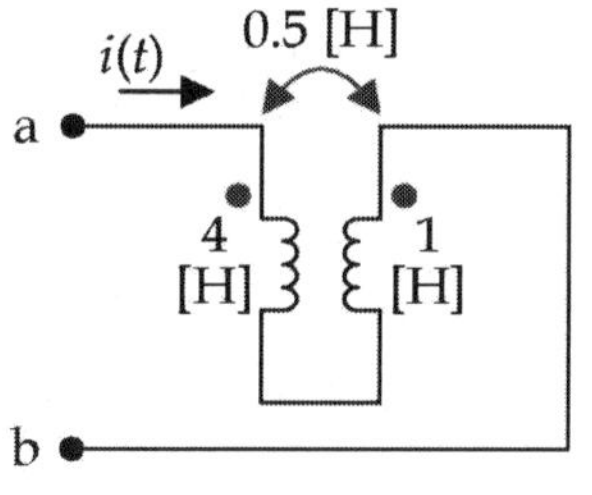

그림 P15.6

15.7 한 쌍의 자기결합코일이 직렬 보조연결일 때 인덕턴스는 6 [H]이고, 직렬 대립연결일 때 인덕턴스는 1 [H]이다.

(1) 한 코일의 자기 인덕턴스가 다른 코일의 3배인 경우 각 코일의 인덕턴스, 상호 인덕턴스, 결합계수를 구하라.

(2) 한 코일의 인덕턴스가 다른 코일의 몇 배일 때 결합계수가 최대가 되는가?

15.8 그림 P15.8의 자기결합회로에 대하여

(1) 단자 a와 b 사이의 등가인덕턴스를 구하라.

(2) $v_{ab}(t) = 7\sin(3t + 45^{\circ})$ [V]일 때 전류 $i(t)$를 구하라. 여기서 모든 인덕터의 초기 에너지는 0 [J]인 것으로 가정한다.

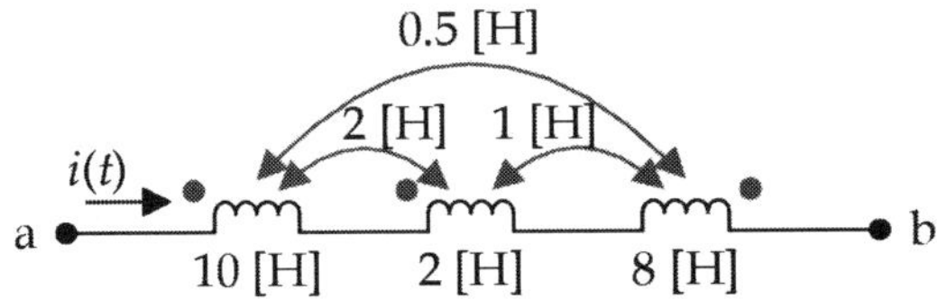

그림 P15.8

15.9 그림 P15.9에 나타낸 자기결합회로를 통하여 흐르는 전류는 $i(t) = 0.5\cos(2t + 60^{\circ})$ [A]이다.

(1) 단자 a와 b 사이의 등가인덕턴스를 구하라.

(2) $v_{ab}(t)$를 구하라.

(3) $v_1(t)$, $v_2(t)$, $v_3(t)$를 구하여 $v_{ab}(t)$와 비교하라.

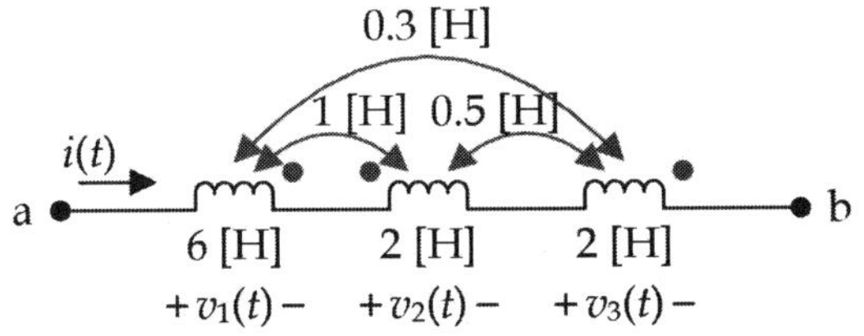

그림 P15.9

15.10 그림 P15.10의 자기결합회로에서 단자 a와 b 사이의 등가인덕턴스를 구하라.

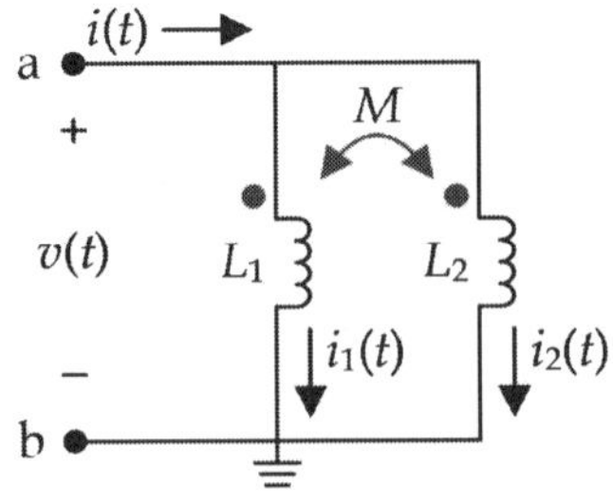

그림 P15.10

15.11 그림 P15.11의 자기결합회로에서 전압원은 $v_s(t) = 10\cos(5t + 30^\circ)$ [V]이다.

(1) 주어진 회로를 페이저회로로 변환하라.

(2) 전류 $i(t)$와 전압 $v_o(t)$를 구하라.

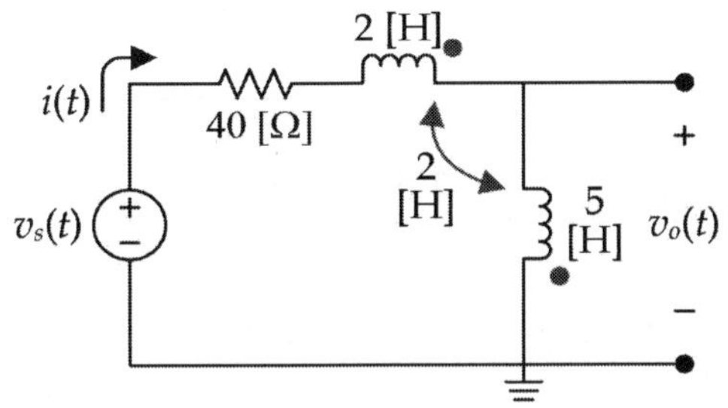

그림 P15.11

15.12 그림 P15.12의 자기결합회로에서 전압원은 $v_s(t) = 4\sin(2t + 60^\circ)$ [V]이다.

(1) 주어진 회로를 페이저회로로 변환하라.

(2) 전류 $i(t)$와 전압 $v_o(t)$를 구하라.

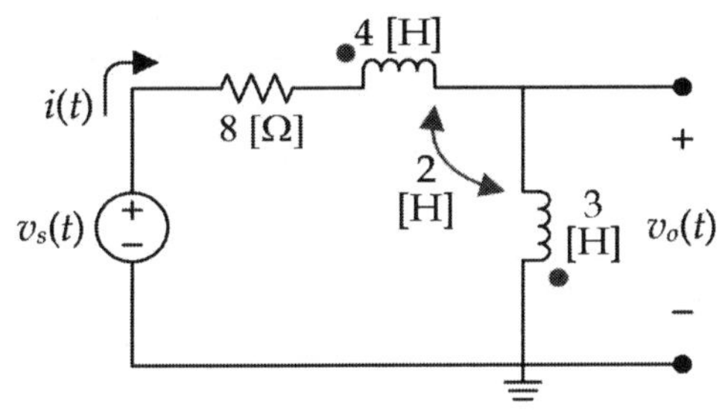

그림 P15.12

15.13 그림 P15.13의 자기결합회로에서 전원은 $v_s(t) = 10\cos(5t + 30^\circ)$ [V]이다.

(1) 주어진 회로에 대한 페이저 변환회로를 구하라.

(2) 전류 $i_1(t)$와 $i_2(t)$를 구하라.

(3) 두 저항 양단에 걸리는 전압을 구하라.

(4) 두 저항에서 소비되는 평균전력과 전압원이 회로에 공급하는 평균전력을 구하여 비교하라.

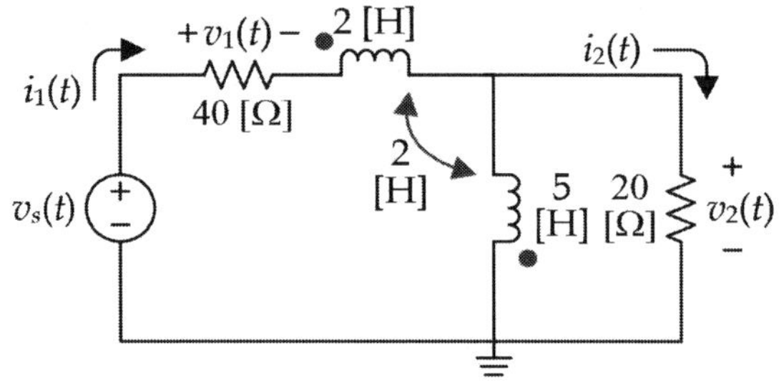

그림 P15.13

15.14 그림 P15.14의 자기결합회로에서 전원은 $v_s(t) = 10\cos(5t + 30^\circ)$ [V]이다.

(1) 주어진 회로에 대한 페이저 변환회로를 구하라.

(2) 전류 $i_1(t)$와 $i_2(t)$를 구하라.

(3) 두 저항 양단에 걸리는 전압을 구하라.

(4) 두 저항에서 소비되는 평균전력과 전압원이 회로에 공급하는 평균전력을 구하여 비교하라.

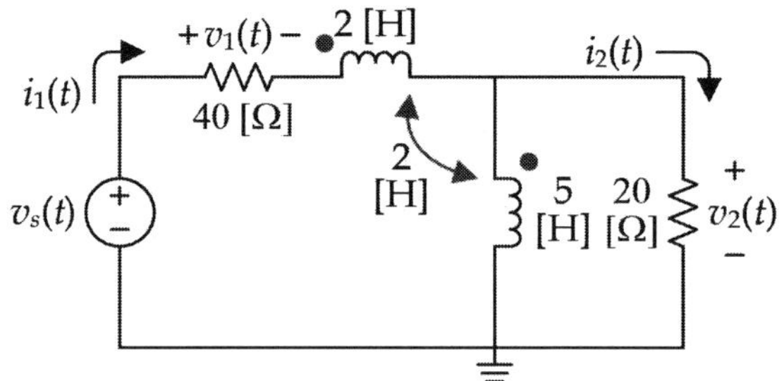

그림 P15.14

15.15 그림 P15.15의 자기결합회로에서 전원은 $v_s(t) = 10\cos(5t + 30^\circ)$ [V]이다.

(1) 망로전류 $i_1(t)$와 $i_2(t)$를 구하라.

(2) 각 저항에서 소비되는 평균전력과 전원이 회로에 공급하는 평균전력을 구하라.

(3) $t = 0.5$ [sec]에서 결합코일 쌍에 축적된 에너지를 구하라.

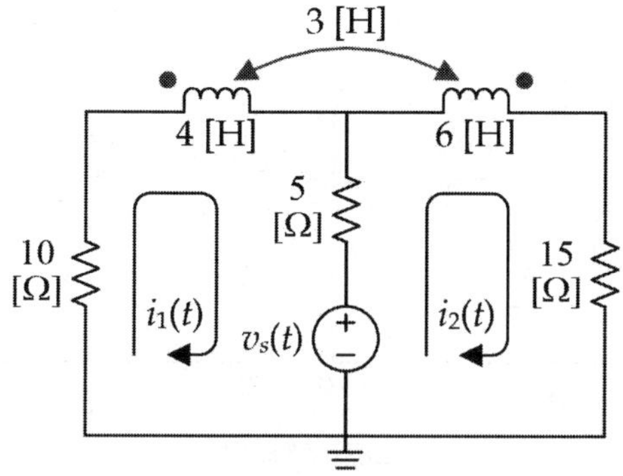

그림 P15.15

15.16 그림 P15.16의 자기결합회로에서 전원은 $v_i(t) = 10\sin(t + 45°)$ [V]이다.

(1) 망로전류 $i_1(t)$와 $i_2(t)$를 구하라.

(2) 출력전압 $v_o(t)$를 구하라.

(3) 단자 a와 b에서 측정되는 입력 임피던스를 구하라.

(4) $t = 0.5$ [sec]에서 결합코일 쌍에 축적된 에너지를 구하라.

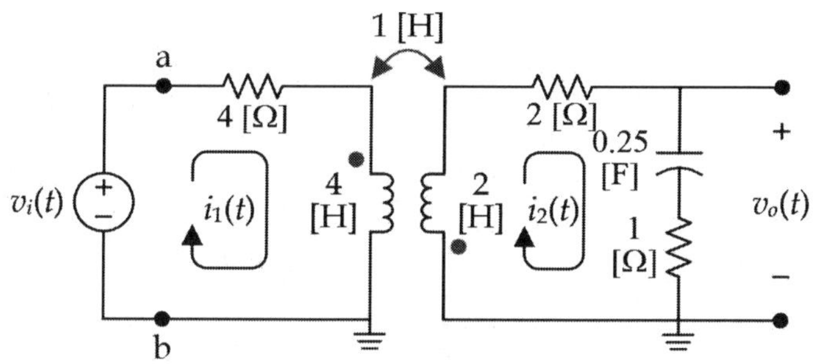

그림 P15.16

15.17 그림 P15.17의 자기결합회로에서 두 전원은 각각 다음과 같다.

$$v_1(t) = 10\sin(4t - 60°) \text{ [V]}, \quad v_2(t) = 5\cos(4t + 30°) \text{ [V]}.$$

(1) 망로전류 $i_1(t)$와 $i_2(t)$를 구하라.

(2) 단자 a와 b에서 측정되는 입력 임피던스를 구하라.

(3) $t = 0.5$ [sec]에서 결합코일 쌍에 축적된 에너지를 구하라.

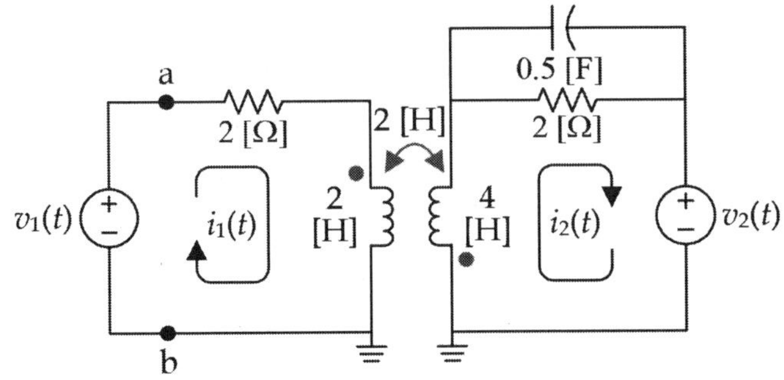

그림 P15.17

15.18 그림 P15.18의 자기결합회로에서 $v_s(t) = 20\cos(5t + 30^\circ)$ [V]이다.

(1) 망로전류 $i_1(t)$와 $i_2(t)$를 구하라.

(2) 출력전압 $v_o(t)$를 구하라.

(3) 각 저항에서 소비되는 평균전력과 전원이 회로에 공급하는 평균전력을 구하여 비교하라.

(4) 결합회로의 입력 임피던스를 구하라.

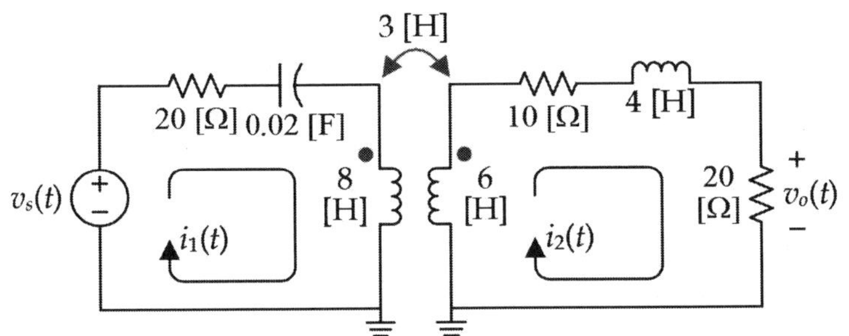

그림 P15.18

15.19 그림 P15.19의 자기결합회로에서 전원은 $v_s(t) = 10\cos(4t)$ [V]이다.

(1) 망로전류 $i_1(t)$, $i_2(t)$와 2차 측 출력전압 $v_o(t)$를 구하라.

(2) 각 저항에서 소비되는 평균전력과 전원이 회로에 공급하는 평균전력을 구하라.

(3) 결합회로의 입력 임피던스를 구하라.

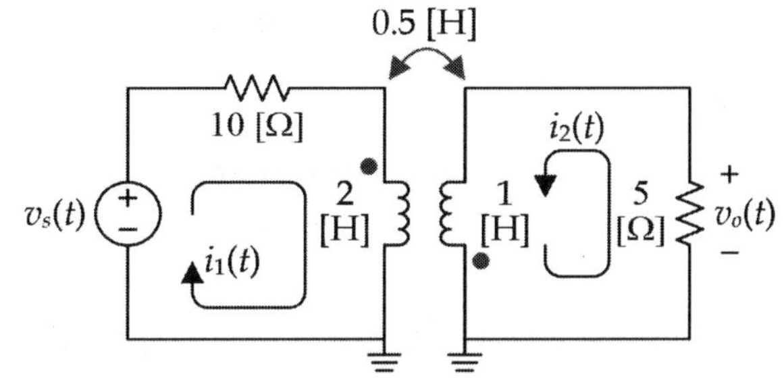

그림 P15.19

15.20 그림 P15.19의 자기결합회로를 그림 P15.20과 같은 무결합 T등가회로로 변환한다. 여기서 전원 $v_s(t)$는 문제 15.19와 같다.

(1) L_a, L_b, L_c를 구하고, 페이저회로로 변환하라.

(2) 망로전류 $i_1(t)$, $i_2(t)$와 출력전압 $v_o(t)$를 구하라.

(3) 회로의 임피던스를 구하라.

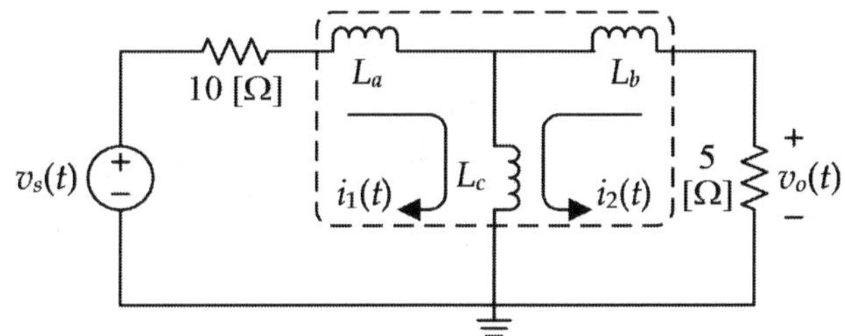

그림 P15.20

15.21 그림 P15.19의 자기결합회로를 그림 P15.21과 같은 무결합 △등가회로로 변환한다. 여기서 전원 $v_s(t)$는 문제 15.19와 같다.

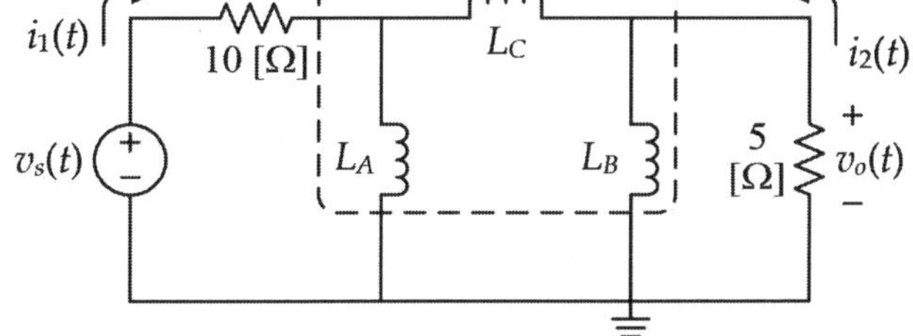

그림 P15.21

(1) L_A, L_B, L_C를 구하고, 페이저회로로 변환하라.

(2) 회로의 임피던스를 구하라.

(3) 전류 $i_1(t)$, $i_2(t)$와 출력전압 $v_o(t)$를 구하라.

15.22 그림 P15.22의 자기결합회로에서 전압원은 $v_s(t) = 30\cos(5t)$ [V]이다.

(1) 단자 a와 b의 왼쪽 회로부분에 대한 노튼 등가회로와 테브냉 등가회로를 구하라.

(2) 최대 전력전달이 이루어지는 부하 임피던스를 구하고, 이때 부하 임피던스에서 소비되는 평균전력을 구하라.

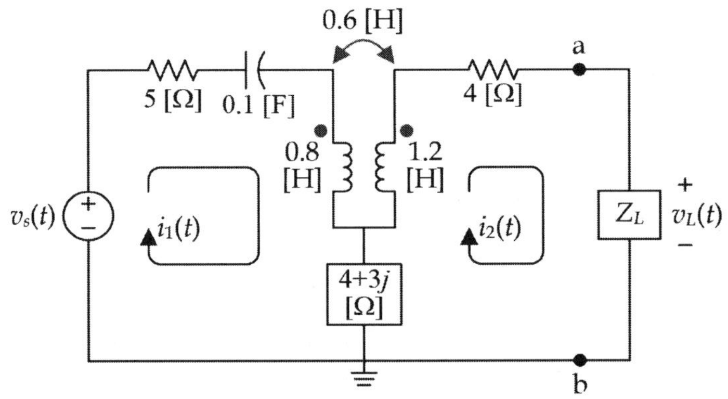

그림 P15.22

15.23 문제 15.22의 (2)에서 구한 부하 임피던스를 그림 P15.22에 적용하는 경우

(1) 망로전류 $i_1(t)$와 $i_2(t)$를 구하라.

(2) 부하 임피던스 양단의 전압 $v_L(t)$와 부하 임피던스에서 소비되는 복소전력을 구하라.

(3) 전원이 회로에 공급하는 복소전력을 구하라.

15.24 그림 P15.24의 회로에서 전압원은 $v_s(t) = 50\cos(4t + 30°)$ [V]이고, 부하 임피던스는 $Z_L = 4 + 3j$ [Ω]이다.

(1) 망로전류 $i_1(t)$와 $i_2(t)$를 구하라.

(2) 단자 a와 b 사이에서 측정되는 입력 임피던스를 구하라.

(3) 부하 임피던스 양단의 전압 $v_L(t)$와 부하 임피던스에서 소비되는 복소전력과 평균전력을 구하라.

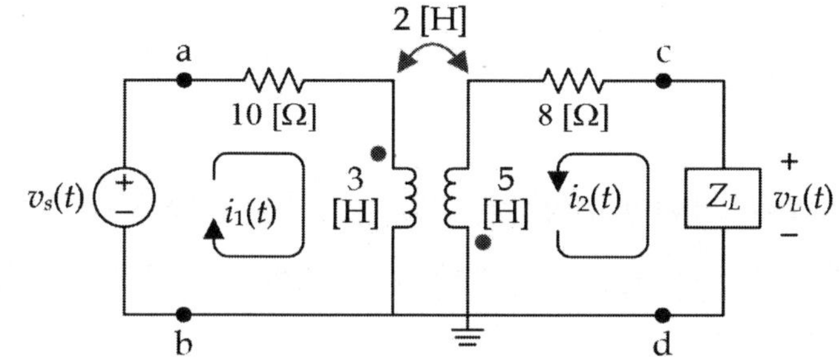

그림 P15.24

15.25 그림 P15.24의 자기결합회로에 대하여

(1) 단자 c와 d의 왼쪽 회로부분에 대한 노튼 등가회로와 테브냉 등가회로를 구하라.

(2) 테브냉 등가회로에서 부하 임피던스 양단의 전압 $v_L(t)$와 부하 임피던스에서 소비되는 복소전력과 평균전력을 구하여 문제 15.24와 비교하라.

(3) 부하 임피던스에서 소비되는 평균전력이 최대가 되도록 만들기 위하여 현재의 부하 임피던스에 직렬로 추가되어야 하는 임피던스를 구하고, 이때 전체 부하 임피던스에서 소비되는 평균전력을 구하라.

15.26 그림 P15.24의 자기결합회로를 그림 P15.26과 같은 무결합 T등가회로로 변환한다.

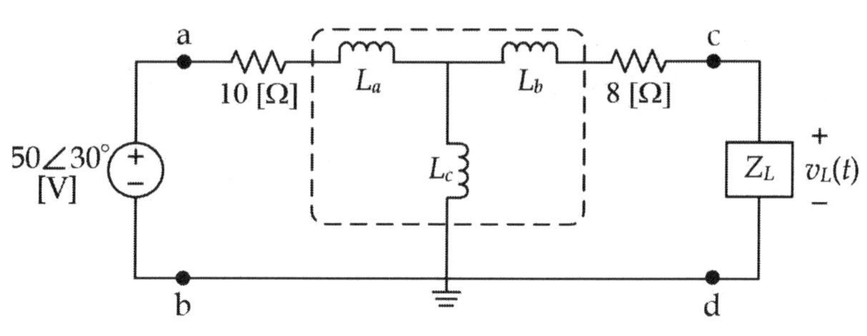

그림 P15.26

(1) L_a, L_b, L_c를 구하라.

(2) 단자 a와 b 사이에서 측정되는 회로의 입력 임피던스를 구하여 문제 15.24의 (2)와 비교하라.

(3) T등가회로의 단자 c와 d의 왼쪽 회로부분에 대한 테브냉 등가회로를 구하고, 문제 15.25에서 구한 테브냉 등가회로와 비교하라.

(4) 부하 임피던스 양단의 전압 $v_L(t)$를 구하고, 부하 임피던스에서 소비되는 복소전력, 평균전력을 구하여 문제 15.24의 (3) 및 문제 15.25의 (2)와 비교하라.

15.27 전압정격이 240/12 [V]인 이상적인 변압기에 전원이 4.8 [kVA] 전력을 공급한다.

(1) 변압기의 2차 측 권선수가 100회일 때, 변압기의 권선수 비와 1차 측 권선수를 구하라.

(2) 변압기의 전류정격을 구하라.

15.28 어떤 이상적인 변압기의 전압정격이 110/220 [V]이고, 2차 측 전류는 최대 15 [A]이다.

(1) 변압기의 권선수 비와 1차 측 최대 허용 전류를 구하라.

(2) 변압기의 전원이 공급하는 복소전력을 구하라.

(3) 최대 허용 전류를 만족하는 2차 측 부하를 구하라.

15.29 그림 P15.29에 나타낸 이상적인 변압기를 사용하는 회로에서 전압원은 $v_s(t) = 12\cos(4t)$ [V]이다.

(1) 변압기 1차 측과 2차 측 전압, 전류를 구하라.

(2) 전원이 공급하는 복소전력과 출력전압 $v_o(t)$를 구하라.

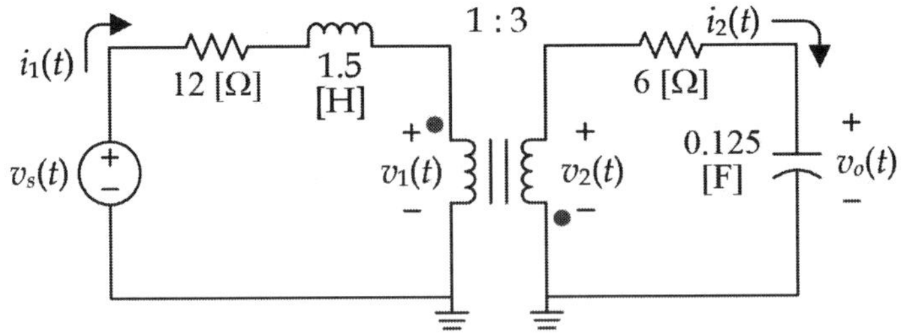

그림 P15.29

15.30 그림 P15.30의 전기회로에서 전원은 $i_s(t) = 4\cos(5t + 30^\circ)$ [A]이다.

(1) 이상적인 변압기를 가정할 때, 전류 $i_1(t)$와 $i_2(t)$를 구하라.

(2) 1차 측 전압 $v_1(t)$, 2차 측 전압 $v_2(t)$, 출력전압 $v_o(t)$를 구하라.

(3) 전원이 회로에 공급하는 복소전력을 구하라.

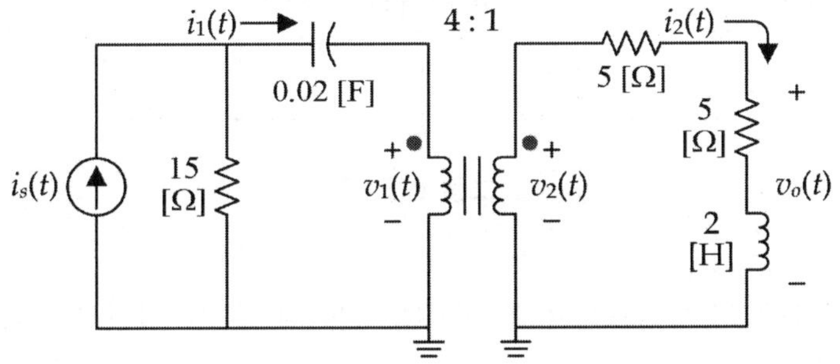

그림 P15.30

15.31 그림 P15.31의 이상적인 변압기를 사용하는 전기회로에서 전압원은 $v_s(t) = 20\cos(10t)$ [V_{rms}]이다.

(1) 1차 측에 반사되는 2차 측의 임피던스를 계산하라.

(2) 망로전류 $i_1(t)$, $i_2(t)$와 변압기 1차 측 및 2차 측 전압을 구하라.

(3) 출력전압 $v_o(t)$와 전원이 회로에 공급하는 복소전력을 구하라.

(4) 저항에서 소비되는 평균전력을 구하여 전원이 공급하는 전력과 비교하라.

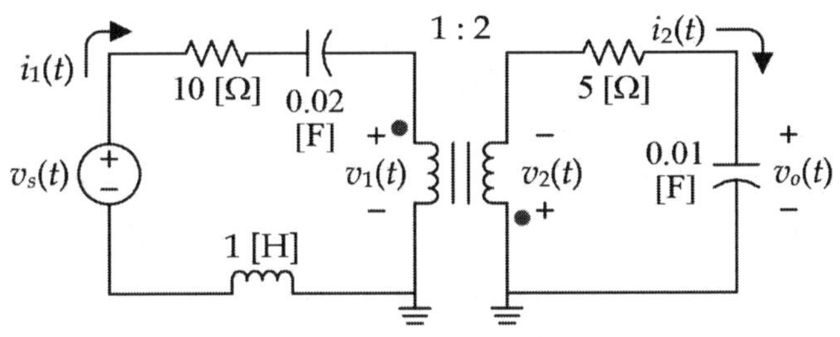

그림 P15.31

15.32 그림 P15.32에 나타낸 이상적인 변압기를 사용하는 회로에서 두 전원은 다음과 같다.

$$v_{s1}(t) = 30\cos(5t)\ [V_{rms}],\ v_{s2}(t) = 5\cos(5t + 30^\circ)\ [V_{rms}].$$

(1) 변압기의 1차 측 코일과 2차 측 코일에 흐르는 전류를 구하라.

(2) 변압기의 1차 측 전압과 2차 측 전압을 구하라.

(3) 두 전원이 회로에 공급하는 복소전력과 두 저항에서 소비되는 평균전력을 구하라.

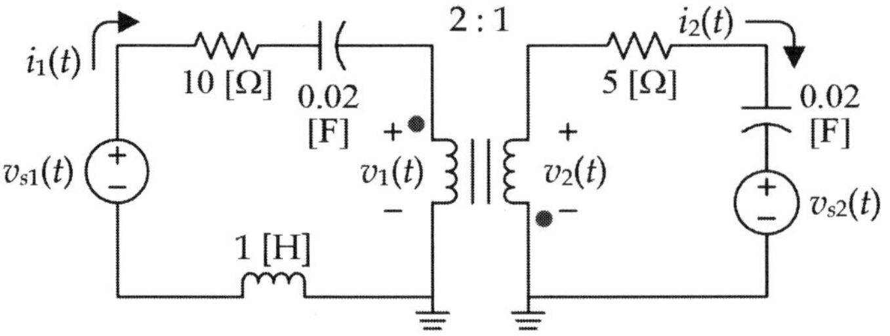

그림 P15.32

15.33 그림 P15.33의 전기회로에서 두 전원은 다음과 같다. 여기서 모든 변압기는 이상적인 변압기이다.

$$v_{s1}(t) = 30\cos(10t)\ [\mathrm{V_{rms}}],\ v_{s2}(t) = 20\cos(10t + 45^\circ)\ [\mathrm{V_{rms}}].$$

(1) 전류 $i_1(t)$, $i_2(t)$, $i_3(t)$를 구하라.

(2) 변압기 전압 $v_1(t)$, $v_2(t)$, $v_3(t)$, $v_4(t)$를 구하라.

(3) 두 번째 망로의 중간 마디전압 $v_m(t)$와 세 번째 망로의 출력전압 $v_o(t)$를 구하라.

(4) 두 전원이 회로에 공급하는 복소전력과 모든 저항에서 소비되는 평균전력을 구하여 비교하라.

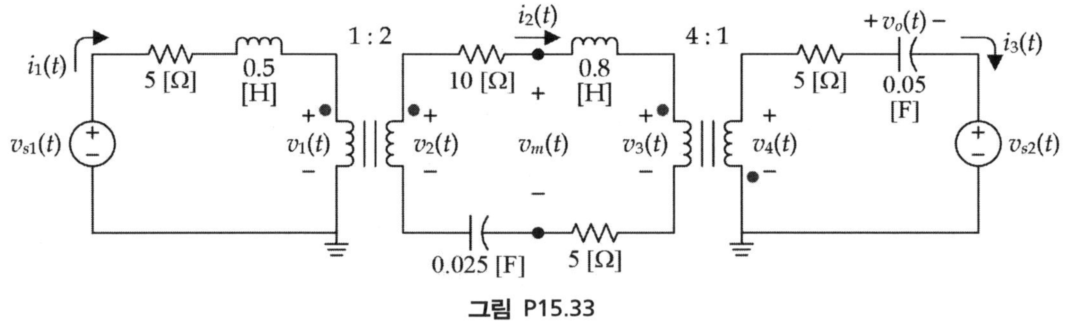

그림 P15.33

15.34 그림 P15.34는 두 개의 이상적인 변압기를 사용하는 2단 결합회로이다. 여기서 두 전압원은 다음과 같다.

$$v_{s1}(t) = 100\cos(5t + 30^\circ)\ [\mathrm{V_{rms}}],\ v_{s2}(t) = 10\sin(5t + 90^\circ)\ [\mathrm{V_{rms}}].$$

(1) 망로전류 $i_1(t)$, $i_2(t)$, $i_3(t)$를 구하라.

(2) 변압기 전압 $v_1(t)$, $v_2(t)$, $v_3(t)$, $v_4(t)$를 구하라.

(3) 두 번째 망로의 중간 마디전압 $v_m(t)$를 구하라.

(4) 두 전원이 회로에 공급하는 복소전력과 저항에서 소비되는 평균전력을 계산하라.

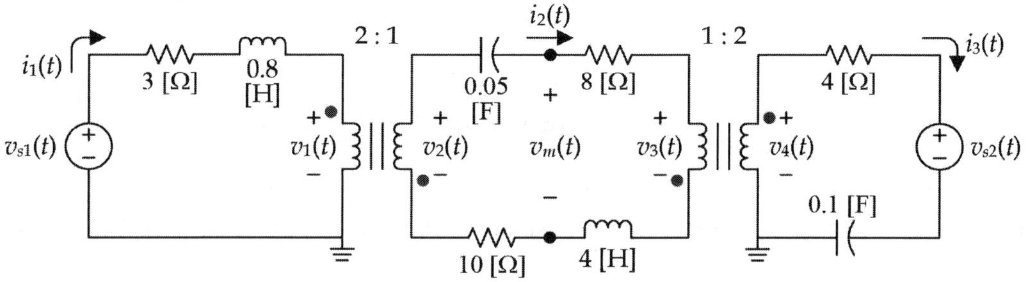

그림 P15.34

15.35 그림 P15.35는 이상적인 변압기를 사용하는 전기회로이다.

(1) 전압페이저 V_1, V_2와 전류페이저 I_1, I_2를 구하라.

(2) 1차 측에 반사되는 2차 측 테브냉 등가회로를 구하고, I_1과 V_1을 계산하라.

(3) 2차 측에 반사되는 1차 측 테브냉 등가회로를 구하고, I_2와 V_2를 계산하라.

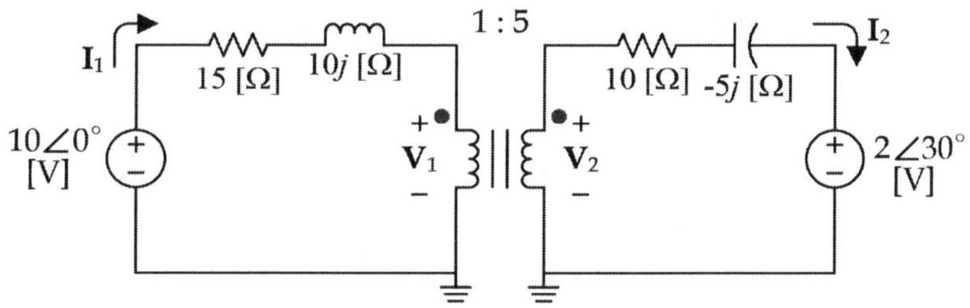

그림 P15.35

15.36 그림 P15.36의 회로는 이상적인 변압기를 사용한다.

(1) 전류페이저 I_1, I_2와 전압페이저 V_1, V_2를 구하라.

(2) 1차 측에 반사되는 2차 측 테브냉 등가회로를 구하고, I_1과 V_1을 계산하라.

(3) 2차 측에 반사되는 1차 측 테브냉 등가회로를 구하고, I_2와 V_2를 계산하라.

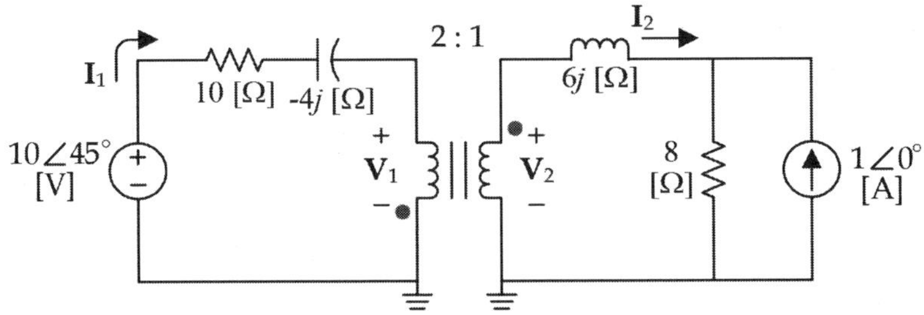

그림 P15.36

15.37 그림 P15.37의 전기회로는 이상적인 변압기를 사용한다. 여기서 전원은 $v_s(t) = 24\cos(10t)$ [V_{rms}]이다.

(1) 변압기의 1차 측 전압과 전류, 2차 측 전압과 전류를 구하라.

(2) 2차 측 부하 임피던스 양단에 걸리는 전압 $v_o(t)$를 구하라.

(3) 전원이 회로에 공급하는 복소전력과 각 수동소자에서 소비되는 복소전력을 구하여 전력보존의 법칙이 성립하는지 확인하라.

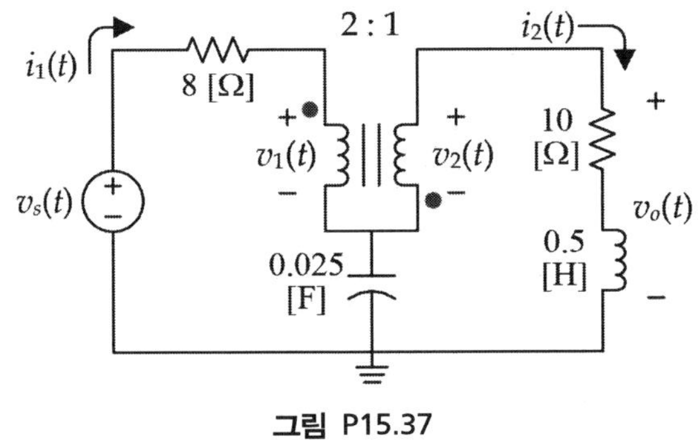

그림 P15.37

15.38 그림 P15.38의 페이저회로에서는 이상적인 변압기가 사용된다.

(1) 1차 측과 2차 측 전류페이저 I_1, I_2와 전압페이저 V_1, V_2를 구하라.

(2) 전압페이저 V_o를 구하라.

(3) 두 전원이 회로에 공급하는 복소전력과 각 임피던스에서 소비되는 복소전력을 구하여 전력보존의 법칙이 성립하는지 확인하라.

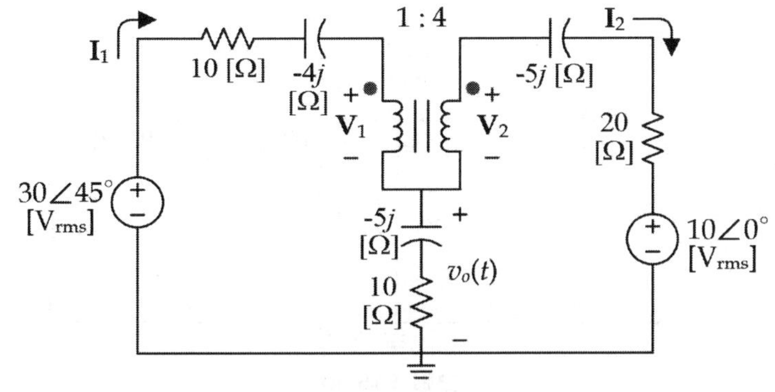

그림 P15.38

15.39 그림 P15.39는 이상적인 변압기를 사용하는 페이저회로이다.

(1) 변압기의 1차 측과 2차 측 전류페이저와 전압페이저를 구하라.

(2) V_u와 V_o를 구하라.

(3) 전원이 공급하는 복소전력과 각 임피던스에서 소비되는 복소전력을 구하라.

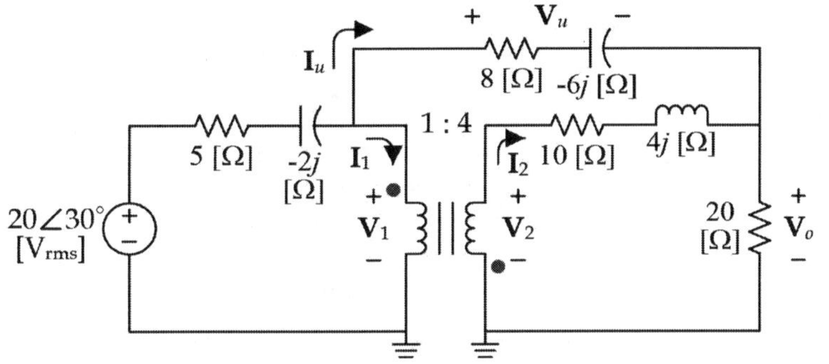

그림 P15.39

15.40 그림 P15.40은 이상적인 변압기를 사용하는 회로이다.

(1) 변압기의 1차 측과 2차 측 전류페이저와 전압페이저를 구하라.

(2) 전류페이저 I_u와 전압페이저 V_u, V_o를 구하라.

(3) 전원이 공급하는 복소전력과 각 임피던스에서 소비되는 복소전력을 구하라.

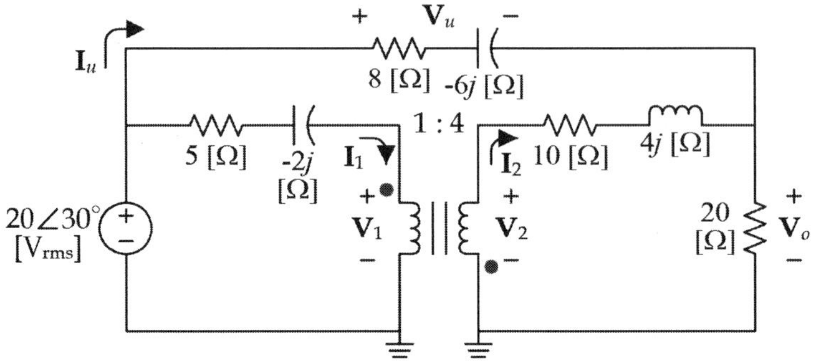

그림 P15.40

15.41 그림 P15.41의 이상적인 단권변압기를 사용하는 회로에 대하여

(1) 전류페이저 I_1, I_2, I_o를 구하라.

(2) 전압페이저 V_1, V_2를 구하라.

(3) 전원이 회로에 공급하는 복소전력과 각 임피던스에서 소비되는 복소전력을 구하라.

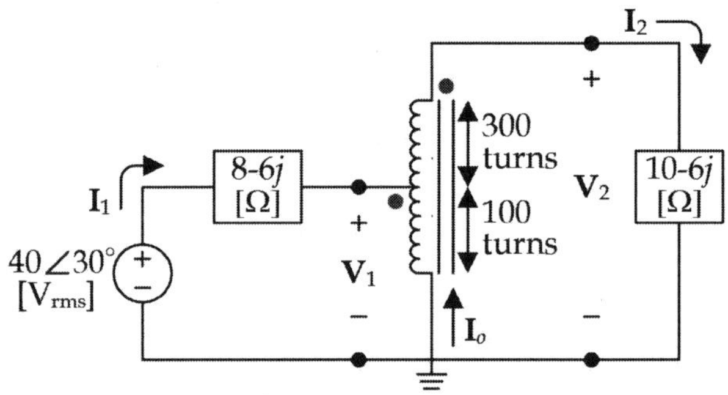

그림 P15.41

15.42 그림 P15.42의 이상적인 단권변압기를 사용하는 회로에서 전원은 $v_s(t) = 100\cos(10t)$ [V_{rms}]이다.

(1) 변압기의 1차 측과 2차 측 전류와 전압을 구하라.

(2) $i_o(t)$와 $v_o(t)$를 구하라.

(3) 전원이 공급하는 평균전력과 각 임피던스에서 소비되는 평균전력을 계산하여 전력보존의 법칙이 성립하는지 확인하라.

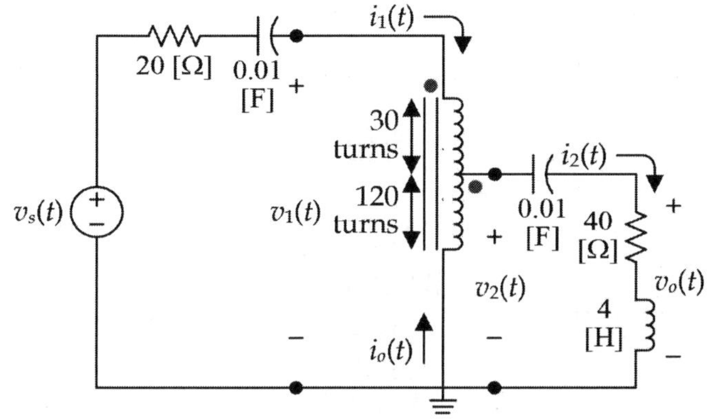

그림 P15.42

15.43 그림 P15.43에 나타낸 4단자 회로망에 대하여

(1) z파라미터를 구하라.

(2) y파라미터를 구하라.

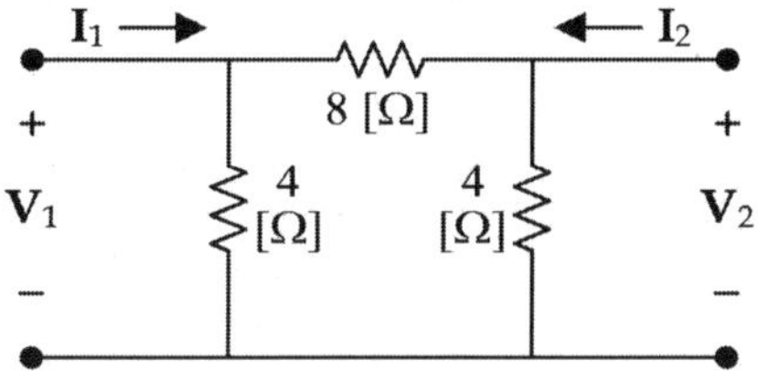

그림 P15.43

15.44 그림 P15.44에 나타낸 4단자 회로망의 z파라미터를 구하라.

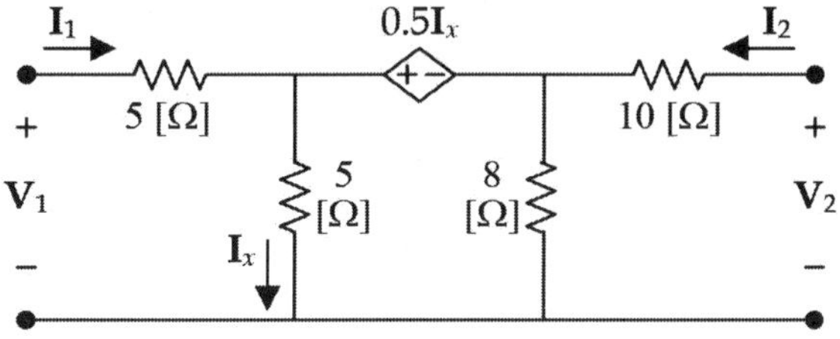

그림 P15.44

15.45 그림 P15.45는 자기결합회로로 구성된 4단자 회로망이다.

(1) 자기결합회로에 대한 T등가회로를 구하라.

(2) 4단자 회로망의 z파라미터를 구하라.

(3) 4단자 회로망의 y파라미터를 구하라.

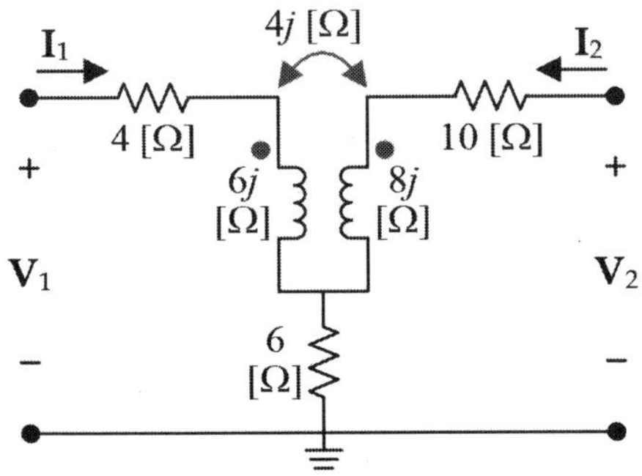

그림 P15.45

15.46 그림 P15.46은 선형 2-포트 회로망이다. 여기서 모든 전압과 전류는 실효값이다.

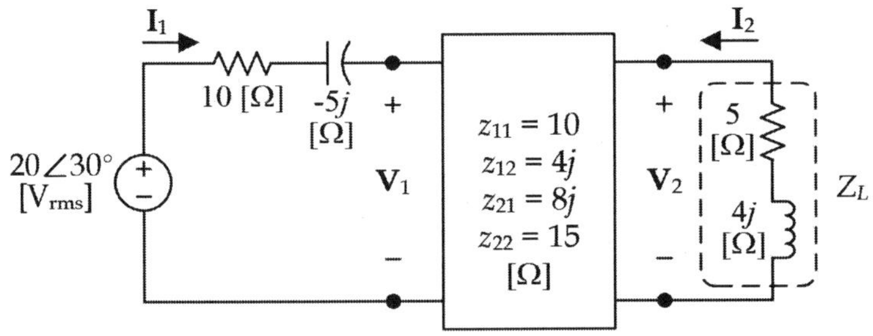

그림 P15.46

(1) 전류페이저 I_1, I_2와 전압페이저 V_1, V_2를 구하라.

(2) 전원이 회로에 공급하는 복소전력과 부하 임피던스에서 소비되는 평균전력을 구하라.

15.47 그림 P15.47의 선형 2-포트 회로망의 z파라미터가 다음과 같다.

$$Z = \begin{bmatrix} 6+3j & -1+j \\ -1+j & 5+4j \end{bmatrix} [\Omega].$$

(1) 포트변수 I_1, I_2, V_1, V_2를 구하라.

(2) 전원이 회로에 공급하는 복소전력과 부하 임피던스에서 소비되는 평균전력을 구하라.

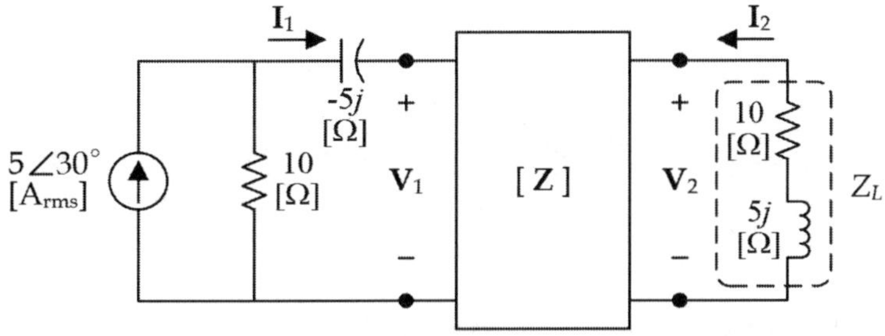

그림 P15.47

푸리에 급수와 변환

CHAPTER

16

16장 푸리에 급수와 변환

교류회로에 대한 해석에서 다루어진 대부분의 전원은 정현파함수의 형태로 표현되었다. 우리가 학습한 선형회로는 중첩의 원리를 만족하기 때문에 하나의 정현파함수에 대한 응답을 구할 수 있다는 것은 정현파함수를 기반으로 하는 어떠한 입력에 대한 응답을 구하는 문제도 해결할 수 있다는 것을 의미한다. 그것의 대표적인 예는 앞서 학습한 주파수응답이다.

실제로 주파수응답은 정현파에 대한 응답보다 훨씬 광범위한 개념이라고 할 수 있다. 그것은 정현파 전원뿐만 아니라 다른 입력에 대해서도 선형회로의 동작을 확인할 수 있는 방법이기 때문이다. 하지만 임의의 입력을 하나의 정현파함수나 또는 다수의 정현파함수의 합의 형태로 나타낼 수 있다고 한다면 전기회로의 동작을 해석하는 측면에서는 매우 편리해진다. 그것은 교류회로의 동작을 해석하는 매우 유용한 도구인 페이저를 사용할 수 있기 때문이다. 즉, 단일 정현파함수에 대한 페이저 해석을 시행한 다음 중첩의 원리를 이용하여 다수 입력에 대한 페이저 합을 구함으로써 선형회로의 동작을 해석할 수 있다. 페이저 해석은 정현파 입력에만 제한적으로 적용되는 것이 아니라 비정현파 입력에 대한 해석에도 사용할 수 있는 보편성을 가지고 있다.

다수 정현파함수의 합의 형태로 표현되는 신호는 주기신호이어야 한다. 그것은 정현파 함수들이 모두 주기신호이기 때문에 중첩의 원리를 적용하더라도 주기신호가 될 수밖에 없기 때문이다. 푸리에(J. Fourier)가 제시한 푸리에 급수(Fourier series)는 어떠한 주기신호라도 정현파함수의 가중합(weighted sum)으로 나타낼 수 있는 방법이다. 이것은 우리가 학습하는 선형회로를 해석하는 강력한 도구가 될 것이다. 이에 비하여 푸리에 변환(Fourier transform)은 입력 신호를 비주기신호까지 확장시키는 경우에 대한 주파수응답 해석도구로 사용된다. 따라서 이 장에서는 푸리에 급수와 푸리에 변환의 특성과 주파수응답, 그리고 라플라스 변환과의 유사성과 차이점에 대하여 중점적으로 학습할 것이다.

16.1 주기함수(Periodic Functions)

8장 정현파 전원에 대한 학습에서 정의한 바 있지만 복습하는 차원에서 다시 정의하면 주기함수는 어떤 상수 $T_s > 0$에 대하여 시간함수 $f(t)$가

$$f(t) = f(t + T_s),\ -\infty < t < \infty, \tag{16.1}$$

를 만족하면 함수 $f(t)$를 주기함수라고 한다. 여기서 T_s는 함수 $f(t)$가 반복되는 형태를 나타내는 임의의 시간이며, T_s 가운데 가장 작은 시간단위 T를 함수 $f(t)$의 주기(period)라고 한다. 즉, 임의의 정수 n에 대하여 $T_s = nT$가 되므로 식 (16.1)은 다음과 같이 나타낼 수 있다.

$$f(t) = f(t + nT),\ -\infty < t < \infty. \tag{16.2}$$

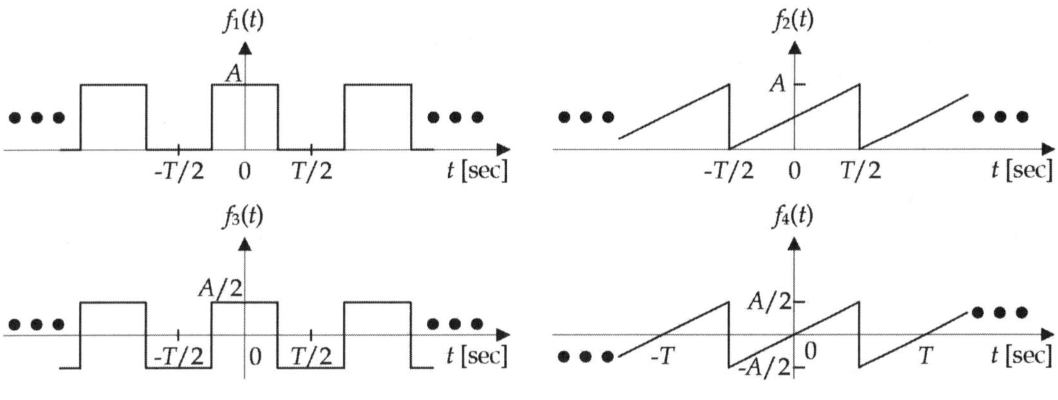

그림 16.1 주기함수

서로 다른 특성을 가지는 네 종류의 주기함수를 그림 16.1에 나타내었다. $f_1(t)$와 $f_2(t)$는 양의 신호값만을 가지는 주기함수이고, $f_3(t)$와 $f_4(t)$는 양과 음의 신호값을 가진다. $f_1(t)$와 $f_3(t)$는 $t = 0$을 중심으로 좌우대칭인 형태를 가진다. 이러한 형태를 우함수(even function)라고 하며, 다음과 같은 특징을 가진다.

$$f(t) = f(-t). \tag{16.3}$$

또한, 우함수끼리의 덧셈과 뺄셈 결과는 우함수가 된다.

한편, $f_4(t)$는 원점을 중심으로 대칭이며, 이것을 기함수(odd function)라고 한다. 기함

수는 다음과 같은 수학적 특징을 가진다.

$$f(t) = -f(-t). \tag{16.4}$$

또한, 기함수끼리의 덧셈과 뺄셈 결과는 기함수가 된다. 식 (16.3)과 식 (16.4)로부터 어떤 함수 $f(t)$에 포함된 우함수 성분과 기함수 성분을 다음과 같이 분리할 수 있다.

$$f_e(t) = \frac{f(t)+f(-t)}{2}, \; f_o(t) = \frac{f(t)-f(-t)}{2}, \tag{16.5}$$

여기서 $f_e(t)$는 우함수 성분을 나타내고 $f_o(t)$는 기함수 성분이다. $f_2(t)$는 주기함수이지만 좌우대칭도 아니고 원점대칭도 아닌 함수이다.

한편, $f_1(t)$와 $f_2(t)$는 $f_3(t)$와 $f_4(t)$와는 각각 다음과 같은 관계에 있다.

$$f_1(t) = \frac{A}{2} + f_3(t), \; f_2(t) = \frac{A}{2} + f_4(t). \tag{16.6}$$

식 (16.6)에서 $A/2$는 상수이므로 직류 오프셋(dc offset)이라고 한다. 그러므로 대칭성이 전혀 없는 신호 $f_2(t)$에서 직류 오프셋 성분 $A/2$를 제거하면 기함수 형태를 가지는 신호로 변화시킬 수 있다.

예제 16.1

주기함수 $f(t) = 10\cos(4t + 60^\circ)$의 우함수 성분과 기함수 성분을 구하라.

풀이

주어진 주기함수는 위상각 60° 때문에 우함수도 아니고 기함수도 아닌 형태를 가진다. 식 (16.5)를 적용하면 주어진 함수의 우함수 성분은

$$f_e(t) = \frac{1}{2}\{10\cos(4t+60^\circ) + 10\cos(-4t+60^\circ)\}. \quad ①$$

식 ①을 삼각함수의 공식으로 전개하면

$$\begin{aligned} f_e(t) = 5\{&\cos(4t)\cos(60^\circ) - \sin(4t)\sin(60^\circ) \\ &+ \cos(-4t)\cos(60^\circ) - \sin(-4t)\sin(60^\circ)\} \end{aligned} \quad ②$$

이 된다. 코사인함수는 우함수이고 사인함수는 기함수이므로 $\cos(4t) = \cos(-4t)$,

$\sin(4t) = -\sin(-4t)$이다. 이것을 식 ②에 적용하면 주어진 주기함수의 우함수 성분은 다음과 같다.

$$f_e(t) = 10\cos(4t)\cos(60°) = 5\cos(4t). \quad ③$$

주어진 함수의 기함수 성분을 구하기 위하여 식 (16.5)를 적용하면

$$f_o(t) = \frac{1}{2}\{10\cos(4t + 60°) - 10\cos(-4t + 60°)\} \quad ④$$

이 되고, 이를 삼각함수 공식[1])으로 전개하면

$$\begin{aligned} f_o(t) = 5\{&\cos(4t)\cos(60°) - \sin(4t)\sin(60°) \\ &- \cos(-4t)\cos(60°) + \sin(-4t)\sin(60°)\} \end{aligned} \quad ⑤$$

가 된다. 그러므로 코사인함수와 사인함수의 특성을 적용하면

$$f_o(t) = -10\sin(4t)\sin(60°) = -5\sqrt{3}\sin(4t) \quad ⑥$$

가 주어진 주기함수의 기함수 성분이 된다.

16.2 삼각함수형 푸리에 급수

9장의 교류 정상상태 해석에서 대부분의 교류회로는 8장에서 다룬 정현파 전원을 사용하는 것으로 학습하였다. 이것은 전원으로 사용되는 모든 신호가 정현파함수라는 의미는 아니다. 실제로 그림 16.1에 나타낸 주기함수들은 코사인이나 사인함수와 같은 정현파함수가 아니다. 이들 가운데 $f_1(t)$와 같은 주기적인 구형파(square wave 또는 rectangular wave)는 컴퓨터의 클럭으로 많이 사용되고 있으며, $f_2(t)$와 같은 톱니파(sawtooth wave)는 지금은 거의 사라진 브라운관식 텔레비전이나 오실로스코프에서 화면에 영상신호를 재현하기 위한 전원으로 사용된 바 있다.

푸리에 급수는 어떠한 주기신호라도 정현파함수의 선형합으로 나타낼 수 있음을 보여준다. 이에 따르면 주기가 T인 임의의 주기신호 $f(t)$는

1) 삼각함수 공식은 Appendix C를 참고하라.

$$f(t) = \frac{a_0}{2} + \{a_1\cos(\omega_0 t) + a_2\cos(2\omega_0 t) + \cdots\} \\ + \{b_1\sin(\omega_0 t) + b_2\sin(2\omega_0 t) + \cdots\} \tag{16.7}$$

로 나타낼 수 있다. 이것을 조금 더 간결하게 정리하여 나타내면

$$f(t) = \frac{a_0}{2} + \sum_{n=1}^{\infty}\{a_n\cos(n\omega_0 t) + b_n\sin(n\omega_0 t)\} \tag{16.8}$$

이며, 이것은 삼각함수형 푸리에 급수를 나타내는 가장 일반적인 식이다. 여기서

$$\omega_0 = \frac{2\pi}{T} = 2\pi f_0 \text{ [rad/sec]} \tag{16.9}$$

를 주기함수의 기본주파수(fundamental frequency)라고 한다. 그리고 기본주파수의 정수배인 $n\omega_0$ [rad/sec] 주파수를 가지는 $\cos(n\omega_0 t)$와 $\sin(n\omega_0 t)$를 n차 고조파(harmonic frequency) 성분이라고 한다. 따라서 상수 a_n과 b_n은 주기함수 $f(t)$의 n차 고조파 성분이 가지는 푸리에 계수(Fourier coefficient)이다.

주기함수에 대한 모델링 조건이나 주어진 파형으로부터 식 (16.7) 또는 식 (16.8)의 형태를 구하는 것을 푸리에 급수전개라고 한다. 푸리에 급수전개된 식 (16.8)은 크게 $a_0/2$라는 상수와 고조파로 구성되어 있음을 알 수 있다. 전기신호에서 상수는 직류 성분(dc component)를 의미하며 고조파는 주파수가 $n\omega_0$ [rad/sec]인 교류 성분(ac component)를 의미한다. 따라서 푸리에 급수전개는 임의의 주기함수를 직류와 교류 성분의 합으로 표현하는 것이 된다. 그러면 푸리에 급수전개의 문제는 주어진 주기함수에서 직류 성분의 크기와 교류 성분의 크기를 나타내는 계수 a_0와 a_n, b_n을 각각 구하는 것이다.

직류 성분을 구하기 위하여 식 (16.8)의 양변을 다음과 같이 한 주기 동안 적분한다.

$$\int_0^T f(t)\,dt = \int_0^T \left[\frac{a_0}{2} + \sum_{n=1}^{\infty}\{a_n\cos(n\omega_0 t) + b_n\sin(n\omega_0 t)\}\right] dt. \tag{16.10}$$

식 (16.10)의 우변은 다음과 같이 분해된다.

$$\int_0^T \left[\frac{a_0}{2} + \sum_{n=1}^{\infty}\{a_n\cos(n\omega_0 t) + b_n\sin(n\omega_0 t)\}\right] dt \\ = \int_0^T \frac{a_0}{2} dt + \int_0^T \sum_{n=1}^{\infty}\{a_n\cos(n\omega_0 t) + b_n\sin(n\omega_0 t)\} dt. \tag{16.11}$$

여기서 우변의 두 번째 항은

$$\begin{aligned}&\int_0^T \sum_{n=1}^{\infty}\{a_n\cos(n\omega_0 t)+b_n\sin(n\omega_0 t)\}dt \\ &=\sum_{n=1}^{\infty}\int_0^T\{a_n\cos(n\omega_0 t)+b_n\sin(n\omega_0 t)\}dt \\ &=\sum_{n=1}^{\infty}\left[a_n\int_0^T\cos(n\omega_0 t)dt+b_n\int_0^T\sin(n\omega_0 t)dt\right]=0\end{aligned} \tag{16.12}$$

이므로 식 (16.10)은 다음과 같이 정리된다.

$$\int_0^T f(t)\,dt=\int_0^T\frac{a_0}{2}dt=\frac{a_0}{2}T. \tag{16.13}$$

그러므로 주기함수 $f(t)$에 대한 푸리에 급수전개에서 a_0는

$$a_0=\frac{2}{T}\int_0^T f(t)\,dt \tag{16.14}$$

가 되며, $f(t)$의 직류 성분은

$$\frac{a_0}{2}=\frac{1}{T}\int_0^T f(t)\,dt \tag{16.15}$$

임을 알 수 있다. 식 (16.15)는 어떤 주기함수의 직류 성분은 그 함수의 한 주기 동안 시간평균과 같다는 것을 의미한다.

다음으로 계수 a_n을 구해보자. 계수 a_n은 $\cos(n\omega_0 t)$라는 우함수와 곱해지므로 식 (16.8)의 양변에 다음과 같이 $\cos(m\omega_0 t)$를 곱하여 한 주기 동안 적분한다.

$$\begin{aligned}&\int_0^T f(t)\cos(m\omega_0)dt \\ &=\int_0^T\left[\frac{a_0}{2}+\sum_{n=1}^{\infty}\{a_n\cos(n\omega_0 t)+b_n\sin(n\omega_0 t)\}\right]\cos(m\omega_0)dt.\end{aligned} \tag{16.16}$$

식 (16.16)의 우변은 다음과 같이 세 개의 항으로 구분된다.

$$\int_0^T \left[\frac{a_0}{2} + \sum_{n=1}^{\infty} \{ a_n \cos(n\omega_0 t) + b_n \sin(n\omega_0 t) \} \right] \cos(m\omega_0) dt \tag{16.17}$$
$$= \int_0^T \frac{a_0}{2} \cos(m\omega_0) dt + \sum_{n=1}^{\infty} \int_0^T a_n \cos(n\omega_0 t) \cos(m\omega_0 t) dt$$
$$+ \sum_{n=1}^{\infty} \int_0^T b_n \sin(n\omega_0 t) \cos(m\omega_0 t) dt.$$

위의 식에서 등호 오른쪽의 첫 번째 항은

$$\int_0^T \frac{a_0}{2} \cos(m\omega_0)\, dt = \frac{a_0}{2} \int_0^T \cos(m\omega_0)\, dt = 0 \tag{16.18}$$

이 되고, 세 번째 항은 삼각함수의 공식에 의하여

$$\sum_{n=1}^{\infty} \int_0^T b_n \sin(n\omega_0 t) \cos(m\omega_0 t) dt \tag{16.19}$$
$$= \sum_{n=1}^{\infty} b_n \cdot \frac{1}{2} \int_0^T \{ \sin((n+m)\omega_0 t) + \sin((n-m)\omega_0 t) \} dt$$

가 된다. n과 m이 임의의 정수이므로 $(n+m)$과 $(n-m)$도 임의의 정수가 된다. 따라서 식 (16.19)는

$$\sum_{n=1}^{\infty} \int_0^T b_n \sin(n\omega_0 t) \cos(m\omega_0 t) dt = \sum_{n=1}^{\infty} \frac{b_n}{2} \int_0^T \{ \sin(k\omega_0 t) + \sin(l\omega_0 t) \} dt = 0 \tag{16.20}$$

이 된다. 마지막으로 식 (16.17)에서 등호 오른쪽의 두 번째 항은

$$\sum_{n=1}^{\infty} \int_0^T a_n \cos(n\omega_0 t) \cos(m\omega_0 t) dt \tag{16.21}$$
$$= \sum_{n=1}^{\infty} \frac{a_n}{2} \int_0^T \{ \cos((n+m)\omega_0 t) + \cos((n-m)\omega_0 t) \} dt.$$

$n \neq m$인 모든 정수 조합 n과 m에 대하여 식 (16.21)은

$$\sum_{n=1}^{\infty} \frac{a_n}{2} \int_0^T \{ \cos((n+m)\omega_0 t) + \cos((n-m)\omega_0 t) \} dt \tag{16.22}$$
$$= \sum_{n=1}^{\infty} \frac{a_n}{2} \int_0^T \{ \cos(k\omega_0 t) + \cos(l\omega_0 t) \} dt = 0$$

이 된다. 하지만 $n = m$인 경우 식 (16.21)은

$$\frac{a_n}{2}\int_0^T\{\cos((n+m)\omega_0 t)+\cos((n-m)\omega_0 t)\}dt \tag{16.23}$$
$$=\frac{a_n}{2}\int_0^T\{\cos(2n\omega_0 t)+1\}dt=\frac{a_n}{2}T$$

가 된다. 그러므로 식 (16.16)은

$$\int_0^T f(t)\cos(n\omega_0)dt=\frac{a_n}{2}T \tag{16.24}$$

이므로 n 번째 고조파의 우함수 성분 계수는

$$a_n=\frac{2}{T}\int_0^T f(t)\cos(n\omega_0)dt \tag{16.25}$$

으로 구할 수 있다.

한편, n 번째 고조파의 기함수 성분 계수 b_n은 식 (16.8)의 양변에 다음과 같이 $\sin(m\omega_0 t)$를 곱하여 한 주기 동안 적분한다.

$$\int_0^T f(t)\sin(m\omega_0)dt \tag{16.26}$$
$$=\int_0^T\left[\frac{a_0}{2}+\sum_{n=1}^{\infty}\{a_n\cos(n\omega_0 t)+b_n\sin(n\omega_0 t)\}\right]\sin(m\omega_0)dt.$$

식 (16.26)을 계산하면 계수 b_n은 다음과 같다.

$$b_n=\frac{2}{T}\int_0^T f(t)\sin(n\omega_0)dt. \tag{16.27}$$

푸리에 급수전개의 일반식에서 직류 성분을 $a_0/2$으로 정한 것은 식 (16.14)와 식 (16.25), 식 (16.27)에서 적분항에 곱해주는 인자가 모두 $2/T$가 되도록 하기 위한 목적이다. 따라서 식 (16.7)과 식 (16.8)에서 직류 성분을 $a_0/2$가 아니라 단순히 a_0로 정해도 무방하다. 다만 그 경우 식 (16.14)에서 적분항에 곱해주는 인자는 $2/T$가 아니라 $1/T$로 변경되어야 한다.

식 (16.8)에서 n 번째 고조파 성분은 식 (8.9)와 같은 형태를 가지므로 다음과 같이 변형될 수 있다.

$$a_n\cos(n\omega_0 t)+b_n\sin(n\omega_0 t) \tag{16.28}$$
$$=\sqrt{a_n^2+b_n^2}\left\{\frac{a_n}{\sqrt{a_n^2+b_n^2}}\cos(n\omega_0 t)+\frac{b_n}{\sqrt{a_n^2+b_n^2}}\sin(n\omega_0 t)\right\}$$
$$=\sqrt{a_n^2+b_n^2}\,\{\cos(\phi_n)\cos(n\omega_0 t)+\sin(\phi_n)\sin(n\omega_0 t)\}$$
$$=\sqrt{a_n^2+b_n^2}\,\cos(n\omega_0 t-\phi_n)=F_n\cos(n\omega_0 t-\phi_n).$$

그러므로 주기함수 $f(t)$에 대한 푸리에 급수전개는

$$f(t)=F_0+\sum_{n=1}^{\infty}|F_n|\cos(n\omega_0 t-\phi_n) \tag{16.29}$$

으로 변형시켜 나타낼 수 있다. 여기서 $F_0=a_0/2$는 직류 성분이고,

$$|F_n|=\sqrt{a_n^2+b_n^2},\ \phi_n=-\tan^{-1}\left(\frac{b_n}{a_n}\right) \tag{16.30}$$

은 각각 n 번째 고조파 성분의 진폭스펙트럼(amplitude spectrum)과 위상스펙트럼(phase spectrum)으로 $f(t)$의 주파수 스펙트럼을 구성하는 요소가 된다.

예제 16.2

다음 주기함수 $f(t)$를 푸리에 급수전개하고 진폭과 위상스펙트럼을 그려라.

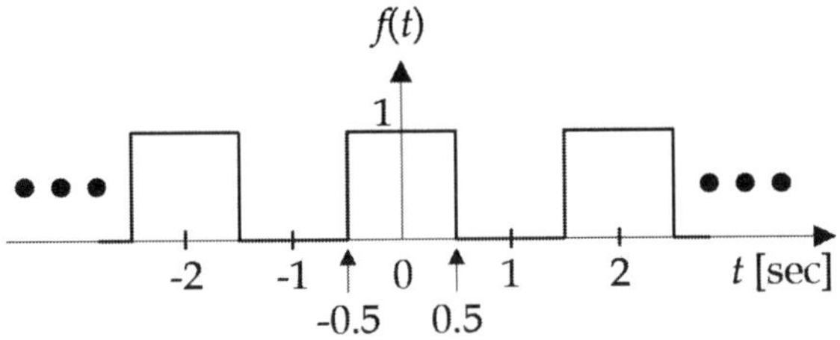

그림 16.2 예제 16.2를 위한 주기함수

풀이

주어진 함수의 주기는 $T=2$ [sec]이므로 기본주파수는 $\omega_0=2\pi/T=\pi$ [rad/sec]이다. 주어진 함수의 직류 성분은

$$\frac{a_0}{2} = \frac{1}{T}\int_{-T/2}^{T/2} f(t)\,dt = \frac{1}{2}\int_{-1}^{1} f(t)dt = \frac{1}{2}\int_{-1/2}^{1/2} 1dt = \frac{1}{2}. \qquad ①$$

n 번째 고조파의 우함수 성분은

$$a_n = \frac{2}{T}\int_{-T/2}^{T/2} f(t)\cos(n\omega_0 t)\,dt = \int_{-1/2}^{1/2} \cos(n\pi t)dt = \frac{1}{n\pi}\left[\sin(n\pi t)\right]_{-1/2}^{1/2} \qquad ②$$
$$= \frac{1}{n\pi}\left[2\sin\left(\frac{n\pi}{2}\right)\right] = \begin{cases} 2/n\pi, & n = 1, 5, 9, \cdots \\ -2/n\pi, & n = 3, 7, 11, \cdots \\ 0, & n = even \end{cases}$$

이고, n 번째 고조파의 기함수 성분을 계산하면

$$b_n = \frac{2}{T}\int_{-T/2}^{T/2} f(t)\sin(n\omega_0 t)\,dt = \int_{-1/2}^{1/2} \sin(n\pi t)dt \qquad ③$$
$$= \frac{-1}{n\pi}\left[\cos(n\pi t)\right]_{t=-1/2}^{1/2} = \frac{-1}{n\pi}\left[\cos\left(\frac{n\pi}{2}\right) - \cos\left(\frac{-n\pi}{2}\right)\right] = 0.$$

따라서 주어진 함수에 대한 푸리에 급수전개는

$$f(t) = \frac{1}{2} + \frac{2}{\pi}\cos(\pi t) - \frac{2}{3\pi}\cos(3\pi t) + \frac{2}{5\pi}\cos(5\pi t) - \frac{2}{7\pi}\cos(7\pi t) + \cdots \qquad ④$$
$$= \frac{1}{2} + \sum_{n=1}^{\infty} (-1)^{(n-1)/2}\frac{2}{n\pi}\cos(n\pi t),\ n = 1, 3, 5, 7, \cdots$$

이 되고, 이에 대한 주파수영역 스펙트럼은 그림 16.3과 같다. 그림 16.3의 주파수 스펙트럼으로부터 진폭스펙트럼은

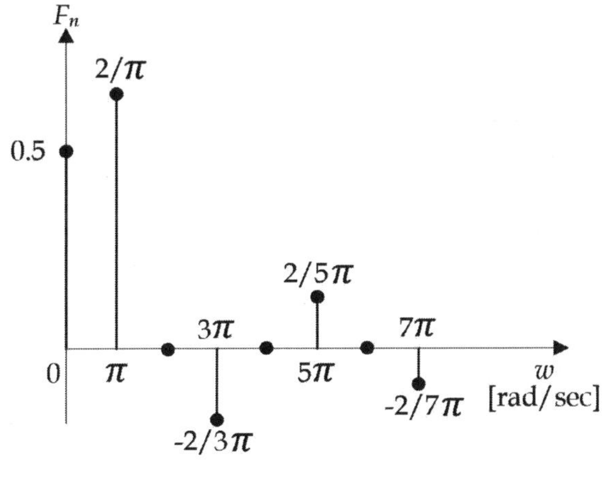

그림 16.3 주어진 주기함수의 스펙트럼

$$|F_n| = \sqrt{a_n^2 + b_n^2} = a_n \qquad ⑤$$

가 된다. 하지만 식 ④의 세 번째, 다섯 번째 등의 항은 (−)부호를 가지므로

$$-\frac{2}{n\pi}\cos(n\pi t) = \frac{2}{n\pi}\cos(n\pi t + \pi) \qquad ⑥$$

으로 표현된다. 따라서 함수 $f(t)$의 위상스펙트럼은 $\omega = 3\pi,\ 7\pi$ 등에서는 π [rad]이 되어야 한다. 그러므로 그림 16.3에 나타낸 주파수 스펙트럼을 진폭스펙트럼과 위상스펙트럼으로 분리하여 나타내면 각각 다음과 같다.

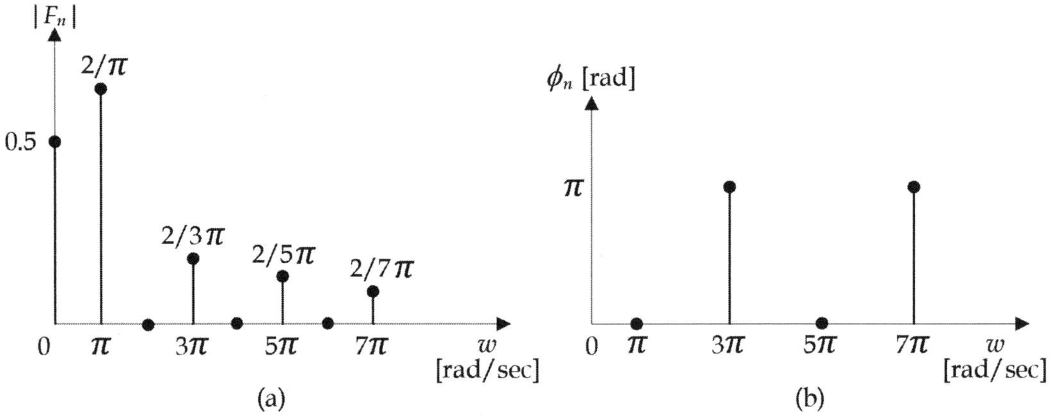

그림 16.4 주어진 신호파형에 대한 (a) 진폭스펙트럼 (b) 위상스펙트럼

예제 16.3

다음 주기함수 $f_1(t)$를 푸리에 급수전개하라.

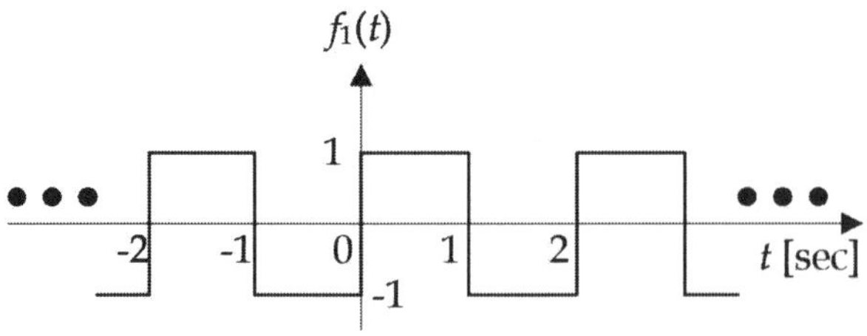

그림 16.5 예제 16.3을 위한 주기함수

풀이

주어진 함수의 주기는 $T=2$ [sec]이므로 기본주파수는 $\omega_0 = 2\pi/T = \pi$ [rad/sec]이다. 그러므로 주어진 함수의 직류 성분을 구하면 다음과 같다.

$$\frac{a_0}{2} = \frac{1}{T}\int_{-T/2}^{T/2} f(t)\,dt = \frac{1}{2}\left\{\int_{-1}^{0} -1dt + \int_{0}^{1} 1dt\right\} = \frac{1}{2}\{-1+1\} = 0. \quad ①$$

n 번째 고조파의 우함수 성분은

$$\begin{aligned} a_n &= \frac{2}{T}\int_{-T/2}^{T/2} f(t)\cos(n\omega_0 t)\,dt = \int_{-1}^{0} -\cos(n\pi t)dt + \int_{0}^{1}\cos(n\pi t)dt \\ &= \frac{-1}{n\pi}[\sin(n\pi t)]_{t=-1}^{0} + \frac{1}{n\pi}[\sin(n\pi t)]_{t=0}^{1} = 0. \end{aligned} \quad ②$$

이에 비하여 n 번째 고조파의 기함수 성분을 계산하면

$$\begin{aligned} b_n &= \frac{2}{T}\int_{-T/2}^{T/2} f(t)\sin(n\omega_0 t)\,dt = \int_{-1}^{0} -\sin(n\pi t)dt + \int_{0}^{1}\sin(n\pi t)dt \\ &= \frac{1}{n\pi}[\cos(n\pi t)]_{t=-1}^{0} + \frac{-1}{n\pi}[\cos(n\pi t)]_{t=0}^{1} \\ &= \frac{2}{n\pi}[1-\cos(n\pi)] = \begin{cases} \dfrac{4}{n\pi}, & n = 1, 3, 5, \cdots \\ 0, & n = 2, 4, 6, \cdots \end{cases} \end{aligned} \quad ③$$

따라서 주어진 함수에 대한 푸리에 급수전개는

$$\begin{aligned} \mathrm{n}f_1(t) &= \frac{4}{\pi}\sin(\pi t) + \frac{4}{3\pi}\sin(3\pi t) + \frac{4}{5\pi}\sin(5\pi t) + \frac{4}{7\pi}\sin(7\pi t) + \cdots \\ &= \sum_{n=1}^{\infty} \frac{4}{n\pi}\sin(n\pi t),\ n = 1, 3, 5, \cdots \end{aligned} \quad ④$$

가 된다. 시간구간 $t=-1$ [sec]에서 1 [sec]까지 한 주기 동안 식 ④의 처음 네 개의 고조파 성분이 가지는 값을 그림 16.6에 나타내었다.

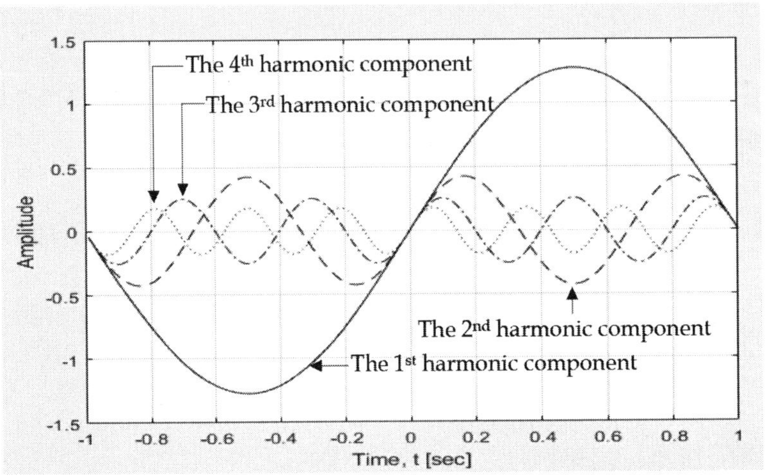

그림 16.6 $f_1(t)$의 처음 네 개의 고조파 성분

그리고 그림 16.7에는 그림 16.6에 나타낸 각 고조파 성분들의 누적합을 나타내었다.

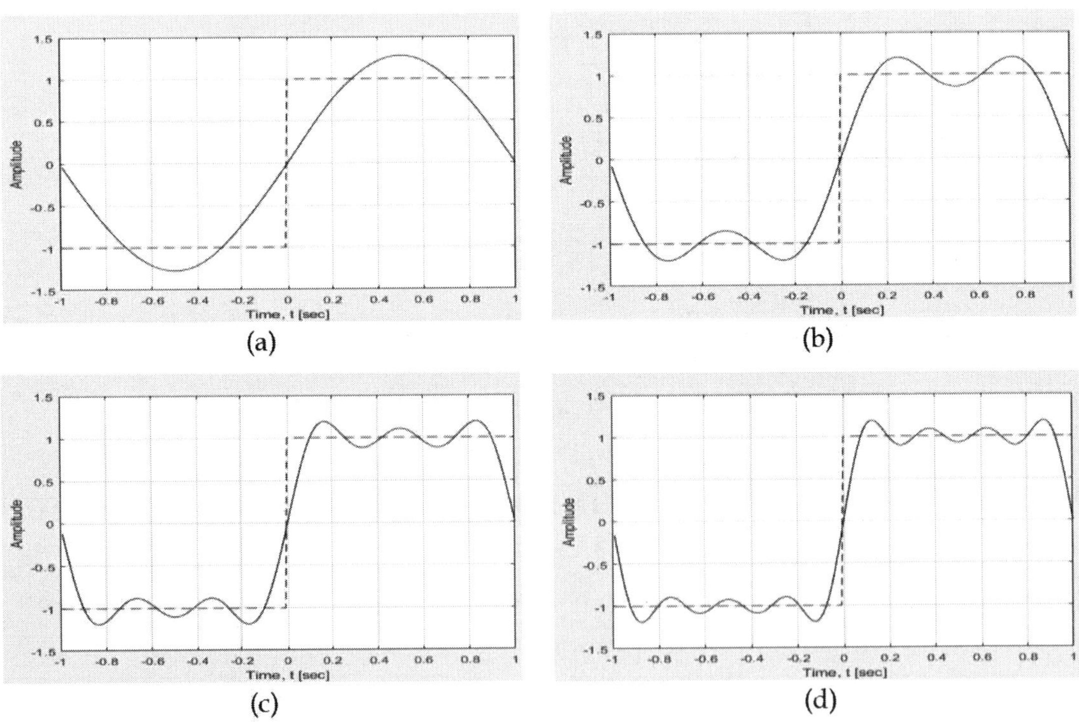

그림 16.7 $f_1(t)$의 처음 네 개의 고조파 성분의 누적합 (a) 첫 번째 고조파 성분 (b) 두 번째 고조파 성분까지의 합 (c) 세 번째 고조파 성분까지의 합 (d) 네 번째 고조파 성분까지의 합

식 ④와 같이 푸리에 급수전개된 함수에서 각각의 고조파 성분이 더해지면서 푸리에 급수전개된 값이 그림 16.5에 제시한 원래의 구형파에 점차적으로 수렴하는 것을 확인할 수 있다.

예제 16.2의 주기함수 $f(t)$는 직류 성분을 포함하는 우함수이므로 푸리에 급수에서 a_0와 a_n 성분만 나타나고 $b_n=0$이 된다. 예제 16.3에 제시된 주기함수 $f_1(t)$는 직류 성분이 없으며 원점 대칭 형태인 기함수이므로 푸리에 급수의 계수도 b_n만 나타나고 $a_0=a_n=0$이 된다. 따라서 주어진 주기함수가 우함수이면 기함수의 계수들이 0이 되고, 즉 모든 $b_n=0$이고, 주어진 함수가 기함수이면 모든 우함수의 계수들이 0이 되는 것을 알 수 있다. 이것은 주어진 주기함수의 수학적인 정의나 파형으로부터 0이 될 푸리에 계수들을 굳이 계산할 필요가 없음을 의미한다.

16.3 복소지수함수형 푸리에 급수

정현파 전원을 학습하면서 소개하였던 오일러의 항등식(Euler's identity)은 코사인함수와 사인함수를 복소지수함수(complex exponential function)와 연결시킨다[2]. 가장 대표적인 오일러 항등식은 다음과 같다.

$$e^{j\omega t}=\cos(\omega t)+j\sin(\omega t). \tag{16.31}$$

식 (16.31)로부터 다음 항등식들도 쉽게 유도할 수 있다.

$$e^{-j\omega t}=\cos(\omega t)-j\sin(\omega t), \tag{16.32}$$

$$\cos(\omega t)=\frac{e^{j\omega t}+e^{-j\omega t}}{2},\ \ \sin(\omega t)=\frac{e^{j\omega t}-e^{-j\omega t}}{2j}. \tag{16.33}$$

이 식들을 이용하면 식 (16.8)에 나타낸 삼각함수형 푸리에 급수를 복소지수함수형 푸리에 급수로 변형하여 나타낼 수 있다. 식 (16.8)에서 교류 성분의 대표식에 오일러 항등식을 적용하면

$$\begin{aligned}a_n\cos(n\omega_0 t)+b_n\sin(n\omega_0 t)&=a_n\frac{e^{jn\omega_0 t}+e^{-jn\omega_0 t}}{2}+b_n\frac{e^{jn\omega_0 t}-e^{-jn\omega_0 t}}{2j}\\&=\left(\frac{a_n-jb_n}{2}\right)e^{jn\omega_0 t}+\left(\frac{a_n+jb_n}{2}\right)e^{-jn\omega_0 t}.\end{aligned} \tag{16.34}$$

2) 오일러의 항등식과 복소지수함수는 Appendix B를 참고하라.

이 된다. 여기서 $c_n = (a_n - jb_n)/2$로 정의하고 $c_{-n} = c_n^*$로 정의하면 식 (16.8)은 다음과 같이 나타낼 수 있다.

$$f(t) = \frac{a_0}{2} + \sum_{n=1}^{\infty}\{a_n \cos(n\omega_0 t) + b_n \sin(n\omega_0 t)\} \tag{16.35}$$
$$= c_0 + \sum_{n=1}^{\infty}\left\{c_n e^{jn\omega_0 t} + c_{-n} e^{-jn\omega_0 t}\right\}.$$

식 (16.35)는 최종적으로 다음과 같이 복소지수함수형 푸리에 급수로 정리된다.

$$f(t) = \sum_{n=-\infty}^{\infty} c_n e^{jn\omega_0 t}. \tag{16.36}$$

복소지수함수형 푸리에 급수의 계수는 다음과 같이 구할 수 있다.

$$\int_0^T f(t) e^{-jm\omega_0 t} dt = \int_0^T \left\{\sum_{n=-\infty}^{\infty} c_n e^{jn\omega_0 t}\right\} e^{-jm\omega_0 t} dt. \tag{16.37}$$

식 (16.37)의 우변에서 적분 변수와 관계 없는 요소를 적분 밖으로 빼내고 나머지를 정리하면

$$\int_0^T \left\{\sum_{n=-\infty}^{\infty} c_n e^{jn\omega_0 t}\right\} e^{-jm\omega_0 t} dt = \sum_{n=-\infty}^{\infty} c_n \int_0^T e^{j(n-m)\omega_0 t} dt \tag{16.38}$$

가 된다. 여기서 $n \neq m$인 모든 경우에 대하여

$$\int_0^T e^{j(n-m)\omega_0 t} dt = 0 \tag{16.39}$$

이므로 식 (16.38)은 $n = m$인 경우에만

$$\int_0^T \left\{\sum_{n=-\infty}^{\infty} c_n e^{jn\omega_0 t}\right\} e^{-jm\omega_0 t} dt = c_n \int_0^T 1 dt = c_n T \tag{16.40}$$

가 된다. 따라서 복소지수함수형 푸리에 급수의 계수는

$$c_n = \frac{1}{T}\int_0^T f(t) e^{-jn\omega_0 t} dt. \tag{16.41}$$

예제 16.4

예제 16.2에 주어진 주기함수 $f(t)$에 대한 복소지수함수형 푸리에 급수를 구하고 주파수 스펙트럼을 그려라.

풀이

주어진 함수의 주기와 기본주파수는 각각 $T=2$ [sec]와 $\omega_0=\pi$ [rad/sec]이다. 식 (16.41)에 따르면 복소지수함수형 푸리에 급수의 계수는

$$c_n = \frac{1}{T}\int_{-T/2}^{T/2} f(t)e^{-jn\omega_0 t}dt = \frac{1}{2}\int_{-1}^{1} f(t)e^{-jn\pi t}dt = \frac{1}{2}\int_{-1/2}^{1/2} 1e^{-jn\pi t}dt \quad ①$$

$$= \frac{-1}{j2n\pi}\left[e^{-jn\pi t}\right]_{-1/2}^{1/2} = \frac{1}{n\pi}\frac{e^{jn\pi/2}-e^{-jn\pi/2}}{2j} = \frac{\sin(n\pi/2)}{n\pi}.$$

여기서

$$\mathrm{sinc}(x) = \frac{\sin(x)}{x} \quad ②$$

로 정의하면 식 ①의 계수는 다음과 같이 정리된다.

$$c_n = \frac{1}{2}\frac{\sin(n\pi/2)}{n\pi/2} = \frac{1}{2}\mathrm{sinc}\left(\frac{n\pi}{2}\right). \quad ③$$

식 ②에서 정의한 $\mathrm{sinc}(x)$함수에서 $x=0$인 경우 우변의 분자와 분모가 모두 0이 되므로 로피탈의 정리(L'Hopital theorem)에 의하여

$$\mathrm{sinc}(0) = \lim_{x\to 0}\frac{\sin(x)}{x} = \lim_{x\to 0}\frac{\{\sin(x)\}'}{x'} = \lim_{x\to 0}\frac{\cos(x)}{1} = 1 \quad ④$$

이 된다.

식 ③으로부터 복소지수함수형 푸리에 급수의 직류 성분은 $c_0 = 1/2$가 되며, 이것은 예제 16.2의 식 ①과 같은 결과이다. $n=0$을 제외한 계수는

$$c_n = \frac{\sin(n\pi/2)}{n\pi} = \begin{cases} 1/n\pi, & n=1,5,9,\cdots \\ -1/n\pi, & n=3,7,11,\cdots \\ 0, & n=even \end{cases} \quad ⑤$$

이 되며, 이것도 $c_n = (a_n - jb_n)/2$임을 고려하면 예제 16.2의 식 ②와 같은 결과임을 알 수 있다. 그러므로 주어진 주기함수에 대한 복소지수형 푸리에 급수전개는 식 ⑤의 계수를 적용하면

$$f(t) = \sum_{n=-\infty}^{\infty} c_n e^{jn\omega_0 t} = \cdots + c_{-3}e^{-j3\pi t} + c_1 e^{-j\pi t} + c_0 + c_1 e^{j\pi t} + c_3 e^{j3\pi t} + \cdots \qquad ⑥$$
$$= \cdots + \frac{-1}{3\pi}e^{-j3\pi t} + \frac{1}{\pi}e^{-j\pi t} + \frac{1}{2} + \frac{1}{\pi}e^{j\pi t} + \frac{-1}{3\pi}e^{j3\pi t} + \cdots$$

와 같이 표현된다. 식 ⑥으로부터 함수 $f(t)$의 주파수 스펙트럼은 다음과 같다.

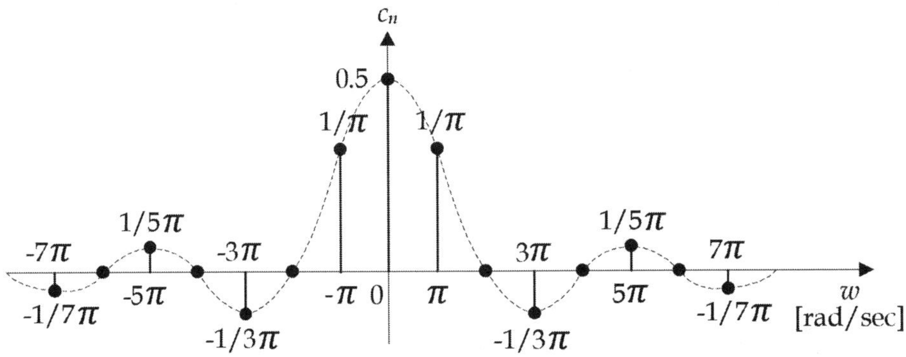

그림 16.8 함수 $f(t)$의 주파수 스펙트럼

이것을 그림 16.3의 삼각함수형 푸리에 급수 스펙트럼과 비교하면 가장 크게 눈에 띄는 차이점은 음의 주파수영역에도 스펙트럼이 발생되며, 좌우대칭 형태로 나타나는 것이다. 또한, 그림 16.8에서 스펙트럼의 크기는 그림 16.3의 스펙트럼 크기에 비하여 반으로 감소된다. 이것은 푸리에 급수의 계수를 나타내는 식 (16.41)의 적분식에 곱하는 요소가 $1/T$로 삼각함수형 푸리에 급수의 계수를 구하는 식 (16.25)와 식 (16.27)의 $2/T$보다 $1/2$배로 감소되는 것이 원인이다. 하지만 그림 16.8에 나타낸 것처럼 양의 주파수영역뿐만 아니라 음의 주파수영역에도 같은 크기의 스펙트럼이 발생되므로 전체적으로는 변함이 없는 것으로 간주할 수 있다.

■

한편, 예제 16.3의 풀이과정에서 식 ②로 정의한 $\mathrm{sinc}(x)$ 함수의 전형적인 그래프를 그림 16.9에 나타내었다. 예제 16.4에서 예측한 것처럼 그림 16.8에 점선으로 나타낸 스펙트럼의 포락선(envelope)은 $\mathrm{sinc}(x)$함수와 매우 유사한 것을 알 수 있다.

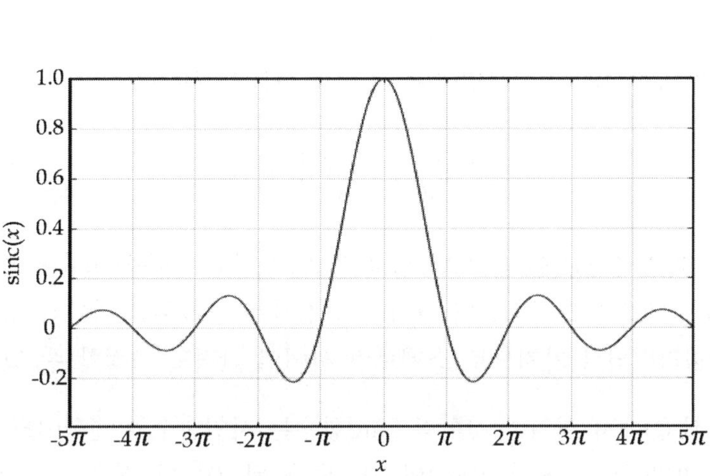

그림 16.9 $\text{sinc}(x)$함수

푸리에 급수의 진폭스펙트럼 특성을 분석하기 위하여 다음과 같이 구형파가 주기적으로 발생되는 사각펄스열(rectangular pulse train) 함수에 대하여 생각하여보자.

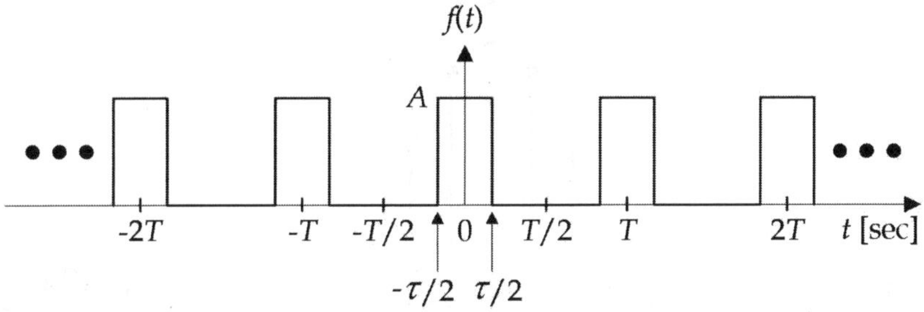

그림 16.10 사각펄스열

사각펄스열에 대한 복소지수함수형 푸리에 급수의 직류 성분은

$$c_0 = \frac{1}{T}\int_{-\tau/2}^{\tau/2} A\,dt = \frac{1}{T}[At]_{-\tau/2}^{\tau/2} = \frac{A\tau}{T} \tag{16.42}$$

이고, 고조파 성분은

$$\begin{aligned} c_n &= \frac{1}{T}\int_{-\tau/2}^{\tau/2} Ae^{-jn\omega_0 t}\,dt = \frac{A}{T}\frac{-1}{jn\omega_0}\left[e^{-jn\omega_0 t}\right]_{-\tau/2}^{\tau/2} \\ &= \frac{A\tau}{T}\frac{2}{n\omega_0}\left[\frac{e^{jn\omega_0\tau/2}-e^{-jn\omega_0\tau/2}}{2j}\right] = \frac{A\tau}{T}\,\text{sinc}\left(\frac{n\omega_0\tau}{2}\right) \end{aligned} \tag{16.43}$$

가 된다. 여기에 $\omega_0 = 2\pi/T$를 대입하면 고조파 성분의 계수는

$$c_n = \frac{A\tau}{T}\,\mathrm{sinc}\left(\frac{n\pi\tau}{T}\right) \tag{16.44}$$

이 된다. 식 (16.42)와 식 (16.44)를 보면 사각펄스열에 대한 푸리에 급수의 계수들은 τ/T의 함수로 나타난다. 이것은 스펙트럼의 크기를 결정하는 진폭뿐만 아니라 sinc함수의 파라미터도 τ/T를 파라미터로 가지므로 스펙트럼 사이의 간격도 조정할 수 있음을 의미한다.

예제 16.4의 식 ②에서 정의한 것처럼 sinc함수는 사인함수의 변형이므로 식 (16.44)에서 sinc함수의 파라미터가 π [rad/sec]의 정수배가 될 때마다 계수 $c_n = 0$이 된다. 또한, 고조파 성분이 $\omega_0 = 2\pi/T$ [rad/sec]마다 발생하므로 스펙트럼 사이의 간격은 ω_0가 되어야 한다. 이러한 특성에 따라 식 (16.42)와 식 (16.44)로 정의되는 사각펄스열의 전형적인 진폭스펙트럼을 그림 16.11에 나타내었다.

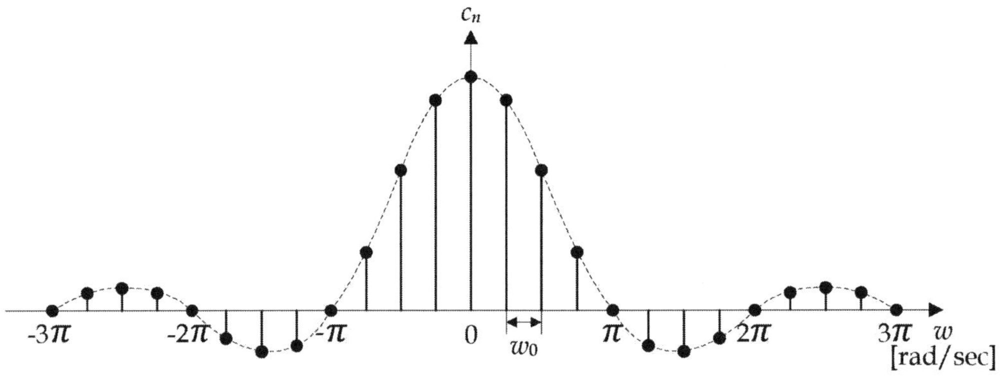

그림 16.11 사각펄스열의 진폭스펙트럼

일반적으로 주기함수의 스펙트럼은 그림 16.11에 보인 것처럼 ω_0 [rad/sec]마다 발생하는 이산스펙트럼(discrete spectrum) 형태를 가진다. 스펙트럼 사이의 간격 ω_0가 주기 T와 반비례하므로 그림 16.10의 사각펄스열의 펄스폭 τ가 고정된 상태에서 주기가 커지면 스펙트럼의 간격이 좁아지므로 촘촘한 스펙트럼이 발생된다. 펄스폭 τ는 sinc함수의 진폭이 0이 되는 주파수와 반비례하는 파라미터이다. 즉, τ가 커지면 스펙트럼의 진폭이 0이 되는 간격이 좁아지게 된다. 또한, 식 (16.44)에서 τ/T의 비율이 고정되면

$$\frac{n\pi\tau}{T} = k\pi \text{ [rad/sec]} \tag{16.45}$$

마다 진폭이 0인 스펙트럼이 발생되므로 임의로 $k=1$로 가정하면 $n=T/\tau$가 될 때마다 0의 진폭을 가지는 스펙트럼이 발생된다. 그림 16.11의 경우 네 번째 스펙트럼마다 진폭이 0이 되므로 $n=4$가 된다.

16.4 파스발의 정리 (Parseval's Theorem)

식 (16.8)의 삼각함수형 푸리에 급수와 식 (16.36)의 복소지수함수형 푸리에 급수는 어떤 주기함수 $f(t)$를 무한급수의 형태로 표현한 것이다. 이것은 정현파함수 또는 복소지수함수들을 계속하여 가중 선형합으로 누적시키면 $f(t)$에 수렴한다는 것을 의미한다. 그것은 예제 16.3의 그림 16.7을 통하여 확인할 수 있었다. 이것을 실제적인 측면에서 확인할 수 있는 방법이 파스발의 정리라고 할 수 있다.

어떤 주기함수 $f(t)$를 그림 16.12와 같은 테스트용 저항회로에 인가할 때 저항에서 소비되는 평균 전력을 구해보자

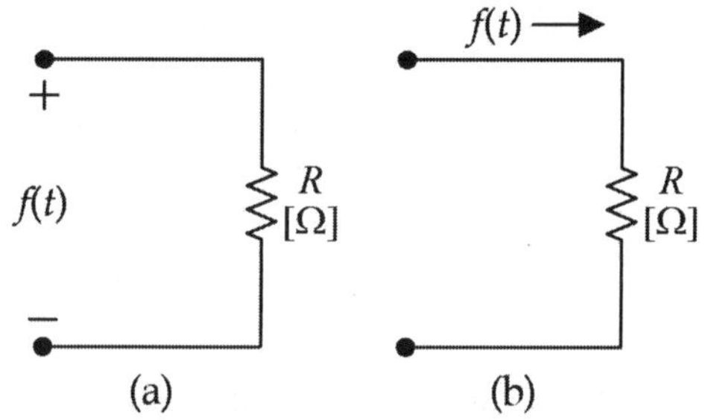

그림 16.12 테스트용 저항 회로 (a) 전압 인가 (b) 전류 인가

회로에 인가되는 신호가 그림 16.12(a)처럼 전압이라면 저항에서 소비되는 순시전력은 정의에 의하여

$$p(t)=\frac{|f(t)|^2}{R} \tag{16.46}$$

이 되고, 저항에 인가되는 신호 $f(t)$가 그림 16.12(b)에 나타낸 것처럼 전류라면 저항에서 소비되는 순시전력은

$$p(t)=R\cdot|f(t)|^2 \tag{16.47}$$

가 된다. 인가되는 전압 또는 전류가 주기함수라면 $f(t)$가 인가되는 모든 시간 동안 저항에서 소비되는 에너지의 평균은 한 주기 동안 소비되는 에너지의 평균과 동일하다. 계산의 편리를 위하여 $R=1\ [\Omega]$으로 가정하면 식 (16.46)과 식 (16.47)은 동일한 형태를 가지므로 신호의 한 주기 동안 저항에서 소비되는 평균 전력은

$$P=\frac{1}{T}\int_0^T p(t)\,dt=\frac{1}{T}\int_0^T |f(t)|^2\,dt \tag{16.48}$$

이 된다. 여기에 식 (16.36)으로 정의된 복소지수함수형 푸리에 급수를 대입하면

$$\begin{aligned}P&=\frac{1}{T}\int_0^T |f(t)|^2\,dt=\frac{1}{T}\int_0^T\left|\sum_{n=-\infty}^{\infty}c_n e^{jn\omega_0 t}\right|^2 dt \\ &=\frac{1}{T}\int_0^T\left(\sum_{n=-\infty}^{\infty}c_n e^{jn\omega_0 t}\right)\left(\sum_{m=-\infty}^{\infty}c_m e^{jm\omega_0 t}\right)^* dt \\ &=\frac{1}{T}\int_0^T\left(\sum_{n=-\infty}^{\infty}\sum_{m=-\infty}^{\infty}c_n c_m^* e^{j(n-m)\omega_0 t}\right)dt\end{aligned} \tag{16.49}$$

가 된다. 여기서 시간 적분과 관련이 없는 항들을 적분의 밖으로 꺼내어 정리하면 식 (16.49)는 다음과 같이 나타낼 수 있다.

$$P=\sum_{n=-\infty}^{\infty}\sum_{m=-\infty}^{\infty}c_n c_m^*\frac{1}{T}\int_0^T e^{j(n-m)\omega_0 t}\,dt. \tag{16.50}$$

식 (16.50)에서 적분항은

$$\int_0^T e^{j(n-m)\omega_0 t}\,dt=\begin{cases}T, & n=m\\ 0, & n\neq m\end{cases} \tag{16.51}$$

이므로, 이를 식 (16.50)에 적용하면 $f(t)$의 한 주기 동안 $1\ [\Omega]$ 저항에서 소비되는 평균 전력은

$$P=\sum_{n=-\infty}^{\infty}c_n c_n^*\frac{1}{T}\cdot T=\sum_{n=-\infty}^{\infty}|c_n|^2 \tag{16.52}$$

이 된다. 특히, $|c_n|^2$을 주기함수 $f(t)$의 주파수영역 전력스펙트럼(power spectrum)이라고 한다. 식 (16.48)과 식 (16.52)로부터 다음과 같은 결과를 얻을 수 있다.

$$P=\frac{1}{T}\int_0^T |f(t)|^2\,dt=\sum_{n=-\infty}^{\infty}|c_n|^2. \tag{16.53}$$

이것은 주기함수가 1 [Ω] 저항에 인가될 때, 저항에서 소비되는 평균 전력을 시간영역에서 계산한 것과 주기함수 $f(t)$의 주파수영역 전력스펙트럼의 합이 동일함을 의미한다. 그러므로 파스발의 정리는 시간영역 신호를 주파수영역으로 변환하여 해석하여도 전력보존의 법칙이 성립하는 것을 보여준다.

예제 16.5

그림 16.13에 나타낸 전압 신호 $v(t)$에 대한 복소지수함수형 푸리에 급수와 삼각함수형 푸리에 급수를 구하라. 그리고 $v(t)$를 그림 16.12(a)와 같이 저항회로에 인가할 때 저항에서 소비되는 평균 전력에 대한 파스발의 정리가 성립함을 증명하라. 여기서 저항은 1 [Ω]으로 가정한다.

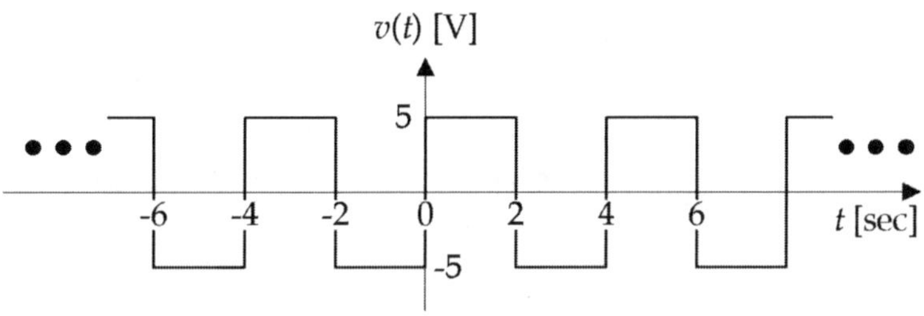

그림 16.13 예제 16.5를 위한 주기신호

풀이

저항회로에 인가되는 전압 신호의 주기와 기본주파수는 각각 다음과 같다.

$$T = 2-(-2) = 4 \text{ [sec]},\ \ \omega_0 = \frac{2\pi}{T} = \frac{\pi}{2} \text{ [rad/sec]}. \quad ①$$

먼저, 전압 신호 $v(t)$의 시간영역 평균 전력을 계산하면

$$P_t = \frac{1}{4}\int_{-2}^{2} |v(t)|^2 dt = \frac{1}{4}\int_{-2}^{2} 5^2 dt = 25 \text{ [W]}. \quad ②$$

식 (16.41)에 따른 전압 신호의 복소지수함수형 푸리에 급수의 계수는

$$\begin{aligned} c_n &= \frac{1}{4}\int_{-2}^{2} v(t)e^{-jn\omega_0 t}dt = \frac{1}{4}\left\{\int_{-2}^{0} -5e^{-jn\pi t/2}dt + \int_{0}^{2} 5e^{-jn\pi t/2}dt\right\} \\ &= \frac{1}{4}\left\{\frac{10}{jn\pi}\left[e^{-jn\pi t/2}\right]_{t=-2}^{0} + \frac{-10}{jn\pi}\left[e^{-jn\pi t/2}\right]_{t=0}^{2}\right\} \\ &= \frac{5}{j2n\pi}\{[1-e^{jn\pi}+1-e^{-jn\pi}]\} = \frac{5}{jn\pi}\{1-\cos(n\pi)\} \\ &= \frac{5}{jn\pi}\{1-(-1)^n\} = \begin{cases} \dfrac{10}{jn\pi}, & n = \text{odd} \\ 0, & n = \text{even}, n \neq 0 \end{cases}. \end{aligned} \quad ③$$

여기서 $n=0$이면 식 ③을 유도하는 중간 과정에서 분모와 분자가 모두 0이 되므로 계수를 정의할 수 없다. 하지만 $n=0$인 경우는 정의식에 의하여

$$\begin{aligned} c_0 &= \frac{1}{4}\int_{-2}^{2} v(t)e^{-jn\omega_0 t}dt = \frac{1}{4}\int_{-2}^{2} v(t)dt = \frac{1}{4}\left\{\int_{-2}^{0} -5dt + \int_{0}^{2} 5dt\right\} \\ &= \frac{1}{4}\{-5\cdot 2 + 5\cdot 2\} = 0 \end{aligned} \quad ④$$

이 된다. 그러므로 주어진 전압 신호에 대한 복소지수함수형 푸리에 급수전개는 다음과 같다.

$$\begin{aligned} v(t) &= \sum_{n=-\infty}^{\infty} c_n e^{jn\omega_0 t} = \cdots + c_{-3}e^{-j3\pi t/2} + c_1 e^{-j\pi t/2} + c_1 e^{j\pi t/2} + c_3 e^{j3\pi t/2} + \cdots \\ &= \cdots - \frac{10}{j3\pi}e^{-j3\pi t/2} - \frac{10}{j\pi}e^{-j\pi t/2} + \frac{10}{j\pi}e^{j\pi t/2} + \frac{10}{j3\pi}e^{j3\pi t/2} + \cdots \end{aligned} \quad ⑤$$

$|e^{jn\pi t/2}| = 1$이고 $|-10/jn\pi| = |10/jn\pi|$이므로 저항에서 소비되는 평균 전력은 식 (16.52)에 의하여

$$P_c = \sum_{n=-\infty}^{\infty} |c_n|^2 = \sum_{n=1}^{\infty}\left\{2\cdot\left|\frac{10}{jn\pi}\right|^2\right\},\ n = \text{odd}. \quad ⑥$$

식 ⑥을 이용하여 $n=1$부터 7까지 4개 항에 대한 평균 전력을 계산하면

$$P_c = 2\times\left(\frac{10}{\pi}\right)^2 + 2\times\left(\frac{10}{3\pi}\right)^2 + 2\times\left(\frac{10}{5\pi}\right)^2 + 2\times\left(\frac{10}{7\pi}\right)^2 = 23.74\ [\text{W}] \quad ⑦$$

가 되어 식 ②의 시간영역 평균 전력인 25 [W]에 가까운 값이 된다. 따라서 누적합의 항의 수를 증가시키면 시간영역 평균 전력에 수렴할 것이므로 파스발의 정리가 성립되는 것으로 간주할 수 있다.

한편, 식 ⑤를 구성하는 한 쌍의 일반항은

$$\frac{10}{jn\pi}e^{jn\pi t/2}-\frac{10}{jn\pi}e^{-jn\pi t/2}=\frac{20}{n\pi}\left(\frac{e^{jn\pi t/2}-e^{-jn\pi t/2}}{2j}\right)=\frac{20}{n\pi}\sin\left(\frac{n\pi t}{2}\right) \qquad ⑧$$

이 되므로 식 ⑤는 다음과 같이 삼각함수형 푸리에 급수 형태로 나타낼 수 있다.

$$\begin{aligned} v(t) &= \cdots-\frac{10}{j3\pi}e^{-j3\pi t/2}-\frac{10}{j\pi}e^{-j\pi t/2}+\frac{10}{j\pi}e^{j\pi t/2}+\frac{10}{j3\pi}e^{j3\pi t/2}+\cdots \\ &= \sum_{n=1}^{\infty}\frac{20}{n\pi}\sin\left(\frac{n\pi t}{2}\right),\ n=\mathrm{odd}. \end{aligned} \qquad ⑨$$

그림 16.13에 나타낸 전압 신호가 원점대칭인 기함수이므로 16.2절의 마지막에서 학습한 것처럼 삼각함수형 푸리에 급수의 계수는 $a_0=a_n=0$이 됨을 식 ⑨를 통하여 확인할 수 있다.

삼각함수형 푸리에 급수의 평균 전력은

$$\begin{aligned} P_t &= \frac{1}{4}\int_{-2}^{2}\left\{\sum_{n=1}^{\infty}\frac{20}{n\pi}\sin\left(\frac{n\pi t}{2}\right)\right\}^2 dt=\frac{1}{4}\int_{-2}^{2}\left(\sum_{n=1}^{\infty}\frac{20}{n\pi}\right)^2\left\{\sin\left(\frac{n\pi t}{2}\right)\right\}^2 dt \\ &= \frac{1}{4}\sum_{n=1}^{\infty}\left(\frac{20}{n\pi}\right)^2\int_{-2}^{2}\frac{1}{2}\{1-\cos(n\pi t)\}dt=\sum_{n=1}^{\infty}\frac{1}{4}\times\left(\frac{20}{n\pi}\right)^2\times\frac{1}{2}\times 4 \\ &= \sum_{n=1}^{\infty}\frac{1}{2}\left(\frac{20}{n\pi}\right)^2=\sum_{n=1}^{\infty}2\left(\frac{10}{n\pi}\right)^2,\ n=\mathrm{odd} \end{aligned} \qquad ⑩$$

가 된다. 이것은 식 ⑥에서 구한 복소지수함수형 푸리에 급수의 평균 전력과 같다. 그러므로 주어진 시간함수에 대한 삼각함수형 푸리에 급수 전개도 파스발의 정리를 만족한다.

16.5 주기함수형 전원에 대한 응답

그림 16.14에 나타낸 것처럼 주기함수 $v_i(t)$를 선형 2단자 회로의 전원으로 사용하는 회로를 생각하여보자.

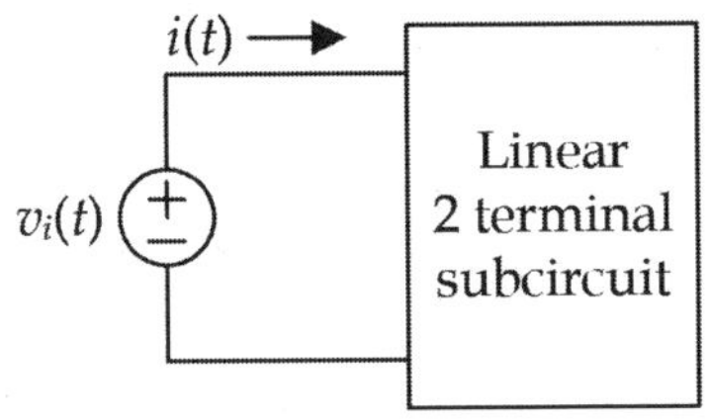

그림 16.14 주기함수 전원을 가지는 선형회로

$v_i(t)$가 주기함수이므로 $v_i(t)$를 푸리에 급수전개하면 식 (16.29)에 따라

$$v_i(t) = v_0 + \sum_{n=1}^{\infty} v_n \cos(n\omega_0 t + \phi_n) \tag{16.54}$$

으로 나타낼 수 있다. 선형회로는 중첩의 원리를 만족하므로 푸리에 급수전개에 따른 구성함수를 하나의 독립전원으로 사용하면 그림 16.14는 다음과 같이 변형하여 나타낼 수 있다.

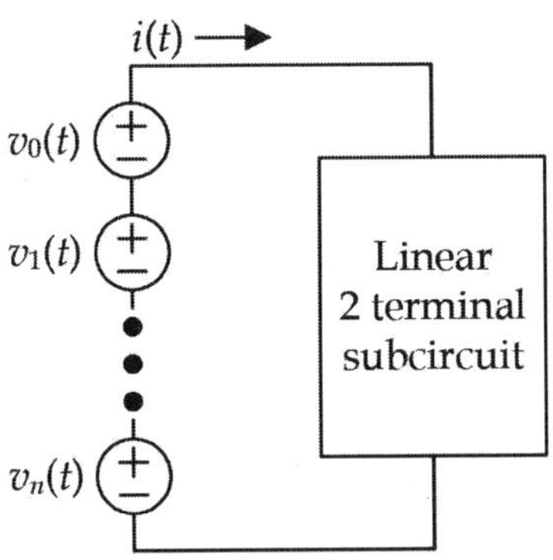

그림 16.15 주기함수 전원을 구성함수로 변형한 회로

여기서 $v_n(t) = v_n \cos(n\omega_0 t + \phi_n)$ [V] 전압원이다. 그림 16.15의 회로에서 전압-전류 관계식은 다음과 같다.

$$\mathrm{V}_i = Z(\omega_n)\mathrm{I}, \tag{16.55}$$

여기서 $\omega_n = n\omega_0$이며, V_i와 I는 각각 다음과 같은 전압과 전류페이저를 나타낸다.

$$\mathrm{V}_i = \mathrm{V}_0 + \sum_{n=1}^{\infty} \mathrm{V}_n, \ \ \mathrm{I} = \mathrm{I}_0 + \sum_{n=1}^{\infty} \mathrm{I}_n, \tag{16.56}$$

여기서 V_0와 I_0는 전압과 전류의 직류 성분이다. n 번째 고조파 성분 $\mathrm{V}_n = V_n \angle \phi_{vn}$과 $\mathrm{I}_n = I_n \angle \phi_{in}$은 각주파수를 $\omega_n = n\omega_0$로 계산한 페이저이므로 임피던스도 식 (16.55)에 나타낸 것처럼 $\omega_n = n\omega_0$의 함수로 나타내어야 한다.

예제 16.6

예제 16.3에 나타낸 주기함수 $f_1(t)$에 직류 오프셋 전압 1 [V]를 더한 새로운 함수 $v(t)$를 전압원으로 하는 다음 회로에서 전류 $i(t)$와 인덕턴스 양단에 걸리는 출력전압 $v_o(t)$를 구하라.

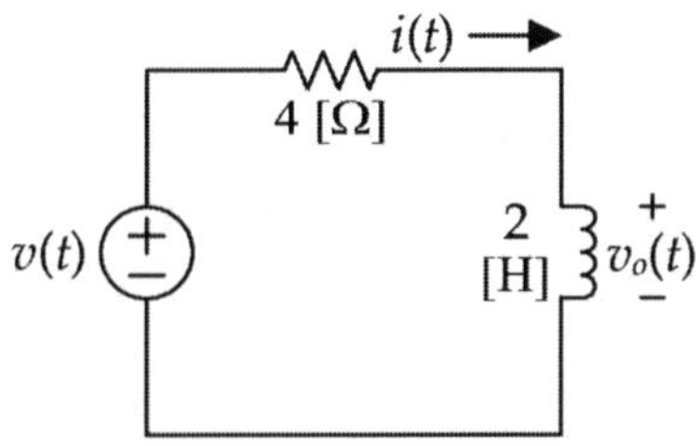

그림 16.16 예제 16.6을 위한 회로

풀이

예제 16.3의 주기함수를 푸리에 급수전개한 결과는 다음과 같다.

$$f_1(t) = \sum_{n=1}^{\infty} \frac{4}{n\pi} \sin(n\pi t), \ n = 1, 3, 5, \cdots, \tag{①}$$

여기서 기본주파수는 $\omega_0 = \pi$ [rad/sec]이다. 직류 오프셋 전압을 더한 전압원은

$$v(t) = 1 + f_1(t) = 1 + \sum_{n=1}^{\infty} \frac{4}{n\pi} \sin(n\pi t), \ n = 1, 3, 5, \cdots \tag{②}$$

이다. 이것을 식 (16.56)의 형태로 나타내면

$$\mathrm{V} = \mathrm{V}_0 + \sum_{n=1}^{\infty} \mathrm{V}_n \tag{③}$$

이 되며, $V_0 = 1$ [V]이고 n 번째 고조파 성분은

$$v_n(t) = \frac{4}{n\pi}\sin(n\pi t) = \frac{4}{n\pi}\cos(n\pi t - 90^\circ) \qquad ④$$

이므로 페이저 변환형태는

$$V_n = \frac{4}{n\pi}\angle -90^\circ \text{ [V]}. \qquad ⑤$$

주어진 회로에서 전체 임피던스는

$$Z(\omega_n) = R + j\omega_n L = 4 + j2n\pi \ [\Omega] \qquad ⑥$$

이므로 전류 페이저는

$$\begin{aligned} I &= \frac{V}{Z(\omega_n)} = \frac{1}{4+j2n\pi}\left\{V_0 + \sum_{n=1}^{\infty} V_n\right\} \qquad ⑦ \\ &= \left\{\frac{1}{\sqrt{4^2+(2n\pi)^2}}\angle -\tan^{-1}\left(\frac{2n\pi}{4}\right)\right\}\cdot\left\{1 + \sum_{n=1}^{\infty}\frac{4}{n\pi}\angle -90^\circ\right\} \\ &= \frac{1}{4} + \sum_{n=1}^{\infty}\left\{\frac{4/n\pi}{\sqrt{16+(2n\pi)^2}}\angle\left(-\tan^{-1}\left(\frac{n\pi}{2}\right) - 90^\circ\right)\right\} \text{ [A]} \end{aligned}$$

이다. 그러므로 전류 페이저를 정현파 형식으로 나타내면

$$i(t) = \frac{1}{4} + \sum_{n=1}^{\infty}\left\{\frac{4/n\pi}{\sqrt{16+(2n\pi)^2}}\cos\left(n\pi t - \tan^{-1}\left(\frac{n\pi}{2}\right) - 90^\circ\right)\right\} \text{ [A]} \qquad ⑧$$

가 되고, 이것을 전개하여 나타내면

$$\begin{aligned} i(t) &= 250 + 170.9\cos(\pi t - 147.52^\circ) + 22.0\cos(3\pi t - 168.02^\circ) \qquad ⑨ \\ &\quad + 8.0\cos(5\pi t - 172.74^\circ) + \cdots \text{ [mA]} \end{aligned}$$

한편, 인덕턴스 양단에 걸리는 출력전압 V_o를 구하기 위하여 주어진 회로에 전압분배 법칙을 적용하면

$$V_o = \frac{j\omega_n L}{R + j\omega_n L}V = \frac{j2n\pi}{4+j2n\pi}\left\{V_0 + \sum_{n=1}^{\infty} V_n\right\}. \qquad ⑩$$

우변의 첫 번째 항인 직류 성분은 $n=0$인 경우이므로

$$\frac{j2n\pi}{4+j2n\pi}\mathrm{V}_0 = \frac{0}{4+0}\mathrm{V}_0 = 0\ [\mathrm{V}] \qquad ⑪$$

가 된다. 직류 전원에 대하여 인덕터는 단락회로로 동작하므로 식 ⑪은 충분히 합리적인 결과이다. 이에 비하여 교류 성분에 해당하는 고조파 성분에 대한 출력 전압은

$$\begin{aligned}\frac{j2n\pi}{4+j2n\pi}\sum_{n=1}^{\infty}\mathrm{V}_n &= \sum_{n=1}^{\infty}\frac{2n\pi}{\sqrt{16+(2n\pi)^2}}\angle\left(90^\circ - \tan^{-1}\left(\frac{n\pi}{2}\right)\right)\cdot\frac{4}{n\pi}\angle-90^\circ \qquad ⑫\\ &= \sum_{n=1}^{\infty}\frac{2n\pi}{\sqrt{16+(2n\pi)^2}}\cdot\frac{4}{n\pi}\angle\left(90^\circ - \tan^{-1}\left(\frac{n\pi}{2}\right)-90^\circ\right)\\ &= \sum_{n=1}^{\infty}\frac{8}{\sqrt{16+(2n\pi)^2}}\angle-\tan^{-1}\left(\frac{n\pi}{2}\right)\end{aligned}$$

가 된다. 이것을 정현파 형식으로 변환하여 나타내면 출력 전압의 교류 성분은

$$\sum_{n=1}^{\infty}v_n(t) = \sum_{n=1}^{\infty}\frac{8}{\sqrt{16+(2n\pi)^2}}\cos\left(n\pi t - \tan^{-1}\left(\frac{n\pi}{2}\right)\right)\ [\mathrm{V}] \qquad ⑬$$

가 된다. 따라서 직류 성분이 식 ⑪에 따라 0 [V]가 되는 것을 고려하면 인덕터 양단에는 식 ⑬에 나타낸 교류 성분 전압으로 다음과 같다.

$$\begin{aligned}v_o(t) &= 1.07\cos(\pi t - 57.52^\circ) + 0.42\cos(3\pi t - 78.02^\circ) \qquad ⑭\\ &\quad + 0.25\cos(5\pi t - 82.74^\circ) + 0.18\cos(7\pi t - 84.80^\circ) + \cdots\ [\mathrm{V}].\end{aligned}$$

그림 16.16에 주어진 회로에서는 주기함수가 선형회로의 전원으로 사용되므로 출력 전압도 주기함수의 푸리에 급수전개된 형태로 나타나는 것을 알 수 있다. 참고를 위하여 식 ⑭의 출력 전압에 대한 진폭스펙트럼과 위상스펙트럼을 그림 16.17에 나타내었다.

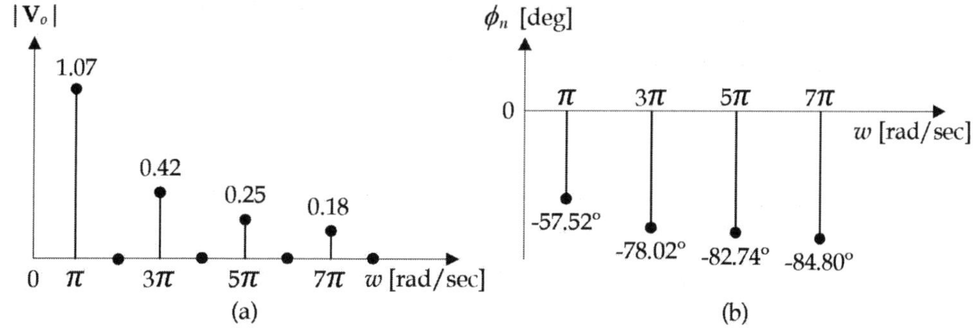

그림 16.17 인덕터 양단에 걸리는 전압의 (a) 진폭스펙트럼 (b) 위상스펙트럼

16.6 푸리에 변환

앞선 16.3절에서 주기함수의 주파수응답이 이산스펙트럼 형태로 나타나는 것을 학습하였다. 그림 16.10의 사각펄스열에서 주기를 $T=\infty$ [sec]로 확장시키면 어떤 현상이 발생할까? 시간영역에서 주기가 무한대로 확장되면 주기함수가 비주기함수처럼 변형된다. 이에 따라 그림 16.11에 나타낸 진폭스펙트럼에서 스펙트럼 사이의 간격 ω_0는

$$\lim_{T\to\infty}\omega_0 = \lim_{T\to\infty}\frac{2\pi}{T} = 0 \text{ [rad/sec]} \tag{16.57}$$

으로 수렴한다. 따라서 주기 T가 무한대로 확장되면 $\omega_0=0$이 되므로 이산스펙트럼이 연속스펙트럼(continuous spectrum)으로 바뀌게 된다. 이것은 비주기함수의 주파수응답은 연속스펙트럼을 가지는 것을 의미한다.

주기함수의 주파수응답을 확인하는 방법으로 삼각함수형 또는 복소지수함수형 푸리에 급수를 이용하였다. 비주기함수 $f(t)$의 주파수응답은 다음과 같이 정의되는 푸리에 변환을 사용한다.

$$F(\omega) = \Im\{f(t)\} = \int_{-\infty}^{\infty} f(t)e^{-j\omega t}dt. \tag{16.58}$$

여기서 푸리에 변환이 존재하기 위한 충분조건은 다음과 같다.

(1) 함수 $f(t)$는 적분 구간에서 유한개의 불연속점을 제외하고는 연속이다.
(2) 함수 $f(t)$는 적분 구간에서 유한개의 최대점과 최소점을 포함한다.
(3) 함수 $f(t)$의 적분은 유한하여야 한다. 즉 $\int_{-\infty}^{\infty}|f(t)|dt < \infty$ 이어야 한다.

그리고 식 (16.58)에 대응하는 푸리에 역변환은 다음과 같이 정의되며

$$f(t) = \Im^{-1}\{F(\omega)\} = \frac{1}{2\pi}\int_{-\infty}^{\infty} F(\omega)e^{j\omega t}d\omega, \tag{16.59}$$

식 (16.58)과 식 (16.59)를 합쳐 푸리에 변환쌍(Fourier transform pair)이라고 한다.

주기함수 $f_p(t)$에 대한 주파수응답을 나타내는 복소지수함수형 푸리에 급수인

$$c_n = \sum_{n=-\infty}^{\infty} f_p(t) e^{-jn\omega_0 t} \tag{16.60}$$

와 푸리에 변환을 나타내는 식 (16.58)은 매우 흡사하다. ω_0가 0으로 수렴하는 조건을 적용하면 식 (16.60)으로부터 식 (16.58)을 유도할 수 있다. 이 유도과정은 푸리에 급수와 변환을 다루는 여러 교재에서 확인할 수 있으므로 여기서는 생략한다. 또한, 푸리에 변환은 12장에서 학습한 라플라스 변환식과도 매우 흡사하다.

$$F(s) = \mathcal{L}\{f(t)\} = \int_{0^-}^{\infty} f(t) e^{-st} dt. \tag{16.61}$$

라플라스 변환은 $t > 0$인 영역에 대한 적분식이며, 초기조건에 대한 정의가 필요하다. 이에 비하여 푸리에 변환은 $t > 0$인 영역뿐만 아니라 $t < 0$인 영역에 대해서도 적분이 이루어지며 초기조건이 불필요한 차이점이 있다.

예제 16.7

다음 그림에 나타낸 비주기신호에 대한 푸리에 변환을 구하고 진폭스펙트럼을 그려서 그림 16.11과 비교하여 설명하라.

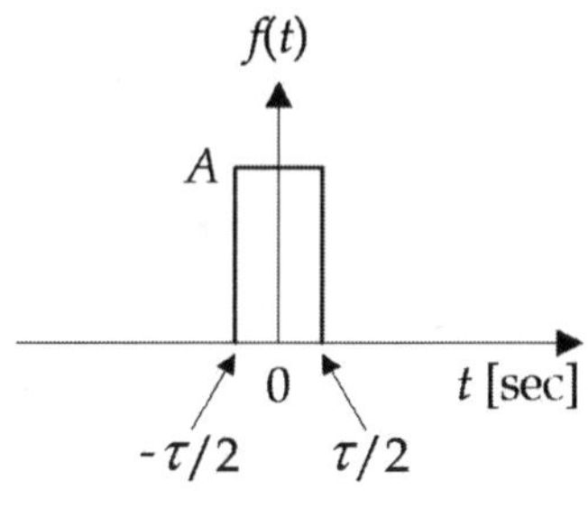

그림 16.18 예제 16.7을 위한 비주기신호

풀이

주어진 신호에 대한 푸리에 변환은 식 (16.59)의 정의식에 따라

$$F(\omega)=\Im\{f(t)\}=\int_{-\infty}^{\infty} f(t)e^{-j\omega t}dt=\int_{-\tau/2}^{\tau/2} Ae^{-j\omega t}dt \qquad ①$$
$$=A\frac{-1}{j\omega}\left[e^{-j\omega t}\right]_{-\tau/2}^{\tau/2}=\frac{-A}{j\omega}\left[e^{-j\omega\tau/2}-e^{j\omega\tau/2}\right]=\frac{2A}{\omega}\left[\frac{e^{j\omega\tau/2}-e^{-j\omega\tau/2}}{2j}\right]$$
$$=\frac{2A}{\omega}\sin(\omega\tau/2)=A\tau\frac{\sin(\omega\tau/2)}{\omega\tau/2}=A\tau\,\mathrm{sinc}\left(\frac{\omega\tau}{2}\right)$$

가 된다. 여기서 주파수가 $\omega=0$ [rad/sec]인 직류 성분은 분자 $\sin(\omega\tau/2)=0$이고 분모 $\omega\tau/2=0$이므로 로피탈의 정리에 의하여

$$F(0)=\lim_{\omega\to 0}\left\{\frac{A\tau\sin(\omega\tau/2)}{\omega\tau/2}\right\}=\lim_{\omega\to 0}\left\{\frac{\frac{d}{d\omega}A\tau\sin(\omega\tau/2)}{\frac{d}{d\omega}\omega\tau/2}\right\} \qquad ②$$
$$=\lim_{\omega\to 0}\left\{\frac{A\tau\cdot\tau/2\cdot\cos(\omega\tau/2)}{\tau/2}\right\}=A\tau$$

이 된다. 이것은 예제 16.4의 식 ④에서 정의한 $\mathrm{sinc}(0)=1$을 식 ①에 대입한 결과와도 동일하다. 그러므로 주어진 비주기함수에 대한 스펙트럼은 직류 성분이 $A\tau$인 연속함수로 그림 16.9와 같이 나타난다. 여기서는 비교를 위하여 예제 16.4의 이산스펙트럼도 같이 나타내었다.

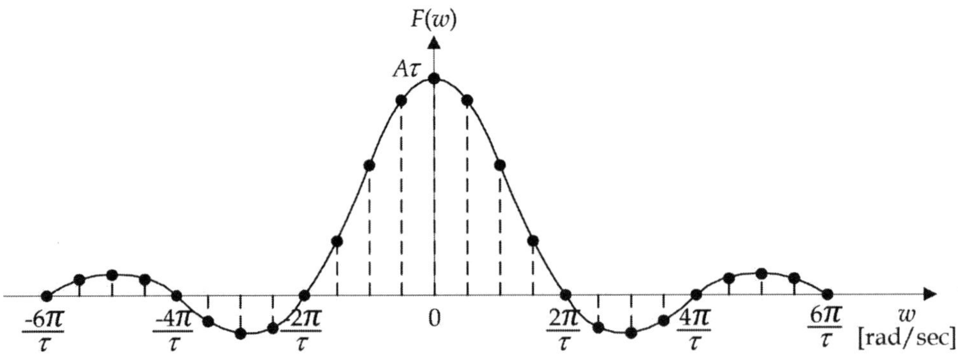

그림 16.19 주어진 비주기함수에 대한 진폭스펙트럼

식 ①에서 sinc함수는 괄호 속의 파라미터가

$$\frac{\omega\tau}{2}=\pm n\pi \qquad ③$$

에서 항상 0이 된다. 여기서 n은 임의의 정수이다. 그러므로 스펙트럼의 진폭이 0이 되는

주파수는

$$\omega = \pm \frac{2n\pi}{\tau} \text{ [rad/sec]} \qquad ④$$

가 된다.

예제 16.9

$f(t) = e^{-at}u(t)$에 대한 푸리에 변환을 구하라. 여기서 $a > 0$이고 $u(t)$는 단위계단함수이다.

풀이

주어진 함수에 대한 푸리에 변환은

$$F(\omega) = \int_{-\infty}^{\infty} \{e^{-at}u(t)\}e^{-j\omega t}dt = \int_{0}^{\infty} e^{-(a+j\omega)t}dt = \frac{-1}{a+j\omega}\left[e^{-(a+j\omega)t}\right]_0^{\infty}. \qquad ①$$

식 ①에서 $\left[e^{-(a+j\omega)t}\right]_{t=0} = 1$으로 쉽게 구할 수 있지만 $t = \infty$인 경우에는

$$e^{-(a+j\omega)t} = e^{-at}[\cos(\omega t) - j\sin(\omega t)] \qquad ②$$

가 되어 지수함수와 진동함수의 곱이 된다. $a > 0$으로 가정하였으므로 식 ②에서 $t = \infty$에 대한 극한은 다음과 같다.

$$\lim_{t\to\infty}\{e^{-(a+j\omega)t}\} = \lim_{t\to\infty}\{e^{-at}[\cos(\omega t) - j\sin(\omega t)]\} = 0. \qquad ③$$

그러므로 식 ①의 푸리에 변환은

$$F(\omega) = \frac{-1}{a+j\omega}\left[e^{-(a+j\omega)t}\right]_0^{\infty} = \frac{-1}{a+j\omega}[0-1] = \frac{1}{a+j\omega}. \qquad ④$$

푸리에 변환의 적분 구간은 $[-\infty, \infty]$이지만 이 예제에서는 단위계단함수가 포함되므로 식 ①처럼 적분 구간이 $[0, \infty]$로 변경되어 라플라스 변환의 적분 구간과 동일해진다. 그러므로 식 ④에서 $j\omega$를 s로 대체하면 12장의 식 (12.11)과 같은 결과가 됨을 알 수 있다.

몇 가지 특별하면서도 유용한 함수들에 대한 푸리에 변환을 구해보자. 처음으로 단위충격파함수(unit impulse function) $\delta(t)$에 대한 푸리에 변환은

$$F(\omega)=\int_{-\infty}^{\infty}\delta(t)e^{-j\omega t}\,dt=1\cdot e^{0}=1. \tag{16.62}$$

그림 16.20에 나타낸 것처럼 단위충격파함수는 시간영역에서는 $t=0$인 경우에만 1의 값을 가지지만 모든 주파수영역에서 같은 크기를 가지는 것을 의미한다.

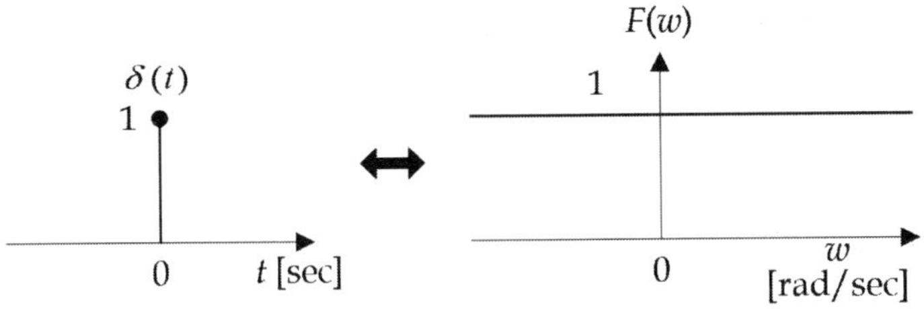

그림 16.20 단위충격파함수에 대한 푸리에 변환쌍

이로부터 시간천이(time shift)된 단위충격파함수 $\delta(t-t_0)$의 푸리에 변환은

$$F_t(\omega)=\int_{-\infty}^{\infty}\delta(t-t_0)e^{-j\omega t}\,dt. \tag{16.63}$$

여기서 $\tau=t-t_0$로 두면 $d\tau=dt$가 되고, 시간천이가 적분 영역을 변화시키는 수준이 아니므로 식 (16.63)은

$$F_t(\omega)=\int_{-\infty}^{\infty}\delta(\tau)e^{-j\omega(\tau+t_0)}\,d\tau=e^{-j\omega t_0}\int_{-\infty}^{\infty}\delta(\tau)e^{-j\omega\tau}\,d\tau=e^{-j\omega t_0} \tag{16.64}$$

가 된다. ω의 단위가 [rad/sec]이고 t_0의 단위가 [sec]이므로 ωt_0의 단위는 [rad], 즉 각도가 된다. 그러므로 시간영역에서 천이는 주파수영역에서는 위상지연(phase delay)의 형태로 나타난다.

예제 16.10

$f(t)$에 대한 푸리에 변환이 $F(\omega)$일 때, $f(t-t_0)$의 푸리에 변환을 구하라. 여기서 $t_0>0$는 임의의 상수이다.

풀이

주어진 함수에 대한 푸리에 변환식은

$$\Im\{f(t-t_0)\}=\int_{-\infty}^{\infty} f(t-t_0)e^{-j\omega t}dt \qquad ①$$

이다. $\tau=t-t_0$로 두면, $d\tau=dt$가 되므로 식 ①은

$$\Im\{f(t-t_0)\}=\int_{-\infty}^{\infty} f(\tau)e^{-j\omega(\tau+t_0)}d\tau=e^{-j\omega t_0}\int_{-\infty}^{\infty} f(\tau)e^{-j\omega\tau}d\tau=e^{-j\omega t_0}F(\omega) \qquad ②$$

가 된다. 따라서 시간영역에서의 천이는 함수 $f(t)$에 대한 푸리에 변환 $F(\omega)$의 진폭스펙트럼은 유지되지만 위상스펙트럼은 기울기가 $-t_0$인 선형 위상변화가 발생되는 것을 알 수 있다.

함수 $f(t)=e^{j\omega_0 t}$는 시간영역에서 주파수천이를 나타낸다. 이 함수에 대한 푸리에 변환은 $F_1(\omega)=\delta(\omega-\omega_0)$의 푸리에 역변환을 이용하여 구할 수 있다. $F_1(\omega)$에 대한 푸리에 역변환은 식 (16.59)에 의하여 다음과 같다.

$$f_1(t)=\frac{1}{2\pi}\int_{-\infty}^{\infty}\delta(\omega-\omega_0)e^{j\omega t}d\omega=\frac{1}{2\pi}e^{j\omega_0 t}\int_{-\infty}^{\infty}\delta(v)e^{jvt}dv=\frac{1}{2\pi}e^{j\omega_0 t}. \qquad (16.65)$$

따라서 $f(t)=e^{j\omega_0 t}$의 푸리에 변환은

$$F(\omega)=\Im\{f(t)=e^{j\omega_0 t}\}=\Im\{2\pi f_1(t)\}=2\pi\Im\{f_1(t)\}=2\pi\delta(\omega-\omega_0). \qquad (16.66)$$

예제 16.11

$f(t)=\cos(\omega_0 t)$에 대한 푸리에 변환을 구하라.

풀이

$\cos(\omega_0 t)$는 주파수 ω_0 [rad/sec]로 진동하는 함수이며, 이에 대한 푸리에 변환은 복소지수함수와 곱에 대한 적분으로 직접 구할 수도 있으나 여기서는 주파수천이 형태를 이용하여 구하는 방법을 소개한다.

$\cos(\omega_0 t)$에 대한 오일러 항등식이

$$\cos(\omega_0 t) = \frac{1}{2}\left\{e^{j\omega_0 t} + e^{-j\omega_0 t}\right\} \qquad ①$$

이므로 푸리에 변환은 식 (16.65)를 적용하면

$$\begin{aligned}\Im\left\{\frac{1}{2}\left\{e^{j\omega_0 t} + e^{-j\omega_0 t}\right\}\right\} &= \frac{1}{2}\int_{-\infty}^{\infty}\left\{e^{j\omega_0 t} + e^{-j\omega_0 t}\right\}e^{-j\omega t}dt \qquad ②\\ &= \frac{1}{2}\left\{\int_{-\infty}^{\infty}\left(e^{j\omega_0 t}\right)e^{-j\omega t}dt + \int_{-\infty}^{\infty}\left(e^{-j\omega_0 t}\right)e^{-j\omega t}dt\right\}\\ &= \frac{1}{2}\Im\left\{e^{j\omega_0 t}\right\} + \frac{1}{2}\Im\left\{e^{-j\omega_0 t}\right\} = \pi\delta(\omega - \omega_0) + \delta(\omega + \omega_0).\end{aligned}$$

그러므로 $\cos(\omega_0 t)$에 대한 푸리에 변환쌍은 다음 그림과 같다.

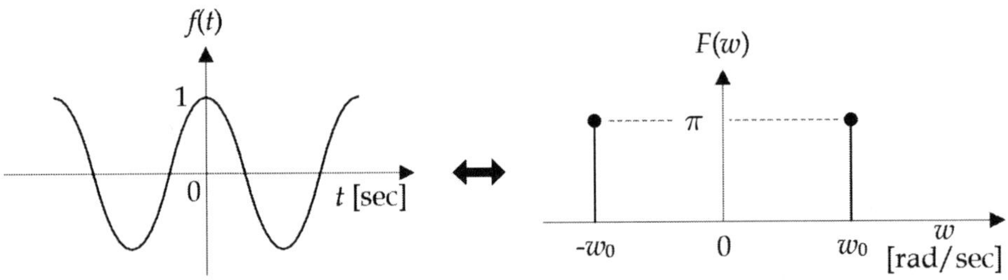

그림 16.21 $\cos(\omega_0 t)$에 대한 푸리에 변환쌍

$\cos(\omega_0 t)$에 대한 푸리에 변환은 주파수영역에서 $\pm\omega_0$ [rad/sec]로 천이된 $\delta(\omega)$ 함수로 나타나며, 이러한 특성은 통신공학에서 입력신호의 주파수를 변경시키는 변조(modulation) 시스템에 유용하게 사용된다.

특이함수(singularity function)의 일종인 시그넘함수(signum function)는 다음과 같이 정의된다.

$$\mathrm{sgn}(t) = \frac{|t|}{t} = \begin{cases}1, & t > 0,\\ -1, & t < 0.\end{cases} \qquad (16.67)$$

여기서 $t = 0$일 때는 -1에서 1로 천이하는 순간으로 정확한 값이 정의되지 않는다. 이 함수에 대한 푸리에 변환을 구하기 위하여 식 (16.67)을 다음과 같이 변형한다.

$$\mathrm{sgn}(t)e^{-a|t|} = \begin{cases} e^{-a|t|}, & t > 0, \\ -e^{-a|t|}, & t < 0. \end{cases} \tag{16.68}$$

여기서 $a > 0$는 임의의 상수이다. 식 (16.67)과 식 (16.68)을 그림으로 비교하면 다음과 같다.

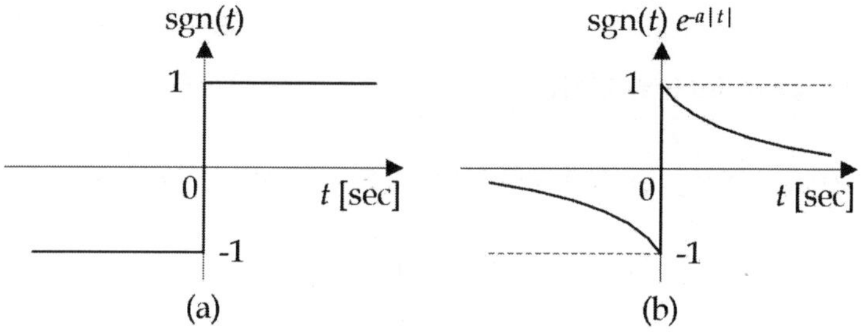

그림 16.22 (a) 시그넘함수 (b) 시그넘함수의 변형

변형된 시그넘함수에 다음과 같이 극한을 취하면 원래의 시그넘함수와 같아진다.

$$\mathrm{sgn}(t) = \lim_{a\to 0}\{\mathrm{sgn}(t)e^{-a|t|}\}. \tag{16.69}$$

그러므로 시그넘함수의 푸리에 변환은 식 (16.69)에 정의된 함수를 이용하여 다음과 같이 구한다.

$$\begin{aligned} \Im\{\mathrm{sgn}(t)\} &= \Im\left\{\lim_{a\to 0}\left[e^{-a|t|}\mathrm{sgn}(t)\right]\right\} = \lim_{a\to 0}\left[\int_{-\infty}^{\infty} e^{-a|t|}\mathrm{sgn}(t)e^{-j\omega t}dt\right] \\ &= \lim_{a\to 0}\left[-\int_{-\infty}^{0} e^{(a-j\omega)t}dt + \int_{0}^{\infty} e^{-(a+j\omega)t}dt\right] \\ &= \lim_{a\to 0}\left[\frac{-j2\omega}{a^2+\omega^2}\right] = \frac{2}{j\omega}. \end{aligned} \tag{16.70}$$

시그넘함수에 대한 푸리에 변환은 그 자체로는 크게 중요하다고 할 수 없다. 하지만 이것은 전기회로나 통신회로에서 전원부에 매우 자주 사용되는 단위계단함수의 푸리에 변환을 유도하는 방법으로 사용된다. 시그넘 함수를 이용하면 단위계단함수를 다음과 같이 정의할 수 있다.

$$u(t) = \frac{1}{2} + \frac{1}{2}\mathrm{sgn}(t). \tag{16.71}$$

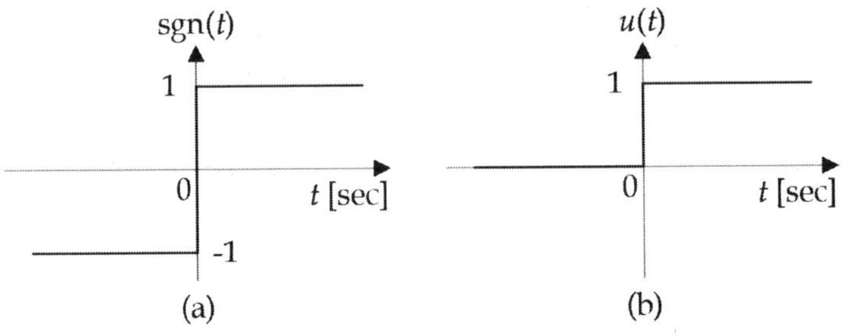

그림 16.23 (a) 시그넘함수 (b) 단위계단함수

식 (16.71)과 같이 정의된 단위계단함수에 대한 푸리에 변환식은

$$\Im\{u(t)\}=\Im\left\{\frac{1}{2}\right\}+\Im\left\{\frac{1}{2}\mathrm{sgn}(t)\right\} \tag{16.72}$$

이다. 여기서 우변의 첫 번째 항인 상수에 대한 푸리에 변환은

$$\Im\left\{\frac{1}{2}\right\}=\Im\left\{\lim_{\omega_0\to 0}\left[\frac{1}{2}e^{j\omega_0 t}\right]\right\}=\frac{1}{2}\lim_{\omega_0\to 0}\left[\Im\{e^{j\omega_0 t}\}\right] \tag{16.73}$$

가 되고, 이것은 주파수천이된 함수의 푸리에 변환을 나타내는 식 (16.66)에 의하여

$$\Im\left\{\frac{1}{2}\right\}=\frac{1}{2}\lim_{\omega_0\to 0}\left[\Im\{e^{j\omega_0 t}\}\right]=\frac{1}{2}\lim_{\omega_0\to 0}\left[2\pi\delta(\omega-\omega_0)\right]=\pi\delta(\omega) \tag{16.74}$$

이다. 식 (16.72)에서 우변의 두 번째 항은 식 (16.70)에 의하여

$$\Im\left\{\frac{1}{2}\mathrm{sgn}(t)\right\}=\frac{1}{2}\cdot\frac{2}{j\omega}=\frac{1}{j\omega} \tag{16.75}$$

이 된다. 따라서 단위계단함수의 푸리에 변환은 식 (16.74)와 식 (16.75)를 이용하면 다음과 같이 정리된다.

$$\Im\{u(t)\}=\Im\left\{\frac{1}{2}\right\}+\Im\left\{\frac{1}{2}\mathrm{sgn}(t)\right\}=\pi\delta(\omega)+\frac{1}{j\omega}. \tag{16.76}$$

라플라스 변환이 주어진 함수를 시간영역에서 s 영역으로 옮기는 선형변환이었던 점을 상기하면 거의 유사한 적분식으로 구성된 푸리에 변환은 주어진 함수를 시간영역에서 주파수영역으로 옮기는 선형변환이라고 유추할 수 있다. 이를 확인하기 위하여 함수 $f_1(t)$

에 대한 푸리에 변환이 $F_1(\omega)$이고, 함수 $f_2(t)$에 대한 푸리에 변환이 $F_2(\omega)$라고 가정하면 임의의 상수 a_1과 a_2에 대하여 $a_1 f_1(t)+a_2 f_2(t)$에 대한 푸리에 변환은

$$\begin{aligned}\Im\{a_1 f_1(t)+a_2 f_2(t)\} &= \int_{-\infty}^{\infty}\{a_1 f_1(t)+a_2 f_2(t)\}e^{-j\omega t}dt \\ &= a_1\int_{-\infty}^{\infty} f_1(t)e^{-j\omega t}dt + a_2\int_{-\infty}^{\infty} f_2(t)e^{-j\omega t}dt \\ &= a_1 F_1(\omega)+a_2 F_2(\omega)\end{aligned} \tag{16.77}$$

이 되어 중첩의 원리가 만족된다. 따라서 푸리에 변환도 선형변환이다. 이것은 예제 16.11에서 $\cos(\omega_0 t)$에 대한 푸리에 변환과 단위계단함수에 대한 푸리에 변환을 유도하는 과정으로도 확인할 수 있다.

함수 $f(t)$에서 시간변수 t를 압축과 확장시키는 시간 스케일링(time scaling)이 주파수 영역에서는 어떻게 표현되는지 살펴보자. 함수 $f(t)$의 푸리에 변환이 $F(\omega)$라고 할 때 0이 아닌 임의의 상수 a에 대하여 함수 $f(at)$의 푸리에 변환은

$$\Im\{f(at)\}=\int_{-\infty}^{\infty} f(at)e^{-j\omega t}dt \tag{16.78}$$

이다. 여기서 $\tau=at$로 두면 $d\tau=(1/a)dt$가 되고 적분 영역은 변함이 없다. 이를 적용하면 식 (16.78)은 다음과 같이 유도된다.

$$\Im\{f(at)\}=\int_{-\infty}^{\infty} f(\tau)e^{-j(\omega/a)\tau}\cdot\frac{1}{a}d\tau=\frac{1}{|a|}F\left(\frac{\omega}{a}\right). \tag{16.79}$$

이로부터 $|a|>1$인 경우 시간영역에서 함수의 시간축은 확장되지만 주파수영역에서 함수의 주파수축은 압축되고, $|a|<1$이면 시간축은 압축되지만 주파수축은 확장된다. 그리고 압축과 확장될 때 진폭의 크기는 a의 크기에 반비례하여 감소 또는 증가되는 것을 알 수 있다.

함수 $f(t)$의 푸리에 변환이 $F(\omega)$일 때, 함수 $f_1(t)=f(t)\cos(\omega_0 t)$의 푸리에 변환은 오일러의 항등식을 이용하면

$$\begin{aligned}\Im\{f_1(t)\} &= \int_{-\infty}^{\infty}\frac{1}{2}f(t)\left[e^{j\omega_0 t}+e^{-j\omega_0 t}\right]e^{-j\omega t}d\tau \\ &= \frac{1}{2}\left[\int_{-\infty}^{\infty} f(t)e^{-j(\omega-\omega_0)t}dt+\int_{-\infty}^{\infty} f(t)e^{-j(\omega+\omega_0)t}dt\right].\end{aligned} \tag{16.80}$$

여기서 $u=\omega-\omega_0$, $v=\omega+\omega_0$라고 두면 식 (16.80)은

$$F_1(\omega)=\frac{1}{2}\left[\int_{-\infty}^{\infty}f(t)e^{-jut}dt+\int_{-\infty}^{\infty}f(t)e^{-jvt}dt\right]=\frac{1}{2}\left[F(u)+F(v)\right] \tag{16.81}$$

이 된다. 변수 u와 v를 원래대로 고쳐 쓰면 함수 $f_1(t)$의 푸리에 변환은

$$F_1(\omega)=\frac{1}{2}F(\omega-\omega_0)+\frac{1}{2}F(\omega+\omega_0) \tag{16.82}$$

가 된다. 따라서 $f_1(t)$의 스펙트럼은 그림 16.24에 나타낸 것처럼 원함수 $f(t)$의 스펙트럼 $F(\omega)$가 $\pm\omega_0$ [rad/sec]에 각각 복제되어 나타나며, 이때 진폭은 반으로 감소된다.

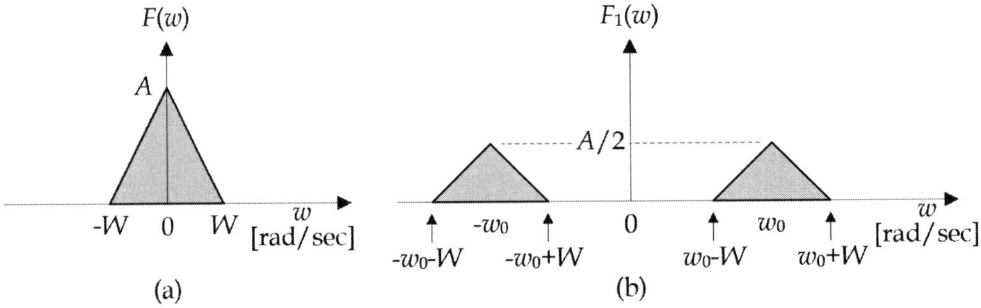

그림 16.24 (a) 원함수 $f(t)$의 스펙트럼 (b) $f(t)\cos(\omega_0 t)$의 스펙트럼

함수 $f(t)$의 푸리에 변환이 $F(\omega)$라고 할 때, 함수 $f(t)$를 1차 미분한 $f'(t)$에 대한 푸리에 변환은 푸리에 역변환을 이용하여 구할 수 있다. 푸리에 역변환의 정의식인 식 (16.59)의 양변을 시간에 대하여 1차 미분하여 정리하면

$$\begin{aligned}\frac{d}{dt}f(t)&=\frac{d}{dt}\left\{\frac{1}{2\pi}\int_{-\infty}^{\infty}F(\omega)e^{j\omega t}d\omega\right\}=\frac{1}{2\pi}\int_{-\infty}^{\infty}F(\omega)\left\{\frac{d}{dt}e^{j\omega t}\right\}d\omega \\ &=j\omega\cdot\frac{1}{2\pi}\int_{-\infty}^{\infty}F(\omega)e^{j\omega t}d\omega=j\omega\cdot\mathfrak{I}^{-1}\{F(\omega)\}\end{aligned} \tag{16.83}$$

이다. 식(16.83)에 대한 푸리에 변환은

$$\mathfrak{I}\{f'(t)\}=\mathfrak{I}\{j\omega\cdot\mathfrak{I}^{-1}\{F(\omega)\}\}=j\omega\cdot\mathfrak{I}\{\mathfrak{I}^{-1}\{F(\omega)\}\}=j\omega F(\omega). \tag{16.84}$$

이는 시간영역에서 1차 미분된 함수를 푸리에 변환하면 원함수의 푸리에 변환에 $j\omega$를 곱한

결과와 같다. 이로부터 시간영역에서 n차 미분된 함수의 푸리에 변환은

$$\Im\{f^{(n)}(t)\} = (j\omega)^n F(\omega) \tag{16.85}$$

이 될 것으로 유추할 수 있다.

시간영역에서 1차 미분이 주파수영역에서 $j\omega$를 1회 곱하는 형태로 나타나므로 쌍대성(duality)에 의하여 시간영역에서 1차 적분된 함수의 푸리에 변환은 $j\omega$로 1회 나누는 형태로 다음과 같다.

$$\Im\left\{\int_{-\infty}^{t} f(\tau)d\tau\right\} = \frac{1}{j\omega}F(\omega) + \pi F(0)\delta(\omega), \tag{16.86}$$

여기서 $F(0)$는 다음과 같이 정의되는 직류 성분을 나타낸다.

$$F(0) = \int_{-\infty}^{\infty} f(t)dt. \tag{16.87}$$

식 (16.84)를 보면 시간영역에서 미분은 주파수응답에서는 $j\omega$가 곱해지므로 고주파 성분을 강화시키는 역할을 한다. 이에 비하여 식 (16.86)에 나타낸 시간영역 적분된 신호의 주파수응답은 $j\omega$로 나누어지므로 고주파 성분을 약화시키는 역할을 한다. 일반적으로 적분기는 입력 신호를 완만하게 만들어 출력하므로 고주파 성분이 감소되어 나타나는데 반해 저주파 신호는 미분기에 의하여 차단되는 특성을 가진다. 극단적인 저주파 신호인 직류 신호는 상수이므로 이를 미분기의 입력으로 사용하면 출력 신호는 거의 대부분 0이 되는 것과 같은 원리이다.

시간함수 $f(t)$가 그림 16.25에 나타낸 선형시스템의 입력이라면 출력 시간함수는 다음과 같이 정의된다.

$$g(t) = f(t) * h(t), \tag{16.88}$$

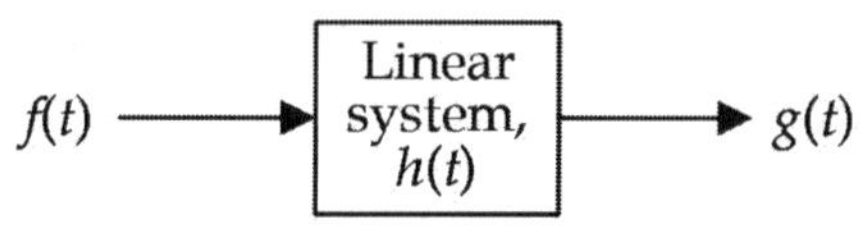

그림 16.25 선형시스템의 입출력 관계

여기서 시스템의 동작을 나타내는 $h(t)$를 임펄스응답(impulse response)이라고 한다. 그리고 13장 4절에서도 학습한 것처럼 이항 연산자 *는 두 함수의 컨볼루션으로 다음과 같이 정의된다.

$$f(t)*h(t)=\int_{-\infty}^{\infty}f(\tau)h(t-\tau)d\tau. \tag{16.89}$$

함수 $f(t)$의 푸리에 변환이 $F(\omega)$이고, 임펄스응답의 푸리에 변환이 $H(\omega)$라면 식 (16.88)처럼 나타나는 출력함수 $g(t)$의 푸리에 변환은

$$G(\omega)=\Im\{g(t)\}=\int_{-\infty}^{\infty}\left[\int_{-\infty}^{\infty}f(\tau)h(t-\tau)d\tau\right]e^{-j\omega t}dt. \tag{16.90}$$

여기서 적분의 순서를 바꾸어 수행하면

$$G(\omega)=\int_{-\infty}^{\infty}f(\tau)\left[\int_{-\infty}^{\infty}h(t-\tau)e^{-j\omega t}dt\right]d\tau. \tag{16.91}$$

$u=t-\tau$로 놓으면 $t=u+\tau$, $du=dt$이고 적분 영역은 변함이 없으므로 식 (16.91)은 다음과 같이 유도된다.

$$\begin{aligned}G(\omega)&=\int_{-\infty}^{\infty}f(\tau)e^{-j\omega\tau}\left[\int_{-\infty}^{\infty}h(u)e^{-j\omega u}du\right]d\tau=\int_{-\infty}^{\infty}f(\tau)e^{-j\omega\tau}H(\omega)d\tau.\\&=H(\omega)\int_{-\infty}^{\infty}f(\tau)e^{-j\omega\tau}d\tau=H(\omega)\cdot F(\omega).\end{aligned} \tag{16.92}$$

식 (16.88)과 식 (16.92)로부터 시간영역에서 두 함수를 컨볼루션한 것은 주파수영역에서는 두 함수의 스펙트럼을 곱한 것과 같고, 이러한 연산들은 다음과 같이 푸리에 변환쌍이 된다.

$$g(t)=f(t)*h(t)\ \Leftrightarrow\ G(\omega)=F(\omega)\cdot H(\omega). \tag{16.93}$$

또한 식 (16.93)으로부터 임펄스응답 $h(t)$의 푸리에 변환 $H(\omega)$는

$$H(\omega)=\frac{G(\omega)}{F(\omega)} \tag{16.94}$$

로 나타나므로 주어진 선형시스템의 전달함수(transfer function)가 된다.

예제 16.12

그림 16.25에 나타낸 선형시스템의 출력 $g(t)$가 다음과 같은 1계 미분방정식으로 나타난다.

$$g(t) = 5f(t) - \frac{1}{4}\frac{dg(t)}{dt}$$

이 선형시스템의 전달함수를 구하라.

풀이

주어진 식을 출력함수와 입력함수로 정리하면

$$g(t) + \frac{1}{4}\frac{dg(t)}{dt} = 5f(t) \quad ①$$

가 된다. 식 ①의 양변을 푸리에 변환하면

$$\mathfrak{I}\left\{g(t) + \frac{1}{4}\frac{dg(t)}{dt}\right\} = G(\omega) + \frac{1}{4}j\omega G(\omega) = \mathfrak{I}\{5f(t)\} = 5F(\omega). \quad ②$$

따라서 식 ②를 정리하여 나타내면

$$\left(1 + j\frac{\omega}{4}\right)G(\omega) = 5F(\omega) \quad ③$$

가 되므로 선형시스템의 전달함수는 다음과 같다.

$$H(\omega) = \frac{G(\omega)}{F(\omega)} = \frac{5}{1 + j\omega/4} = \frac{20}{4 + j\omega}. \quad ④$$

이 예제는 입출력 관계식이 1계 선형미분방정식으로 나타나는 가장 흔한 형태의 선형 제어시스템의 전달함수를 구하는 유용한 방법을 보여준다.

현재까지 학습한 푸리에 변환의 주요 특성을 정리하여 표 16.1에 나타내었다.

표 16.1 푸리에 변환의 주요 특성

	$f(t)$	$F(\omega)$
선형성	$a_1 f_1(t) + a_2 f_2(t)$	$a_1 F_1(\omega) + a_2 F_2(\omega)$
미분	$\frac{d}{dt} f(t)$	$j\omega F(\omega)$
n차 미분	$\frac{d^n}{dt^n} f(t)$	$(j\omega)^n F(\omega)$
적분	$\int_{-\infty}^{t} f(\tau) d\tau$	$\frac{1}{j\omega} F(\omega) + \pi F(0)\delta(\omega)$
시간이동	$f(t - t_o)$	$e^{-\omega t_0} F(\omega)$
주파수이동	$f(t) e^{\mp j\omega_0 t}$	$F(\omega \pm \omega_0)$
변조(modulation)	$f(t)\cos(\omega_0 t)$	$\frac{1}{2}\{F(\omega + \omega_0) + F(\omega - \omega_0)\}$
시간 스케일링	$f(at)$	$\frac{1}{\lvert a \rvert} F\left(\frac{\omega}{a}\right)$
시간영역 컨볼루션	$f_1(t) * f_2(t)$	$F_1(\omega) \times F_2(\omega)$
시간영역 곱함수	$f_1(t) \times f_2(t)$	$F_1(\omega) * F_2(\omega)$

특히, 시간영역 컨볼루션과 시간영역 곱함수에 대한 푸리에 변환을 통하여 쌍대성의 원리가 적용되는 것을 알 수 있다.

표 16.2에는 전기회로의 해석과 제어시스템 및 통신시스템에서 비교적 자주 사용되는 대표적인 함수들에 대한 푸리에 변환쌍을 나타내었다. 이러한 푸리에 변환쌍은 임의의 주파수응답에 대응하는 시간함수를 구하기 위한 푸리에 역변환에 매우 유용하게 사용될 수 있다. 특히, 12.4절의 라플라스 역변환에서 학습한 부분분수 전개법을 이용하여 주어진 주파수응답 함수 $F(\omega)$를 표 16.2에 나타낸 구성 함수로 분리하면 식 (16.59)와 같은 역변환을 위한 적분 연산을 수행하지 않아도 되는 유리한 점이 있다.

표 16.2 대표적인 함수의 푸리에 변환쌍

	$f(t)$	$F(\omega)$
단위충격파함수	$\delta(t)$	1
상수	1	$2\pi\delta(\omega)$
단위계단함수	$u(t)$	$\pi\delta(\omega)+\dfrac{1}{j\omega}$
대칭 단위펄스	$u(t+\tau)-u(t-\tau)$	$\dfrac{2}{\omega}\sin(\omega\tau)$
1차 함수	$tu(t)$	$\dfrac{-1}{\omega^2}$
	$\|t\|$	$\dfrac{-2}{\omega^2}$
시그넘함수	$\mathrm{sgn}(t)$	$\dfrac{2}{j\omega}$
지수함수	$e^{-at}u(t)$	$\dfrac{1}{a+j\omega}$
	$e^{at}u(-t)$	$\dfrac{1}{a-j\omega}$
	$e^{-a\|t\|}$	$\dfrac{2a}{a^2+\omega^2}$
	$t^n e^{-at}u(t)$	$\dfrac{1}{(a+j\omega)^n}$
복소지수함수 (주파수 천이, 변조)	$e^{j\omega_0 t}$	$2\pi\delta(\omega-\omega_0)$
코사인함수	$\cos(\omega_0 t)$	$\pi\{\delta(\omega+\omega_0)+\delta(\omega-\omega_0)\}$
사인함수	$\sin(\omega_0 t)$	$j\pi\{\delta(\omega+\omega_0)-\delta(\omega-\omega_0)\}$
감쇠 코사인함수	$e^{-at}\cos(\omega_0 t)u(t)$	$\dfrac{a+j\omega}{(a+j\omega)^2+\omega_0^2}$
감쇠 사인함수	$e^{-at}\sin(\omega_0 t)u(t)$	$\dfrac{\omega_0}{(a+j\omega)^2+\omega_0^2}$

예제 16.13

예제 16.12에 나타낸 선형시스템의 임펄스응답 $h(t)$를 구하라.

풀이

예제 16.12의 선형시스템의 전달함수

$$H(\omega)=\frac{G(\omega)}{F(\omega)}=\frac{5}{1+j\omega/4}=\frac{20}{4+j\omega} \quad ①$$

이므로 표 16.2에 나타낸 지수함수의 푸리에 변환쌍을 이용하면 임펄스응답은 다음과 같이 구할 수 있다.

$$h(t)=\mathfrak{I}^{-1}\{H(\omega)\}=\mathfrak{I}^{-1}\left\{\frac{20}{4+j\omega}\right\}=20\,\mathfrak{I}^{-1}\left\{\frac{1}{4+j\omega}\right\}=20e^{-4t}u(t). \quad ②$$

예제 16.14

그림 16.26에 나타낸 전기회로는 예제 12.12의 라플라스 변환을 이용한 회로해석에서 사용한 RLC 직렬회로와 동일하다. 여기서 전압원은 $v_s(t)=3e^{-3t}u(t)$ [V]이다.

(1) 전달함수 $H(\omega)=\dfrac{V_C(\omega)}{V_s(\omega)}$와 임펄스응답 $h(t)=\mathfrak{I}^{-1}\{H(\omega)\}$를 구하라.

(2) 망로전류 $i(t)$를 구하라.

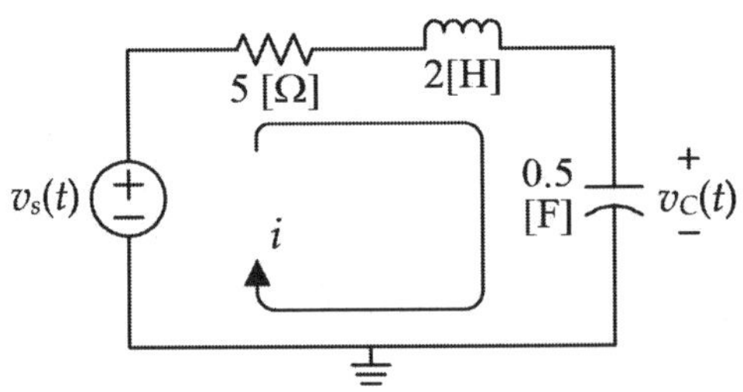

그림 16.26 예제 16.14를 위한 전기회로

풀이

- 2 [H] 인덕터의 임피던스 : $j\omega L = j2\omega$ [Ω]
- 0.5 [F] 커패시터의 임피던스 : $\dfrac{1}{j\omega C} = \dfrac{1}{j\omega \times 0.5} = \dfrac{2}{j\omega}$ [Ω]
- RLC 회로의 전체 임피던스 : $Z(\omega) = 5 + j2\omega + \dfrac{2}{j\omega}$ [Ω]

전원 $v_s(t) = 3e^{-3t}u(t)$ [V]에 대한 푸리에 변환은

$$V_s(\omega) = \mathfrak{I}\{3e^{-3t}u(t)\} = \int_{-\infty}^{\infty}\{3e^{-3t}u(t)\}e^{-j\omega t}\,dt = \frac{3}{3+j\omega} \qquad ①$$

이고, 전압분배법칙을 적용하면 커패시터 양단에 걸리는 전압은 다음과 같다.

$$V_C(\omega) = \frac{2/j\omega}{Z(\omega)}V_s(\omega) = \frac{2}{2+j5\omega+2(j\omega)^2}\cdot\frac{3}{3+j\omega}. \qquad ②$$

그러므로 주어진 회로의 전달함수는

$$H(\omega) = \frac{V_C(\omega)}{V_s(\omega)} = \frac{6}{\{2+j5\omega+2(j\omega)^2\}(3+j\omega)}. \qquad ③$$

임펄스응답은 전달함수의 푸리에 역변환을 이용하여 구하므로 식 ③에 부분분수 전개법을 적용하면

$$H(\omega) = \frac{6}{\{2+j5\omega+2(j\omega)^2\}(3+j\omega)} = \frac{A}{1+j2\omega} + \frac{B}{2+j\omega} + \frac{C}{3+j\omega} \qquad ④$$

으로 나타낼 수 있으며, 각각의 계수는 부분분수 전개법을 사용하여 다음과 같이 구할 수 있다.

$$A = [H(\omega)(1+j2\omega)]_{\omega=0.5j} = \left[\frac{6}{(2+j\omega)(3+j\omega)}\right]_{\omega=0.5j} = 1.6 \qquad ⑤$$

$$B = [H(\omega)(2+j\omega)]_{\omega=2j} = \left[\frac{6}{(1+j2\omega)(3+j\omega)}\right]_{\omega=2j} = -2.0$$

$$C = [H(\omega)(3+j\omega)]_{\omega=3j} = \left[\frac{6}{(1+j2\omega)(2+j\omega)}\right]_{\omega=3j} = 1.2$$

따라서 커패시터 양단의 전압을 출력전압으로 측정할 때, 주어진 회로의 임펄스응답은 다음과 같다.

$$\begin{aligned} h(t) &= \Im^{-1}\{H(\omega)\} = \Im^{-1}\left\{\frac{1.6}{1+j2\omega} - \frac{2}{2+j\omega} + \frac{1.2}{3+j\omega}\right\} \\ &= 0.8\Im^{-1}\left\{\frac{1}{0.5+j\omega}\right\} - 2\Im^{-1}\left\{\frac{1}{2+j\omega}\right\} + 1.2\Im^{-1}\left\{\frac{1}{3+j\omega}\right\} \\ &= \{0.8e^{-0.5t} - 2e^{-2t} + 1.2e^{-3t}\}u(t). \end{aligned} \quad ⑥$$

망로전류의 주파수응답은 전압-전류 관계식으로부터

$$\begin{aligned} I(\omega) &= \frac{V_s(\omega)}{Z(\omega)} = \frac{\dfrac{3}{3+j\omega}}{5+j2\omega+\dfrac{2}{j\omega}} = \frac{j3\omega}{\{2+j5\omega+2(j\omega)^2\}(3+j\omega)} \\ &= \frac{j3\omega}{(1+j2\omega)(2+j\omega)(3+j\omega)} \end{aligned} \quad ⑦$$

이다. 식 ⑦을 부분분수 전개하여 나타내면

$$I(\omega) = \frac{-0.4}{1+j2\omega} + \frac{2}{2+j\omega} + \frac{-1.8}{3+j\omega}. \quad ⑧$$

식 ⑧의 양변을 푸리에 역변환하면

$$\Im^{-1}\{I(\omega)\} = -0.2\Im^{-1}\left\{\frac{1}{0.5+j\omega}\right\} + 2\Im^{-1}\left\{\frac{1}{2+j\omega}\right\} - 1.8\Im^{-1}\left\{\frac{1}{3+j\omega}\right\} \quad ⑨$$

이므로 주어진 RLC 회로의 망로전류는

$$i(t) = (-0.2e^{-0.5t} + 2e^{-2t} - 1.8e^{-3t})u(t)\ [\mathrm{A}]. \quad ⑩$$

식 ⑩의 결과는 예제 12.12의 식 ⑧과 동일한 결과이며, 7.6절처럼 회로방정식을 2계 미분방정식 형태로 구하여 해석하는 방법과도 동일한 완전응답이다.

연습문제

16.1 정현파함수 $f(t) = 20\sin(3t - 30°)$에 대하여

(1) 우함수 성분 $f_e(t)$와 기함수 성분 $f_o(t)$를 구하라.

(2) 정현파함수의 합성법을 이용하여 $f(t) = f_e(t) + f_o(t)$임을 입증하라.

16.2 정현파함수 $f(t) = 5\cos(4t - 30°)$에 대하여

(1) 우함수 성분 $f_e(t)$와 기함수 성분 $f_o(t)$를 구하라.

(2) 정현파함수의 합성법을 이용하여 $f(t) = f_e(t) + f_o(t)$임을 입증하라.

16.3 그림 P16.3에 나타낸 주기함수의 우함수 성분과 기함수 성분을 구하고, 그림으로 나타내어라.

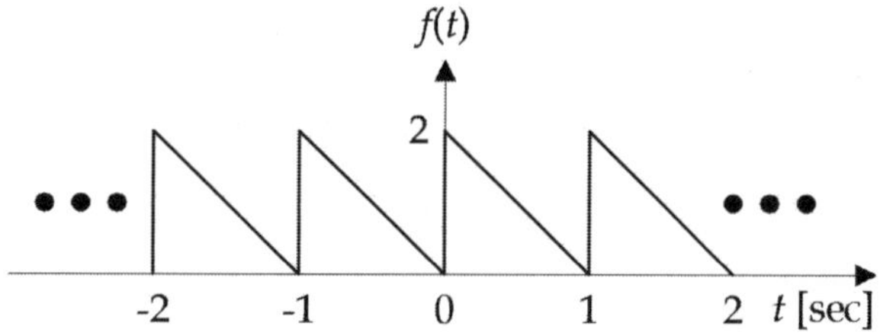

그림 P16.3

16.4 그림 P16.4에 나타낸 주기함수의 우함수 성분과 기함수 성분을 구하고, 그림으로 나타내어라.

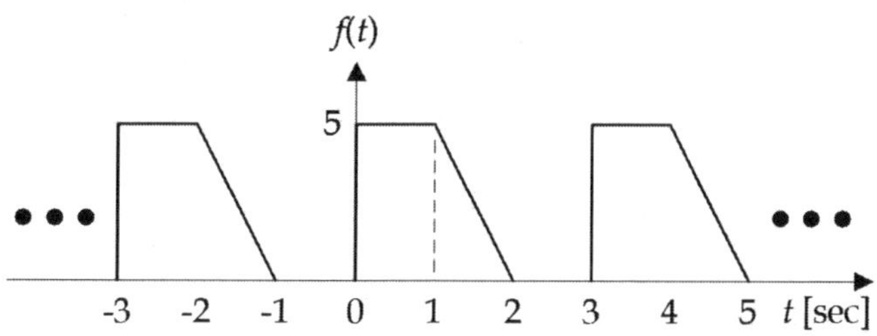

그림 P16.4

16.5 그림 P16.5에 나타낸 주기함수 $f(t)$에 대하여

(1) 주기(period)와 기본주파수(fundamental frequency)를 구하라.

(2) $f(t) = a_0 + \sum_{n=1}^{\infty} \{a_n \cos(n\omega_0 t) + b_n \sin(n\omega_0 t)\}$로 때, 계수 a_0, a_n, b_n을 구하라.

여기서 ω_0는 기본주파수이다.

(3) $f(t)$의 진폭스펙트럼 $F(\omega)$를 직류 성분과 제 4 고조파 성분까지 그려라.

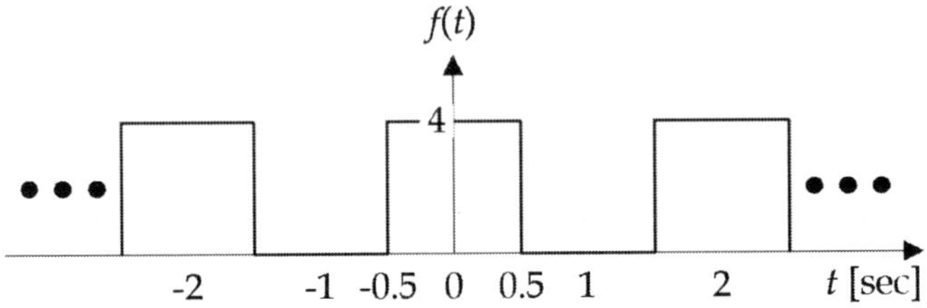

그림 P16.5

16.6 그림 P16.6에 나타낸 주기함수 $f(t)$에 대하여

(1) 주기와 기본주파수를 구하라.

(2) 함수 $f(t)$를 삼각함수형 푸리에 급수로 전개하라.

(3) $f(t)$의 진폭스펙트럼 $|F(\omega)|$를 직류 성분과 제 4 고조파 성분까지 그려라.

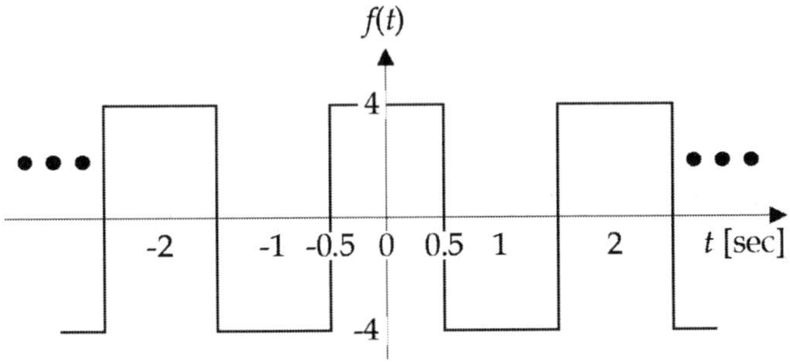

그림 P16.6

16.7 그림 P16.7에 나타낸 주기함수 $f(t)$에 대하여

(1) 주기와 기본주파수를 구하라.

(2) 함수 $f(t)$를 삼각함수형 푸리에 급수로 전개하라.

(3) $f(t)$의 진폭스펙트럼 $|F(\omega)|$를 제 5 고조파 성분까지 그려라.

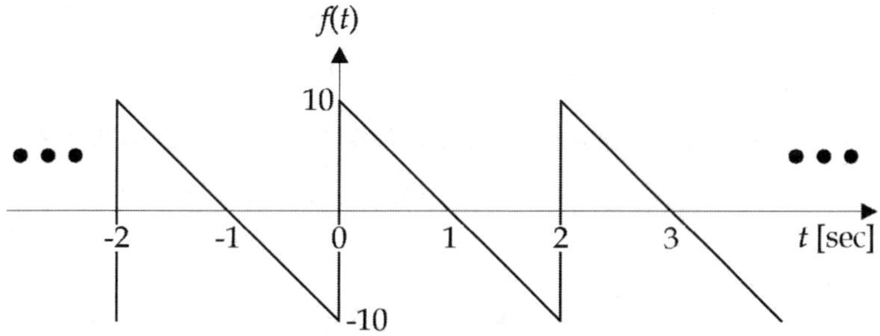

그림 P16.7

16.8 어떤 주기함수 $f(t)$에 대한 삼각함수형 푸리에 급수 전개는

$$f(t) = a_0 + \sum_{n=1}^{\infty} \{a_n \cos(n\omega_0 t) + b_n \sin(n\omega_0 t)\}$$

이다. 여기서 ω_0는 기본주파수이고, 주기는 $T = 2\pi/\omega_0$이다. 다음과 같이 삼각함수형 푸리에 급수 전개에서 파스발의 정리(Parseval's theorem)가 성립함을 입증하라.

$$P_{ave} = \frac{1}{T}\int_0^T |f(t)|^2 dt = a_0^2 + \frac{1}{2}\sum_{n=1}^{\infty}\{|a_n|^2 + |b_n|^2\},$$

여기서 P_{ave}는 평균전력을 나타낸다.

16.9 그림 P16.9에 나타낸 주기함수를 삼각함수형 푸리에 급수로 전개한다.

(1) 푸리에 급수의 계수를 구하여 $f(t)$를 전개된 형식으로 표현하라.

(2) 제 4 고조파항까지 진폭스펙트럼 $F(\omega)$를 그려라.

(3) 파스발 정리가 성립하는지 제 4 고조파항까지 계산하여 확인하라.

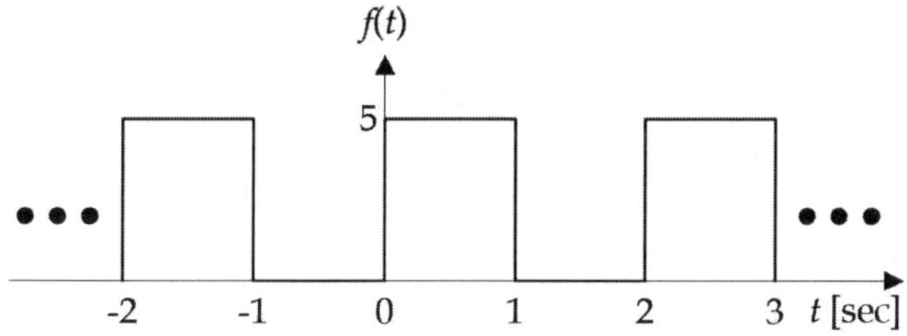

그림 P16.9

16.10 그림 P16.10에 나타낸 주기함수를 삼각함수형 푸리에 급수로 전개한다.

(1) 푸리에 급수의 계수를 구하여 $f(t)$를 전개된 형식으로 표현하라.

(2) 제 4 고조파항까지 진폭스펙트럼 $F(\omega)$를 그리고, 문제 16.9의 결과와 비교하라.

(3) 함수 $f(t)$의 시간영역 평균전력과 주파수영역 평균전력을 구하라.

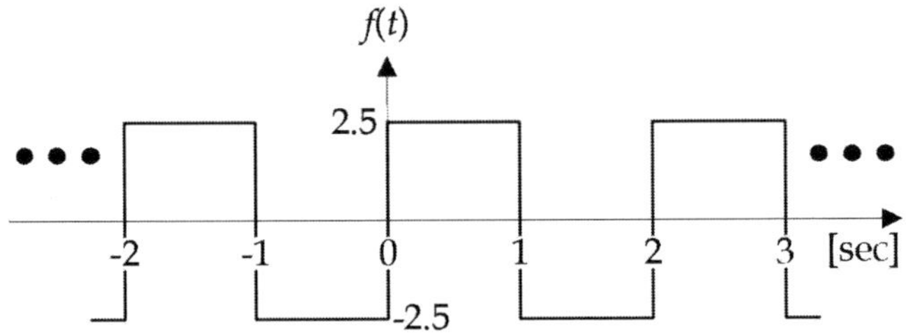

그림 P16.10

16.11 그림 P16.11의 주기함수에 대하여

(1) $f(t)$를 삼각함수형 푸리에 급수 전개하라.

(2) 진폭스펙트럼 $F(\omega)$를 제 6 고조파항까지 그려라.

(3) 함수 $f(t)$의 시간영역 평균전력과 제 6 고조파항까지 주파수영역 평균전력을 구하라.

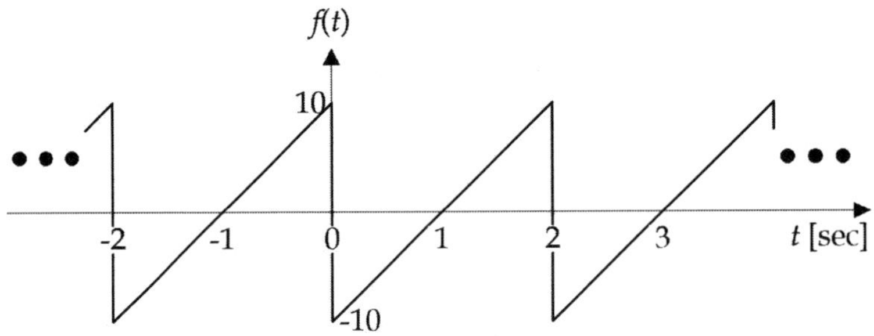

그림 P16.11

16.12 그림 P16.12에 나타낸 주기함수에 대하여

(1) $f(t)$를 삼각함수형 푸리에 급수로 전개하라.

(2) 함수 $f(t)$의 시간영역 평균전력과 제 4 고조파항까지 주파수영역 평균전력을 구하여 파스발의 정리가 성립하는지 확인하라.

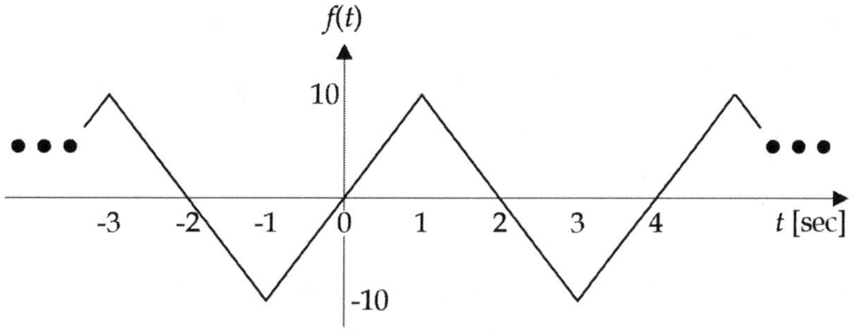

그림 P16.12

16.13 그림 P16.13에 나타낸 주기함수는 $v(t) = A\cos(\omega t)$ [V]의 전파정류기(full-wave rectifier)의 출력이다.

(1) 함수 $v_r(t)$를 삼각함수형 푸리에 급수로 전개하라.

(2) $v_r(t)$의 진폭스펙트럼 $|V_r(\omega)|$를 제 4 고조파항까지 그려라.

(3) $v_r(t)$의 시간영역 평균전력과 제 4 고조파항까지 전력스펙트럼의 합을 구하라.

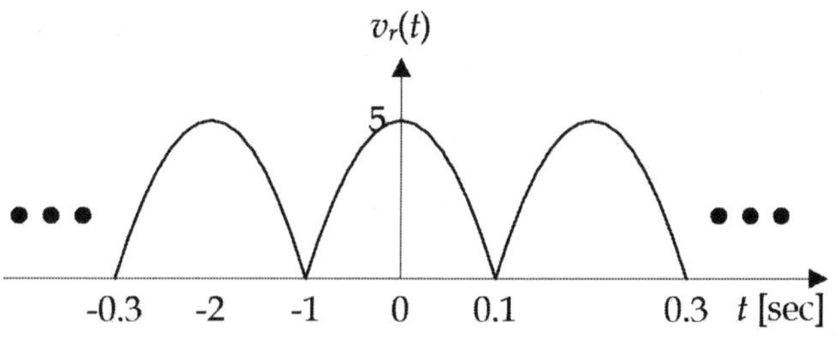

그림 P16.13

16.14 그림 P16.14에 나타낸 주기함수에 대하여

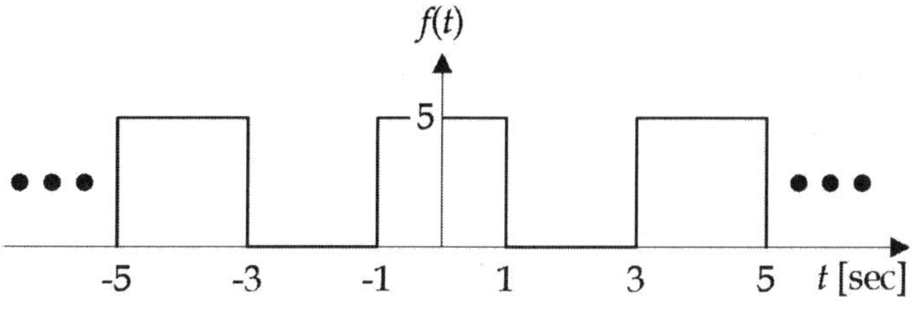

그림 P16.14

(1) 함수 $f(t)$를 지수함수형 푸리에 급수로 전개하라.

(2) $f(t)$의 진폭스펙트럼 $F(\omega)$를 $|n| \le 5$까지 그려라.

(3) $f(t)$의 시간영역 평균전력과 $|n| \le 5$까지 고조파항의 전력스펙트럼 합을 비교하라.

16.15 그림 P16.15의 주기함수에 대하여

(1) 함수 $f_1(t)$의 지수함수형 푸리에 급수의 계수를 구하라.

(2) $f_1(t)$의 진폭스펙트럼 $|F_1(\omega)|$와 위상스펙트럼 $\angle F_1(\omega)$를 $|n| \le 5$까지 그려라.

(3) $f_1(t)$의 시간영역 평균전력과 $|n| \le 5$까지 주파수영역 평균전력을 구하라.

(4) $f_1(t)$의 스펙트럼을 문제 16.14의 결과와 비교하여 설명하라.

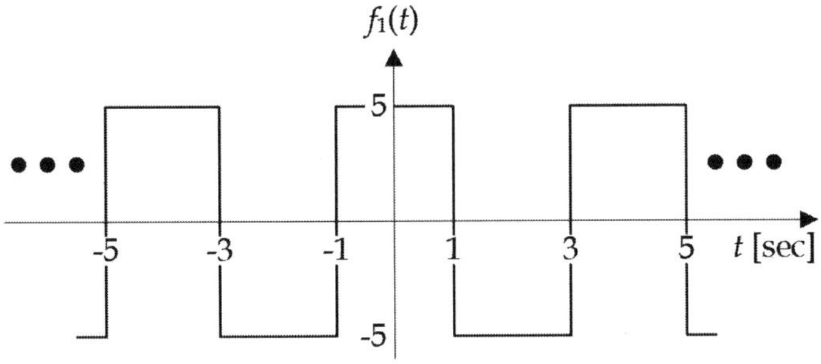

그림 P16.15

16.16 어떤 주기함수 $f(t)$에 대한 시간지연 함수를 $f_d(t) = f(t - \Delta t)$로 정의한다.

(1) $f_d(t)$의 지수함수형 푸리에 급수 전개를 구하라.

(2) $f_d(t)$와 $f(t)$의 진폭스펙트럼과 위상스펙트럼을 비교하라.

16.17 그림 P16.17에 나타낸 주기함수에 대하여

(1) 함수 $f_2(t)$를 지수함수형 푸리에 급수로 전개하고, 문제 16.15의 결과와 비교하라.

(2) $f_2(t)$의 진폭스펙트럼 $|F_2(\omega)|$와 위상스펙트럼 $\angle F_2(\omega)$를 $|n| \le 5$까지 그려라.

(3) $f_2(t)$의 시간영역 평균전력과 $|n| \le 5$까지 주파수영역 평균전력을 구하여 문제 16.15와 비교하라.

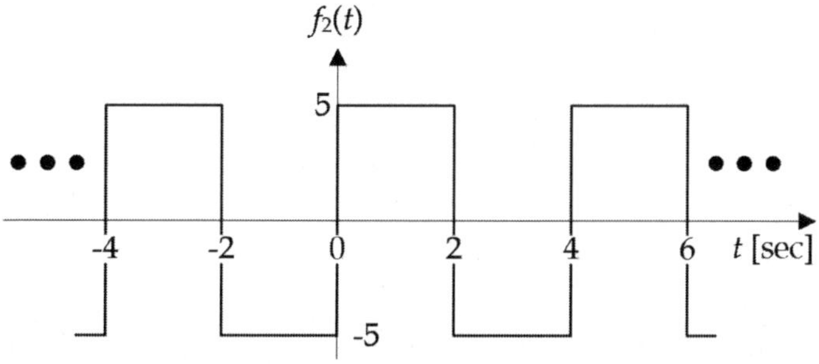

그림 P16.17

16.18 그림 P16.18에 나타낸 주기함수에 대하여

(1) $v(t)$를 지수함수형 푸리에 급수로 전개하라.

(2) 진폭스펙트럼 $|V(\omega)|$와 위상스펙트럼 $\angle V(\omega)$를 $|n| \leq 4$ 고조파항까지 그려라.

(3) 파스발의 정리가 성립하는지 확인하라.

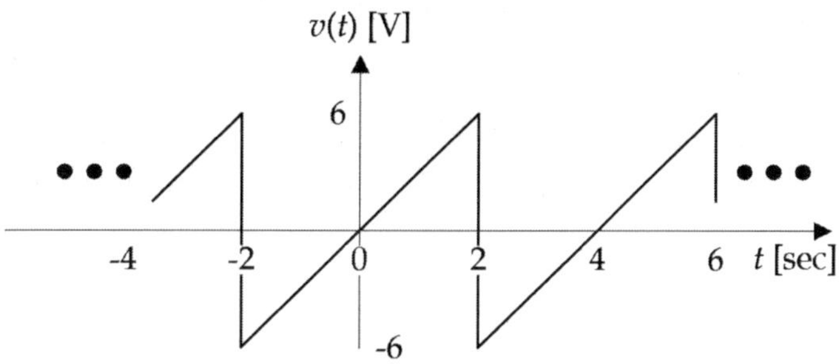

그림 P16.18

16.19 그림 P16.19는 그림 P16.18의 함수 $v(t)$에 6 [V] 직류 오프셋 전압을 인가한 함수이다.

(1) 주기함수 $v_1(t)$의 지수함수형 푸리에 급수의 계수를 구하여 문제 16.18과 비교하라.

(2) $v_1(t)$의 진폭스펙트럼 $|V_1(\omega)|$와 위상스펙트럼 $\angle V_1(\omega)$를 $|n| \leq 4$ 고조파항까지 그려라.

(3) 시간영역 평균전력과 주파수영역 평균전력을 $|n| \leq 4$ 고조파항까지 구하여 파스발의 정리가 성립하는지 확인하고, 문제 16.18의 결과와 비교하라.

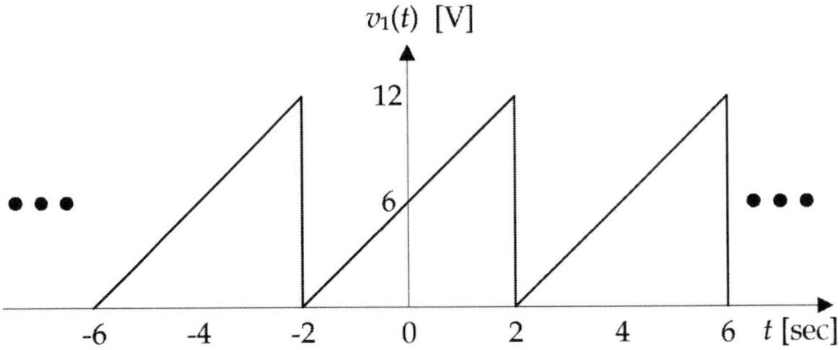

그림 P16.19

16.20 그림 P16.20은 그림 P16.18의 함수 $v(t)$에 6 [V] 직류 오프셋 전압을 인가하고, 시간지연시킨 함수이다.

(1) 주기함수 $v_2(t)$의 지수함수형 푸리에 급수의 계수를 구하여 문제 16.18, 16.19와 비교하라.

(2) $v_2(t)$의 진폭스펙트럼 $|V_2(\omega)|$와 위상스펙트럼 $\angle V_2(\omega)$를 $|n| \leq 4$ 고조파항까지 그려라.

(3) 시간영역 평균전력과 주파수영역 평균전력을 $|n| \leq 4$ 고조파항까지 구하여 파스발의 정리가 성립하는지 확인하고, 문제 16.18 및 문제 16.19의 결과와 비교하라.

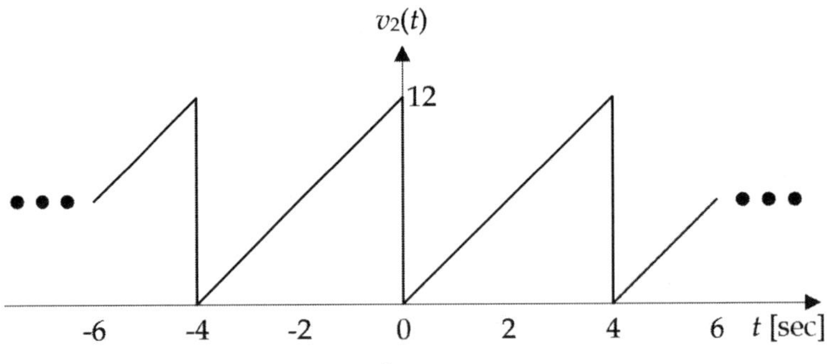

그림 P16.20

16.21 정현파 함수 $f(t)$가 다음과 같이 정의된다.

$$f(t) = A\sin(\omega_0 t),\ \ \omega_0 = \frac{2\pi}{T}\ \text{[rad/sec]},\ \ T : \text{주기}.$$

(1) 함수 $f(t)$를 지수함수형 푸리에 급수로 전개하라.

(2) $f(t)$의 주파수 스펙트럼 $F(\omega)$를 구하고, 진폭스펙트럼 $|F(\omega)|$와 위상스펙트럼 $\angle F(\omega)$를 그려라.

16.22 정현파 주기함수 $f(t)$가 다음과 같이 임의의 주파수 ω_0 [rad/sec]의 정수배가 되는 기본주파수를 가진다.

$$f(t) = A\cos(m\omega_0 t),\ m\ :\ \text{정수}.$$

(1) 함수 $f(t)$를 지수함수형 푸리에 급수로 전개하라.

(2) $f(t)$의 주파수 스펙트럼 $F(\omega)$를 구하고, 진폭스펙트럼 $|F(\omega)|$와 위상스펙트럼 $\angle F(\omega)$를 그려라.

16.23 그림 P16.23에 나타낸 RLC회로의 전압원은 다음과 같다.

$$v_s(t) = 10 + 5\cos(3t) - 6\sin(6t - 30^\circ)\ [\text{V}].$$

(1) 망로전류 $i(t)$의 정상상태응답을 구하라.

(2) 커패시터 양단의 전압 $v_C(t)$를 구하라.

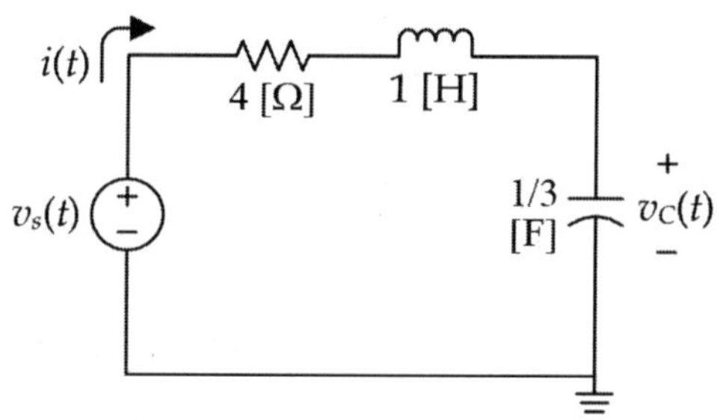

그림 P16.23

16.24 그림 P16.24에 나타낸 RLC회로의 전압원은 다음과 같다.

$$v_s(t) = 20 + 10\sin(5t) + 20\cos(20t)\ [\text{V}].$$

(1) 전류 $i(t)$의 정상상태응답을 구하라.

(2) 인덕터를 통하여 흐르는 전류 $i_L(t)$의 정상상태응답을 구하라.

(3) 커패시터 양단의 전압 $v_C(t)$의 정상상태응답을 구하라.

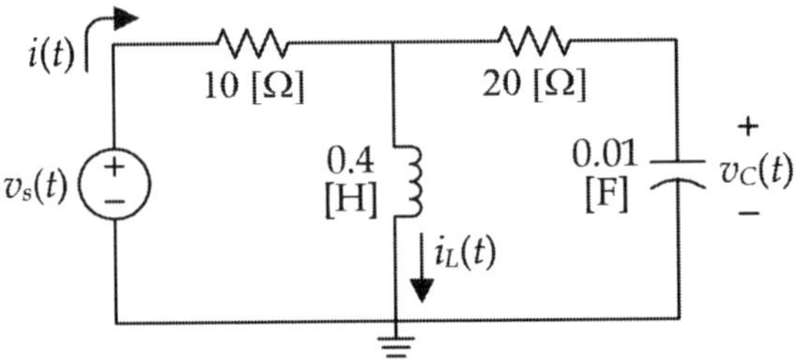

그림 P16.24

16.25 그림 P16.25의 전기회로에서 전원은 다음과 같다.

$$i_s(t) = \frac{5}{\pi}\cos(5t+30^\circ) + \frac{5}{3\pi}\sin(15t+30^\circ)\ [\mathrm{A}].$$

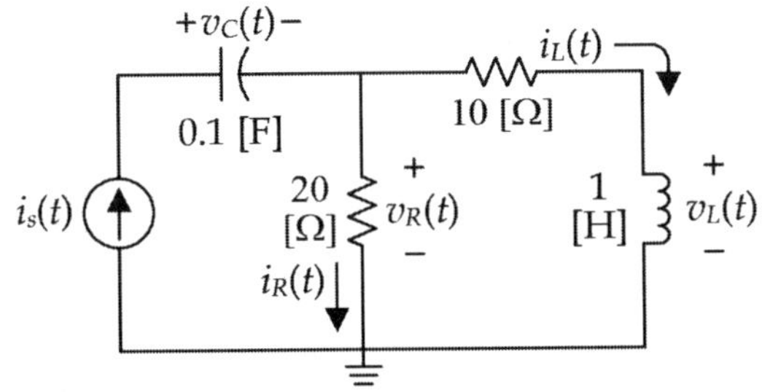

그림 P16.25

(1) 전류 $i_R(t)$와 $i_L(t)$의 정상상태응답을 구하라.

(2) 전압 $v_C(t)$, $v_L(t)$, $v_R(t)$의 정상상태응답을 구하라.

(3) 20 [Ω] 저항과 10 [Ω] 저항에서 소비되는 평균전력과 전원이 회로에 공급하는 평균전력을 구하라.

16.26 그림 P16.26의 전기회로에서 전류원은 다음과 같다.

$$i_s(t) = \frac{5}{\pi}\cos(5t+30^\circ) + \frac{5}{3\pi}\sin(15t+30^\circ)\ [\mathrm{A}].$$

(1) 인덕터를 통하여 흐르는 전류 $i_L(t)$의 정상상태응답을 구하라.

(2) 인덕터 양단에 걸리는 전압 $v_L(t)$의 정상상태응답을 구하라.

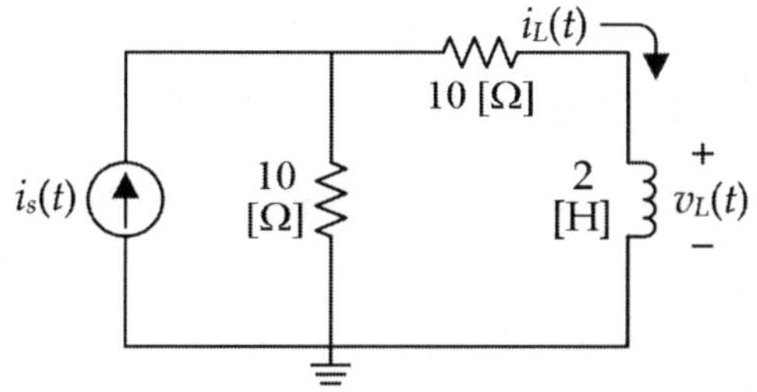

그림 P16.26

16.27 그림 P16.27의 전기회로에서 전압원은 $v_s(t) = 4e^{j(2t+30^\circ)}$ [V]이다.

(1) 망로전류 $i(t)$의 정상상태응답을 구하라.

(2) 커패시터 양단의 전압 $v_C(t)$의 정상상태응답을 구하라.

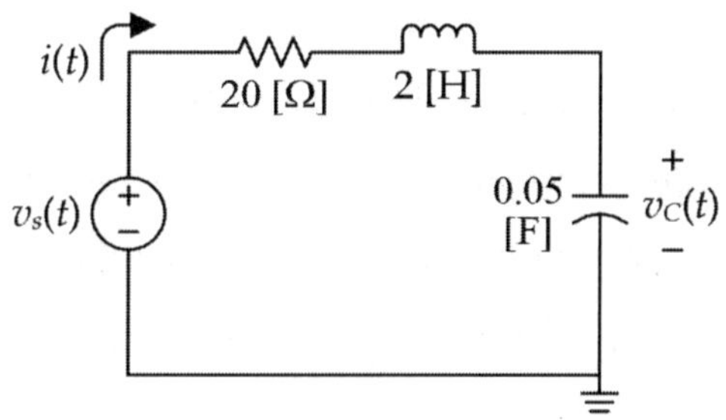

그림 P16.27

16.28 그림 P16.28의 전기회로에서 전압원은 다음과 같다.

$$v_s(t) = \sum_{n=1}^{\infty} \frac{10}{n} e^{j2nt} \text{ [V]}.$$

(1) 전류 $i(t)$의 정상상태응답을 구하라.

(2) 커패시터 양단의 전압 $v_C(t)$의 정상상태응답을 구하라.

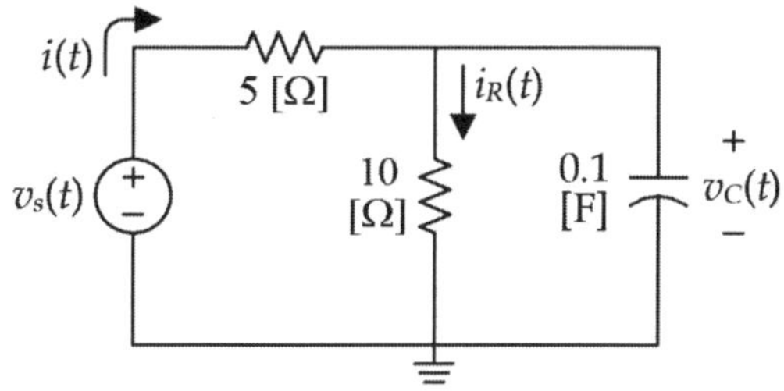

그림 P16.28

16.29 그림 P16.29 (a)의 전기회로에서 전원은 그림 P16.29 (b)와 같이 동작한다.

(1) 전원 $i_s(t)$의 삼각함수형 푸리에 급수를 구하라.

(2) 인덕터 양단의 전압 $v_L(t)$의 정상상태응답을 구하라.

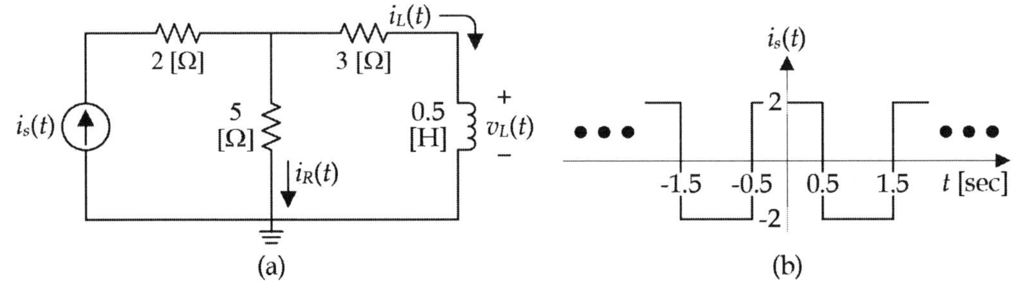

그림 P16.29

16.30 그림 P16.30 (a)의 전기회로를 구동시키는 전원이 그림 P16.30 (b)와 같다.

(1) 전원 $i_s(t)$에 대한 지수함수형 푸리에 급수를 구하라.

(2) 커패시터 전류 $i_C(t)$와 전압 $v_C(t)$의 정상상태응답을 구하라.

(3) 인덕터 양단에 걸리는 전압 $v_L(t)$의 정상상태응답을 구하라.

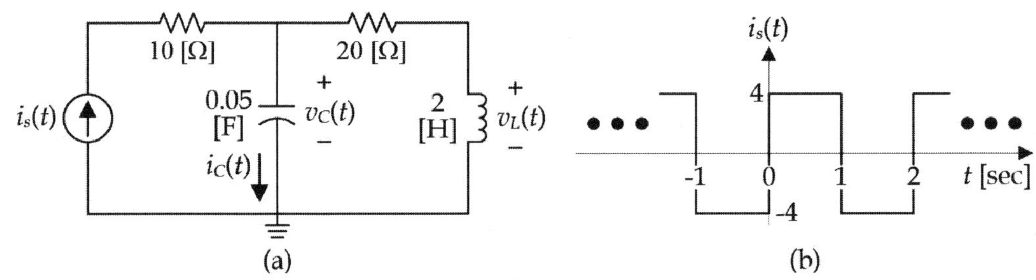

그림 P16.30

16.31 그림 P16.31 (a)의 펄스열로 그림 P16.31 (b)의 연산증폭기 회로를 구동할 때, 출력전압 $v_o(t)$의 정상상태응답을 구하라. 연산증폭기는 이상적인 조건으로 동작하는 것으로 가정한다.

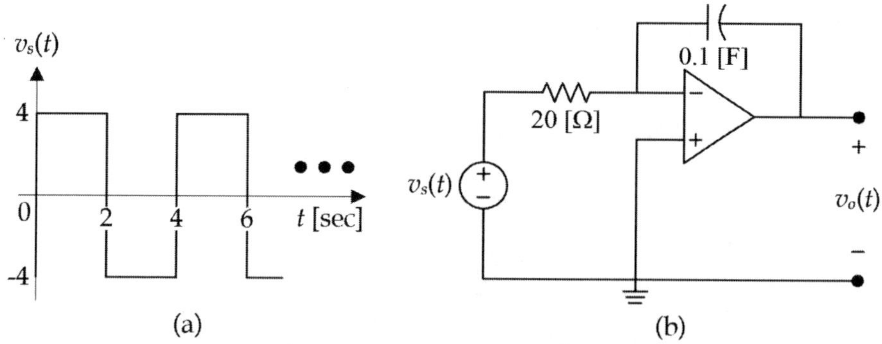

그림 P16.31

16.32 그림 P16.32에 나타낸 이상적인 변압기를 사용하는 회로를 구동시키는 전원은

$$v_s(t) = \sum_{n=1}^{\infty} \frac{5}{2n} \cos(n\pi t) \text{ [V]}.$$

이다. 출력전압 $v_o(t)$의 정상상태응답을 구하라.

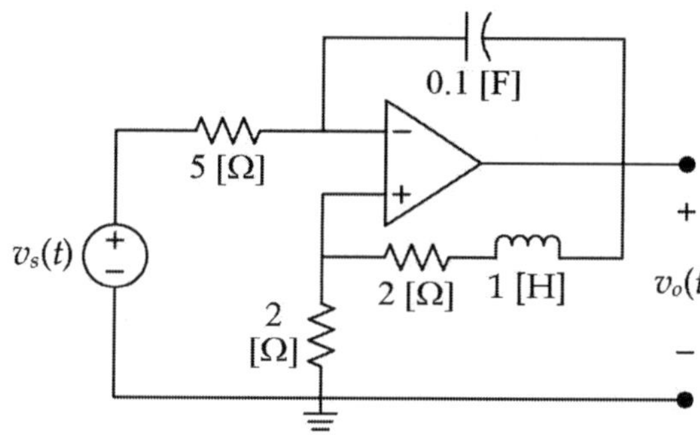

그림 P16.32

16.33 다음 함수를 푸리에 변환하라.

(1) $f_1(t) = u(t+T) - u(t-T)$, 여기서 T는 0보다 큰 임의의 상수이고, $u(t)$는 단위계단함수.

(2) $f_2(t) = |t|$.

(3) $f_3(t) = e^{at}u(-t)$, 여기서 a는 임의의 상수이고, $u(t)$는 단위계단함수.

(4) $f_4(t) = e^{-4t}\sin(5t)u(t)$, 여기서 $u(t)$는 단위계단함수.

16.34 그림 P16.34의 함수 $f(t)$에 대하여

(1) 함수 $f(t)$를 정의하고, 푸리에 변환을 구하라.

(2) $f(t)$의 진폭스펙트럼 $|F(\omega)|$를 구하라.

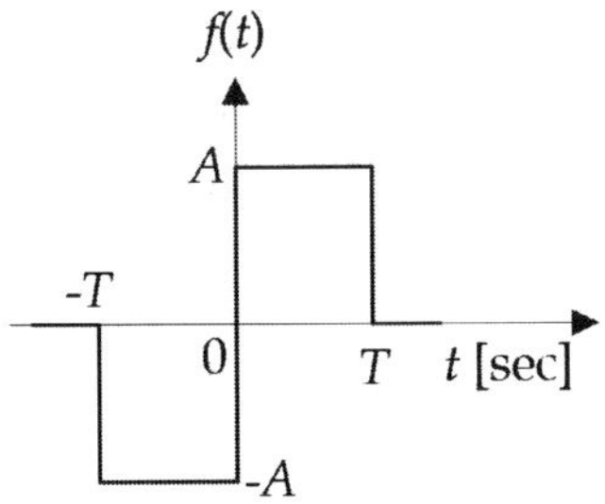

그림 P16.34

16.35 그림 P16.35에 나타낸 함수의 푸리에 변환을 구하라.

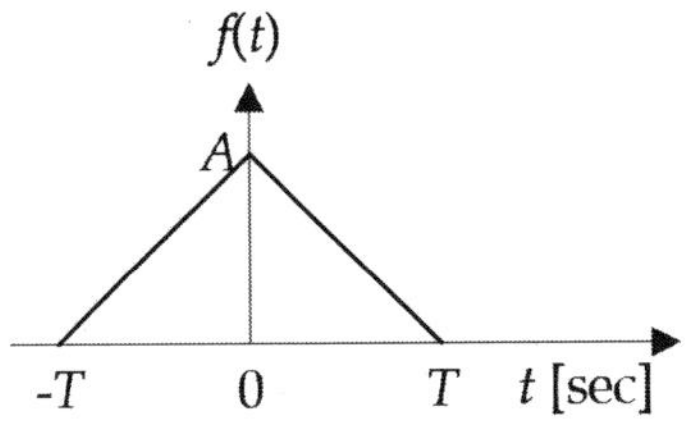

그림 P16.35

16.36 그림 P16.36에 나타낸 함수의 푸리에 변환을 미분함수의 푸리에 변환을 이용하여 구하고, 문제 16.35의 결과와 비교하라.

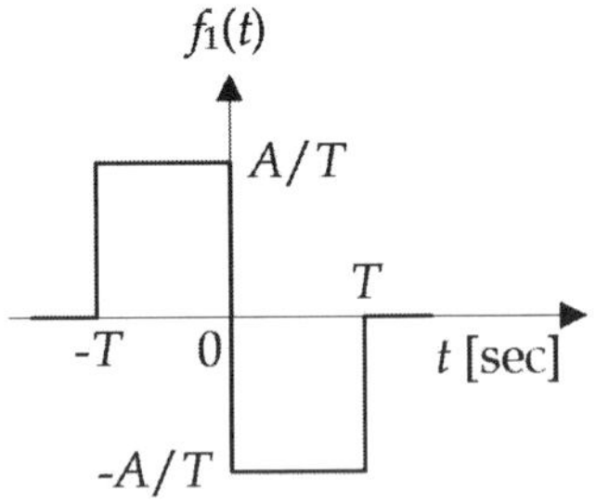

그림 P16.36

16.37 그림 P16.37에 나타낸 함수에 대하여

(1) 함수 $f_2(t)$의 푸리에 변환을 구하라.

(2) $f_2(t)*f_2(t)$를 구하여 그림 P16.35와 비교하라. 여기서 *는 컨볼루션 연산을 나타낸다.

(3) $\Im\{f_2(t)*f_2(t)\} = F_2(\omega) \times F_2(\omega)$임을 입증하라. 여기서 $\Im\{f(t)\}$는 시간함수 $f(t)$의 푸리에 변환이다.

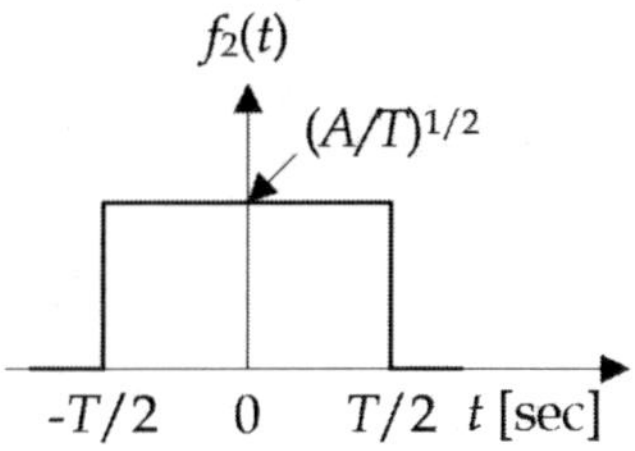

그림 P16.37

16.38 다음 함수의 푸리에 변환을 구하라.

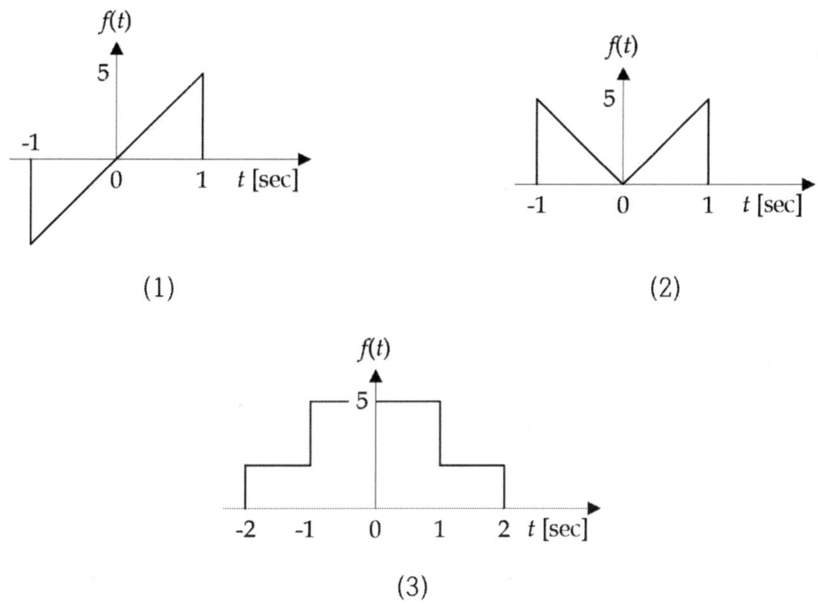

그림 P16.38

16.39 다음 주파수응답 함수에 대한 푸리에 역변환을 구하라.

(1) $F(\omega)=\dfrac{25-5\omega^2+j20\omega}{(1+j\omega)(2+j\omega)(3+j\omega)}$.

(2) $H(\omega)=\dfrac{j2\omega+9}{13-\omega^2+j6\omega}$.

16.40 그림 P16.40에 나타낸 선형시스템에서 입력 $x(t)$에 대한 출력 $y(t)$가 다음과 같다.

$$y(t)=\frac{1}{3}x(t)-\frac{5}{6}\frac{d}{dt}y(t)-\frac{1}{6}\frac{d^2}{dt^2}y(t).$$

(1) 시스템의 전달함수 $H(\omega)=\Im\{h(t)\}$를 구하라.

(2) 시스템의 임펄스응답 $h(t)$를 구하라.

(3) 입력이 $x(t)=4e^{-t}u(t)$일 때, 출력 $y(t)$를 구하라.

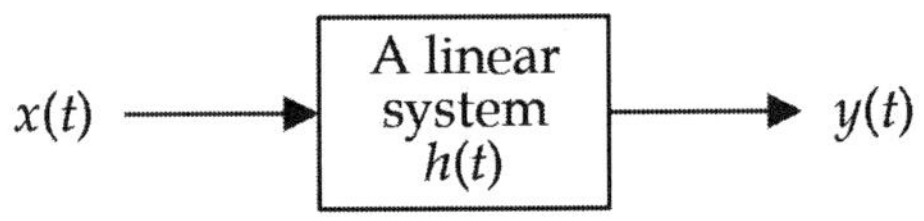

그림 P16.40

16.41 그림 P16.41의 회로에서 전압원은 $v_i(t)=6e^{-3t}$ [V]이다.

(1) 회로의 전달함수 $H(\omega)=V_o(\omega)/V_i(\omega)$를 구하라. 여기서 $V_i(\omega)=\Im\{v_i(t)\}$ 이고 $V_o(\omega)=\Im\{v_o(t)\}$이다.

(2) 출력전압 $v_o(t)$를 구하라.

(3) 전류 $i(t)$를 구하고, 전원이 회로에 공급하는 전체 에너지를 계산하라.

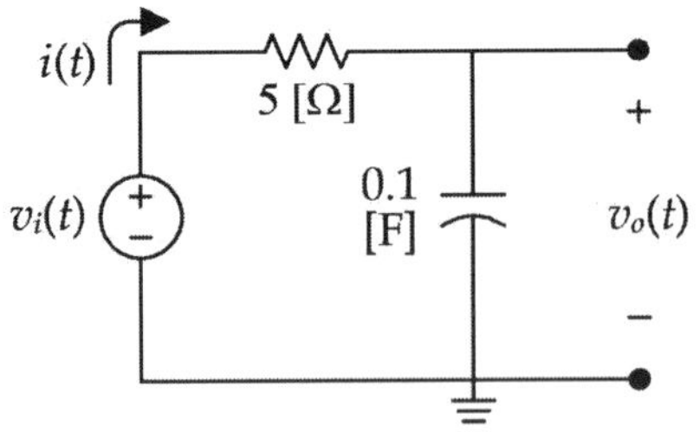

그림 P16.41

16.42 그림 P16.42의 회로에서 전류원은 $i_s(t) = 0.5e^{-0.5t}u(t)$ [A]이다.

(1) 전달함수 $H(\omega) = I_o(\omega)/I_s(\omega)$를 구하라. 여기서 $I_s(\omega)$와 $I_o(\omega)$는 각각 $i_s(t)$와 $i_o(t)$의 주파수응답 함수이다.

(2) 커패시터 전류 $i_o(t)$와 전압 $v_o(t)$를 구하라.

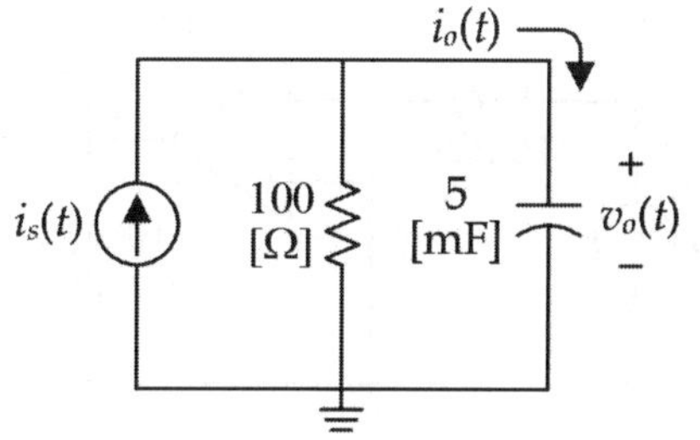

그림 P16.42

16.43 그림 P16.43의 회로에서 전압원은 $v_s(t) = 5e^{-2t}u(t)$ [V]이다.

(1) 전달함수 $H(\omega) = V_C(\omega)/V_s(\omega)$를 구하라. 여기서 $V_s(\omega)$와 $V_C(\omega)$는 각각 $v_s(t)$와 $v_C(t)$의 주파수응답 함수이다.

(2) 출력전압 $v_C(t)$를 구하라.

(3) 전류 $i(t)$를 구하고, 전원이 회로에 공급하는 에너지를 계산하라.

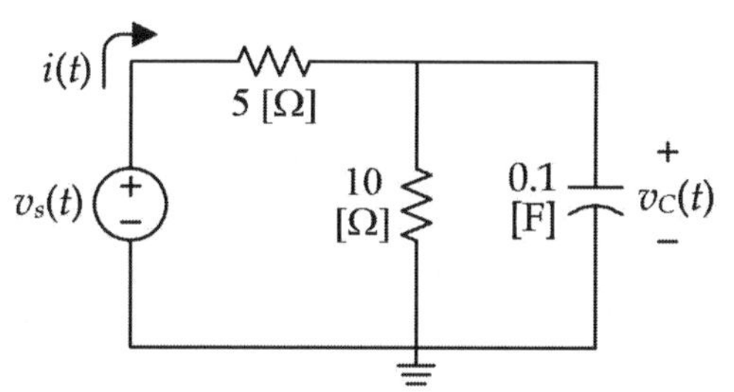

그림 P16.43

16.44 그림 P16.44의 연산증폭기 회로에서 전압원은 $v_i(t) = 10\cos(10t)$ [V]이다. 연산증폭기는 이상적으로 동작하는 것으로 가정한다.

(1) 전달함수 $H(\omega) = V_o(\omega)/V_i(\omega)$를 구하라. 여기서 $V_i(\omega)$와 $V_o(\omega)$는 각각 $v_i(t)$와 $v_o(t)$의 푸리에 변환이다.

(2) 출력전압 $v_o(t)$를 구하라.

(3) 전류 $i_o(t)$를 구하라.

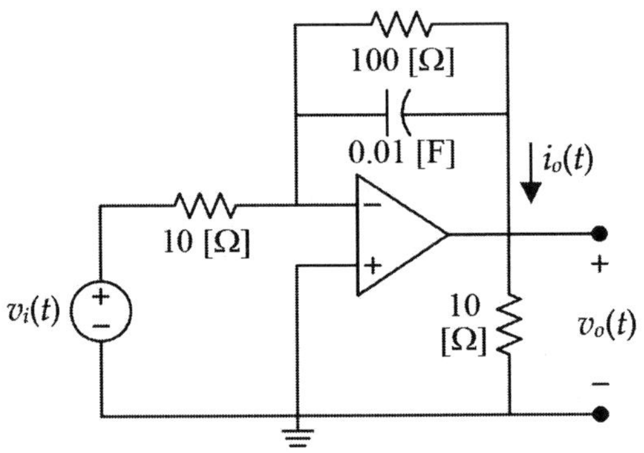

그림 P16.44

16.45 그림 P16.45에 나타낸 이상적인 연산증폭기를 사용하는 회로에서 전압원은 $v_i(t) = 10\cos(10t)$ [V]이다.

(1) 전달함수 $H(\omega) = V_o(\omega)/V_i(\omega)$를 구하라. 여기서 $V_i(\omega)$와 $V_o(\omega)$는 각각 $v_i(t)$와 $v_o(t)$의 푸리에 변환이다.

(2) 출력전압 $v_o(t)$를 구하라.

(3) 전류 $i(t)$를 구하라.

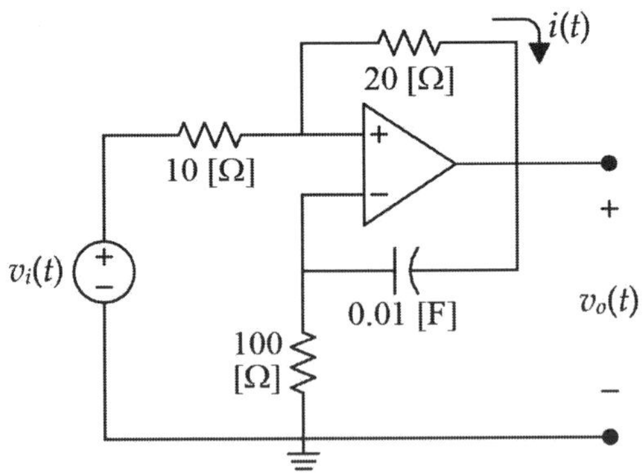

그림 P16.45

행렬 연산

APPENDIX

A

A.1 선형 연립방정식

선형 연립방정식은 회로해석에서 매우 빈번하게 등장한다. 예를 들어, 두 개의 독립변수 x_1과 x_2로 만들어진 선형 방정식

$$a_1 x_1 + a_2 x_2 = b \tag{A.1}$$

의 경우 하나의 식만으로는 변수 x_1과 x_2의 정확한 해를 구할 수 없다. 그래서 추가적인 실험을 통하여 새로운 방정식을 하나 더 만들어

$$a_{11} x_1 + a_{12} x_2 = b_1 \tag{A.2}$$
$$a_{21} x_1 + a_{22} x_2 = b_2$$

와 같은 형식으로 나열한 것을 선형 연립방정식이라고 한다.

선형 연립방정식의 해를 구하는 방법은 여러 가지가 있다. 하나의 방정식에서 두 독립변수 간의 비례식이나 변형식을 만들어 다른 하나의 방정식에 대입하는 것이 수학에서 방정식을 배우면서 가장 처음 접하는 방법이다. 가령, 식 (A.2)의 두 번째 식을 식 (A.3)과 같이 변형하고

$$x_2 = \frac{b_2 - a_{21} x_1}{a_{22}} \tag{A.3}$$

이것을 첫 번째 식에 대입하면

$$a_{11} x_1 + a_{12} \cdot \frac{b_2 - a_{21} x_1}{a_{22}} = b_1 \tag{A.4}$$

이 되어 독립변수가 한 개로 줄어들기 때문에 x_1의 값을 구할 수 있다. 그리고 그 결과를 다시 식 (A.3)에 적용하여 x_2의 값을 구한다. 이 방법은 경험상 독립변수의 수가 세 개 이내일 때는 추천 할 만하다. 하지만 독립변수의 수가 많아지면 어려워서가 아니라 혼돈스

러워서 틀리는 경우가 종종 있다.

두 번째 방법은 하나의 방정식에 0이 아닌 상수를 곱하여 나머지 식에 더하거나 빼서 독립변수의 수를 줄이는 방법이다. 가령 식 (A.2)의 두 번째 식에 $-a_{12}/a_{22}$를 곱하면

$$-\frac{a_{12}}{a_{22}}a_{21}x_1 - a_{12}x_2 = -\frac{a_{12}}{a_{22}}b_2 \tag{A.5}$$

가 된다. 식 (A.5)의 좌변 두 번째 항은 식 (A.2)의 첫 번째 방정식에서 좌변 두 번째 항과 부호만 다르고 크기는 같기 때문에 두 식을 더하면 변수 x_2에 대한 항은 소거되고 x_1에 대한 하나의 식이 만들어지므로 그 값을 정확하게 구할 수 있다. 이 방법을 가우스 소거법 (Gauss elimination)이라고 하며, 선형 연립방정식에서 독립변수의 수가 비교적 많아도 충분히 계산할 수 있으므로 자주 사용된다.

예제 A.1

다음 선형 연립방정식의 해를 가우스 소거법을 이용하여 구해보자.

$$x_1 - x_2 - 2x_3 = 3 \quad ①$$

$$2x_1 - x_2 + x_3 = 5$$

$$-3x_1 + 2x_2 - 5x_3 = 4$$

풀이

두 번째 방정식과 세 번째 방정식에서 x_1항을 소거시키기 위하여

두 번째 방정식 − (2 × 첫 번째 방정식) :

$$(2x_1 - x_2 + x_3) - 2(x_1 - x_2 - 2x_3) = 5 - 2\times 3 \quad ②$$

$$\rightarrow x_2 + 5x_3 = -1$$

세 번째 방정식 + (3 × 첫 번째 방정식) :

$$(-3x_1 + 2x_2 - 5x_3) + 3(x_1 - x_2 - 2x_3) = 4 + 3\times 3 \quad ③$$

$$\rightarrow -x_2 - 11x_3 = 13$$

식 ②+식 ③ :

$$(x_2+5x_3)+(-x_2-11x_3)=-1+13=12 \qquad ④$$

$$\rightarrow -6x_3=12$$

식 ④로부터 $x_3=-2$이고, 이를 식 ③에 대입하면 $x_2=9$가 된다. 마지막으로 x_2와 x_3를 식 ②에 대입하면 $x_1=8$이 된다.

A.2 행렬(Matrix)의 기본

예제 A.1에서는 3개의 독립변수를 가지는 3개의 선형 연립방정식의 예를 살펴보았다. 이를 일반화시키기 위하여 N개의 독립변수를 가지는 방정식에 모든 독립변수의 해를 정확하게 구하기 위해서는 N개의 연립방정식이 필요하다.

$$\begin{gathered} a_{11}x_1+a_{12}x_2+\cdots+a_{1N}x_N=b_1 \\ a_{21}x_1+a_{22}x_2+\cdots+a_{2N}x_N=b_2 \\ \vdots \\ a_{N1}x_1+a_{N2}x_2+\cdots+a_{NN}x_N=b_N \end{gathered} \qquad (A.6)$$

식 (A.6)에서 계수들과 변수들을 따로 모아서 다음과 같이 형태로 나타낼 수 있다.

$$\begin{bmatrix} a_{11} & a_{12} & \cdots & a_{1N} \\ a_{21} & a_{22} & \cdots & a_{2N} \\ & & \vdots & \\ a_{N1} & a_{N2} & \cdots & a_{NN} \end{bmatrix} \begin{bmatrix} x_1 \\ x_2 \\ \vdots \\ x_N \end{bmatrix} = \begin{bmatrix} b_1 \\ b_2 \\ \vdots \\ b_N \end{bmatrix} \text{ 또는 } \mathrm{AX}=\mathrm{B} \qquad (A.7)$$

여기서 독립변수의 계수들만 모아 놓은

$$\mathrm{A}=\begin{bmatrix} a_{11} & a_{12} & \cdots & a_{1N} \\ a_{21} & a_{22} & \cdots & a_{2N} \\ & & \vdots & \\ a_{N1} & a_{N2} & \cdots & a_{NN} \end{bmatrix} \qquad (A.8)$$

은 행의 수와 열의 수가 모두 N인 $(N\times N)$ 행렬이고, 변수들과 결과값들을 모은

$$\mathrm{X}=\begin{bmatrix} x_1 \\ x_2 \\ \vdots \\ x_N \end{bmatrix} \text{와 } \mathrm{B}=\begin{bmatrix} b_1 \\ b_2 \\ \vdots \\ b_N \end{bmatrix} \tag{A.9}$$

는 행의 수는 N이고 열의 수가 1인 $(N\times 1)$ 행렬이다. 식 (A.8)처럼 행의 수와 열의 수가 같은 행렬을 정방행렬(square matrix)이라고 하고, 식 (A.9)처럼 열의 수가 1인 행렬을 열행렬(column matrix) 또는 열벡터(column vector)라고 한다.

임의의 $(M\times N)$ 행렬(M행 N열 행렬 또는 M-by-N 행렬이라고 읽음)이라고 하면 그림 A.1과 같이 행의 수가 M이고 열의 수가 N인 행렬을 말하고, 행렬의 성분 a_{jk}는 j 번째 행과 k 번째 열에 해당하는 값을 의미한다.

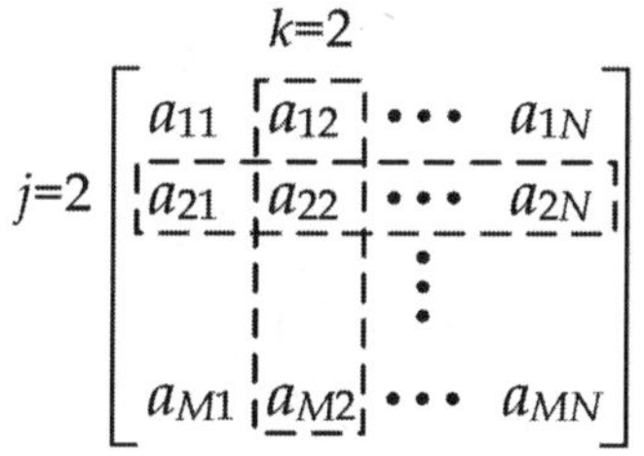

그림 A.1 $(M\times N)$ 행렬과 a_{jk} 성분

임의의 $(M\times N)$ 행렬

$$\mathrm{A}=[a_{jk}]=\begin{bmatrix} a_{11} & a_{12} & \cdots & a_{1N} \\ a_{21} & a_{22} & \cdots & a_{2N} \\ & & \vdots & \\ a_{M1} & a_{M2} & \cdots & a_{MN} \end{bmatrix} \tag{A.10}$$

의 행과 열을 서로 바꿔서 만든 새로운 행렬

$$\mathrm{A}^T=[a_{jk}]^T=[a_{kj}]=\begin{bmatrix} a_{11} & a_{21} & \cdots & a_{M1} \\ a_{12} & a_{22} & \cdots & a_{M2} \\ & & \vdots & \\ a_{1N} & a_{2N} & \cdots & a_{NM} \end{bmatrix} \tag{A.11}$$

을 행렬 A 의 전치행렬(transpose matrix)이라고 한다. 따라서 $(M\times N)$ 행렬의 전치행렬은 $(N\times M)$이 된다. 예를 들어, 어떤 (3×2) 행렬의 전치행렬은 아래와 같이 (2×3) 행렬이

된다.

$$\begin{bmatrix} 2 & 1 \\ -1 & 5 \\ 3 & 2 \end{bmatrix}^T = \begin{bmatrix} 2 & -1 & 3 \\ 1 & 5 & 2 \end{bmatrix}$$

행의 수와 열의 수가 같은 임의의 두 행렬 A와 B의 덧셈(또는 뺄셈)은 행과 열의 위치가 같은 성분끼리의 합(또는 차)로 구한다. 예를 들어, 두 개의 (3×2) 행렬의 합은 아래와 같이 계산한다.

$$\begin{bmatrix} -1 & 7 & -3 \\ 2 & -2 & 1 \end{bmatrix} + \begin{bmatrix} 2 & -1 & 3 \\ 1 & 3 & 2 \end{bmatrix} = \begin{bmatrix} (-1+2) & (7-1) & (-3+3) \\ (2+1) & (-2+3) & (1+2) \end{bmatrix} = \begin{bmatrix} 1 & 6 & 0 \\ 3 & 1 & 3 \end{bmatrix}$$

그러므로 행렬의 합과 차는 교환법칙이 성립한다.

어떤 행렬 $\mathrm{A} = [a_{jk}]$에 상수 c를 곱하는 것은 행렬 A의 각 성분에 상수 c를 곱하여 다음과 같이 계산한다.

$$c\mathrm{A} = c[a_{jk}] = \begin{bmatrix} ca_{11} & ca_{12} & ca_{13} \\ ca_{12} & ca_{22} & ca_{23} \end{bmatrix} \tag{A.12}$$

$(M\times N)$ 행렬 A와 $(N\times L)$ 행렬 B의 곱셈은 그림 A.2와 같이 행렬 A의 행 성분과 행렬 B의 열 성분을 곱한 다음 곱의 결과를 더하여 새로운 행렬 C에서 하나의 성분이 된다.

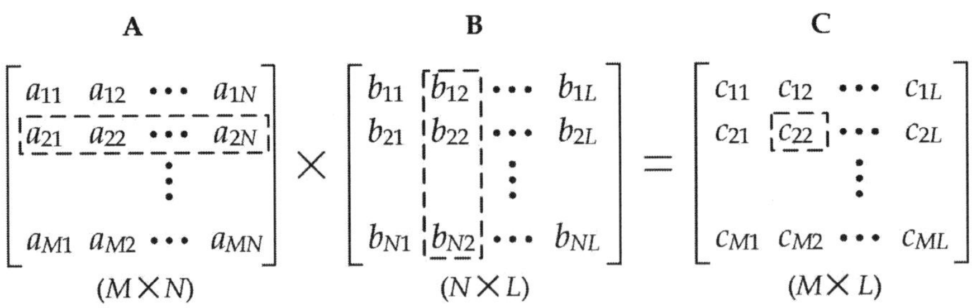

그림 A.2 두 행렬의 곱셈 연산

따라서 행렬 C의 j행과 k열 성분 c_{jk}는

$$c_{jl} = \sum_{n=1}^{N} a_{jn} b_{nl} = a_{j1}b_{1l} + a_{j2}b_{2l} + \cdots + a_{jN}b_{Nl} \tag{A.13}$$

여기서 $1 \le j \le M$, $1 \le l \le L$. 그러므로 행렬 A의 열의 수와 행렬 B의 행의 수는 반드시 일치하여야 행렬의 곱셈을 계산할 수 있으며, $(M \times N)$ 행렬과 $(N \times L)$ 행렬의 곱셈으로 만들어지는 행렬은 $(M \times L)$ 행렬이 된다. 이것은 두 행렬의 순서를 바꿔 곱하면, 즉, $(N \times L) \times (M \times N)$은 $L = M$인 경우가 아니면 수행할 수 없음을 의미한다. 이것을 좀 더 포괄적으로 말하면 행렬의 곱셈은 식 (A.14)에 나타낸 것처럼 교환법칙이 성립하지 않는다.

$$\mathrm{AB} \neq \mathrm{BA} \tag{A.14}$$

행의 수와 열의 수가 같은 정방행렬 가운데 대각성분(diagonal element)이 모두 1이고, 대각성분을 제외한 모든 성분이 0인 행렬을 항등행렬(identity matrix)이라고 한다. 따라서 항등행렬은

$$\mathrm{I} = \begin{bmatrix} 1\,0 \cdots 0 \\ 0\,1 \cdots 0 \\ \vdots \\ 0\,0 \cdots 1 \end{bmatrix} \tag{A.15}$$

와 같은 구조를 가진다. 어떤 행렬 A와 항등행렬의 곱은 행렬 A가 된다. 즉,

$$\mathrm{A} \times \mathrm{I} = \mathrm{A} \ \text{ 또는 } \ \mathrm{I} \times \mathrm{A}^T = \mathrm{A}^T \tag{A.16}$$

여기서 위첨자 T는 식 (A.11)에서 설명한 전치행렬을 의미한다.

A.3 행렬식

어떤 스칼라 값 x와 y의 곱이 곱셈에 대한 항등원, 즉 1이 될 때 x와 y는 역수 관계이다. 이를 수식으로 표현하면

$$x \times y = y \times x = 1 \tag{A.17}$$

을 만족할 때

$$x = y^{-1} \ \text{ 또는 } \ y = x^{-1} \tag{A.18}$$

스칼라 연산에서 곱셈에 대한 항등원이 1이라면 행렬에서 곱셈에 대한 항등원은 식 (A.16)에서 정의한 항등행렬이다. 두 정방행렬 A와 B의 곱이

$$A \times B = I \tag{A.19}$$

이면

$$A = B^{-1} \text{ 또는 } B = A^{-1} \tag{A.20}$$

으로 행렬 A와 B는 서로 역행렬이다. 여기서 주의할 점은 행렬 A와 B가 반드시 정방행렬이어야 한다는 것이다. 행렬 A와 B가 정방행렬이 아니더라도 식 (A.19)를 만족하는 경우는 얼마든지 있을 수 있다. 아주 간단한 예를 살펴보자.

예제 A.2

다음 두 행렬의 곱을 구하라.

$$A = \begin{bmatrix} 2 & 1 & -1 \\ 1 & -1 & 2 \end{bmatrix}, \quad B = \begin{bmatrix} -1 & 3 \\ 7 & -14 \\ 4 & -8 \end{bmatrix}$$

풀이

행렬 A와 B의 곱은

$$\begin{bmatrix} 2 & 1 & -1 \\ 1 & -1 & 2 \end{bmatrix} \begin{bmatrix} -1 & 3 \\ 7 & -14 \\ 4 & -8 \end{bmatrix} = \begin{bmatrix} (-2+7-4) & (6-14+8) \\ (-1-7+8) & (3+14-16) \end{bmatrix} = \begin{bmatrix} 1 & 0 \\ 0 & 1 \end{bmatrix}$$

두 행렬의 곱은 식 (A.19)의 곱셈 조건을 만족한다. 하지만 A와 B가 정방행렬이 아니므로 두 행렬은 서로 역행렬 관계에 있는 것은 아니다.

행렬식(determinant)은 임의의 정방행렬에 대하여 역행렬이 존재하는 조건을 검사하기 위한 방법으로 일반적으로 다음과 같이 나타낸다.

$$\Delta = |A| \text{ 또는 } \Delta = \det(A) \tag{A.21}$$

어떤 정방행렬의 역행렬이 존재하기 위한 조건은

$$\Delta = |A| \neq 0 \tag{A.22}$$

으로 0이 아닌 행렬식을 가져야만 한다.

행렬 A가 식 (A.8)과 같은 정방행렬일 때 행렬식은 다음과 같이 계산한다.

$$\Delta = |\mathrm{A}| = \begin{vmatrix} a_{11} & a_{12} & \cdots & a_{1N} \\ a_{21} & a_{22} & \cdots & a_{2N} \\ & & \vdots & \\ a_{N1} & a_{N2} & \cdots & a_{NN} \end{vmatrix} \tag{A.23}$$

$$= (-1)^{1+1} a_{11}\Delta_1 + (-1)^{2+1} a_{21}\Delta_2 + \cdots + (-1)^{N+1} a_{N1}\Delta_N$$

$$= \sum_{j=1}^{N} (-1)^{j+1} a_{j1}\Delta_j$$

여기서 Δ_j는 행렬 A의 j 번째 행에 대한 소행렬식이다. 식 (A.23)에서

$$C_j = (-1)^{j+1}\Delta_j \tag{A.24}$$

로 두면 행렬 A의 행렬식은

$$\Delta = |\mathrm{A}| = \begin{vmatrix} a_{11} & a_{12} & \cdots & a_{1N} \\ a_{21} & a_{22} & \cdots & a_{2N} \\ & & \vdots & \\ a_{N1} & a_{N2} & \cdots & a_{NN} \end{vmatrix} = \sum_{j=1}^{N} a_{j1} C_j \tag{A.25}$$

가 된다. 여기서 C_j를 여인자(cofactor)라고 한다.

식 (A.23)이 다소 복잡한 것처럼 보이지만 원리는 간단하다. 먼저 그림 A.3에 나타낸 것처럼 주어진 행렬 A에서 각 행의 첫 번째 성분 a_{j1}을 계수로 빼내고, 행렬 A에서 a_{j1}과 관련된 j 행과 1열을 제거하여 행과 열이 각각 하나씩 줄어든 $(N-1)\times(N-1)$ 소행렬 B를 만든다. 그리고 소행렬에 대한 행렬식 Δ_{jk}를 같은 방법으로 구한다.

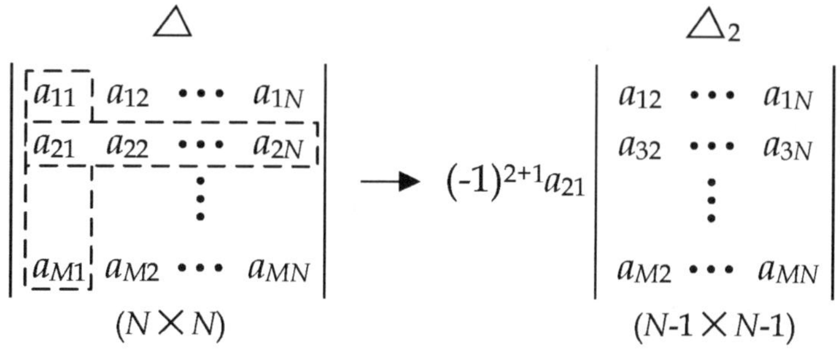

그림 A.3 원래의 행렬에서 2행에 대한 행렬식 성분 계산

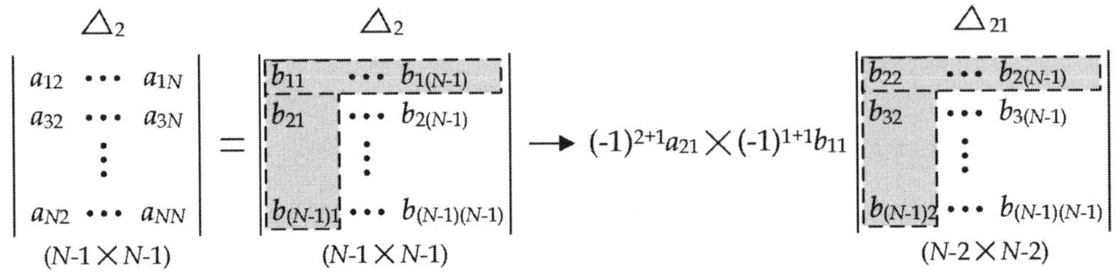

그림 A.4 $(N-1)\times(N-1)$ 소행렬에서 1행에 대한 행렬식 성분 계산

그리고 마지막 1개의 소행렬 성분이 남을 때까지 이 과정을 반복한다.

예제 A.3

다음 행렬의 행렬식을 구하라.

$$\mathrm{A}=\begin{bmatrix} a_{11} & a_{12} \\ a_{21} & a_{22} \end{bmatrix},\ \mathrm{B}=\begin{bmatrix} a_{11} & a_{12} & a_{13} \\ a_{21} & a_{22} & a_{23} \\ a_{31} & a_{32} & a_{33} \end{bmatrix}$$

풀이

A는 2×2 행렬이므로 행렬식은 첫 번째 행 성분과 두 번째 행 성분으로부터

$$\Delta_A=\begin{vmatrix} a_{11} & a_{12} \\ a_{21} & a_{22} \end{vmatrix}=(-1)^{1+1}a_{11}\cdot|a_{22}|+(-1)^{2+1}a_{21}\cdot|a_{12}|=a_{11}a_{22}-a_{21}a_{12} \quad ①$$

식 ①에서 주의할 점은 $|a_{22}|$가 a_{22}의 절대값을 의미하는 것이 아니라 원래의 행렬 A에서 첫 번째 행과 첫 번째 열을 제거하고 남은 소행렬의 행렬식이라는 것이다. 소행렬이 하나의 성분만 가지므로 행렬식은 $|a_{22}|=a_{22}$이다.

B는 3×3 행렬이므로 행렬식은 B의 세 개 행 성분으로부터

$$\Delta_B=\begin{vmatrix} a_{11} & a_{12} & a_{13} \\ a_{21} & a_{22} & a_{23} \\ a_{31} & a_{32} & a_{33} \end{vmatrix}=(-1)^{1+1}a_{11}\cdot\begin{vmatrix} a_{22} & a_{23} \\ a_{32} & a_{33} \end{vmatrix}+(-1)^{2+1}a_{21}\cdot\begin{vmatrix} a_{12} & a_{13} \\ a_{32} & a_{33} \end{vmatrix}+(-1)^{3+1}a_{31}\cdot\begin{vmatrix} a_{12} & a_{13} \\ a_{22} & a_{23} \end{vmatrix} \quad ②$$

식 ②에서 2×2 소행렬에 대한 행렬식은 식 ①에 따라

$$\Delta_1 = \begin{vmatrix} a_{22} & a_{23} \\ a_{32} & a_{33} \end{vmatrix} = a_{22}a_{33} - a_{32}a_{23}, \qquad ③$$

$$\Delta_2 = \begin{vmatrix} a_{12} & a_{13} \\ a_{32} & a_{33} \end{vmatrix} = a_{12}a_{33} - a_{32}a_{13},$$

$$\Delta_3 = \begin{vmatrix} a_{12} & a_{13} \\ a_{22} & a_{23} \end{vmatrix} = a_{12}a_{23} - a_{22}a_{13}.$$

이 된다. 식 ③을 식 ②에 대입하면 B에 대한 행렬식은

$$\begin{aligned} \Delta_B = & (-1)^{1+1}a_{11} \cdot \{a_{22}a_{33} - a_{32}a_{23}\} + (-1)^{2+1}a_{21} \cdot \{a_{12}a_{33} - a_{32}a_{13}\} \\ & + (-1)^{3+1}a_{31} \cdot \{a_{12}a_{23} - a_{22}a_{13}\} \\ = & a_{11}a_{22}a_{33} - a_{11}a_{32}a_{23} - a_{21}a_{12}a_{33} + a_{21}a_{32}a_{13} + a_{31}a_{12}a_{23} - a_{31}a_{22}a_{13} \end{aligned} \qquad ④$$

식 ④의 결과를 부호에 따라 정리하면

$$\Delta_B = (a_{11}a_{22}a_{33} + a_{21}a_{32}a_{13} + a_{31}a_{12}a_{23}) - (a_{11}a_{32}a_{23} + a_{21}a_{12}a_{33} + a_{31}a_{22}a_{13}) \qquad ⑤$$

와 같다.

■

예제 A.3으로부터 2×2 행렬의 경우 식 (A.23)과 같은 복잡한 계산을 거치지 않더라도 행렬의 구조로부터 다음과 같이 비교적 간단하게 행렬식을 구할 수 있다.

$$\begin{vmatrix} a_{11} & a_{12} \\ a_{21} & a_{22} \end{vmatrix} = a_{11}a_{22} - a_{21}a_{12}$$

그림 A.5 2×2 행렬의 행렬식 계산법

여기서 실선 아래 성분들의 곱은 양의 부호를 가지고 점선 아래 성분들의 곱은 음의 부호를 가진다. 이 결과는 예제 A.3의 식 ①과 동일하다.

예제 A.3의 3×3 행렬에 대한 행렬식도 비슷한 방법으로 계산할 수 있다. 3×3 행렬의 경우 먼저 1열과 2열의 성분들을 그림 A.6에 나타낸 것처럼 오른쪽에 확장하여 붙여두면 계산하기 편리하다.

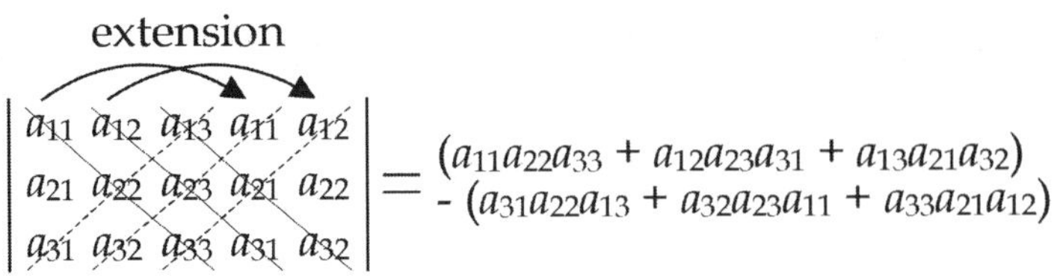

그림 A.6 3×3 행렬의 행렬식 계산법

그림 A.6에 나타낸 계산 결과도 예제 A.3의 식 ⑤와 동일함을 알 수 있다. 하지만 이와 같이 편리한 행렬식 계산방법은 4×4 이상의 크기를 가지는 정방행렬에서도 반드시 성립한다는 보장은 없으므로 4×4 행렬부터는 행렬식을 구할 때 식 (A.23)의 방법을 사용하여야 한다.

A.4 크라머의 법칙(Cramer's Rule)

행렬식을 구하는 방법을 알면 식 (A.6) 또는 식 (A.7)과 같은 선형 연립방정식의 독립변수 x_n, $1 \le n \le N$을 구할 수 있는 새로운 방법이 생긴다. 이것을 흔히 크라머의 법칙이라고 한다. 설명의 편리를 위하여 식 (A.7)을 식 (A.26)에 옮겨 적는다.

$$\begin{bmatrix} a_{11} & a_{12} & \cdots & a_{1N} \\ a_{21} & a_{22} & \cdots & a_{2N} \\ & & \vdots & \\ a_{N1} & a_{N2} & \cdots & a_{NN} \end{bmatrix} \begin{bmatrix} x_1 \\ x_2 \\ \vdots \\ x_N \end{bmatrix} = \begin{bmatrix} b_1 \\ b_2 \\ \vdots \\ b_N \end{bmatrix} \tag{A.26}$$

크라머의 법칙은 독립변수 x_n을 다음과 같이 행렬식의 비율로 구한다.

$$x_n = \frac{1}{\Delta} \begin{vmatrix} a_{11} & \cdots & a_{1(n-1)} & b_1 & \cdots & a_{1N} \\ a_{21} & \cdots & a_{2(n-1)} & b_2 & \cdots & a_{2N} \\ \vdots & \vdots & \vdots & \ddots & \vdots & \vdots \\ a_{N1} & \cdots & a_{N(n-1)} & b_N & \cdots & a_{NN} \end{vmatrix} \tag{A.27}$$

여기서 Δ는 계수행렬 A의 행렬식이고, 분자는 행렬 A에서 n 번째 열을 제거하고 그 자리에 결과값 열벡터 B를 넣은 $(N \times N)$ 행렬의 행렬식이다.

예제 A.4

예제 A.1에서 풀이한 다음 선형 연립방정식의 해를 구하라.

$$x_1 - x_2 - 2x_3 = 3$$
$$2x_1 - x_2 + x_3 = 5$$
$$-3x_1 + 2x_2 - 5x_3 = 4$$

풀이

주어진 선형 연립방정식을 행렬의 형태로 바꾸어 나타내면 다음과 같다.

$$\begin{bmatrix} 1 & -1 & -2 \\ 2 & -1 & 1 \\ -3 & 2 & -5 \end{bmatrix}\begin{bmatrix} x_1 \\ x_2 \\ x_3 \end{bmatrix} = \begin{bmatrix} 3 \\ 5 \\ 4 \end{bmatrix} \qquad ①$$

식 ①에서 계수행렬의 행렬식은

$$\begin{aligned} \Delta = \begin{vmatrix} 1 & -1 & -2 \\ 2 & -1 & 1 \\ -3 & 2 & -5 \end{vmatrix} &= \{1\cdot(-1)\cdot(-5)+(-1)\cdot 1\cdot(-3)+(-2)\cdot 2\cdot 2\} \\ &\quad -\{(-2)\cdot(-1)\cdot(-3)+1\cdot 1\cdot 2+(-1)\cdot 2\cdot(-5)\} \\ &= \{5+3-8\}-\{-6+2+10\} = -6 \end{aligned} \qquad ②$$

변수 x_1은 계수행렬의 1열을 제거하고 그 자리에 결과값 벡터를 채워 넣은 행렬의 행렬식과 식 ②에서 구한 계수행렬의 행렬식의 비로 다음과 같다.

$$x_1 = \frac{1}{\Delta}\begin{vmatrix} 3 & -1 & -2 \\ 5 & -1 & 1 \\ 4 & 2 & -5 \end{vmatrix} = \frac{(15-4-20)-(8+6+25)}{-6} = \frac{-48}{-6} = 8 \qquad ③$$

같은 방법으로 변수 x_2와 x_3을 구하면

$$x_2 = \frac{1}{\Delta}\begin{vmatrix} 1 & 3 & -2 \\ 2 & 5 & 1 \\ -3 & 4 & -5 \end{vmatrix} = \frac{(-25-9-16)-(30+4-30)}{-6} = \frac{-54}{-6} = 9, \qquad ④$$

$$x_3 = \frac{1}{\Delta}\begin{vmatrix} 1 & -1 & 3 \\ 2 & -1 & 5 \\ -3 & 2 & 4 \end{vmatrix} = \frac{(-4+15+12)-(9+10-8)}{-6} = \frac{12}{-6} = -2. \quad ⑤$$

그러므로 세 개의 독립변수는 $x_1 = 8$, $x_2 = 9$, $x_3 = -2$이고, 이것은 예제 A.1과 같은 결과이다.

A.5 역행렬(Inverse Matrix)

선형 연립방정식의 해를 구하는 다른 방법으로는 역행렬을 이용하는 것이다. 임의의 선형 연립방정식들을

$$\mathrm{AX} = \mathrm{B} \tag{A.28}$$

와 같이 행렬 형태로 나타낸다. 식 (A.19)의 조건을 만족하는 A의 역행렬 A^{-1}를 식 (A.28)의 양변에 곱하면

$$\mathrm{A}^{-1}\mathrm{AX} = \mathrm{A}^{-1}\mathrm{B} \tag{A.29}$$

이 된다. $\mathrm{A}^{-1}\mathrm{A} = \mathrm{I}$으로 항등행렬이 되고, $\mathrm{IX} = \mathrm{X}$이므로 식 (A.29)는

$$\mathrm{X} = \mathrm{A}^{-1}\mathrm{B} \tag{A.30}$$

가 되므로 독립변수들로 구성된 열벡터 X를 구할 수 있다.

행렬 A의 역행렬은 다음과 같이 구한다.

$$\mathrm{A}^{-1} = \frac{\mathrm{adj}(\mathrm{A})}{\det(\mathrm{A})} \tag{A.31}$$

여기서 $\det(\mathrm{A})$는 식 (A.25)로 정의된 A의 행렬식이고, $\mathrm{adj}(\mathrm{A})$는 행렬 A의 수반행렬(adjoint matrix)이라고 하며 A의 모든 성분들의 여인자들로 구성된 행렬의 전치행렬로 다음과 같이 정의된다.

$$\operatorname{adj}(A) = \begin{bmatrix} C_{11} & C_{12} & \cdots & C_{1N} \\ C_{21} & C_{22} & \cdots & C_{2N} \\ & & \vdots & \\ C_{N1} & C_{N2} & \cdots & C_{NN} \end{bmatrix}^T = \begin{bmatrix} C_{11} & C_{21} & \cdots & C_{N1} \\ C_{12} & C_{22} & \cdots & C_{N2} \\ & & \vdots & \\ C_{1N} & C_{2N} & \cdots & C_{NN} \end{bmatrix} \tag{A.32}$$

여기서 C_{jk}는 행렬 A의 j행, k열 성분 a_{jk}에 대한 여인자를 나타낸다. A의 행렬식 det(A)를 구하는 식 (A.24)에서는 각 행의 첫 번째 성분에 대한 여인자를 계산하는 것을 보였다. 이를 확장하여 식 (A.32)에서 C_{jk}는 $(N\times N)$ 정방행렬 A에서 j행과 k열 성분을 제거시켜 만든 $(N-1)\times(N-1)$ 소행렬에 대한 행렬식을 다음과 같이 계산한다.

$$C_{jk} = (-1)^{j+k}\Delta_{jk}, \tag{A.33}$$

여기서 Δ_{jk}는 행렬 A에서 j행과 k열 성분을 제거시켜 만든 소행렬에 대한 행렬식을 나타낸다.

예제 A.5

행렬 형태로 나타낸 다음 선형 연립방정식에서 계수행렬의 역행렬을 구하고, 연립방정식의 해를 구하라.

$$\begin{bmatrix} 1 & -1 & -2 \\ 2 & -1 & 1 \\ -3 & 2 & -5 \end{bmatrix}\begin{bmatrix} x_1 \\ x_2 \\ x_3 \end{bmatrix} = \begin{bmatrix} 3 \\ 5 \\ 4 \end{bmatrix}$$

풀이

계수행렬에 대한 행렬식은 예제 A.4에서 계산한 것처럼 다음과 같다.

$$\Delta = \begin{vmatrix} 1 & -1 & -2 \\ 2 & -1 & 1 \\ -3 & 2 & -5 \end{vmatrix} = \{5+3-8\} - \{-6+2+10\} = -6 \tag{①}$$

식 (A.33)을 이용하면 계수행렬의 1행 1열 성분에 대한 여인자 C_{11}은

$$C_{11} = (-1)^{1+1}\Delta_{11} = \begin{vmatrix} -1 & 1 \\ 2 & -5 \end{vmatrix} = 5-2 = 3 \tag{②}$$

이다. 여인자 C_{12}와 C_{13}는 각각 다음과 같이 계산된다.

$$C_{12} = (-1)^{1+2}\Delta_{12} = -1 \cdot \begin{vmatrix} 2 & 1 \\ -3 & -5 \end{vmatrix} = -(-10+3) = 7, \quad ③$$

$$C_{21} = (-1)^{2+1}\Delta_{21} = -1 \cdot \begin{vmatrix} -1 & -2 \\ 2 & -5 \end{vmatrix} = -(5+4) = -9. \quad ④$$

같은 방법으로 나머지 여인자를 모두 계산하여 구한 3×3 여인자 성분 행렬은 다음과 같다.

$$\begin{bmatrix} C_{11} & C_{12} & C_{13} \\ C_{21} & C_{22} & C_{23} \\ C_{31} & C_{32} & C_{33} \end{bmatrix} = \begin{bmatrix} 3 & 7 & 1 \\ -9 & -11 & 1 \\ -3 & -5 & 1 \end{bmatrix} \quad ⑤$$

따라서 수반행렬은 정의에 의하여 식 ⑤에 나타낸 여인자 행렬의 전치행렬이므로

$$\mathrm{adj}(\mathrm{A}) = \begin{bmatrix} C_{11} & C_{12} & C_{13} \\ C_{21} & C_{22} & C_{23} \\ C_{31} & C_{32} & C_{33} \end{bmatrix}^T = \begin{bmatrix} 3 & -9 & -3 \\ 7 & -11 & -5 \\ 1 & 1 & 1 \end{bmatrix} \quad ⑥$$

이 되고, 계수행렬의 역행렬은 다음과 같다.

$$\mathrm{A}^{-1} = \frac{\mathrm{adj}(\mathrm{A})}{\det(\mathrm{A})} = \frac{1}{-6}\begin{bmatrix} 3 & -9 & -3 \\ 7 & -11 & -5 \\ 1 & 1 & 1 \end{bmatrix} \quad ⑦$$

변수들로 구성된 열벡터는 식 (A.30)에 따라

$$\mathrm{X} = \mathrm{A}^{-1}\mathrm{B} = \frac{1}{-6}\begin{bmatrix} 3 & -9 & -3 \\ 7 & -11 & -5 \\ 1 & 1 & 1 \end{bmatrix}\begin{bmatrix} 3 \\ 5 \\ 4 \end{bmatrix} = \begin{bmatrix} 8 \\ 9 \\ -2 \end{bmatrix} \quad ⑧$$

이다. 따라서 각각의 독립변수는 $x_1 = 8$, $x_2 = 9$, $x_3 = -2$가 되며, 이것은 예제 A.1과 예제 A.4와 같은 결과이다.

복소수와 복소지수함수

APPENDIX

B

B 복소수와 복소지수함수

B.1 복소수(Complex Number)

우리가 일상 생활에서 사용하는 수의 체계(number system)는 대부분 자연수(natural number), 정수(integer number), 실수(real number) 등이다. 자연수는 양의 정수로 정수의 부분집합이고, 정수는 실수의 부분집합이다. 이들은 모두 1차원 수의 집합으로 실선 상에 표기할 수 있다. 실수 영역의 수는 다음 예에 나타낸 것처럼

$$x^2 = -1 \tag{B.1}$$

제곱하여 음수가 되는 수를 표기할 수 없다. 수의 차원을 2차원으로 확장하여 식 (B.1)처럼 제곱하여 음수가 되는 수를 표기할 수 있는 방법을 만든 것이 복소수이다.

일반적으로 복소수는

$$x = a + jb \tag{B.2}$$

로 표기한다. 여기서 a와 b는 임의의 실수이고, j는

$$j^2 = -1 \text{ 또는 } j = \sqrt{-1} \tag{B.3}$$

로 정의되는 허수(imaginary number) 인자이다. 따라서 식 (B.2)에서 a는 복소수 x의 실수부(real part)라고 하며, jb는 허수부(imaginary part)라고 한다. 대부분의 이공학 분야에서는 영어 imaginary에서 연유한 i를 허수 인자로 사용하지만 전기전자공학 분야에서는 전류를 나타내는 기호와의 혼동을 피하기 위하여 j를 사용한다.

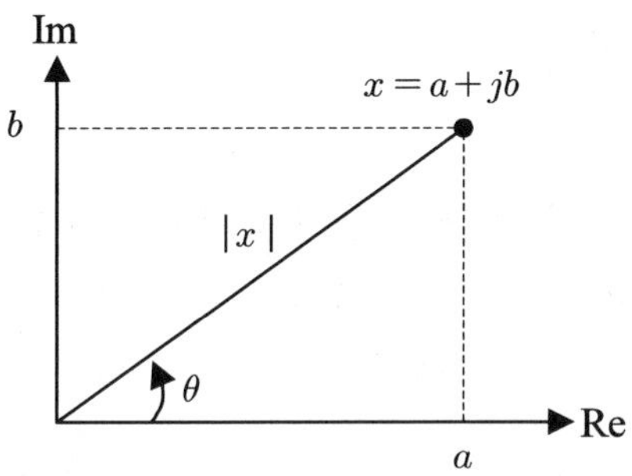

그림 B.1 복소수의 2차원 형식 표현

복소수를 표기하는 방법에는 두 가지가 있다. 식 (B.2)와 같이 나타내는 방법을 데카르트 또는 직각좌표 형식(rectangular form)이라고 한다. 이것은 그림 B.1에 나타낸 것처럼 실수축(Re)과 허수축(Im)으로 구성된 2차원 평면(복소평면이라고도 함)에서 실수부의 크기와 허수부의 크기에 따라 하나의 점으로 표현한다.

복소수를 나타내는 다른 방법으로는

$$x = |x| \angle \theta \tag{B.4}$$

와 같이 극좌표 형식(polar form)을 사용하는 것이다. 여기서 $|x|$는 그림 B.1에 나타낸 것처럼 복소수 x와 원점과의 거리를 나타내는 크기(magnitude)이고, θ는 양의 실수축으로부터 반시계방향으로 회전하는 각도를 나타내며 위상각(phase angle)이라고 한다. 피타고라스(Pythagoras)의 정리에 의하면 복소수의 크기는

$$|x| = \sqrt{a^2 + b^2} \tag{B.5}$$

이다. 삼각함수의 정의에 따라

$$a = |x|\cos(\theta), \quad b = |x|\sin(\theta) \tag{B.6}$$

이므로 위상각은 다음과 같이 정의된다.

$$\theta = \tan^{-1}\left(\frac{b}{a}\right) \tag{B.7}$$

따라서 다음은 모두 그림 B.1에 나타낸 복소수를 표현하는 서로 다른 방법이다.

$$x = a + jb = |x|\cos(\theta) + j|x|\sin(\theta) = |x| \angle \theta \tag{B.8}$$

B.2 복소수의 사칙연산

덧셈, 뺄셈, 곱셈, 나눗셈 등 사칙연산은 복소수에서도 유효하게 적용된다. 다만 차이점이 있다면 복소수의 덧셈과 뺄셈의 경우 실수부는 실수부끼리, 허수부는 허수부끼리 덧셈 또는 뺄셈한다. 예를 들면, 두 개의 복소수 $x_1 = a_1 + jb_1$과 $x_2 = a_2 + jb_2$의 덧셈과 뺄셈은 다음과 같이 수행된다.

$$x_1 \pm x_2 = (a_1 + jb_1) \pm (a_2 + jb_2) = (a_1 \pm a_2) + j(b_1 \pm b_2) \tag{B.9}$$

이에 비하여 복소수의 곱셈은 다음 식처럼 실수부와 허수부의 교차 연산도 포함한다.

$$x_1 \times x_2 = (a_1 + jb_1) \times (a_2 + jb_2) = (a_1 a_2 - b_1 b_2) + j(a_1 b_2 + a_2 b_1) \tag{B.10}$$

여기서 실수부의 $-b_1 b_2$항은 $jb_1 \times jb_2 = j^2 b_1 b_2$ 연산에 의하여 발생된 것이다.

한편, 복소수 x_1과 x_2는 식 (B.8)의 두 번째 항을 이용하여 다음과 같이 나타낼 수도 있다.

$$x_1 = |x_1|\cos(\theta_1) + j|x_1|\sin(\theta_1), \tag{B.11}$$

$$x_2 = |x_2|\cos(\theta_2) + j|x_2|\sin(\theta_2).$$

이를 식 (B.10)처럼 곱셈하면

$$\begin{aligned} x_1 x_2 &= \{|x_1|\cos(\theta_1) + j|x_1|\sin(\theta_1)\}\{|x_2|\cos(\theta_2) + j|x_2|\sin(\theta_2)\} \\ &= |x_1||x_2|\{\cos(\theta_1)\cos(\theta_2) - \sin(\theta_1)\sin(\theta_2)\} \\ &\quad + j|x_1||x_2|\{\cos(\theta_1)\sin(\theta_2) + \sin(\theta_1)\cos(\theta_2)\} \\ &= |x_1||x_2|\cos(\theta_1 + \theta_2) + j|x_1||x_2|\sin(\theta_1 + \theta_2) \\ &= |x_1||x_2| \angle (\theta_1 + \theta_2) \end{aligned} \tag{B.12}$$

이 된다. 식 (B.8)의 세 번째 항을 이용하여 $x_1 x_2$를 나타내면 식 (B.12)는

$$x_1 x_2 = (|x_1| \angle \theta_1)(|x_2| \angle \theta_2) = |x_1||x_2| \angle (\theta_1 + \theta_2) \tag{B.13}$$

로 표현할 수 있다. 그러므로 극좌표 형식을 이용하면 두 복소수 곱셈은 크기끼리는 곱으로 계산하고 위상각은 덧셈으로 계산함을 알 수 있다.

두 복소수의 나눗셈은 곱셈보다는 조금 더 복잡하다. 복소수 나눗셈을 설명하기 전에 켤레복소수(complex conjugate, 공액복소수라고도 함)에 대한 설명이 필요하다. 복소수 $x = a + jb$의 켤레복소수는 x^*으로 표시하며 다음과 같이 정의된다.

$$x^* = a - jb \tag{B.14}$$

원래의 복소수에서 허수 인자를 $-j$로 대체하면 켤레복소수가 된다. 켤레복소수 관계인 두 복소수는 그림 B.2에 나타낸 것처럼 같은 크기를 가지면서 위상각의 부호가 반전된다.

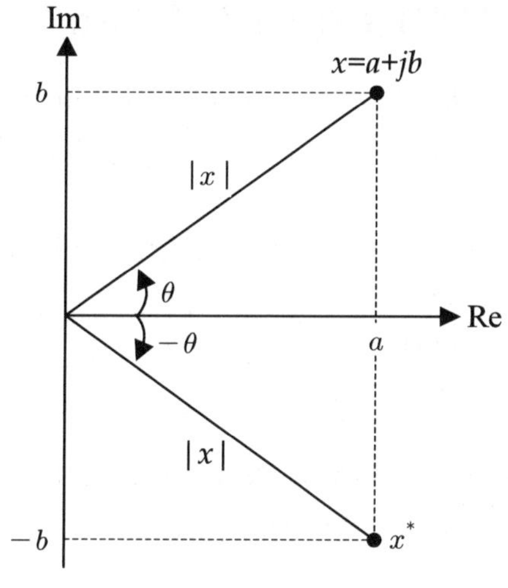

그림 B.2 어떤 복소수와 켤레복소수

복소수 x와 켤레복소수의 곱은

$$x \cdot x^* = (a + jb) \cdot (a - jb) = a^2 + b^2 = |x|^2 \tag{B.15}$$

으로 순수한 실수가 되고, 위상각은 $\angle(\theta - \theta) = \angle 0^\circ$가 된다.

식 (B.16)에 나타낸 복소수 나눗셈에서는 복소수 형태의 분모를 실수로 변환시켜야 한다.

$$\frac{x_1}{x_2} = \frac{a_1 + jb_1}{a_2 + jb_2} \tag{B.16}$$

켤레복소수의 특성을 이용하여 식 (B.17)처럼 분모의 복소수에 대한 켤레복소수를 분자와 분모에 곱하여 정리한다.

$$\frac{a_1+jb_1}{a_2+jb_2}=\frac{(a_1+jb_1)\times(a_2-jb_2)}{a_2^2+b_2^2}=\frac{(a_1a_2+b_1b_2)+j(a_2b_1-a_1b_2)}{a_2^2+b_2^2} \quad \text{(B.17)}$$

그러므로 두 복소수의 나눗셈 결과는 다음과 같다.

$$\frac{x_1}{x_2}=\frac{a_1+jb_1}{a_2+jb_2}=\frac{a_1a_2+b_1b_2}{|x_2|^2}+j\frac{a_2b_1-a_1b_2}{|x_2|^2} \quad \text{(B.18)}$$

또한, 식 (B.16)의 나눗셈은 다음과 같이 표현할 수 있다.

$$\frac{x_1}{x_2}=\frac{a_1+jb_1}{a_2+jb_2}=\frac{|x_1|\cos(\theta_1)+j|x_1|\sin(\theta_1)}{|x_2|\cos(\theta_2)+j|x_2|\sin(\theta_2)} \quad \text{(B.19)}$$

분모의 실수화 과정과 x_1과 x_2의 극좌표 형식 변환을 통하여 식 (B.19)는

$$\frac{x_1}{x_2}=\frac{|x_1|\angle\theta_1}{|x_2|\angle\theta_2}=\frac{|x_1|}{|x_2|}\angle(\theta_1-\theta_2) \quad \text{(B.20)}$$

으로 정리된다. 따라서 두 복소수의 나눗셈 결과, 크기끼리는 나눗셈 연산이 되고, 위상각은 분자의 위상각에서 분모의 위상각을 빼면 된다.

예제 B.1

다음의 두 복소수 x_1과 x_2에 대한 사칙연산을 구하라.

$$x_1=4+j3,\ x_2=2-j$$

풀이

두 복소수의 덧셈과 뺄셈은 다음과 같다.

$$x_1+x_2=(4+j3)+(2-j)=(4+2)+j(3-1)=6+2j, \quad ①$$

$$x_1-x_2=(4+j3)-(2-j)=(4-2)+j(3+1)=2+4j.$$

복소수의 덧셈과 뺄셈은 그림 B.3과 같이 벡터의 덧셈과 뺄셈처럼 계산할 수도 있다.

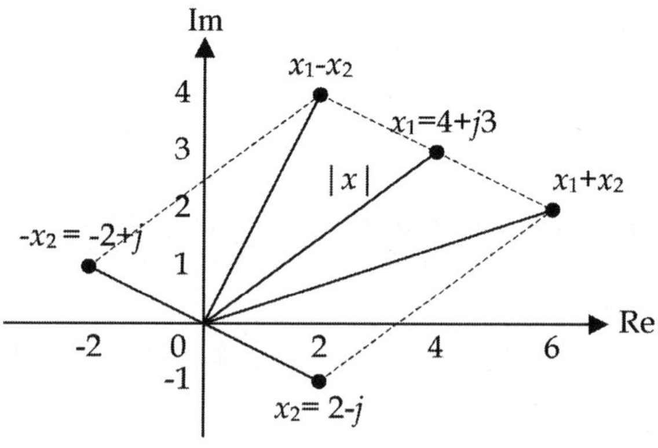

그림 B.3 복소수의 덧셈과 뺄셈

두 복소수의 곱셈은

$$x_1x_2 = (4+j3)(2-j) = (8+3)+j(-4+6) = 11+2j \qquad ②$$

이고, 이것을 극좌표 형식으로 고치면

$$x_1x_2 = 11+2j = \sqrt{11^2+2^2}\angle \tan^{-1}\left(\frac{2}{11}\right) = 11.18\angle 10.30^\circ \qquad ③$$

가 된다. $x_1 = 4+3j = 5\angle 36.87^\circ$ 이고 $x_2 = 2-j = \sqrt{5}\angle -26.57^\circ$ 이므로 극좌표 형식의 곱셈은

$$\begin{aligned} x_1x_2 &= (5\angle 36.87^\circ)(\sqrt{5}\angle -26.57^\circ) = 5\sqrt{5}\angle(36.87^\circ - 26.57^\circ) \\ &= 11.18\angle 10.30^\circ \end{aligned} \qquad ④$$

가 되어 식 ③과 동일하다. 또한, 이를 일반적인 복소수 형식으로 고쳐 쓰면

$$x_1x_2 = 11.18\cos(10.30^\circ) + j11.18\sin(10.30^\circ) = 11+j2 \qquad ⑤$$

가 된다. 이는 식 ②와 같은 결과임을 알 수 있다.

마지막으로 복소수 나눗셈은 극좌표 형식의 계산하면

$$\frac{x_1}{x_2} = \frac{5\angle 36.87^\circ}{\sqrt{5}\angle -26.57^\circ} = \sqrt{5}\angle(36.87^\circ - (-26.57^\circ)) = \sqrt{5}\angle 63.44^\circ \qquad ⑥$$

가 되며, 이를 일반적은 복소수 형식으로 나타내면

$$\frac{x_1}{x_2} = \sqrt{5}\cos(63.44^\circ) + j\sqrt{5}\sin(63.44^\circ) = 1 + j2 \qquad ⑦$$

이다. 확인을 위하여 식 (B.17)처럼 일반적인 복소수 연산으로 계산하면

$$\frac{x_1}{x_2} = \frac{4+j3}{2-j} = \frac{(4+j3)\times(2+j)}{2^2+(-1)^2} = \frac{(8-3)+j(6+4)}{5} = 1 + j2 \qquad ⑧$$

이 되어 식 ⑦과 같은 결과를 얻는다. 또한, 식 ⑧을 극좌표 형식으로 나타내면

$$\frac{x_1}{x_2} = 1 + j2 = \sqrt{1^2+2^2}\angle\tan^{-1}\left(\frac{2}{1}\right) = \sqrt{5}\angle 63.43^\circ \qquad ⑨$$

이므로 역시 동일한 결과임을 알 수 있다.

B.3 복소지수함수와 오일러 항등식

사인함수와 코사인함수는 전기회로이론에서 교류신호를 나타내는 대표적인 수학적 모델이다. 이들은 복소지수함수(complex exponential function) 형식의 복소수로 나타낼 수 있다. 이러한 함수들 사이의 관계를 정리하기 위하여 식 (B.21)과 같은 복소수를 생각하여보자.

$$f(\theta) = \cos(\theta) + j\sin(\theta) \tag{B.21}$$

식 (B.21)을 θ로 미분하면

$$\frac{d}{d\theta}f(\theta) = -\sin(\theta) + j\cos(\theta) = j\{\cos(\theta) + j\sin(\theta)\} = jf(\theta) \tag{B.22}$$

식 (B.22)의 양변을 정리하면 다음과 같이 나타낼 수 있다.

$$\frac{1}{f(\theta)}df(\theta) = j\,d\theta \tag{B.23}$$

식 (B.23)의 양변을 부정적분하면 부록 D의 식 (D.17)에 의하여

$$\ln f(\theta) = j\theta \tag{B.24}$$

가 되고, 양변에 지수함수를 취하면

$$f(\theta) = e^{j\theta} \tag{B.25}$$

가 되어 원래의 함수 $f(\theta)$와 복소지수함수의 관계로 정리된다. 이를 원래의 정의식 (B.21)과 비교하여 나타내면 복소지수함수와 사인 및 코사인함수로 구성된 복소수와의 관계는 다음과 같다.

$$f(\theta) = \cos(\theta) + j\sin(\theta) = e^{j\theta} \tag{B.26}$$

이로부터 복소지수함수의 크기는

$$|e^{j\theta}| = \sqrt{\cos^2(\theta) + \sin^2(\theta)} = 1 \tag{B.27}$$

이고, 위상각은

$$\angle e^{j\theta} = \tan^{-1}\left(\frac{\sin(\theta)}{\cos(\theta)}\right) = \tan^{-1}(\tan(\theta)) = \theta \tag{B.28}$$

가 됨을 알 수 있다. 식 (B.27)과 식 (B.28)은 모든 복소지수함수가 가지는 공통적인 특징이다.

한편, 식 (B.26)을 오일러의 항등식(Euler's identity)이라고 한다. 식 (B.26)으로부터 몇 가지 유사한 항등식을 유도할 수 있다.

$$e^{j\theta}\big|_{j\to -j} = e^{-j\theta} = \cos(\theta) - j\sin(\theta) \tag{B.29}$$

이고, 식 (B.26)과 식 (B.29)를 더하여 정리하면

$$\cos(\theta) = \frac{1}{2}\{e^{j\theta} + e^{-j\theta}\} \tag{B.30}$$

이 되며, 식 (B.26)에서 식 (B.29)를 빼면 다음과 같이 정리할 수 있다.

$$\sin(\theta) = \frac{1}{2j}\{e^{j\theta} - e^{-j\theta}\} \tag{B.31}$$

따라서 식 (B.26)과 식 (B.29), 식 (B.30), 식 (B.31)은 모두 오일러의 항등식이라고 할 수 있다.

식 (B.25)에서 위상각 θ를 시간변수 t에 대한 1차 함수로 다음과 같이 정의하자.

$$\theta = \omega t, \tag{B.32}$$

여기서 기울기 ω [rad/sec]는 단위 시간당 회전하는 각도를 라디안으로 표현한 것으로 각주파수(angular frequency)라고 한다. ωt의 단위를 계산하면 [rad/sec] × [sec] = [rad]이므로 위상각이 됨을 알 수 있다.

식 (B.32)를 적용하면 식 (B.26)은 다음과 같이 나타낼 수 있다.

$$e^{j\omega t} = \cos(\omega t) + j\sin(\omega t). \tag{B.33}$$

이것은 복소지수함수의 실수부와 허수부가 모두 시간의 함수로 변화하는 형태를 가진다. $e^{j\omega t}$는 식 (B.27)에서 정의한 것처럼 크기가 1이고 위상각이 ωt이므로 변수 t에 따른 복소지수함수와 식 (B.33)의 실수부와 허수부의 변화를 그림 B.4에 나타내었다. 여기서 단위원(unit circle)은 반지름이 1인 원을 의미한다.

식 (B.33)으로 정의되는 복소수는 단위원 상의 한 점으로 시간이 변화됨에 따라 단위원의 원주를 따라 ω [rad/sec]의 주파수로 회전한다. $t = t_0$인 어떤 순간 복소수의 실수부는 $\cos(\omega t_0)$의 값을 가지며 허수부는 $\sin(\omega t_0)$가 된다. 또한, 복소수가 단위원을 1회전하는 동안 변하는 위상은 2π이므로

$$\omega T = 2\pi \tag{B.34}$$

가 된다. 따라서 단위원 상의 어떤 복소수가 단위원을 1회전하여 같은 자리까지 되돌아오는데 걸리는 시간은 주기(period)가 되며, 이것은 식 (B.34)에 의하여

$$T = \frac{2\pi}{\omega} \text{ [sec]} \tag{B.35}$$

가 된다. 이것은 그림 B.4에서 실수부인 $\cos(\omega t)$와 허수부인 $\sin(\omega t)$의 주기와도 일치한다.

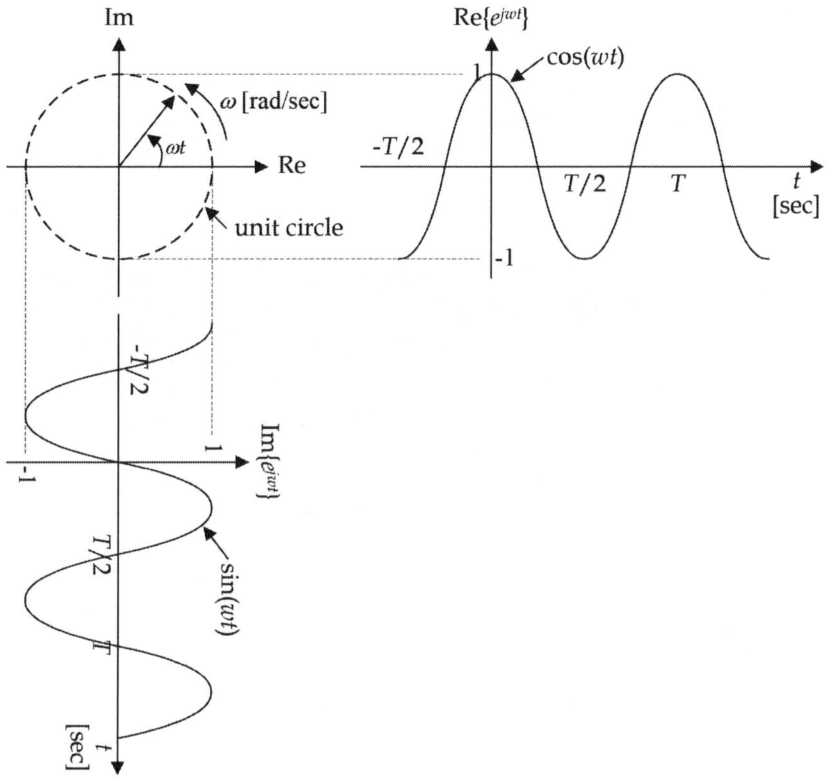

그림 B.4 복소지수함수와 삼각함수 기반 복소수

삼각함수 공식

APPENDIX

C

C 삼각함수 공식

전기회로에서 사용되는 대부분의 교류전원은 주로 코사인 또는 사인함수와 같은 삼각함수(trigonometric function)를 이용하여 모델링된다. 그리고 삼각함수는 복소수와 복소지수함수, 페이저(phasor) 등 교류회로 해석을 위한 유용한 도구들로 변환될 수 있다.

C.1 기본적인 삼각함수 공식

회로이론을 전공하거나 학습하는 학생들은 대부분 고등학교 수학교과과정에서 삼각함수의 기본적인 공식들에 대하여 학습했던 경험이 있을 것이다. 여기에서 다루는 삼각함수 공식은 전기회로의 해석뿐만 아니라 전기공학, 전자공학, 통신공학, 제어공학 등에서 일반적으로 많이 사용되는 것이므로 활용 능력을 갖출 필요가 있다. 이런 이유로 이 절에서는 기본적인 삼각함수 공식과 유도하는 방법을 설명한다.

삼각함수 공식 가운데 가장 많이 알려진 것은

$$\sin^2\phi + \cos^2\phi = 1 \tag{C.1}$$

일 것이다. 이것은 그림 C.1과 같은 단위원(unit circle) 상의 임의의 점 A, x축 상의 a와 y축 상의 b가 이루는 직각삼각형에 피타고라스 정리를 적용하면 간단히 증명할 수 있다.

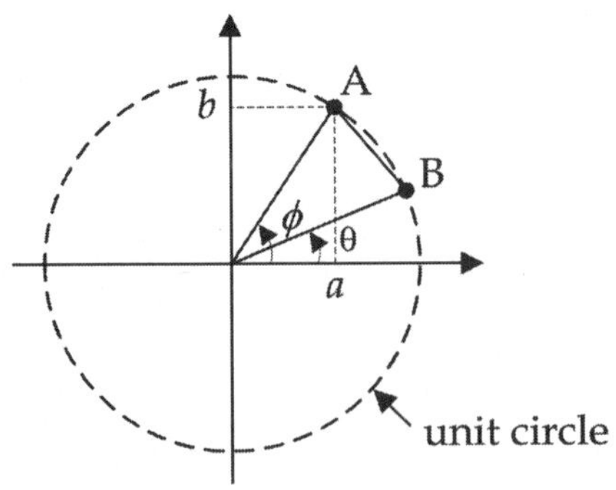

그림 C.1 삼각함수 공식 증명을 위한 단위원

단위원의 반지름은 1이므로

$$a = \cos\phi,\ b = \sin\phi \tag{C.2}$$

이 되고, 피타고라스 정리에 의하면

$$a^2 + b^2 = \cos^2\phi + \sin^2\phi = 1 \tag{C.3}$$

다음과 같은 삼각형에서 세 변의 길이가 각각 a, b, c이고, 각각의 변을 마주보고 있는 각을 A, B, C라고 정의한다.

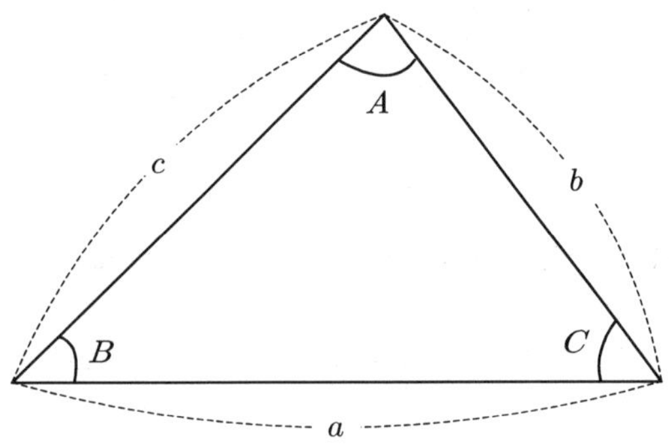

그림 C.2 임의의 삼각형과 삼각형을 이루는 요소

삼각함수의 사인법칙은 이 삼각형을 이루는 변의 길이와 각에 대한 비례식으로 다음과 같다.

$$\frac{a}{\sin A} = \frac{b}{\sin B} = \frac{c}{\sin C} \tag{C.4}$$

코사인법칙은 두 변과 그 사이에 끼인 각을 이용하여 나머지 한 변의 길이를 정의하는 것으로 다음과 같이 정의한다.

$$a^2 = b^2 + c^2 - 2bc\cos A, \tag{C.5}$$

$$b^2 = c^2 + a^2 - 2ca\cos B,$$

$$c^2 = a^2 + b^2 - 2ab\cos C.$$

그림 C.1에서 단위원 상의 두 점 A와 B 사이의 거리를 직각좌표 형식으로 구하면

$$(\cos\phi - \cos\theta)^2 + (\sin\phi - \sin\theta)^2 \tag{C.6}$$
$$= (\cos^2\phi - 2\cos\phi\cos\theta + \cos^2\theta) + (\sin^2\phi - 2\sin\phi\sin\theta + \sin^2\theta)$$
$$= (\cos^2\phi + \sin^2\phi) + (\cos^2\theta + \sin^2\theta) - 2(\cos\phi\cos\theta + \sin\phi\sin\theta)$$
$$= 2 - 2(\cos\phi\cos\theta + \sin\phi\sin\theta)$$

이다. 점 A와 원점, 점 B와 원점 사이의 거리가 단위원의 반지름이므로 점 A와 점 B, 원점이 이루는 삼각형의 세 변 사이의 관계식을 정의하는 식 (C.5)의 코사인 법칙을 이용하면 두 점 A와 B 사이의 거리는 다음과 같다.

$$(\overline{AB})^2 = 1^2 + 1^2 - 2\cos(\phi - \theta) = 2 - 2\cos(\phi - \theta) \tag{C.7}$$

따라서 식 (C.6)와 식 (C.7)이 같은 길이를 나타내고 있으므로

$$(\overline{AB})^2 = 2 - 2\cos(\phi - \theta) = 2 - 2(\cos\phi\cos\theta + \sin\phi\sin\theta) \tag{C.8}$$
$$\rightarrow \cos(\phi - \theta) = \cos\phi\cos\theta + \sin\phi\sin\theta.$$

시간변수에 따른 코사인함수와 사인함수의 파형을 그림으로 나타내면 다음과 같다.

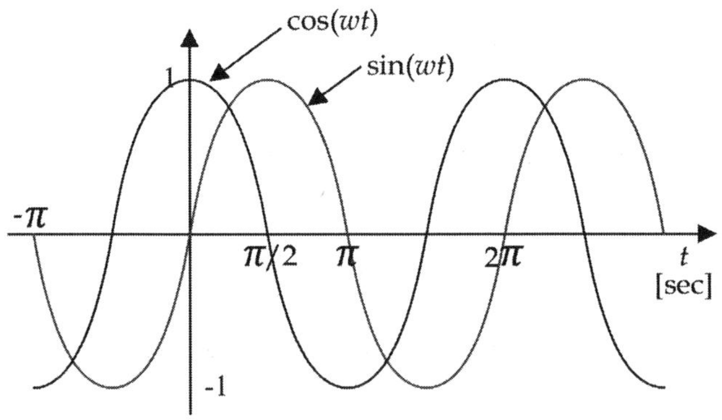

그림 C.3 코사인함수와 사인함수의 파형

코사인함수는 y축을 중심으로 좌우대칭인 우함수(even function)이고, 사인함수는 원점대칭인 기함수(odd function)이다. 우함수와 기함수의 대칭성은

$$\text{우함수의 대칭성} : f(x) = f(-x) \tag{C.9}$$

$$\text{기함수의 대칭성} : f(x) = -f(-x)$$

을 의미한다. 식 (C.8)에서 θ를 $-\theta$로 대체하고, 식 (C.9)의 대칭성을 적용하면

$$\cos(\phi+\theta)=\cos\phi\cos(-\theta)+\sin\phi\sin(-\theta)=\cos\phi\cos\theta-\sin\phi\sin\theta \tag{C.10}$$

가 된다. 식 (C.8)과 식 (C.10)을 종합하면

$$\cos(\phi\mp\theta)=\cos\phi\cos\theta\pm\sin\phi\sin\theta \tag{C.11}$$

로 표현할 수 있다.

그림 C.3을 통하여 코사인함수와 사인함수는 같은 주기와 진폭을 가지는 사실상 동일한 파형임을 알 수 있다. 코사인함수는 사인함수보다 $\pi/2$ [rad] (= $\angle 90^\circ$) 앞서는 위상을 가진다. 따라서 코사인함수와 사인함수는 다음과 같은 관계를 가진다.

$$\cos\left(\phi-\frac{\pi}{2}\right)=\sin\phi \text{ 또는 } \cos\phi=\sin\left(\phi+\frac{\pi}{2}\right) \tag{C.12}$$

이러한 관계를 적용하면 식 (C.10)의 좌변은

$$\cos\left(\phi+\theta-\frac{\pi}{2}\right)=\sin(\phi+\theta) \tag{C.13}$$

이 되고, 식 (C.10)의 우변은

$$\begin{aligned}\cos\phi\cos\left(\theta-\frac{\pi}{2}\right)-\sin\phi\sin\left(\theta-\frac{\pi}{2}\right)&=\cos\phi\sin\theta-\sin\phi\cdot(-\cos\theta)\\&=\cos\phi\sin\theta+\sin\phi\cos\theta\end{aligned} \tag{C.14}$$

식 (C.13)과 식 (C.14)는 동일하므로

$$\sin(\phi+\theta)=\cos\phi\sin\theta+\sin\phi\cos\theta \tag{C.15}$$

가 되는 것을 알 수 있다. 또한, 식 (C.15)에서 θ를 $-\theta$로 대체하고, 식 (C.9)의 대칭성을 적용하면

$$\sin(\phi-\theta)=\cos\phi\sin(-\theta)+\sin\phi\cos(-\theta)=\sin\phi\cos\theta-\cos\phi\sin\theta \tag{C.16}$$

가 된다. 그러므로 식 (C.15)와 식 (C.16)을 정리하여 나타내면

$$\sin(\phi\pm\theta)=\sin\phi\cos\theta\pm\cos\phi\sin\theta \tag{C.17}$$

그림 C.3의 파형으로부터 코사인함수와 사인함수의 주기와 대칭성의 관계는 다음과 같다.

$$\cos(\phi \pm \pi) = -\cos\phi, \ \sin(\phi \pm \pi) = -\sin\phi \tag{C.18}$$

이것은 코사인함수와 사인함수의 위상을 $\pm\pi$ [rad]만큼 천이시키면 부호가 반전되는 것을 의미한다.

$\phi = \theta$인 경우 식 (C.10)은

$$\cos(2\phi) = \cos^2\phi - \sin^2\phi = 1 - 2\sin^2\phi \tag{C.19}$$

가 된다. 이로부터

$$\sin^2\phi = \frac{1}{2}\{1 - \cos(2\phi)\} \tag{C.20}$$

를 유도할 수 있다. 또한, 식 (C.20)에서 위상각을 $\pi/2$ [rad]만큼 천이시키면

$$\sin^2\left(\phi + \frac{\pi}{2}\right) = \frac{1}{2}\{1 - \cos(2\phi + \pi)\} \tag{C.21}$$

가 되고, 여기에 식 (C.12)와 식 (C.18)을 각각 좌변과 우변에 적용하면

$$\cos^2\phi = \frac{1}{2}\{1 + \cos(2\phi)\} \tag{C.22}$$

가 됨을 알 수 있다.

C.2 추가적인 삼각함수 공식

앞선 절에서 회로이론 등 전기전자공학 관련 전공에서 매우 빈번하게 사용되는 기본적인 삼각함수 공식을 대칭성 등의 특성을 적용하여 유도하는 과정과 함께 소개하였다. 이와 같은 유도과정을 적용하면 다음에 열거된 유용한 공식들을 유도할 수 있다. 이 절에서는 유도과정은 생략하고 결과식만 열거하지만, 그것이 열거된 공식들의 중요성이 낮은 것을 의미하는 것은 결코 아니다.

- $\sin\phi + \sin\theta = 2\sin\left(\dfrac{\phi+\theta}{2}\right)\cos\left(\dfrac{\phi-\theta}{2}\right)$
- $\sin\phi - \sin\theta = 2\cos\left(\dfrac{\phi+\theta}{2}\right)\sin\left(\dfrac{\phi-\theta}{2}\right)$
- $\cos\phi + \cos\theta = 2\cos\left(\dfrac{\phi+\theta}{2}\right)\cos\left(\dfrac{\phi-\theta}{2}\right)$
- $\cos\phi - \cos\theta = -2\sin\left(\dfrac{\phi+\theta}{2}\right)\sin\left(\dfrac{\phi-\theta}{2}\right)$
- $\cos\phi\cos\theta = \dfrac{1}{2}\{\cos(\phi-\theta) + \cos(\phi+\theta)\}$
- $\sin\phi\sin\theta = \dfrac{1}{2}\{\cos(\phi-\theta) - \cos(\phi+\theta)\}$
- $\sin\phi\cos\theta = \dfrac{1}{2}\{\sin(\phi+\theta) + \sin(\phi-\theta)\}$
- $\sin(2\phi) = 2\sin\phi\cos\phi$
- $\tan(\phi \pm \theta) = \dfrac{\tan\phi \pm \tan\theta}{1 \mp \tan\phi\tan\theta}$
- $a\cos\phi + b\sin\phi = \sqrt{a^2+b^2}\cos\left(\phi + \tan^{-1}\left(\dfrac{b}{a}\right)\right)$, a와 b는 임의의 상수

C.3 쌍곡선함수(Hyperbolic Functions) 공식

쌍곡선함수는 삼각함수와 유사한 형식과 특성을 가지고 있으며, 지수함수와 밀접한 관련이 있다. 이 절에서는 쌍곡선함수와 지수함수 사이의 관계식만 간단히 언급한다.

쌍곡선함수	쌍곡선함수의 역함수
$\sinh x = \dfrac{1}{2}(e^{x} - e^{-x})$	$\operatorname{csch} x = \dfrac{1}{\sinh x}$
$\cosh x = \dfrac{1}{2}(e^{x} + e^{-x})$	$\operatorname{sech} x = \dfrac{1}{\cosh x}$
$\tanh x = \dfrac{\sinh x}{\cosh x}$	$\coth x = \dfrac{1}{\tanh x}$

미분과 적분 공식

APPENDIX

D

D 미분과 적분 공식

미적분학은 수학뿐만 아니라 여러 공학 분야에서도 매우 빈번하게 사용된다. 이 장에서는 미분과 적분에 대한 기분 이론과 연산법을 정리하고, 몇 가지 중요한 적분 공식을 제시한다. 부록 C와 마찬가지로 스스로 학습할 수 있는 역량을 기르기 위하여 기본적인 사항들은 부분적으로 유도과정을 제시할 것이다.

D.1 미분(Differentiation)

임의의 함수 $y=f(x)$에 대한 도함수(derivative)는 다음과 같이 여러 가지 형태로 표기한다.

$$y',\ f'(x),\ \frac{dy}{dx},\ \frac{d}{dx}f(x)$$

이와 같은 표기법은 모두 다음과 같이 정의되는 함수 $f(x)$에 대한 1차 도함수를 나타낸다.

$$y'=f'(x)=\lim_{\Delta x\to 0}\left\{\frac{f(x+\Delta x)-f(x)}{\Delta x}\right\} \tag{D.1}$$

식 (D.1)의 정의는 x의 미소 변위에 대한 y 또는 $f(x)$의 변위의 비가 되며, x의 특정 값에 대한 함수 y의 기울기가 된다.

임의의 함수 $y=f(u)$이고, 함수 $u=g(x)$라면, y는

$$y=f\{g(x)\} \tag{D.2}$$

와 같이 x에 대한 함수로 정의된다. 따라서 함수 y를 변수 x로 미분하면

$$y'=\frac{dy}{dx}=\frac{dy}{du}\cdot\frac{du}{dx}=f'\{g(x)\}\cdot g'(x) \tag{D.3}$$

가 된다. 이것을 사슬법칙(chain rule)이라고 한다.

두 개의 변수를 가지는 함수 $f(x,y)$에 대한 도함수도 사슬법칙을 이용하여 정의하면 다음과 같다.

$$df(x,y) = \frac{\partial f(x,y)}{\partial x} \cdot dx + \frac{\partial f(x,y)}{\partial y} \cdot dy \tag{D.4}$$

여기서 $\partial f(x,y)/\partial x$는 함수 $f(x,y)$의 x에 대한 편미분(partial differentiation)이라고 한다. 함수 $f(x,y)$를 x에 대하여 편미분할 때 변수 y는 상수로 취급한다.

두 개의 x에 대한 함수 $f(x)$와 $g(x)$의 곱함수에 대한 미분은 다음과 같다.

$$\frac{d}{dx}\{f(x) \cdot g(x)\} = \frac{df(x)}{dx} \cdot g(x) + f(x) \cdot \frac{dg(x)}{dx} \tag{D.5}$$

$f(x) = g(x)$이면 식 (D.5)는

$$\frac{d}{dx}\{f(x) \cdot f(x)\} = \frac{df(x)}{dx} \cdot f(x) + f(x) \cdot \frac{df(x)}{dx} = 2f(x) \cdot f'(x) \tag{D.6}$$

가 된다. 따라서 이것을 정리하면

$$y' = \frac{d}{dx}\{f(x)\}^2 = 2f(x) \cdot f'(x) \tag{D.7}$$

임을 알 수 있다. 또한, 식 (D.5)를 확장하여 세 개의 x에 대한 함수 $f(x)$, $g(x)$, $h(x)$의 곱함수에 대한 미분은

$$\begin{aligned} &\frac{d}{dx}\{f(x)g(x)h(x)\} \\ &= \frac{df(x)}{dx}g(x)h(x) + \frac{dg(x)}{dx}f(x)h(x) + \frac{dh(x)}{dx}f(x)g(x) \end{aligned} \tag{D.8}$$

가 된다. 여기서 $f(x) = g(x) = h(x)$라면, 식 (D.8)은

$$y' = \frac{d}{dx}\{f(x)\}^3 = 3\{f(x)\}^2 f'(x) \tag{D.9}$$

로 나타낼 수 있다. 따라서 식 (D.7)과 식 (D.9)를 일반화시키면, $\{f(x)\}^n$에 대한 미분은

$$y' = \frac{d}{dx}\{f(x)\}^n = n\{f(x)\}^{n-1} f'(x) \tag{D.10}$$

예를 들어, $y = \sqrt{f(x)}$를 미분하는 경우를 생각해보자. $\sqrt{f(x)} = \{f(x)\}^{1/2}$으로 나타낼 수 있고, 이것을 식 (D.10)에 적용하면

$$y' = \frac{d}{dx}\{f(x)\}^{1/2} = \frac{1}{2}\{f(x)\}^{-1/2}f'(x) = \frac{f'(x)}{2\sqrt{f(x)}}$$

x의 함수 $g(x)$가 0이 아닌 영역에서 분수함수 $f(x)/g(x)$의 미분은

$$y' = \frac{d}{dx}\left\{\frac{f(x)}{g(x)}\right\} = \frac{f'(x)g(x) - f(x)g'(x)}{\{g(x)\}^2} \tag{D.11}$$

로 정의된다. 여기서 $f(x) = 1$인 경우라면 식 (D.12)는 다음과 같이 계산된다.

$$y' = \frac{d}{dx}\left\{\frac{1}{g(x)}\right\} = \frac{-g'(x)}{\{g(x)\}^2} \tag{D.12}$$

D.2 적분(Integration)

적분을 간단하게 정의하면 극한의 개념을 사용하는 덧셈이라고 할 수 있다. 이러한 적분은 정적분과 부정적분으로 구분할 수 있지만, 개념적인 차이가 있는 것은 아니고 적분의 구간을 정하느냐 그렇지 않느냐의 차이일 뿐이다. 일반적으로 적분이라고 하면 부정적분을 구하는 것이라고 할 수 있다. 어떤 함수 $f(x)$의 적분은 다음과 같이 표현한다.

$$F(x) = \int f(x)\,dx + c \tag{D.13}$$

여기서 $f(x)$를 피적분함수, x를 적분변수라고 하고 c는 적분상수이다.

적분은 중첩의 원리(superposition principle)를 만족하는 선형연산이다. 어떤 함수 $f(x)$에 임의의 상수 a를 곱한 것의 적분은

$$\int af(x)\,dx = a\int f(x)\,dx \tag{D.14}$$

이다. 두 함수 $f(x)$와 $g(x)$에 임의의 상수 a와 b를 곱한 함수의 적분은

$$\int \{af(x) + bg(x)\}\,dx = a\int f(x)\,dx + b\int g(x)\,dx \tag{D.15}$$

가 되어 중첩의 원리가 성립된다. 이와 같은 선형성은 다항식의 적분에서 유용하게 사용된다.

피적분함수가 $f'(x)/f(x)$와 같이 특별한 형태를 가지는 경우 적분은 다음과 같다.

$$\int \frac{f'(x)}{f(x)}\,dx = \ln|f(x)| + c \tag{D.16}$$

여기서 $f'(x)$는 함수 $f(x)$의 1차 도함수이다. 분수함수의 적분에서 가장 자주 등장하는 예제 가운데 하나로 $f(x)=x$인 경우 $f'(x)=1$이므로

$$\int \frac{1}{x}\,dx = \ln|x| + c \tag{D.17}$$

곱함수에 대한 적분은 다음과 같이 정의된다.

$$\int \{f'(x)g(x)\}\,dx = f(x)g(x) - \int \{f(x)g'(x)\}\,dx \tag{D.18}$$

이것을 흔히 부분적분법(integration by parts)이라고 하며, 식 (D.5)의 양변을 적분함으로써 유도할 수 있다.

피적분함수가 직접 적분하기에는 어려운 형태를 가지고 있지만, 적절한 치환을 통하여 적분이 가능해지는 경우도 빈번하게 접하게 된다. 가령, 함수 $f(x)$를 적분하기 위하여 $x=g(t)$로 치환하면 $f(x)=f\{g(t)\}$가 되고, 미소 변위 $dx=g'(t)dt$가 된다. 이것을 적용하면 함수 $f(x)$의 적분은

$$\int f(x)\,dx = \int f\{g(t)\}\cdot g'(t)\,dt \tag{D.19}$$

으로 나타낼 수 있다. 다시 $t=g(x)$로 치환하여 식 (D.19)에 대입하면

$$\int f\{g(t)\}\cdot g'(t)\,dt = \int f(t)\,dt \tag{D.20}$$

의 형태가 되어 쉽게 적분 가능한 다른 형태로 변환시킬 수 있다.

예제 D.1

다음 함수를 적분하라.

$$f(x)=\frac{2x+2}{x^2+2x+3}.$$

풀이 1

$g(x)=x^2+2x+3$라 두면

$$\frac{d}{dx}g(x)=\frac{d}{dx}(x^2+2x+3)=2x+2 \quad ①$$

따라서 주어진 함수 $f(x)$는

$$f(x)=\frac{2x+2}{x^2+2x+3}=\frac{g'(x)}{g(x)} \quad ②$$

의 형태를 가진다. 식 (D.16)을 적용하면 함수 $f(x)$의 적분은 다음과 같다.

$$\int f(x)\,dx=\int\frac{(x^2+2x+3)'}{x^2+2x+3}\,dx=\ln|x^2+2x+3|+c. \quad ③$$

풀이 2

$x^2+2x+3=t$라 치환하고, 양변을 미분하면

$$\frac{dt}{dx}=2x+2 \;\rightarrow\; dx=\frac{1}{2(x+1)}dt \quad ④$$

이를 원래의 적분식에 대입하면

$$\int f(x)\,dx=\int\frac{2(x+1)}{x^2+2x+3}\,dx=\int\frac{2(x+1)}{t}\cdot\frac{1}{2(x+1)}\,dt \quad ⑤$$
$$=\int\frac{1}{t}\,dt=\ln|t|+c$$

가 된다. 여기에 $t=x^2+2x+3$로 되돌리면 함수 $f(x)$의 적분 결과는

$$\int f(x)\,dx=\ln|x^2+2x+3|+c \quad ⑥$$

이 된다. 이 결과는 풀이 1의 결과와 일치하는 것을 알 수 있다.

D.3 적분 공식

앞선 절에서 적분법에 대하여 간단히 언급하였지만 적분은 미분에 비하여 상대적으로 복잡한 것이 사실이다. 이런 이유로 적분 공식표를 많이 활용한다. 다음에 열거된 유용한 부정적분 공식들은 이공학 계열에서 상대적으로 빈번하게 사용되는 것이므로 학습에 활용할 것을 추천한다.

- $\int a\,dx = ax + c$, a는 임의의 상수
- $\int \{f(x)\}^n\,dx = \frac{1}{n+1}\{f(x)\}^{n+1} + c,\ n \neq 1$
- $\int \frac{1}{f(x)}\,df(x) = \int \frac{f'(x)}{f(x)}\,dx = \ln|f(x)| + c$
- $\int a^{f(x)}\,df(x) = \frac{a^{f(x)}}{\ln a} + c,\ a > 0,\ a \neq 1$
- $\int e^{ax}\,dx = \frac{1}{a}e^{ax} + c$
- $\int xe^{ax}\,dx = \frac{1}{a^2}e^{ax}(ax - 1) + c$
- $\int x^2e^{ax}\,dx = \frac{1}{a^3}e^{ax}(a^2x^2 - 2ax + 2) + c$
- $\int \ln x\,dx = x\ln x - x + c$
- $\int \sin ax\,dx = -\frac{1}{a}\cos ax + c$
- $\int \cos ax\,dx = \frac{1}{a}\sin ax + c$
- $\int \tan ax\,dx = -\frac{1}{a}\ln|\cos ax| + c$
- $\int \sin^2 ax\,dx = \frac{x}{2} - \frac{\sin 2ax}{4a} + c$
- $\int \cos^2 ax\,dx = \frac{x}{2} + \frac{\sin 2ax}{4a} + c$

- $\int \tan^2 x\,dx = \tan x - x + c$
- $\int x \sin ax\,dx = \frac{1}{a^2}(\sin ax - ax\cos ax) + c$
- $\int x \cos ax\,dx = \frac{1}{a^2}(\cos ax + ax\sin ax) + c$
- $\int x^2 \sin ax\,dx = \frac{1}{a^3}(2ax\sin ax + 2\cos ax - a^2x^2\cos ax) + c$
- $\int x^2 \cos ax\,dx = \frac{1}{a^3}(2ax\cos ax - 2\sin ax + a^2x^2\sin ax) + c$
- $\int e^{ax} \sin bx\,dx = \frac{1}{a^2+b^2}e^{ax}(a\sin bx - b\cos bx) + c$
- $\int e^{ax} \cos bx\,dx = \frac{1}{a^2+b^2}e^{ax}(a\cos bx + b\sin bx) + c$
- $\int \sin ax \sin bx\,dx = \frac{\sin(a-b)x}{2(a-b)} - \frac{\sin(a+b)x}{2(a+b)} + c,\ a^2 \neq b^2$
- $\int \sin ax \cos bx\,dx = \frac{\cos(a-b)x}{2(a-b)} - \frac{\cos(a+b)x}{2(a+b)} + c,\ a^2 \neq b^2$
- $\int \cos ax \cos bx\,dx = \frac{\sin(a-b)x}{2(a-b)} + \frac{\sin(a+b)x}{2(a+b)} + c,\ a^2 \neq b^2$
- $\int \frac{1}{x^2+a^2}\,dx = \frac{1}{a}\tan^{-1}\left(\frac{x}{a}\right) + c$
- $\int \frac{1}{(x^2+a^2)^2}\,dx = \frac{1}{2a^2}\left\{\frac{x}{x^2+a^2} + \frac{1}{a}\tan^{-1}\left(\frac{x}{a}\right)\right\} + c$
- $\int \frac{x^2}{x^2+a^2}\,dx = x - a\tan^{-1}\left(\frac{x}{a}\right) + c$
- $\int \frac{1}{\sqrt{a^2-x^2}}\,dx = \sin^{-1}\left(\frac{x}{a}\right) + c$
- $\int \frac{1}{\sqrt{x^2+a^2}}\,dx = \sinh^{-1}\left(\frac{x}{a}\right) + c$
- $\int \frac{1}{\sqrt{x^2-a^2}}\,dx = \cosh^{-1}\left(\frac{x}{a}\right) + c$